近世植物・動物・鉱物図譜集成

The Illustrated Books of Flora, Fauna, Crops and Minerals of the Japan Islands in Yedo Era

［諸国産物帳集成］第 III 期　〔全 48 巻・分売可〕

(Flora, Fauna and Crops of the Japan Islands in Yedo Era----Third Series)

近世歴史資料研究会　編

(Edited by The Society for the Study of Collected Historical Materials in Yedo Era)

（「諸国産物帳集成」シリーズ第三期・「近世植物・動物・鉱物図譜集成」刊行の意義）

江戸時代の中期以降、洋學の輸入とも相まって、形態、生態、活用方法などを懇切かつ丁寧に記載した、美麗でかつ科学的な植物・動物・鉱物図譜が製作された。これらの図譜類は、『享保・元文諸国産物帳』や『江戸後期諸国産物帳』の系譜を受け継ぐもので、これらの成果物にヨーロッパの科学精神が注ぎこまれて、優れた図譜が誕生したと言える。これ以降、このシリーズで掲載を予定している図譜類は、小社で刊行した二つのシリーズに収録された資料類と連関するもので、より**内容が豊富化され**、より**科学的に体系化された知的生産物**であることに、大きな特色がある。ありていに言えば、**記載された項目の多様化と表現能力の充実化、科学的な知識の体系化、引用される文献からの抽出能力の高度化、図譜の描画能力の緻密化と高度化**など、さまざまな事柄が指摘できるそして、これらの事象が、結合された大きなうねりとなって、この時代以降の文化・芸術の発展と、それらを基盤とした産業の進展に寄与したことは、否定できない事実であろう。フランス革命の前後の時代に比定できるごとく、ディドロ、ダランベールが領導した百科全書派の文化活動が革命の礎となり、その後、それがナポレオンによる、知性を機軸としたフランス近代国家システムの創造に橋渡しされたことは、想像に難くない。享保時代の国産資源開発活動から始まった**日本の産業開発の発展の歴史を総括し、その基底にある文化・芸術の実体を解析すること**が、本集成の意図するところである

また、前記の「諸国産物帳集成」の第一期・第二期の資料類を博捜する過程で、さまざまな原資料にまみえる機会を得たが、整理・統合された資料類があまりにも膨大なために、より総合的な体系化を目標にして、かつ、画竜点睛を欠くことを恐れて、「諸国産物帳集成」シリーズ第三期として、「近世植物・動物・鉱物図譜集成」を世に問うことに、あえて踏み切った次第である。未知の資料も多く、また、編者の不明もあり、内容に関しても、読者諸氏からの忌憚ない意見や叱正を乞うしだいである。

［目　次］

B5 判・上製・布装・貼箱入（＊は既刊、※は未刊を示す）

＊第 V 巻〈2005 年/平成 17 年 11 月刊行〉武蔵石寿『目八譜（1）・原文篇』
＊第 VI 巻〈2008 年/平成 20 年 7 月刊行〉武蔵石寿『目八譜（2）・解読篇』
＊第 VII 巻〈2006 年/平成 18 年 10 月刊行〉『草木圖説 稿本 草部（1）／草之一～草之十四』
＊第 VIII 巻〈2006 年/平成 18 年 10 月刊行〉
『草木圖説 稿本 草部（2）／草之十五～草之二十七・補遺』
＊第 IX 巻〈2006 年/平成 18 年 11 月刊行〉『新訂　草木圖説　草部』（解読文を併載）
＊第 X 巻〈2006 年/平成 19 年 7 月刊行〉『草木圖説　後篇　木部』（解読文を併載）
＊第 XI 巻〈2009 年/平成 21 年 3 月刊行〉伊藤圭介『錦窠魚譜（1）』
＊第 XII 巻〈2009 年/平成 21 年刊行〉伊藤圭介『錦窠魚譜（2）』
＊第 XIII 巻〈2009 年/平成 21 年 8 月刊行〉伊藤圭介『錦窠禽譜（1）』
＊第 XIV 巻〈2009 年/平成 21 年刊行〉伊藤圭介『錦窠禽譜（2）』
＊第 XV 巻〈2009 年/平成 21 年刊行〉
栗本瑞見『皇和魚譜』、関根雲停『雲停鯉魚譜』、『萬寶魚譜』、小林義兄『湖魚考』、神田玄泉『日東魚譜』、栗本瑞見『異魚図纂』、『水族四帖』、藤良山書『魚譜』、栗本瑞見『栗氏魚譜』、武蔵石寿『甲介群分品彙』、毛利梅園『梅園介譜』、栗本瑞見『蟹譜』、伊藤圭介『錦窠蟹譜』、『蟹類写真』
＊第 XVI 巻〈2011 年/平成 23 年刊行〉
坂本浩然『菌譜』、市岡智寛『信陽菌譜』、伊藤圭介『錦窠菌譜』、佐藤成裕『温故齋菌譜』、増島蘭畹『菌史』
＊第 XVII 巻〈2012 年/平成 24 年 11 月刊行〉堀田正敦『觀文禽譜 / 原文篇・索引篇』
※第 XVIII 巻〈2013 年/平成 25 年刊行予定〉堀田正敦『觀文禽譜 / 解読篇』
※第 XIX 巻〈2013 年/平成 25 年刊行予定〉
木内石亭『雲根志』、『怪石志』、木内石亭『諸国産石志』
※第 XX 巻〈2013 年/平成 25 年刊行予定〉
『竹品』、松岡玄達『怡顔斎竹品』、伊藤圭介『錦窠竹譜』、岡村尚謙『桂園竹譜』、『竹譜詳録』
※第 XXI 巻〈2013 年/平成 25 年刊行予定〉
『虫豸図譜』、水谷豐文『水谷虫譜』、曽占春『国史草木昆虫攷』、水谷豐文『水谷禽譜』、栗本瑞見『栗氏禽譜』、黒田斉清『鵞経』、梶取屋治右衛門『鯨志』、堀田正敦『鷹譜』、堀田正敦『觀文獣譜』
※第 XXII 巻〈2013 年/平成 25 年刊行予定〉
『虫譜』、飯室庄左衛門『虫譜図説』、『芳斎虫譜』、栗本瑞見『千虫譜』（『栗氏虫譜』『丹洲虫譜』）
＊第 XXIII 巻〈2011 年/平成 23 年刊行〉伊藤圭介『錦窠禾本譜（1）』
＊第 XXIV 巻〈2012 年/平成 24 年刊行〉伊藤圭介『錦窠禾本譜（2）』
＊第 XXV 巻〈2012 年/平成 24 年刊行〉伊藤圭介『植物図説雑纂』
＊第 XXVI 巻〈2012 年/平成 24 年刊行〉伊藤圭介『伊藤圭介稿植物図説雑纂（I）』
＊第 XXVII 巻〈2013 年/平成 25 年刊行〉伊藤圭介『伊藤圭介稿植物図説雑纂（II）』

＊第 XXVIII **巻**〈2013 年/平成 25 年刊行〉伊藤圭介『伊藤圭介稿植物図説雑纂（III）』
＊第 XXIX **巻**〈2013 年/平成 25 年刊行〉伊藤圭介『伊藤圭介稿植物図説雑纂（IV）』
＊第 XXX **巻**〈2013 年/平成 25 年刊行〉伊藤圭介『伊藤圭介稿植物図説雑纂（V）』
＊第 XXXI **巻**〈2014 年/平成 26 年刊行〉伊藤圭介『伊藤圭介稿植物図説雑纂（VI）』
＊第 XXXII **巻**〈2014 年/平成 26 年刊行〉伊藤圭介『伊藤圭介稿植物図説雑纂（VII）』
＊第 XXXIII **巻**〈2014 年/平成 26 年刊行〉伊藤圭介『伊藤圭介稿植物図説雑纂（VIII）』
＊第 XXXIV **巻**〈2014 年/平成 26 年刊行〉伊藤圭介『伊藤圭介稿植物図説雑纂（IX）』
＊第 XXXV **巻**〈2014 年/平成 26 年刊行〉伊藤圭介『伊藤圭介稿植物図説雑纂（X）』
＊第 XXXVI **巻**〈2014 年/平成 26 年刊行〉伊藤圭介『伊藤圭介稿植物図説雑纂（XI）』
＊第 XXXVII **巻**〈2014 年/平成 26 年刊行〉伊藤圭介『伊藤圭介稿植物図説雑纂（XII）』
＊第 XXXVIII **巻**〈2014 年/平成 26 年刊行〉伊藤圭介『伊藤圭介稿植物図説雑纂（XIII）』
＊第 XXXIX **巻**〈2014 年/平成 26 年刊行〉伊藤圭介『伊藤圭介稿植物図説雑纂（XIV）』
※第 XL **巻**〈2015 年/平成 27 年刊行予定〉伊藤圭介『伊藤圭介稿植物図説雑纂（XV）』
※第 XLI **巻**〈2015 年/平成 27 年刊行予定〉伊藤圭介『伊藤圭介稿植物図説雑纂（XVI）』
※第 XLII **巻**〈2015 年/平成 27 年刊行予定〉伊藤圭介『伊藤圭介稿植物図説雑纂（XVII）』
※第 XLIII **巻**〈2015 年/平成 27 年刊行予定〉伊藤圭介『伊藤圭介稿植物図説雑纂（XVIII）』
※第 XLIV **巻**〈2016 年/平成 28 年刊行予定〉伊藤圭介『伊藤圭介稿植物図説雑纂（XIX）』
※第 XLV **巻**〈2016 年/平成 28 年刊行予定〉伊藤圭介『伊藤圭介稿植物図説雑纂（XX）』『総索引』
※第 XLVI **巻**〈2016 年/平成 28 年刊行予定〉伊藤圭介『錦窠羊歯譜』、伊藤圭介『錦窠穀精草科譜』、伊藤圭介『錦窠灯心草科譜』
※第 XLVII **巻**〈2016 年/平成 28 年刊行予定〉
伊藤圭介『錦窠蘭譜』、水谷豊文『水谷植物譜』、那波道円『桜譜』、岩崎常正『日光山草木之図』
※第 XLVIII **巻**〈2017 年/平成 29 年刊行予定〉総索引

各巻本体価格　50,000 円　　揃本体価格　2,400,000 円

［内容の構成に若干の変更がある場合は、ご了解下さい］

◆本集成の特色と活用法◆

(1) 江戸時代の政治・経済・文化・学問などを把握するための基本的資料集…動物・植物・鉱物・作物のその土地の呼び名、形態、生態等を記述。美しいカラーの彩色図も掲載。

(2) 総合科学としての博物学・本草学の歴史を辿ることのできる書物…現在流布されている動物・植物・鉱物図鑑の基本となった図譜集成。総合科学であるため、自然科学、社会科学、人文科学のあらゆる分野で活用できる。また、彩色図は美しくかつ正確なために、現在でも利用が可能。

(3) 完璧な事項索引…動物・植物・鉱物の和名・漢名・生薬名をすべて拾いだし、読みがなをふす。

(4) 充実した解説と解読文…資料の成立、由来、内容、学問的価値などを詳述し、難解な文書には、解読文を併載。初心者にも利用しやすいものとした。

(5) 人文科学（日本文学、日本史学、民俗学、文化史学、考古学、言語学）、自然科学（博物学、鉱物学、生薬学、植物学、園芸学、農学、林学、動物学、農林生物学、科学史学）、社会科学（日本政治学、日本経済学）の参考資料…現在入手困難な文献を集大成。

［お薦めしたい方々］

大学･高校･公立図書館　大学研究室（科学史学、日本史学、日本文学、民俗学、文化史学、考古学、言語学、園芸学、農学、博物学、鉱物学、生薬学、植物学、林学、動物学、農林生物学、日本政治学、日本経済学など）　愛書家　園芸家　動物･植物･鉱物･本草学研究家　新聞社･放送局･出版社･一般企業の図書室･資料室

江戸後期　諸国産物帳集成

Flora, Fauna and Crops of the Japan Islands in the Latter Term of Yedo Era

［諸国産物帳集成］第 II 期〔全 21 巻・全巻完結・分売可〕

(Flora, Fauna and Crops of the Japan Islands in Yedo Era----Second Series)

安田　健（農学博士）編

(Edited by　Dr. Ken YASUDA)

［目　次］

B5 判・上製・布装・貼箱入

＊第 I 巻　蝦夷（1）〈1995 年/平成 7 年 12 月刊行〉源広長『松前志』、前田健助『蝦夷志料』

＊第 II 巻　蝦夷（2）〈1997 年/平成 9 年 1 月刊行〉淡斎如水『松前方言考』、松浦浦武四郎『戊午納紗布（ノサップ）日記』、松浦武四郎『西蝦夷日誌』、小林源之助『蝦夷草木図』、栗本昌蔵等『蝦夷草木図』、大槻文彦『北海道風土記』

＊第 III 巻　陸奥・羽前・羽後・陸中・陸前・磐城・会津・常陸・下野
〈1998 年/平成 10 年 4 月刊行〉
『御領分中産物出處書抜（盛岡領）』、保田光則『新撰陸奥風土記』、『津軽一統志』、佐久間義和『奥羽観蹟聞老志』、里見藤左衛門『封内土産考』、進藤和泉『出羽風土略記』、松森胤保『両羽博物図譜（59 冊）』、田中玄宰等『新編会津風土記』、庄司吉之助編『会津風土記・風俗帳』、中山信名『新編、常陸国誌』、木内政章『常陸物産誌、巻 20『鳥之部』、植田孟縉『日光山志』、岩崎常正『日光山草木之図（1-8 巻）』

＊第 IV 巻　上野・下野・武蔵・上総・下総・相模〈1999 年/平成 11 年 1 月刊行〉
M'VEAN, C.A.『Notes on the Ornithology of Edo』、岩崎常正『武江産物志』、『徳川実紀（狩の獲物）』、『続徳川実紀（狩の獲物）』、『房総草木志稿、上下』、『小笠原島風土略記（草木禽獣虫魚の概略）』、大原正矩『八丈誌、上坤=産物、下=図』、佐藤行信等『七島巡見志』

＊第 V 巻　佐渡・越後〈1999 年/平成 11 年 3 月刊行〉
『佐渡事略』、田中美清『佐渡誌』、神保泰和『北越略風土記』、丸山元純『越後名寄』、亀協従輯『北越物産写真』

＊第 VI 巻　加賀・能登・越中・越前・若狭・信濃〈1999 年/平成 11 年 6 月刊行〉
『三国名物志（上植物、下動物）』、浅野士徳『越州物産志』、『越中魚津浦産魚品』、『越中産物名彙』、畔田伴存『白山草木志』、『鳳珠旧跡物産帳』、『羽咋鹿島両郡産物書上　帳』、『加州草木写生図』、小塚秀得『加賀江沼志稿、5冊=土産、9冊=稲田、畑作』、稲　庭正義『若狭志（若狭国志）』、大窪昌章『信州木曾草木産所記』、『信州木曾山産草類、以呂波寄』、『木曾産物図譜（図のみ）』、筑摩県『信濃飛騨物産目録』

＊第 VII 巻　甲斐・伊豆・駿河・遠江・近江〈1999 年/平成 11 年 7 月刊行〉
松平定能『甲斐国志（123 巻・産物)』、『伊豆志（豆州志稿)』、新荘道雄『駿河国新風土記』、阿部正信『駿国雑志』、藤井（居）重啓『湖中産物図證』

＊第 VIII 巻　飛騨・山城・紀伊・大和〈2000 年/平成 12 年 6 月刊行〉
富田禮彦編『斐太後風土記（20 巻)』、黒田道祐『雍州府志、巻6、土産門上』、『山城草木志』、仁井田好古等編『紀伊続風土記、巻 97=物産部』

＊第 IX 巻　大和・紀伊〈2000 年/平成 12 年 10 月刊行〉
畔田伴存『吉野軍中産物記』、畔田伴存『熊野物産初志（上)』、『紀産禽類尋問志』、『紀産獣類尋問志』、『紀伊土産考獣部』、丹波修治『紀伊国産物雑記』

＊第 X 巻　大和・紀伊〈2001 年/平成 13 年 1 月刊行〉
畔田伴存『熊野物産初志（下)』、畔田伴存『金嶽草木志』、畔田伴存『野山草木通志』

＊第 XI 巻　因幡・伯耆・出雲・石見・安芸・備前・備中・備後
〈2001 年/平成 13 年 6 月刊行〉阿部惟親『因幡志』、石田春律『石見八重葎』、吉田豊功等『福山志料』、森立之、森約之『福山植物志』、石丸定良『備陽記』、黒川道祐『芸備国郡志』、加藤景纉他『芸藩通志』、頼惟柔『芸藩通志』

＊第 XII 巻　安芸・備後・周防〈2002 年/平成 14 年 1 月刊行〉
『国郡志（芸備）（村別土産部)』、『周防国風土記=風土注進案（土産部）（上)』

＊第 XIII 巻　周防〈2002 年/平成 14 年 3 月刊行〉『周防国風土記=風土注進案（土産部）（下)』

＊第 XIV 巻　長門〈2002 年/平成 14 年 6 月刊行〉『長門国風土記=風土注進案（土産部)』

＊第 XV 巻　阿波・淡路〈2002 年/平成 14 年 12 月刊行〉『阿淡産志』

＊第 XVI 巻　阿波・讃岐・土佐・津島〈2004 年/平成 16 年 2 月刊行〉
佐野憲『阿波志』、増田休意『讃州府志』、中山伯鷹『全讃志』、梶原景紹『讃岐国名勝図会』、秋山惟恭等『西讃府志』、武藤致和『南路志（土佐)』、中島仰山（画）・藤野寄命編『愛媛高知両県下採集植物写生』、福島成行『土佐産物誌』、吉村春峰篇『土佐往来（土佐国群書類従、巻133)』、吉村春峰篇『土佐国産往来（土佐国群書類従、巻133)』、吉村春峰篇『幡多郡三島物産説（土佐国群書類従、巻 133)』、岡本信古『土陽名産志』、『津島紀事』

＊第 XVII 巻　肥前・日向・大隅・薩摩〈2004 年/平成 16 年 7 月刊行〉
木崎盛標『肥前国産物図考』、橋口兼古他『三国名勝図絵（薩隅日）（土産部)』、『地理纂考（薩摩、大隅、日向)』、木村孔恭『薩摩州虫品、附、日向大隅琉球諸島』、市川正寧『南島誌（大島、喜界島、徳之島、沖永良部島、与論島)』、佐藤成裕『周游雑話（附・薩州産物録)』

＊第 XVIII 巻　琉球・薩摩〈2004 年/平成 16 年 9 月刊行〉田村藍水『琉球産物志』

＊第 XIX 巻　薩摩〈2004 年/平成 16 年 10 月刊行〉島津重豪『成形図説（羽属)』

＊第 XX 巻　琉球〈2005 年/平成 17 年 1 月刊行〉田村藍水『中山伝信録物産考』、呉継志『質問本草、内編 1 ～4、外編 1 ～4、附録』、周煌恭『琉球国志略　巻 14・巻 15　物産』

＊第 XXI 巻　総合索引〈2005 年/平成 17 年 6 月刊行〉

各巻本体価格　50,000 円　揃本体価格　1,050,000 円

享保・元文 諸国産物帳集成

Flora, Fauna and Crops of the Japan Islands in Eighteenth Century

［諸国産物帳集成］第 I 期　〔全 21 巻・全巻完結・分売可〕

(Flora, Fauna and Crops of the Japan Islands in Yedo Era------First Series)

盛永　俊太郎・安田　健　編

＊第 I 巻　加賀・能登・越中・越前〈1985/昭和 60 年 5 月刊行〉（田川　捷一 解題）
◎郡方産物帳、◎加州産物帳、◎越州産物帳、◎能州産物帳、◎越前国福井領産物、◎越前国之内御領知産、◎越前国之内御領増知産物、◎註書下書、◎産物帳之内草之部七色註書

＊第 II 巻　常陸・下野・武蔵・伊豆七島〈1985/昭和 60 年 12 月刊行〉（秋山 高志・石山 洋・奥田 謙一・段木 一行 解題）
◎御領内産物留、◎下野国諸村産物帳、◎武蔵国川越領産物絵図帳、◎武蔵国多摩郡産物絵図帳（下）、◎豆州諸島産物図説、◎豆州諸島産物図、◎八丈産物集

＊第 III 巻　佐渡・信濃・伊豆・遠江〈1986/昭和 61 年 6 月刊行〉（生駒 勘七・川崎 文昭・波多野 伝八郎・三浦 孝美・向山 雅重 解題）◎佐州産物志、◎信濃国伊那郡・筑摩郡高遠領産物帳、◎信濃国筑摩郡之内産物、◎信濃国筑摩郡産物図、◎伊豆国産物帳、◎遠江国懸河領産物帳、◎遠江国懸河領産物之内絵図、◎蒲原郡小川荘石間組滝　谷村産物書出帳、◎信濃国伊那郡新町村産物書上帳、◎虫類・穀類諸事書上帳扣、◎享保20年駿河国駿　東郡御厨村村々穀類・果実・山菜・魚・鳥・獣類他書き上げ

＊第 IV 巻　参河・美濃・尾張〈1985/昭和 61 年 12 月刊行〉（林 英夫 解題）
◎美濃国之内産物、◎尾張国産物、◎尾州図上

＊第 V 巻　飛騨・近江・伊勢・伊賀・摂津・河内・和泉〈1987/昭和 62 年 4 月刊行〉
◎飛州志、◎近江国（高島郡・浅井郡・坂田郡・蒲生郡・神崎郡）産物絵図帳、◎近江産物誌、◎勢州三領之内御尋之品々絵図并註書、◎伊賀国産物図、◎尼崎図上、
◎河内図上、◎和泉物産（和泉国物産）、◎和泉図上

＊第 VI 巻　紀伊〈1987/昭和 62 年 7 月刊行〉（真砂　久哉　解題）◎紀州産物帳、◎紀州分産物絵図　二、◎紀伊殿領分紀州勢州産物之内相残候絵図、◎紀州在田郡広湯浅郡庄内産物

＊第 VII 巻　隠岐・出雲・播磨・備前・備中〈1987/昭和 62 年 12 月刊行〉（谷口澄夫 解題）
◎隠岐国産物絵図、◎出雲国産物名疏、◎本草物産図譜、◎島根郡東組産物絵図差出帳、◎播磨国網干領揖東郡揖西郡産物帳、◎備前国備中国之内領内産物帳、◎備前国備中国之内領内産物絵図帳、◎松山物産

＊第 VIII 巻　備後・安芸・長門・周防〈1988/昭和 63 年 7 月刊行〉
◎芸藩土産図、◎周防産物名寄、◎長門産物名寄、◎周防国産物之内絵形、◎長門国産物之内絵形、◎周防長門産物江戸被差登候註書控、◎周防長門産物相互請無之分、◎元文二年産物図註就被差登御添状写、◎元文二年十月二十八日産物帳面並図註江戸被差登候節目録、◎産物事江戸付出案、◎周防長門産物丹羽正伯不被差出御内見之覚、◎丹羽正伯老産物之儀問合覚、◎元文二年閏十一月丹羽正伯一件

＊第 IX 巻　周防《続》〈1989/平成 1 年 9 月刊行〉
◎周防岩国吉川左京領内産物并方言、◎玖珂熊毛郡産物名寄帳、◎周防国都濃郡徳山領産物附立、◎周防分産物御附出之内周防郡請無之長門請有之分書抜、◎周防岩国御領産物御附出之内類違之分書抜、◎周防岩国御領産物御附出之内穀類字違、◎岩国御領産物御附出と江戸御付出字違之分書抜（上）、◎岩国御領産物御附出と江戸御付出字違之分書抜（下）、◎徳山図註物、◎周防産物御控帳目録、◎岩国御領産物問之覚

＊第 X 巻　長門《続》〈1991/平成 3 年 5 月刊行〉
◎元文四年二月舟木産物名寄帳、◎元文四年十二月浜崎産物名寄帳、◎先大津郡産物名寄帳、◎毛利岩之丞領分長門国之内豊浦郡産物、◎長門国之内毛利讃岐守領内産物覚、◎玖珂熊毛郡産物名寄之内余り物帳、◎三田尻産物名寄之内余物帳、◎小郡産物名寄之内余物帳、◎山代産物名寄せ之内余り物帳、◎先大津郡産物名寄之内余り物帳、◎前大津郡産物名寄余り物帳、◎舟木産物名寄之内余り物帳、◎浜崎産物名寄之内余り物帳、◎長門分産物御附出之内長門郡請無之周防ニ郡請有之分書抜并長門郡請無之文　共ニ全ニ、◎長門産物御控帳目録、◎長門産物之内江戸被差登候地下図正控

＊第 XI 巻　対馬・肥前〈1991/平成 3 年 2 月刊行〉（小松　勝助　解題）
◎対州并田代産物記録、◎対馬国八郷別産物覚帳・再吟味帳

＊第 XII 巻　筑前〈1989/平成 1 年 7 月刊行〉
◎筑前国産物帳、◎筑前国産物絵図帳、◎筑前国産物並絵図取調等覚書、◎筑前国続風土記

＊第 XIII 巻　豊後・肥後〈1989/平成 1 年 11 月刊行〉（浜田　善利　解題）
◎豊後国之内熊本領産物帳、◎肥後国之内熊本領産物帳、◎産物註書、◎肥後国球麻郡米良山産物帳、◎肥後国球麻郡米良山産物絵図帳

＊第 XIV 巻　薩摩・日向・大隅〈1989/平成 1 年 12 月刊行〉
◎三州物産絵図帳　上（大隅国産物絵図帳　春夏部扣、大隅国産物絵図帳　秋冬部下書扣）◎三州物産絵図帳　中（日向国諸縣郡産物絵図帳　春夏部扣、日向国諸縣郡産物絵図帳　秋冬部扣、日向国諸縣郡　産物帳扣）◎三州物産絵図帳　下（薩摩国産物絵図帳　春夏部扣、薩摩国産物絵図帳　秋冬部扣）

＊第 XV 巻　蝦夷・陸奥・出羽〈1990/平成 2 年 4 月刊行〉
◎盛岡領御領分産物、◎盛岡領御書上産物之内御不審物図、◎羽州領内産物帳、◎米沢産物集、◎陸奥国田村郡三春秋田信濃守領地草木鳥獣諸色集書、◎松前志目録

＊第 XVI 巻　諸国〈1990/平成2年7月刊行〉
◎富山前田本草、◎陸奥国産色絵図

＊第 XVII 巻【補遺編1】常陸・下野・下総・越中・信濃・美濃・尾張〈1992/平成 4 年 7 月刊行〉
◎［常陸国］東崎町草木産物類書上帳、◎［下野国］佐野領産物之内三拾色絵図、◎下総国猿嶋郡下郷二拾三ケ村産物覚、◎［越中］産物書上帳（魚津町）、◎信濃国諏訪領諏訪郡筑摩郡之内産物絵図帳、◎木曽産物絵図註書、◎美濃国産物、◎尾張国産物
＊第 XVIII 巻【補遺編2】陸奥・越中・尾張・和泉・安芸・伊予・壱岐〈1993/平成 5 年 2 月刊行〉
◎［陸奥国盛岡領］従公儀御尋之産物御領分中書上留帳、◎［陸奥国盛岡領］公儀御尋之産物、◎［陸奥国仙台領］刈田郡滑津村産物、◎［陸奥国会津領］関本村産物書上帳、◎尾張国知多郡常滑産物、◎和泉国大鳥・泉郡之内関宿領内産物図、◎［安芸国］賀茂郡下市村産物目録、◎壱岐国産物考、◎［伊予国越智嶋］従公儀御尋物品々、◎［陸奥国盛岡領］磐井郡東山簗館村、天狗田村産物書上帳（活字のみ）、◎［越中国立山芦峅寺］産物書上帳（活字のみ）
＊第 XIX 巻〈1995 年 2 月刊行〉　◎総合索引
＊第 XX 巻【補遺編3】出雲〈2003 年 6 月刊行〉（田籠　博　翻刻・解題）
◎出雲国産物帳（本帳）、◎出雲国郡別絵図註書帳（能義郡、意宇郡、楯縫郡、出雲郡、飯石郡）
＊第 XXI 巻【補遺編4】出雲《続》・隠岐〈2003 年 6 月刊行〉（田籠　博　翻刻・解題、岡　宏三　解説）◎出雲国郡別絵図註書帳（神門郡）、◎隠岐国産物帳（本帳）、◎隠岐国産物絵図註書帳、◎出雲隠岐産物名違之分

第 I 巻のみ本体価格 28,000 円。第 II 巻–第 XVI 巻は各巻本体価格 38,000 円。
第 XVII-XXI 巻は各巻本体価格 50,000 円。揃本体価格（第I巻–第XXI巻）848,000 円

株式会社**科学書院**
〒174-0056 東京都板橋区志村1-35-2-902　電話 03(3966)8600　FAX 03(3966)8638
発売元・霞ケ関出版株式会社
〒174-0056 東京都板橋区志村1-35-2-902　電話 03(3966)8575　FAX 03(3966)8638
E-mail：E-Mail Adress：info@kagakushoin.com；kagaku@kagakushoin.com
Homepage（URL）：http:www:kagakushoin.com

近世植物・動物・鉱物図譜集成　第XL巻――伊藤圭介稿**植物図説雑纂**（XV）
［諸国産物帳集成　第III期］
2015年3月25日　初版第1刷
著　者　伊藤　圭介
編　者　近世歴史資料研究会
解説者　遠藤　正治
発　行　株式会社科学書院
〒174-0056　東京都板橋区志村1-35-2-902　TEL. 03-3966-8600　FAX 03-3966-8638
発行者　加藤　敏雄
発売元　霞ケ関出版株式会社
〒174-0056　東京都板橋区志村1-35-2-902　TEL. 03-3966-8575　FAX 03-3966-8638
ISBN978-4-7603-0365-6 C3321 ¥ 50000E

五色津多 梅蛇葡萄ノ紅白斑アリ

紫葛ノ異只ソ花戸ニ多シ緑葉ノ者ハ深山幽谷ニ多シ

春新葉五色ニシテ美ナリ冬葉枯ル実葡萄ニ似テ小

熟シ紫色故ニ野葡萄ノ名アリ此類蔓強ク藤橋舟

橋等ノ用トス

常春藤 [illegible]

常春藤図説 [illegible] 蛇葡萄ニ充ツ [illegible]

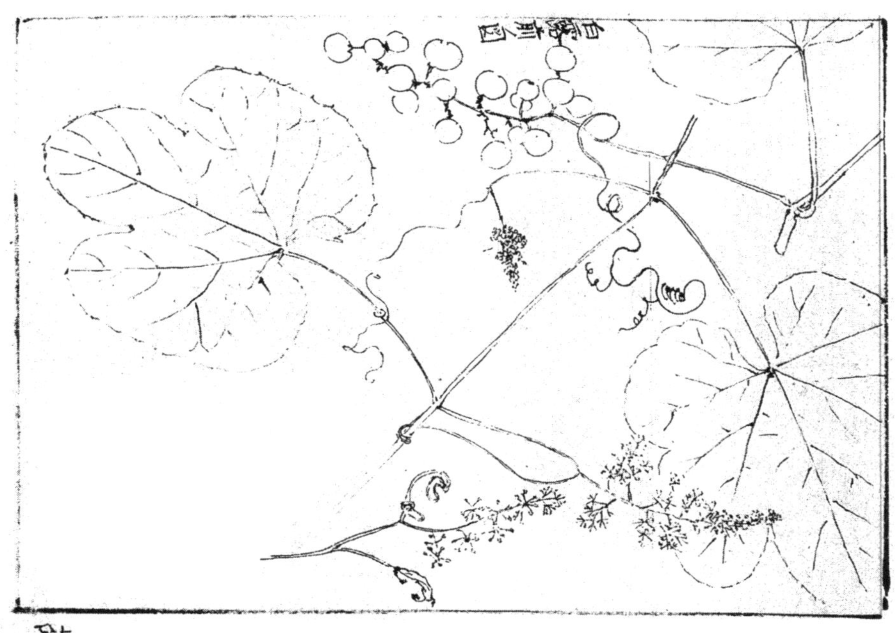

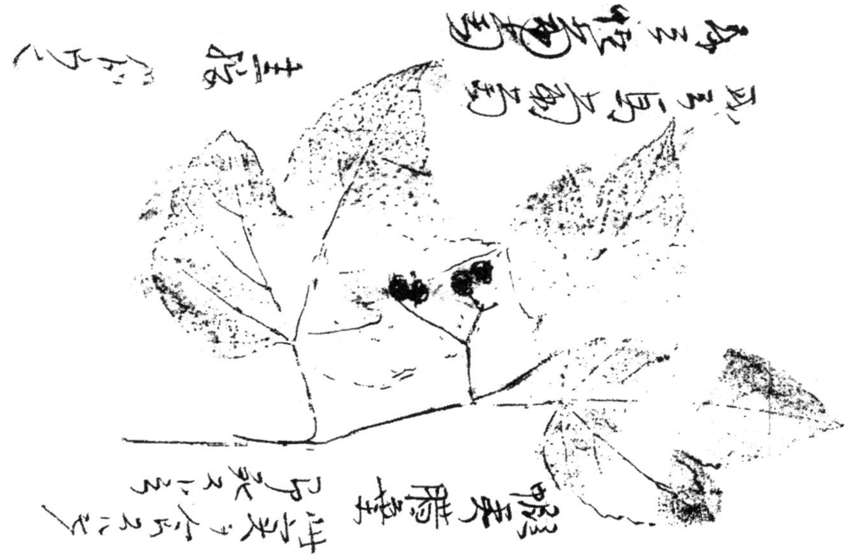

近世植物・動物・鉱物図譜集成 第XL巻

伊藤圭介稿 植物図説雑纂(XV)

［諸国産物帳集成 第Ⅲ期］

目次

伊藤圭介稿 植物図説雑纂百五十六

ケ十三

決明

一名羊明 本草和名 引釋藥性

○決明 エビスグサ

和名エビスクサ 本草和名 カシヤア 蘭醫シイボルト

和産ナシ集解説トコロ二種アリ弘景説トコロノ馬蹄決明ハ享保年中漢種渡リ今處〻薬園ニ栽四月種ヲ下シテ生ス一茎六葉對生シテ蚕豆葉ノ如ク其一葉本狹クシテ末濶シ其大葉ハ圓茎ニ互生ス夏月茎高サ二三尺葉間ニ淡黄花ヲ開ク形梅花ノ如ク花心ニ莢ヲ結ブ長サ尺許方角ナリ中ニ子アリ緑豆ノ大ニメ茶褐色形馬蹄ニ似タリ薬用ニ上品ナリ一種ハブサウアリ琉球ヨリ種渡リ今處〻ニ栽ユ琉球ニテハ蛇ヲハブト云琉球ニ

はぶさう

ハ毒蛇多シコレヲ栽テ蛇ヲ避クト云ハブハ即反鼻ナリ反鼻ハマムシナリハミト云ヘビト云ハブト云皆音通ナリハブサウハ蠻名センナ雁甸セーヌブラーデレン蘭蒔ト云三四月種ヲ下シテ生ス葉ハ馬蹄決明ニ似テ尖リテ狹ク槐葉ノ如ク六葉八葉對生ス秋月茎高サ三四尺枝ヲ分チ梢ニ穗ヲナシ花五瓣黄色迎春花ニ似テ肥タリ後角ヲ結ブ圓シテ長サ三四寸熟スレハ茶褐色莢中ニ子アリ圓シテ黄蜀葵子ニ似テ緑褐色ナリ寒地ニテハ實ヲ結バズコノ物幼新書三十六巻養生必要云蛇滅門草此草人家種以辟蛇此草形如草決明而葉實作角ト又發明ニ時珍相感志ヲ引テ云圃中種決明蛇不敢入丹溪朱氏言決明解蛇毒本於

戒洋烟詩次俞稷卿先生元韻二十六首

近來最賤是洋烟大瘾惟燒五百錢吃不窮來何必戒只防精力耗先天
終日昏昏没正經烟枕香氣未曾停少爺脾氣師爺派一箇燈兒點着青
不管深宵漏滴銅吸烟慣試斗玲瓏家人伏侍難言睡半夜三更怨乃東
布西紋銀買毛槍家私還大不愁光陳在外土箱篭滿紅棠休誇積太倉
鐵嚴選須過瘾頭打來茶會怕人稠大爺烟量僄來好惹得館人懶應酬
為商正事客來家門上巍然閙阿爹打過午鐘猶未起廳前呆坐穿親爺
只得安閒没氣淘銀錢出入付憑條先生管賬多虧空瞎眼東家依舊遨
不問衣裳便說向湖藍彩子着輕羅剪刀縱放錚錚響不覺烟膏漬許多
如病如夢睽洋烟不解消閒只解眠眼黑唇攤真鬼相無常伯伯聳方肩
燃心菓子莫愁無冷夜洋烟放膽呼陪着夫人閑取笑良田久曠不收租
肝氣纏綿信不紅丈人清恙惹身中洋烟勸睽居然好每夜連燒三兩箇
病如纏體酒如醺奶奶清妝不繫裙趿靴雙雙檯對戰家規從此不成丈
只有洋烟是命根賭場方檐上烟墩有人慣做黃牌九輸了銅錢我竟昏
舊交恰好契相投拜帖持來即便收送我毛爺方過瘾盡來裏面話從頭
從前酒量至今消拇戰輸來便討饒牌未散時人没影裏閭幽静　燈桃
跟班提着手巾包紙買篭頭烟好熬夜静街頭店門掩回言好似剌心刀
夫婦同心睽大烟今年土賤勝前年堂名戲館皆無欠劃轉剛剛二百千
良田千畝還而翁廿畝經年算計工費盡也須五十載子孫余裏自家窮
傍奴美婢最騷頭晦氣臨門也不愁午睡未醒爺奶奶門房竹榻便香偷
請得先生事已完嬌兒功課忽相應寬讀書僅識之無字日日牀頭好樣香
不図門面只図身怕煞煩勞欲避人熟客何妨留寢室但須防着緑頭巾
嫌疑不避美多嬌烟友談天興倍高時與夫人同過瘾更眠何異赤條條
請到醫生是內行提防烟漏没收場人參侭有銅錢買莫待他年哭煞娘
秋來復瀉饗琳球亮急渾如満肚抽怪煞吸烟無力吸周全性命白千休
喪輿発引閙盈街黄口孤兒淚暗揩親戚年家爭拜送憐他玉樹此年埋
勸君又早戒洋烟淨世風光有幾年但願為君祝長寿故將俚語綴詩篇

侶鹿山樵録

俞先生勸戒洋烟詩登報見示雒誦之下知先生救世苦心痛加鍼砭吸烟者見之自當疾首悚心僅檢息聳異何兒一決勝負矣抑余尤有慮焉煙之興也始於官幕繼及吾華漸而大商賈漸而小經紀今則傭丈毀豎丐子偷兒倡染是疾矣自小經紀而下從一日間所得者幾何而於此大癖譬若吾輩謀衣賦之全而小賭場之盧雉積來倦之費而謀鄣食之鴛鴦所謂不度德不量力者甚至見消亡後難為継咎固由於自取死亦不足深惜獨至世家子弟有先澤而不享遂此區區坐致癈將失事紊亂家规而自以烟漏死嗚呼痛哉錢雖未窮人則已矣余・故事為上等者說法未知有当於　俞先生否也敢質之　侶鹿山樵還希　哂政

前錦集

此ト云ヲ視レハ決明モ又蚘ヲ辟クルナリ全ク一類ナルコト知ベシ
コレ時珍説トコロノ茳芒決明ナリ槐葉ニ似テ角二寸許中子如
黄葵子黄蜀葵也而扁ト云是ナリ又備急本草ノ眉州決明子
救荒本草ノ望江南花暦百詠ノ江南豆皆同物ナリ時珍又茳
芒ヲ附録ニ出スハ重出ナリコレ同物ニシテハブサウナリ又山扁
豆ヲ同物トスルハ誤ナリ山扁豆ハ和名キツ子ノピンサヽラ一名
カハラ決明ナリ救荒ノ説ニ詳ナリ釋名青葙子ハ和名ノゲ
イトウナリ附録ノ茳芒ハハブサウナリ蘭山エンドウサウ一名
ゴマメト云物ヲ充ツ薩湖ハセンダイハギヲ充ル皆誤ナリ
茳芏者貝原氏七島(シチトウ)ト云モノヲ充ツ薩州ノ七島ニテ席ニ織製ス

問 罌粟花をケシと訓して芥子の字を用 如何 俳諧名
答 罌粟花ハ正字也又罌子粟又御米花ト云米嚢花とも云
ケシの花の事也罌子花と書てケシの句用ゆべし 俳ニハ罌も
常なるものなれバ花の字と粟の字を略て只ケシともケシの
花とも用ゆ遍し 唯ケシと云ても花の心ハ句中に籠りて
いふるなれバ罌子花と書たれハとて必もと訓るに
及ばずと見ゆ遍し 粟と云時ハケシの実のことなれど
略して罌子と書てもよろしかる遍されど花といふ字を
並てるは穏也それハ季よかてあるなり偖芥子と書ハ
誤りなり芥子ハ和名カラシ也芥菜といふ物ハカラシナ也芥子と云
ときハからしの実なり罌子花といふハ大に遠へるものなりケシ粒と
カラシ粒とハ大小の相違あり是ハ俗ニ其の事也久しき郵俗の
違ひそれたその誤也大くと知る遍し これハカイシ
ケシとの音ちうきよりの誤歟可考

救食生洋烟

鴉片烟之流毒中國久矣上自士夫下及負販幾至無人不染指焉即食生烟自盡之案亦復層見疊出而救治得生者十僅一二三蓋諸方均用嘔吐等藥不知吞食者可吐而吐其流往往以酒調服毒流臟腑其逗留上中焦者可吐而生其流入腸胃以下者則不可吐而死矣武林汪雲伯大令有用甘草一觔煎濃汁灌治之法十可治八九蓋用吐不若用解之為愈也按甘草性解諸毒於洋烟尤宜灌下汁多能追入大小腸盪滌烟毒用意最深奩單方內有以甘草熬膏調入烟內每兩逐漸加至四五錢即能斷癮可為解烟毒明證惟恐一時熬膏不及仁人君子不妨多備以濟世可也

滬游雜記　壱

ニテ人眼ヲ悦バシムベキ園圃ノ一粧飾物タリ[illegible]毒草ナリ[illegible]

又箭干ノ箭ハ[illegible]盛ナル盆ナリ[illegible]ノ形盆ニ似タレハ名ニ[illegible]

[illegible]ニモ見ヘタリ　又俗ニ芥子ト記スレド非ナリ[illegible]ハカラシノコトナリ

問 罌粟花をケシと訓ず俗ニ芥子の字を用 如何 [illegible]

答 罌粟花ハ正字之又罌子粟又御米花ト云米嚢花とも
ケシ乃花の事へ罌子花と書てケシに用ゆべし 俳諧にも
と賞せるもの多れハ花の字と粟の字を略て只ケシと
もケシの花とも用る也 ケシと云ても花の心ハ句
中に籠て見ゆるあれど罌子花と書たれバとて必其と訓
ずるに及ばずと心得べし 罌粟と云時ハケシの実の事之
されバ略して罌子とばかり書もよろしく風情れと花と
見る字と置たらバ穏しかれバ季ならでも見ゆ有 俗ニ芥子
と書ハ誤あり芥子ハ和名カラシ也芥菜と云時ハカラシナあり
子と云時ハからしの実あり 罌子花とハ大ニ遠へ[illegible]
ケシ粒とカラシ粒と大小の相違あれど也ハ雅文の事ニ久しき
邦俗の通用とハ見へられたその誤れ大くと知る風しられ
カイシとケシの音ちかきより誤り 猶可考

罌粟花
即米嚢花 有千葉單葉之異 連雖種之五色爛然
歙州物産志 十二

又 罌中白米極細可煮粥 和飯食
又水研濾漿 同緑豆粉 作腐
食尤佳 亦可取油 ト 見えたり 故ニ [illegible]
作[illegible]
柔[illegible]味佳[illegible] 和[illegible]
用ノキストヌ

[illegible]

櫻粟

豈是東皇巧剪裁、春歸猶古三浙膏腴

地也、種西洋櫻粟、來富春巖紅花緑實清艶多有種櫻粟者

コレヲ琉球表ト云合明草ハ不詳蘭山ハ決明ノ一名トス西湖ハ
四出ノ花ノ如シト云ニ因テ田字草ヲ充ル不穏

○阿芙蓉

阿芙蓉 ケシノシル 詳ニ醫宗粹言制方ア
リケシボンシヲハリデサシテツレヨ
リ出ル汁ヲトルナリ 一名 鴉片 泄人心
法

[illegible]

三 ケし

芥子（ケシ）

一重咲
杜丹咲
八重咲
[illegible]咲

一名里杜丹

[illegible]

十三

罌子粟　○罌子粟
ケシ○ケシホウズ○ケシホンシ○ハツ
ハアブリス○ガツハアブラス ニ名トモニ
ヨラン二ダ○ケシビヨイドシノ八月ノヒ
カンニ日本テワマクナリ　花ハ紫碧白

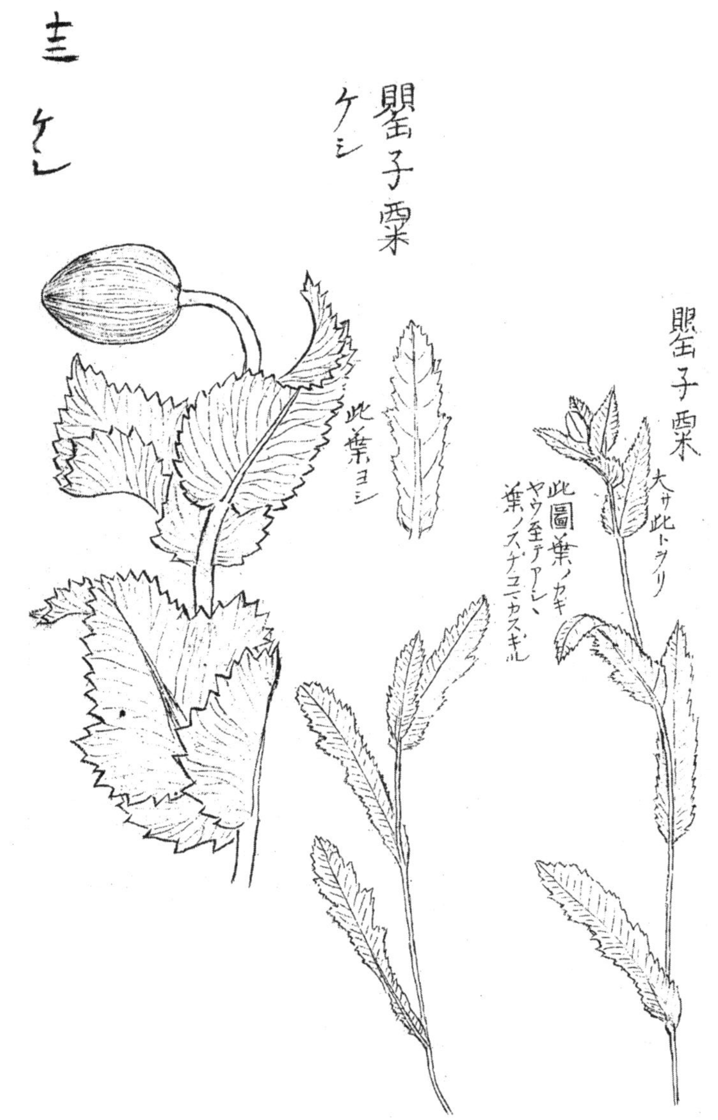

○記　阿芙蓉ハ罌粟ノ汁　洋烟毒膏
ト云モアリ俄阿片膏鈍伸ハアリ等
本殊片煙ト云フ者也　一

○罌粟米　穫氏曰、罌粟花、処々有之、園人隔年糞地、
八月中秋布子、涉冬至春始生苗、極繁茂、微苗作蔬、油醬
拌食甚佳、李氏曰、葉如白苣、三四月抽臺、結青苞、花開則
苞脱、花凡四瓣、大如仰盞、亦有千葉起楼子者、其色変
態不常、有白者、紫者、粉紅者、杏黄者、半紅者、半紫者、
半白者、艶麗可愛、故又名麗春花、花開三日即謝、而罌在莖
頭、長一二寸、大如馬兜鈴、上有蓋、下有蒂、宛如酒罌、中有
子、如白米、極細、一罌有数百粒、可充粥食、取子水研濾
如乳、同緑豆粉作腐食、尤佳、其殻入藥、可止瀉止痢、
原味渋也
本草綱目言

罌子粟今ノ案ニ介志 異名 御米 象穀

麗春花今ノ案ニ千ノ葉乃介志

阿芙蓉今案介志乃志酉 異名 阿片

阿片 備前国和気郡伊部村 日本地誌提要 九

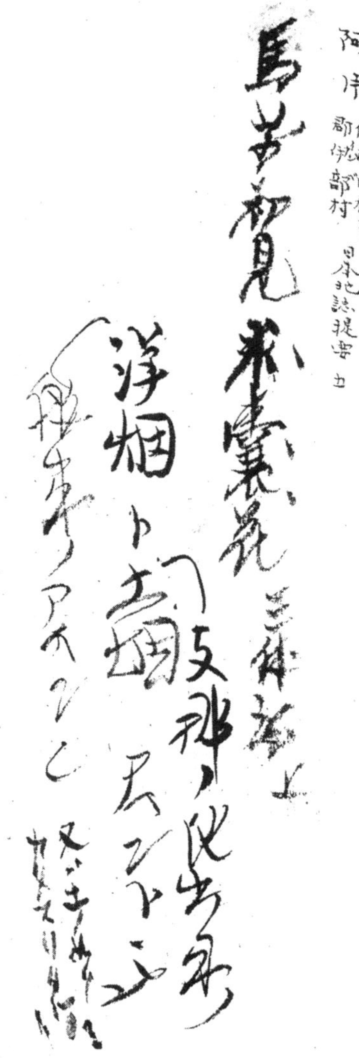

罌粟

以状如瓶罌其中似粟故名本草有罌子粟正用此字俗云鶯粟者誤　赤城志 三十六

解鴉片烟毒

急用活鴨血多灌之凡服鴉片烟者最為神效若身冷气絶似乎已死如身體柔軟則臟腑筋絡之气尚在流通實未死也乃鴉片烈性醉迷之故耳醉其人放在潮濕陰地用筷子撬開牙齒（或用磁調）（若受撬用鋼鉄箸等物又不能開 受撬開或用烏極撬之亦開矣）以筷子撬開牙横放口內使口常開以冷水時時灌之或白沙糖調冷水灌之更妙外用手帕二三條以冷水泡透放胸前輪流更換或用盤塊豆腐亦可又用冷水一盆將頭髮散放盆內時時換水切不可見太陽一見日照即不可救三四日後鴉片之气散盡即活如身不硬雖七日內亦可回生切不可以為無救遽行棺殮此法曾救多人無論服毒輕重雖手足青黑照此救法無不活也惟切忌灌服糖油恐受塩滷之毒又致誤事若服葯雜乱亦不可救慎之慎

之活後多服白沙糖水及生菉豆夬沖水服最效
有老仵作云檢服鴉片烟死骨伏者居多側者
亦常有之平仰者甚少蓋因其人埋在土中鴉片
毒氣退盡仍復生活輾轉棺中不能復出久則真
死矣故其骨殖多伏即側實為服鴉片烟可救之
確証也道光七八年間廣東省有吳姓者寄居客
寓窮極無聊吞鴉片烟而死屍三人不敢收殮知
此人有親屬在三水縣地方遣人往告其親屬四
日後始至而此人已於前一日活矣 又有人吞
服鴉片烟百藥不效死後降乱云當日因用藥雜
乱是以不效惟用真本硼砂黄色似膠者為真冷水調服
可以立蘇試之屢有奇驗 驗方新編 七

ノ二種アリ三十四瓣ノ花ナリナゴテ
モ外ワ四瓣ノ花ナリヒトヱノモノワナ
カニミタクアリ又センヨノハスクナシ
麗春花トヱワケシノ一ツデヒナゲシト
ヱノナリ、花ノ形ハ甚チイサシ、葉ニ
ハキレコミアリ、甚フカシ、即此レナリ、
一名虞美人艸 花鏡 百般嬌 同上 蝴
蝶滿園春 同上 罌子粟ノ一名 米殼花
群芳譜 米囊花 同上 [illegible]囊子 救荒本草
羊古米 御荼本草 罌粟子 寧波府志
千金不移花 花暦百詠 ヒナケシノ一名
寿草 楊升庵文集

罌子粟ケシ

白

實

罌子粟ケシ

罌子粟ケシ
紅白ニシリ

罌粟花（けし） ひとへあり 紅白紫 八重の紅白紫あり 八重ある
ハむらさき多し 三月の末ひらく 色きれいに目ひらく
ひとへハ実多く千葉ハ子すくなし 次のちにて作りなる
る土地によろしかるき地には生せさて実をまきて上に
土をおほふへし 又はまきちらかへし 八月中旬に種
かねてより地を耕し数遍日にすて後糞をしきこまる
ほとして耕し地をこなしてて 漫栽或畦を立て植へし
上にたねを仍つかるを以て目をおほひ 苗をしく多とそく
へし 生しては あしきを抜去てまれにすへし 苗志けきハ

○此の書ハ凡一考すへし [illegible]
罌粟栽培 大坂府下[illegible]
[illegible]
[illegible]以上
[illegible]

福膏 福漿

内地所産鴉片皆祗鶯粟花汁熬成膏耳向惟廣東有之嘉慶末年浙江溫台等處亦有之所謂溫漿台漿也近來閩中福寧府屬亦有之其成膏者謂之福膏其未成膏者謂之福漿其漿以鑵成理土中久則味勝夷産若未久埋則暴燥不堪吸食嘗因之思夷産亦祗鶯粟花熬成之漿惟海船載

來二萬餘里風濤顛簸慮其傾壞故以細土和乾成筒置箱中至中國仍以淨水調開淋土收漿熬成膏耳或謂別有一種土者非也又或言贖購童男女倒懸樹上令其血肉朽爛滴入土內又或言加砒煎成故生飲其漿即可以殺人蓋甚言之以戒吸者其實鶯粟性寒極歛多食其漿亦必濇氣閉以致死也惟夷人載來者和土既久性稍平緩故其氣味亦不同土産之暴烈竊謂鴉片雖有土稱實與土無與本草綱目載阿芙蓉尚祗爲入藥之用若沈李龍所著食物本草鶯粟下云熬漿可作膏又云劫病之功雖多而其殺人過於鋒刃慎之戒之其時未有鴉片前人蓋已知爲漿可以吸食與其爲害人之甚物勝於砒鴆矣　閩雜記

罌粟花 正字也又罌子粟又御米花ト
いふ米嚢花といふケシの花の事也俗ニ
芥子といふハ誤なり芥子ハ和名カラシ也

あしく蒔ハ小便を為ざく澆くへし圃史曰うつし植ゑハ
あしけらすハ苗生して茂る而不生ハ又播くへし○本草云
九月布子居家必備ニ九月九日又中秋日植へしハ花落る
とき蒔ふ虫多く生するあり茶を忠ふとらちへし
然らすハ傍ハ実を食し又他菜ふもうつりて害をなす

○白芥子 繁多しものやく茶をはらへし 花落
異名云米嚢也其実如細米也 下學集

罌粟殻 俗ニケシボウヅト云

罌粟 ケシ 濠州 俗語

76 梅園草木寶譜

○陽人以初物冠之 罌粟ノ七種アリ

罌粟

和名ケシ八月種ヲ下シ春長ス葉粉青色ニシテ極テ缺刻多シ高三尺許四月花ヲ放ク花謝シテ房ヲ結ブ房内細子多シ按スルニ本邦薬用及菜蔬トスル者ハ白花單瓣ノ者之本草此説ナシ今細子ヲ胡麻ニ習テ用ユ白花ノ者ヲ多ク種植ス俗呼テ実ゲシト云苗モ初生鰵ヲ抜採テ可食花ケシト称スル者紅紫單瓣千葉葩ノ端他色ニシテ本白色ノ者等数色アリ中葉ニモ千葉ノ者ヲ麗春花ト云咋ハ花ケシ別ニ呼ニ合リ

罌粟　ケシ説可シ單葉ノ白花ニ限ラズ單葉ナレバ白紅紫花ニ実多キモノ之

大和本

申報 久信 丙子三月

山豆是東皇巧剪裁春歸猶有好花開絶憐三浙膏腴地種西洋罌粟來 富春厳州等處多有種罌粟者 紅花緑實頻饒清致

罌粟花三種

罌粟千瓣五色虞美人。瓣短而嬌。満園有。夾瓣褁。

動但ゝ子種在八月中秋月下土。宜人肥則明年

夏月花茂。否不及矣。亦宜蓋以毛灰。免令虫食其

子　遵生八牋　十六

罌粟

罌子粟

麗春別種也種具数色汁為鴉片　安慶府志　巻五

阿亞芙蓉賽牡丹芙囊色甚変　游默齋有譜別種麗春　孝豐縣志

罌粟　花有五色葉如芥而細花似山牡丹實如小罌子如小粟故一名

御米陽年中秋日或重陽種之宜肥土子同芝麻苞内出鴉片　太平府志　巻十三

ケナ十三

八

敦信堂詩集　巻三

盆栽罌粟花数本次日阿妻ノ蹟

ニテ五古アリ残英律ク飛ヒ當階不忍掃ー

リノ愛惜ノ情ヲ叙セリ

印書館随筆　巻二　ケシ

近来害人之物莫過于鴉片而人多嗜之甚

過嗜番甚也余所見以此隕命者多矣

而更有醸成大故云ゝ

罌粟科

○けし

九年一月官報ニ出

漢名 罌粟 洋名

けしノ嫩苗ハ民家食用ト為シ弊害アルヲ見ズ然ルニ阿芙蓉ハ此殻ヨリ出ル乳汁ヲ製シ阿芙蓉ノ功害劇烈ナルヤ世ノ通知スル者ナシ枯ノ罌粟殻ヨリ製スル舎利別咳嗽ニ功アルヲ聞キ素人自ラ煎シ砂糖ヲ加ヘ舎利別トナシ其分量ヲモ知ラズ殊ニ小児ニ妄用シ其毒ニ因テ死ニ至ルモノ世間往々此弊害ヲ見聞スルナリ尠カラズ実ニ悲嘆ニ堪ヘサル情ナリ其ノ中毒ノ症タルヤ嘔吐煩悶譫妄脈細数皮膚蒼白瞳孔収縮便秘流汗痙攣劇シク呼吸逼迫終ニ斃ルニ至ル故ニ実ニ恐ルヘキノ毒薬ナレバ速ニ医ニ就テ治ヲ乞ハザルベカラズ医ノ来ル迄ハ速ニ吐剤ヲ与ヘ又植物酸ヲ内外ニ兼用シ或ハ軽絡蜞針モ兼用スベシ

十三

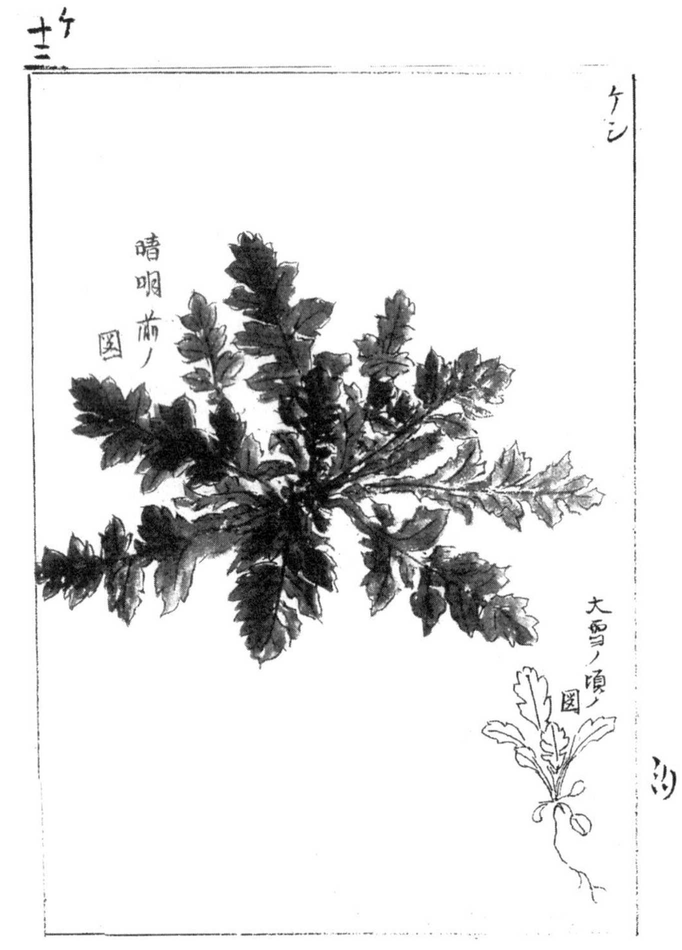

○米嚢花

米嚢花即チ罌粟花ハ又御米 氏云 其花変玩スベシ、（花史雑記）
嫩葉ト嫩種子ハ食用トナシ又ソノ殻ヨリ醫藥不可缺
ノ阿芙蓉ヲ製造スベキ一奇草ニシテ各部居家
ノ有益ナラザルハ無シ首夏ノ候茎頂ニ花ヲ着ク
大小四瓣ニシテ其色雪白、鮮紅、粉紅、紫等数色
アリ或ハ白ニシテ紅邊或ハ紫ニシテ紅邊ノ異色
アリ嬌艶灼爍ソノ美麗牡丹ノ如シ故ニ花鏡ニモ
賽牡丹錦被花ノ稱アリ亦人眼ヲ悦バシムベキ園
藝ノ一粧飾ナリ　已下　大ノ年青ノ部ニ出

罌子粟 草本 八月種 として灰人糞を多くして再々澆べし
又ごぢんそうも罌子粟に似て小きもの也 肥も同じ 花鏡
云 錦被花 未種前須糞地極肥後以釜底烟煤拌撒
用細泥蓋可免蟻食
罌粟花
色有大紅桃紅紅紫純紫純白一種而具数色絶類
麗春 虞美人 瓣短而嬌 満園春 夾瓣 剪絨花 芸汲
狹長剪裂花蕊 洞大 倶以子種
西帰出斜谷 雍陶 過張 出斜谷 出蓋千川 家 唯
今日散馬前初見米嚢花 注 陶成都人 米嚢即罌粟花 蓋出當時
蜀事 植
西ヶ原 末 有 稲
絶句 巻 九
古節 芥子 大廿二 四十三 介之加良

無限春愁今日散
馬前初見米嚢花
雍陶成都人米嚢即
罌粟花蓋當時
唯蜀事植而中原未之
有也 絶句 巻 九
九丁

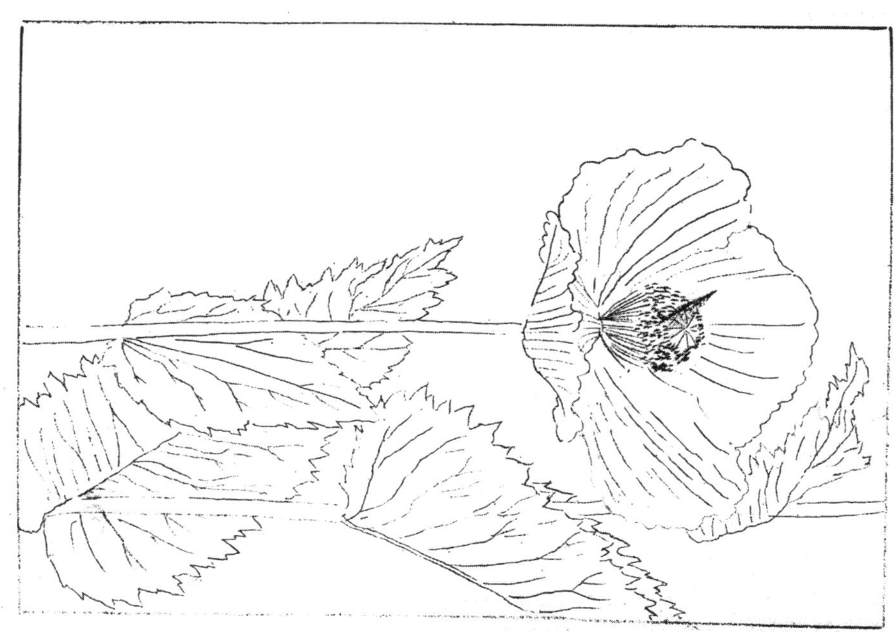

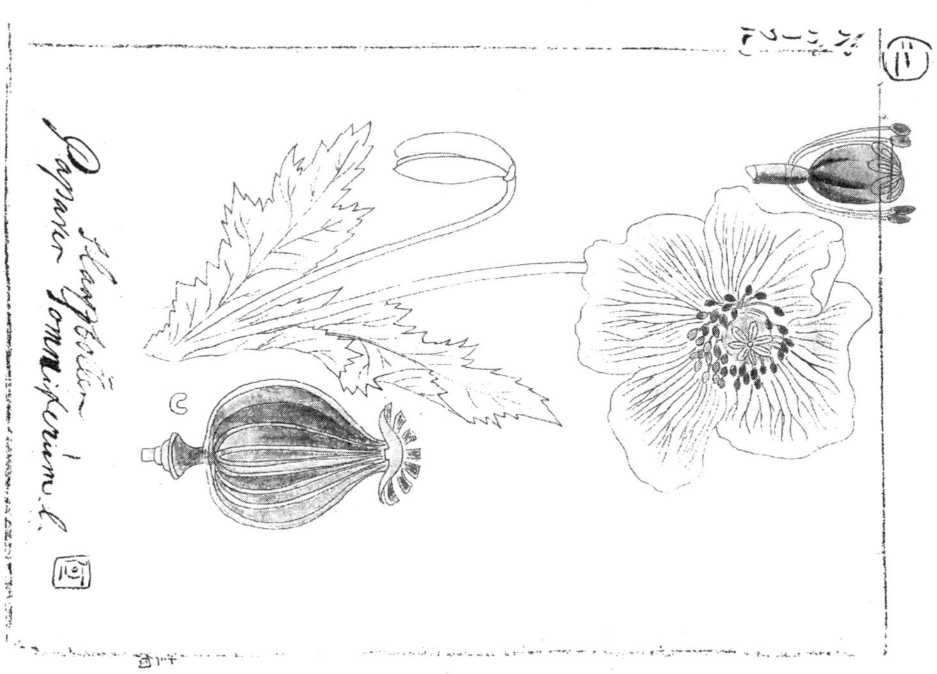
Papaver somniferum L.

四雄蕋ニシテ多雄蕋ノ實礎ヲ圍抱シ林氏
第十三綱第一目自然科目ノ罌粟科ニ
係ル其色

○此草ハ亜細亜、阿入多ニ自生シ伊太里亜
ガスパ小亜細亜等ニテハ培養シテ以テ阿片ヲ
製ストム又漢説ニテハ其ノ産地ヲ記スルヲ觀ルニ
我日本ニテモ自生地アル所ヲ蓋シ昔時印度
地方ヨリ傳植セシモノト見ユソノ年時ヲ詳ニセズ
追補

花史雑記 年十月十五日
○米嚢 俗ニケシ 本木記スルモアレ共、芥子ハカラシナ
ナリ、ケシ 罌子ノ皆ハ古ヘ食物ヲ盛ル盆ナリ、此實
形盆ニ似タレバ名ニ名ニ負ハスト本草ニ實形如罌
酒罌ト云ヘ旋リト成形圖説ニ云ヘリ

食用
此種子ハ甚タ微細ノモノニシテ之ヲ研リ煎
服スベシ聯珠詩格ニ童子能煎鶯粟
湯ノ句アリ註ニ罌子粟其花亦有多葉
者、其子數千萬粒、大小如葶藶子、其
色白、隔年種則佳、研子以水煎、仍
加蜜為鶯粟湯ト是ナリ」

御米花

亦名罌子粟，一名象穀，一名米囊，一名囊子。處處有之。苗高一二尺，葉似靛葉色而大，莖梢多有花，又開四瓣紅白花，亦有千葉花者。結殼似骲箭頭，殼中有米數千粒，似葶藶子色白。隔年種則佳。米味甘，性平，無毒。救飢：採嫩葉煠熟，油鹽調食。取米作粥，或與麪作餅，皆可食。其米和竹瀝煮粥食之極美。

草木花之考　巻五

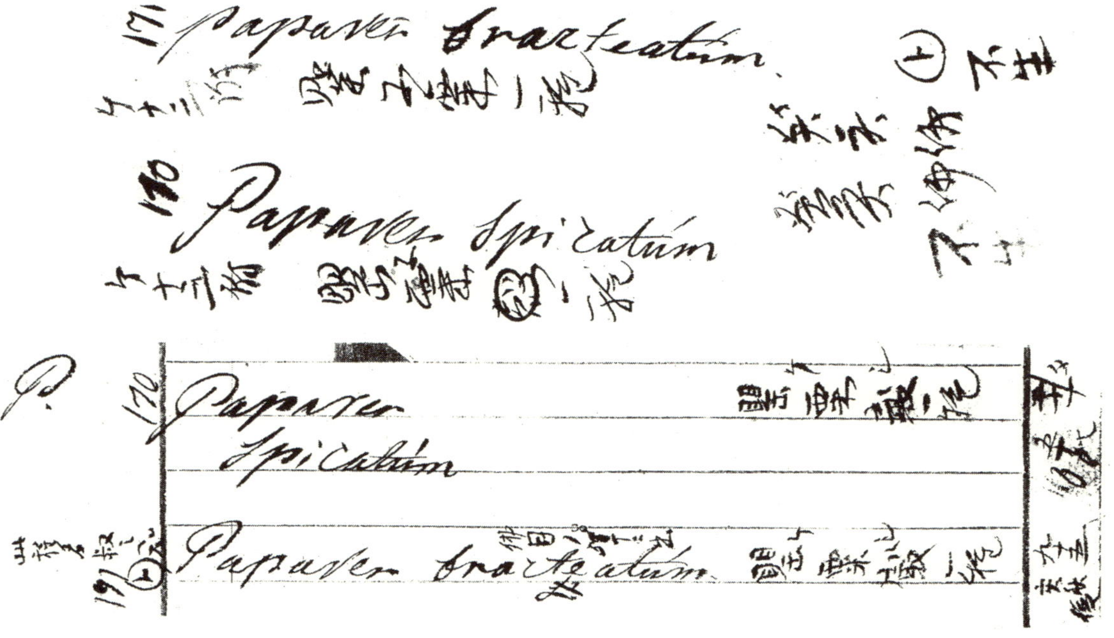

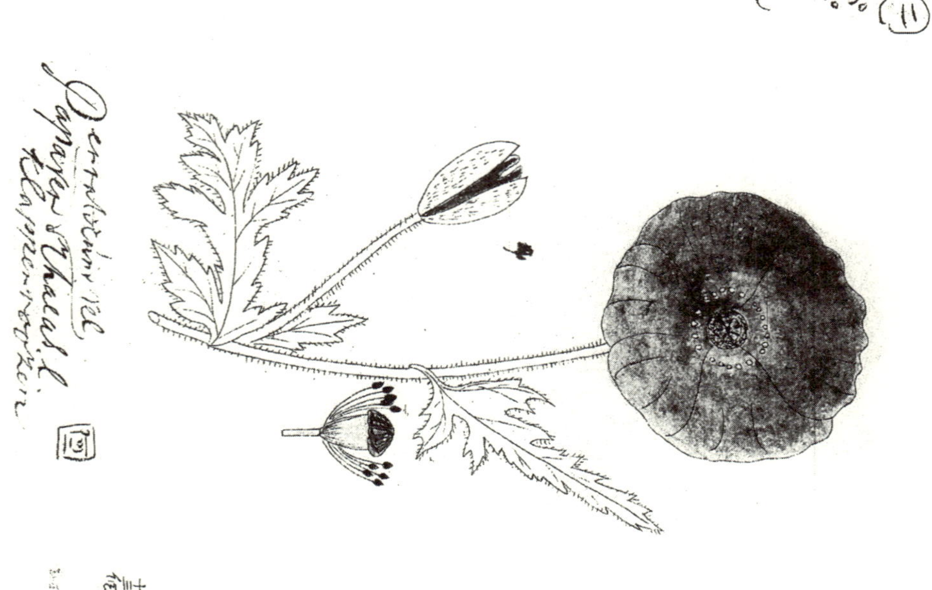

Papaver somniferum (Linn) ケシ 罌子 阿芙蓉

Decoction of poppy-heads. 罌殻湯

Poppy, red 紅罌粟 スミ

Poppy, white 罌子粟 スミ 御米

, capsule 罌粟殻 スミ

Oil of poppy seeds 罌子油 スミ

一 ヒナゲシ ビジンサウ 虞美人草	同
P. Rhoeas L. [illegible]	

○ケシ マンコウプ

パパヘルソムニヘリユム マアンコウプ

[illegible]

罌子粟

秋月種ヲ下ス葉ハ薊ニ似テ刺ナリ白色ヲ帯ブ四月茎高サ

四五尺　茎頭ニ花ヲ開四弁ニシテ大ニシテ小白花或紅辺或ハ

紫ニシテ紅辺又白辺円弁鋸弁千葉ノ数品アリ千葉ノモノ

ハ外四弁ニシテ内ニ数百ノ小弁満ツ

蚨殻ヨリ阿片ヲトル殻ノ赤熟時刀ニテ堅ニ上皮ヲワリ暫クシテ

白汁出ルヲコソゲトリ乾ス

方言前実熟ノ ケシ

罌. P. som. album

- 14100 -

ケ十五

御米花　ケシ

罌子粟ハ実ノ名ナリ八月種ヲ下ス不日ニシテ生シ春ニ
至テ長ス高サ四五尺葉若菜ニ類ス尤互生草辨
アリ重辨アリ色ニ数品アリ單辨ハ四出ナリ本草ニ
形色ヲ詳ニ辨ス故ニ汁ヲ阿片ト云フ

罌粟
登株其花有千辨單辨紅白紫之数品與倭産無異
琉球土名計志乃波那

罌粟科　Papaveraceae
罌子粟　一十三綱目
一ケシ　*Papaver Somniferum* L.

米嚢花
ヒトヘナル紅白ムラサキ千葉ノ紅白紫アリ千葉ナルハ尤ウルハ
シ三月ノスヱヒラク実ニ所ハ四月ヒラクヒトヘハ實多ク千葉ハ子ス
クナシ沙ウチミテノヤハラカナル土地ニヨロシカタキ地ニハ生セズ実ヲマキテ
上ニ土ヲオホヘカラスハヽキニテハラフヘシ八月中旬ニウフカ子テヨリ地ヲ
耕事数遍日ニ干テ後糞ヲシキ又ホシテ耕シ地ヲコマカニシテ漫栽
或畦ヲ立テウフヘシ上ニタナヲ作リコモヲ以テ日ヲオホヒシハシハ水
ヲソヽクヘシ生シテ後シケキヲ抜去テマシニスヘシ苗シゲキハアシ
ヽ糞水小便ヲシバシ澆ヘシ園史曰ウヱツレウフレバシゲウスノ苗
生シテ若所々不生ハ又マクヘシ○本草云九月布子居家必備云
九月九日又中秋日ウフヘシ○花落ルトキ葉ニ虫多ク生ズル故又アリ
葉ヲ速ニトリサルヘシ然ラズハ後ニ実ヲ食シ又他菜ニモ妨リテ害
ヲナス事多シハヤク葉ヲサルヘシ
花譜　三

ケシ　或説ニケシハ開白(ヒラケシロシ)ノ上略ナリト

ミコツブ

ケシノ華　ハツハアヘル紅毛　ハツハアフリス同

罌子粟　御蒙穀 温州府志　鶯粟穀 同上

罌粟穀 本草彙言　粟穀 方書

釋名 米嚢子 開宝彙言　御米 同上　象穀

時珍曰其実状如罌子其米如粟乃象乎穀而可以供御故有ニ諸名

秋月種ヲ下ス事林廣記ニ俗説アリ為言重九日種又云中秋夜
種則罌大子滿説以竹節掃之花乃千葉兩手重疊撒種則重臺
花ト云ヘリ甚俗説ナリ葉ハ薊ニ似テ刺ナク白色ヲ帯フ四月莖高サ
三四尺莖亙生梢及葉間ニ花ヲ開ク先莖上ニ青苞ヲ結ビ下垂ス
漸ク開キ漸ク仰キテ苞脱ス其花四瓣二ツハ大二ツハ小中央ニ実
アリ罌(ツボミ)ノ形ノ如ク上ニ菊花ノ蓋アリ其外ハ罌ノ周リニアリ
一日ニシテ瓣蕊共ニ脱落ス罌漸ク大ニナリ内ニ小子多クアリ花色
十数種紅白粉紫色或ハ白ニシテ紅辺或ハ紫ニシテ紅辺四瓣アリ鋸瓣ア
リ千葉ナルモノハ開テ二三日落ズ外ノ四瓣ハ大ニシテ内ニ小ナル瓣数多

ミ色赤一ナラズ甚美ナリ單葉ノモノハ罌肥テ實多シ千葉ノモノハ
罌瘠長クシテ子少シ

一種ヒナゲシアリ一名ビジンサウ

[国朶須知] 罌粟殻白花ノモノ上品　アヘンハ未開ノ蕾ノ時ニ竹
刺ニテ刺シ白乳汁出ルヲ五倍子末ニ和拘シ乾シ用ユ漢土上品ナリ
主治咳嗽久喘ヲ促大便下利痢疾ニ用ユ腹疼瀉下ニ効アリ
阿片モ同効ナリ

薬用及菜蔬ニスルモノハ白花單瓣ナリ俗ニ実ゲシト云
○八月十五日ニ下種ベシ
○蔕下ケシノ花陰干　〇毋毒白ケシノカラ煎洗

[成形図説] 筍子(ケシ)　即罌子粟也筍ハ古食物ヲ盛ル盌ナリ此実ノ形
乍盌ニ似タレバ名ケ負セシにや本艸ニ実形如罌子花開三日即謝
而罌在茎頭長一二寸上有蓋下有帯宛然如酒罌ト云リ子は
助辞なり漢名もありて俗ニ筍子の実と云もあり又夫木集ニ四方の
海をひとつのけしてハ一の筍子ての意やは中にもなりも出べきと詞はい
わはぬも四海の御水を筍子の殻して汲乾ほすとハ決てなるしかくへきを知る
あがほうりの事しのあるもあるぬゆゑそ此艇殻の花さき実なる世の世ニ出
それれんかもしいひ比する神ずりやいりしへ名怙しふれ竹木の実りてハゆかんずと
羅磨の子殻を割るハ艇舟を似されど甚く小き所なるを云なり如是語嗣
るが如くま木集の筍子してのは筍ハ艸の名にハ非ざれども筍子てふ事乃
枕をはいふべきあらそ又今童児の項髪を留て縦髪(ケシ)を削るを筍子坊
主と呼ぶも此ものゝ実に象りし言也本艸ニ罌子粟花開則苞脱花凡四
瓣大如仰盞罌在花中鬚蕋裹之てあるは筍子坊その頭形を解
るが如し我と彼相掛ぜしてそ名付けらる暗に合ふ亦怪むべしとなむ

罌子粟　米囊子　御米 以上同宝本艸

象穀 目個
錦被花 以上花鏡　罌粟　賽牡丹
米穀花 以上群芳譜の抄ト也ハ　米囊花　御米花
花多主とせざるは皆花字を加へたり
罌粟子 寧波府志　櫻粟 服大後周本草　囊子 救荒本草

蕃名マーンコップ

竹その培養の法は圃を細に耕し畦を平にし糞土を補て總
ゑを厭よ拌て中秋より重陽のころまて撒べし 撒て微しくあそふ
あり
古今医統云撒ての上を竹帚にて掃ば千瓣となり兩手に交累て
撒ば花重樓となるとあれはいかゞあらん
種子隔年に撒るを戒とすべし但移植に宜しからず又蟲付
虫付き易きものなれば驅除き或は糖の油あるは煮汁
を灌し流すべし

花の色は紅白とあり單葉のものは四瓣又千葉なるものは大
葩四瓣にして其内に小葩多く攢く又單なるは實多し實るは
実少し實は粥に作り餅とし油とすべし今多く果あまた具へり
本草多穀部に収めたれど如何にて米穀を同じく合ゆ
そのなり
蒴子乃瓶 多識篇　蒴子乃泡 和名三才圖會　蒴子乃脂
罌子乃油
阿芙蓉　阿片　鴉片 以上綱目
以上法州にて方言阿片といふ
霞片
活人心法以上音了 罌粟津液の名にして蕃語の譯なり
而を綱目 内珍云 俗為雅片 名義未詳 或云阿方音稱 識也
以其花色似芙蓉而得此名 とあるハ臆度乃強解そ
蕃名アーヒヨン

罌子の液を取るは三四月比花謝していまだ老ざる青殻を浙（カラ）ざ本
かまず傍ら又外物すらも緻なる苗を切り膏液出るを盈る
竹刀もて刮り磁（サラ）或は紙の類に入て收全西土すべく八年後に
大針を其青殻に刺て津液を取るは又おなじなり其方を全く
搗碎き渣を去液を給る五倍子の粉を入て文火にして輕ゝと熬
せんじ膏のやくにおさまるを度とし火を下し冷ときの時は凝結て膠
あるものなり按に清董西園ヶ医級云鴉片乃外出之物有反化之妙
閩粤多藉以姿慾故為禁物其説をきくれば漢人の権来するものは
いと難るべきものぞ入事このもの至ても多く
ても植は高貴しさき頃は聞も處をもて俗まる事に藥度を致
らずして其用を眺り　氣味酸澀辛温微毒あり
主治　瀉痢止するを戒むる和生しを療し　又男子の精氣を泄らし
ほうみせ許りを白湯もて用ふべし　本草　小児痺咳
まい失心風癲癇　共に粒の大きにて白湯もて一粒を用
ふべし極て效あり若効なき時は復一粒を用ふべし過服すべからず
ハ碎ゞ緊く醒ず　粒宛を用ひて一ちうの

效あらずし若效なき時ハ一ヶ月の間は復二粒を用ふべし病の新
なるは必らずや功験ありて愈るなり然しては二七日より一粒或三ち又一粒つゝ
用ひて一年の間用ゆ　本邦経験
○利病に罌粟殻　蜜製して赤　厚朴　薑製して　各等分　右細末し毎服一匁　米
湯にて服すべし但生冷の物を忌べし凡三次にて早愈る　簡便方
○参香散
男子婦人冷熱互に攻合ひ利病となり日夜度数しれず後の底腑
のかいさし裏急もしく痛むに用ゆ
罌粟殻　筋を去り蒂を去り蜜に浸けて尻かりに切陰き米能まで炒り乾かせ
陳皮　甘草　各一両　厚朴
姜の汁にて浸し一宿　炒る
香良　乾薑　各等分　右細末して毎服二銭　赤利ならは甘草の
煎物　白利ならは陳米の飯すべく但よろ赤白相交利ならは此薬の蔵
物すべく然るを若犯湯ならは又コレラ湯もしく熱する物を飲まず
利ならは粉しる紀井の水をとりて加えて服るべし但法の生冷の

め物油つけたるもの麺類類のものを食ふべからず

罌粟湯

腸胃の間に冷熱を結び或ハつめたき物をのみて脾胃を

傷ひ或ハ酒をのみ過ぎて腸損し痛く赤白若くハ血膿を下し

若くは腹脹り[illegible]昼夜間なくくだる

甘草あぶる　黒豆炒て皮を去る　陳皮白を去る　艾葉揉て　干姜二匁各

罌粟殻ふしを刮けさりて蜜を塗て炙る四匁　右を細ニ刻ミ合て毎服三銭水一杯半入

一杯ニ煎じて渣を濾て温めて食後に服すべし　[illegible]

冷物油気の物食べからず　初ニ[illegible]

斗門散

前の利病臓腑つかへて痛ミ或ハ赤白膿血おまじり又方　五

色の痢病[illegible]禁口痢共ニ悪心嘔逆飲食共に口ニ入ざるを

罌粟殻

ふしを刮け蜜をぬりてあぶる

乾葛　黒豆　各四両炒て皮を去る

地楡　楚を去る　甘艸　あぶる各二匁　干姜　炮　当帰

土頭を去る各二匁　右を細末にし毎服二銭水一杯を七分に煎じ　温に

て服すべし　食前に用ゆ

固腸散　脾胃の間に[illegible]傷れ冷熱相伴て赤白膿

血下り腹脹り[illegible]食をすゝまず　罌粟殻ふしをとり蜜を塗

炮る　肉豆蔲　生にて用各二匁　甘草　炮る　干姜　炮

各二両半　南木香　一両少しあぶる　陳米　炒て廿両　細末にし

毎服二銭酒一杯棗一ツ七分に煎じ　姜棗を去て渣を濾

して撹て温め服す　湯を好む人ハ水にて煎じ[illegible]　但油気麺

類生魚を食べからず　固腸湯　大腸腑の虚冷[illegible]

酸石榴皮　半両　黄連　地楡　両各二　罌粟殻　醋に浸し炮る

茯苓各一匁を細に刻み合て一度に服すべし[illegible]の重さ　水一盞半　生姜

三片　烏梅一ツ入て七分に煎じ　滓を濾て空心に服すべし

御米湯　利病久しく或ハ赤白利[illegible]痛く或ハ血をくだし[illegible]

ざるに　干姜　人参　蘆を去り各二匁　甘草　炮　罌粟殻　蜜を

塗炮る　白茯苓各五両　厚朴　刻ミ姜汁に浸し炒乾し　十両

細ニきざミ合て毎服三銭水一椀半生姜三片干棗三烏梅
一个て一椀ニ煎じ濾て空心ニ服し老と幼ニは
血ノしてより但老幼ニハ少ばくを與ふるなり
立効散　諸の悪利或ハ赤白或ハ膿のごとく胸腹痛ミ裏の
急にきのごとく或ハ禁口利ありて飲食せざるを治ス産
後の利病にもよし　罌粟殻　地楡　各剉ミ合で毎服三銭
水一椀半入て七分ニ煎じ渣をさりて空心温ニ服すべし小児ニは
年を量らひて與ふべし　諸の生しく冷きもの油類生魚を
忌む

罌粟殻ふくをさり蜜を塗て炒じ　當帰頭をさり　甘草炒し各三文　赤芍薬　醋石榴皮　地楡　各半両細ニ剉ミ

香粟飲　一切の利役病ニ寒熱風湿ことごとく治す下して
後も　御米殻ホッカラをぬきてレイヨウニ炒　丁香　五花ぬき
まり炒らせ　乳香　龍葵の実セイなして一ツ　白豆蔲一太分
赤皮をさりて甘草　一寸五分細ニ剉ミ合て服一服
と水一椀を七分ニ煎じかすをさり温ニ飲む
開胃散　是ハ一切の利病ニ黄連等の冷薬を多く飲て
冷氣肉に入て中風のごとく歯をくひつめ後ちハ牙とはせざるを

口利ニは甘草を用ゆ
罌粟　南木香　檳榔　柳子　陳皮　細ニ剉ミ合て毎服二銭水一椀入て七分ニ
煎じたりて汁煎ぜ物ニ四君子湯の末を二銭加入て服む
四君子湯　人参カブラを去　白茯苓皮を去り　白朮各二両　甘草一両炒ル
等分に合せ皆細ニ剉ミ沸湯点き調ひて服べし　以上萬安方
凡痢病を治するに罌粟殻阿片を用れは大ニ後害を招く
俗間痢を利しまた相謬て痢の字ニ利の字を加ふるもの
あれども今の痢ハ滞下なり利ハ下利自利や後世法療の
収るおては大に遅疾あり下利自利容しく此三味を施すべし
痢ニ至ては之を留むは則症を壊しまり大ひに病人を害
もは此味あの方能く擇ふべし

米囊花

婪尾春残後、千葉錦繍團、西籬藏有種、十日借
誰餐、貪去蜂腰健、採来鹿眼寛、此中滄海花
國瀉奇觀、

此君書樓詩鈔巻一

罌粟

俗呼萵苣蓮亦名鶯粟郎米囊花

天津縣志 十三

紅毛語 スラープコロイト
羅甸語 オーピユム
漢名 阿芙蓉 一名 鴉片

唐蠻共ニ今持来ル。古製ハ形ス阿片膏
ナリ罌粟ノ葉ヲ以テ。圓ク包ミ来ル。
數千ケ中ニハ。様々アリ。罌粟ヲ採ル時
節ニ依テ。同物ヲ異製ノ如ク製造
度々ニ及テ。其委キヲ知ル古文アリ

阿芙蓉彙聞目錄

巻一

原始

澳門圖說

論澳門形勢狀

上廣督論制馭澳夷狀

外番借地互市

乾隆鴉片律例

嘉慶鴉片律例

道光三年鴉片律例

論洋害

Opium 鴉片烟 Patna Opium 公班烟 大土

Malwa Opium 白皮 小土 Benares 油

Turkey Opium 金花 Shim-tee opium 西土

Yûn nan opium 雲南

卷二

論阿芙蓉害

鴉片烟害

禁用洋貨議

禁烟

紀鴉片烟変

禁鴉片示

章程十則

收繳烟土示

諭各國夷人示

章條三則

再諭各國夷人示

諭英夷示

現行新例

封關議

卷三

交兵上

庚子七月清商單報

庚子十二月清商單報

辛丑六月清商單報

辛丑十二月清商單報

壬寅正月清商單報

壬寅十一月清商単報
癸卯七月清商単報
英夷侵犯始末
現定勦英夷賞単
劉烈女畧傳
議和條規
英吉利傳天下諸國示

巻四
交兵中
和蘭人風聞記
清商口演
琉球人口演

巻五
交兵下
鴉片始末
四海圖
清一統圖
清沿海圖
清江防圖
清江海形勢録
呉中江海形勢説

巻六

間歇熱用阿芙蓉之症 出于伊百乙阿芙蓉條

阿芙蓉ノ適當スル病タル其症太多シ就中間歇熱ニ用ヒ患者ヲシテ安静セシムルノ劑トシ甚タ良効ヲ奏セリ」然レモ腸胃性ノ汚物停滯ノ候著シキノ症ニハ用ユベカラズ又其熱ノ焮衝性ナルヰハ阿芙蓉最モ害アリ」其熱戰栗悪寒ヲ以テ発シ却テ熱勢甚ダシカラズ脈小ニシテ頻ヒ且ツ患者熱ノ發作ノ外身体衰弱シ神経鋭敏ニシテ眩暈ヲ発シ殆ンド微汗ノ候ナク尿色淡白ニシテ水ノ如キ症ニ阿芙蓉劑ヲ可カラザルノ良薬タリ」其

熱常ニ神経症即チ昏眊病局処ノ疼痛痙攣ヲ以テ再発スルノ神経性ノ症ニ於テ多量ノ幾那ヲ服シ[illegible]ニ効ヲ奏セザルアリ如此ノ熱ニハ毎ニ悪寒ノ発スルヰ多量ノ阿芙蓉ヲ服シ速ニ効アリ又熱ノ発作ノ前四分時許ニ阿芙蓉ニ揮発ノ刺戟物ヲ配伍シタル薬剤ヲ以テ時〻服セシメ予後ソノ熱ノ間歇ノ間ハ幾那ヲ用ユベシ又上ニ称スル如ク幾那ニ少許ノ阿芙蓉ト金硫黄ヲ配伍シ用テ有益ノ薬剤タリ 済生三方中巻廿七枚

最昭明ナリト称ス又黄擄那 間歇熱ニ阿片ノ功
ニ阿片一貝ヲ加ヘ用ル方ナリ 八銭ヲ与ヘ其後服

稍片

鴉片產於西番彼處名為合甫融見徐伯齡蟫精
雋向止行于閩廣今則各省並皆漸染其類有三
一曰公班出明雅喇一曰白皮出孟買一曰紅皮
出曼達喇薩烏土為上班即公白皮次之紅皮又次
之紅皮又有三種花紅為上油紅次之別出嗎喇
又蠻叭哩者名鴉片紅見瑒秋衡海錄又名阿芙
蓉見李時珍本草綱目凡內洋載鴉片之船曰躉
船首城包賣之戶曰窯口其往來交士之船曰快
蟹艇亦曰扒龍艇販烟者但在零丁洋近年每歲
來二萬餘箱烏土約八千箱每箱約八百円白皮
約一萬三千箱每箱約六百円紅皮約二千箱每
箱約四百円計歲耗洋銀約一千五百萬円嘉慶
州吳石華學博蘭玲彌宮文辨之甚詳且近時内
地但有能種者在浙者曰台漿在閩者曰建漿在
蜀者曰葵漿耗精傷財廢時失業莫此為甚余旨
有鴉片篇十首云穹袠小枕一榻鋪陰房鬼火
紅模糊中有鴛鴦鶴背客窓添一口青霞呼非蘭
非鮑氣若草加膠如餳色則焉或云烏巽或花子
運以土化搗泥塗加以水齊炮製法文火武火煎
為酥清克大來渣滓去鍊金而液成醍醐此品者
自西域地居奇者誰番賈胡
朝廷嚴禁官晚諭烟載來若牛腰初閩津吏晉豈
不覺偷而路者千青蚨況復此輩盡癖嗜一見寶
若青珊瑚近聞中國亦能製其物愈雜毒愈痛呼
嗟黃金買糞土可為痛哭哀無辜傾闔此物沙房
術久服亦復成盧無其氣既窒血盡耗其精隨失
隨亦粘積而成引癖不止參苓難起膏盲魅可等
世人溺所好爭食無肉此不跌典裘質被癡不至
那顧屋底炊烟孤噫嘻屋底炊烟孤沐頭猶自聲
鳴鳴有江南程某者已成大引既而悔之然不能
成因作洋烟詩十數首内有句云不覺漸成長命
債豈知早受一燈傳言之鳴咽又裝烟之管俗々
曰槍價有昂至數十金者有人句云此與殺人山
寄箏不名烟袋故名槍警絶

兩般秋雨盦隨筆 四

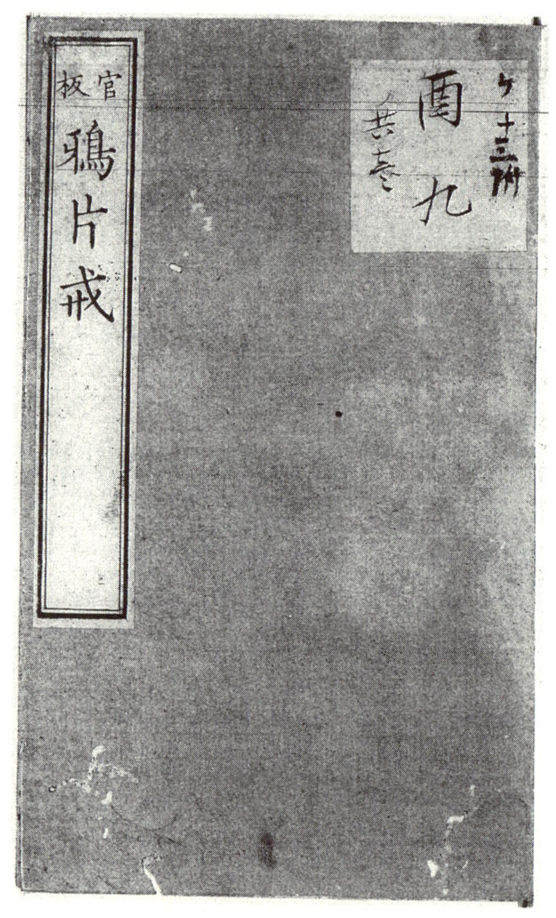

米嚢花

[illegible]女春發後千嚢錦繍圖西蕃藏有種

十日信催留餐負去[illegible]腰健[illegible]麗眼

實此中渉葉[illegible]花毬溟奇観

[illegible] 一

罌粟花 ケシノハナ

賀[illegible]伯雅 鷗先生詠物百首

妖艶偏憐似牡丹墻東避世待春闌微風不起花頻

落浥露依然萼獨殘縦嬰中千斛粟難供夢裡一

炊餐早抛飾歸真處恰作宮娃入釋看

序

余來中華之甯波設局行醫往往有求戒烟癮
者余因以吾友所作鴉片諸戒而重為繙譯并附解
烟癮藥一方以傳之華人意將盡勸華人不食此也
夫烟之有癮猶酒之有癖也飲酒則滋事食烟則廢
事其弊雖異而其所以害人者則無不同故敝國近
立戒酒會鄉黨自好之士皆私為訂盟非惟不以之
自勵而并不以之宣衆蓋昔時常有貪酒而醉於途
者其行蹣跚而不正其言襍糊而不明甚且有仆跌
狂言者皆為士君子所不齒今檢舊簏中有醉人圖
[illegible]

因附卯於卷首、俾人知沈於酒者、無殊染於烟也、而凡欲解烟癮之人、可以法敝國戒酒之會、以一己食烟之所需、日積月累、而家不至終窶者、即國亦無憂匱乏矣、余嘗以烟土之進中華者、綜計之、自嘉慶元年至道光二十二年、共三十三萬六千有七十七箱、二十三年至二十六年、約進九萬箱有奇、二十七年進四萬一千箱、二十八二十九年、進九萬九千箱、三十年至咸豐二年、雖未暨查確實、然每年亦約五萬五千箱之數、則三歲之中、又得十六萬五千箱、每箱之銀不下數百員、皆換於華人、而綑載之外洋去矣、

要之烟土之進、每歲加增、則中國之銀、即逐時減少、吾未識減至完盡、將復何以爲國、有心斯世者、能不於此猛省歟、故能戒食此毒、不獨有益於身家、而且有益於國事、或有難余者曰、汝西方人也、烟土來自西方、而勸解之書、又出自西方、何互相矛盾若是、余曰、因汝不知西方本非一國、而有此論、宜也、吾敝國無種烟之土、今汝不深考、夫烟出自何國、販自何商、而渾指之爲西方、未免爲博物者所譏耳、且亦思販烟之商、即損人猶足以利己、而食烟者、不顧一己之損、而反歸利於他人、豈非不明之甚乎、夫人心最難

挽回勸之愈亟則持之愈堅卽幸自翻悔而守之不久食之增劇吾願華人日夜深省庶可倚之而變其心幸華人勿以余言爲贅也

合衆國人培端序

○鴉片戒

犯法

國法森嚴私開烟館煮賣販賣與吸食者皆定死罪人生宇宙事事可以謀生物物可以娛情何苦專尋此毒自罹法網

不孝

嗜食鴉片爲父母者既憂其絶嗣促年又懼其不法生禍以血氣既衰之人積沉綿莫解之憂因憂致疾因疾隕命是何異於人子促親之壽言念及此不孝之罪眞堪痛恨

破家

凡人衣食饒裕或祖父所遺或一己自創一旦嗜此至癮坐食無用兼以淫朋宴友聚集浪費身家定必銷之迨饔飧不給借貸無門甚至賣妻賣子途窮自盡者有之廻思向所享之產業經祖父及已身多少辛勤儉積今因嗜此而忽歸烏有清夜

何不捫心、到此悔之何及、

害身

嗜此奇毒、雖素性勤敏者、至是亦伸足貪眠、俾晝作夜、縱有要事、每多廢失、且食必以時、舟車輿馬、按刻引燈、或中途阻絶、則上涎下痢、苦楚難堪、至於顏焦骨槁、似鬼非人、是人近鬼、求生而不可、爲生欲死而不能、卽死雖有聰明特達之才、不足爲用、雖有金玉綺羅之富、不能久享、切身之害、莫此爲甚、

壞俗

凡食鴉片有上中下三等、人俱爲害俗而讀書縉紳富貴上等輩爲鄉族表率者、尤爲要緊、一染此毒、則己不正、無以正人、鄉族有不法之徒、雖嚴行禁戒、彼僅面從背則羣指其隙、而非議之、且鄉黨庸衆子弟、以爲此輩人猶且爲之、相率效尤、廉恥盡喪、食至囊空烟絶、則乞憐屈膝、甘居下流、引奴隷爲儕伍、偕乞丐爲同羣、甚則設機械以傷人、爲匪盜以致亂、風俗之壞、愈趨愈下矣、

以上數條、僅錄其概略、以警世、彼販賣煮賣之人、縱逃法網、必遭神誅、身家喪亡、子孫罹禍、此自然

之理也、至嗜食者、常早思回頭、切不可再食、如謂染之既久、不能解脱、何不日減以求消退、或以藥漸改、亦能脱去、毎見犯此毒者、多有服藥見效、身體無病、日添壯健、不如前日瘦痩、其家業亦不至於速亡、奈何人不明此、反以謂買藥無錢、飾詞致辦、亦思買土之錢、從何而來、何不以買土之錢、以買藥乎、至於竭力能改、以後亦不可乘興再食、倘或有人邀爾共食、不可再染少許、如此堅心、方爲極善、若全無染及之人、觀此受染者之辛苦、尤宜加戒、願讀者細玩之、俗云、謀事在人、成事在天、有

人染此悪習、只因其心久已深迷、願解此者、若僅依靠一已之謀、恐終不能成事、而悪病斷不能絶、必須誓天自戒、以絶其根矣、

○解煙癮方　附

火酒二斤或四五斤　上猺桂二兩　川附子二兩

東洋參二錢愈多愈妙　川椒四分　呉茱萸一錢

如作瀉再加煨肉果二錢

右藥一料裝入磁瓶中、隨人烟癮大小、別加烟土一錢或二錢而止、浸三日後、毎逢癮時、能飲藥酒者、飲一杯或二三杯而止、如不能飲酒者、易以冷

清湯浸其斤數照酒式但每飲藥一杯又必須預
備冷清湯半杯加入瓶中如此藥力漸減癮亦漸
除矣隨服補藥方見後一料食完如癮不除再服
至二三料未有不除者余益經驗多人矣
嘗見大行舖中管事者即自己不食鴉片亦備烟
燈等物以俟客人何不除此而備藥酒以勸客嘗
以勸客戒非惟於客有益即舖中朋友子弟亦少
染及矣

○補藥方

製川附二錢　上猺桂二錢　煨肉果一錢

吳茱萸一錢　川椒四分　白當歸三錢
西黨參五錢　焦冬朮三錢　白茯神三錢
清甘草七分　大淮山四錢　焦白芍二錢
廣皮八分　製半夏二錢　川芎一錢

右十五味非惟大補氣血而兼豁寒痰服十劑至
數十劑不拘自能身壯力健不思再食烟矣

○速解食生鴉片方 又附

食生鴉片能令速死見者幸爲抄傳勿秘
胆礬八分研末　白芥子用生者研極細末約二羹匙
右二味皆藥舖所有和半滾水調勻令飲下如不

鴉片戒　六

吐、多飲清湯、胸滿必吐矣、病者、勿任其昏睡、以清水噴其面、常使驚醒、扶而行之更妙、俟吐後再延醫進藥、庶不致緩而無及矣、

鴉片戒終

邨嘉平刻

發閲目錄

舶來蕃書類

官版原書類

同翻譯書類

老皂館

東都竪川三之橋

萬屋兵四郎

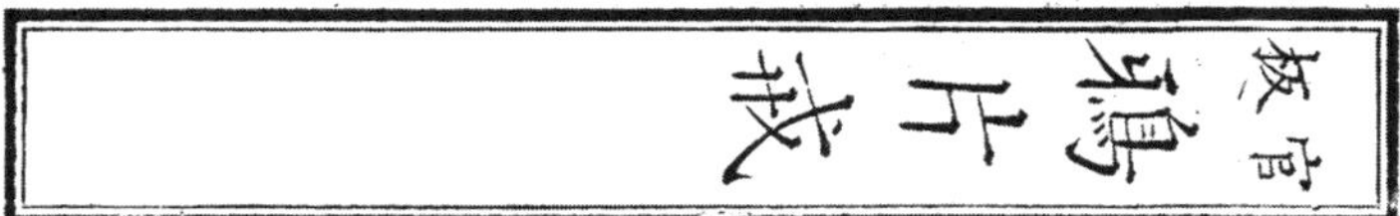
官板
鴉片戒

アメリカケシ　罌子粟ノ一種

慶應ノ末洋種舶来ス宿根ニシテ圓茎直立シ高サ二尺許地上ニ数葉ヲ叢生ス形罌葉ニシテ粗鋸歯アリ茎上ニハ互生ス茎及ヒ葉ノ両面共ニ白毛茸甚タ多シ五月中旬茎頂ニ一花ヲ着ク萼五葉ニシテ瓣ハ鮮紅極テ美ナリ瓣脚ニ稍近キ部ニ長キ黒色ノ斑アリ蘂子房ノ花柱ハ緑色、柱頭ノ菊状濃紫色多ク蕊ハ濃紫亦美ナリ蕊ノ葯ヤヽ長シ

ケシノ一種

罌粟

カラノ書ニ八月十五日九月九日ウフトイヘリ八九月ノ頃ウフヘシ花ヒトヘナルアリ千葉ナルアリ其色紅白紫ニ三色アリ千葉ナルハ殊ニウルハシサレト實スクナシ凡肥地ニヨロシ千葉モヒトヘモウヘヤウ同シ冬春ノ間苗葉ワカキ時食スヘシ多子ヨキシエウヒテノウフカテナノ地リ耕ス支数扁ヤハラカニシ日ニホシテ後糞ヲ数又ホシテ耕シ地ヲ細ニシ畦ヲ立テウフベシ實ヲウヘテ後帚ニテカキハラヒ土ヲ少シヘテヨシ糞ニ土ヲオホヘハ生セス生シテ後シゲキヲ拔去テウスクスヘシシゲキ所ハアシ、糞水小便ソソクヘシカクヘシ苗生シテ若所々不生ハ再ヒミシロクヘシ、ミケキ所ヲ土トモニホリテ不生所ニウツシウフレトモサカヘス花落ル時葉ニ虫オホク生スル支アリ葉ヲコトヽク取去ヘシ不然ハ虫實ヲ食シ又他菜ニモウツリテ害ヲナス事多シ虫生セハ花ノアル時早ク葉ヲ去ヘシワハシ多子ヲヌキテ後時々水ソソキ上ニクタナツツクリコモリヒロケテ日ヲオホヒスヘシウルホヒナク日ニアヘハ生シカタシ地カタケレハ生セス

諸菜譜　下

○道元禪師詩ニ一箇烏梅兩箇棗更加二箇米囊子生姜一片寸甘艸赤白二痢一時治とられ痢病を治する妙薬なり米囊子は罌粟のことなれども禪師の意には罌粟殻の心なるべし明朝体を效ふ詩人の目ふハ拙俗なるものなれども懇切なる實意は中く及ふ處ならざれば是に付て徂徠先生の詠るを歎もて此及びし斉よ

わら宿紙文ををと柳糸たれ之中なるきは日記よ嘗るおなくとまる斉あり又傳教大師教示紙詠とて

生死海ヲ慈悲訳つゝ船出ヲりゝ漕ぬ事ハ 衣宗衣跪
大ヲ訳のまゝなるとあれども句調とひ體裁と云 徠翁の
前よく学へ侍れと沈思し深く味ひうるに大師の源は言外
ヲ意味深し

嵩北 老 [illegible]

阿芙蓉　俗ニ阿片ト云即罌粟ノ実ノ汁也採ルハケシノ殻ヲ結テ緑色ナル其過ニ大ナル針
ヲ以テ殻ノ外皮ヲツクコト三五ケ所明朝ニ至レハ汁出ル又竹刀ヲ以テ刮リ収メセト物ニ入陰乾ニ用コルト時珍
云ヘリ又古今医統ノ説ハ生ノ殻ヲ爛カシ水ヲ以テ熬リ搾テ滓ヲ去慢火ヲ以テ熬リツメ油ノ如クナシ砂
黒ソ五倍子ヲ調和シ餅トナシ乾スト アレトモ五倍子ヲ加ル法悪シ新渡ハ滓トモニカタク或ハ五倍子ヲ
加ルモノカ性不佳和製ハケシノ汁ヲ麦粉ニ吸ハセ雑ルモ其外偽雑多シ宜シク罌粟ヲ栽ヲ自ラ
製スルニシカズ

六

[illegible]

○罌子粟　ケシ　一名御米　象穀　花千瓣単葉紅白紫

ケ十二　数品アリ

朝鮮ケシ [illegible]

ケ十三 [illegible]

罌子粟

訃志

城市村落莫所不有焉冬月下種則不過三日而必生春末莖高四五尺葉深緑濶三寸許長二尺許皆互生剪莖葉則粘滑出如乳汁者夏月開四瓣白花此尋常罌子花而世最彩其他花有深紅者有紅紫相交者有紅白相交者有青色者有千瓣者有單瓣者有花瓣缺刻深者亦浅者千異萬状不遑枚挙花謝結実俗呼訃志(ケシ)坊主(ボウズ)乃罌子実其用有三春初食嫩葉以穀為菜用以実亦為食用

一種有呼姫(ヒメ)計(ケ)志(シ)者比之尋常者則莖葉稍小者
也亦有一種稍小者俗呼美人草欣痩小而高不
過一尺花有單瓣千瓣色有紅白種之盆中最可
愛時珍曰江東人呼千葉者為麗春花其花變態
本自不常有白者紅者紫者粉紅者半紅者半紫
者半白者艶麗可愛故曰麗春花又曰賽牡丹曰
錦被花是也

阿美蓉　計志乃也仁

允罌子粟實未熟時以鍼破皮取白汁而曰乾之
名阿芙蓉亦曰阿片(俗作鴉片)時珍曰是罌粟花之津
液也罌粟結青苞時以大鍼刺其外面青皮或三
五處次早津出以竹刀刮取入瓷器陰乾用之是
也

洋場即事

一段洋烟捧口斜墨晶眼鏡避塵沙同遊欲博如花笑親手控韁坐馬車　倉山舊主袁祖志翔甫稿

罌粟花　漳浦縣志　四　黄錦集

姑蘇志一名米囊通志曰花有五色實如小罌亦名御米

アメリカケシ
地上ニ直生シ葉ヲ叢生シ形 鵝
茎高サ三四尺ニ至ル鋸歯アリ其茎ニ亦生シ
茎葉共ニ毛茸多シ其茎頂ニ
一花ヲ着ク六弁鮮紅ソノ形罌
粟ノ花ニ似タリ花底ニ
小ナル黒斑アリ蒴ハ罌粟ニ似テ
ナシ 水

ケシ
或説ニケシハ罌粟ノ上略ナリト

ミシコツプ
一年生 罌子粟 図 ニ出ツ 一名アヤメケシ

ケシノハ　ハツハヘル紅色　ハツハアクリス日

罌子粟
罌粟殻 本草彙言　御米殻 温州府志　鶯粟殻 同上
釋名 米嚢子 開寶　粟殻 方書
時珍曰其実状如罌子其米如粟乃象乎　御米 同上　象穀
諸名　穀而可以供御故有
栽培ノ方ハ事物紀原ニ依ルアリ唐言重九日種又言

御米花

ケシノ花

秋月種ヲ下ス事林廣記ニ俗説アリ常言重九日種又云中秋夜種則罌大子滿種訖以竹箒掃之花乃千葉両手重疊撒種則重臺花ト云葉形薊ニ似テ刺ナク白色ヲ帯フ四月茎高サ三四尺葉互生梢及葉間ニ花ヲ開ク先茎上ニ青苞ヲ結ビ下垂ス漸ク開キ漸ク仰キテ苞脱ス其花四瓣二ツハ大二ツハ小中央ニ実アリ罌ノ形ノ如ク上ニ菊紋ノ蓋アリ蘂ハ罌ノ周リニアリ開テ一日ニシテ瓣蘂共ニ脱落ス罌漸ク大ニナリ内ニ小子多クアリ花色一ナラズ紅白粉紅紫色或ハ白ニシテ紅辺或ハ紫ニシテ紅辺圓瓣アリ鋸瓣アリ千葉ナル者ハ開テ二三日落ス外ノ四瓣ハ大ニシテ内ニ小ナル瓣数多シ色赤一ナラズ甚美ナルコト牡丹ノ如シ故ニ賽牡丹、錦被花ノ名アリ単葉者ハ罌肥テ子多シ千葉者ハ罌瘠長クシテ子少シ一種ヒナゲシアリ一名ビジンサウ同時ニ種ヲ下ス苗葉共ニ小クシテ白毛アリ高サ一尺許同時花ヲ開ク形同クシテ光アリ単葉千葉アリ色赤数品アリ甚美ナリコレヲ麗春花ト云本草時珍説ニ麗春花ヲ千葉罌粟トスルハ非ナリ　一名御仙 閩書 滿園春 花疏 蝴蝶滿園春 汝南圃史 虞美人 同上

○罌粟殻中毒　滋賀縣下近江国甲賀郡北土山村の粟本善兵衛がくまてハ二男の龍治及び三男虎治雙子にして本年七月生)ハ感冒(かんばう)にて打臥し居たりしが一日父善兵衛ハ夫より罌粟(けし)の実ハ妙薬なりとの事を近隣にて聞き来り早速その実二顆を取り来りて煎じ出し晝の十二時ごろに茶碗に一杯づゝ兩児に服用せしめたりしに午後二時ごろに至れど兩児とも俄かに煩悶(はんもん)を起し同六時ごろ愈々危篤(きとく)となり脉搏細数にして皮膚蒼色を呈し瞳孔放縮呼吸逼迫し時々顔面及び四肢に劇しき攣急(れんきふ)を發し後ち益々頻数となりて終に死せり医師診断にハ全く罌粟殻の中毒なりと云ふ

明治[illegible]新聞

烟室銘　鶴市富公著

店不在老烟好則名灰不在軽鎗好則靈斯是烟室加蘭之馨鬼火頭迎綠妖氛口内青過癮勝吃飯陶情比打釘可以誅終身廢正經無喧囂之乱耳無煎熬之勞形蘇州咸恒泰上海萬里雲叟容云何禁之有

剪錦集

近來害人之物莫過于鴉片而人多嗜之是日謷毒藥也余所見以此隕命者多矣而更有釀成大故者常州某平素不務正業好作狭邪遊因之漸染此習丁酉天中節向其祖母索錢勿與又索其衣付質庫亦勿與憤甚時其祖母老病龍鍾因撲之于牀扼其喉而殺之適其父自外至見又遷怒于其父出懐中剃刀連斫之父帶傷而逃其家聞潛匿他處翼日武進令捕得擒之今不孔意者梟鳥破獍固當身受極刑天不貴遠令其死于獄筆之下懲而原其故實鴉片致之唯此者亦可知戒矣

印雪軒隨筆　三

古人言ヘルコトアリ快意事過必傷身嗚呼信ナル哉此言ヤ夫レ天地間萬物皆然リ初ニ快アレハ終ニ傷アリ人身一時ノ慾ヲ縦ニセンカ為ニ終身禍害ヲ招ク少カラス看ヨ従来亜細亜地方就中支那ニ漫ヤトシテ流行スル一種ノ恐ルヘキ風習アリ初メ人心ヲシテ快楽極リナキノ想ヒヲ為サシムルモ終ニ大害ヲ醸成シ其害軽ケレハ則チ一身ヲ喪ヒ重ケレハ則邦家ヲ覆ヘスニ至ル豈恐レサルヘケンヤ是他ナシ鴉片ヲ服スル風習ニシテ能ク古人ノ格言ニ符合ス此弊害ヤ今ヲ距ル凡五十年前英人始テ支那国ヘ齎シ来ルモノニシテ爾来国内ニ蔓延シ引トシテ鴉片ヲ用ヰサルハナク人トシテ之ヲ喫セサルハナシ嚮キニ

中秋夜後則瞿大子浦雲説以竹節（篇）掃之花乃千葉両手互要ニ撒種則至暮花トアリ甚俗稱也葉ハ薊ニ似テ刺ナク白色ヲ帯フ四月茎高サ三四尺華互生梢及葉間ニ花ヲ開先茎上ニ青苞ヲ結ビ下垂ス漸ク開キ漸ク仰キ二ノ苞脱ス其花四瓣二ツハ大二ツハ小中央ニ実アリ瞿（ツボミ）ノ形ノ如ク上ニ菊皮ノ蓋アリ蕊ハ瞿ノ周リニアリ開テ一日ニメ瓣蕊共ニ脱落ス瞿漸ク大ニナリ内ニ小子多クアリ花色一ナラズ紅白紫紅紫及或ハ白ニメ紅邊或ハ紫ニメ紅邊圓瓣アリ鋸瓣アリ千葉ナル者ハ開テ二三日落ズ外ノ四瓣ハ大ニメ内ニ小ナル瓣数多ク色亦一ナラズ甚美ナルコト牡丹ノ如シ故ニ賽牡丹ノ称段花ノ名アリ単葉ノモノハ瞿肥テ子多シ千葉ノモノハ瞿痩長クシテ子少シ

一種ヒナゲシアリ一名ヒジニサウ

國産須弥　罌粟穀白花ノモノ上品　アヘンハ未開ノ蕾ノ時ニ
竹刺ニテ刺シ白乳汁出ルヲ五倍子末ニ和拘シ乾シ用ユ瀉去
上品ナリ　主治咳嗽久喘久促大便下利痢疾ニ用ユ腹痛
附下ニ效アリ　鴉片モ同効ナリ
薬用及ビ栽蒔ニスルモノハ白花草雑ナリ俗ニ実ゲシト云
八月十五日ニ下種スベシ

〇帯下ゲシノ花陰干

〇丹毒白ゲシノカラ煎洗

支那政府深ク之ヲ慨嘆シ数々政令ヲ下シテ禁シ止ムルモ人民敢テ従ハス其結局終ニ他国ト干戈ヲ接ヘ国内擾亂ニ至リ之ニ加フルニ巨萬ノ賊ヲ擲テ軍費ヲ償ヒ或ハ幾多ノ土地ヲ他国ニ與フル等皆鴉片ニ基スト雖氏国民ノ頑愚尚悔悟セス依然此悪俗ヲ保テリ而ノ政府亦敢テ此弊害ヲ禁スル能ハス只管黙許スルニ至レリ現今ニ到リ支那人ノ鴉片ヲ服スル者一人トシテ多少ノ病ニ罹ラサルモノナシ或ル西人言ヘルアリ支那国ノ亡滅ハ他国ト争闘ノ為ニ非ラス傳染病ノ為ニ烟ト共ニ亡フヘシト嗚呼恐ルヘキコトナラスヤ嚮キニ我政府鴉片ノ害タル此ノ如ク其レ甚シキヲ知リ支那国ノ覆轍ヲ蹈マ

留地及其他ニ於テ我国人ノ支那ト同居シ或ハ深ク交通
スルモノアルヲ以テ人心ノ計リ難キ終ニ一時ノ快ニ其身ヲ
忘レ後来ノ大患ヲ顧ミスコノ弊風ニ習染シ漸々国内ニ
傳播セハ再ヒ洗滌スヘカラサルノ大害ヲ醸成スルニ至ルヘシ
豈戒メサルヘケンヤ故ニ今鴉片ノ害アル件々ヲ挙ケ以テ聊カ
世人ノ鑑戒ニ供ス夫レ此ノ如キ有害無用ノ物品ヲ地球上ニ
生殖セシムルハ造物主蒼生覆育ノ厚意ニ齟齬スルヤノ
疑ナキ能スト雖氏其効用モ亦尠カラス即チ薬剤トシテ
貴重ノ品位ヲ占メ世界萬国之ヲ用ヰサルハナシ然リト雖モ
支那国ノ如キ無聊ヲ慰ムルノ具トシテ用ユルハ甚々稀ナリ

罌粟花
色有大紅桃紅純紫紅紫純白一種而異数色絶類麗春虞
美人瓣短而嬌満園春夾瓣剪絨花甚狭長剪裹花蕊闊大
俱以子種
花史左編 二

箕作秋坪氏ニ聞ハアザミノ美花
此草尚宿根ストモ云余未一見

罌子粟

開寶本草、罌子粟、味甘平無毒、丹石發動、不下食、和竹瀝作粥、食之極美、
一名象穀、一名米囊、一名御米、花紅白色、似髇箭頭、中有米、亦名囊子、罌子殼、
去瓤蔕、醋炒、入痢藥用、
圖經、罌子粟、舊不著所出州土、今處處有之、人家園庭、多蒔以爲飾、花有紅白
二種、微腥氣、其實作瓶子、似髇箭頭、中有米、極細、種之甚難、圃人隔年糞地、九
月布子、涉冬至春、始生苗、極繁茂矣、不爾、種之多不出、出亦不茂、俟其瓶焦黃、
則採之、主行風氣、驅逐邪熱、治反胃、胷中痰滯、及丹石發動、亦可合竹瀝、作粥、
大佳、然性寒、利大小腸、不宜多食、食過度、則動膀胱氣耳、南唐食醫方、療反胃、
不下飲食、罌粟粥法、白罌粟米二合、人參末三大錢、生山芋五寸長、細切、研三
物、以水一升二合、煮取六合、入生薑汁、及鹽花少許、攪勻、分二服、不計早晩、食
之、亦不妨別服湯丸、　按、罌粟花、唐以前不著錄、開寶本草、收入米穀下品、宋

植物名實圖考　罌子粟　二十六　羣芳卷之二十六　奎文堂刊行

時、倘罌粟湯、但其穀粟功用、僅止澀斂、爲洩痢之藥、明時、一粒金丹、多服爲害、
近來阿芙蓉、流毒天下、與斷腸草無異、然其罪不在花也、列之羣芳、

戲咏煙具十首 [illegible] 邗江夢花生江雲生草

鎗 物不區區尺許長喚他何以作為鎗殺人利出鋼刀上伴鬼親隨於枕傍顛倒每從深夜舞英雄因此半生傷笑他一管無腔笛還把銀鋼細細鑲

斗 鐵沙鑄出紫泥封吸盡脂膏味倍濃孔小只求千轉便中虛難以十升容方圓式樣隨心取深淺工夫任手從喚爲雖然名是斗受之者號阿芙蓉

燈 無分朝暮與深宵都把孤燈伴寂寥毒草屠燒心不懼殘[illegible]剔腹忘[illegible]他逼肖青燐隱待客偏將黑飯招者便沉沉高臥去唇皮一樣被燒焦

盒 車成寸許樣皆[illegible]常在燈辺伴客眠材料大都牛角製品章無定義牙懸[illegible]漫詢錢價同節價先問三錢與二錢若遇富翁家子弟銀鑲一箇繋胸前

鐵 製成非玉亦非牙別有玲瓏妙手誇三指捻來因久鋏[illegible]昨

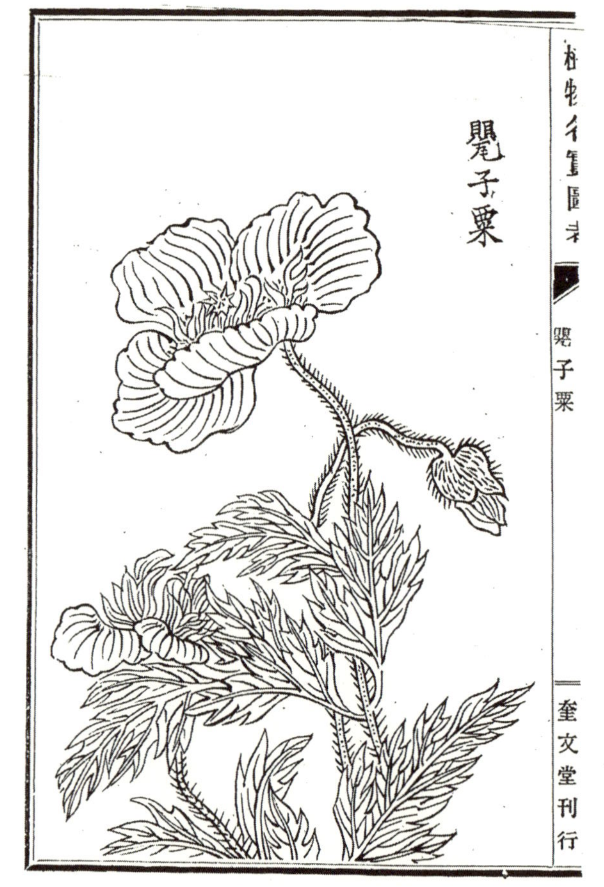

看去恐増加常覩燈又杳猶梟拈定泥凡味說嘉漫道盂區同敍着采然供
養到饕餮　過除　殺得長條或鐵銅不通也欲使他通其中若有淤泥
要此外還須水火攻勞紋回環抽上下令他呼吸便玲瓏自從一一經搜後
加漆和膠盡掃空　控頭　斗塞方將此物投一壺渾若釣魚鈎翔望祇見
終宵納輾轉何曾半點留多也應知饞也積尤之亦其右之技入門舊徑無
拘縮刮尽殘膏始罷休　烟鍋　終夜煎熬最足悲此中別取露華滋味佳
本出酸鹹外膏美應多饕餮時豈間有塵生滿甑真教無米可為炊團圞式
様誠相參指得人人沒藥醫　過篭　削竹編成莫笑迂過篭佳號聽人呼
新陳早已隨君取冷熱由来在自圖數轉迴環須仔細幾回熏燒費工丈看
他似漏原非漏一紙中鋪不受汚　烟盤　酖毒和盤得意陳如同湯象衛
回春在藏右盒排全套短鎗長鏡弄數巡非比湯銘能壽始為投鬼國乃忘
身此中安頓無他物件件皆凶可殺人

黄錦集

成形　罌子粟

罌子粟也　罌は古食物を盛る器なり此実の形は器に似たれば
名とせり　本草に実形如罌子花開三日即謝而罌在
莖頭一二寸上有蓋下有蒂宛然如酒罌とありて罌は酒器なり廣
名ものなり俗に罌子乃実と云ふ　まさくわしく大和本草に四方の海
をひと川のけしてハ一の罌子して置きてもなかりも出べき
と詠れバ本国ニても以前の御代より罌子の穀ありて汲乾をなとは
決してあるべき事にもあらすもあらん　財かつて此
軀殻の花さき実なりて母より出し見れ、とを比ふる縁あり也といふ
しへ名状りつまし草本の実をもく以てふハ少名彦の天之羅摩船
に乗りと云ふ　羅摩之船といふハ実なれど羅摩の子殻を割
さりハ飽無に似たれバ其さきさき溝なるを云ふより出約語嗣
るが如く大木集の罌子しての罌ハ草の名なれハ此の名もだにも罌子
とや其の接なは云ふべき者ぞ大今主児の瘤を留めて鄒鬢
を剃するを罌子坊と云ふも此のもの也　実の多くありし言也　此草よ
罌子粟花開則苞脱花凡四瓣大如仰盞罌在花中鬚蕊簇之

現今印度地方ヨリ支那国へ輸入スル鴉片ノ高四萬ボン
トニ下ラスト是ヲ以テ支那人ノ鴉片ヲ喫スル多キヲ見ルヘシ
衆人知ル如ク罌粟ノ未タ全ク熟セサルヲ取リ其汁ヲ絞リ
テ之ヲ乾カシ黒色ノ塊ヲ得ル是即鴉片ナリ

鴉片ヲ化學工ニ於テ分析スルニ「モルフイニ」「コデイニ」「メコニ」
「メコニツク酸」「ナルコチニ」「ナルセイニ」其他種々ノ雜物ヲ含有ス此
六箇ノ物体ハ有機毒物ニシテ鴉片ヲシテ麻酔其他毒質ヲ
帯ハシメ以テ人身ヲ害ス」

鴉片ヲ服スルニ三種ノ法アリ乃チ丸塊溶液及ヒ烟是ナリ而テ其
各身体ニ感應スル畧ホ同一ナリト雖ㇳ感應ヲ以テ最モ烈シキ
[illegible]鴉片ヲ服スルノ目的タルヤ只心中ニ快活ヲ覚ヘ皆吉ナ

[illegible]
人一度鴉片ヲ服スレハ精神快活ニシテ身体ノ膨脹スルヲ覚ヘ
物ヲ見レハ忽チ種々ノ想像ヲ起シ心氣甚タ遠大ニ至リ物ニ
恐レ事ニ恥ツルノ意ヲ脱シ眼ニ觸ルヽ物体ハ常ヨリ美麗ニシテ
其容チハ常ヨリ大ナルヲ覚ヘ而シテ其足響恰モ音樂ヲ奏
スル如ク思ハレ或ハ足ノ敢テ地ニ接スルヲ知ラス只身体ノ空中ニ
飄々タルノ思ヒヲ爲ス眠レハ又音樂ヲ聞キ奇異ノ想像ヲ
起シ愉快ノ夢ヲ結ヒ恰モ是レ極樂浄土ニ到ルノ思ヒヲ爲シ
華胥ニ遊フノ快ヲ抱カシムル等其歡樂名状スヘカラス故ニ或ル
鴉片喫者アリ一日天ヲ仰テ嘆シテ曰我レ朝ニ是ノ如キ愉快ヲ
得ハタニ死スルモ何リ怨ミンヤト是ノ一言ヲ以テ鴉片ヲ服スル愉

快ナルト其癈絶シカタキヲ證スルニ足ル則チ始メ快ニシテ後ニ傷アルノ習ヒ死ノ如キ快樂ニ反シテ後來大害ヲ醸成スル亦甚タ夫レ人一時ニ多量ノ鴉片ヲ服スレハ害ノ徴候立處ニ顯ハルト雖モ喫烟習慣トナル時ハ身体ノ感應漸々減スルヲ以テ日々ニ其量ヲ増サヽルヲ得ス終ニ一人ニシテ驚クヘキ多量ヲ服スルニ至リ而テ傾ヘニ其害ノ顯ハレサルモ久シキヲ歴テ身体ヲ害スルニ至ル抑モ鴉片ノ害タルヤ到底精神及ヒ身体機關ノ功用ヲ損シ終ニ一命ヲ落スニアリ因テ今之ヲ分析シテ其害ヲ左ニ示ス

○皮膚青色ヲ帯フ○冷氣ニ堪ヘ難シ○知覺ヲ失フ

夫レ鴉片ヲ喫スル人ハ時ニ遅速ノ別アルモ到底前ニ示ス處ノ害ヲ適ルヽヲ得ス而テ一度害ヲ被レハ必ス長齢ヲ保ツ能ハス已ニ鴉片ノ害

[illegible]

シテ健者ノ如ク自由ニ歩行スル能ハス一週兩三度ヲ除クノ外飲食シ得ス因テ身體疲弊シ精神益衰弱ニ趣キ一拳ノ下忽チ命ヲ落スノ狀勢アリ故ニ一目以テ鴉片ヲ喫スル人ナルヲ徴スルヲ得

鳴呼鴉片ヲ喫スル人タル實ニ天ノ罪人ナリト云ハサルヘカラス如何トナレハ一朝ノ快ヲ縱ニセシガ爲メ天ヨリ賦與セシ貴重ノ生命ヲ失フヲ以テナリ而テ法律上ヨリ論スレハ國家ノ罪人タルヲ免レス又經濟上ヨリスルモ愍笑ニ堪ヘサルナリ蓋シ一身ヲ傷害スルノミナラス又無益ニ若干ノ金額ヲ消耗スル一リトシテ取ルヘカラス故ニ喫飲セント欲スルモノ宜シク省察スル所アレ

右明治[illegible]年開成学校講義室ニ於テ演説

麗春

とある[illegible]罌子の頭形を解するが如し我邦にて相称して

其名牡丹にある所ゟ出たるならむなるべし

ケムフル 日本本中ノ部

罌子粟　米嚢子　御米　以上開寳本草

象穀　綱目　罌粟　賽牡丹

錦被花　以上花鏡　米嚢花　仙米花

米殻花　以上群芳譜

○あきらかに此書に花をとおとする[illegible]諸花の名を取るものと

嚢子　救荒本草　罌粟子　寧波府志　御米　張大復聞雁齋筆談

蕃名ニーンコップ

此もの培法の法は圃を細に耕し畦を築き糞土を浦て種子を蒔り耕す(粃)渡し中秋より立冬の頃までに撒べし

撒く(?)やしくあるまじ

本草匯纂云撒くの上を竹箒をもて掃バ(?)苗ぞ長ずる(?)あれば

て莖葉(?)を撒き(?)花実(?)を結ぶ(?)あれはいとおかしん

○種子の性は温(?)にて撒るを前として苗生せし密なる時は疏(?)して蕪

と[illegible]べし但形大なる花は又莖葉も虫つき易く枯(?)易し

時々の剪除又ハ鯨の油或は煮汁を注ぎ(?)撒き(?)散(?)し　注

花の色は数品あり単葉のものは四弁也　千葉のものは大花

四瓣すくなく[illegible]小瓣多く咲く又単葉のものは実多く[illegible]は

実少し実を(?)(?)取るには(?)(?)(?)べし今多く果子に具つり

本草等穀部に収められど此[illegible]米穀と同しく食ふ

者あり

罌子乃液　蕃名多斑

罌子乃油

罌子乃泡　和漢三才図会　罌子乃脂

以上諸州[illegible]方言同しからず

阿芙蓉　阿片　以上綱目　鴉片

俗人以為此罌粟汁液の名とす　蕃語の譯字也

而して綱目時珍云俗作鴉片名義未詳或云阿芙蓉は芙蓉の名也

以是花色似芙蓉而得此名とあるは臆度強解也

蕃名アーヒヨン

の腸にて熱ありおりおりくだる利あるは新しく汲みたる井の水少し
とりて如くして服すべし但し後の生冷の物油つけたる
その餅の類麺類そのほか食すべからず
○罌粟湯　腸胃の間に冷熱ありて或はつめたき
ものを好みて脾胃を傷ひ或は酒を好み飲みより腸損じ
痛く赤白痢くは血膿を下し若は後腫ありて大便煮
たる汁の如く昼夜間なく下るには　茯苓　当帰あり　黒く
炒りて煎じを捨よ　陳皮[illegible]を刮り去よ　艾葉　茎を
去よ　干姜　炮り各二匁　罌粟殻[illegible]を刮り去て蜜を塗
て炙り已上細かに剉み合せ毎服三銭水一杯
に煎じて滓を濾し暖かにして空腹に服すべし此薬の内服
生冷の物油気の物食すべからず初めなるは食を忌べし
○斗門散　一切の痢病滞りて甚しく痛み或は赤
白濁血交りて又は百日の間久しく[illegible]煎じて　梅干　利
止く悪心嘔逆飲食すれば吐くに入べからず　罌粟殻[illegible]を刮
蜜を塗りて炙るべし　乾葛　黒豆各一匁搗て煎じてを去る

地楡　根を去よ　甘草　あぶり各二匁　干姜炮　当帰　土頭
を去各二匁を細末にし毎服二銭水一杯に七分に煎じ温
めて滓ともに服すべし時を定めず　○固腸散　脾胃の間
冷え弱く寒気の傷連なれば赤白膿血下り後ぶくぶく食も
ざるには　罌粟殻[illegible]を去て蜜を塗炮る　肉豆蔲　生
にて縮砂用各二匁　甘草炮　干姜　炮各二匁半　南木香一
匁ありあてもなく　陳皮　炒りて　二十匁　細末にし毎服二銭
酒一杯棗一つ七分に煎じ姜棗を去て滓ごと濾して
撹て温めて服すは湯ともなる人には水を煎じて但し油気
麺類又は生魚を食すべからず　○固腸湯　大腸の虚滑
の下用に　酸石榴皮　半匁　黄連　地楡各二両　罌粟殻
酢にて浸し炮る　茯苓各一匁半を細末にし剉み合せ一服に
[illegible]匁の重さ水一盞半生姜五片烏梅一つ入て七分に
煎じ滓を濾して空心に服すべし　○御米湯　利病
久しく或は赤白利腹痛くして或は血下り飲食せざるに
干姜　人参　芦を去各二匁半　甘草炮　罌粟殻　蜜を塗炮

る白朮芍各五分厚朴壱分姜汁に浸し炒乾し十四
細に剉て合せ毎服三銭水一盃半生姜三片干棗三烏梅
一入て一盃に煎じ滓を去て空心に服さすべし
老と幼とにはおおじてよし但老幼には少しづつ与ふべし
○立効散　諸の悪痢或は赤白或は膿のごとく泊後れ
魚の腸のごとく間なく下り或は禁口痢にして飲食せざるを
治す　産後の痢にも吉し　罌粟殻へたを去蜜を塗て炒ル
当帰芦頭を去る　甘草　炒れ各二十匁　赤芍薬　酢石榴皮
地楡各半両　細に剉て何れも毎服三銭水一盃半入七分に
煎じ滓を去て空心に温て服す　小児は八分を用
ひて与ふ　諸の生しく冷きものの油物生魚を忌む
○香栗散　一切の下し後赤白寒熱風湿を云はず皆を
して治す　御米殻五ツカラを去て蜜をそげレイヨウに炒れ
丁香　五花を去炒らず　乳香　皂莢の実にせいけて　一白
豆蔻一大なも皮を去て　甘草一寸五分蜜炙[illegible]
る伊に剉　合て皆一総として　水一盃を七分に煎じ[illegible]と

経甲丹　経行り薬

製薬所　[illegible]

弘所　[illegible]

あり。温て服む ○開胃湯 是は一切の何病等に此
薬を多く服し痞氣閉ヶノて中に貯ぬる遂ととひつね
後下る事を止ざり穢襟口利と云 此薬を与ふ 罌粟殻 南大
香 檳榔 [榔]子 陳皮 細末 細三合し毎服二銭 水一杯入る
七分に煎し一方て此薬あり四君子湯の事ニ用ひ二ヶ又
たて服む ○四君子湯 人参 カフと云 白茯苓 此を云ハ
白朮 各二両 甘草一両 炮る 等分まて 合服 皆細末 細三
沸湯ノ節 あく服もべし 以上萬安方
○凡痢病を治るに罌粟殻阿片を用ふは大に後害を招く
俗間痢と利と立て相謬る本是痢の字は利の字に疒を
加ふるものなれども今の痢は滞下の病なり利ハ下痢自利也
後世治療の手段に至ては大に径庭あり下利自利宜しく
此二味を施とべし痢に至ては是を留むれハ別病を醸し
あり大ひに病人を害する此二味あるの方能く擇むべし

阿片 通名　ケシノヤニ　ケシノシル

阿芙蓉　罌片 活人心法

釋名 阿片
時珍曰俗作鴉片名義未詳或云阿方音稱我也以其花色
似芙蓉而得此名

ラーピユム 羅
ヘウルサツプ 和蘭
阿片阿芙蓉トモラーピユムの轉也

ケ 十三
ケシノ実或ハツボミを刺テ其汁ヲ採リ乾カタメタルモノ
集解ニ詳ナリ 醫宗粋言及ビ古今医統の說ニは生の殻

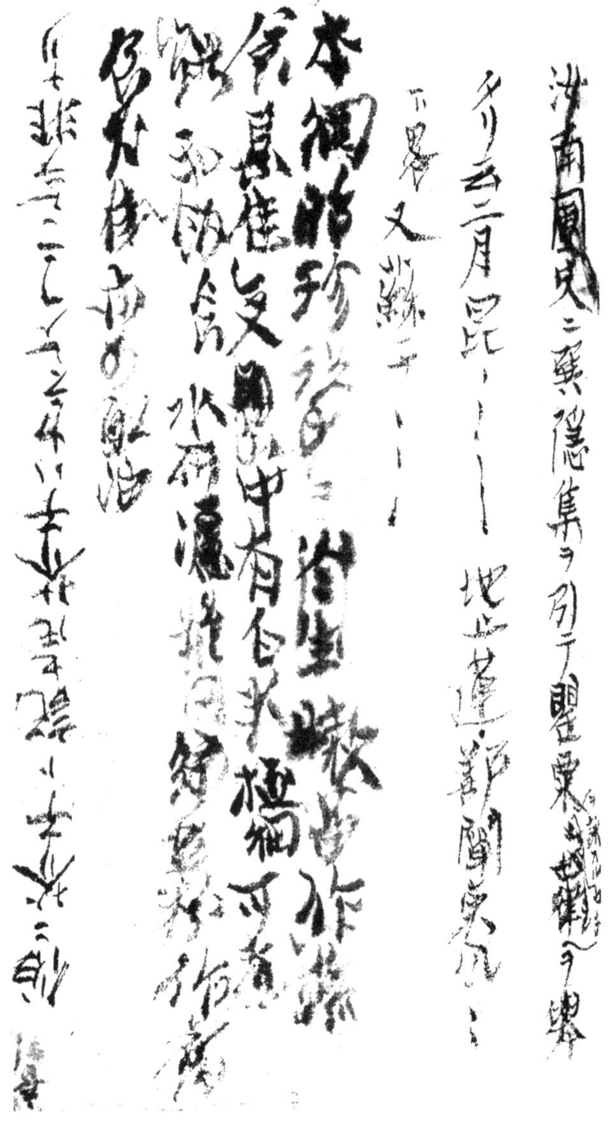

ヲツキ[illegible]水ニテ煎リ搾リテ滓ヲ去リ慢火ニテ煎リツメ
膏ノ如ク[illegible]五倍子ヲ入潤和シ餅トナシ[illegible]乾セシモノアリ
リ古渡ハ汁[illegible]新渡ハ[illegible]
して滓[illegible]甚タ苦シ和ハケシの汁
[illegible]者アリ[illegible]今ハ和ノ雑リ多き[illegible]
あれば[illegible]

○[illegible]

[illegible]

[illegible]上品　一[illegible]

[illegible]

○スラープコロイト 紀元 オーヒユム 石
唐蜀黍とすへ今持渡るは古製にて阿片青色なり罌粟の実を收く日々包三束ル物の行の中ふは稀にあり

名物考 阿芙蓉 オッピウム 又ヘバイキユム ヘウルサッパ蘭

製法 罌粟ノ生実ニ針ヲ以テ微ク刺セル瘢ヲ於テ少刀ヲ以テ採取ヲ纔ニ刺サレハ乳様の液滲出シ忽チ速ニ大ニ溢レテ乾キ凝結シテ黄糯ノ如キナルヲ削リ取リ集メ貯ヘ乾シ終ル

或云 罌粟ノ瘢ヲ刺セレハ其液滲出シテ夜中ニ凝固ス之ヲ明日之ヲ採リ乾セシメテ一塊ト為シ凝剤トスル事アリ

阿芙蓉ハ鎮痙止痛催眠発汗駆除風等の奇效ありしく医家日用闕くべからざる薬なれとも対症的方の病患を鑒識せず施用少しく適さざれば害をなすこと病勢に軽からば危険の進を篤く疾ハ死期を促すこと

擬して過量なるを取むとく欲すれば先づ古今名哲の経験して論定せる法を査考して主能功用気味突然の所解し或は之を誤用し瞑眩ありて発せる患怖する危て一種心毒の害ある事を了解し又人の稟質を隆る為ノ効験を異にし瞑眩を起すにも一般ならずあるを知る事を審らかにし之を用ゆ奇効を得る所の法をまず考えして対症的病ノ病患ヲ領解シ之を嘱する して慎危運用すれば中りて百中差誤なき一良薬なる事を得へきなり

試性説 或云阿芙蓉ヲ嘗ルニ味辛熱胡椒ノ如ク良久含メハ口舌咽喉燃熱メ潰爛ス

○或云多クコレヲ嘗レハ味苦ク嘔気ヲ催シ津唾湧起シ次ニ舌燃熱メ漸ク唇頬咽喉ニ及ヒ消セサル事一時許或ハ嚏ヲ発スヘ

或云コレヲ皮膚ニ貼スレハ痒ヲ発シ次テ燃熱シ脹痛シ或ハ小疱ヲ生シ或ハ潰爛メ漸ク壊疽トナル或ハ是ヲ小指大ノ膏薬トナシ上臂ノ内側ニ貼スル事一晝夜ナレモ燃衝セズ麻痺スル事ナシト

是恐クハ皮膚極メテ頑硬ナルヿナラント是恐クハ皮膚極メテ
頑硬ナル人ニシテ発泡膏ヲ貼スト雖モ焮腫セザル者ナリト
右ノ諸說ヲ以テ觀レバ阿芙蓉ハ鋭性侵蝕ノ猛腐毒アリテ
死ニ至ル発泡膏ノ如ク焮熱腫痛ヲ起ス者タルヿ明白ナリ　昔人
是ヲ用テ寒性ノ麻薬トスルハ其稟性ヲ諦識セザルナリ　但シ
此物一種ノ麻毒ヲ含テ神脳霊液ノ運動ヲ阻遏スル故ニ適
宜ニ用レバ病毒ノ侵刺衝動スル知覚ヲ奪失シテ疼痛痙攣
等ヲ鎮定ス○或云阿芙蓉ノ性味ノ如キト是共ニ催眠ノ
効あれハなり然ニ是モ神経ニ関係スルヿ甚ダ大ナリ凡テ味ノ辛
シテ猛烈セル慓悍ノ脳液ヲ鼓セレバ脈[illegible]トナル阿芙蓉ヲ
服スレバ脈遅緩トナル物ニ味ヲ與ヘテ[illegible]シテ後ハ緩[illegible]トナル
是ヲ阿芙蓉ヲ與レバ脈遅洪ニシテ時ニ一止ス[illegible]
人ノ製阿芙蓉ヲ服シ一八ヲ服スレバ脈変セズ二八ヲ服スレバ
脈洪遅となる又一人阿芙蓉一分ヲ服シテ是ヲ診ニ脈
洪にして遂ニ終ニ昏睡して死せる者あり○然しとも
此市人ノ稟賦ニ随テ一様ならず或ハ稀ニ脈疾数をなす

者あり或はテリアカ及び香竄氣阿芙蓉液を用レバ劑中
の辛熱香竄ノ薬ニ因テ脈緊数となる事あり或は是を用
て其病に的当きを逢ば元氣を乱し是に堪ずして抗拒し
是を堅遮し除むがゆへに自ら血液の運行を皆変して
経殺数となる者あり阿芙蓉と焮衝病に用れば猶殊
に悪ますしてその症皆劇しくなるなれども味の毒と用ゆも亦
是を倣りてあれども其効験大に失なりしかくハ童ば
の為に崩漏後痛及熱等の病に阿芙蓉剤を用ひしく
良験多し　味の毒慓悍の悪を是に用ゆれは大に害あり
て其症皆劇しくなるがごとし　其外の疾病も或は刺戟衝動
し或は諸痛怪膽ノ効を為すものも阿芙蓉を服せりしと
ども皆其之の本能ありて効用を失ひせるのも反て一擾
に混視すべからざるなり　是を以て考ふべし○或云阿芙
蓉甚膠粘にして揮發ノ硫黄質を含む故に微の
氣脳中ニ竄入し其膠粘ノ質ヲ以テ精氣ヲ凝滞し霊
妙活潑の運動を沮遏し神経ノ知覚ヲ奪除し昏瞀

以上阿芙蓉の要あり 四十一丁許あり 故に要略し

大抵阿芙蓉を禁ずべき病を挙ぐれば 壮実ノ熱病 猛毒ヲ患ヒ 排泄せざる者 一切ノ炎衝病 多血及ビ血ノ稠厚ヨリ発スル諸病 或ハ痙攣 或ハ卒倒昏睡 或ハ諸部内部ノ痙結 壅蔽ハ悪液瀦蓄して 肺 排泄せざる症 或ハ悪液多く頭中ニ鬱積する者 或は昏眠 多汗 血液腐敗ニ進む者等皆阿芙蓉 大害アリ 或は喘息 痛風 水腫ニ於テ 妄リニ是ヲ投スレバ 諸症弥増劇ス ○凡経験ニ是ヲ用レバ 血を沸騰して熱を生じ 大小便を閉塞せしむる 故に右の諸病に害あるを知るべし

○諸病に於て 只目的ノ良能を妨げ 病毒 悪液 発汗 小便 大便 痰唾等により分利して 排泄する候ある時より 此薬を投与へしきざれハ 其目的の排泄を妨碍して 病毒を閉塞スレバなり

○アヘン痢を止　○アヘン喘ヲ止ム

丁猪名 こへズ 乱

Papaver Bracteatum

文

罌粟 西洋罌粟一種

鴉片煙硯洋药

嗚呼洋薬義何鍾 飲啜之中 [illegible]

情痾移 當年毒 蔓延 [illegible]

豈謂 [illegible] 此 [illegible] 知

上海老德記白藥粉戒烟效

予年三十餘氣體素强向無疾病自安硯金臺權署同幕諸友讓吸洋藥始吸則精神充暢較勝平時繼則偶遇勞乏隨吸幾口便覺怠倦不覺漸至上癮夜不成眠晝不思食兩年來肢體委頓直若殭蠶面貌枯焦已同死木親友久别相逢莫敢相呼顧影自窺回憶實深回恨覺成方而戒癮不數日即艱苦難持求奇法以斷烟甫經旬易生他患是有必戒之志苦無必戒之方日就因循受毒益甚同治十一年承海關總税務司赫意殷拳爲購老德記戒烟新藥名白藥粉一種予初以此藥來自外洋恐涉詭術未敢輕嘗嗣以烟膏不繼飭价代購於市値大雨价阻未歸一時癮發神情抑鬱多怒寡言涕淚交流冷汗遍體有强忍片刻而不能之勢無已思及總[illegible]購贈之白藥粉用温水服三包姑試其可解癮否乃甫飲入肚便覺臍間發暖漸至周身舒暢精神頓勝於先較吸鴉片烟强足百倍因之入夜又冲服一次翼次晨大外爽利食量倍增氣體足充眠食安飽爲吸烟以來得未曾有遂從此服白藥粉而不復吸黑土烟矣予每日吸烟三次每次需烟一錢餘初服白藥粉日需九包月餘每日減至八包又月餘減至七包半年後遞減至一日兩包後立志保身得兩日一包久之脫然無累亦未因此而生他患竊近時各賣戒烟之藥甚夥囊地售區非參實熱味即烟灰爲主空受一場苦楚久則戒而復開兩次三番烟癮更長甚至多年大癮以茶膏等藥限日强斷因而廢命者均屬可虞詢不如是白藥粉一種登時冲服登時即不思烟既無他患更不復萌心癮並不受苦楚不受磨難自不致半途而願改初心也惟減藥之速遲則視乎保身之久暫識者自明其理予因身親所歷特誌顛末於兹實爲斷癮者指津梁非爲售藥者大標榜也願有志戒煙諸公藏渡迷津早離苦海予之言豈無裨於世哉

北平復甦人自誌

光緒二年　月　日

大清光緒丁丑五六月申報

右信係由海關總税務司轉寄於本房故録之以呈衆覽緣本行戒煙藥粉僅專治煙癮一病於他疾無所見効且戒煙藥原爲本行所創製馳名遠邇已有多年此份各藥雖林立而類皆假仿本行之方既少靈驗而反或有害身之虞各　貴客其戒之爲幸故凡買戒烟藥務期查明包子須有老德記圖書印於其上始可深信無悞每六十包計價一元正

光緒三年　新正月　日

老德記藥房告白

甲

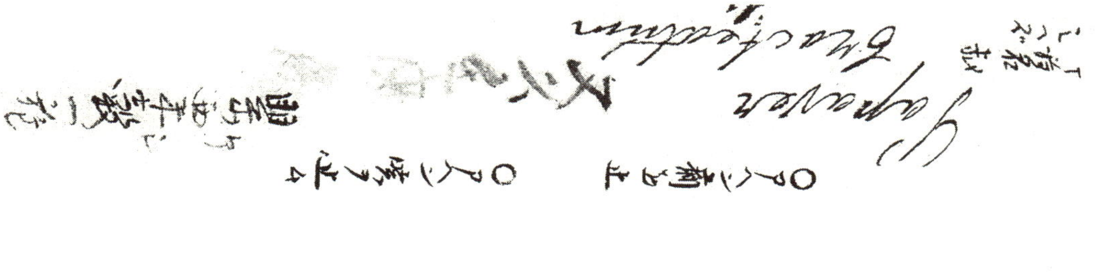

Papaver bracteatum

○アヘン剤ト止　○アヘン咲ク止ム

麗春花

罌粟類也其花單瓣瓣當飛舞儼似蝶翅扇動亦
草花中之妙品也。 遵生八牋 十六

虞美人 紅白數種 蘇州物産志 十二

麗春花 花史左編 二

罌粟類也其花單瓣態色飛舞儼若蝶翅扇動亦草花中之妙品也

又

根苗一類而具數種之色紅者紫者白者傳粉之紅者丹青之黄者有
微黄者半紅者白膚而絳絡者丹衣而素純者又有餃者而染茜

虞美人艸

芥子ニ似テ小ナリ其花艶ナリ曾南豊ガ虞美人草ノ詩アリ園史
ニ虞美人艸ハ罌粟ノ別種ナリトカケリ又麗春花ト云格物論
曰麗春ハ罌粟ノ別種ナリクキヤハラカニシテ針アリ紅紫白ノ
三種アリトイヘリヒトヘアリ千葉アリ八重アリ奥ノアラヒ汁
ヲ折タツハクヘシ八月中旬ニウフル吉又ケシシウフルカコトシ
花譜 之

ビジンサウ

西 ケシアザミ

○虞美人草 運歩色葉集ニ虞美人草（ビジンサウ）

○虞美人草ハ、ビジンサウ、ヒナゲシ、テンニンサウノ名アリ、花葉罌粟ニ似タリ

テ共ニ赤紫ニ白

図ニ載ヘ ... 毛茸アリ

苦苣菜　ケシアザミ　ノゲシ

秋月子ヲ生ス葉形薊葉ニ似テ刺ナク柔軟ニシテ白色ヲ
帯ヒ鋸歯葉ノ如シ青茎アリ紫茎アリ倶ニ中空ニシテ
稜アリ茎葉ヲキレハ白汁ヲ出ス春ニ至リ苗高サ二三尺
葉五生ス葉間ニ枝又ヲ分チ上ニ花ヲ開ク集リテ萵苣
花ニ似テ黄色花後絮トナリ蒲公英ノ如シ風ニ随ヒ飛散ル

Tradesi-Lattouire qe Jaddlevi Louthis 苦菜 ケシアザミ

苦荼

一名荼トモ云ケシアサミトモ云其葉ケシニ似テ両ワキニ刺アリテ
アサミノ葉ノ如シ冬月春初苗生シ茎ノ長サ二三尺ニイタル其
葉茎ヲオレハ乳汁ノ如クナル白汁イヅ其花黄ナリ花ノカタ
ケアサミノ花ニ似タリ花ノ上ニ白毛アリ風ニヒシタカヒテ飛其子
オツ多ク生ス其葉味ヒチサノ如シユヒキテアツモノアヘ物ヒタシ
物トシテ食ス性寒ナリ毒ナシ脾胃虚寒ノ人ニハ宜シカラストイ
ヘ共功能多シ今ノ人是ヲ食フ事ヲシラス惜ニモ飼ヘシ

菜譜中

〇ケシアザミ 大和本草ノゲシ ケチヽサ 苦菜 チヽリサ 苦蕒

菊苣此名用ユ人 大和本草ニ合ス

大和本草 噌 之先宮ニ此ヲ知ラス 土ニ苦菜トス

アリコントイフ

苦菜

計之安佐美　乃計之

生田野中亦生宅邊春月生苗莖中空五稜而高
二尺許其葉鋸齒細小而缺刻深形似罌粟葉而
梢小枝葉俱抱莖而互生剪其莖葉則出白汁而
粘夏月葉間分枝枝々梢上開黄花大如小錢形
如薊花遂日為絮結子乃若菜莖高以二尺許者
為常種若生肥地者莖長大而及四尺餘
一種有俗呼安支乃乃計之者漢名山萵苣此草
無野生 見下山 草類

常陸物産志 十一

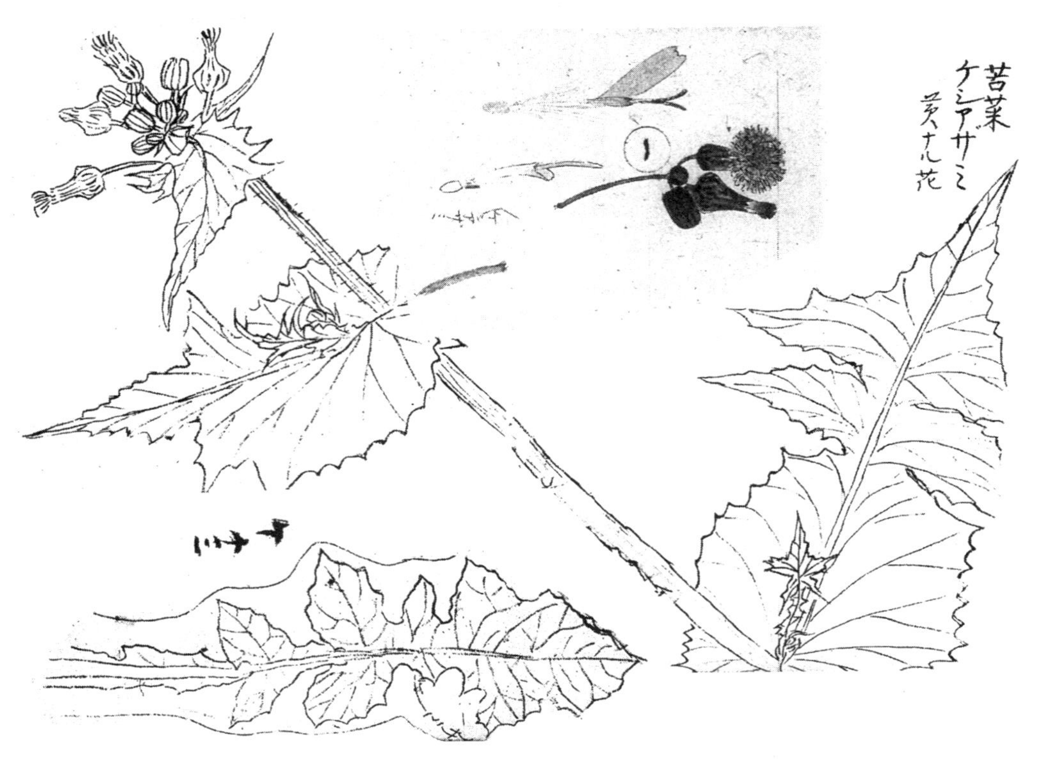

苦菜 和名ケシアサミ 複軒翁

ハニカナケシアサミヲ一物トス今云ニカナト異リニカナハ花草ニ記ス救荒本草ニ苦苣苦蕒山萵苣アリ苦蕒ハ綱目ノ苦菜ナリ然ルヲ惣菴子チサト訓シ苦苣ヲケシアサミトス和漢共ニ混雑シ易シ時珍カ説ニ拠トキハ苦菜ハケシアサミ也綱目蒲公英ノ條ト併セ見ヘシ

苦菜

冬春生して食ふへし毒なし然とも今人食する人まれなり月令に花をし苦菜是なり也

苦菜 ニガ菜ノ訓悪シノゲシ一名ノアザミト云モノ之
葉形アザミノ如ク色ケシノ如ク白ミアリ花ハタヽポ
ヽノ竿ノ黄色ニ茎三尺斗モ立テ枝ノ先ニ花アリ茎中
空虚切レバ白汁出ヅ花ハ正月ヨリ三月ニカケ開ク

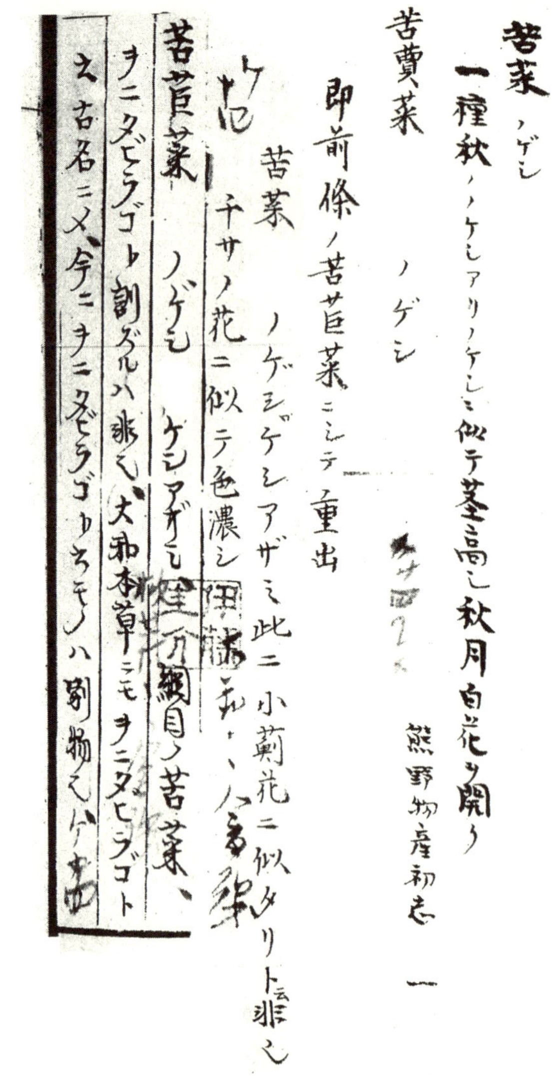

苦 和名ノゲシ 釆苦釆苦 唐風朱 苓章 朱註苦ハ苦菜也生山田及澤中得霜甜脆而美○見前茶條

苦菜 ノゲシ

一種秋ノノゲシアリノゲシニ似テ茎高シ秋月白花ヲ開ク

苦蕒菜 ノゲシ 熊野物産初志 一

即前條ノ苦苣菜ニシテ重出

苦菜 ノゲシゲシアザミ此ニ小薊花ニ似タリト云ハ非也

チサノ花ニ似テ色濃シ

苦苣菜 ノゲシ ケシアザミ 綱目ノ苦菜、

ヲニタビラコト訓ズルハ非也大和本草ニモヲニタビラコト

又古名ニ ヲニタビラコトモノハ別物也

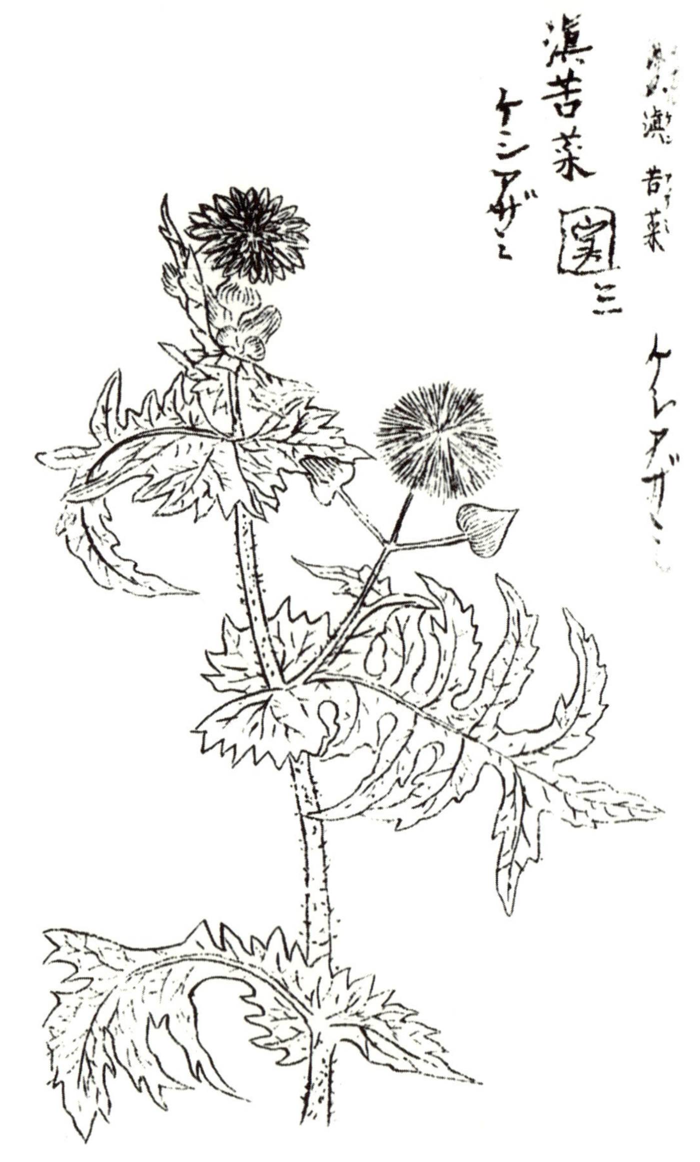

荼 即苦菜生山澤中詩云采苦采苦是也　安慶府志　巻五

濵苦菜

苦菜 クサイ ケシアザミ

花スエノ形

西ケシアザミ

苦蕒

即詩薄言采芑之芑也陸璣詩疏芑似苦菜莖青白色摘其葉有白汁脆可生食亦可蒸為茹青州人謂之芑俗呼苦麦生滝食可止泄　陽春縣志

苦菜 ケシアザミ ノゲシ

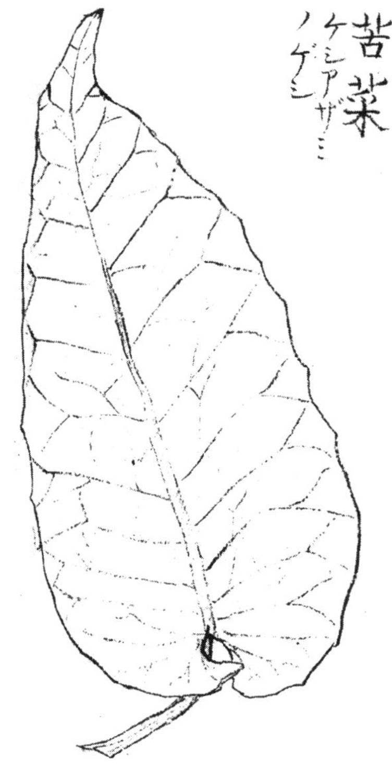

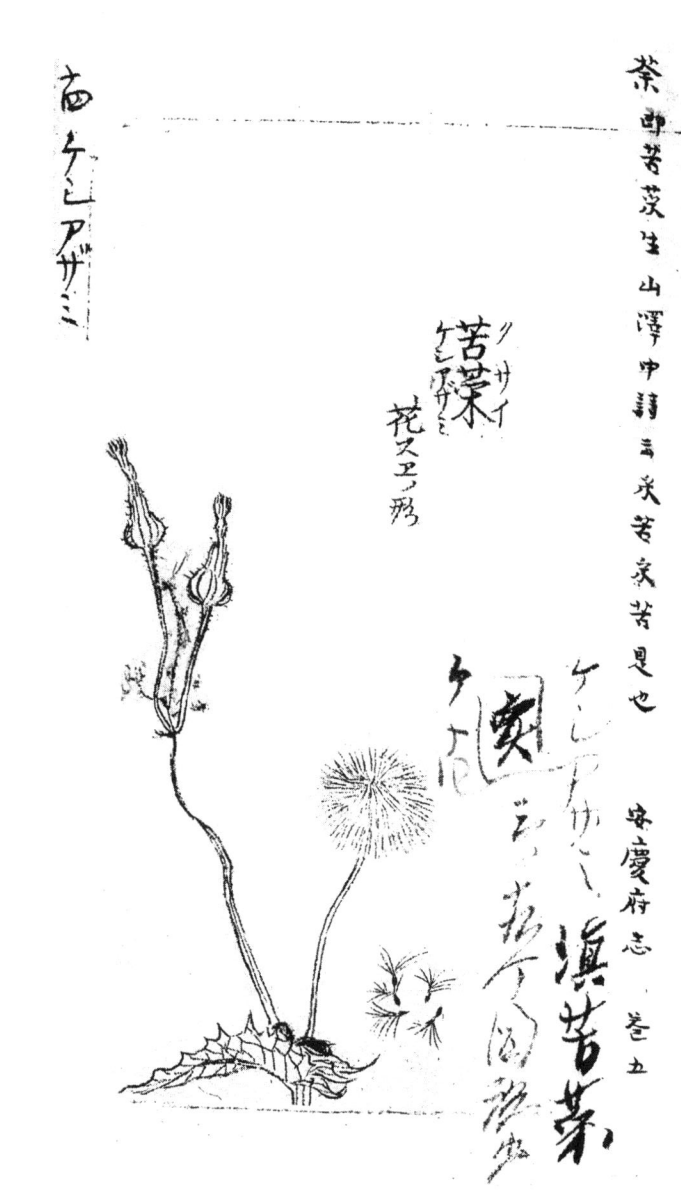

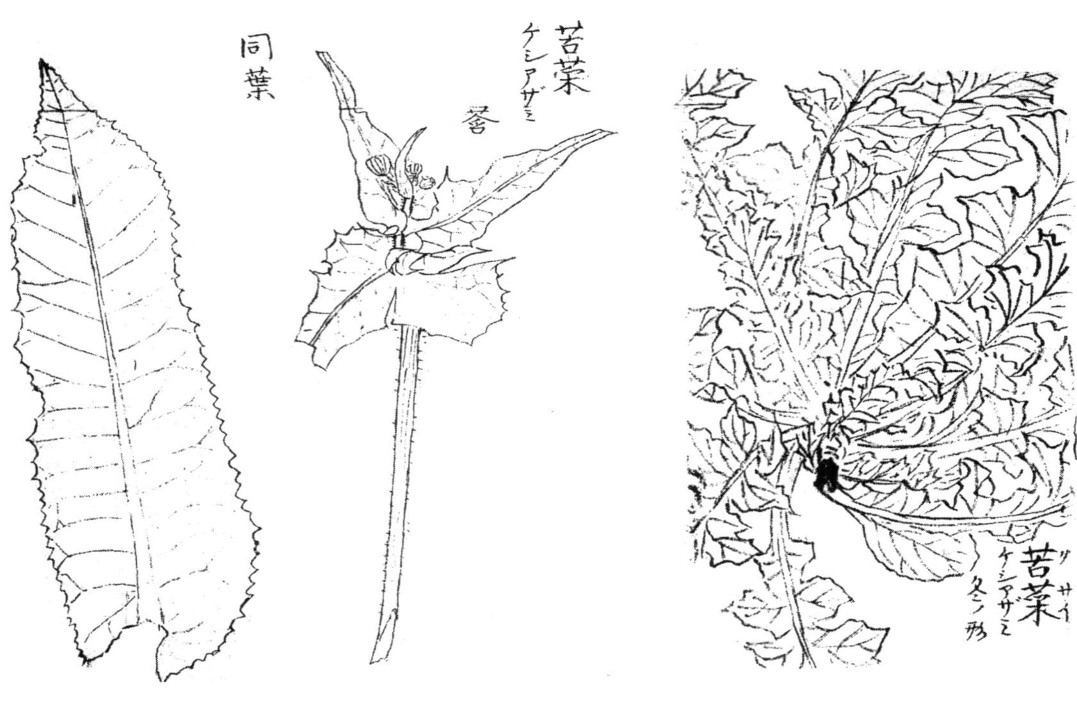
同葉
苦菜
ケシアザミ
莟
苦菜
ケシアザミ
冬ノ形

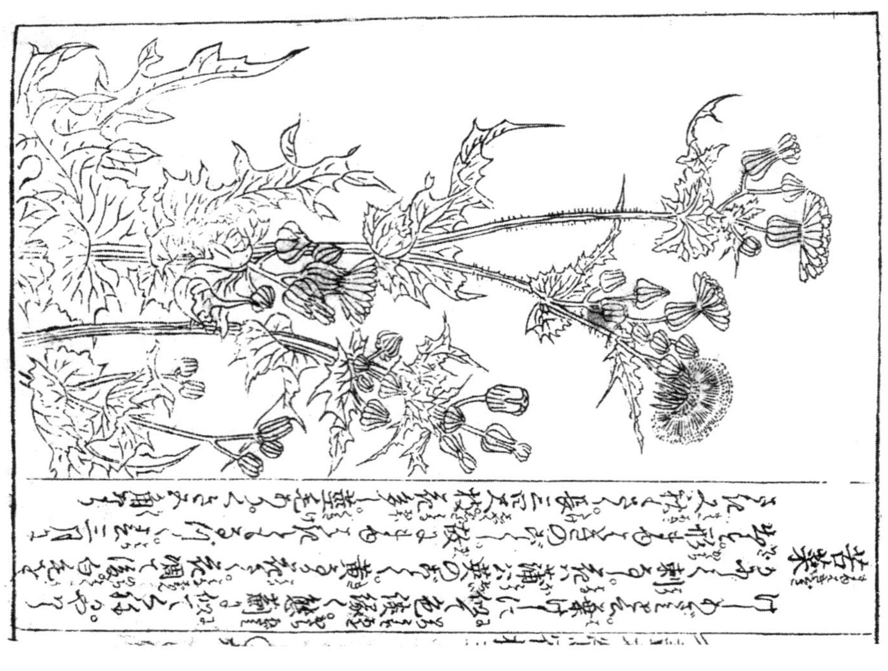

Sonchus oleraceus, Linn.
(melkdistel, ganzendistel)
moeskruidige
melkdistel.
haazenlattich.

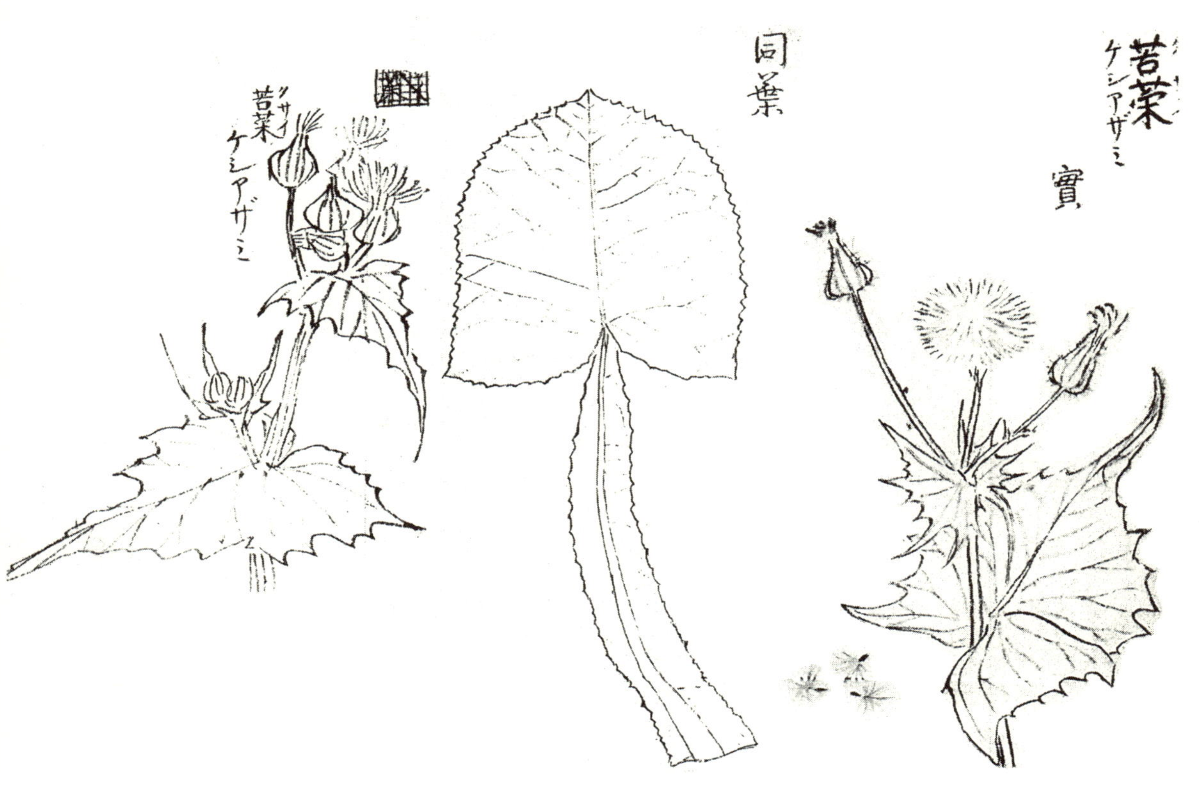

萵花苣（ハウリワヂヤ）　一名苦菜

（一本ハ苦菜ノカ一冊ニ考ベシ

苦菜　ノゲシ　一名カマナ　南湖 琉球　キジナ　同上

山マコヤシ 若山　函史曰夏菜 苦菜荼 秋生曰野

澤中經冬春歷夏火炎上苦荼感之而秀生地北冬

凋生南方冬夏常青 品字箋曰苦菜葉似苦苣而細

摘斷有白汁花黃似菊生山田及澤中得霜脆而美人

葉ヲ摘テ食スル者アリ

○ケシアザミ

ウマゴヤシ 播州　ノゲシ　キツネノタバコ 和州

ジシバリ 江戸　コマヒタゲ 江戸　ケシナグサ 和漢三才図会

タンポポ 筑前　トクワカ 和泉郡村　ウサノモチ

ゴアミ 同

ソンキユスヲレラセユス　割波比良久佐

苦蕒菜 綱 苦苣 苦ヽ菜 日

苦菜 本綱 游冬 茗 茶 ―――　男ヲス

秋月子生ノ葉ノ形薊葉ニ似テ刺ナリ白色ヲ帯テ罌子

粟ノ如シ青茎アリ紫茎アリ 俱ニ中空クメ五稜アリ茎

葉ヲ切レバ白汁ヲ出ス春ニ至苗高三二尺葉互生ス葉間ニ

枝ヲ分チ上ニテ多ク花ヲ開萵苣花ニ似テ黄色罌ハ小長

子多ク萼中ニ聚リ上ニ白絮アリテ蒲公英絮ノ如シ子熟

スレバ風ニ随テ飛苗根共ニ枯ル

ケシアザミ

白苣 ケシアザミ ノゲシ タンホ

、筑前 白汁イスルニヨツテ云
コマビヤシ カイコヲヒヤ
スモノナリ ユヱニ信州ニテ云
セントウリヨムミノウリス
ヲランダ 河原ナドニアリ 葉ハ
アサミゲシニニテ葉ノクキ白
色ナリ 切レバ白汁イヅルゲシノ
空キヨナリ 三月比花サクコイ
黄色ナリ ミハワタノ如クナ
サノミノ如クナルナリ セツコ
レニアツル 一名 鮮羅 夫苑 御葉

ノゲシ ケシアザミ

苦菜 ケ西治オナキ

路旁ニ春生シ 春開ニ秋ニ至リ 花ア
リ 茎モ 三尺 無毛 絲アリ 葉ヲ 葉腰 葉
ヘ茎ノ如クシテ 鋸歯 多シ 柄ナク 茎ヲ抱テ互
生ス 毛無ニ七寸カ二三寸 大ナ 花ハ 高
ナキ 花 茎ハ 柄 長サ 二三寸 花形
空シ 花葉 形 白毛 四五分 之ヲ 摘
白気 出 花 ヨリ 每々 枝 分 ラ 羅 層 状
西 葉 中 ヨリ 茎 ヲ 抽 綫 葉 ノ 花 両 二 一 日 ニ テ
閉ム 花後 絨 出 細毛 子 熟 シ 飛
中 花 数 稜 アリ 黄 花 淡黄 白 花 忠保 也 畊

一説ツハヒラクサ本草和名　チヽクサ江戸　ケシアザミト云大和本草
ケシナクサ備前　ノゲシ　ヒヘカラホツチ武蔵多摩川
苦蕒菜救荒本草　按是苦蕒ノケシアザミ苦菜
秋月ニ舊年ヨリ生ス人家庭際屋上或ハ道
傍甚多シ葉萵苣葉ニ似テ鋸歯少ク又劇
ノ葉ニ似テ軟ナシ白色ヲ帯フ折レバ白汁出ツ
円茎互生シ中空ナリ冬ヲ凋ズ春月茎高
サ二三尺梢ニ花アリ萵苣ニ似タリ其色微
黄ナリ花後秋月モ根ヨリ苗ヲ生
微シ若キヲ大和本草ニ今ノ人ユルヲ食フト
ヲ知ラズ畜テ苦キ由ヲ云ヘルコトハイヘリ
つしひらくさ
ニカナ　アヲカラシ
本和下三十五　苦菜　尓加奈一名都波比良久久佐
波良久佐
和傳　苦菜　安於加良之　加尓加奈都
和　名井

◎ 苦草 Vallisneria spiralis

苦菜 [illegible]

苦薏苣 [illegible]

苦蕒 [illegible] ニガナ [illegible]

ケシアザミ 苦菜 [illegible]

ナツトール

ヤライサウ

月下香　臺湾府志

暖国ニ産ス寒ヲ畏ル立夏後ヨリ芽ヲ生葉長二尺許柔
弱ニシテ中ホドヨリ折レ垂レ末細ク長シ根ニ近キ処ニ淡紫色
ノ細点アリ茎ヲ抽キ高サ四尺許立秋處暑ノ間花アリ
二花並ヒ夕ニ開テ香気アリ朝ニ至テシボム六弁白花ギボウシ
花ニ似テ白色緑茎根

ナラテール

ヲランダスイセン

ケイセイサウ

リ

ケウチクソウ草　一名ハレモカラ 薩州方言 同名多シ　苗ノ高サ尺餘
葉ノ長一寸六七分許リ幅三四分三縦道アリ葉ノ本ニ
茎アリ茎節アルゴトニ五葉對シテアリ八月五弁淡紅花
開ク夏観ニシ後実ヲ結ブ四ニシテ狸蹄ノ実ノ如シ
丁子菊ノ花ギンノ形ノ如ク前紫ノケウチクノ花ニ似タリ　（印）

ゲンチヤナ

Crepis barbata 毛蓮菜一種

此名物ニ云々、未タ挨種中ニ出ス

近頃アマテ二三品到来 近年米種ス

毛連菜一種ノ也ナリヤ如何ニ

此種ハ今度ナリ分無可シ

如高覆 先便ニ写五ノ図ハ一々上ケ申候 由候ニ可惜

花ケレヒス アメリカ紙製

gentiana lutea. L.

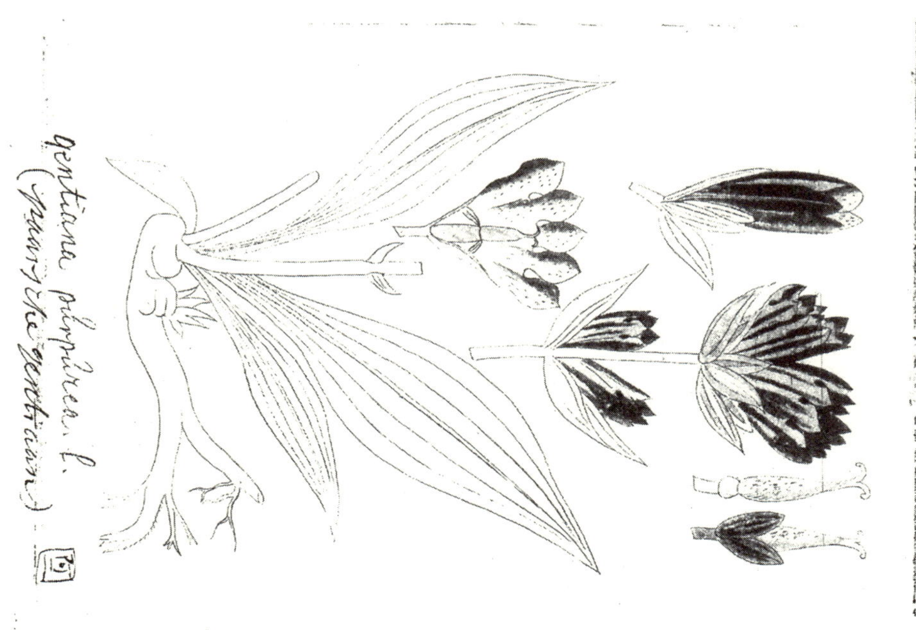
gentiana purpurea. L.

西蕃羅糺ニ以テ呼ナヲ 黄連 樹根也 樹言ハ
虚羅湾之南ニテ
マカ蓮ノ字ヲ係ル所ニ
梅ホツノゲンチヤナヲ見

廿

ケルフルノ類也 蘭名未詳
チリオンゼリ云

ケルフルノ類

廿二　ヘートルス　パースレイ　いタチかぜり

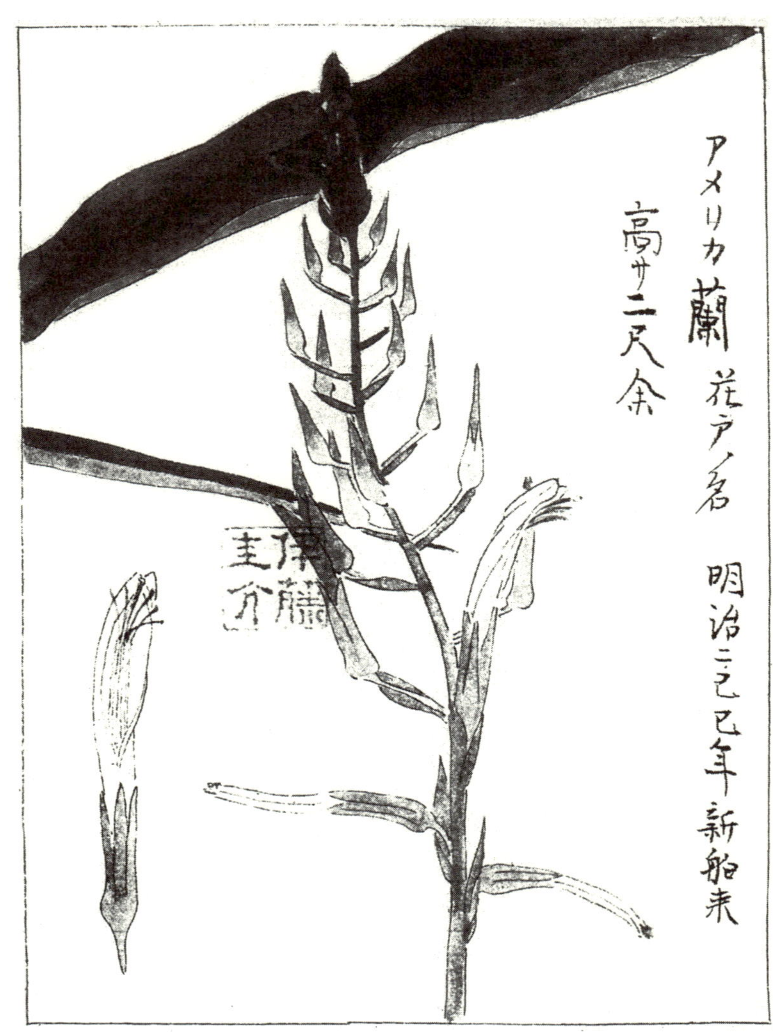
アメリカ蘭　花ノ名
高サ二尺余
明治二己巳年新船来
伊藤圭介

本郷區眞砂町十四番地

伊藤圭介

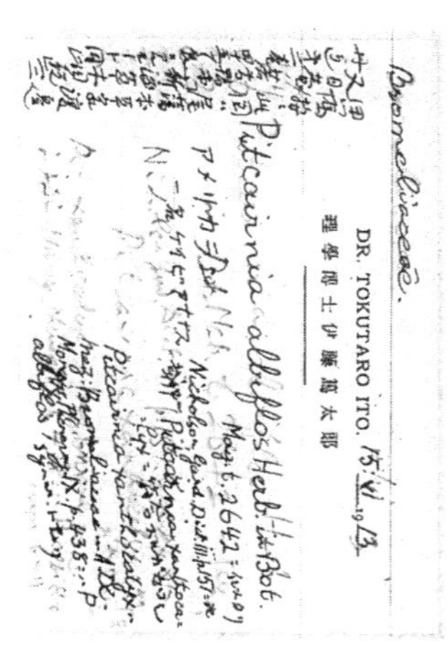

伊藤圭介補
植物圖説雜纂
八十四

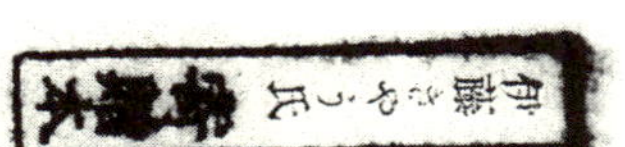

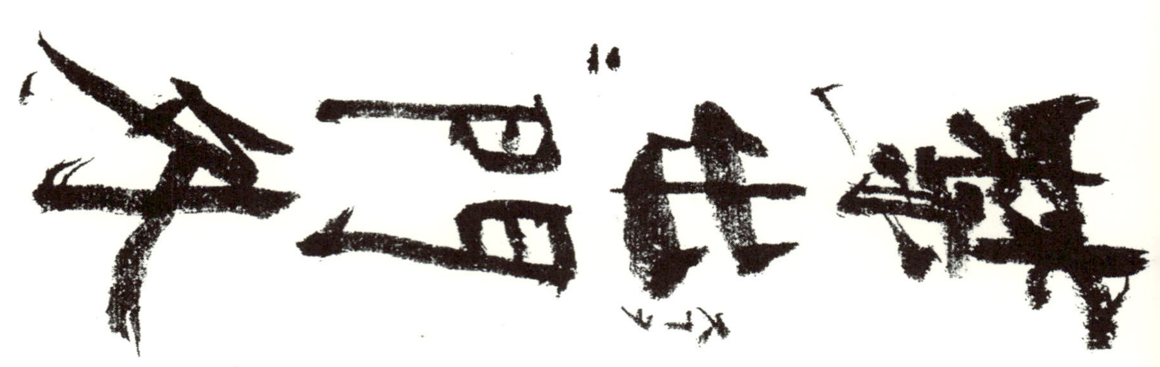

一 ブイクサ

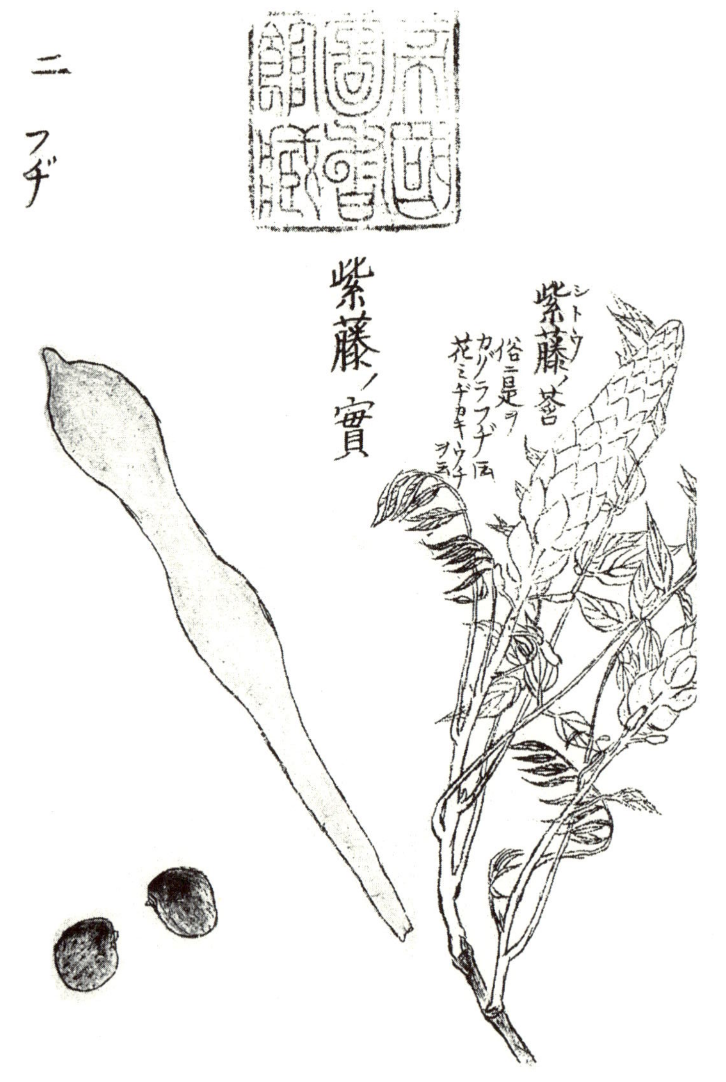

二 フヂ

カヅラフヂ

藤

山城国

花山

シカヨリ帰ケルヲウナ共ノ花山ニイリテ藤ノ花ノモトニ立
ヨリテカヘリケルニ読テヲクリケル

僧正遍昭

古今集春下
よそにみて帰らん人に藤の花はひまつはれよ枝はおるとも

加茂川辺

賀茂臨時祭ノ使ニタチテノアシタニカサシノ花ニサシテ左
大臣ノ北方ノモトニイヒツカハシケル

兵衛

参議兼茂女（カネシゲムスメ）

拾遺集雑恋
ちはやふるかもの川への藤なみはかけてわするゝ時のなき哉

月輪

月輪トイフ所ニマカリテ元輔（モトスケ）恵慶（エケウ）ナトトモニ庭ノ藤ノ
花ヲモテアソヒテ読侍ケル

大中臣能宣朝臣

後拾遺集春下
藤の花さかりとなれは庭の面におもひもかけぬ浪そたちける

清滝川

泉右大将四十賀ノ屏風ニ

忠岑集
濁なききよたき川の清けれは庭より咲とみゆる藤浪

紫野

女御徽子女王家哥合藤

忠見集
わか宿の松にむさし――れ藤の花むらさき野にハ咲やしぬらん

藤生野

都門竹枝詞ニ澹澹泮山人故寓ヲ題シテ
詩人老去蹟難存古屋藤花擁舊門」

紫藤（シトウ）
藤（フヂ）俗ニ二字ヲ用ユ

藤ノ戸　毎日新聞　三十七年五月廿八

●氷川公園藤の戸　中仙道大宮町氷川公園内なる「藤の戸」の藤花は昨今恰好の見頃にて殊に同所名物の蕨も出盛りし爲め旁々同亭の鑛泉に遊浴を試むる者多しと云ふ

千五百番歌合　春歌　左　公継卿

大うち山春の日くらしものとけきて時こそあへるふちなみの花

大井河

所　納ラノフクウミ大井川ニ作リテ松ニ藤ヲカヽシル

金槐集春

立かへりうても渡らん大井川かはへの松にかゝる藤なみ

常盤社

春ノ詠トテ

十二集中

この里はもえもりの藤の花咲かゝりてや春をまつらん

藤森

新撰六帖六

ふかくさは森のこゑ茂り藤のもり春をのけてそ花咲にけり

布ち　左京大夫行家

白川岸

白河院ニテ藤ノハナヲ翫トイフコトヲ　能宣朝臣

夫木鈔春六

志らかはの名をたつへるをふさはは岸の藤なみ紫にして

百首哥ノ中

飛鳥川里　正三位知家卿

同

今日くれぬはるも此河の藤なみのよるつらふ春の瀬にかへるらん

貞應三年百首御歌 藤　為家卿

同

春は今日も此里の藤の花かゝみをいくふかさてもみむ——

同
宇治
名所歌中　参議為相卿
枝ならて花こそかゝれ松に咲藤ハ花よりあまる宇治の川なミ

同
真木嶋　為實卿
つほり槙のしまの藤咲ハうきていろそふ宇治の河なミ

同
夫木鈔巻六
小倉山
正嘉三年毎日一首中　民部卿為家
小くら山松の藤なみみとりにハかくれて見る時もなし

同
男山
文應元年七社百首　同
代々うけてあふきもさかへゆくおとこ山なをしみなかせる春の藤浪

同　雑四
吉田森
喜多院入道二品親王家五十首述懐　野宮左大臣
ゆきなもよしたのもりハ藤の花屋てぬ春の末をそまつ

水尾
ナカタヽノ侍従内ノ御使ニ水ノ尾トイフ所ニマウデ、辺ニオカシキ松ニオモシロキ藤ノカヽレルヲ松ノ枝ナガラ折テモテイマシテハナヒラニカクカキツリ

空穂物語　梅花笠巻
おく山にいく世経ぬらん藤の花かくれてふかきいろをそふらむ

大和國

春日野 山

詠花歌 夏雜 作者未詳

萬葉集十
春日野乃藤者散去而何物鴨御獦乃人之折而將插頭

新院位ニオハシマシヽ時皇后宮ノ御方ニカンタチヘラエノシノコトモヨホシテ藤ノ花年久トイフコトヲヨマセリマフケルニヨメル

大納言師頼

詞花集雜上
春日山北の藤なミ咲しよりさかゆへしとハかねて知にき

大河辺

題しらす 讀人しらす

古今集恋四
みよし野の大川のへの藤なミのなミにおもはゝ我こひめやハ

吉野 滝

五十首歌奉りけるに 嘉陽門院越前

新勅撰集恋四
よしの川岩根の藤花手折てもちらん波にかゝらも

故郷藤 リ

夫木抄春六 菩提院攝政
みよしのゝこゝ紀に残る松か枝にむらさきかけて咲る藤浪

三笠山 杜

右大將ニアヒクシテ最勝講ニマイリ侍ケル時ヨミテツカハシケル

後鳥羽院下野

續古今集賀

根

紫藤ノ苗

亀井戸菅廟藤花　留浙

満架花開廟北隅　柔枝弱蔓影如鋪

君看老府当時眼　猶被藤花紫氣籠

右呈紫蔓爲今晩之一興也

紫藤 韓 摂津国野田の藤ハ長さ四五尺にあまる常の紫藤

とハ別なり又花大にして短きものあり又白きもあり又花開

かざるハ蕾も花も少し三月比まで摘よしてよし又根を掘

採て植ときハ其もよし人糞又酒粕などまぜ根もとへ入べし

夏中細長き蔓を多出すときその蔓を刈べし

藤（フヂ）

花田家　二季草　紫人家

野田藤

姫藤

[illegible]

[illegible]

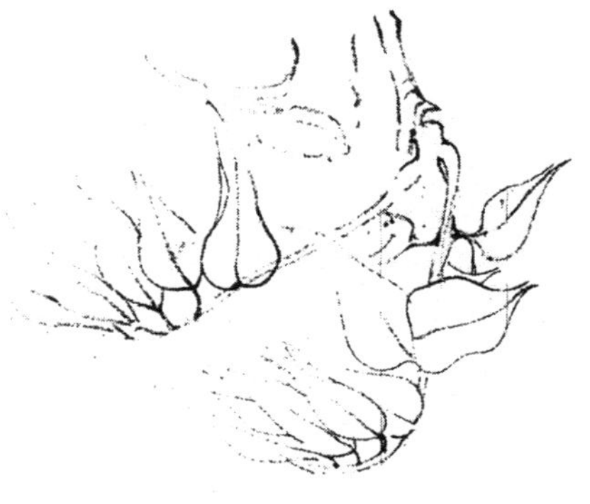

紫藤　松前

他国ノモノニ異ナラス此花ヲ瓶ニ挿ニハ水中ニ入ヘキトコロヲ打ヒシキ
酒ヲヌリテ後挿ムヘシ カクセサレハ花ノ保チ久シカラスト其根ニ酒糟ヲ入ルモ亦是理ヘ
其根ヲ狼跛子ト云フ

○藤 巻三藤浪之花者盛尓巻八非時藤之目頬布巻
十盂波流敵左久布治能宇良葉乃 此外巻八 十二 十三 十七
皆藤ト書リ巻十八十九数治氏アリ 和名抄藤ハ雅注ニ
云藟ハ藤也 和名布知古事記明宮殿即其母取布遅
葛而云云其衣服及弓矢悉ク成藤花ト アル此ナリ藤浪ノ
浪ハ借字靡ナリ本草ニ紫藤ト見ユ紫花ヲ以テ常トスル
ハナリ

尾ノ道ニテ
花ノ芽ヲ食用ス

乾藤花

茂花ぶ剥きて又ハ能開きたるを枝蔕を去り塩湯ニ
浸し一鼎ヨ入蒸晒乾し是を収め置 饂飩なとの餡ニ
入て食す 葷素ニかまはぬよし 或ハ塩醃ニ[illegible] あつ
すなしもよし 但饂飩ハ麦粉を[illegible]経三寸位ニ[illegible]

藤なミもしかしけふこそは山人まくらとる枝をそへつる

文保百首哥ニ　前中納言實任

新續古今集 雜上

神もかつうけくらさ北森の藤花咲のなみすゑかゝる影を

建長八年百首哥合　衣笠内大臣

夫木抄春六

ふるさとのこゝろ北へのみかり人かゝし北藤も今盛なり

宇多

宇多院ノ御ママニ船ノスヱニ藤ノハナ咲カヽリタルヲ三月

コモリ

類聚名集

藤の花まつのこすゑにかゝれぬ一春は末まて咲かゝりけり

佐保川

月清集ニ

こゝなるこ北にをそのゝハそきさす河川の末北藤浪なみたくこすな

南海漁父百首

奈良都

フチ

洞院左大臣

現存六帖 六

おもひおくれつゝ北らの二の藤花むら一を今は咲みにきへ

竜田川

家集

鴨長明

夫木抄春六

紫は春ハ藤なみまさる川もれも神代のありはしめハ

藤井原

御集

後九條内大臣

ふぢころも　葛衣也古へ葛皮をもて布を織しへ万葉集ニ山田守翁か藤衣
又須磨の海人の塩やき衣の藤服(ころも)とよめりされハ紫藤もて織しを藤
布といふ信濃あさぶあり和名抄ニ穰衣をよめり葛布をもて素服とする故へ
源氏明星抄にも其の事見へたり賤人の服なるをもてかくいへと実ハ君も臣も衣にき
白き麻布なる事万葉集令義解なとに見え日本紀ニ素服とあるをみぞ
とあり古へハかくいへりて棄しきたらんや拾遺集ニ服ぬき捨るとて
藤衣はらへてすつる涙川きしにもまさる水ぞなかるゝ

和訓栞巻之二十六

紫藤　一名招豆 開寶本草　まつみ　ふぢ 蔵玉集　むらさきぐさ 藻塩草
ふし　いとふし　たかふし　かつら 謎（?）　（圏点）

同
むらさきの藤井か原の花ゆへに松もかゝれる春のくれかな
柏木義
中務卿親王家哥合
権僧正公朝

同 雑四
春ふかくゆかりを染て小紫の藤咲かゝる松の木の蔭

河内国
波激国
藤

宋雅千首
咲藤の花より外はまつことも春さの国の松のつゝき

竹河
三十首歌中に松上藤

家祇集
咲かゝるはみさへの書よさけりかるかめ松もそれそそとる

摂津国
住吉　岸

圓融院御時屏風哥
平かねもり

拾遺集 夏
住吉の岸の藤なみわか宿の松のこすゑに色はまさらし
百首歌中ニ藤ノハナヲヨメル

全葉集 春
住よしの松にかゝれる藤花風のたよりに浪やおるらん
修理大夫顕季
承平八年八條ノ右大将家院ノ北方七十賀セラレシ時ノ
屏風ニカケル

野ふじハ山野自生多し藤蔓樹の如く葉ハ無患子のるいに似て茎長く且茎互
生し四月枝梢に穂をなし下垂するもの三四尺花ハ扁豆まめに似て紫色
後角を結ぶ黎豆をふじやらくまめに似て長し

一種　南蠻ふじ

一種　八重ふじ　藤蔓紫藤の如し葉も又似たり但花千辧深紫色なり

一種　野田ふじ　摂州野田の産なり花稍小く穂長きものと四五尺
〔[illegible]〕

一種　きふじ　をかふじ　〔[illegible]〕

紫[illegible]
一種　花大ふして鮮紫色穂短く一二尺に過ス是ハ白花もありちらふじと云

土用ふじ　葉蔓共に細くして短し夏月土用中に花あり白色形紫藤に似て小し

紫藤　和名フヂ　蘭山記聞

花紫白ノ二種アリ紫ノモノ鮮ナリ[illegible]ニシテケレハ木甚タ巨シ葉薄シテ花長シ三四尺ニナル白花ノモノハ葉厚クシテ花短シ又土用ニフヂアリ茎葉共ニ柔滑シテ小也六月花サク黄ハ白色ナツフヂ又マメフヂト云　又江戸ニ唐種ノ藤アリ　又駿河ノ御藥ニ八辧ノ者アリ濃紫色也又ノフヂアリ野生ノ紫藤也本條一名朱藤　夢渓筆談　藤花　救荒本草　和名ニフヂノフシカツラ両リ藥用ニス藤芸ト云

紫藤　フヂ

藤ハ蔓ナリ一物ノ名ニ非ス紫藤モ品アリ長フヂアリダゴフヂアリ山フヂアリモ於留アリ色ニ淡紫深紫紅白等ノ品アリ　近比八重藤アリ獨リモ於留ヲ上トス

あこりなハ松まかけつゝ住吉の春のみなもと咲る藤浪

生田杜 モリ 大伴郎女

古今六帖 五

いもか家にいくたの杜の藤花今こん春もかくしこそ見め

此歌萬葉集十七大宰高安真人ノ歌ニ大ニ同ク文字異ナリ万葉ニハ第二句伊久里乃母里結句ハ常如此将見トアリ此共作者モ別人ナレハ別歌ナルヘシ

猪名野

十題和歌

拾玉集 第三

あれわたるゐなのさゝ原風こえて衣手さむし在の下かせ

雅成

弘長三年住吉 藤原為顕

夫木鈔 春六

あめのふるあまも入江の夕なみによせてくるぬ春の藤浪

布引滝

家集 源道済

同

紫にさきける藤の花なれやおつる布引たえぬ紀

昆陽池

池藤

為尹千首 上

芹をつむ袖のそこれハ紫の藤さく紀ゝる京の池かな

伊勢国

御裳濯川

ふぢ　日本紀に藤字葛字をかけり古事記にふぢふ
ともいへり凡て蔓の茎を藤といふ西土も同し今名とせり
又すゑふ紫藤なりいふは紫の色の花なるをもてなり○文集に紫
藤花下漸黄昏とみえたり○後撰集に

君にたにとはれてふれは藤の花たそかれ時もしらすそ有ける

白花のものを志らふぢといへり又黄ふぢあり又土用ふぢあり
又姫ふぢあり紫白二種あり○小ふぢといふは銭藤之伯耆にて
時志すといふ是なり草ふぢあり蟠龍藤之といへり岩ふぢあり
地槐なり河原ふぢは雲実なり薩摩ふぢは莞花なり紫源氏
ともいふ志ら口ふぢあり志の部にみえたり豆ふぢ又もうるふぢ

二

ミツカラヨミアツメタリケル歌ヲ三十六番ニツカヒテノ伊勢大神
宮ニ奉ルトテ俊成卿ニ勝マケシルシテト申ケルニ度々辞
申ケレトシヰテ申侍ルトテ歌合ノハシニ書付ノツカハシケル

西行法師

風雅集 神祇

藤なみをみもすそ川にせき入て百枝の松にかけつるかな

神道山

西行上人ミモスソノ歌合ト申テ判スヘキヨシ申シヨイフカ
ヒナクワカヽリシ時ニテ度々カヘシサハリ申シヲアナカチ
申シテシフルユヘ侍シカハ書付セシケル時

拾遺愚草下

くらふ山松の木高にかゝる藤なみの花さかりを思ひこそやれ

流江

弘長三年住吉社三首歌合江之藤

夫木抄 雑五

藤なみの咲ける宮路をなかれにてあかぬ春の日数をそしる

参河国

宮道山

ミヤチ山ノ藤ノハナナリ

増基法師道の記行

むらさきの雲とそみつるは宮路山名高き藤のさけるなりけり

為忠朝臣三河国名所歌之藤野村

藤野村

藤原宗国

夫木抄 雑十三

紫の糸くりかくと見へつるはふちのむらの花ゆかりかも

駿河国

日印

ともに〇藤の両樹相隔て互に連結したるは霊木にて軍
家の用とすといへり〇愈安期か鐘藤謡に鐘藤纏樹皮樹枯
藤作樹といへるあり〇衣によめるは表紫らし藤紫ありといへり〇
万葉集には春と夏と二部にのせ拾遺集には夏に入
その餘は多く春とせり〇藤原は大和の邑名をと藤井ら所とも
いひし万葉集によみたり〇姓に藤原工藤なとをいふハ官と姓
とを併せ呼びしが後はその子孫の称号となれる斎宮頭藤原
叙用を斎藤と号し木工頭藤原為憲を工藤と号する是なり
主馬首藤原資清を首藤と称し加賀守藤原景道を加藤と
呼びしも亦同し　佐藤安藤武藤なとも佐渡安藝武蔵を

フヂ一

紫藤(フヂ)　詮　[illegible]

實ハヲ下ニシテ生ジ易シ他ノ樹木ニ纏着ス否ロレバ一條木ヲ立テ之ニ倚ラシムベシ蓋
一株ヨリ叢生スルモノハ長シ難シ二三ヲ存シテ其餘ヲ去ルヲ良トス花ニ紫白ア
リテ長條下垂六七尺ナルモノアリ幹身長大ナルモノハ圍三四尺ニ至ル酒糟ヲ
施シ或ハ酒ヲ澆クヲ良トス
効用　肌理疎ニシテ弾力強シ物ヲ結束シテ輙ク折断シ難シ或ハ幹身肥大直
聳セルモノハ建築ノ一部ニ供スルモノアレド好事家ノ用ニ過ギス又其實ヲ炒リ
テ敗(ヒヅ)酒(サケ)ニ投スレバ其味ヲ復スベシ又衣物ニ酒醋ノ類ヲ汚點シテ黴ヲ生セシキ
此花ヲ用ヒテ浄拭シ去レバ曾ヲ汚痕ヲ留メズ或ハ能ク酒毒ヲ解スト

ふち　ふぢなみ　源氏蓬生　松に藤の咲かゝりて月かげになよびたる
松にかゝれる藤の花はさくらに並ぶさくらなるべし

和名抄　藤　爾雅注云藟ハ藤之[illegible]似葛而大其実名猴豉子云々　詩經葛藟纍之

桜に藟は藤の古名　藤亦藤に同し物を縛するの字義也後
世草冠を加ふ　紫白の二種あり山溪海濱ホ小多し

夏樹園 詠花歌

萬葉集十

霍公鳥来鳴動岡部有藤波見君者不来登夜

清見

参議為相卿

夫木抄春六

清見かた岸にかゝりて咲藤はあるもおもしろ人こそしらん

路次記云キヨミカ関ヲ過ルニキシノホトリニ藤ノ花ノ咲タルヲミテ云々

近江国

常磐橋

類字名所集云一説ニ奥州

院ノ北面ニテ橋上ノ藤花トイヘルヲヨメル

大夫典侍

金葉集春

色かへぬ松によそへて東路のときはの橋にかゝる藤なみ

千枝村

永仁六年大嘗会悠紀方御屏風　近江国千枝村藤花

浅深

前中納言俊光

玉葉集賀

うもくこく枝千に咲ける藤浪の盛もひさし万代の春

志賀山

藤　日吉　文治六年

五社百首

志かの山まつにかゝれる藤花うらさへあかにさけるそみる

石根山

暮春ノ詞トテ

[illegible]

夫木抄雑十三

古市里　正安大嘗會

ふるいちの名にはふりぬる里なれと久しくかゝる地の藤浪

兼仲卿

陸奥国 松山 フチツ

前大納言為家

續拾遺集 春下

浪の花とそみゆる松山のこすゑをこへてかゝる藤浪

10

松賀浦 舊

天永二年白河殿ニテ人々題ヲサクリテ七百首哥ヨミテマツ

リケルツイテ浦ノ藤ヲヨマセタマフ

新續古今集巻十

後鳥羽院御製

心あるはまわうへの春ことに藤咲かゝる松かうらしま

藤島

家集ノ障子繪ニ嶋ノキシヲメクリテ藤ノ花アリ

夫木抄春六

祭主輔親

いくとせか染てきつらんとめてみよ嶋かきしなる藤浪

松島　構

同

藤花ヲ

上西門院兵衛

松嶋にかゝれるあまのしほみちもこゝろは藤のさかりともかな

歌枕名寄

民部卿忠教

わきてけふ渡るも紫の藤浪かゝる松島のえ

扶桑三藤浪の花ハさくらふるふかくなりの数をたのむや君

図ハ野生ノ白フジ
ノ一ノ花垂レシ図
Wistaria brachybotrys
ヤマフヂトアリ

すてらてる之文月藤あり之伊藤あり甲藤あり○藤野ハ三河
国にあり今藤か池といふ○八朔に藤の花といふ寒具を
川端道喜より禁中に奉献なす事いとまさびげをつけ
て折に入とぞ○藤島ハ越前ノ国にありて新田義貞の討死
せし所なり○藤門ハ備前なり佐々木盛綱か先登せし処
なり○藤ノ森の祠ハ式外也山城紀伊郡にあり神幸の
地ハ稲荷田藤尾社へ　　和訓栞中編巻二十二
ふさきなき　莫傍羽ふ　ふちせといへり
国史草木昆虫攷巻ノ六

彪

紫藤〇纏古樹

重芳錦 珍珠 二十丁

アヲツヅラ 環 図 九ノ二 四十丁 紫藤 十三丁

春莫由廣州後之南雄上水行殘船窗多暇即更抒懐誑
數絶句二十四首

峡行日抱玉妃遊 峡到須陽景倍幽 石乳高飛千尺兩 藤花
亂落一天秋

学福齋詩集 元

草木養活秘録

藤やしなひ

藤えをく土に根をうちひしきて根を揃へ上酒よ
入置る事二三時ばかりして元おし挿置し活洲たる瓶中
へも酒を少しさし加へ置し諸人大かた酒にてやしなふ
事なれども花の艶なども少しなひ又数多きうちには水上菊る
枝なとも有ものゝ能く絶く水あげさせんと思はゞ鳥頭を
せんじおし冷して切口を其水に根を二三時も入置て後
挿置し挿網たる瓶中へもそろと入置し鳥頭
晩菊ともよしいふ根よく其毒強き故元根大事なりと知るべし

武蔵

夫木抄春六　家集松藤ニ　権僧正公朝

まつら海の松のこすゑに春立ておふきの花咲にけり

若狭国

後瀬山

山

現存六帖二　祝部成茂

又もこん春をそまつるわかさなるのちせの山乃なれ[illegible]

越中国

伊久里森

古歌一首　年月不審但随聞時記載之
大原高安真人

萬葉集十七

妹之家尓伊久里之森之藤花今将来春母常如此見

同十八

布勢浦

于時期之明日将遊覧布勢水海仍述懐各作歌　大伴宿祢家持

明日之布勢之宇良麻乃敷知奈美尓蓋不来喧而散天鴨

同十九

垂姫浦

天平勝寶二年四月六日遊覧布勢水海作歌

念度知大夫之此久連尓繁思緒見明情也良牟布勢乃海尓小船都良奈米真可伊掛伊漕廻者乎布浦尓霞棚引垂姫尓藤波咲而濱浄久白波左和伎及々尓恋者雖勝今日耳飽足免也母如是己曽弥年毎尓春花之繁盛二秋葉之黄色時尓阿利加欲比見管志努波米此布勢能海乎

多祜浦

同十二日遊覧布勢水海舩泊於多祜湾望見藤花各述懐作歌

萬葉集 十九

多祜浦底左倍白藤波乎挿頭而将去不見人之為（タコノウラノソコサヘニホフフチナミヲカサシテユカンミヌヒトノタメ） 次官内藏忌寸縄麻呂

丹波国

藤坂山

寛元四年主基御屏風ニ藤坂山 正三位成實

續後撰集 賀

むらさ紀のふち坂山に咲花は千代かきり――は君か為かも

播磨国

藤江浦

建長二年江上春望トイヘル題ニテ詩ヲ哥ヲ合セ侍リシ井テニ 太上天皇

同 春下

紫のふち江の岸乃まつか枝によせてかへる浪花そかゝれる

觀音寺

陸理大夫顕季觀音寺ノ藤ノ花サカリナリトキヽテ見ニマカリケルニサカリケレハマカリテヨメル

散木集 一

吹をみ藤江のゝらをみてみれハあふみハ春ものそ名りける

高砂

詠萩ノ條ニ見ユ 藤ヲヨメル

續後撰集 春下

祝部成茂

紫藤 三月の [illegible]

[illegible]

藤 ケムフル 日本本草ノ部

[illegible] 花 [illegible]

Wisteria chinensis

(Dolichos polystachyos Th.

excl. Synon. Linn.)

紫花 白花

○亀戸の藤 [illegible]

○紫藤 緑蔓穠 [illegible]

権琴無人曾家近

和傳 甘露藤

不知乃祢

[illegible]

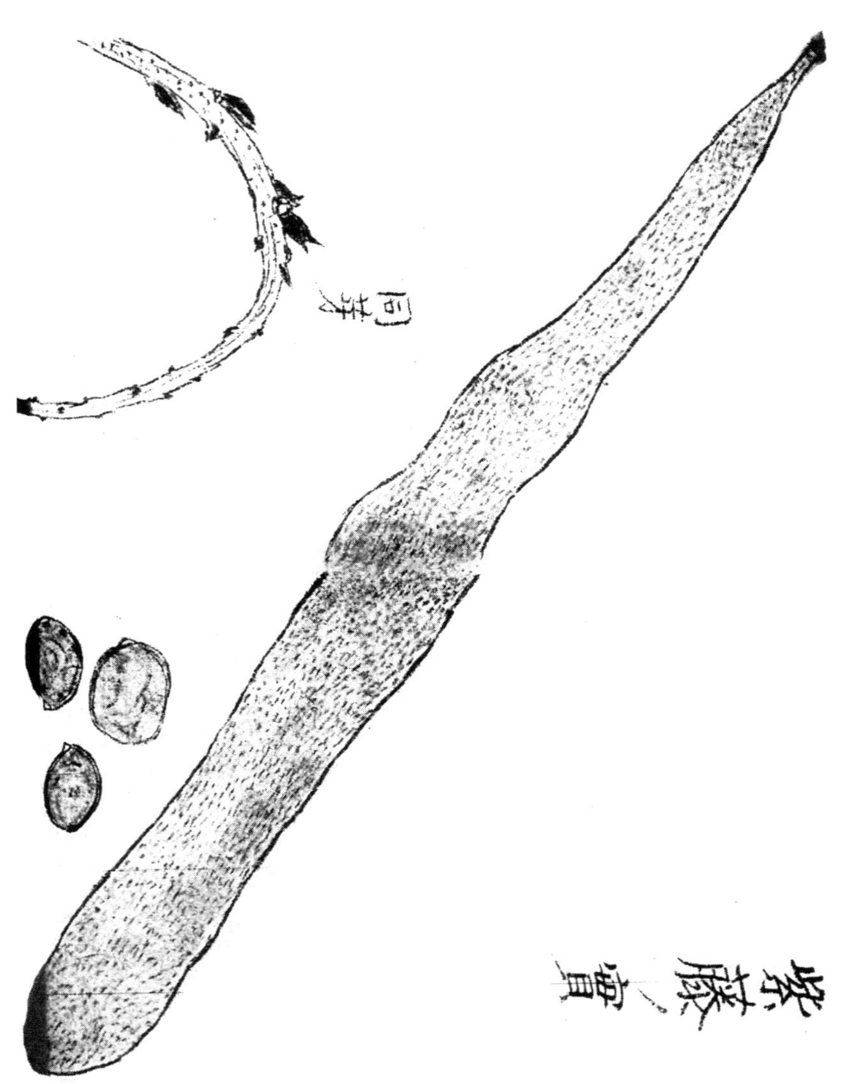
紫藤ノ實
同茎

○藤 花紫白開花三月末より四月にかけて咲 方日向 地湿 土えらぶべし
肥大便寒中正月ハ入るに及ばず 株尋常の花ハ春彼岸に蔓を地中
に伏せ根生じて後切放ち取るもよし又同節に株を取るもよし
名物の花ハ多分盆栽或ハ棚に懸登せありて取るなるべし故に
野田ひらき株をもて寄接にするべし因にいふ河州刈田村の庄官の
母屋子宅両家共に庭中なるハ房長さ五六尺におよぶらぬ近世
の名貴へ さて水弁の方ハ切口を叩き揉ぎ半時を吸ら酒にさし置
其後よく焼て冷水にさし置て後用ふべし又方花器に上酒を
湛へ切得たらを其侭挿花にすべし

藤養

朝夕ニ切トリテ根ヲ四五寸ヒシギテヨキ酒ニ根ヲサシ入ヘシ一時又ハ半
時程ニシテ取出シ根ヲ火ニテ焼留ヘシ又ヨリ冷水ニウツシ置テ後挿ベシ
挿納タル瓶中ヘモ酒ヲサシ入置ヘシ又巴豆ヲ水ニ出シ切トリタ
ル根ヲ其水ニサシ入置テ後挿テヨシ其上ハ水ヲ瓶中ヘサシサシ入ヘ
シ切トリテ間有時ハ養ノ共持カタシ

養法傳全

太布 陸中国稗貫紫波岩手諸郡 是地慈提要 三

ノナ

[illegible]

清洌早川氏庭有二藤花一架一因号二藤陰一其家
自二天正年間一世爲二郷長一索二我詩一
七道縦横逞二覇心一遺墟徒見棘蓁湲輸二他十世甘一
耕耨長占藤花半畝陰
山陽詩鈔一

紫藤花下酔歌同表兄竹坨供奉作
三千里外春不同江南苦雨北苦風昼沙影裏過三
月地寒或恐猶頓冬草冬光樹色久経眠造化何處
施青紅我行亍亍窘投足出門但語張韓翁城南古
藤絡書屋翁愛藤陰密長卜花時憐我負春遊指點
新花浣枯木朱棚高架丈二三紫綬垂梢尺五六攢
條似聞蜂促隊貫柳疑看魚聚族回風撲酒香寘寘
斜日穿簾紅簌簌天公欲雨復不雨似惜好花惟此

獨此花初不壓衆芳交柯絡蔓延林塘不知移根自
何許屈節忽到檐楹前每嗟百卉謝春晩獨與萬緑
争花光我曾三日恣遊賞春水船接争山莊家家高
設錦歩幛夜夜翦燭丹砂房牡丹雖貴不肯看一國
争效蛺蝶狂此妻唐人花最愛家無花塢荒春寂寂花亦隨人
長嘆息獨有香山鶴髮人紫藤陰下鋪歌席香山句故
園新梢又結籠此花無主空毿毿勸君莫作平泉記

空憶繁英照碧潭 藤花無主為誰開獨孤及紫藤花繁英照碧潭李德裕懷平泉詩 也藤

査浦詩鈔 巻二

ふぢ

和 藤布知 其子狼䟦子 名 藤フチ 藟カツラフチ 和玉 藤

又藟又虆又櫐フチ

百三三十 夜浪のまあふさかりよあつふけて

万十六

〇都門竹枝詞：漁洋山人故宅萬藤題。基座藤花攏

〇紫藤 フジ三月花ヲ開ク酒糟人蘂ヲ交ゼテ根ニ入ルベシ門

夏ニ至テ長小ノ蔓ヲ出スヲ去ルベシ一種山フジト云モノアリ咏ト

花紅紫色ニメ殊ニ美シ花ハ下ニ垂レズ主治煎ト作リセ

ミ糖ノ如クシテ服メ水癰ニ病ヲ下ス・賀慶鴫

紫藤ノ一種
カグラフヂ
花白

蕾ニ此皮カブル
花ニヂカリ咲ク

紫藤ノ一種カグラフヂ
花白

新个自
今来図
說藤袴ノ條ニ見ユ

夏雜
詠鳥歌
作者未詳

萬葉集上
藤浪（フヂナミ）ニ散巻惜（チラマクヲシミ）霍公鳥（ホトヽギス）今城岳（イマキノヲカ）叫鳴而越来利（ヲナキテコユナリ）

高野
高野ノ庵室ノマヘニ藤ノハナノ咲タルヲミテ
二品法親王覚法

續千載集 釈教
藤の花わくまつ雲の色みれはこゝろにかけてもふもあかめり

藤白
新態野百首
安嘉門院四條

13

夫木鈔春六

一しほみどりの外も色やそふ花咲春のときはなる松

磐代

松蔭

為尹千首上

いまし汐の松のたくひはみへねともなれひけるなみのあらき

名高浦

読集ノ倭ニミユ

春町藤

草根集春下

咲藤の花の色もなひきも此宮のあるふにさらす風そふく

藤井宮

三月中ノ十日ハカリニ藤井ノ宮ニ藤ノ花ノ賀シ給フ君タチ出給其比ノ紀伊守藏人ヨリイテタル人ナレハ持ナトノヒタヽルヲ聞ツケテ吹上ノ宮ニ玉ノツカサトモヒキ井テモウテ詣テ藤井ノ宮ニワタリ給ニカクテミナツキワタリ給其日ノ御マウケハ多年松ツカウマツレリ例ノ物ノ音トモカキアハセテカハラセタヒニナリテ君達ヤマト哥アソハス藤ノハナヲ折テ松ノ千歳ヲシレルトイフ題ヲアルレノ君

空物語吹上巻上

春雨のほるみなかゝれるまをそひあ多松のまちえてうる

ナトテアソヒタマフ藤井ノ宮ハオホイナルイハホトリテアリ五月ウモヽキヲカヽリアルハ河ニノソミタテルニオモシロカキ藤木コトニカヽリテ只今御カリナリヌ已上畧文

筑前国

生松原

三月ハカリニテソコノ守藤原秀正クニヽ下リ侍ケルニ餞子

一二　フヂ

内親王ヨリ扇タマハストテフチノ枝ツクリタルニ　河霧とも
はる立ぬる旅路をは形見にそみるへき花　トヨ
ミテノムスヒ付テ送リケルカヘシ
藤原為正
後拾遺集 別
初まつ千世をかけたる藤浪に思はれ松にこえるかなかるれ

豊後国
木綿山
嘉元元年百首
又木救雑二
うつろひ　まなき松の枝のゆふ山に
入道前太政大臣
又雲かゝるまゝの藤なし
右所ゝ百十木考之

藤花菜　即紫藤　フヂノ花　救荒啓蒙十一

人家ニ栽テ花ヲ賞スルフヂナリ年久シキ者ハ蔓大ニシテ木ノ如シ處々ニコブアリ是ヲフヂコブト云和方書ニ藤芎ト云フ花ニ紫白ノ二色アリ紫花ノ者ハ培養ニヨリテ穂長キコト五六尺ニ至ル白花ノ者ハ穂短ク開クコト早シ葉ハ紫花ノ者ヨリ大ニシテ厚シ一種漢種ノ紫藤アリ色浅シ又一種重瓣ニシテ深紫色ナル者アリ凡山野自生ノ者ハ花穂短シコレヲノフヂト云フ根別野田ノ産ヲ上品トス花穂長シコレヲ野田フヂト云嫩葉蔬トナシ飯トナシ食フ花モ亦食フヘシ其実莢ヲナス形刀豆ノ如シテ小ク内ニ圓扁ナル豆アリ棋子ノ形ノ如シ焼食ヘハ味栗ノ如シ又ドヨウフヂアリ一名ナツフヂ山野ニ自生多シ葉至テ小ク色浅シ六月花ヲ開ク形小ニシテ黄白色穂長サ四五寸後莢ヲ結ブ長サ三四寸

紫藤花　明　王世貞

叢蔓一架自成林窈窕繁葩灼暮陰南国紅蕉將比貌西陵松栢結同心裁霞綴綺光相乱翦雨紫烟態轉深紫雪半庭長不掃閒抛簪組對清唫　咏物詩選四

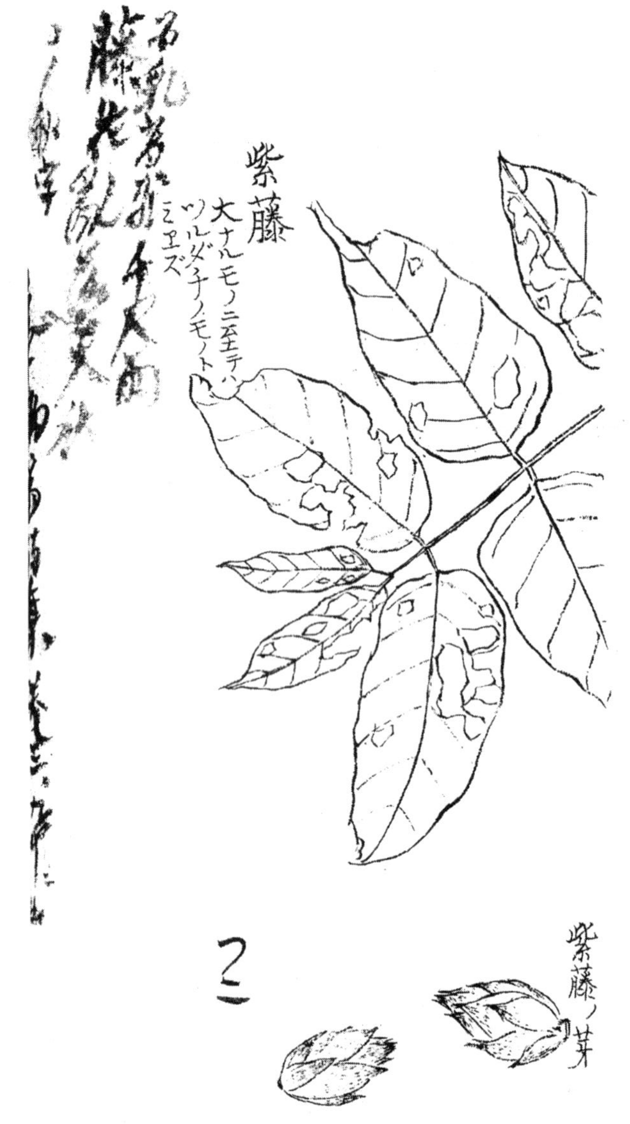

紫藤花

紫藤花繞蒼松樹、嫩蕊垂々麗幾多、丁夜西風吹白露、還輸老幹耐消磨。　清 乾隆帝　書畫皆宜 巻上

紫藤樹　唐 李白　書畫皆宜 巻上

紫藤挂雲木、花蔓宜陽春。密葉隠歌鳥、香風留美人。

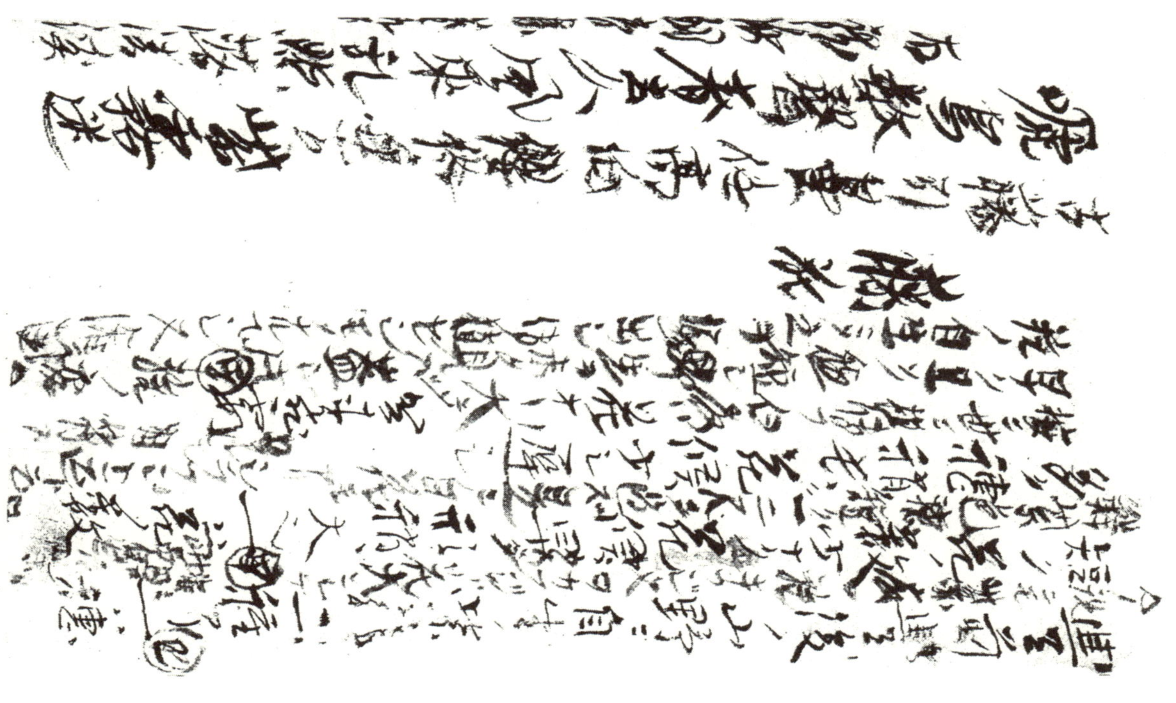

豊前豊後ノ山野ニ自生ノ紫藤[illegible]一種アリ（也）一ハ穂
短ク花ノ数少ナク花モ[illegible]
鮮紫色穂短ク二三寸花[illegible]
多ク穂稍長ク花モ稍大ニ[illegible]花ノ数
接ニ世ニ植ル所ノ白色ノ花ナリ大ニシテ[illegible]
早ク且ツ色紅ニ[illegible]
花ノ自生ニシテ之ヲ[illegible]出シ植置[illegible]モノナルベシ又[illegible]

藤花

古藤
古藤引蔓任高低[illegible]嵩霧迷
啼鳥数聲春去人風來乱點[illegible]
右[illegible]落浩渓

キフヂ
藤ノ花ニ黄ナルハ咲物アリ
俗ニキフヂト云コレハ藤ヲ
カリコミタルモノナリキフヂ
ト云モノハ別ニアリヤハリ
是ハ紫藤ナリ

雪花説四物語類苑

貝原ノ紫藤花ノ詩ニ蒙茸一架自成林、窈窕繁葩灼暮陰、南國紅蕉將比貌、西陵松柏結同心、裁霞縹綺光相亂、剪霧縈煙態轉深、紫雪半庭長不掃、閑拋簪組對清陰、

又我邦詩客ノ吟詠佳モ亦尠カラズ、並ニ一二ヲ摘ル、暇園詠物詩ニ、感花根茇成陰傍砌星、日映纙綸暖、△

△風吹步障開芳香、時撲酒似欲勸郷杯、

又山陽詩鈔ニ、浩洲早川氏庭有藤花一架、因号藤陰、其家自天正年間世為郷長、索我詩、七道縦横呈霸心、遺墟從見棘榛深、輸他十世甘耕耨、長占藤花半畝陰、

○此花和歌ニ詠スルヤ極メテ夥多ナルヲ以テ今

藤ニ擬リ紫藤ト称ス

ノフヂト呼ブ通常人家庭際ニ移植シ花ヲ賞スルモノトス蝶形紫花数多ツ著キ淡紫アリ濃紫アリ、ソノ穂長サ五寸尺餘ニ及ブ培養ニ因テ尚長シ白花モアリ、シラフヂト呼ブ又第二種ハ穂短ク一二尺ニ過ズ、花数疎ニシテ鮮紫色ソノ候稍早シ亦園庭ニ多ク培育シ愛玩ス、キフヂ又ヲカフヂト呼ブ、蓋シ第一種ノ變花ナルベシ此品ニモ亦白花アリ、又一變種ノ重瓣ノモノアリ濃紫亦美ニシテ珍玩ノ品トス、八重フヂト云フ又南蠻フヂト称ス、又野田フヂハ摂州野田ノ産ニシテ有名ナリ花稍小ク穂長サ四五尺アリ又遠近ヨリ（又尾州海東森津藤花モ壮観ニシテ）來觀ヲ賞キ賦ヲ携ヘ遊賞ノ客少カラズ其他諸国（東京亀井戸等）名花亦多シ

漢土ニテモ此花ヲ賞シテ秘伝花鏡ニモ、色深紫重條綽約可愛長安人家

花火雑記

○紫藤

凡ソ蔓草ニシテ其花ノ最愛玩スベキハ紫藤ナリ漢土モ亦此花ヲ賞ス諸國山林随處自生最多ク其蔓ヨク長松ニ纏絆シ翠鬣紫英相映シ最美観トス此フヂノ名ハ諸國普通ニシテ異名方言ハ甚少シ但古歌ニハムラサキグサ サノカタノハナ マツナグサ等ノ別称アリ又古書ニハ布治 敷治 布遅

葛ナド記セリ藤浪ハ借字ニテ靡ナリトゾ又マツミグサ藏玉集フタチノサ莫傳抄ニ見ヘタリ漢名ハ藤花菜救荒本草招豆藤秘傳花鏡本草等ノ異名アリ洋名ハシレガルト日本ノ本草書ニ常ニ見ル花穂長キモノヲ掲ゲテ Wisteria Sinensis. 和名フヂトアリ又穂ノ短キ者ヲ載セテ Wisteria Brachybotrys 和名ヤマフヂト記セリ

○此花ニ二種アリ一ノ種ハ山野自生多シ

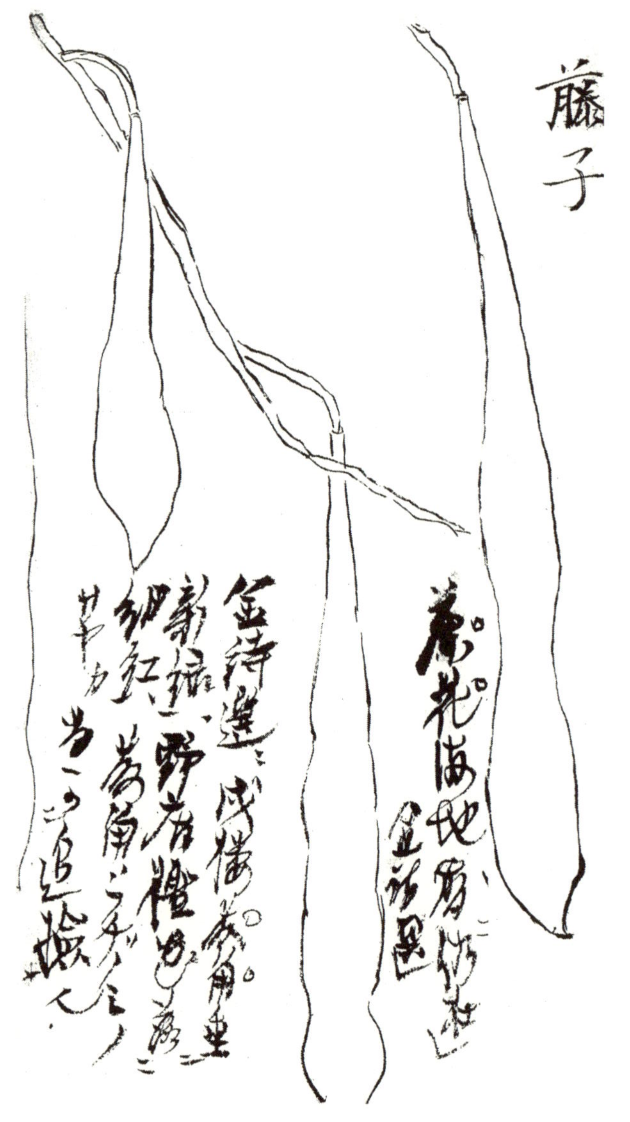

亀戸天神ノ藤花

昨八日同社境内ノ藤花ヲ探リタル人ノ語ヲ聞クニ房ノ短キモノハ既ニ咲揃ヒ居レド穗ノ長キモノハ花十分蕾三分トイヘル位ニテ本花ノ色モ未タ褪メルニ至ラズ白藤ハ稍後レタレド其数ノ少ナキガ為メ却テ見栄アリ先ヅ昨今ヨリ次ノ日曜日十二日頃迄ガ眞ノ見頃ナルベシ

時事新報 第二千二百八十四号 明治廿三年五月九日

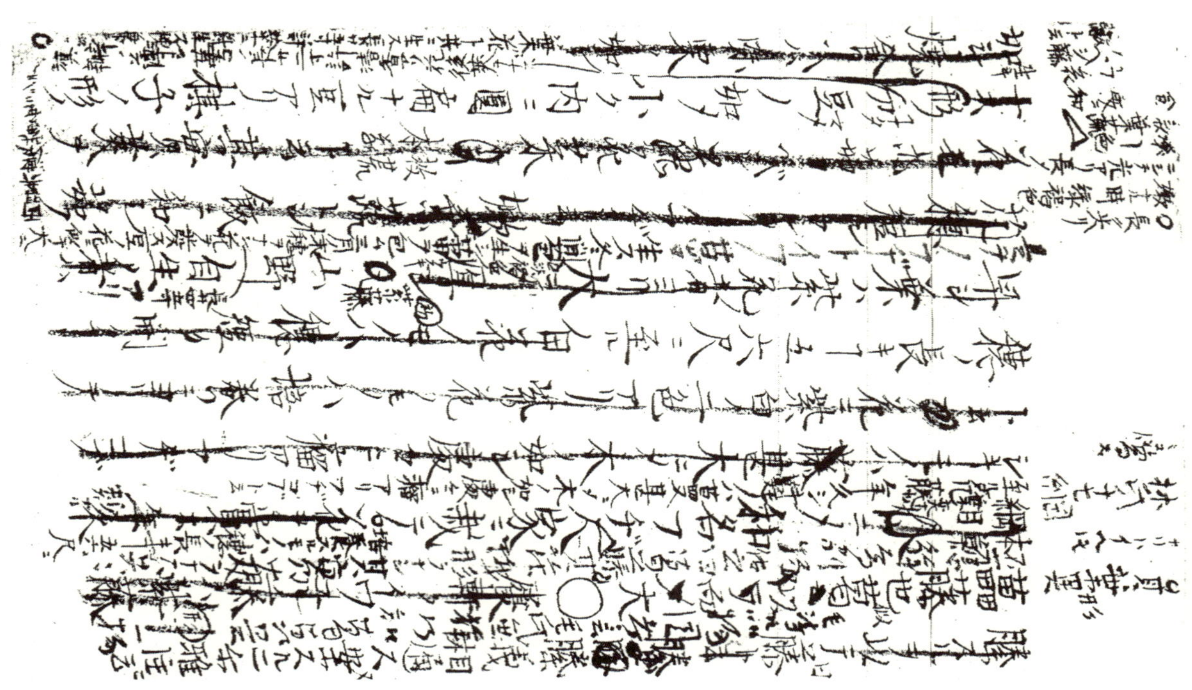

○蘡　葛藟䔰之　椆南樛　蘩々葛藟ハ　葛藟ハ蘡奧ト葛藟ヲ識

早蘡　朱注葛藟葛類○舊説ニ曰ヲ常春藤ニ充常春藤ハ細條木蔓ノ和名木ヅタ一名冬ヅタ藤蔓長ク纏フ葉互生形圓扁ニシテ大サ一寸許或ハ三尖五七尖ナルモアリ其五世尖ナル者ハモミヂカヅラト呼フ皆冬枯レス深緑色ニシテ厚シ其葉辺紅白相雜ル者アリテニシキヅタト呼フ年久キ者ハ其莖最大ニシテ木ノ如ク或ハ直立ス故ニ木ヅタト呼フ葉形変シテ一尖ニシテ狭クナリ初ノ葉トハ形甚異ナリ夏月葉間ニ花ヲ生ス小ニシテ白シ數十簇生ス後圓子ヲ結フ

大サ二分許リ熟シテ黒色中ニ紫汁アリ山本亡羊此説ヲ以テ非トス千歳蘽ニ充ツ千歳蘽和産イマダツマビラカナラス古昔ハ是ヲアマヅラアマチヤヅト訓ス蜂蜜砂糖未タ日本ニ渡ラサル以前ハ甘葛煎ヲ用ヒ諸国ヨリモ貢スルコト延喜式ニ見エタリ又香煎ヲ調フ香ノ書ニ出ツ其甘葛煎ハアマチヤヅ用テ制衣スト云フ今ノアマチヤニアラズ和州十津川ノアマカツラハ此類ナルベシ今ノアマチヤニ草木二種アリツルアマチヤハ絞股藍救荒本草木アマチヤハ土常山本草綱目中井履軒曰蘡ハ今ノ藤ナリ有紫花白花者モノアリ篆文藤字ニ古今異名ナキ者ナリ以其能木上ニ蔓ヲ以テ故ニ苗ハ也其能ク為物ヲ

ふぢ　ふぢなみ　源氏蓬生　松に花の咲かゝりてなびきたるさし
桜になびくやうに並びさくなるへし

和名抄藤　爾雅注云藟ハ藤之
似葛而大其実名狼跋子云々　詩経葛藟累之

桜に藟ハ藤の古名　縢　赤縢に同し　物を縛るの字義にはせ草冠
を加ふ　紫白の二種あり　山渓海島ホに多し

万葉三　藤波の花ハさかりになりにけりならの都をおもほすや君

同十　春の野のあふはちりけて何をとりも清将の人よ折てかざさん

同十春雑　さのかたは実にならずとも花にのみさきてみえこそ恋のなぐさに
又　さのかたは実になりにしをいまさらに春雨ふりて花さかめやも

袋見　抄に藤の実なりと云へり

和歌本草提要巻四

藤橋

悉モ立山ニ登ラント志ス事数年一時勝因ヲ得テ
登山ス初メテ藤橋ヲ通リシ時足スクミ眼クラ
ミタリ夫リ道ニハ夕ノミニモ覚ヘス更制諸人
ノ知ル處アレトモ誠ニ恐ロシキ箱ナリ円経三
四寸計モアルヘキ藤ノ大綱ヲ　スシ渡シ中ニ
ハ細キ藤蔓五六筋直ニナシ横ニ樸楸ヲ結付テ
スリノ處ニ又藤ヲハルリ渡ス常願寺川モ此辺リ
ミテハ川幅狭ク三十間位ナレトモ急湍ニテ水
泡烟ノコトシカノ橋ハ中タルミ有ト水上ヲ去
ル支一丈斗ナリ諸人其上ニ乗リテ行時ハスル
タヽト動揺カルワサノ縄ヲ傳フ形チニ異ナテ
ス足ノウラコツケルヤウニテ危ク思フナリカ
ノ中宮ノ春ナトハ米一斗五升或ハ六七メ目ノ
薪リ背負ヒ手スリニモスカラス鼻頭ニテ通ル
有訓ニ馴ルヽノ大ナルコヽニ至ル天下ノ変覺
ルノアシキハ前ニモ云通リナリトカク君子ハ
交ル所ヲ慎ヘキナリカヽル藤橋モナルヘハ危
ヒトセス交リモ更通リ危ニ交ル支久シケレハ
遂ニ其危ヲ知ラサルニ至ルヘシ

老ノ道種　記

藤布（フヂヌノ）　伊豆国賀茂郡伊浜村　日本地誌提要二

紫藤樹　箋注李太白絶句三

紫藤掛雲木、花蔓宜陽春、密葉
隠歌鳥、香風流美人、
呈春凍殺安擢枝、歸見空枝一歎嗟、万
事近来誰料得、満池附節看二藤花一
右寄芳館詁二集一　巻之八ノ十

三月晦日題二慈恩寺一　白居易
慈恩春色今朝盡、終日徘徊倚二寺門一、惆悵春歸留
不レ得、紫藤花下漸黄昏、　絶句類選　三

紫藤花　舊志常熟有藤漢大倉君山園最繁盛　蘇州物産志　十二

花ヲ養フ秘傳　石見国邇摩郡佐摩村　藤井鶴城報

藤

朝早ク切取リ酒ヲ以テ其切口ヲ湿ラシ火ニテ焼キ水ニ入レ置キ暫時ノ後取出シテ用フルヲヨシトス併シ其用フルトキニ臨ミ再ヒ酒ヲ以テ切口ヲ湿ラス可シ

農業雑誌　第四百六十四号　第十四巻第廿三　明治廿二年八月十五日

谷町ノ藤　摂津国　大坂ニアリ昔シ此所ニ池有テ或人愛子ヲ池中ニ失ヘリ其ノ児常ニ藤花ヲ好ンリ因テ池ノ側ニ藤ヲウヘテ霊ヲ吊フト今ハ池ハ無ケレト花ノ比ハ人群ヲナス

野田ノ藤　摂津国　西成郡野田村ニアリ　狂歌俗名所坐知抄下

紫藤　花ヲ賞スル物也紫白花二アリ紫花モトナルニ
紫藤ト云〇藤衣ハ喪服也今葛布ヲ用ユ薄墨ニテ深ク
〇上品ノフヂハ花ノ長サ五六尺ニ成ル紀州ニ有リ名物

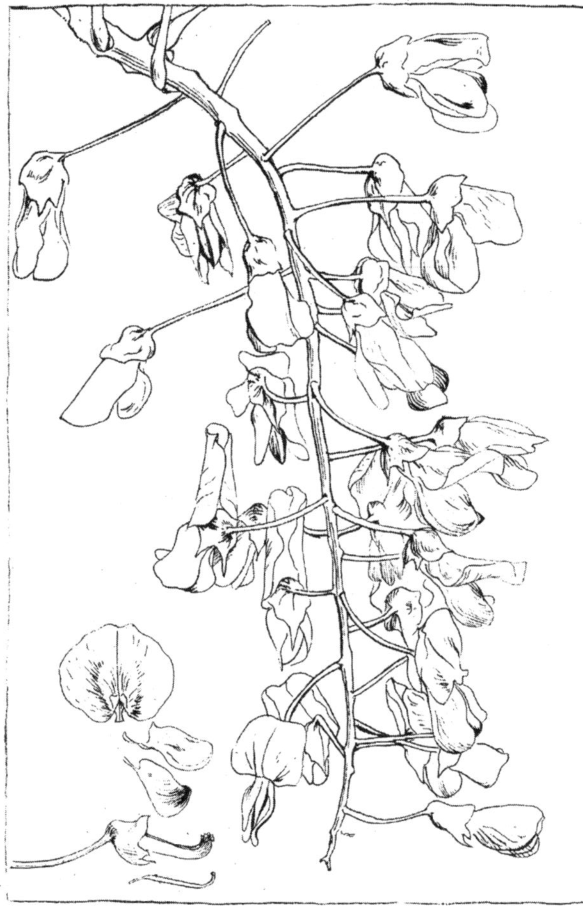

ふぢ

不行 藤蕊 花未放時食甚美

右山海鯛之條

百三廿 藤浪の花ハ盛ニなりにけり奈良の都を思ほすや君

高青邱詩醇 巻五 十七 六十言

春去詩題ニ紫藤花、傍林洪供ニ煮藤花ヲ

藤

和名類聚鈔 巻二十 草木部 、、、、

藤 狼跋子附 爾雅注云藟 力軌ノ反 字亦作 藤也似葛

而大 蘇敬本草注云藤 藟 和名布知 其子狼跋子

下本草和名 茅十一 草下 狼跋子 楊玄操音 萬葛反 一名 度谷

一名 就葛 已上二名出 蘇敬注 和名布知乃美

上本草和名 茅十四 木下 黄環 一名 陵泉 一名 大就葛

子名狼子 已上二名 出蘇敬注 一名蜀黄環 一名黄還 一名

生萱 一名 根韭 已上四名 出釋藥性 一名度谷 一名雛屎藤

一名土防已 已上出 醫疑 和名布知加都良

醫心方、黄環 和名布知加都良

醫心方ー狼跋子 和名布知乃美

禁秘抄上 藤臺 藤貌蜷手ノ木上古非蜷手欤近来殊賭物也

八雲抄三上 、、、、、、、

藤 石乃紀ふち うしハ 藤なみを 浪に似也

ふちのはら 芒のわといふ物詠なかり隆北

楢由枝古ても此遠之方彰なかくをふ逢 よそ

ちよふれり又藤なミをとりかえ流ら とうなり又

藤のさかりをさりて藤花を今朽いふとをなにハ

そゑるし家杉に賭 坂上大嬢なとし紀あり如藤と

まめり秋也此北附いへり 星乃来夜の神物なり

紫雲といふ事 紫之 柱よ 絶に八為累をよ也 枝葉と

もよまめり ふるまめり うゝみといへり

池浦 又いはきの不みそる

出雲風土記 意宇郡 諸山野所在草木云々 藤

古事記 中 應神 故茲神 伊豆志大神 之女名伊豆志袁登

賣神坐也故八十神雖欲得是伊豆志袁登賣皆

不得婚於是有二神兄號秋山之下氷壯夫弟名

春山之霞壯夫故其兄謂其弟吾雖乞伊豆志袁

登賣不得婚汝得此孃子乎答曰易得也爾其兄

曰若汝有得此孃子者避上下衣服量身高而釀

甕酒亦山河之物悉備設為宇禮豆玖云爾 自宇至玖以音

此下敘 爾其弟如兄言具白其母即其母取布遲葛

而作遅二字以音一宿之間、織縫衣褌及襪沓、亦作弓矢、
令服其衣褌等、令取其弓矢、遣其孃子之家者、其
衣服及弓矢悉成藤花、於是其春山之霞壯夫、
以其弓矢繫孃子之廁、爾伊豆志袁登賣思異
其花、將來之時、立其孃子之後、入其屋即婚、故生
一子

續日本紀 二十孝謙 天平寶字二年二月己巳
勅曰、得大和国守從四位下大伴宿祢稲公等奏偁、
部下城下郡大和神山生奇藤、其根虫彫成文十六
字、王則并天下人、此内任大平臣、守昊命、即下
大平、此知群臣盡忠、其守天下、王大覆載、無不兼
并、聖上擧賢、内任此人、昊天報德、其大平者也、加
以地即大和神山藤、此當今宰輔、事已有効、更
亦何疑、朕恭受天貺、還恐不德、吁哉卿士、戒之愼
之、敬順神教、各修尒職、勤存撫育、共致良治、其
大和国者、宜免今年調、當郡司者加位一級、貢
瑞人者、特叙從六位下、賜絁二十疋、綿四十屯、
布六十端、正税二千束、

榮花物語 哥合 長元七年三月廿日かさにいとしなひあか
くそれおりしろきみちとたてはつらせ須てさゝつきどの
倫子より みちつばのとれいとかりやくらにと みおもと

さへもひらきたるがめづらしきや　威子
かぎりなくうつくしげなる　みなもとのかはひをとまる
をなそ　をとこもちて　かくのごとくにといはぬめかしくおか
しくてせられたりきこえば　ものゝふいみじくめでたくて
まつり給ひけり　あかずおぼしけれど　いかゞはうちはぶし
いづれともおほくかれ申侍てもひとしくたゞ思給ひきおぼし
ほさざまもはかなく花のよろさるべきたゞおいてまします
にしも三月つごもりがたに　ふぢつぼのふぢの花ども
いとおもしろくさきたゞをて　みるいとげをとほり
みづからおりみけて　なかはせ給ふるに　さきかへりける

人まいりて　いとあやしきをみちの空んびんなきなめん
ものなむしうくうらびなどあそび給ふ　おもようだう
むらさきのゆかりふぢ壺にてこれいかにおぼしまし
いふもさられざて
かりそめにちぎりをとうけぬ花なればいかにかせ
まし　と宮のみまへをみなうちよみたる人など
おほきさきをとさだめけり

枕草紙　三　木の花は云々　藤の花はしなひながく
色よくさきたる　いとめでたし

伊勢物語　百一段　むかし左兵衛督なりけるあり

そのゆきひらといふありけり その人の家によき
さけありときゝて うへにありける左中弁藤原
のまさちかといふをなん まらうとざねにて その日ハ
あるじまうけしたりける なさけある人にて かめに
花をさせり その花のなかに あやしきふぢの花
ありけり 花のしなひ三尺六寸ばかりなんありける
それをだいにてよむ よみはてがたに あるじ
のはらからなる あるじしたまふときゝてきたり
ければ とらへてよませける もとより哥のことハしら
ざりければ すまひけれど しひてよませければ かくなん
さくはなの下にかくるゝ人をおほみ ありしにまさるふぢ
のかげかも などかくしもよむといひければ
おほきおとゞの えいぐわのさかり
にみまそかりて 藤氏のことにさかゆるを思ひて
よめるとなんいひける みな人そしらずなりに
けり

萬葉集 八 夏雑哥 山部宿祢赤人歌一首 戀之家婆
形見爾將為跡吾屋戸爾殖之藤浪今開爾家里
同 十九 遊覧布勢水海船泊於多祜湾望見藤
花各述懐歌四首 藤奈美能影成海之底清美
之都久石乎毛珠等曽吾見流 守大伴宿祢家持

多祜乃浦能底左倍尓保布藤奈美乎加射之氐
将去不見人之為　次官内藏忌寸縄麻呂
伊佐左可尓念而来之乎多祜乃浦尓開流藤見而
一夜可經　判官久米朝臣廣縄　藤奈美乎借廬
尓造灣廻為流人等波不知尓海人等可見良牟
久米朝臣繼麻呂
古今和歌集春下二　家に藤の花さけりけるを人の
立とまりて見けるをよめる　みつね　わかやとに
咲る藤なみ立かへりすきかてにのみ人の見るらむ
古今和歌集　題しらす　よみ人しらす　わかやと
の池の藤なみ咲にけり山ほとゝきすいつかきな
かむ

○按ニ、モト藤ノ字ハ蔓草ノ總稱ニシテ、ソノ花ヲ
賞スルモノハ漢名紫藤ト云フ、コノ花色白キモアレド、
紫ヲ常トスレバナリ、和名ハ布治、叛治、布知ト
記シ、又布遅葛トモアリ、ソノ蔓草ノ中ニテ賞
スベキ花ヲ着クルハ此品ノミナレバ、藤ノ一字ヲ以テ此
品ノ通称トハナリタルナリ、古歌ニハサクタノハナ、
ムラサキノサ、マツミグサ、フタキグサ、マツナノサ等
ト詠セリ、ノチノチハ和ノ又遅ノ字ヲ填レバ、清音ナレド後世ニテハ
濁音ニ呼ベリ、又四國等ノ中ニハ、今猶清音ニ唱ルモアリ」

紫藤 ツヾ 直隷名勝志曰涿州城西南二十五里陆厘寺内
蓬紫藤蘿ニ槐樹上春夏主花採而食之其味甚美唐ニテハ花
ヲ採テ菜トナス救荒本草ニモ藤花菜茎枝間開淡紫花味甘
採花煠熟水浸淘淨油鹽調食微焯過晒乾煠食花佳ト云リ
本邦ニテ山人嫩葉ヲ採テ食用ニス○一種千葉紫藤アリ
花千葉毬ヲナシ紫色濃也一種紅ヲチアリ吹上ノ地ニ自
生ス花淡紅色ニシテ紫色ノ者ヨリ微小也丸テ紫藤ノ花蔓
枯翳スル者火ニ入レハ香気アリ

紫藤　今テノフジナリ紫白ノ二色アリ白ハて
レナリ白花ノモノハ開ヿハヤシ白花ハ
葉大ニメ厚シ花ノホ長ウナラズ紫ノモ山
野ニ有ハミヂカシメナガアルトナガリ
ナルヽ又一種六月フヂ豆フジト云花葉[illegible]
ナイサシ漢名ナシフヂニコズノ示キルヲ
和名藤葛ト云

二

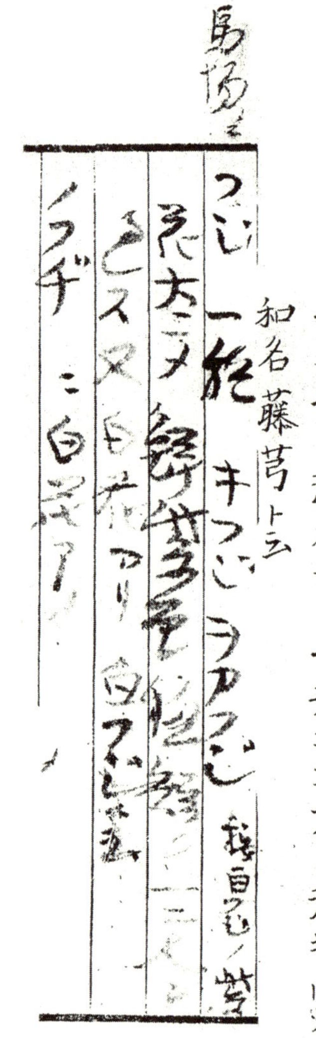

水ヘケカハ切ヲ

藤ノ皮ヲ以テ布ヲ織ハ木ヨ[illegible]

[illegible]

ミツミグサ　フタナグサ

フヂバキリ異名　ト

ドリシヨスポレイス　タセイオス　ミツナクサ　共同上

［フヂ］

紫藤　本綱　蔓草　此角ヲ塩蔵ニテ　カラスノコガタナト云

山中及竹林中處在甚多シ又人家ニ栽テ花ヲ賞ス年

久キモノハ茎甚大ニシテ木ノ如シ培養ニヨリテ穂長サ五六尺ニ

至ル嫩葉ヲ蔬トナシ食ス　花ヲ開一花ノ形

紫色　後莢ヲ結内ニ円扁ナル豆アリ棋子ノ

形ノ如シ饑食ヘバ果栗ノ如シ莢中ニ塊ヲ生ズフヂコブト云

和方ニ莢芽ト云痂ノ症ニ[illegible]

白花ノモノハ穂短ク開コト早シ　又[illegible]

茎紫花ノモノ[illegible]

カヅラフヂ　穂短ク紫白ノ二種アリ重弁紫色ノモノアリ

一 青白色[illegible]

一 [illegible]白シテ天[illegible]

一 カヅラフヂ白花ヲ[illegible]

一 [illegible]ノ紫[illegible]　紫花モモアリ

一 重[illegible]ヲ[illegible]

一 モウルフヂ　モウロウ　[illegible]花同紫花ヲ[illegible]

モウルフヂノ白花アリ

野田フヂ一名大フヂ　花穂[illegible]

嫩芽ヲフヂデト云[illegible]

サキテ又[illegible]

白ノ[illegible]

紫藤 蔓生ス其花葉藤ニ似テ小也紅白二種アリ庭間ニウヘ
布テ雅趣ヲタスクヘシ　花譜云
譜山無所不有世人有移山生種之庭前當春月
因舊蔓生新葉以數葉為一葉逐日成穗長三四
尺其花紫色而可愛年深久遠則穗短小而不堪
觀其莖蔓如老樹高及丈餘亦多有生高節者世
呼布知古布俗方謂藤蔓打撲折傷有効凡紫
藤民用有四春月愛花採葉嗽之取節為菜用以
皮結薪
一種有白花者比之紫花者葉長大而穗花短小
而不長亦有淡紫花者

糸ヲ垂ルヽカ如シ他所ニテモ地ニ因テ花房長シ又白花モ
アリ又ヲカフジアリ栽メ栽レハ木立ノ如高一尺位ニメ花ヲ生
花穗一尺許又白花アリ南蛮フチアリ葉相似テ皺アリ
花ハ八重ニメ小サク色深ク紅色ヲ帯フモウル藤ナリ地錦抄
ニ云花形蔓ス形モメフチニ似テ花薄紫ニウス白クカスリアリ
長サ四五寸花形フトク大リニヤイ短クメ花ヲトス全用藤ハ
中立葉小ニメ夏白花穗ヲナス小リニ也
○ニメフチ ○姫フチ ○サカキカツラ ○ハリヒヤウタ木

有名偶非俗何勞寄所
爲出山爲
藤花

○藤　駿州有度郡[illegible]上安倍郡下[illegible]
フル村ニ潜龍寺ト云フ寺アリ其寺ニ[illegible]
ノ大サ三抱モアル藤ノ古木アリ[illegible]
其ノ杉ノ大木ハ此藤ノ為ニカラマレテ
自然ニ枯タリ又元来此藤
何百年ヲ経タルモノカ其人ノ知ルコト
ナシ其藤ニ丈ハカリ[illegible]
同所ノ[illegible]キ山村ニテ[illegible]
[illegible]入リ[illegible]
山中ノ[illegible]人ノ[illegible]

藤　名所
越中国多祜浦　射水郡ニ有　駿河ニ今名有
人聞川流ル　[illegible]田ノ[illegible]　読畠備忘傳　三十二号

○信州木曽山中ニテハ紫藤ノ嫩芽ヲ採リ胡テナドカルアエモノホニナシ
食用トス頗ル旨キヨシ　門人文義ノ話

○フヂノメコ　（フヂノメコハ紫藤ナリ）
遠州光明山ノ辺ニテタンシモノニテ売ル一反ニ七百文位ニ衣ヲ（イヨノ紫藤カ布ナリ　山民フヂヌノト云ハ通シテ云フ）
又ハフナブノ口杯ニ用フ山人ノハンモヽアリ此キモノ是ニテ作レバセウ及ニテ
イハラカランデヨシ

○笛ヲ作ル

奈都賦慈　花葉皮幹與紫藤一般但六月放白花
其樹矮短宜蓋覆栽植一種　呼摩瑪賦慈者相類

嵩ハ常盤[illegible]　飛藤[illegible]也
[illegible]

藤。花皆共　両盛春ニ
注余田嘗私家
根有[illegible]
[illegible]
○[illegible]
[illegible]

Wisteria japonica.	コフヂ サルフヂ ナツフヂ	
—— *Chinensis.*	フヂ ベニフヂ シロフヂ	紫藤
—— *brachybotry.*	ヤマフヂ	

抱庵種藤之過瓶五七花開紫列[illegible]之 紫[illegible]
邊飲寫館 山紫藤花[illegible]一[illegible] [illegible]鐘樹花[illegible]

李時珍曰 紫藤 [illegible]
紫藤ノ指シトスルニ酒ヲ注ゲバ諸ス花ヲ[illegible]ニ紫
藤ヲ生ルニ酒ヲ加レバ久シク蓄セス酒毒ヲ解
スルニ花ノ閉干又生ニテモ服ス又酒醋ノ衣
紙器物ヲ汚シ黴ヲ生スルニ花ヲ用テ磨
スレバ脱ス実ヲ炒リテ酒ニ入レバ酒敗レズ[illegible]酒
ニ入レバ味正クナルト集解及ビ大和本草ニ
見タリ

千葉縣

紫藤　上總國天羽郡鋸山麓産

紫藤ハ山中ニ自ス其善ク蔓延スル者ハ三年間ニシテ十五六間ニ及フモノアリ
秋初落葉ノ頃ヨリ春時未發芽セサル前ニ刈取リ根部ヨリ皮ヲ裂キ
テ二片トナシ陰乾ス用フルニ臨ミテ水ニ浸ス穀師土瓶提瓶褌トナシ
或ハ履楄及索トナス農家有用ノ材ナリ

紫藤　静岡縣伊豆國賀茂郡岩科村山産

採收　春期中伐採シテ直ニ皮ヲ剝取リ日ニ乾カシ釜ニ入レ木灰ヲ加ヘテ
一煮シ取リ出シテ再其外皮ヲ去リ日ニ乾カス藤布索縄及ヒ草履ノ裏
面等ニ用フ

(遁)本草圖譜云
紫藤　一名招豆藤　開寶本草　あつみかづら　和名集
むらさきふぢ　大和本草　ふぢ　いとふぢ　松前ふぢ
野ふぢハ山野自生多シ蔓長ク樹ノ如ク葉ハ槐葉ニ似テ甚ダ長シ
似テ差長シ四月五月花ヲ生ス　四月枝梢ニ穂ヲナシ花垂下スル事一二尺
大花ハ藊豆ニ似テ紫色後ノ角ヲ結フ黎豆ニ似テ長シ
紫色後ノ角ヲ結フ
一種八重ふぢ　南蠻ふぢ　白蔓紫藤
葉モ又似タリ但花千瓣ニシテ紫色也
一種野田ふぢ　攝州野田ノ産ナリ　花穂長サ四五尺
同白花ノ品モ有リ

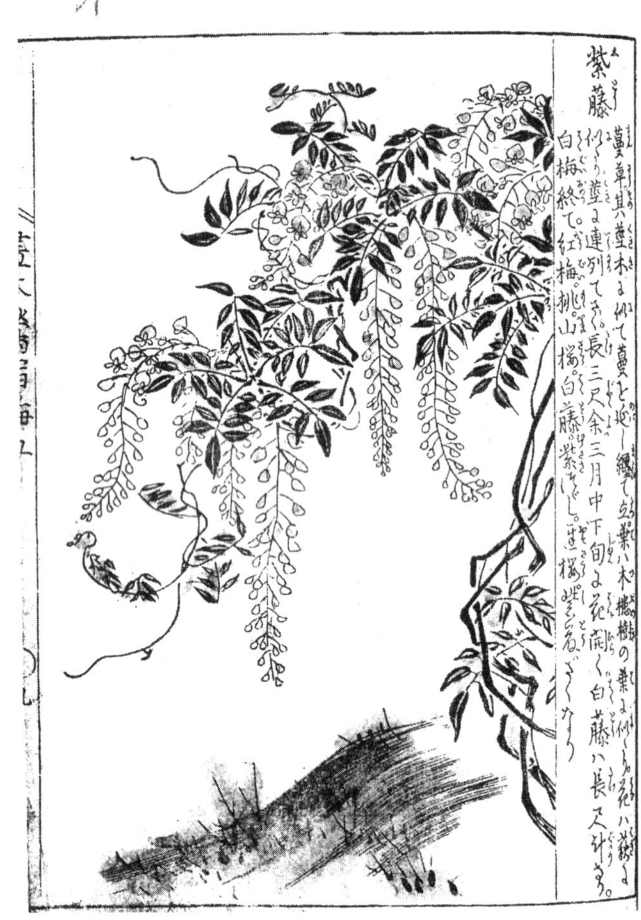

一種　キフジ　ヲカフジ　花大ニシテ鮮紫色穂ニ
一二尺ニ過ベ是ニ白花モアリ　シラフジト云
時々アリ

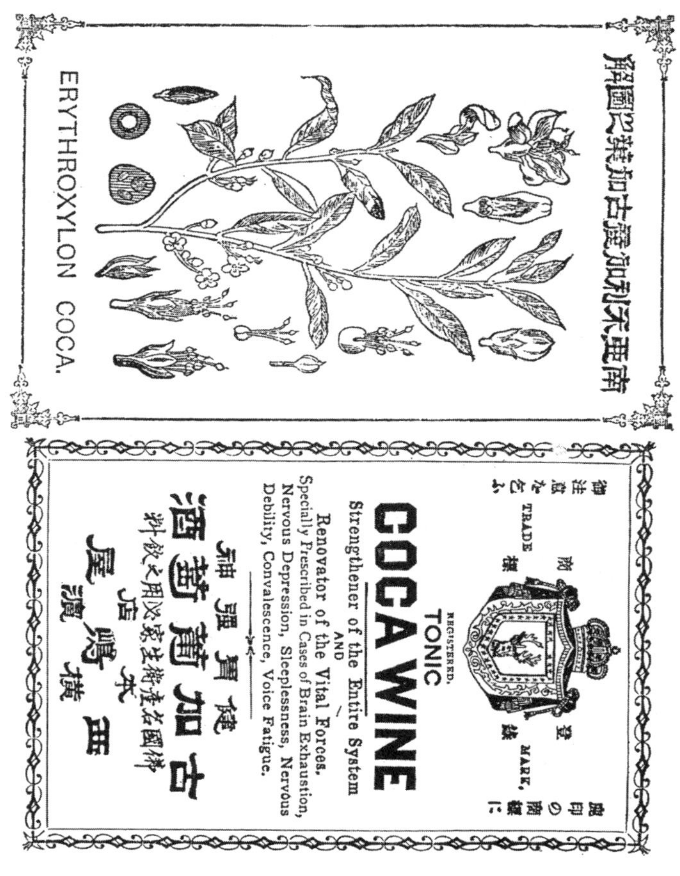

南亜米利加羅古加葉之圖解
ERYTHROXYLON COCA.
鹿印の商標に
御注意を乞ふ
登録 TRADE MARK, 商標
REGISTERED.
TONIC
COCA WINE
Strengthener of the Entire System
AND
Renovator of the Vital Forces.
Specially Prescribed in Cases of Brain Exhaustion, Nervous Depression, Sleeplessness, Nervous Debility, Convalescence, Voice Fatigue.
健胃強神
古加葡萄酒
佛國名産衛生家必用之飲料
本店
横濱
西鳴屋

抑モ此古加葡萄酒ト稱スルハ近世新奇ヲ爭フ數多ノ藥物中ニ於テ尤モ其功顯ノ著シト言ハル、古加ノ葉ト精良純粹ナル葡萄トヲ以テ製造シタルモノナルガ故日常ノ飲料トシテ缺ク可カラザルノミナラズ少シク虚弱ノ人ニアリテハ滋養強壯ノ藥劑トシテ其効顯殊ニ著シキ事神ノ如シ是レ弊店ガ故ラニ是ヲ發明工夫シテ發賣スル所以ナリ、夫レ人ハ病ノ器ナリ、然ルニ此器ヲ以テ常ニ無病ヲ希ヒ強壯ニシテ疲勞セザルヲ欲スルノミナラズ日々立チテ働キモシ又ハ座シテ考ヘモシ身ノ爲メ、人ノ爲メ、名ノ爲メ、貨財ノ爲メ、苦勞ヲ凌ギ、艱難ニ堪ヘテ尚ホ

一

倦マザルヲ望ムノ人ハ日ニ増シ月ニ多キヲ致セリ、是レ今日ノ時世、氣運ガ然ラシムル所ニシテ詰ルトコロ世ノ文明進歩トハ人事ヲ多忙ニシテ身體ヲ忙ハシク爲スモノト云フテ可ナルベク西洋ノ諺ニモ人生大名ヲ爲サント欲セバ強キ胃ノ腑ヲ要スト云ヘル如ク時世ト共ニ進ミ行ク農工商ハ勿論、公共ノ事業、政治ノ事等千變萬化雜駁頻繁ノ中ニ處スルニハ所謂病ノ器ノ中ヘ決シテ病ヲ納ルヽ事ナク苦勞艱難ニ遭遇シテモ更ラニ疲勞ト衰弱ヲ招カザルノ要愼コソ處世第一ノ努メト云フ可シ、英吉利ノ國會議員ハ三日ニ上ゲズ徹夜ノ會議ヲ爲シテ驚カ

ズ亞米利加ノ蒸滊列車ヲ運轉スルノ機關士ハ一萬哩ヲ三日ニ旅シテ恐ルヽ事ナク直チニ再ビ引還スガ如キ文明人ノ劇職ニ耐ユルハ實ニ感心ナリト雖モ彼等ノ肉體トテ病ノ器タルハ同ジ事ナリ唯日常ノ心掛ケ怠ラズシテ常ニ病ヲ近ヅケザルニ努ムルノミ即チ英國ノ議員ハ精良ナル葡萄酒ヲ議院内ニ用キテ疲勞ノ時ノ興奮劑トシ米國ノ機關士モ同ジク是ヲ用ユト云フ、歴史ニテ有名ナル英國ノ大宰相ウエリアム、ピットハ二十三歳ニテ總理大臣ノ席ニ立チ當時歐米大爭亂ノ混亂ニ處シテ晝夜一睡モ爲サズ政機ヲ握リシ人ナルガ、此ノ人絕エズ葡萄酒

ヲモテ劇務ノ疲勞ヲ助クルノ料ト爲セリト精良ナル葡萄酒ガ人身ニ有益ナル事斯ノ如シ然ルニ又此純良ナル葡萄酒ニ混和スル古加葉ト稱スルモノハ前ニモ述ブル如ク近來發明ノ强壯劑中無比ノ良品ニシテ嘗テ西班牙盛大ノ頃南北亞米利加ヲ併呑シテ頻リニ土人ヲ攻伐シタルニ南米ニテ第一ノ强國タル秘露及ビ玻里比亞ノ土人ハ連戰日ヲ重ネテ降伏ノ色ナク陣列少シモ疲勞ノ姿ヲ顯ハサヾリシカバ西班牙ノ軍勢モ殆ンド根氣負ケヲ爲サントスルニ立至レリ然ルニ此時南米ノ土人ガ何故ニ斯クモ根氣能ク對陣シタルカト云フニ彼等ハ陣中ニ

テ此古加ノ葉ヲ煎ジ其飲料ト爲セシノミナラズ兵士ハ孰レモ其葉ヲ懐中シテ以テ勇氣ヲ勵マスノ藥料ト爲シタルガ爲ニシテ是ヨリ古加葉ノ名ハ一時ニ歐洲ニ廣マリ根氣ノ藥トシ又强壯劑トシテ一般ニ用キラレシガ其後英國人ノ再ビ秘露ニ入リテ鑛山ヲ創メタル者ガ土人ヲ使役シテ高山ニ登ラシメタルニ彼等ハ更ニ恐ルヽ色ナク歐洲人ノ登リ能ハザル峻坂ヲ攀ヂテ空氣稀薄ノ頂ニ上下スル事平坦ノ地ヲ歩ムガ如シ依テ英人ハ是レニ驚キ其原因ヲ糺シタルニ全ク古加葉ヲ懐中シテ氣息逼塞セル時用ユルナリト答ヘタリ是ニ於テカ前ノ評判ハ

益々高クナリテ今日歐米ノ人民ハ一般ニ是ヲ用キザル者ナク醫師並ビニ學者等ハ皆口ヲ揃ヘ其効顯ヲ賞讃シ常時文明ノ氣運ガ蒸氣電氣ノ發明ヲ促シテ人事ノ繁忙ヲ加ヘタルニモ拘ハラズ日常劇務ニ當ルノ人ガ衰弱疲勞ヲ顯ハサヾルハ全ク古加葉ノ恩惠ナリト云フニ到レリ、古加葉ノ靈顯ナル實ニ又偉大ト云フ可シ、左レバ我國ニテモ日ニ世事ノ繁忙ニ進ム折柄此古加葡萄酒ヲ日常ノ飲料ト爲スハ根氣ヲ養ヒ精神ヲ爽ニシ忍耐力ヲ勵マシ記臆力ヲ增シ筋肉ヲ强壯ニシ衰弱ヲ防ギテ寒暑ノ邪氣ヲ攘フガ爲メ最モ必要ノ事ト云フベシ、今左ニ古加葉

ノ藥劑トシテ殊ニ靈功アリシ成蹟及ビ諸大家ノ學說ヲ揭ゲン

古加ハ元來Erythroxylon Cocaト呼ベル灌木ニシテ秘露及ビ玻里比亞ニ產シ其葉ハ馥郁タル香氣ヲ保チテ稍苦味アリ南米ノ土人ハ常ニ興奮劑幷ニ營養劑トシテ是ヲ咀嚼シ飢渴ヲ癒シ困憊ヲ救フノ料ト爲セルガ是ヲ病人又ハ健康體ノ人ニ用ユルニ左ノ如キ効能アリ

(1) 演說家及音樂家ノ美音劑
(2) 音聲氣管諸病ノ恢復期
(3) 相撲其他過劇ノ勞働ニ從事スルモノ
(4) 船中又ハ滊車中頭痛眩暈嘔吐等不快ヲ感スル片

(5) 嚴寒ノ候又ハ濕潤セル空氣中ノ勞働者
(6) 夜中不眠ノ習癖アルモノ
(7) 神經系統ノ衰憊セルモノ
(8) 生殖器系統ノ衰弱セルモノ
(9) 筋肉及一般ノ衰弱
(10) 記臆力ノ減却セルモノ
(11) 頭痛及凡テノ神經痛
(12) 胃痙、疝痛、及凡テノ消化不良
(13) 阿片、アルコール、煙草等濫用ノ爲メ自然ニ身體疲勞セルモノ
(14) 肺結核熱性諸病種々ノ原因ヨリ發スル齒齦及口內炎凡テノ貧血症

八

(15) 重症患者ノ恢復期
(16) 神經衰弱症及神經系ノ過敏ナルモノ
(17) 精神ノ抑壓セルモノ鬱憂病、ヒステリー病
(18) 中年以上ノ早衰ヲ防ギ而シテ强壯ヲ保持ス
(19) 諸種ノ源因ヨリ來ル嘔吐及下痢

以上ノ諸症ハ孰レモ古加ノ効驗ニ依リテ强壯舊ニ復シ又活氣以前ニ倍トナルモノ少ナカラズ

英國ニテ有名ナル藥物書ノ著述家ドクトル、リンガー氏ハ其著ハセル書中特書シテ曰ク「古加ハ體內組織ノ變化ヲ制限スル作用アルヲ以テ肺結核ニ卓効アルノミナラズ凡テノ熱性諸病ニ用キテ効力顯著ナリ、傳染性諸病ニ

九

ハ是レガ豫防劑トシテ有益無上ノ品ナルベシト
英國名醫アルチボルトスミス氏ハ古加ノ効能ニツキテ「能ク神經力ヲ盛ニシ精神ノ疲勞ヲ去リテ爽快ナラシムルノ効アリ」ト云ヒタリ
英人ドクトルウエツデル氏ハ古加ノ興奮力ヲ述ベテ「其興奮力ハアルコールノ如キ過激ノ性ヲ帶ビス且ツ反動力モ起サヾルガ故温和ニシテ久シキニ耐ヘ得ルガ上茶又ハ珈琲ノ如ク睡眠ヲ妨害スル事ナク全身ノ神經系統一般ニ波及シテ是ヲ爽快ナラシム可シト
獨逸ニテ有名ナル生理學者ビヨビン氏ハ「古加ハ神經系

十

刺戟藥ニシテ善良ナル滋養物ナリ」ト云ヘリ
佛人フンボルト氏ハ三歲ノ童兒モ是レヲ知ラヌモノナキ有名ノ探險者ナルガ曾テ南米ニ旅行シテチンボラソート云ヘル高山ニ登リシ時其從僕ノ木葉ヲ嚙ミテ更ニ疲勞セザリシニ驚キ其理由ヲ尋ネタルニ全ク古加葉ノ効能ナル事ヲ知リ得タリ
又歐洲第一ノ旅行者チユデー氏ハ一人ノ僕ノ一方ナラヌ勞役ニ從事スルニモ拘ハラズ五日間單ニ古加葉ノミヲ食シ日々二三時間睡眠スルノミニテ五日ノ後重荷ヲ負ヒテ二十三哩ノ遠路ヲ往クヲ見タル事アリト云フ

十一

〇籐は象牙の造　[illegible]
籐樹三年乃至五年生のものを撰み四月より六月
迄に適宜苅取りて皮を剥ぎ、九七八月頃まで小濃し
て荒かはを剥除し〇九三升入銅釜にて強熱の釜の
能く磨きたる籐は拾ポンド(壱メートル位)に苛性曹達
一ポンド(百二十目)を混和し能く煮沸し而して後
五六日斗り水に漬置き之を交餘の実撹殻灰汁
に升して煮沸し〇尚ほ又籐は十ポンドに對し
コロールカルキを一ポンドにて能く搦き拌せ九十度
位の温湯に浸し之をおよそ二時間斗りよくして引揚
け稍く屡清水にて洗滌すれハ潔白となり得し
温湯に浸せる時ハ度々よりも伸縮なるへし〇
籐条に加ふる コロールカルキは凡そ洗ふのこと

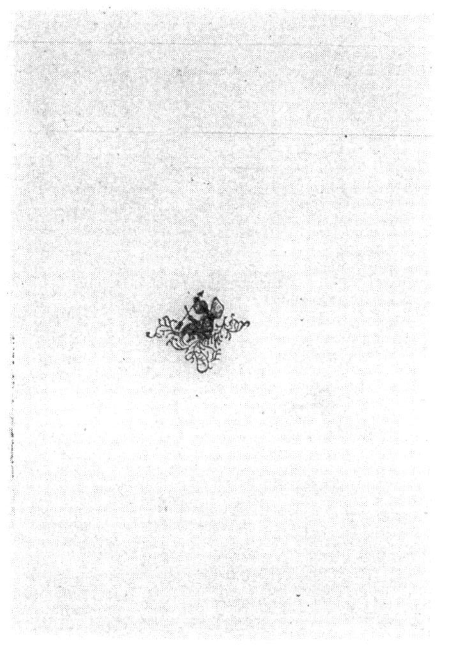

よりて之を悉皆落ち難きを以て又之を洗ひ更に稀
硫酸を高温乃水に混和し浸せば時に硫酸加爾
基は沈澱し　コロールは水中に遊離して時に再ひ
洗ふて輾し晒して干上るなり　○此晒法にて
荒皮拾〆目ニて五〆目乃至六〆目の精糸を得へし
○此糸の晒法は麻苧を晒すと同様なり　○精製
の糸は何色にても染ることを得へし　○糸質は
カルキの用量多寡により小差あるなきにあらさるも
大体麻苧よりは稍脆弱なり　○当今豊西
亜に於て専ら以て通織物に使用せられ其需要
は甚た多かりしか　○葉は原料の代價及
製糸の價格は未た詳かならす

一 フジ
紫藤　十七綱目　荳科
Wistaria Chinensis

一 シラフジ
Wistaria alba.
白藤　十七綱目三　荳科

本草 紫藤、容斎随筆ニ柳ノ葉
青藤 酔ノ三ニ出 僧家供ニ煮ニ茶花

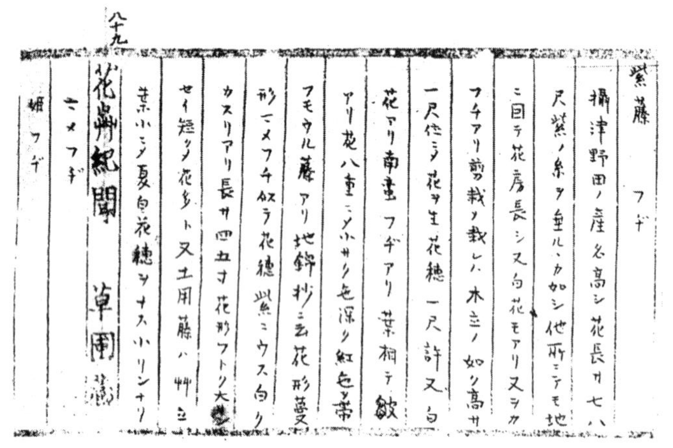

紫藤　フヂ

攝津野田ノ産名高シ花長サ七八尺紫ノ糸ヲ垂ルヽカ如シ他所ニテモ地ニ因テ花房長シ又白花モアリ又シカフチアリ剪栽ノ栽レハ木立ノ如ク高サ一尺位ニテ花ヲ生ス花穂一尺許又白花アリ南蛮フヂアリ葉相テ斂アリ花八重ニシテ小サク色深ク紅色ヲ帯フモウル藤アリ地錦抄ニ云花形莢形ニ至ルマテフヂニ似テ花穂紫ニウス白クカスリアリ長サ四五寸花形フトク大セイ短ク花多ト又土用藤ハ草立葉小ニシテ夏白花穂ヲナス小リンナリ

八九　花彙紀聞　草園識

サメフヂ

蛹フヂ

ふぢ　万葉巻十八に藤花散らし、而巻三に藤浪の花と書り更に
き咲桝に藤を布知と記したり　紀に藤花とも布遅葛
ともよみて[illegible]の知も記の[illegible]に清音なるを明らかなり
後世にを知を濁音によみ、又老いたく後の千にて必清へ(すむ)
きまやとおほしきを　古今集にわが宿の藤波と　あるも
淵に通はしてつけたるに　後撰集にも「淵ならでなき名
にかかる藤の花なれをそこひもしらぬ色のふかさを」後拾遺
集「つらゆき　棹させと深さもしらぬふちなれば色をば人の
しらじとぞおもふ」とありても　土佐国にては今猶ふぢのちは清音ぞ
その国人いへり

国史草木昆虫攷巻之六

◎尾州大藤村の藤花　尾州海西郡大藤村大字森津武田誠一氏方の藤花は有名のものにして滿開の季節には東京大阪等の各地より貴紳の來觀する者多き由なるが昨今恰も滿開にて久邇宮殿下にも去る一日御來觀あらせられたる由

山藤
山野ニハ花短ク人家ニ種ヲ培者ニコヤユモノハ花
長ク白色ノモノハ花短シ 一種カノコ色ハ花短ク多シ
白花ノ一種モウルノハ花短クシテ紫色ヲコシコゴシ
シテ知テ書ニ藤ヲ上云 フモノカワニテ布ニ織ス者
ノ梛圖其ノ蔓ヲミシ製ス寸言ヲコヌノト云

ドウヨウヒ
一名 キヌコヒ 紗
一名 キョウモ
一名 ヤホソ
別種

琉球国志略云
藤 有紫藤蔓生花如葡萄又一種叢生葉極小花紫色
花艶天界寺内有

藤川志ノ花ノ部ニ 藤花ヲ別セリ

○ふぢばかまハ蘭フヂバカマ 秋草之香草なり 秋のゝは誰ぬきかけし
藤ばかまぞと云り 又木こりのおもかけてある衣を紫と云 それハ藤の衣
と云べし 是圓の上の藤をさはて衣にあってする物を傳へさ記
織と云り △藤袴ハ旅の白露のこぼれて宿への秋風

海荊芥 不倍之部 廿六
ふぢばかま 蘭蕙訓せしハ 紫色草の花なえ
こゝろ菊をそてさしかけ 藤ばかまとも花の
色をとらて名とし 旅ハ其香の蘭をもち
先にを藤と稱せり 此蘭も蘭をいふなるべし
ふぢばかま 蘭袴也その事ハ古事記よりみえたり ○蘭を訓せしハ和名本草よ

とふせるをも袴と称せり蘭草也蘭花にあらず○大同の天子菊をふぢばかまと
ときませるかも類聚国史に幸神泉苑琴歌間奏四位以上共挿菊花于時

皇太弟頌歌云

みな人のその香にめづるふぢばかま君のおほものたをりたるけふ

上和之曰云々と見へたり源氏にもたとへ行ふぢばかまといふは楽天が詩に
老菊衰蘭三両叢といへるによりて読るにひとのいくのとあるは袴の幅に寄たる
詞也蘭をあらゝぎ鄭文公の妾燕姫が故事也といへり夫木集に

あらしふく秋さめの原にかをるなり蘭綜あさへと思ふ物を

○蔓藤袴と称するは藊豆のこと也花は蘭のやう也○貝ふぢばかまは蛤類にて
りのことし○鷹の野に入くり腥をかくすをもいへり　和訓栞巻之二十六

[illegible]

そのあたりが培養に力を尽して架棚の廣さ縦横廿五間四面
移その蕃延の余蔓別に六百餘の福架ありそれ棚の高
さ一丈斗にして花の長さ四五尺より七八尺程にも及へり暮
春の比盛花架にみつる時ハ白日にても天をみるべきを仰
げバさながら紫雲の靉靆るがごとく又織女の天機もこれ
ニハ及バじと思へる実に斯る廣大なる藤架ハ
皇国ハ素より海外にも又古今にも絶てあらず壮観なり
きをもつ日毎に来賞する人幾百千といふことを知らず
ことに此家水によく従ひ舟よりけれバ遊別より船にて

来れる人も多し移園に就て百分の一を志係すべし

縦紫蔓藤翳日架 縦横百歩一根花 有此奇観春夏際
無二人不レ訪 武田家

精一

藤架萬條垂 春風繰紫絲 此是天機錦 應下従二銀漢一上移

服部赤城

堀川や日をも乃がれし藤の里は藤の花見に　昭豊

年々に藤の下陰色深く藤は派を立けれ　道直

見渡くせぬうちに夕日や藤の花　梅間

藤さくやむれとしぶ乃一盛り　沙鷗

乙
乙

蘭（フヂバカマ）

歌書ニ藤袴ト書又蘭ノ字ヲアラヽギト訓ス藤袴ノ異名ニヤ今云アラヽキノ事ニヤ不詳

漢名蘭草和名フヂハカマ又ラニ本邦ハヌル響ノ音ヲニト訓シテ和訓トスル類多シ大小ニ種アリ大葉ノ者ハ漢名一名燕尾香ト云故ニ東武ニ燕尾蘭ト云苗ノ高四五尺叢生ス葉岐アリ長

ビ根ヲ地筆ト云ニ拠ルハ今俗ニ云澤蘭ニ微シ近キニ似タリ然頌又曰澤蘭生水沢中及下湿地葉尖微有毛不光潤方茎紫節七月八月初テ束ル微辛此説ニテハ今沢蘭ト云者ニ不合花ハ節ニ着テ淡紫白花ヲ開キ極テ細少ナリ薄荷花ニ似

[illegible]

七之

蘭（フヂバカマ）

歌書ニ藤袴ト書又蘭ノ字ヲアラヽギト訓
ス藤袴ノ異名ニヤ今云アラヽキノ事ニヤ不詳
漢名蘭草和名フヂハカマ又ラニ本邦ハヌル響
ノ音ヲニト訓シテ和訓トスル類多シ大小二種
アリ大葉ノ者ハ漢名一名燕尾香ト云故ニ東武
ニ燕尾蘭ト云苗ノ高四五尺叢生ス葉岐アリ長
ビ根ヲ地筆ト云ニ拠ルハ今俗ニ云澤蘭ニ微シ
近キニ似タリ然頌又曰澤蘭生水沢中及下湿地
葉尖微有毛不光潤方茎紫節七月八月初采ル
微辛此説ニテハ今沢蘭ト云者ニ不合花ハ節ニ
着テ淡紫白花ヲ開キ極テ細少ナリ薄荷花ニ似

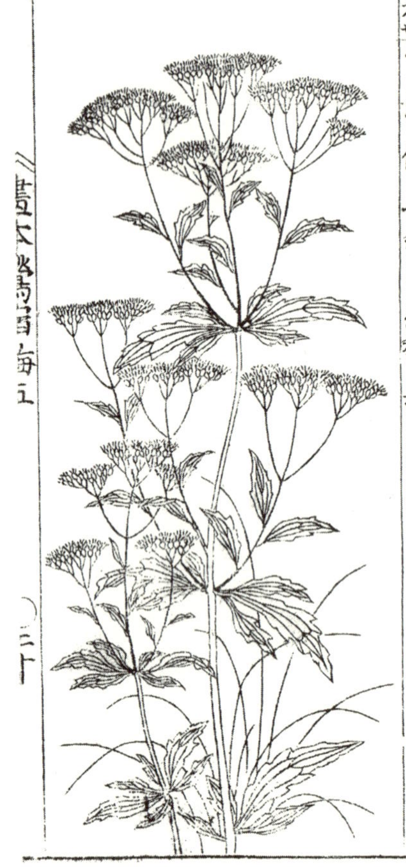

藤袴 フヂバカマ 漢名 真蘭

山城国 衣笠岡

帯骨菊

蘭 師時

堀河院百首

秋ことに誰きてみよと藤袴きぬかさ岡ににほふなるらん（ほころひぬらん）

秋哥 左 石田小野 公経卿

千五百番歌合

誰そこふいはたれをのゝ藤はかまおろめくくれに匂ふ袖うら

片岡

百首歌 慈鎮和尚

夫木抄 秋二

藤をうゑき於人あらはかしこ国にもえそたちえにそしのうきぬ

大和国
佐保

ル　摂政左大臣家ニテ歌合シ侍リケルニ藤ハカマヲヨメ

龍田山麓

源忠季

金葉集秋

たつた川の汀ふさをる藤袴なミによりてやりきんてもとし

蘭

肥後

堀河院百首

きてつる山ふもとのふみわけふ藤袴たれきてなれしうつり香そこハ

春日野

大庭毛年七社百首

兵部卿為家

春日野の若むらさき北藤をりあさ草北のもと露そくそく

三百首御歌

三垣原

中務ノミコ鎌倉

同

ふる郷にみりえの室に藤袴たゝぬきうをもかゝるみなるらし

河内国
交野

大治三年八月廣田社哥合蘭ゑ心

源仲房

同

あふこそハからく北、野への蘭誰きて見よとつゆけかるらし

摂津国
[illegible]池

池辺蘭

紫葉和哥草

京の池の岸へまたては蘭いろ乃みくさになくもかくく

須磨上野

野蘭

宋雅千首

秋ふかき須磨のうへ野み蘭志なれて一もと露をくらし

相模国

砥上原

トカリシニトカミ原トイフ所ニイテ侍シ時アレタル庵ノアヘ
ニフチハカマサケルヲ見テ

金槐集 秋

秋かせに何ゝおふらし蘭主ハふりにしやとゝしらすや

蘭艸 四月

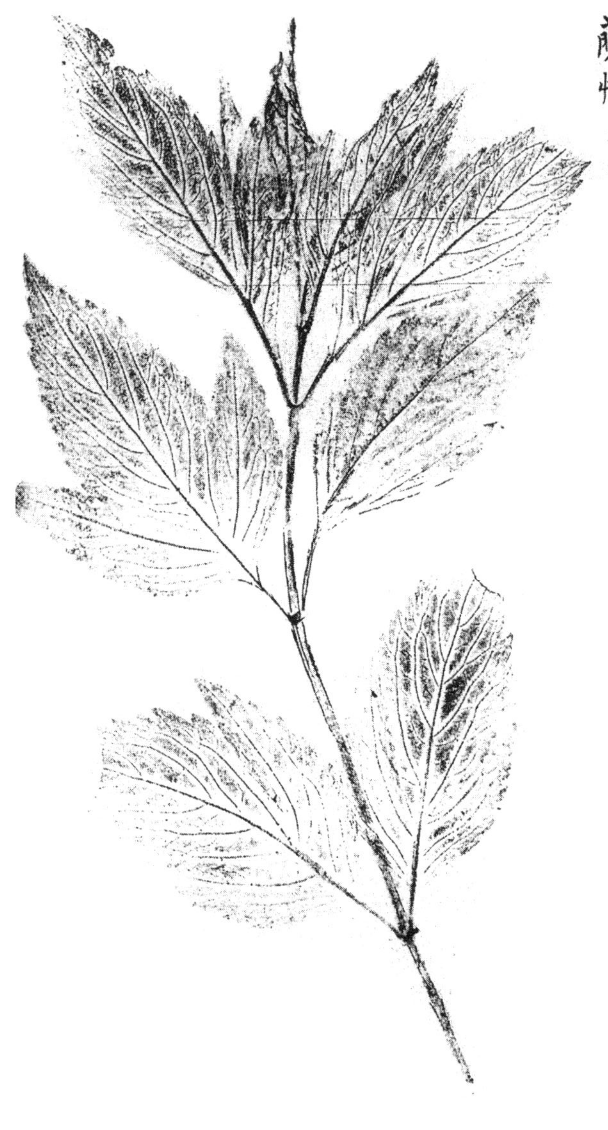

ク尖リ深緑色ニシテ光潤ナリ節ニ對シテ着ク七八月稍久淡紫花ヲ開ケ莖ノ聚レルカ如ク齊シテ整々タリ莖葉香氣アリ則眞蘭ニシテ楚辭ニ云ル者ナリ中華本草家ノ幽蘭ト混雑スルコヲ時珍委ク辯セリ又白花アリ

一種小葉ノ者漢名沢蘭和名相同シテ共ニフヂバカマト称ス田野ニ多ク生ス苗ノ高サ二尺許葉細長ニシテ岐ナク尖リ深緑色ニシテ光潤ナラス微毛アリテ浪レリ節ニ對シテ生スコレモ又紫白ノ二種アリ紫花ハ莖モ紫色ニシテ多白花ハ青莖ヲ少シ肥土ニ生スル者ハ枝ヲ分テ大ニ瘠地ニ生スル者ハ獨莖ニシテ別種ノ如シ按スルニ先輩誤テ澤蘭ト称スル者大小アリ苗ノ高サ四五尺一莖直上シテ枝少ク方莖ニシテ節々葉ヲ對生ス長ク尖リテ刻歯廉ク光澤アリテ淺緑色ナリ地ニ布茨ヲ生シ節々根ヲ生ス根ハ白色ナリ一種形状一般ニシテ細莖尺餘ニ至ルアリ或ハ此者ヲ本草馬蘭ノ附録ニ出ル薑昕草ナト云是モ大葉ノ者ヲ澤蘭ニ當ルヨリ又誤リ田野ニ相類シテ莖地ニ布テ特本ナラサルアリ蘇頌曰高二三尺莖幹青紫色作四稜葉生シテ相對シ如薄荷微香アリ七月開花帯紫白色萼通紫色亦似薄荷花此説及

三

蘭草（ラニ リウ） 一名夜妬 一名燕尾香 花名集

白薬ニ

ふぢばかま 蘭 ふぢばかま

[illegible]

七月停国今来郡言ス々コレハ高市郡ヲ其闇ハ今
来郡トサエイヒケルニヤトイヘリ此説ニヨレハ
大和国ト見ヘ侍レトモ諸抄紀伊トイヒ尚今伊都
郡ニテ高野山大門ノ東南ニ在トイヘハ前ニモ云
ルセルコトク国郡ノサカヒ昔ヨリ沼華アレハ容
易論カタシ其後紀伊ニ入タルニヤナヲ尋ヘシ
人ノ女ノ裳着（モギ）ノトコロニテ蘭ノハナヲ折テヨメル

清輔集中

をてめ子りいまさ比岡の藤はらなかふし[illegible]

名所草木考二

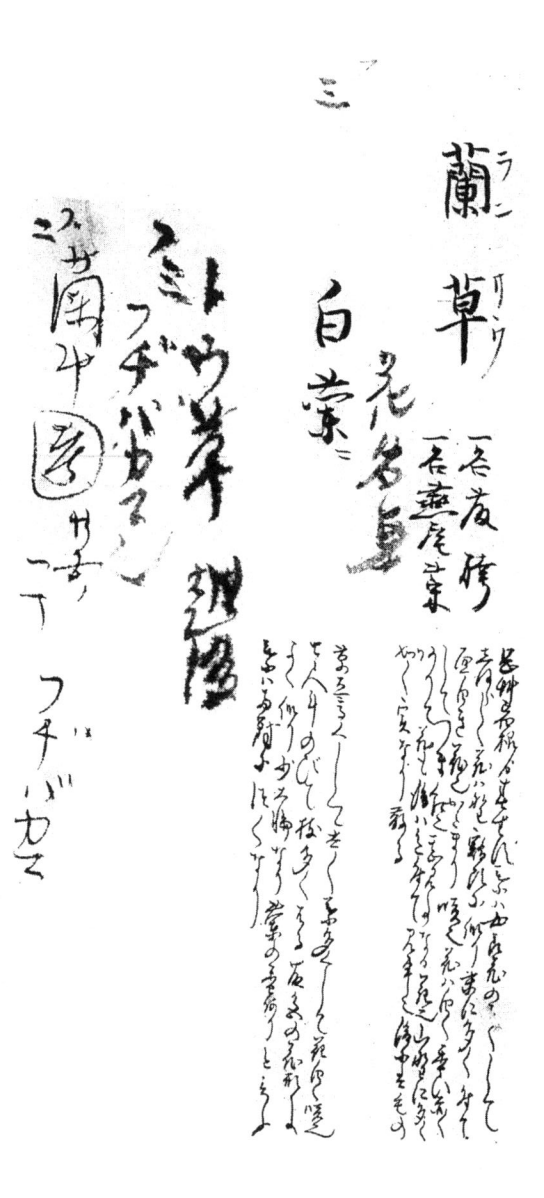

武蔵国
武蔵野

ラニ

元真集
むさし野の草はゆかりか藤袴若葉ほうへてみほへる

近江国
蒲生野

大嘗会悠紀方御屏風　前中納言

夫木鈔秋二
かすか小野の若葉は藤はゝは千世乃秋まて匂へとそ思ふ

陸奥国
宮城野

長治元年五月季廣朝臣哥合

夫木鈔秋二
宮城野や露すてきつる藤袴志るくもみはふ夕暮ゝ哉　大江盛佐

丹波国
生野

家集蘭ヲ　源有仲

同
きてこれハ大江の山乃あるとまていく野ととなき蘭ゝ哉

紀伊国
今来国

諸鈔ニ当国也或説ニ今来郡ハ大和国高市郡也斉明天皇紀伊国温泉ヘ行幸シ給フ時ニ伊麻紀能嶋知播倭輿罷史麻占珥ト詠シ給フ御哥ヲ思得損シテ紀伊ニアリトイヘシ敗日本シ[illegible]

三 フヂハカマ

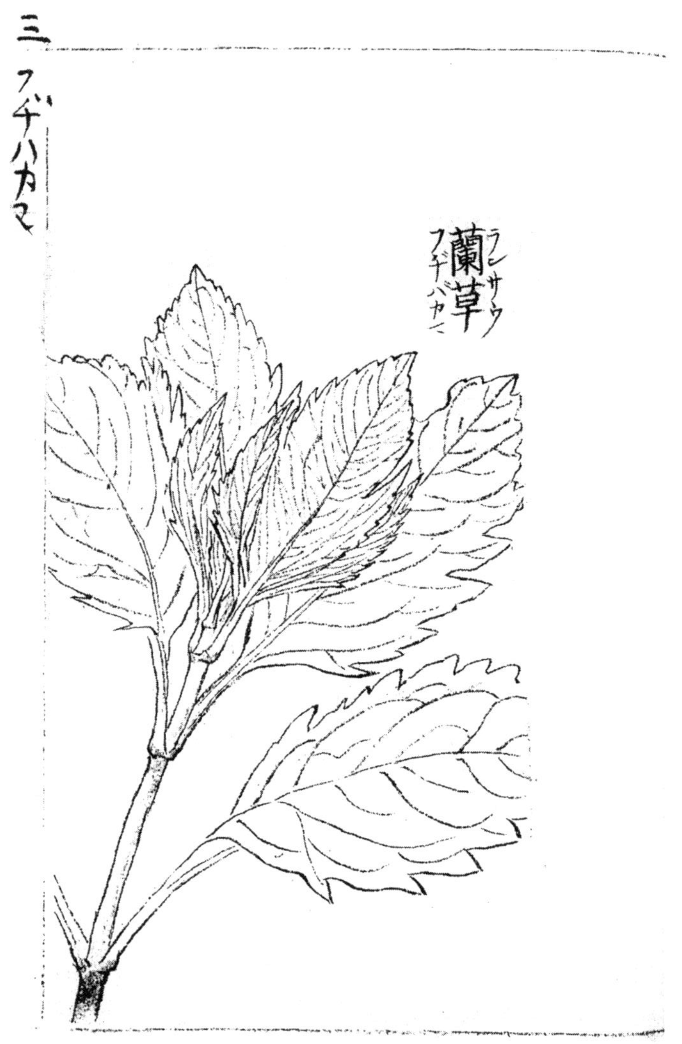

Eupatorium Japonicum, Th.

蘭 新撰字鏡 草五十九 蕙 香草 辛夷 （拾遺中ノ　）ナギ ニ収メズ

和名類聚鈔 巻二十 草木部 、、、、

蘭フヂバカマ 兼名苑云蘭一名蕙 蘭蕙二音、和名本草云布知波賀萬新撰萬葉集別用藤袴二字

本草和名 草上 廿七 蘭草 一名水香 一名煎、

澤草 一名蘭香 一名都梁香草 已上三名出陶景注

一名蘭澤香草 出蘇敬注 一名蕙薫

和名布知波加末

醫心方 以蘭草 和名布知波加末

……名義抄 八中 蘭 フヂバカマ アララキ 蕙 蕙 フヂハカマ ……

古今和歌集 秋上 四 是貞のみこの家の歌合によめる

としゆきの朝臣 なに人かきてぬきかけし

ふちはかま くる秋ことに野へをにほはす

拾遺集 物名 七 らに 読人不知 秋のゝ花

ふてもかゝをそつましえ わびしらにこそ

むしもなきけれ

金葉集 秋三 待蘭花といへることをよめる 皇

后宮美濃 宿ことに あやなくにほふ ふちはかまな

ん秋乃なかはをふきもすそとも

、、、、、

之二

草

蘭 呂呂 蘭せし

蘭草 ふぢばかまにあらねども古今にもあり同し

葉なり野に多し秋花さく葉ならびなし時珍云 二月に

宿根より苗を生ず下湿の所に生ず蘭草沢蘭一類二

種なり山澤陂澤に生ず葉ハ石菜のごとく紫茎赤節 綱目

いにしへの所謂蘭草ハいまの世に人の蓁翫する花ならぬき葉

まハ帆なといへり和俗にふぢばかまといふ和のなし 此草葉から

はしくはへやまとし詩経易礼記楚詞 花なし葉といへ

ることなり

蘭草 布志波加末 異名 水香 本草 香草 綱目

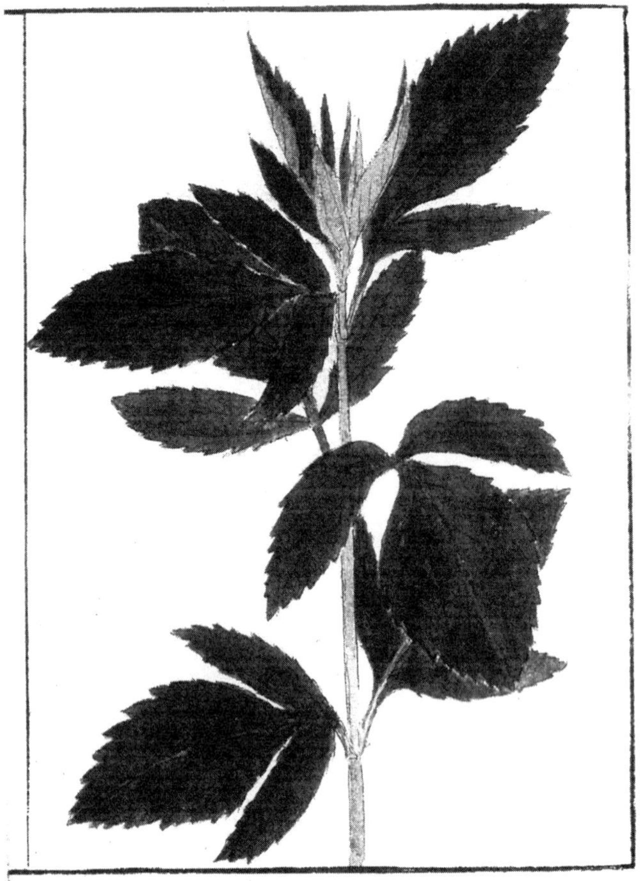

り ふぢばかま 此物を蘭名苑を引て蘭 [illegible] 和名布知波加末

賀萬新撰萬葉集別用藤袴二字源氏藤袴の巻ふぢはかまの

野の香やつまとよみ [illegible] あき萩きの條をむ之へ [illegible]

允恭紀ニ採一根蘭擬(アタナギ)大膳式ニ千蘭ありて楚辭九歌ニ

蘭草 [illegible] 一丁 ふぢはかまに [illegible]

濃有蕑是蕑一 このフチハカマなるべし

○菊とよみつくさきくの條に記しつ

国史草木昆虫攷 巻六

不知花 [illegible] 蘭草 [illegible] 萬葉集名物考 [illegible]

[illegible]

あららぎ草 サハアララキ

和十七 澤蘭 和名佐波阿良々木 一云阿加末久佐 生澤傍故以名之 本和上廿三

澤蘭 名佐波阿良々木 一名阿加末久佐 名澤蘭 サハアララキ アカマクサ 伊字同

又山蘭 一合 漬菜料 催馬楽 妹与我 いもとわれ いるさの

山の也万安良ゝ支 [illegible] とらずれ [illegible] うをまきるふくま

和歌本草提要巻一

さいあららぎ さららぎ 延喜式 澤蘭

さいあららぎ 延喜式 澤蘭 和歌本草提要

やまあららぎ

廿 藻八廿 蘭 やまあららぎ 字 辛夷 又 荑 和 薑蒜辛夷

夜末阿良ゝ木 一云古不之 大膳式 山蘭 葵子各一斗

波之加美其子可噉之

○按ニ蘭ハ即チ蘭草ニシテ山野ニ多キ
芳草ナリ其ノ和名布知波加摩ハ花色
ノ紫色ニ因テ藤ト称シ其ノ花形ニ就
テ袴ト呼ブ花葉共ニ香気アルモノ
ナリ又フヂバカマ常品ノ外ニ山蘭沢
蘭ノ二種アリ其ノ形状共ニ相似テ稍異ナリ
山蘭ハヒヨドリバナ、ヤマフヂバカマ、アララギ等
ト呼ビ其葉長クシテ岐ナシ、間ニ三尖
ヲナス品モアリ、又沢蘭ハサハヒヨドリ
バナ、サハフヂバカマ、佐波阿良々木又阿屎米久佐
ニシテ沢畔卑湿ノ地ニ多ク生ス蘭草
ニ似テ葉狭長ナリ、蘭草ト山蘭
沢蘭ノ一種[異種]相混ズベカラズ又和名
ハ二蘭ノ名豈布知波加万トナハ

詩ノ蘭鄭風ニ秉蘭ト云是 蘭

非ナリ蘭ノ名蕙ハ花ヲ賞スル幽
蘭ニシテ、フヂバカマノ蘭トハ相同シカ
ラズ、詩経、楚辞、等ノ古書ニ蘭
トアルハ花ヲ賞スル蘭花ニハ非ズシテ、
フヂバカマヲ云ハ往々先輩ノ説ニ拠
テ分明ナリ又蘭字ナカラニト蘭ハ[illegible]音
ナリ又アラヽギトモ蘭ノ木ノアララギハ一名
イチヰ漢名水松ニシテ更ニ別物ナリ

詞花集 秋三 堀河院御時百首哥奉るによめる
隆源法師 ぬしやたれきたる人なくて藤袴
それハ跡こそみかころひよれり

菅家文草二 紅蘭
葉暦三秋暮尋花十歩中殘香經洗露晩
氣未傷風佩舊懐沙客園寒採藥翁芳情
如可愛莫厭小孤叢

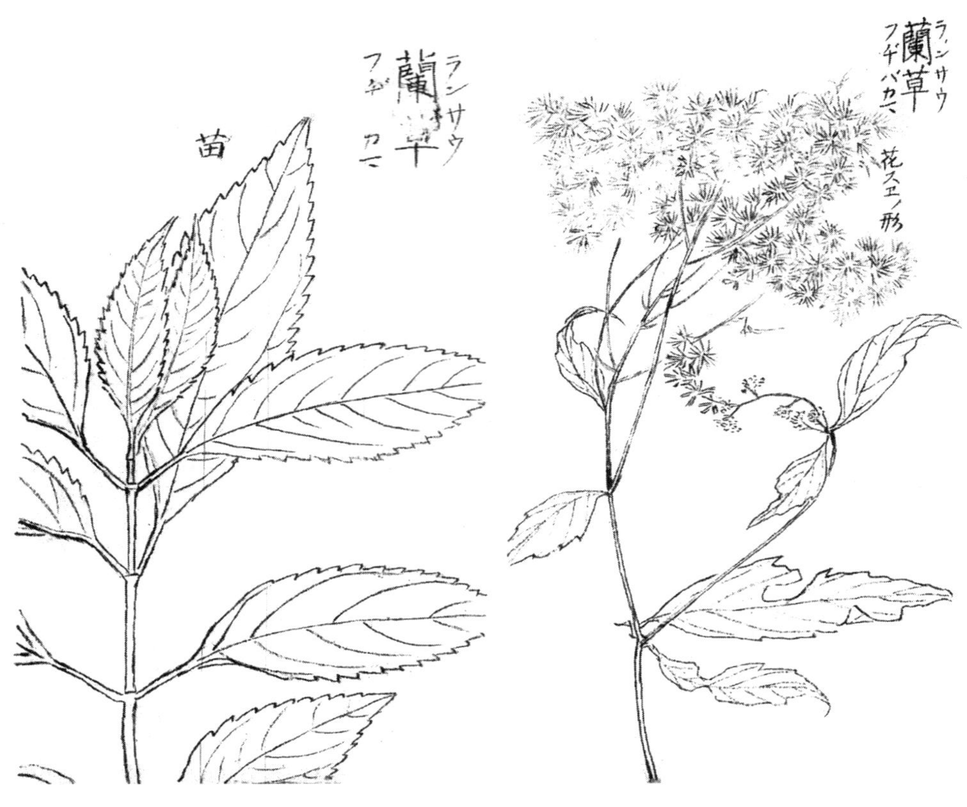
苗
蘭草 ランサウ フヂバカマ
蘭草 ランサウ フヂバカマ
花スエノ形

蕾
蘭草 ランサウ フヂバカマ

乙三

蘭草 フヂバカマ 通雅ニ蘭即今省頭香花鏡ニ醒頭香ト云綱目蘭草註俗名孩兒菊藝菊志孫兒菊其葉香婦人暑月夾于髮中去穢氣而巳物理小識曰王逸以楚辭之蘭爲都梁朱子從之方虛谷爲定醒頭香瀕湖從之傳曰蘭有國香而以醒頭艸專之乎海南日抄曰蘭蕙辨楚詞蘭蕙乃蘭草蕙草非今之蘭花也蓋蘭即都梁香蕙即零陵香盛宏之荊州記都梁縣有山生蘭草名都梁香可殺蟲毒除不祥故鄭人于溱洧秉蘭祓除其去殺蟲毒除不祥則知是蘭草非蘭花矣爾雅翼一幹一花而香有餘

蕑

方秉蕑兮 即蘭草 和名フヂバカマ 鄭風溱洧章 有蒲與蕑 陳風澤陂章 朱傳蕑蘭也其莖葉似澤蘭廣而長節、中赤高四五尺○和名フヂバカマ 蕑 野生多シ春宿根ヨリ苗ヲ叢生ス圓莖ニシテ斑點ナシ葉節ニ對ノ生ス形長ク尖リ左右ニ枝アリ故ニ燕尾香ノ名アリ周圍鋸齒深ク香氣多シ乾セハ愈烈シ夏月簷ニ掛レハ二旬餘モ香氣アリテ悪臭ヲ避ク六七月ニ至リ莖高サ三四尺或ハ六七尺枝ノ末ゴトニ傘ノ如ク細小花多ク攢リ開ク淡紫色ナリ又山蘭アリ山野ニ生ス葉ハ長ク尖リ岐ナク桃葉ニ似テ鋸齒深シ又三尖ニナリテ蘭草葉ノ如キモアリ三ナ两對シテ生シ莖ニ班アリ葉茎倶ニ毛茸アリテ香氣少シ此ヲヒヨトリ花トヨブ花ニ白色淡紫色ノ二品アリ又澤蘭アリ

同

和名サワヒヨドリ　山中溪澗或ハ池澤ノ傍ニ生ス蘭草及山蘭ニ似テ小ナリ葉モ亦相似テ狹ク小シ茎微ク方ニシテ毛アリ苗高サ一二尺秋ニ至テ葉ヲ開ク形モ亦相似テ小ク淡紫色白色ノ二品アリ履軒曰蘭疑別ニ一種澤草非蘭也陳風澤陂有蒲與蕑佐之葉几二蘭ハ蕑也蘭草節ト節ト相去ル間アリ故ニ蕑ト称ス別ニ一種ノ澤草ニアラス直ニ蘭山蘭澤蘭古エ又ス此ヲ分別スル丁後世本草家ノ類ヲ分カツカ如クナラサルナリ總テ此ヲ蕑或ハ蘭ト称ス其有蒲與蕑ト称スルモノハ即チ澤蘭ナリ文選云山本世孺謂古エ幽蘭ナレ幽蘭ハ後世南方ヨリ渡リシヨリ日本ニテハ本草ノ渡リタル丁古キ故ニ古ヨリフヂハカマト訓ス後世幽蘭渡リシヨリフヂハカマト相混セリ唐山ニテモ幽蘭ト相混セシハ宋ノ黄山谷以後ナリ蕑ヲ蘭草ト称シ蘭ヲ蘭花ト称ノ是ヲ分ツ。

ふちばかま　らに　らにハ蘭の字音なり

蘭　和名抄ニ一名蕙と云ハあやまりなり

古今　何人かきてぬきかけし藤袴くる秋ごとに野辺をにほはす

らにハ物名ニよめり　六帖らにと云る題ニふちばかま

の歌を載せたり○蘭蕙の字を蜂ニ似たる花ニ充こ

るハもろこしニも有れと宋以後の誤なり

ふぢばかま　ラニ

【和】蘭一名蕙　布知波賀万　【名】蘭　フチハカマ、チヒル、アラヽキ　蕙　フチハカマ

【伊字】蘭　フチハカマ　藤袴　万葉集　新撰万葉集曰蘭一名蕙　水香同　前沢草同　蘇同　筌同

六帖　君ならて人のそのかみにてかふ藤ばかま君のおものゝたもとり

者蘭一幹数花而香不足者蕙乃蘭花蕙花後

人以釋楚詞之蘭蕙則失之遠矣蓋蘭花稍

乾則香散葉全無香佩之何為。惟蘭草蕙草

觸手芬馥浣之不去雖乾而香可数月故可紉

可佩至今楚中婦女採貯裕衣中或以漬油

澤髮蓋遺俗也李時珎本草綱目辨之極詳今人作

蘭花詩率以九畹紉佩為故實相沿既久雖明

知其非而不肯改正矣香案曰今之蘭者幽蘭

花也蘭草蘭花自是両類蘭草澤蘭又一類

蘭　ラン　フヂハカマ　フヂバカマ　東雅

〇藤袴 巻八又藤袴朝顔之花 和名抄蘭一名蕙 和名
本草云布知波賀萬新撰万葉集別用藤袴二字 按ニ
大同ノ天子菊ヲフチハカマトヨマセ給ヒシ丁類聚國史ニ見ユ
詩ノ集註蕳蘭也云云 江村如圭云 和漢共ニ古ヘ蘭ト称ル
モノ皆今ノ茅葉蕙花ニテアラス真蘭 今本邦山沢有之葉山
蘭ニ似テ有岐燕尾ニ類ス秋花攅簇粉紅色 梗葉花共ニ
香ハシ 採収代容臭用ヘシ 按新古今秋上古歌ニフチハカ
マ主ハ誰共白露ノコホレテ匂フ野ヘノ秋風 此蘭ヲ詠セリト云リ
なるけふ又わ人のむのまゝにふちそうまむへもいろ〳〵さき
てとえけら又なに人かきてぬきかけし藤袴くる秋
ことに野人を匂ハせ

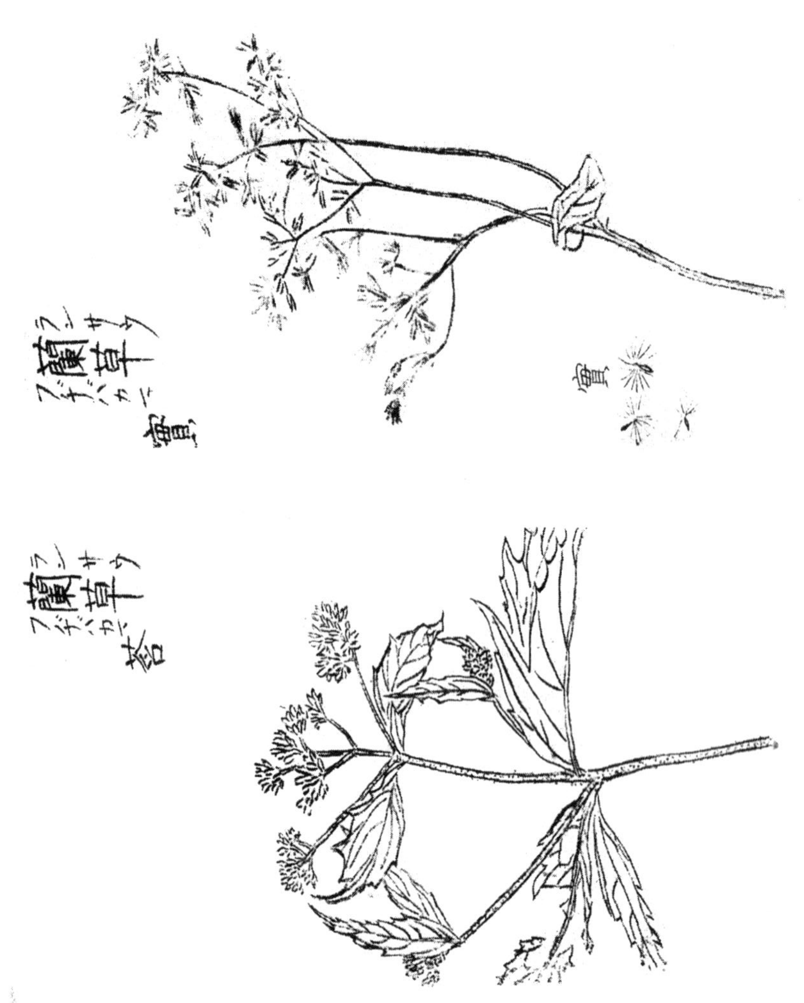

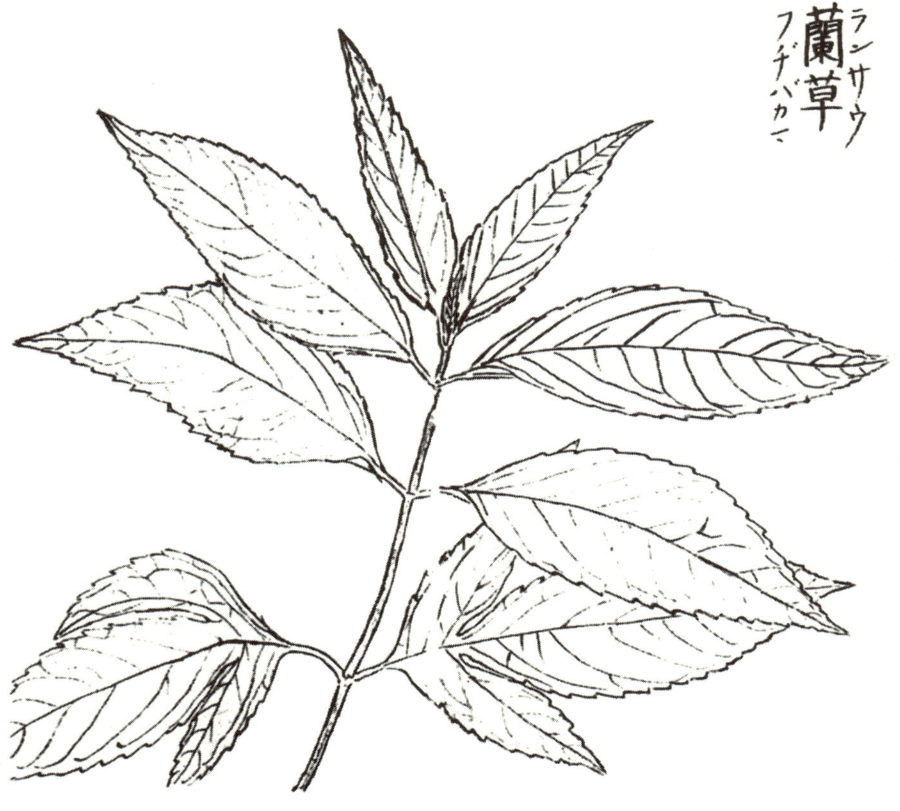

蘭草
ランサウ
フヂバカマ

○不老草　フヂバカマ　本草必讀

原野甚ハダ多シ春時宿根ヨリ新苗ヲ生ス高サ三尺以来茎圓ニシテ斑點アリ葉ハ九晩菜葉ニ似テ大ニシテ緑色深ク鋸歯亦タ深シ叉ノ両岐アル者ヲ燕尾香ト名ツク即チ真蘭ナリ岐ナキ者ハ山蘭トス共ニ葉節ニ對シ両々相値フ甚ハタ香氣アリ七八月花ヲ茎梢ニ開ク百千群ヲナスモモ繁盛ナリ凡ソ一幹数枝毎枝数十蕚毎蕚萼花毎花両鬚アリ花モ亦碎小ニシテ五出浅紫

蘭草 フヂバカマ

Boelkens cruydt

色ナリ又タ白色ノ者アリ皆謝シテ絮フナス

△大澤蘭 蘭草 小澤蘭 澤蘭 蘭草主治其氣清

香生津香澤可作膏塗髮以蘭除陳氣也

懷香握蘭 尚書奏事 羅襦襟解微聞香澤 史記

○ヤヽムニ 処々ニアリ即山蘭ナリ數種アリ其葉

亞ニ生スルモアリ對生スルアリ又四葉六葉相對ス

ルモノアリ

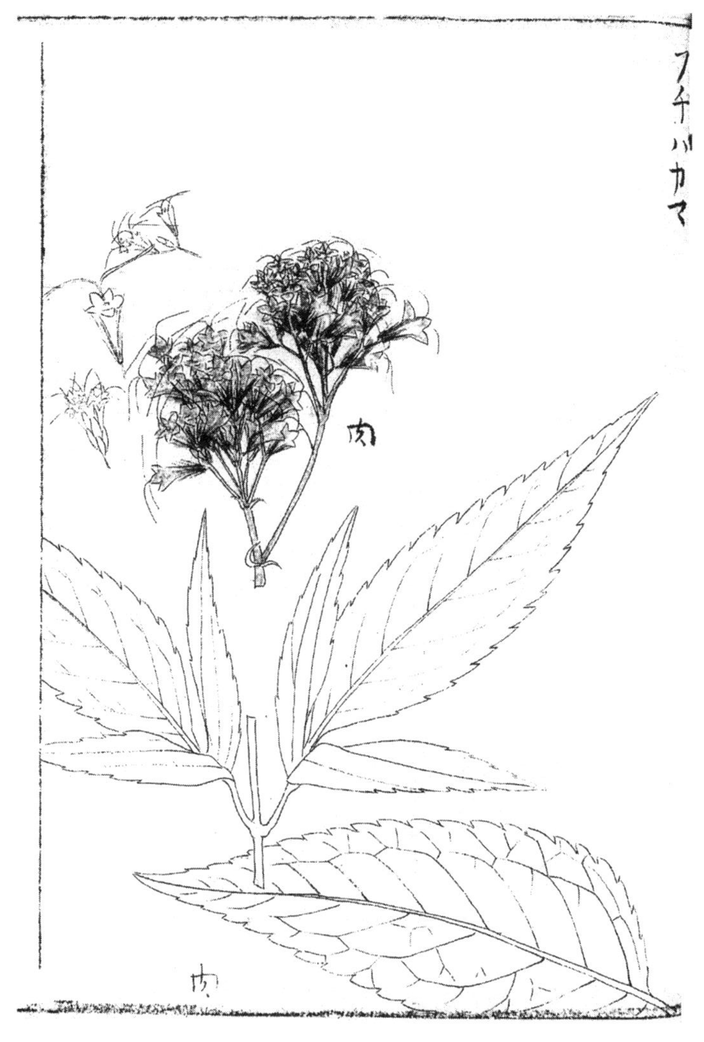

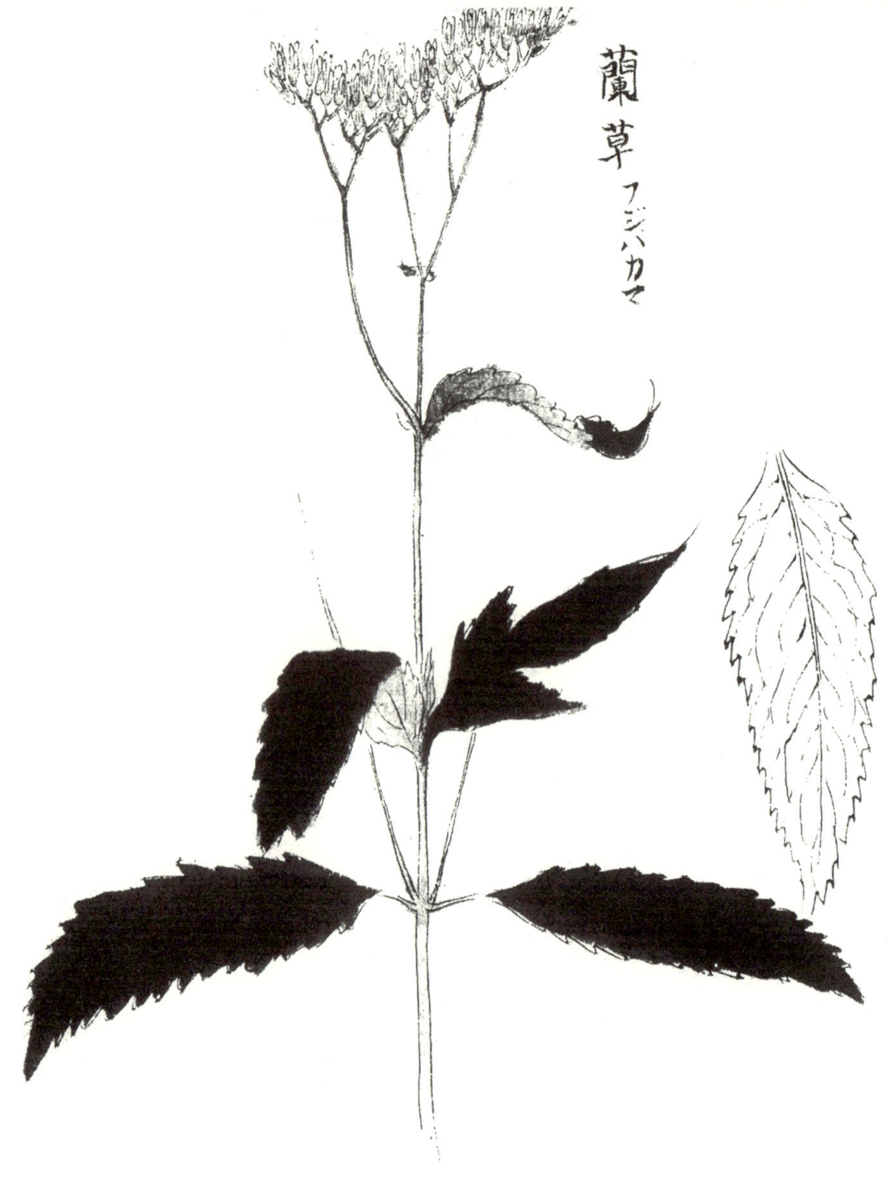

あらゝき

書紀 允恭三丁 闘鶏国造云々且曰壓乞(イテトジ)戸母其蘭一茎焉皇

后則採一蘭根云々對曰行山撥蠛古菘菜

本和下罒蘭葦草阿良々岐　和蘭蔿阿良々字蒢々阿良々支

名、蘭(フヂハカマ アラヽキ)　蘭蔿(アラヽキ)　蘭蔿草(アラヽキ)

和玉 蘭(フチハカマ)　和傳羅勒(ネヒル アラヽキ) 似紫蕕葉香也味 如蘭也 常畏希也

伊字 蘭蔿　長蘭禹草(アラヽキ)

大膳式 干蘭干蓼各以一把充四日 又蘭(アラヽキ)十把

蘭草

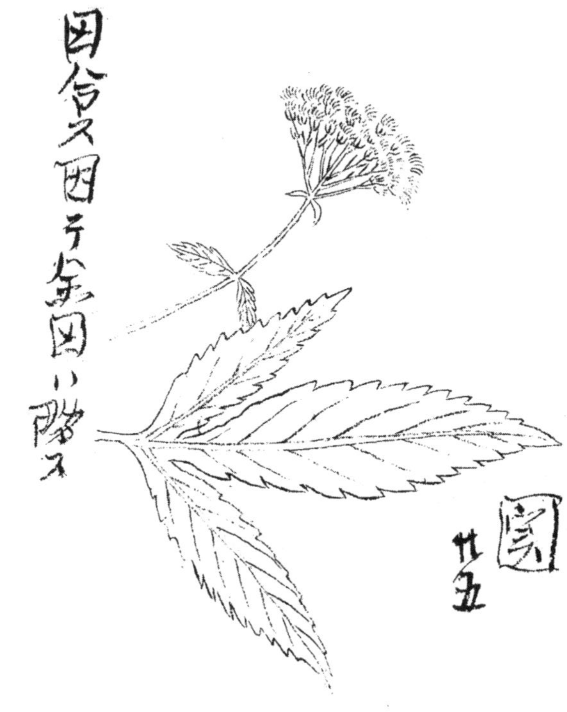

羅二 左寄ち

フヂバカマ

ワーテルプールケンス

蘭草

王者香 草 家語　國香 左伝　待女 因樹屋書影

仁輔 蘭香 陶景注　都梁香草 日　蘭澤香草 蘇敬注

薫草 〃

別録従男

真蘭ハフヂバカマ之葉 蘭ノ許云ハ誤蘭十)

白魚陳藏器云蘭草生澤畔葉光潤陰小紫別本注
云葉似馬蘭故名蘭草蜀本草云蘭草葉似澤蘭
尖長有歧花紅白而香生下湿地輔仁訓布知波加麻允當
按本書草木部稲名從本草和名而或引云本草或不載出
典不知何義新井氏曰藤以花色名之袴以花瓣爲筩
名之也藤袴新撰萬葉集上巻已兩見　箋注和名類聚抄

蘭

兼名苑云蘭 音闌○二字舊無今依下總本録存廣本亦有是音 一名蕙 音惠本草布
知波加麻 新撰万葉集別用藤袴二字○按蘭即都梁
香證類本草白字上品載之蕙即零陵香證類本草中
品引今附載之非一草可見然通志略云蘭即蕙引諸書證
蘭蕙一物與所引兼名苑合李時珍曰鄭樵説亦是臆見
殊欠分明但蘭草蕙草乃一類二種耳又按本草和名云蘭
草一名蕙薫不載出典疑引兼名苑傳寫偶脱也 廣本本
草作和名本草云五字似是所引本草和名草部上文鄭
風溱洧篇方秉蕑兮毛傳蕑蘭也正義引義疏云蕑
即蘭香草也其莖葉似澤蘭廣而長節藏衣著書中辟

蘭草
布之波加末
春月因宿根生苗圓莖緑色高二三尺其葉大者
六七寸其左右亦有小葉長三寸許以三葉為一
葉形如桃葉而有鋸齒對生節々六七月成叢每
葉間分小枝小白花攢簇于梢上今土人有移山
生種之庭前以避瘦氣者

フヂバカマ　羅二　古今集

ワーテルプールケンス

蘭草

醒頭香 物理小識

雀頭香 通雅

[釋名] 蘭

女蘭 綱目

大澤蘭 炮炙論

省頭草 綱目

千金草

木老草 本草必讀

孀昂兒 花彙鑑要

辟汗香 本經逢原

水香 本經

香草 綱目

蘭澤草 別録

都梁香 李當之

王者香 艸家語

醒頭草 本草洞詮

秋蘭 遵辞

佩蘭葉 名物圖説

香水蘭 開寶

燕尾香 開寶

煎澤草 唐本

孩兒菊 綱目

國香 左傳

侍女 因樹屋書影

[觧仁] 蘭香 陶景註　都梁香草 同　蘭澤香草 蘇恭註

薫 薫

野生多シ春宿根ヨリ苗ヲ叢生ス圓莖ニシテ細斑ナシ葉節ニ對シテ生ス形長ク左右ニ枝アリ故ニ燕尾香ノ名ナリ[因圖]鋸齒深ク〆香氣多シ乾セバ愈烈シ夏月髪ニ挿レバ二旬餘モ香氣アリテ惡臭ヲ避ベシ六七月ニ至リ莖高サ三四尺或ハ五七尺枝ノ末ゴトニ傘ノ如ク細小花多ク攢リ開ク淡紫色ナリ故ニフヂバカマノ名アリ和歌ニモ詠ズ古今集ニ

秋風にほころびぬらしふぢばかまつゞりさせてふきりぎりすなく

又白花のものあり

古へ蘭といひて用ユルハ此蘭草の事にして蘭花の類ニ非ざること

藿香 宇治島産

萬香按ルニ藿香偽物多ク和產ヲ見ス其屬ノモノハ二三種アリ時珍曰藿香方茎有節中虚葉微似茄葉潔古垣惟用其葉不用枝梗今人併枝梗用之因葉多偽故耳云々又曰交州記言藿香似蘇合香者謂其氣相似非謂形狀也云々舶來ノ内青葉トテアリ葉蘇ニ似テ鋸歯アリ両對ス芳香アリ

コノ物時珍説ニ充レリ真物トスダンギクト云モノ則是ニ近ク藿香ノ一種ナルベシ其葉形狀此説ニ以テ葉芬香アリ乾ケバ青葉ト呼モノ、香氣ニ類ス宇治島ノ者形狀ハ似タリト雖モ芬香ナシ真偽ノ所不詳近來薩州ヨリ來ル円葉藁草アリ白花ナリ此者其土未タ何ト云事ヲ知ラサルヨシ然レモ予カ見ル所蘭草一重ナリ宇名島ノ茎ノ茎ニ丁、ヿ刀於テオヤ葉ハ小蘇葉ニ似テ五尖欽刻アレ共深カラズ葉ニ遊モアリテ厚シ両々相値フ香氣アリト雖モ近ク嗅テ酷烈ナラズ遠ニアリテ却テ馥郁人ヲ襲フコレ他ノ芳草ト異ナル処ナリ其地方ニテハ其苗土上ニ塌布シ倒レテ

繁茂ス根ヲ分種シテ蕃殖ス花実ハ有ヤ否更ニ聞クヿナキモノナリコレ舶来ノ青葉藿香ニシテ薬用真物ナリ埋藿香ハ偽物ニシテ論スルニタラス今薩州

宇治島ノ産一草珍種ナレハ土名藿香ト呼ルナルヘシ予此ノ葉ヲ一看スルニコレ排草香葉様ノ山蘭ナルヘシ微香蘭草ニ異ナラス排草香ヲ俗ニハナヤクハツカウト云例ノ如シ薩産ノ円葉蘭草ナルモノハ此物ナルヘシ花戸利ヲ射シカ為メニ藿香ノ名ヲ冒セシト思ハルヽナリ

三種共両戻説トコロノ外更ニ他意ナシ茘枝對生ノ両枝ハ一品ナルヿ富山世子ノ高説ニ順フヘシ藿香モ世子ノ如ク薩州ヨリ致ス処ナ円葉蘭草ト云モノ即円葉山蘭ナルヘシ此種ニ決定セリ予曽テ西昏ノ物卯満本艸ヲ見ルニ第三巻五百九十六号ノ図ノ円ヨク的元セリ其名ヲ羅甸ニハトヱムフルチカホリヨトアリキ此他一言モ云ヘキノ語ナシ

妍芳貞丈

正浮ニ解ニ希ナレバ名ナキ総目以後の方本草必読ニ在本草名ニ
モ作誤ナシ猶得テ蘭名の集とをち説多し

○蘭ハフヂバカマニナリ 昔ヨリ蘭ト称シタルハ皆蘭ナリ
新称を合用ニも

Eupatorium 蘭草 之

○フヂバカマ

エウパトリウム シネンス　　ワートルプールケンス

蘭草

山野ニ生ス春舊根ヨリ苗ヲ生円茎葉両対ス形長ク左右ニ
小葉アリ周囲鋸歯アリ香ニ乏シ乾セバ愈烈シ秋ニ至
リ高四五尺梢ニ小花攢簇ス淡紫色又白花ノモノアリ

蘭　フヂバカマ此ハフヂバカマニ非ズ山蘭ニ和名ヒヨ
ドリ花ニ兼長クナルハ皆山蘭ニ　大和・・・

澤蘭　此フヂバカマニ沢蘭ニ非ズ蘭草ニ　「エウパトリウムカンナビヌム」

蘭草ナリ　「フヂバカマ」　「ドールケンス フロイト」

一ノチハ力テ一

宇治嶋藿香ハ諸者ノ高鑒ノ如シ花形ヲ一看スルニイカニモ蘭草ノ一種ナルベシ木葉ハ対生ヽ見ユルモ末葉ニ至テハ互生シ葉間ヨリ一二ノ枝ヲ生シ花ヲ着ス其茎方ナルニ似タレモ全ク方茎ニアラス葉茎ノ中心ノ處ヨリ茎ニ至ルマデ線稜アルナリ按スルニ方茎ナル者ハ枝葉必対生ス円茎ニシテ対生スルモノハアレモ方茎ニシテ互生スルモノハアラジト覚エ西書物印曼ノ草木図ヲ閲セシニ五百九十六号ノ標ニ見ヘス若シ異本ニテモコレアルヤ「ハトリエ山ノフルチカノホリリシ」ノ澤蘭

一二三

○ふぢばかま蘭袴也その事ハ古事記伝ニ○蘭と訓セリハ和名本草ふ見へたり新撰万葉集ニ藤袴とあり花の色をもて藤と称し其瓣の蘭をあはせるゆゑて袴と称せり蘭草也蘭花よあらん○大同の天子菊をかざし給ひとよませ玉ひし事類聚国史ニ幸神泉苑琴歌間奏四位以上共ニ挿ニ菊花テ時皇太子頌歌云

みな人のその香にめつるふぢばかま君のおほものたをりたるけふ

上和之日云とある○源氏ふたゆく行ちて紫そふと以るハ楽天ヶ詩ニ花菊衰蘭三両叢とあるふまゆ夏のひとのいくのとよめるハ袴の幅に寄る詞也萎とよめるハ

一蘭ゆかりテシテ藤袴とし以下ハ

字ニ教示アリタレ今一度擴査センコトヲ庶
幾スルノミ

吉田正恭謹識

鄭文公の妾燕姫ヵ故事也といへり夫木集に
ゆちしかま祢さめの床にかをるらん蘭をそれとそ思ひけると
○蔓藤袴と称するハ葉豌豆のごとく花ハ藤の如し○貝
にいふハ蛤類なるのよし

○夫知波加麻　出類聚國史　鈔深丹　万作藤袴　會意　假
字耳　今俗稱ヒヨトリハナ　同類別種在水畔者曰サハヒヨト
リハナ　詳阿加万久左下　其物紫花殊多　諸家集ーーーーー

必咏紫花則指此花可知　鈔深丹爲蘭　紀既出　讀曰ア
ラニキ非也　式有蘭韲ー蒩通二種耳　又載蓼ー今不詳
又有山蘭　蒩用山生也　雖時珍　初學其名古名可知　類聚
國史載大同二載九月　公燕挿菊花　其歌ケーーーーー句菊
字爲蘭　誤明矣　一書據之以此名爲菊古名　妄誕不俟辨
六帖題曰ラニ擧ーーーーー舊俗以音稱乎　今俗別以音稱
蘭者　時珍有詳說　今不録　蓋宋已後所愛稱蘭花者
爾異乎古書所載

蘭草

フヂハカマ　古歌

一名 不老草 本草必讀　醒頭草 本草洞詮　醒頭香 物理小識

孀昂児 薬性纂要　秋蘭 楚辭　雀頭香 通雅

辟汗香 本経逢原　佩蘭草 名物圖説

野生多シ春宿根ヨリ苗ヲ叢生ス圓莖ニシテ斑點ナシ葉節ニ對シテ生ス形長クメ左右ニ枝アリ極ニ燕尾香ノ名アリ周圍鋸齒深クメ香気多シ乾セバ愈烈シ夏月篋ニ掛レバ二旬餘モ香気アリテ悪臭ヲ避ベシ六七月ニ至リ茎高サ三四尺或ハ六七尺枝ノ末ゴトニ簇ノ

布知波加末 蘭草　古名録 巻七十三

真蘭 フヂバカマ葉細長ノ居歯アリ材ノ方ニハ葉ノ枝両方ヘ出ヅ真蘭ト云ハ真ノ蘭ト云フ也本名蘭草也 目編 生ヨリ乾メ香ヨシ二十日斗リハ香気去ラヌ物也花ハ白色モアリ薄紫ノ花ノ物本色也多シ○山蘭ト云ハ葉三岐ニナラズ長クメ居歯アル手リ也白花多シ薄紫モアリ深山ニアルハ四五葉対生スルアリ威霊仙ノ如キア
廿九
リ深山ニアルハ香気無キモアリ此ヲヒヨドリ蕃(バナ)ト云也此條ノ説佳也○澤蘭ハ山蘭ノ水辺ニ生スル物也充草小也山蘭ノ如ク葉ニ枝ナキモアリ又三ツニナルモアリ葉ニ少シ毛アル物也山蘭ニハ毛ナシ

如ク細小花多ク攢リ開ク淡紫色ナリ故ニフヂバカマノ名アリ和歌ニモ詠ズ古今集ニ秋風ニホコロビヌラシフヂバカマツヾリサセテフキリギリスナク又白花ノモノアリ又山蘭アリ山野ニ生ズ葉ハ長クメ岐ナク桃葉ニ似テ鋸齒深シ又三叉ニナリテ蘭草葉ノ如キモアリ三十兩對シテ生ズ莖ニ斑アリ葉ト倶ニ毛茸アリテ香氣少シ此ヲヒヨドリバナト呼ブ花ニ白色淡紫色ノ二品アリ

葉ニ蘭葉ヲ用ユルハ此蘭草ノ葉ニシテ蘭花ノ葉ニ非ザルヿ正誤ニ詳ニ辨ズ並ニ綱目以後ノ書本草必讀本草原始ノ餘諸書ニ猶誤リテ蘭花ノ葉トスル説多

伊　藤
圭介稿　植物図説雑纂百五十八

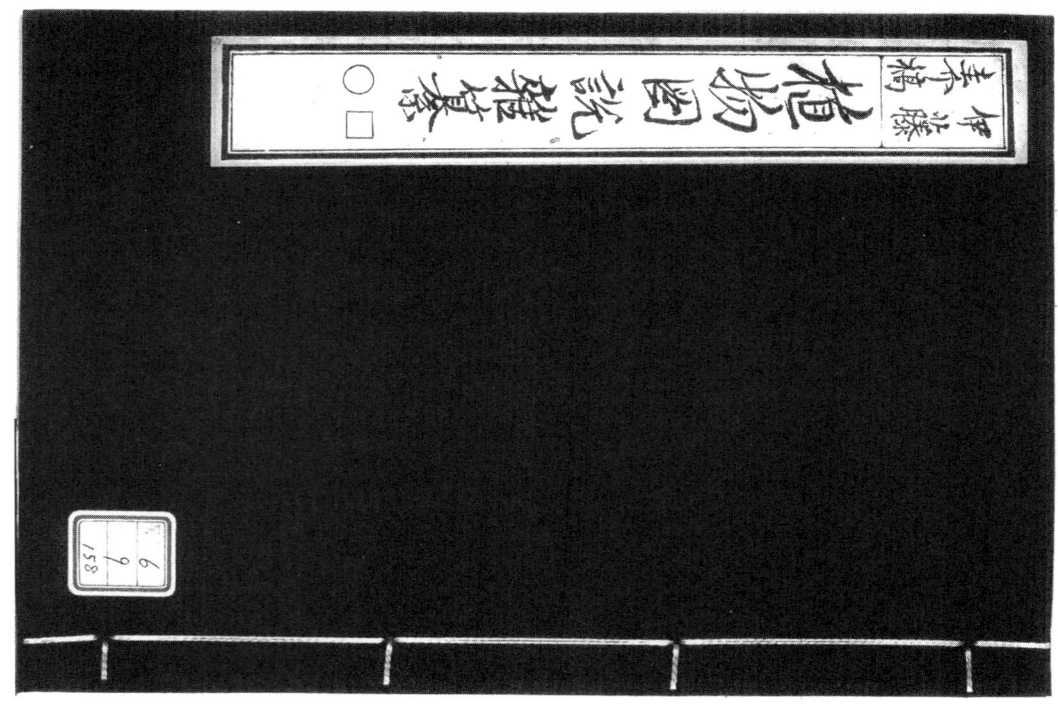

蘭草

一名醒頭香物理小識　省頭香通雅　水香離騷草木疏　水蘭　煎澤草草木畧

和名フジバカマ

蛮名エウパトリユム羅甸　プールケンスコロイト荷蘭

春宿根ヨリ生ス葉ハ馬蘭ニ似テ三尖アリ形燕尾ノ如シ圓茎對生シ夏秋ノ間高サ三四尺梢ニ枝ヲ分チ小砕花アリ紫色ニメ白絲アリ上齊シ苗葉甚芳香他物ノ臭氣ヲ避ベシ又白花ノモノアリ一種山ニ

サハヒヨドリ

野ニ生シ葉狭長ニメ茎圓毛茸アリ花白色形山蘭ニ似タルモノコレ蘭山説ノ澤蘭ニメ和名サハヒヨドリ也又一種葉細長ニメ芫蔚ノ梢葉ニ似テ軟ニノ深キ鋸歯アリ茎圓クノ淡紅色ニ紫黒色ノ点アリ花ハ蘭草ニ似テ淡紫色ナリ本朝醫談云方言本草ニ零陵香代ニシナ

ふじ

車葉蘭草　越前大野郡杤神谷轆轤師山中ニ生ス春苗ヲ生ス円茎高サ二三尺葉節ニ四葉對生ス形状蘭草葉ノ左右ノ岐葉ヲ取タルガ如シ七月梢ニ淡紅花ヲ開澤蘭ノ花ノ如シ本草澤蘭集解呉普説ニ葉如蘭二月生苗赤節四葉相値支節間ト云者此也

山蘭

ヤウト云草コノ草フジバカマナルベシ又一種山蘭正誤アリ山野ニ自生多シ葉ニ尖アリ桃葉ニ似テ濶シ花ノ形蘭草ノ如ニメ白色ナリ一名不老艸本草必讀古ヘ蘭ト云ハコレナリ寇宗奭ノ説ニ葉似麥門冬ト云朱震亨ノ説ニ知其花香之貴ト云コレ蘭草ニ非ルヿ正誤ニ時珍詳ニ辨ス本草原始ニモ幽蘭ヲ以テ蘭草トスルハ誤ナリ又黄山谷ノ説ニ一幹一花為蘭ト云ハ春蘭ナリ又云一幹數花ト云ハ今ノ駿河蘭ニメ即幽蘭ナリ和漢トモニ同名ユヘ混シヤスシ幽蘭ノ種類ヲ集メタル書ハ廣東新語百花録群芳譜其外諸書ニ見エタリ又松岡氏ノ蘭譜アリ頗詳ナリ

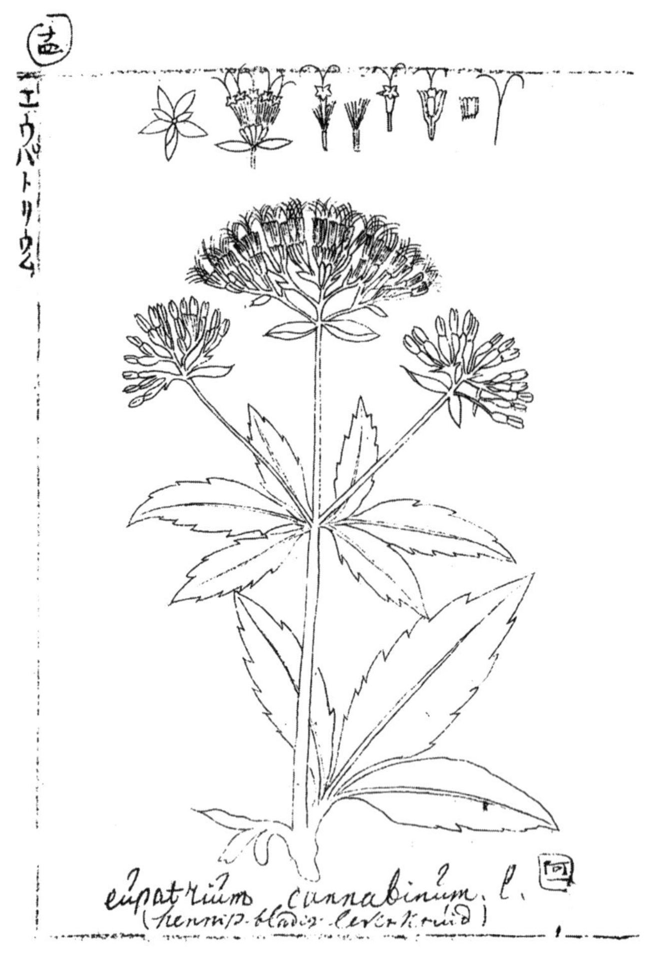

ふちはかま　らに

らにハ蘭の字音なり

蘭　和名抄ふ一名蕙と云ハあらくす

古今何人かきてぬきかけし藤袴くる秋ことに野辺をにほいす

らにハ物名にも見り　六帖らにと云る題ふふちはかまの

歌を載せたり○蘭蕙の字を蜂に似たる花に充る

ハもろこしにも有れと宋以後の誤なり

和歌本草提要巻三

蘭草フヂハカマ　熊野物産初志　一

一種三葉ヲ蘭草アリフヂハカマニ同ノ節ニ三葉ヲ生ス花ハ蘭草ニ同株ニ此草

ヤマヒヨドリノ一種也

○藤袴（フヂバカマ） 巻八 蘭（フヂ）帯ヲ解（トカ）ハ蘭之花 和名抄 蘭
一名蕙 和名本草ニ云布知波賀萬 新撰万
葉集別用藤袴ニ字 撰 大同ノ天子菊ヲ
フヂハカマトヨマセ給ヒシ了 類聚国
史ニ見エ詩集注 蘭 蘭也云 江村如圭云
和漢ニ古ヘ蘭ト称スルモノ皆今ノ
茅葉黄花ノ蘭花ニアラス 真ノ蘭今本邦
山沢ニ有之 葉山蘭ニ似テ有岐 燕尾ニ類
ス 秋花攅簇粉紅色 柯葉花ニ香ハミ
採収代客臭用フヘシ 古歌 拾遺 秋上 ニフチハカ
マ主ハ誰ソ白露ノヌキホシテ白フ野ハ
ノ秋風 此蘭ヲ詠セリト云 万葉名物考ノ説

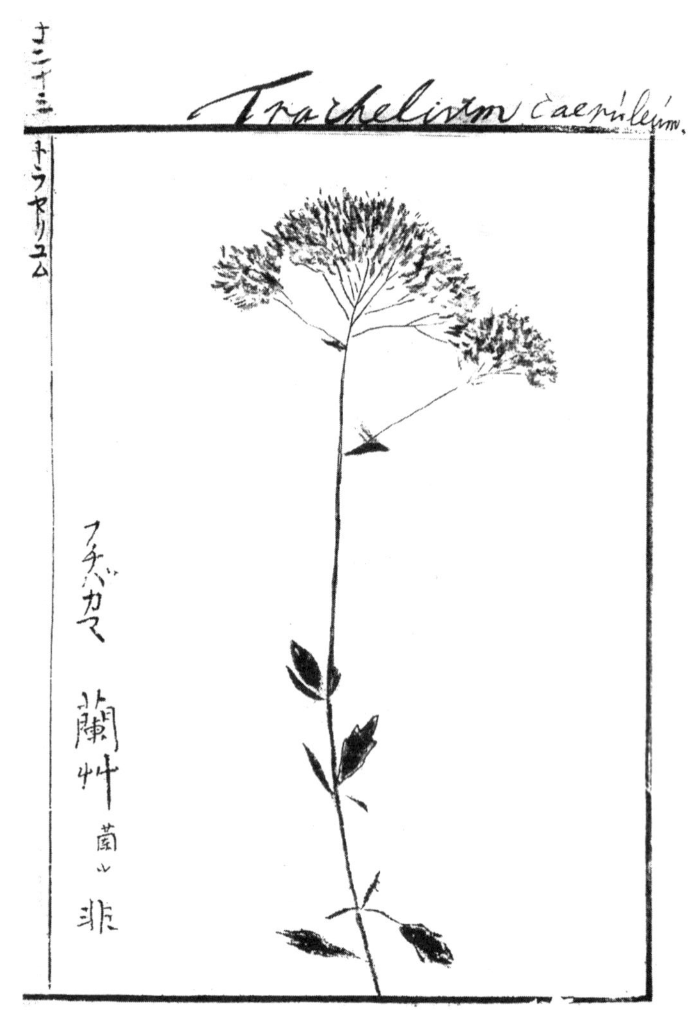

蘭ノ一種

一 サツマ蘭屮

カヒメノサナミ

ウ條ヒ云 湾アリ 甘湾蘆屋

(落) 蘭中ニ赤ヒニアリ

ウ湾蘆 赤ト称ス

一 蘭草(フヂバカマ) 帯ノフジハカマ

一 同 水谷生ノ〒ノ一二種 アリ

Eupatorium [illegible]

十一ヶ蘭山ニ之ヲ似タリ

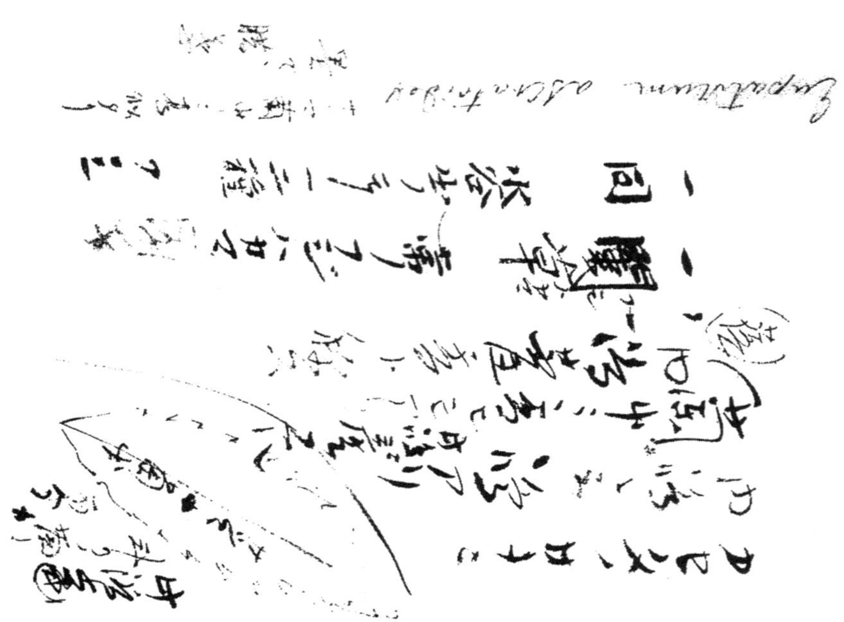

山ヒヨドリバナ

蘭草ニ同メ葉ニ岐ナシ茎緑色ニ紫ノ細点アリ花ハ白色蘭草ニ同の一種葉細ク小ニメ色浅キアリ六月白花ヲ開茎細ク点ナリ緑色也微毛アリ

山蘭　ヒヨドリバナ　熊野物産初志 一

本草云山蘭即蘭草之生山中者トイヘトモ人家ニモ亦生ス春老根ヨリ叢生シ高サ四五尺此種茎葉花蘭ニ似テ但其葉比之狭長不レ作レ岐香亦蘭ニ劣リ微ナ

ヒヨドリバナ　ヤマフヂバカマ　アラバナ 木曽陶丹氏

山蘭

啓蒙説畧

一種サワヒヨドリバナ　山蘭ハ三四月頃花アルモノ

一種ベツカウフヂバカマ　烏飛尾参ノ内ヤノ川ノ上山ヘ入ロニアリ

一種京山ニテ云菊葉山蘭トスルモノハ山蘭ノ葉大ニシテ ノ如キモノ

ヒヨドリバナ　　ヤマフヂバカマ　　アララバナ　本名湯丹波

山蘭

山腹ニ生ス葉ハ長クシテ岐ナク桃葉ニ似テ鋸歯深シ又三尖ニナリテ蘭草ノ如キモアリ皆両対ニシテ茎ニ配アリ葉ト倶ニ毛茸アリテ香気少シ之ヲヒヨドリハナト呼ブ花ニ白色淡紫色ノ二品アリ

一種サツキヒヨドリバナ　山蘭ニシテ四月比花ヲ開ク

一種ベツカウフヂバカマ　鼈甲尾鷲の内矢の川ノ上山ヘ入口ニアリ

一種名所山本云菊葉山蘭シテそのは山蘭ノ葉の大ニシテ

めはぎのこと

○ヒヨドリバナ

ヤマフヂバカマ　アヲバナ　キリ　湯葉　丹波

「ユウパトリウム　ヤポニキュム」

山蘭

山中ニ生ス葉長ク岐ナリ桃葉ニ似テ鋸歯深シ又三尖ニナリテ蘭草ノ葉ノ如キモアリ皆両対シ茎ニ斑アリ葉茎ニ毛茸アリ香気多シ

花ニ白色淡紫色ノ二品アリ

ヒヨドリバナ

山蘭　上里波奈　処々山中茎円高二尺許葉大青濶一寸許長三四寸有鋸歯而対生秋月至梢攅簇小白花形如蘭花ニ草　常陸物産志ハト

一種サツキヒヨドリハナ　四月比花アルモノ

一種ベツカウフヂバカマ　クマノ尾鷲ノヤノ川ノ上山ニアリ

ヒヨドリバナ
毛澤蘭ナリ改ム　蘭ナ余圖
山蘭ニ二種 葉ニ赤白色ノ斑点多キモアリ
コノ茎葉ヲ煎シテ幔帷ノ紋ヲ洗テ落ス
効アリ野人ノ経験ナリ河州山城谷ニテ
ハヽソノサトト云フ

蘭山攷
サハヒヨドリバナ　澤蘭　東三
フ二
小白花
小白色

一サハヒヨドリソウ

澤蘭 陶隱居云澤蘭佐波阿良良岐一云阿加末久佐〇下總本有和
名二字二訓本草和名同源君蓋依之按𦵔蘭有二訓一則布知
波加麻蘭草是也一則阿良良岐蘭蒿草是也澤蘭
生澤旁葉似蘭草則當訓佐波布知波加麻訓佐波阿
良良岐者誤生澤傍故以名之〇證類本草中品引作或生
澤傍故名澤蘭 本草和名引與此引同吳普曰澤蘭生
下地水傍葉如蘭二月生香赤節四葉相値枝節間蘇
敬曰澤蘭莖方節紫色葉似蘭草而不香圖經云根紫黒
色如粟根二月生苗高二三尺莖幹青紫色作四稜葉生
相對如薄荷微香七月開花帶紫白色萼通紫色亦似

乙

山蘭　ヒヨトリバナ

本草云山蘭即蘭草之生山中者トイヘトモ人家ニモ亦生ス春老根ヨリ叢生シ高サ四五尺此種茎葉花蘭ニ似　且葉比之狭長不作岐香亦蘭ヨリ微ナリ

薄荷花此與蘭草大抵相類但蘭草生水傍葉光潤根小紫
五六月盛而澤蘭生水沢中及下湿地葉尖微有毛不光潤
方茎紫節七八月初採微辛此為異耳　箋注倭名類聚抄

澤蘭　サハヒヨドリバナ
山中溝傍濕地ニ生ス葉蘭草ニ似テ短小葉頭尖リ小葉ニシテ兩對シ微毛
アリ高サ二三尺深秋花ヲ開ク蘭草ニ同ク聚リ白色ニシテ淡紅紫色ヲ帶時
珍蘭草龍留草微方節短而葉有毛者為澤蘭花叉左繙回紫菊
一名孩兒菊花如紫茸叢莖細碎微有菊香或云即澤蘭也以其似菊
同州時又帯及童九故阿於菊
熊野物産初志　一

澤蘭　白花莖似火麻其根名地笋
蘇州物産志　十三
乙ニ

澤蘭　アカマグサ

一種ノ山蘭 ヒヨドリバナ 無花山中ニアリ 京師谿山
ニモ此種アリ形狀帯紫莖ト同シクシテ莖葉共ニ黄色
ヲ帯フ葉ニ細小ノ黒点アリ 一種 葉細長ク精
ニアツマリ甘菊ノ形ニ似タルアリ東都大宮八幡社
フミ ニアリ此ニ大小ノ二種アリ

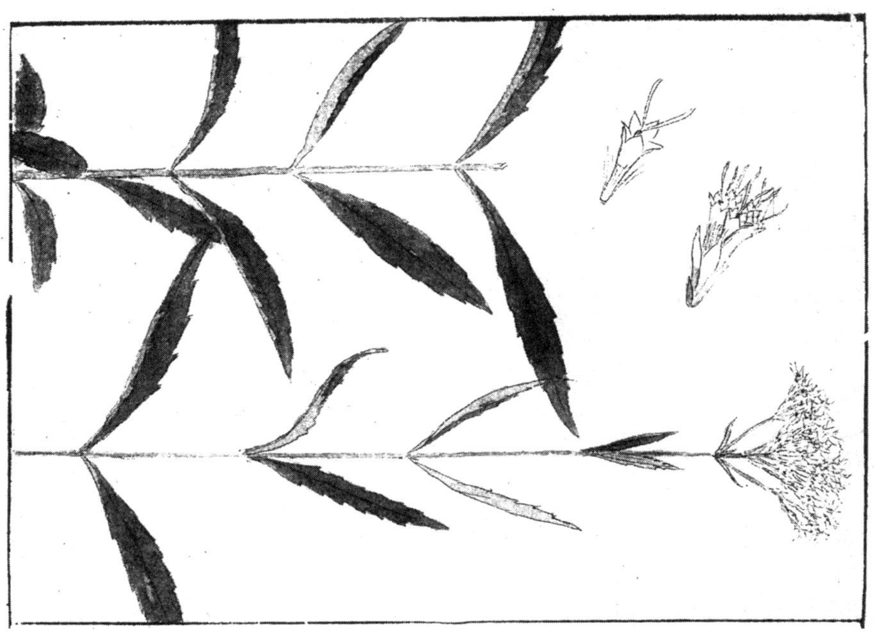

Eupatorium album. L.

澤蘭 [illegible]

洋名

アメリカフ[illegible]

葉形長形ニシテ細鋸アリ

叢生シ茎ハ下ハ暗紫色上ハ淡緑色[illegible]

[illegible]蘭ニ[illegible]

葉ニ香ナシ[illegible]二月花開ク

リ花アル船舶[illegible]相違ナシ[illegible]

似クシテ花早シ但ムロニ入[illegible]

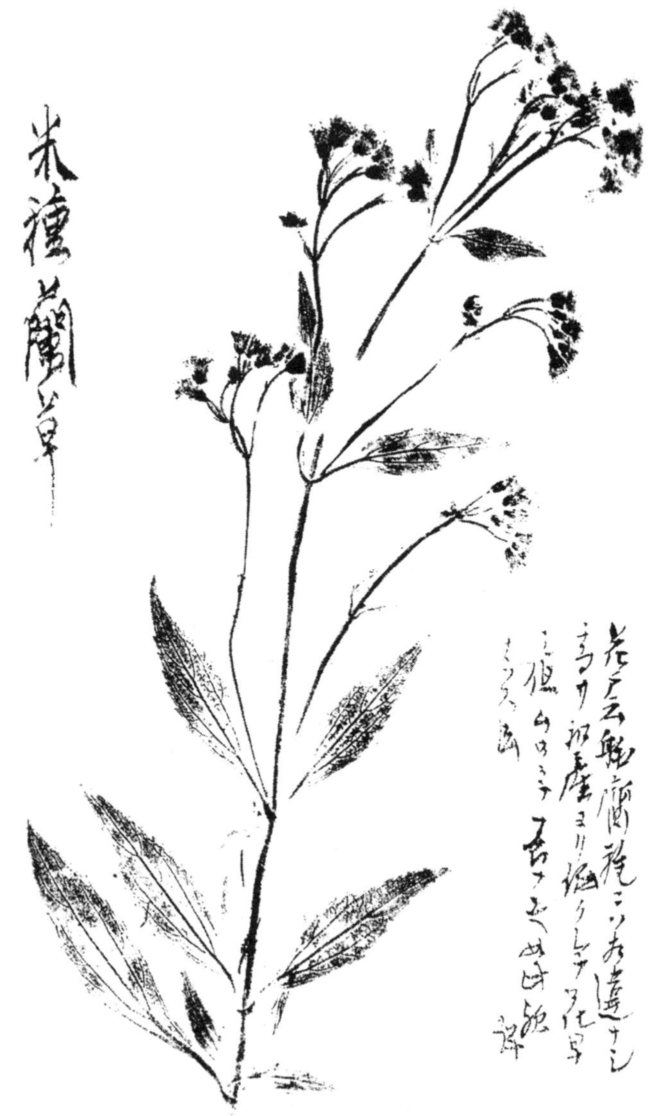

米種蘭草

[illegible]

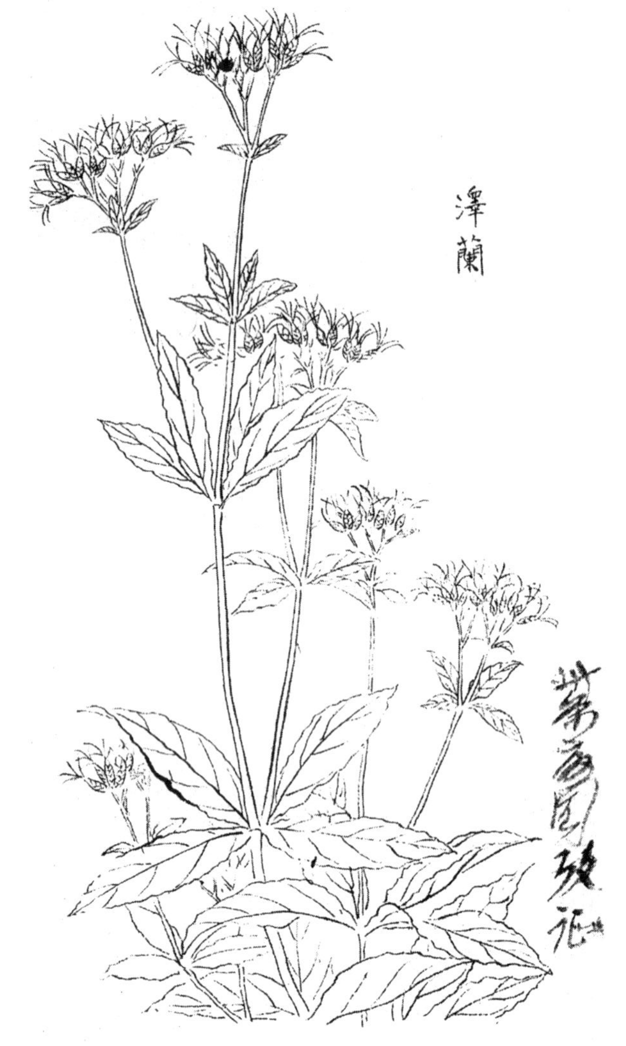
澤蘭

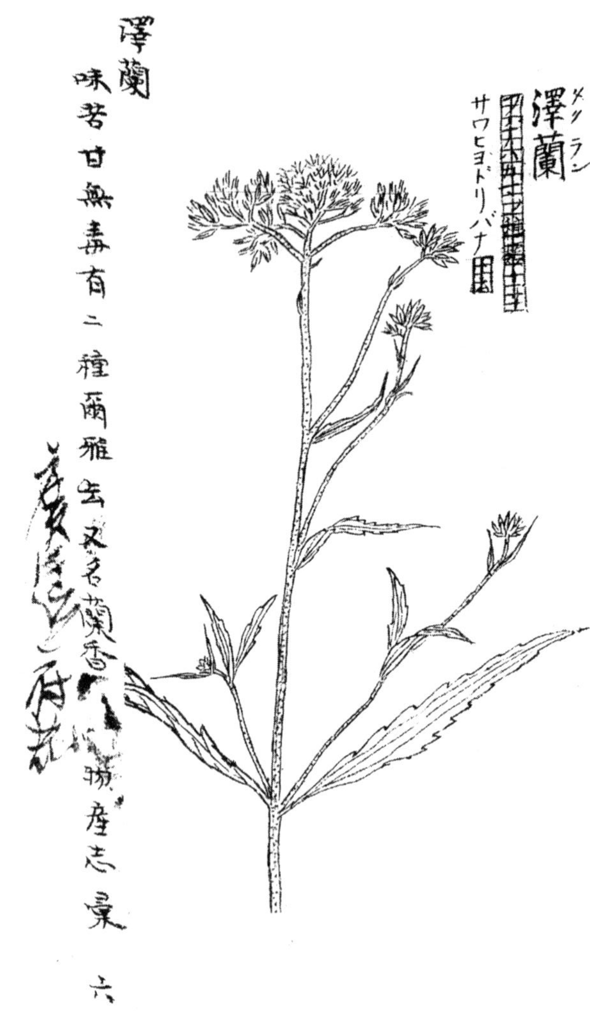
メツラン
澤蘭
サワヒヨドリバナ
澤蘭
味苦甘無毒有二種爾雅云又名蘭香
物産志彙　六

澤蘭　クルマバノフヂバカマ

證類本草宋板曰臣禹錫等謹按呉氏云澤蘭一名水香生下地綱目作濕水傍葉如蘭二月生香綱目作苗赤節四葉相値枝明板大觀本草作枝

節間綱目作蔎時珍曰呉普所説乃眞澤蘭也此草越前國大野郡轆轤師山中ニ生ス春苗ヲ出ス圖莖高サ三尺許蘭草ノ莖ノ如シ節節四葉對生シテ蘭草葉ノ如ニメ岐ノシ夏梢ニ淡紫花ヲ開ク亦蘭草ノ花ノ如シ莖葉ヲ斷ハ香氣蘭草ニ同メ薄シ

泗州　都梁香　[illegible]

即澤蘭草出盱眙都梁山故名古詩博山爐中百合香鬱金蘇合與都梁今亦定有其名

澤蘭　即孩兒菊生下濕地高二三尺莖作四稜節帶紫色葉有毛而尖對生枝間微香可供湯沐

太平府志　巻十三

Eupatorium elegans. (Compositae)

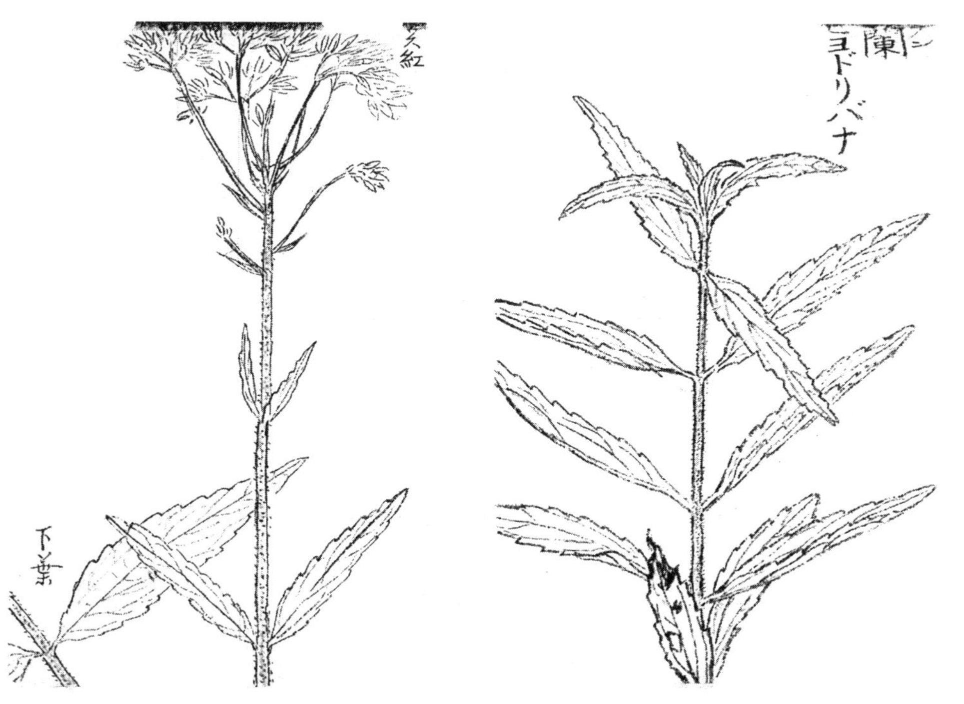
蘭
ヨドリバナ

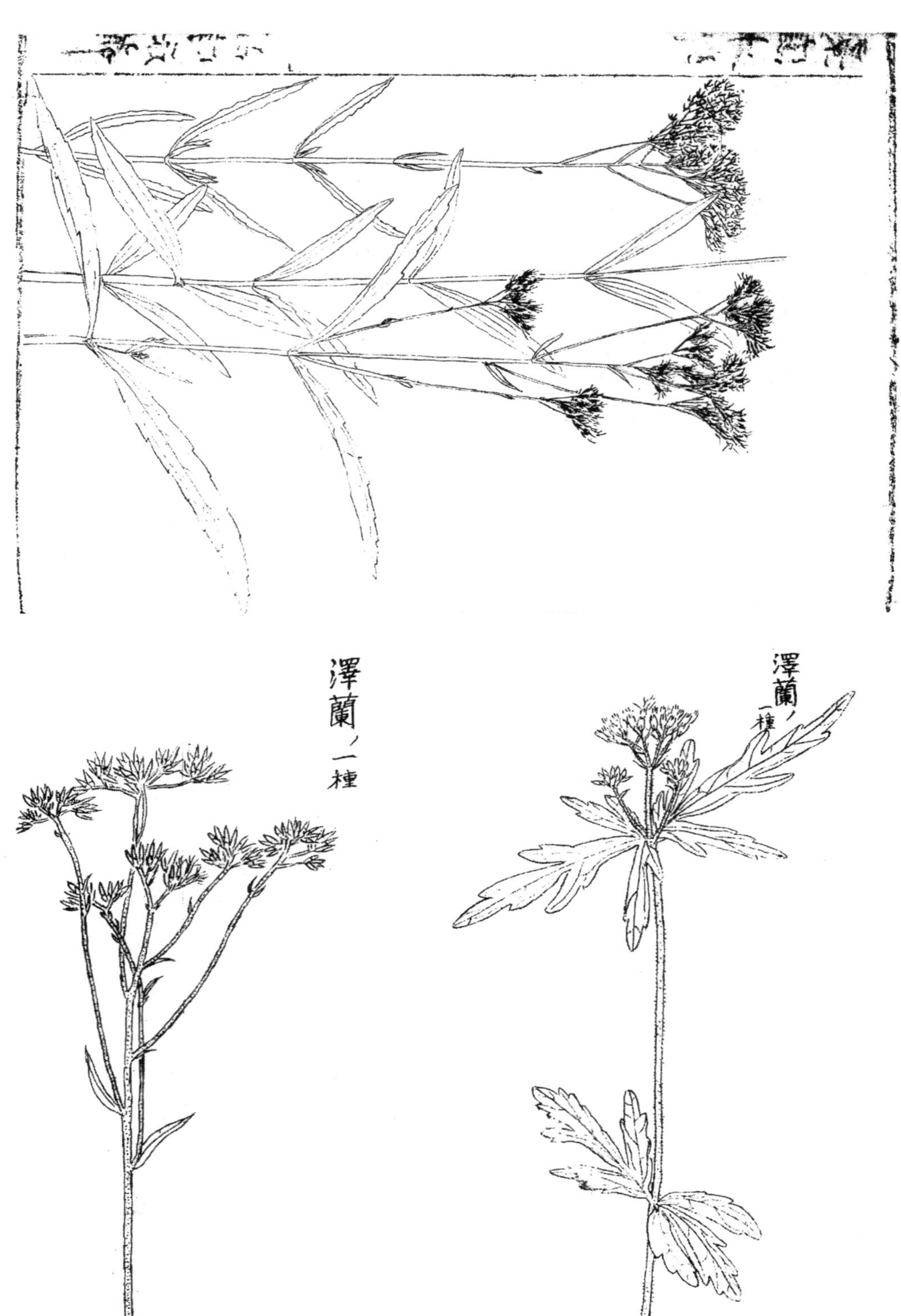
澤蘭ノ一種
澤蘭ノ一種

サハヒヨドリ　サハアラヽギ 延喜式　アカマグサ 和名抄　イソヘバサ
タニフジバカマ　タニフヂバカマ　ヤマムニ 假更

澤蘭
圖 蘭澤香 薬敬　龍求 離字訣　蘭香 日上

沢蘭（サワラン） 花名

澤蘭　二説アリ時珍説ハサハヒヨトリバナ也通雅澤
蘭纖微有毛方莖澤蘭生水澤中及下濕地為異
方莖澤蘭生水澤下濕地トスハシロ子也シロ子ハ方莖
ニノサハヒヨトリバナハ圓莖也

澤蘭 和 阿 良 良 岐 今 案 俗 称 志 呂 袮

澤蘭

サハアラヽギ 延喜式　アカニグサ 和名鈔

サハヒヨドリ

一名 醒頭草 握霊本中　蕳澤草 典籍便覧　九暁菜 救荒耕録

小澤蘭 集解珍說時　千里吉 福州府志　孏酣 月令廣記

山中溪澗或ハ池澤ノ傍ニ生ズ蘭草及山蘭ニ似テ
少ナリ葉モ亦相似テ狭ク小シ茎微ク方ニシテ毛
アリ苗高サ一二尺秋ニ至テ花ヲ開ク形亦相似テ小ク
淡紫色白色ノ二品アリ古来澤蘭ヲシロ子ト訓ズル
ハ穏ナラズ

さてあらゝき　アカマクサ

本和上三十三　澤蘭　佐波阿良々岐　一名阿加末久佐

名　澤蘭　サハアラヽキ　アカマクサ

百十九　澤蘭一株採取之

あかまくさ　さとゆらくき二ヲ

采地ノ分補

沢蘭

佐和安良々支

多生山中河辺春月因宿根生苗方茎二三尺茎葉倶有毛葉似山蘭而厚有鋸歯亦有一葉為三葉者寄両々相對秋月梢上攢生数百花及深秋茎葉倶枯

常陸物産志八下

○サハヒヨドリ　クミフジバカマ　白ロ右な

サハアラヽギ　延喜式　アヤヒクサ　和名抄

イリベグサ　ヤヽムニ　エゾ

澤蘭

山中渓澗或池沢ノ傍ニ生ス蘭草ニ似テ小ク葉モ亦相似テ狭ク苗高サ一二尺花ヲ開ク亦蘭草ニ似テ小ク淡紫色白色ノ二種アリ

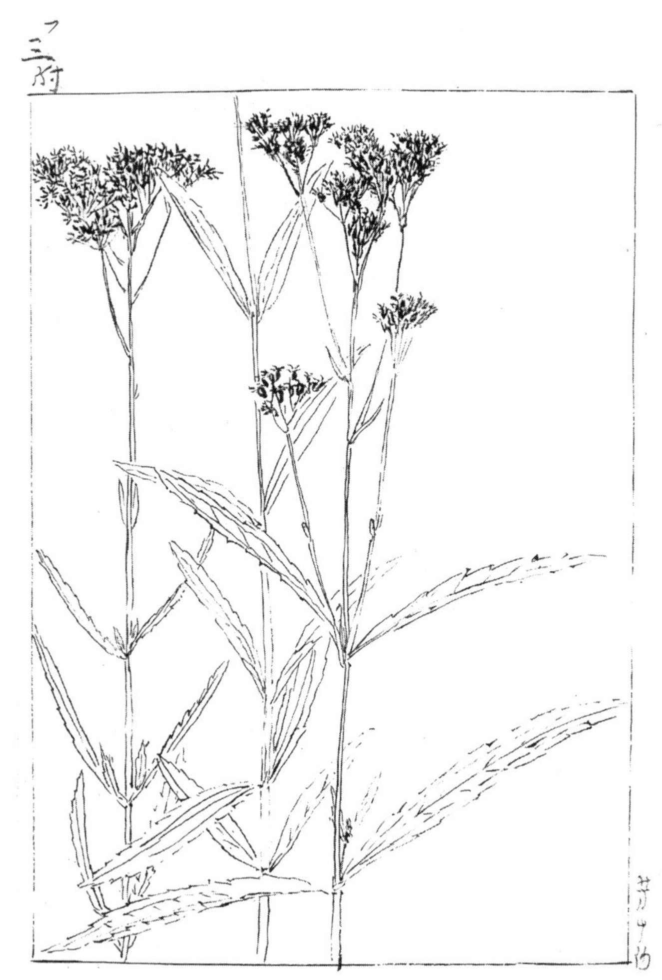

サハヒヨドリ　サハアララギ 延喜式　アカヘグサ 和名抄

イソベグサ　タニナジバカマ　タニフヂバカマ

ヤマムニ 帳大

澤蘭　醒頭草 握霊本草　煎澤草 典籍便覧

九畹菜 輟耕録　小澤蘭 孝義傳　千里吉 福州府志

蘋酎 月令廣義

釈名 水香 呉普　都梁香 弘景　虎蘭 本経

虎蒲 別録　龍棗 本経　孩兒菊 綱目

風茱 日　根名 地笋 ト 嘉祐

輔仁 蘭澤香 蘇敬注　龍朮 雜要訣

蘭香 日上

ワオザ伪

山中渓澗或ハ池澤ノ傍ニ生ス蘭草及山蘭ニ似テ小ナリ華モ
亦相似テ狭ク小ニ茎微ク方ニメ毛アリ苗高サ一尺乃至二尺ニ至リ
テ花ヲ開ク形亦相似テ少ク淡紫色白色ノ二品アリ古来以
蘭ヲヒロ子ト訓スルハ穏ナラズヒロ子ハ根色白シ故ニヒロ子ト
名ク食用ニス地筍ノ名ニ合ニ似タレド此草根ノ色白蘇須ノ説
ニ澤蘭ノ根紫黒色ト云ニ合ズ且此草ハ茎葉ニ毛ナシ華尖
微有毛不光潤ト云ニ合サレバヒロ子ノ澤蘭ニアラザルヿ知ルベシ
ヒロ子ハ救荒本草ニ載スル所ノ地瓜児ニ充ベシ又蘭草ニ大
澤蘭ノ名アル時ハ澤蘭モ蘭草ノ状ノ草ナルヿ知ルベシ鹿山ニテ
モヒロ子ヲ澤蘭ニ代用ユル故ソレニ倣テ和ニモヒロ子ヲ用ヒタリ

細葉澤蘭

本草綱目啓蒙　澤蘭ノ条　図

細葉ノ澤蘭ト呼モノアリ春旧根ヨリ四茎
ヲ生ズ高サ二三尺余茎微ク紫褐色ヲ帯テ粗
渋シ茎ニ細斑アリ葉両々相対シテ生ス
ソノ形澤蘭ニ似テ至テ細ク長サ四寸余闊サ
僅ニ二三分深緑色ニシテ面背共ニ微ク粗
濇渋ス辺ニ六七岐アリ鋸ナキモノ少シ長ナラズ
ハ六七分或ハ左右定形ナシ葉ノ本左右ニ

小葉アリテ燕尾形ヲナス秋ニ至テ花ヲ開ク
蘭草ニ似テ小ナリ コレ細葉ノ蘭草ニテ
沢蘭ニアラス

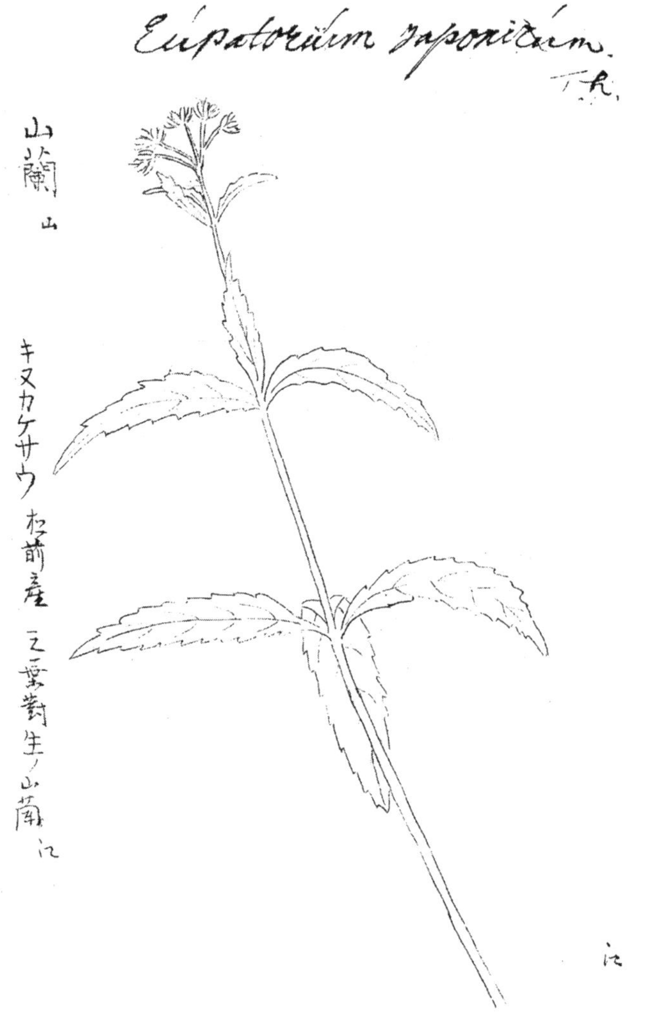

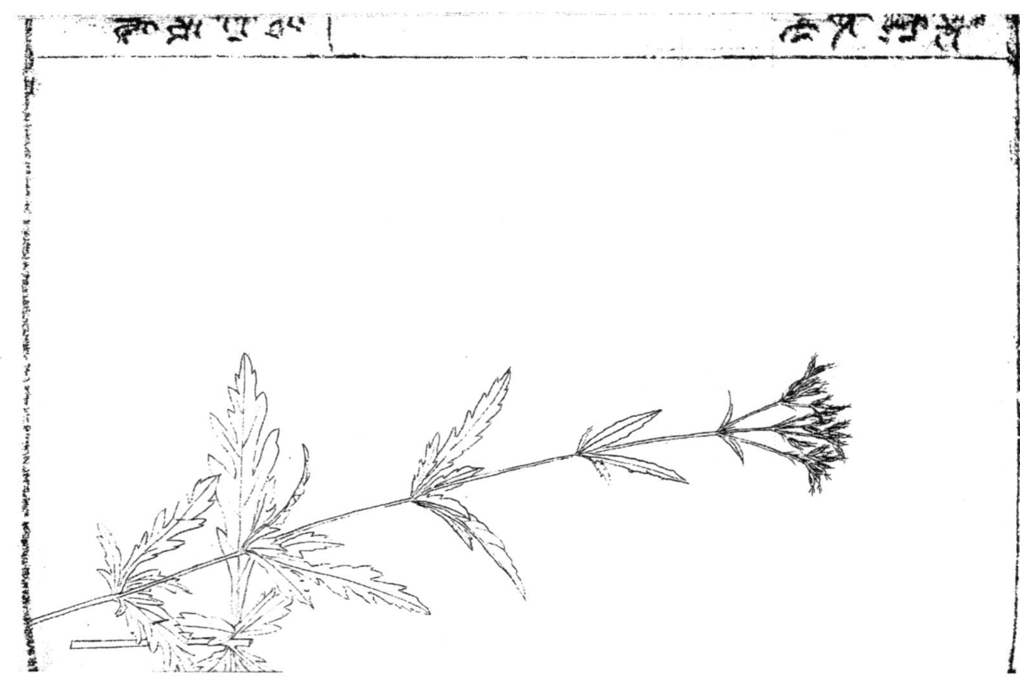

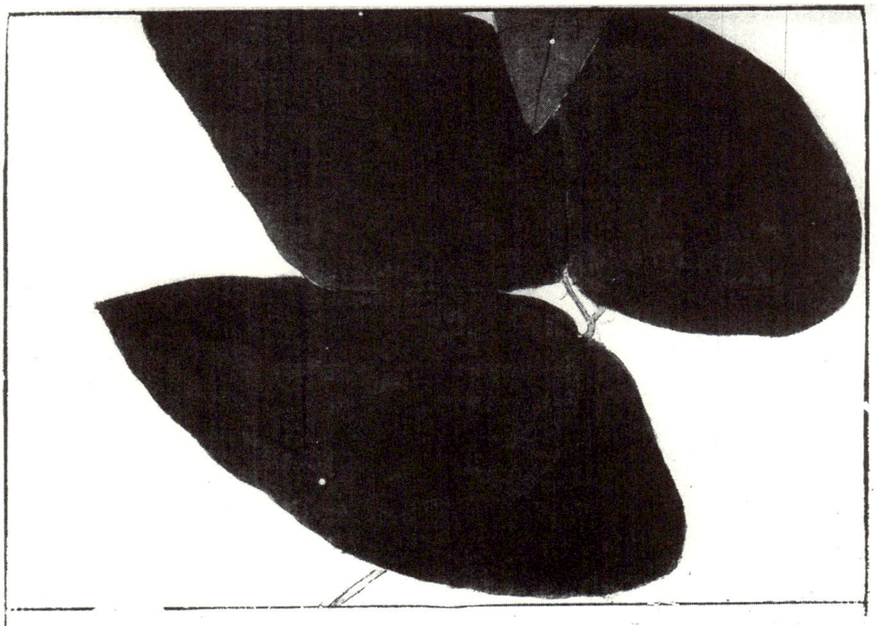

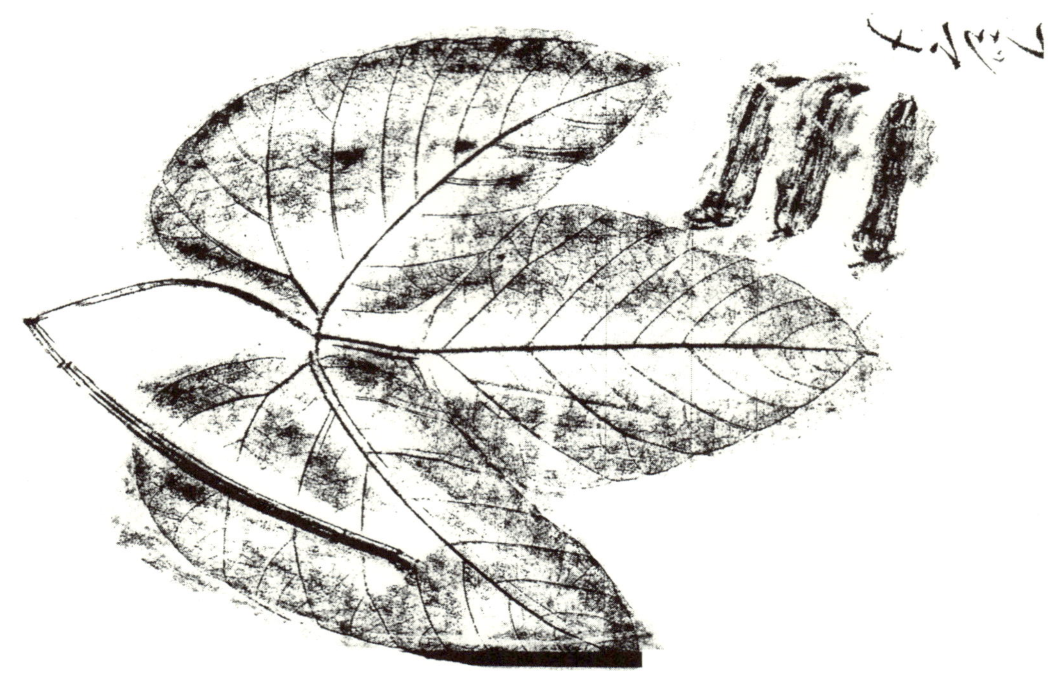

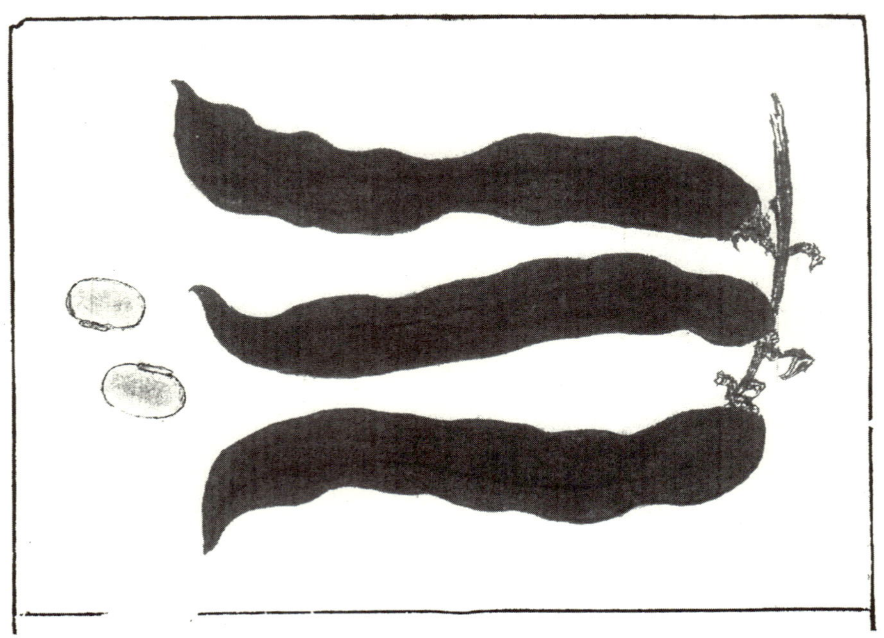

有毒ノ中ノ雑豆

○ハツシヤウ　頭重ク嘔吐泄瀉或ハ腹痛アリ

オシヤラクマメ　東京

[illegible]

諸州殊ニ西国ニ多ク植エ蔓葉共ニ長大

ナリテ葉形ハ刀豆ニ似テ葉頂尖細ナリ葉

△腹ニ穂ヲナシ蝶形モ紫深紫ニシテ観ルベシソノ莢

数茎ヲ作シ長大短毛アリ藤ノ莢ニ似テ扁ナラス状形ニ因テ[illegible]

色黒ニシテ一豆形大ニシテ斑アリ漢渡ニハ赤褐ニシテ此豆ノ莢ハ老エバ

煮ル時ハソノ汁赤黒ニシテ人ヲ悶セシム食法ハ黒汁ヲ蔽ニ黎豆ノ名アリ猪雞ノ肉ト同ク再煮テ食

味佳シト云ヘリ

蛾眉豆　ヒラタマメ　フヂマメ　白色ノ者ヲ白扁豆ト云

黎豆　[illegible]

[illegible]

ハ州ニヤウマメ　[illegible]

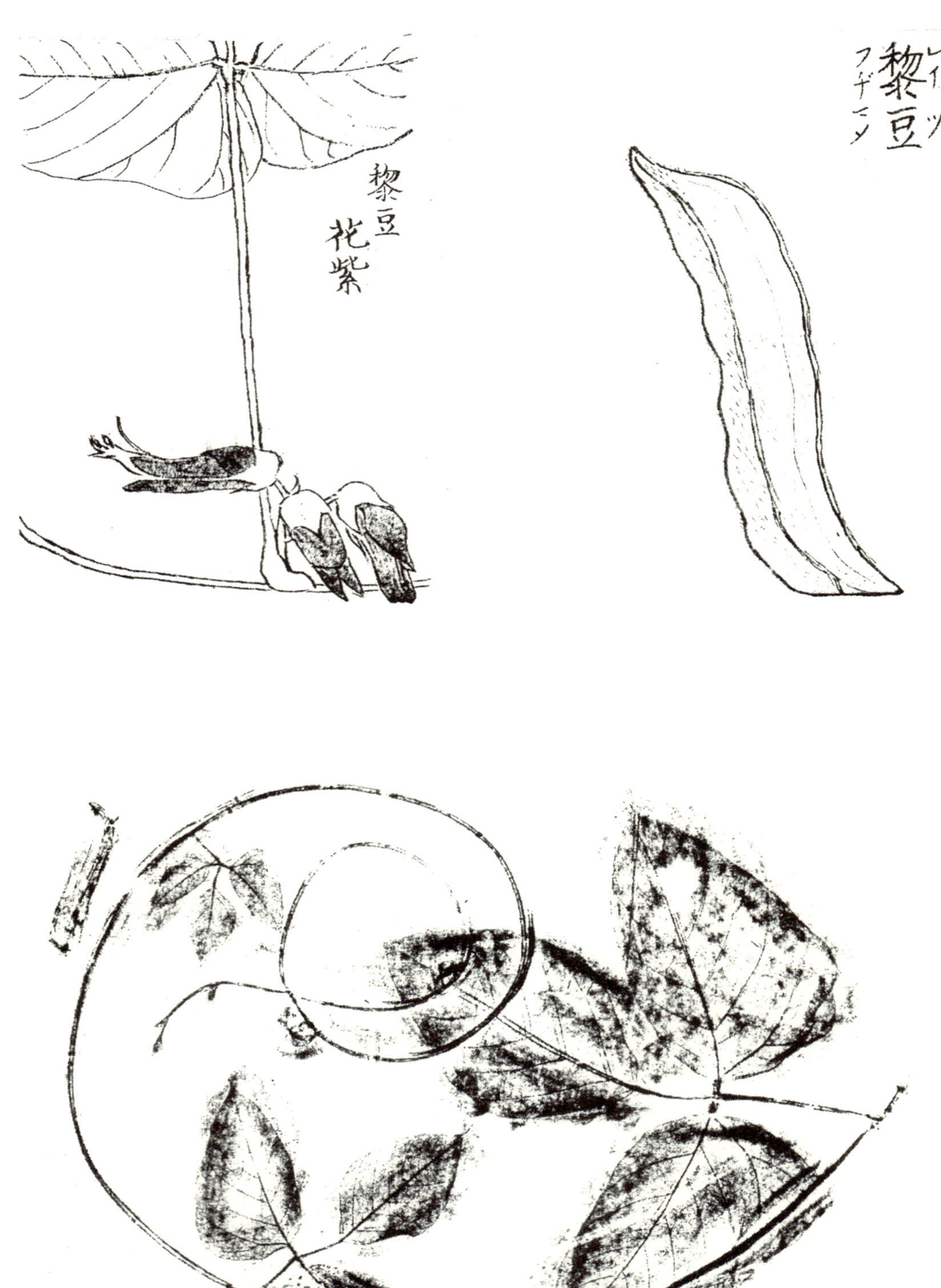

レイヅ
黎豆
フヂマメ
黎豆
花紫

廿四フジマメヨリハ花穂長シ
豆ノ大サ
Mucuna
utilis
(Wall)
八升豆ノ状ニ似タリ

黎豆

黎豆 豊後物産誌
波豆志也宇末女　布知末女　十里末女
八里半　錫杖豆
粟自古名久里　比豆味以粟　是以俗呼八里半　謂
以近九里　故名之九里　亦以近十里　故亦名之　今
後城以南處々有之　葉三葉而厚大　形似刀豆　夏
月自葉間生蔓甚延　引成穗　開花　形似白扁豆而
微長　紫色厚瓣而甚美也　花謝結長莢　長四五寸
闊及八九分　形似蠶豆狀而有毛　村民云莢食豆　一莖攢
簇十莢餘　亦二十莢許　形似錫杖狀　故亦名之

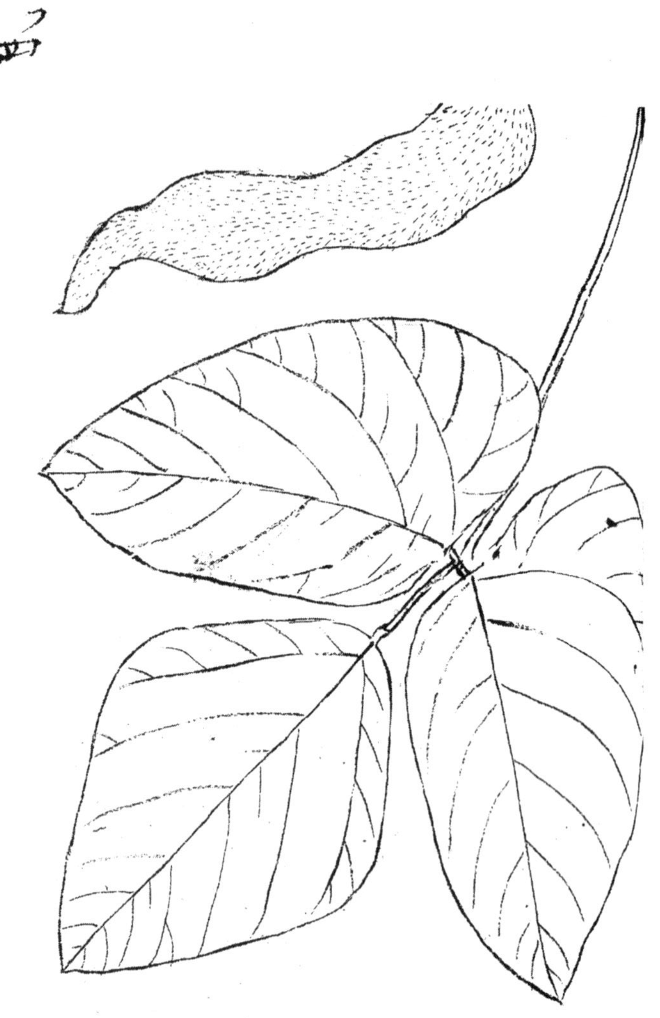

藊豆　一名蛾眉豆 葉ハ三葉
聚リ着テ蔓延メ長ク穂ヲ着テ紫藤ノ花ニ似テ
黎豆 ハツセウマメ 十里豆 フジマメ
天竺豆 ツルクサナリ葉ハナタマ
メニニテアリ ナハサ、ケニニテカタ
チ長シテ三マイツ、ツク三四寸ノサ
ヤツクソラマメヨリ大サヤノソトニ
ミナカイモアリ 大ナルミ色白マン
中ニウス黒イモニアリヒカリモアリナ
ユクスルトサヤクロクナルスヂ
ガテキルソラマメヨリ中實大也
ルヽマメ氏ム十リ 一名狸砂　古今

四

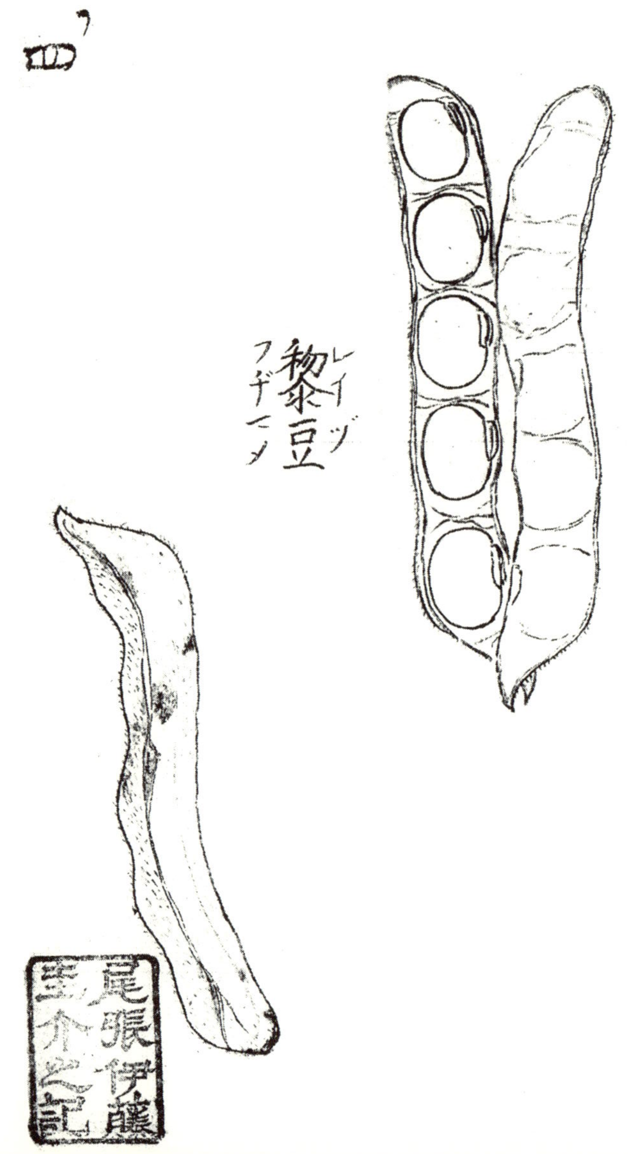

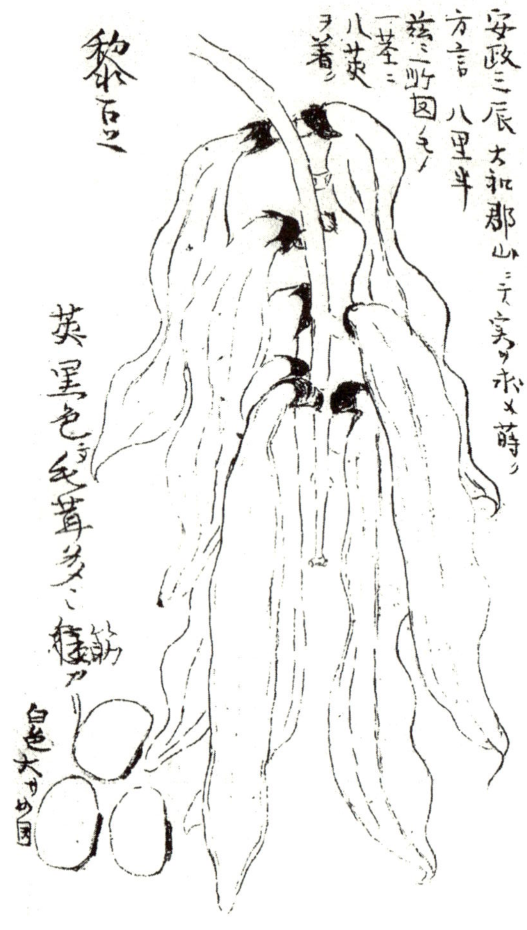

紫白色長五六寸直上シテ顛ル實アリ角ヲ結テ十餘枚一探ラナス扁ニシテ微シ彎曲ナリ軟ナル者莢蔬トス豆粒僅ニ三四アリ圓ニメ扁ナリ白黒褐斑ノ四種アリ白色ノ者藥用ニ當今菜店ニ白扁豆ト称ル者ハ一數別種ニシテ俗ニ白扁豆ト称シ又南京豆ト云者之状相似テ莢長ク豆多クシテ五六粒アリ白色ニメ甚光潤不扁稍長ノ豇(ササゲ)豆ニ似テ大ナリ或ハ此者ヲ隠元マメト称シ藊豆ヲ千斛豆ト称スル者アリ予所知ノ千斛豆ハ黎豆ナリ白色ノ者白花ナリ角他色ノ者ト異ナリ甚剛クシテ食料ニ不當ノ種子ヲ結フ了モ又少ナシ豆モ小粒ナリ又褐色ノ者ニ白花ナリ

黎豆 拾遺

異名

貍豆 綱目

虎豆

黎豆

黎沙 群芳譜

貍沙 古今注

䝟爪豆 同

檑沙 同上

䝟𧄍 尔雅注

釋名 貍首 綱目

虎豆

藏器曰豆子作貍首文故名時珍曰黎亦黒色也此豆莢老則黒色有毛露筋如虎貍指爪其子亦有點如虎貍之斑煮之汁黒故有諸名

フヂマメ

十里マメ

テンヂクマメ 昔天竺ヨリ来ルト云フ

カブトマメ

ミゴクマメ

ヲシヤラクマメ 江戸

ハツシヤウマメ 一莢ニ七八粒ヲ可得故ニ名ク豆中大ナル者ナリ

八里半

ナルコマメ 讃州

ヨロヒマメ

ドジヨマメ ショバタ

ハセウマメ

クヅマメ

ヒヤクジヤウマメ 播州

ツバクラマメ 花形燕ノ飛カ如シ

ハツシヤウマメ

オシヤラクマメ 黎豆

Mucuna capitata Wight et Arn

黎豆　ねんさげ○近江にてあちまめ云○にてふちまめといふ○にて
てうせんさゝけと云　紫花白子にて　なつまめといふ　同名ゟ混　伊勢駿河にて
ふどうまめと云　奥之南部にて　さゝけと云　此ハ亦て云ナホ　さゝけハ別也　下総佐倉にて
せんないさゝげといふ　東下総にて　二度まめといふ
くすまめ　黎豆と訓せり　和訓栞巻ノ五

○黎豆　八升マメ　傳栽之
クロ

黎豆　ケムフル日本本草ノ部

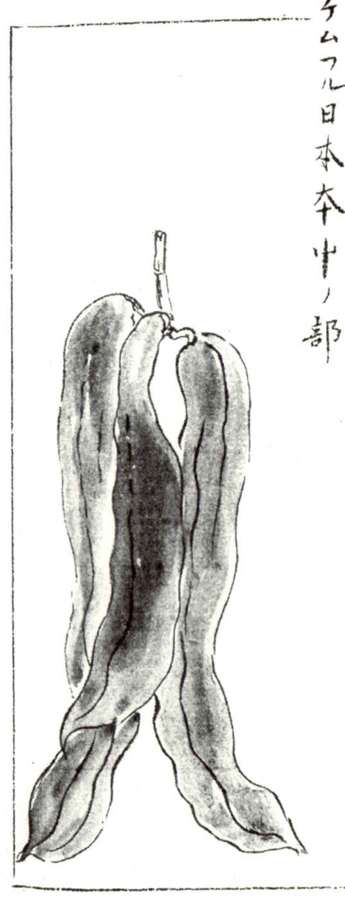

葉刀豆ヨリ大ニシテ花淡紫色美ニシテ艶アリナシテ生ス莢ハソラニメ莢ニ似テ大ニシテ毛アリ熟スル時ハ黒色ニシテ筋見ハル豆ハ蠶豆ヨリ大ニシテ刀豆ヨリ小シ白色ニシテ灰斑或ハ灰色ニシテ黒斑アル品アリ

甘微苦温小毒アリ食シテアタルモノ多アリ瀉ス

十里マメ　八里中　リヅマメ
テンジクマメ　ナルコマメ サスキ　シヤクシヤウマメ 棒ー
カブトマメ　ヨロヒマメ　ツバクラマメ
ニンゴクマメ　ドジヨマメ　ヨシヤラクマメ 浮戸

秋分豆
葉ハカ豆ヨリ大ニシテ處暑後穂ヲナシ花淡紫色ノ花ヲ開　莢ハ蠶豆莢ニ似テ大ニシテモアリ熟スル時ハ黒色
文節スクル 豆ハ蠶豆ヨリ大ニシテカ豆ヨリ小ヤ灰色

フヂマメ

虎爪豆　豆大指頭耳蕊三五攢簇
有麴虎爪引蔓而生味不甚佳
扁フヂマメ歟　湯春歸志

○江南　村辺紫豆花無次、岸上紅梨葉戯初、莫怪煙
中重回首、酒旗青紵一行書　陸亀蒙　昨夜蘇豆ナカ

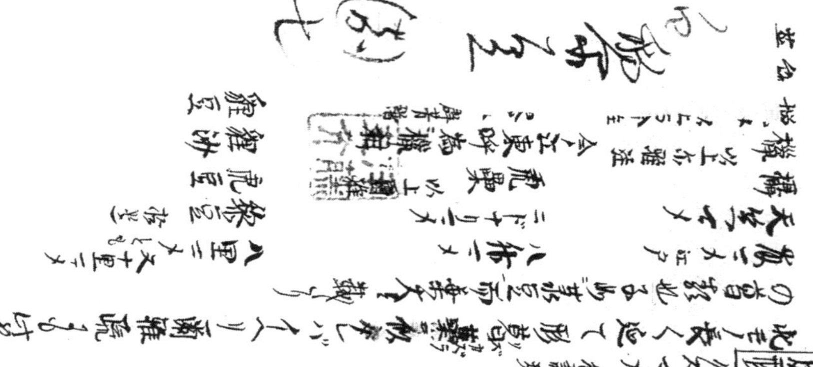

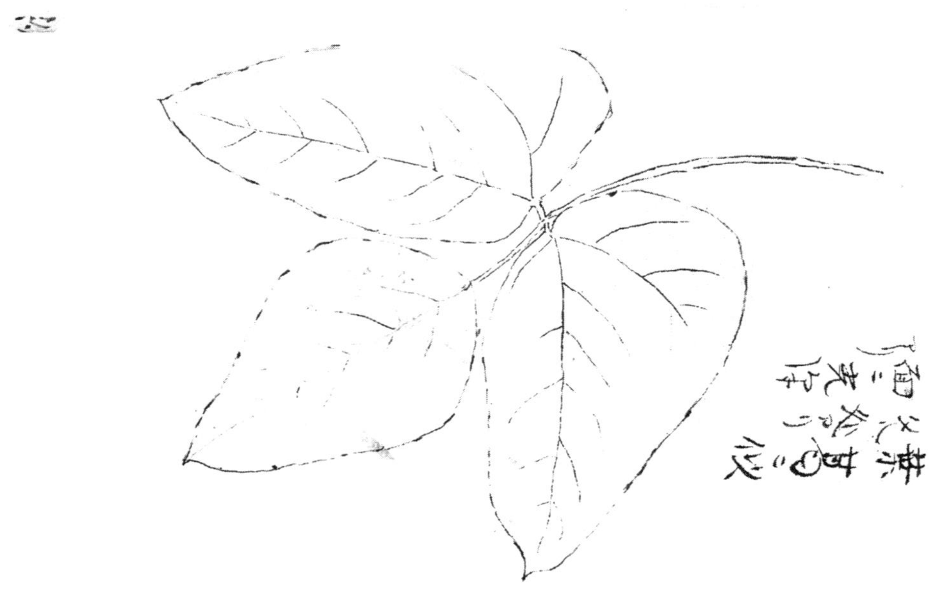

豉形 クズニメ 和訓栞

此モノ長ク延テ形葛藟ツヾラカヅラニ似タレバイヘリ爾雅疏ニも附セ
の葛類也子ハ小ニ菉豆ニ而葉大ヲ載タリ

薮ニメ 江戸　八升ニメ　八里ニメ 又十里ニメとも
天竺ニメ　ニドナリニメ　黎豆 救荒
櫐　虎櫐 以上爾雅　虎豆
欐 以上爾雅注　今ノ江東呼為欐櫐　貍沙
樝ニメ メヒラト云　群芳譜　貍豆

白黎豆　図七

○蔓極テ長ク延引ゆへ名ク八里豆等の目ヲ呼ヘリ 農
政全書ニは 其子有斑点如虎貍之斑名トアリ　○豆ヲ煮テ汁ヲ
出シ再ビ醤油ニテ煮後ヲハキヲ食フナリ

クスヌメ　八升豆

黎豆

書名エテイボノ

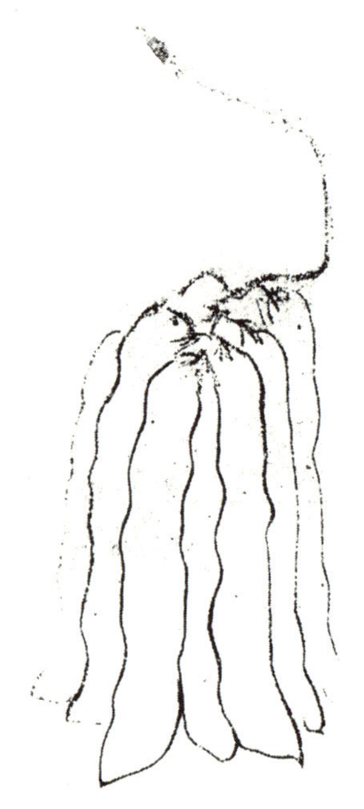

黎豆　又　[illegible]

[illegible]

[illegible]

[illegible]

○按ニ山人ノ是作ルモ
[illegible]八升豆ノ[illegible]
自生ニハ非ザルナシ

フミ

○久麻加之　出字加之又作川ニ良又曰烏枕爲𣗥注云虎豆也藏器本草稱黎豆　今俗稱八升マメ

○加之條亦有ーーーー同名異物　[illegible]

黎豆　八升豆天竺豆クツ豆藤豆氏云此丸別ニスルハ悪シ花濃紫ニ美シ莢ナタ豆ヨリ狭ク蚕豆ノ莢ノ大ナルニ似タリ中ノ豆モソラ豆ノ躰ハ白色ニ又全ク黒キモアリ

[illegible]

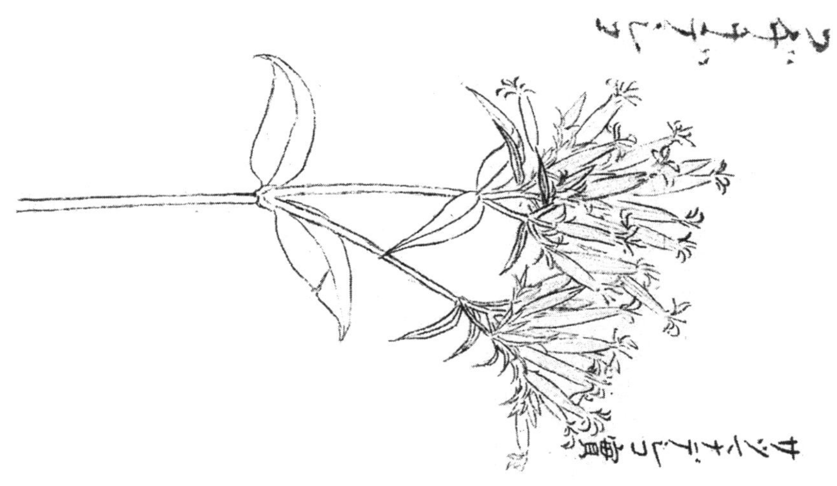

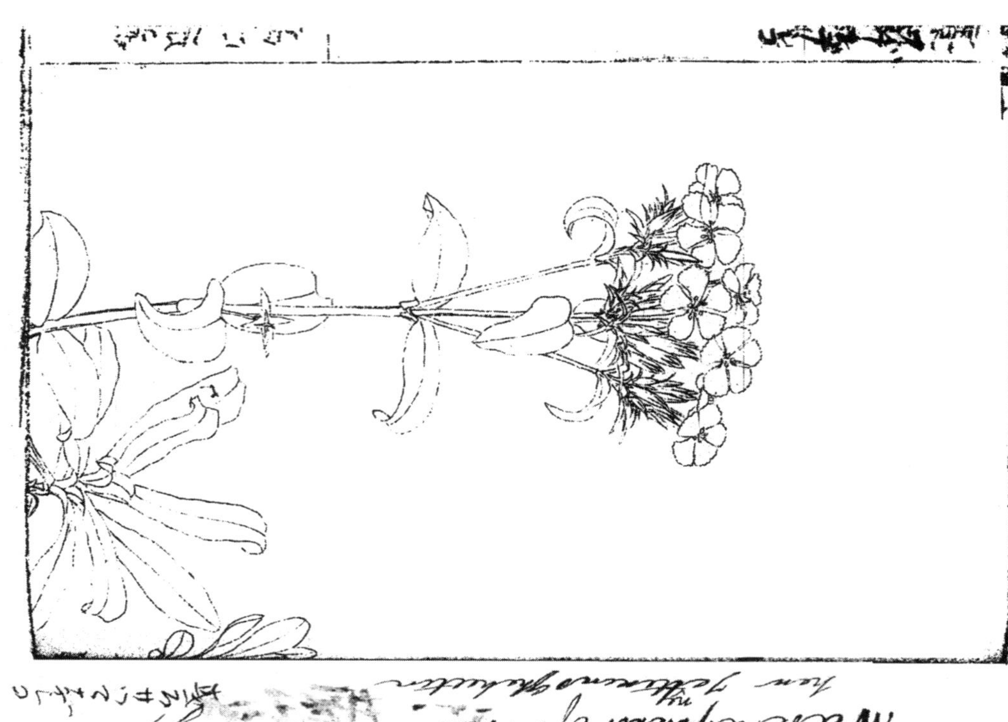

冨士瞿麦　漢名未詳

加賀州ニテハコマシ草ト云秋子ヲ下シ其生スルヤ大葉

馬歯莧ノ如シ春ニ至テ高サ一尺以内葉剪(カンピ)夏

羅ニ類シテ厚ク光澤有テ花モ對生ス變枝ヲ分チ

毎茎梢数花ヲ攅生ス形チ瓔草ニ似テ小キ其色

粉紅或白ノ品アリ花後実ヲ結フ女妻菜ニ

似タリ七月根葉枯ル

サツマナデシコ一種

ツクシイヨリ大ブリ

セハヒクシ

伊豆ナデシコ

江戸ナデシコ

撫 サツマナデシコ

蘇黄訳ノ ヒンネ外科書剳記カ 和蘭某本語ト云

「濱ナデシコ」 サホナリヤ セーフコロイト

此草ノ葉味ヒ苦クシテ悪シ〔ことし〕此ノ葉ヲ取テ揉
ル時ハ石鹸ノ質自ラ浸出シテ水能泡ニ変スルナリ
俗間此水ヲ以テ衣服ノ穢レ物ヲ洗フ用ニ供ス又此
ヲ以テ悪性ナル腫瘍或ハ瘻ヲ能洗ヒ去リ治スル
ル 癒瘍ヒツクレハ消散スルノ効アリ

Seep-kruijdt, in 't Latijn
Saponaria.

146

ハマナデシコ 或 王不留行
ドヽニ図アリ

サホナリア」名 「ロープコロイト」ハ 蘭
ヲ石鹸ヲ抜ク草ト云 此草海辺ニ生ス江戸辺ニ多シ
「ハマナデシコ」ト呼フ形状瞿麦ニ似テ茎頭開花小サク白
色或ハ紫色アリ
按ニコノ二所謂ノハマナデシコハ 撫ナデシコノ一種ナルベシ
ノ二月三言 可検
主梅 サボナリヤ」ハフチナデシコニ的当ナルベシ 阿 図可据
名疏ニ「チヤンニチョス」ヤボニキュム」ヲフチナデシコトス 春氏
ノ説如何 為ニ再考 名疏 伯林モ春氏ニ採テ 利ヤ〔ニキュム〕
ノ実名下ニフチナテシコヲ挙ク

伊太里亜ノカツサツマナデシコ蘭名ハ
Saponaire de Calabre ト記セリ

和訓鈔ニ

ロ ハマナデシコ 瞿麦一種
フヂナデシコ 瞿麦 古説ニ自芽(訓ハ)伏水ヨリ出ツ
花ニシテ多生葉大ナル花也 茎広ク瞿麦子ニ似タリ
サツマナデシコ 名古屋ニテ花ヲサツマナデシコト云ハフヂナデシコ
(梅村方言アリ)
(梅村訓ニ 洛陽花 是ハ別ナ自リ
蘭名ニフヂナデシコ 一名サツマナデシコトアリ
タマボウス 一名ハマサワフ イハナデシコ又ヘテ ハナボウウ ハマナデシコ
海浜ニ生ス(ヤマタコバウノ葉ニ) 梅ニヨイシマシヤシニ
(タマボウスノ名ニ出ハマナデシコノ条不見)
居ス 推説レイシマシヤノ条ニ不見

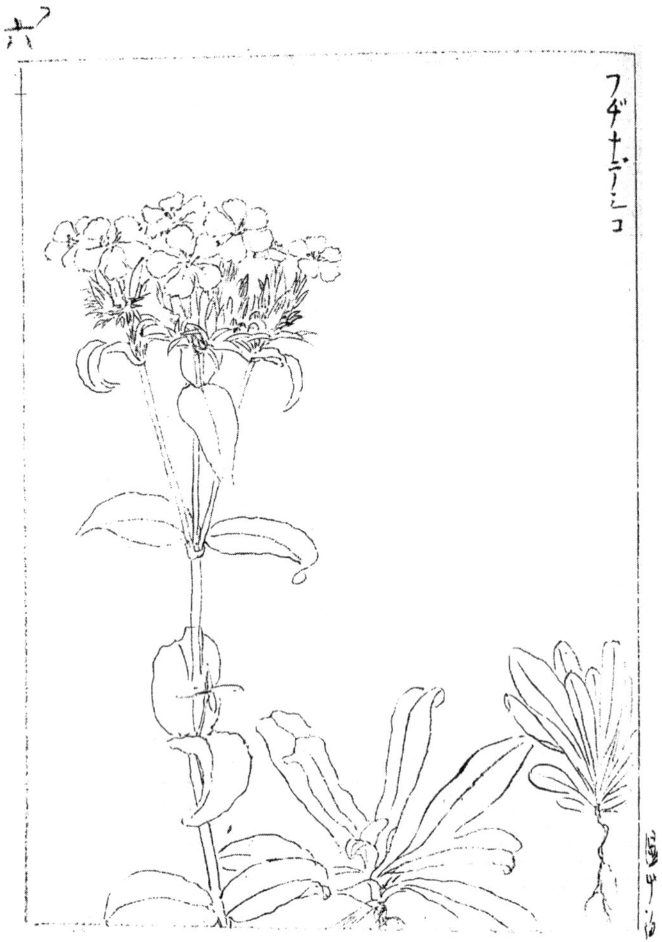
六
フダナデシコ

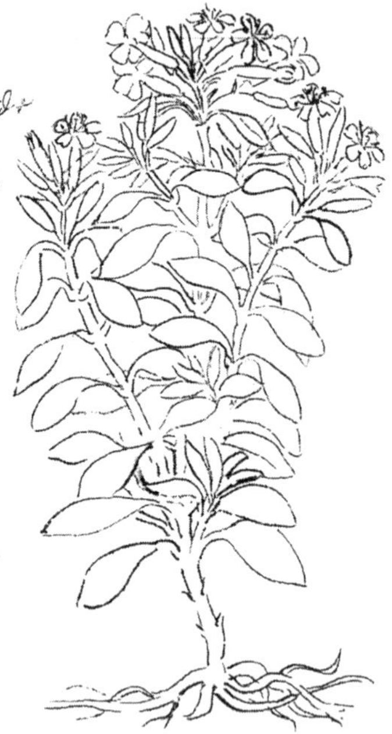
リウキウナデシコ
花鮮紅或淡紫或全ク白色ノ 或ハ園ニ栽或ハ野生
川長寿アリ

フヂナデシコ
サツマナデシコ
サクラナデシコ

朝鮮ナデシコ
ミナノギク

知多郡師崎
志州堅田

一種トキハナデシコ 細葉ノモノ

藤撫子

又信濃菊ト云松岡先生救荒本草ノ金盞菜ヲ此

〇春藤 瞿麦 花淡紅ニ藤色ヲ含めり 形仙翁花ニ似て
大さ櫻草花などのごとくにて 茎二三十攅まり 開花三月末之葉ハ秋の
同種より出形なり
方 地土意ニ任すべし 肥 淡小便 下種 秋彼岸前より 二ッ葉出
て後 本葉少し出るとき 淡小便十日ばかり隔て 五六度澆くべし

角蒿

此物葉瞿麥ニ似テ厚ク長シ其色深青ニシテ兩兩相對ス莖蔚春四維ノ如ニシテ節アリ五六月ノ際五瓣ノ小花ヲ開ク其色淡紫形梅花ニ似タリ七八月結實コト赤瞿麥子ノ如シ形状大槩如圖

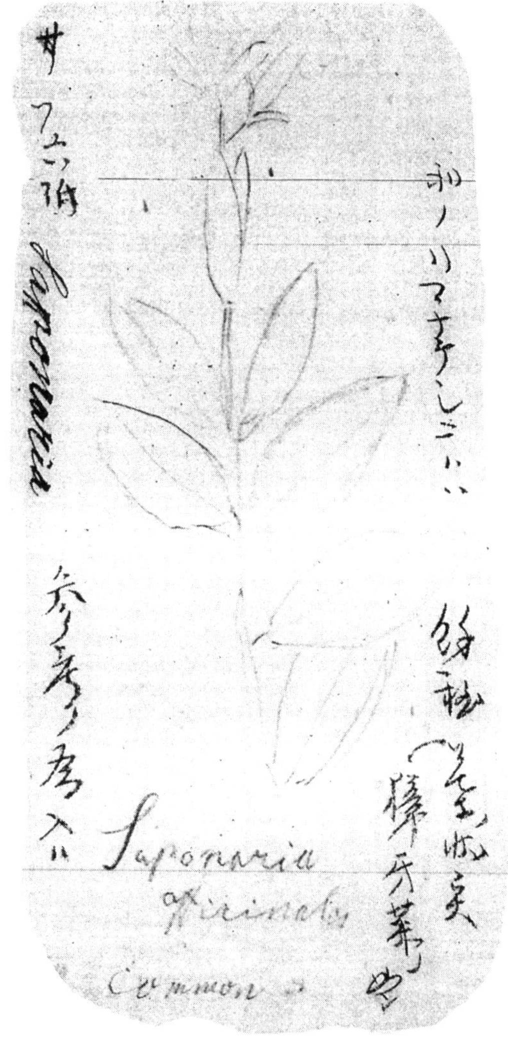

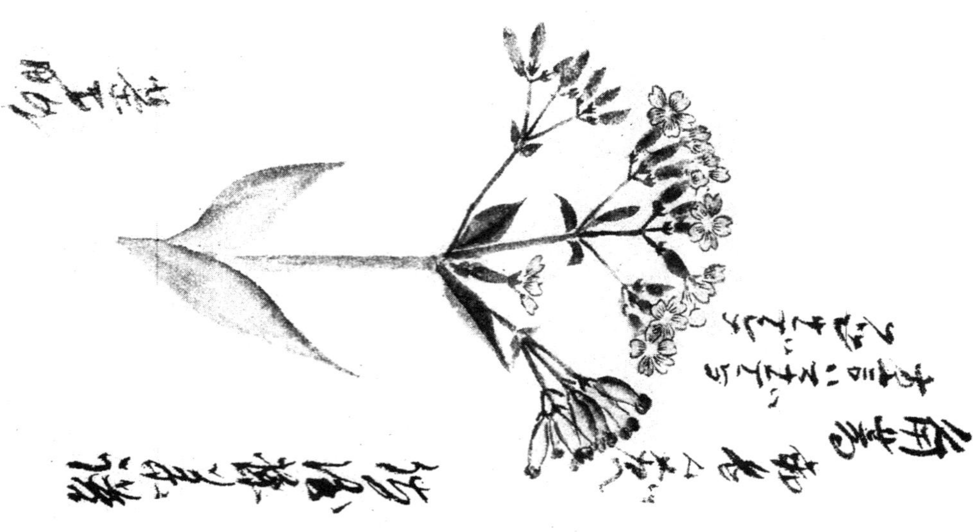

○フヂナデシコ

小ノモノアリ 小ニ紅白ホアリ

常ノモノニ四ツ五ツ白ミ花形ノ

カハリ幾ノカワリ多クアリノ為色

モアリ

濱ザクラ

海邊石間ニ生ス ハマナデシコニ似テ茎紅色ヲ帯夏高

サ尺許ニノ梢ニ簇リ花ヲ開小ニノ五瓣白色ハマナデシコ

花[illegible]

テウセンナデシコ　シナノキリ

海辺ニ生 知多郡師崎 志州[illegible]

和蘭石竹 ハマナデシコ

一種トナハナデシ

フヂナデシコ

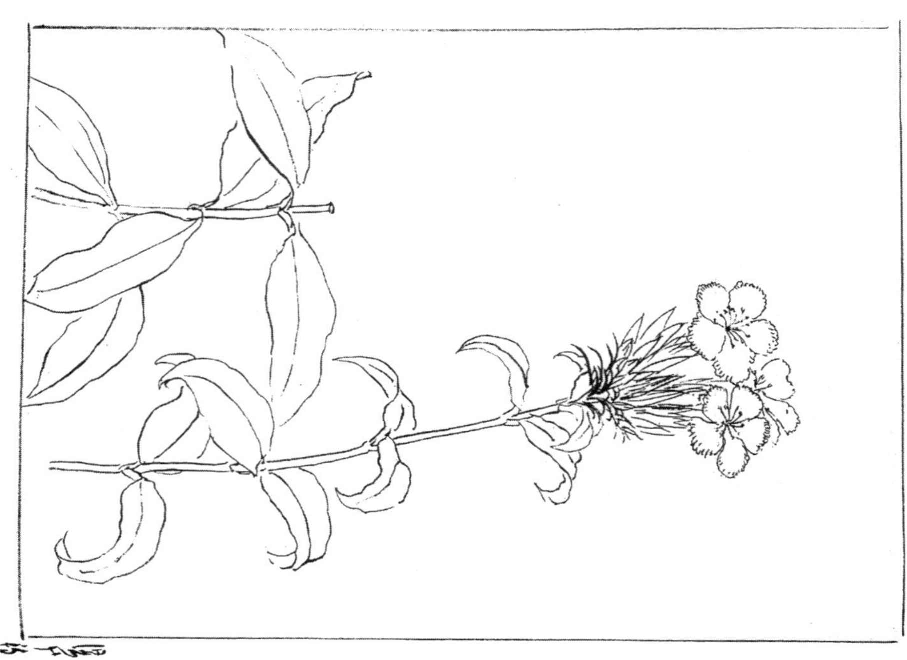

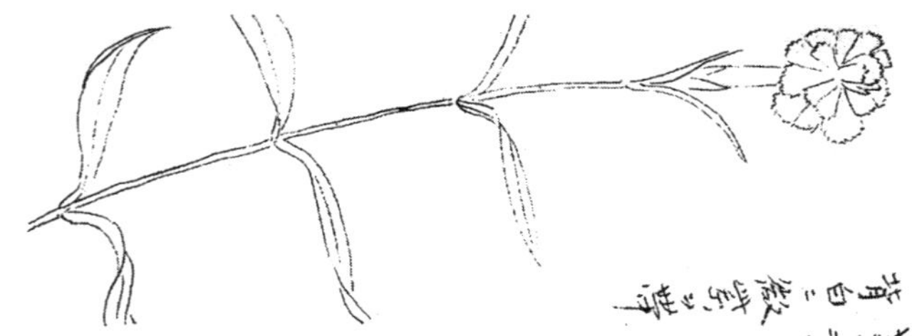

和蘭薬鏡　ハマナデシコ　江戸

サホナリア　羅　セープコロイド　蘭

海邊ニ生ス　花ハ二ノ多ヽ　瞿麦ニ似テ葉亭酒花小サク白色
或紫色

試効　乾根ヲ薬用トス或ハ葉ヲ用　味微苦　佳根
微辛粘滑ニシテ石鹸様ノ質アリ水ヲ加ヘテ搗砕キ或水煎ス
レバ泡沫アリテ石鹸ケノ如シ但ニアルカリ塩ノ質ナシ解凝ノ
一良薬トス　微衝動シ発汗利尿通経ノ効ヲ術ス口熱気
ノ壅遏ヲ開キ治シ諸液[illegible]遅延病劇病
共ニ壮実焮衝性ナラズ虚憊脱力[illegible]ザル症ニ適応ス
○腹内諸府ノ壅塞ヲ疏解ス故ニ是ヨリ発スル諸症即黄
疸粘液留飲病神思鬱憂病イポコンテル経閉ヲ治ス　○
肝及肺ノ諸病ニ施シ[illegible]漸ク虚症ニ傾ク[illegible]
[illegible]的[illegible]　○汗焮衝リ下利シ易クシテ解凝[illegible]
用ヒカタキ症ニ的当ス　○数咳嗽稠痰多ク喘急ヲ治ス　○
胸脇痛肺焮衝ノ初発ヨリ虚羸シ悪性ノ候アリ若クハ
膽液質粘液質等ニシテ傷冷毒ヲ兼ル者ハ此薬殊ニ験ア
リ

Dianthus japonica (Th.) フシナデシコ サツマナデシコ 和名

Saponaria officinalis.

附 フジナデシコ Saponaria

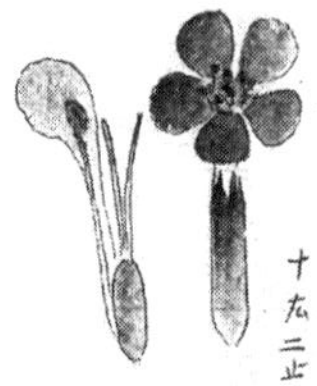

フチナデシコ 地錦 ムメカヘ

ハマナデシコ 伝名

カハラナデシコ 誤

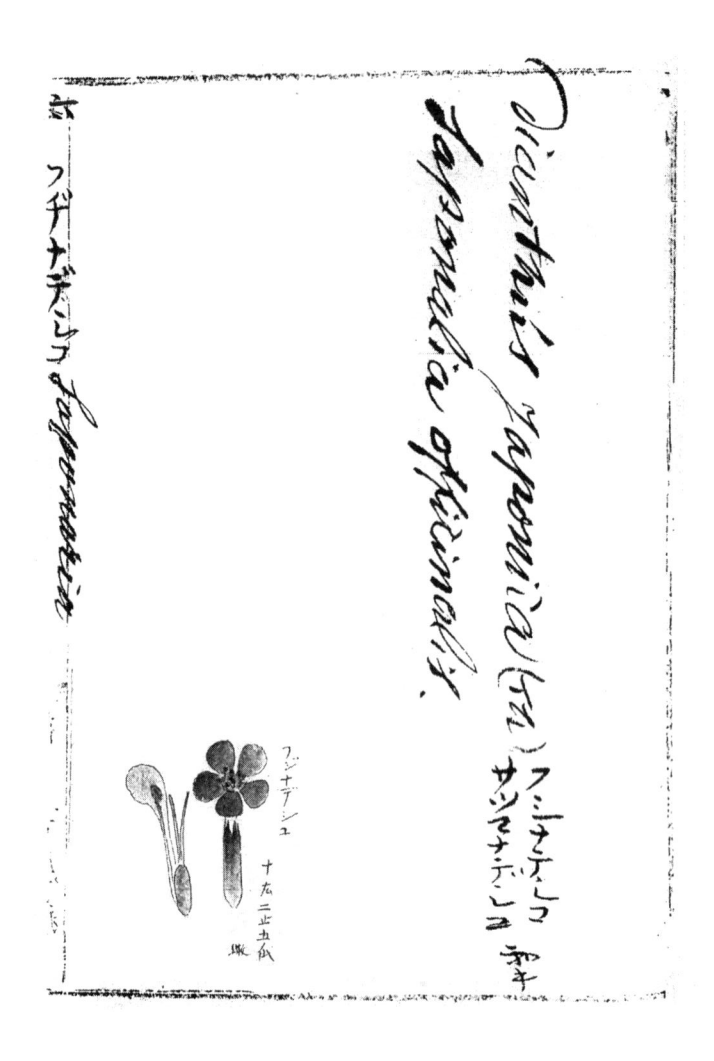

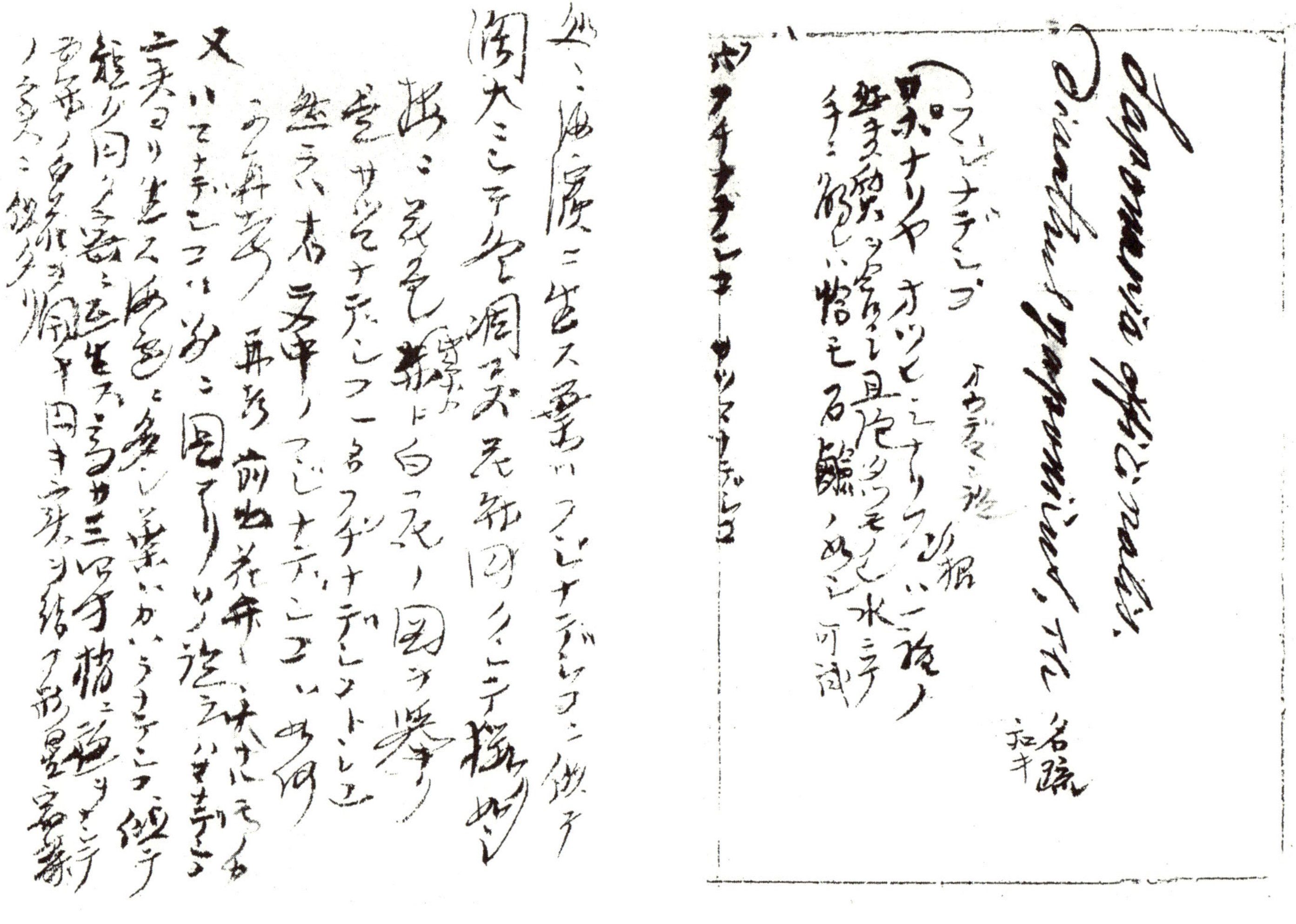

朝鮮ナデシコ　シナノギク
チヤンチユス　ヤポニキユス
南国海邊ニ生ス葉艮サ　分許長サ　汎光アリ　高
夏至前後小暑後ヨリ

一種花大ナルモノアリ　リウキウナデシコ
葉ハサツマナデシコノ如クニシテ茎長ク八ヒ立梢ニ花ヲ生セズ。ニテ春（コス枝ノ
梢毎ニ白露花ヲ開ノサツマナデシコノ花ノ形ニ似テ甚大シ　数少シ　陵ル
心処紅ノツケマリ枝ノ挿ノヨシノ陥ス

フヂナデシコ

フヂナデレユ　七月花アリ
高一尺餘葉圭形茎ハニボツニテ似茶ノ未開ノ未尖リ厚メ尖ヘアリ稍数三段
各岐又三分缶四短梗ニ花ヲクリノ状纍ナデシコ躰ノ如ク蕚ノ下枕細ノ
花蕚アリ蕚筒ハ五尖花五弁ナリシテ五出ノ弁頭ヒロクメ廣此ナ
キシ脚細セテ室軸内鈍方ニメ二花椎花ハサーメ種為淺苔花、
花為紅色或ハ白色或ハ絲色アリ実ハシテ毎ナデシコノ如ナ多シ
扁子ヲ収ム

ゴノ花
Saponaria officinalis. yumees Krueji
Saponaria coprovierig. Th. Saponaria ...
梅ニ鐸代図又的ち七尾シヒカムブノ図ヨ塔花稍大ニシ蕚
ニモ耳アカ如キ鐸ノ剛鐸ナ楼ノ及中蕚ニ毛凸ルアリ云
化形状ヨリ見レバタトヒ同種ナラサルモノ花ナラ一分宜疑

古名瓶ニ D. anthus japonicus. Th. 為サ可擬花

ニテ三葉ツヽ生シ花長ク穂ヲナシテ淡紫色胡枝花ノ如キヲ
ヌスビトハギト云　即山菉豆ノ類ナリ

七

フヂカンザウ　ヌスビトノアシ
山菉豆

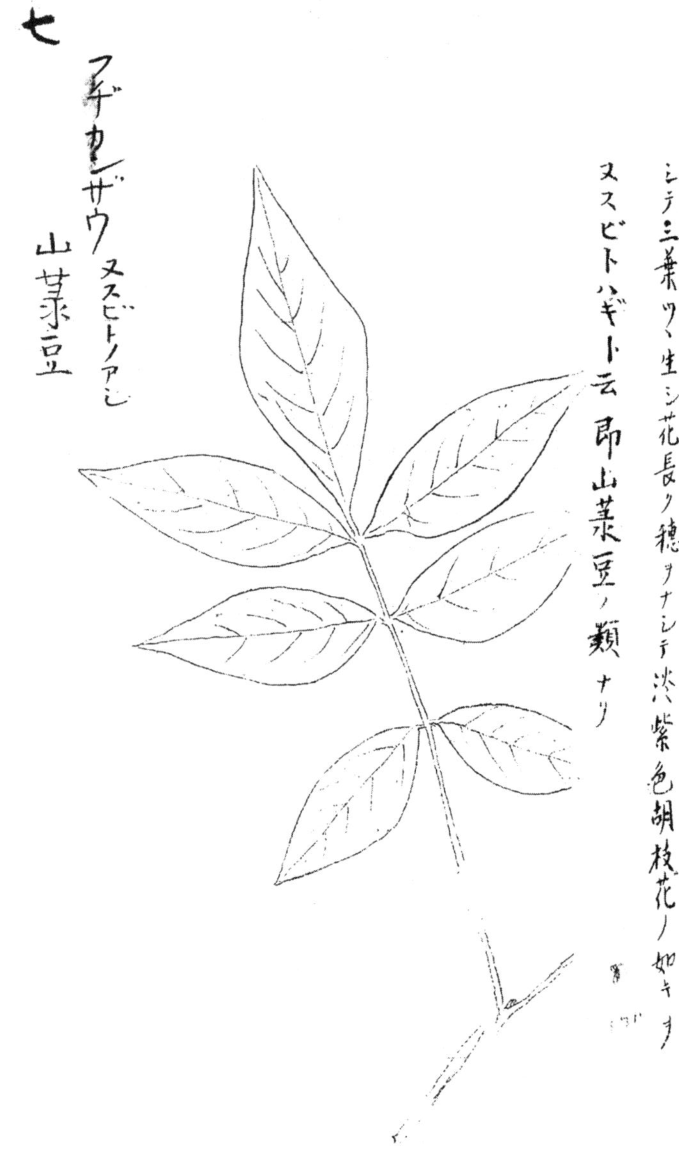

山菉豆　　　　救荒啓蒙　十二

ヌスヒトノアシ　甘草ダマシ　フヂクサ

山野ニ生ス宿根ヨリ嫩芽ヲ生ス高サ四五尺葉互生ス形紫藤葉ニ似タリ秋ニ至リ茎梢ニ穂ヲ出シ胡枝花ノ如キ淡紫色ノ小花ヲ開ク花後薄小莢ヲ結ブ莢段々ニクヽリタルカ如ク其形人足ノ如シ故ニヌスビトノアシト云又葉形甘草葉ニ似タルユヱニ甘草ダマシ　ヤブ甘草ト云莢中ニ豆二ツヽアリ莢大サ六七分熟シテ人衣ニ着ク故ニヌスビトノ名アリ　一種本條ノ形状ニ似テ茎葉微小ニ

山馬蝗 図中

山菉豆 諸方ニ多シ苗高二尺葉ハウジ草ノ葉ニ似テ大ニシテ厚ク微毛アリテ末尖リ七枚一葉ヲナシ茎ニ互生ス秋梢ニ花ヲ開クウジ草ノ花ニ似タリ

和州吉野郡中物産志 上

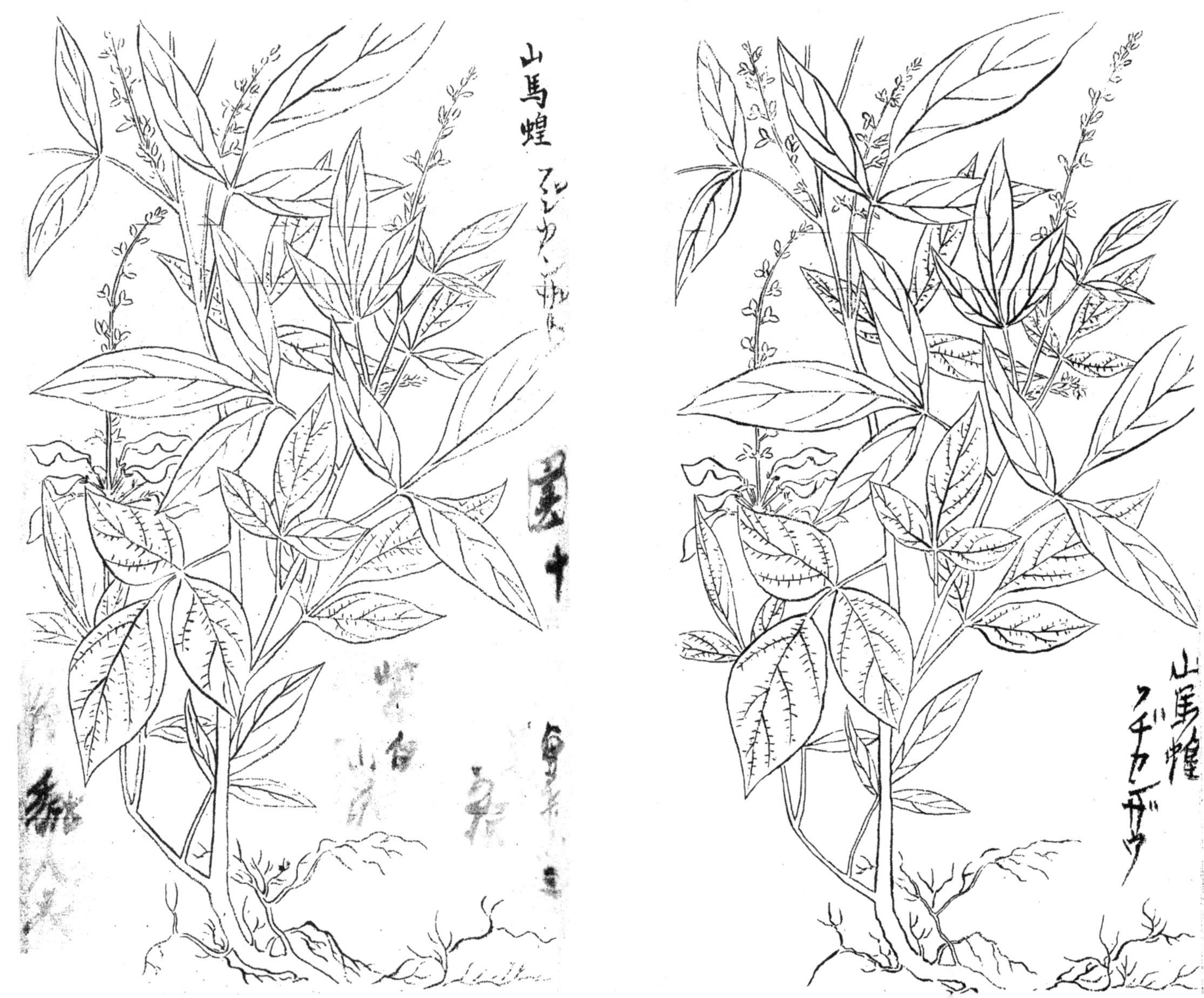
山馬蝗
山馬蝗

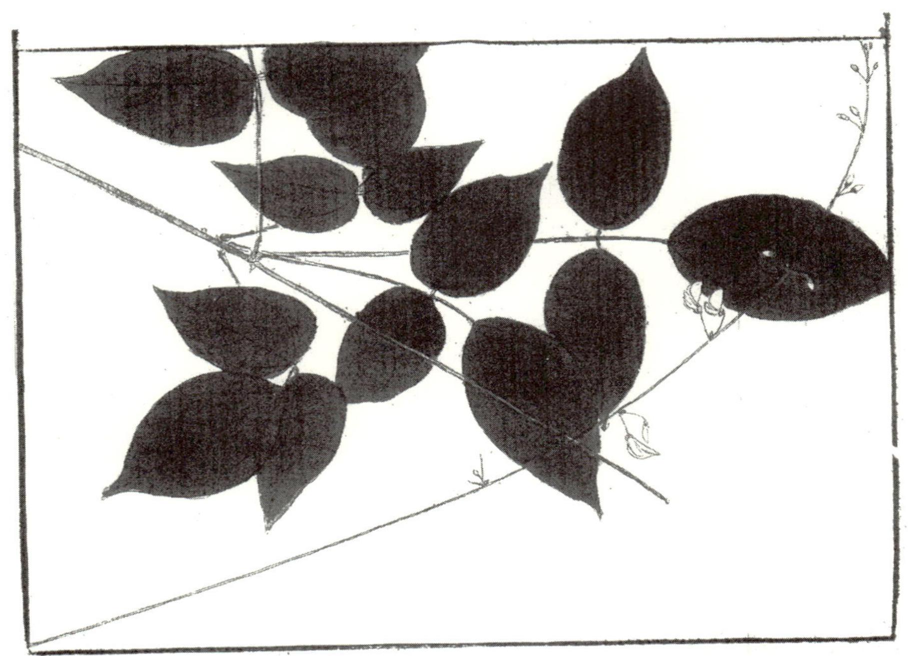

山馬蝗

山馬蝗産長沙山阜獨根有短鬚褐莖多叉每枝三
葉々微似竹面青背白疏紋無齒葉間發小莖開
紫白小花如粟俚醫以治嗽此草與小槐花枝葉
相類唯附莖團々結角似蝶眉豆而扁小有雙角連
生有赤黏人衣葉老則漸圓與豆葉無異紋亦澀
亂

山中陰地ニ生ス葉ハ紫藤及甘草ノ葉ニモ似タリ高三四尺處暑ヨリ白露ノ間
長キ穗ヲナシテハギニ似タル淡紅花ヲ開後莢ヲ結一子ツヽノ間細ク蜂ノ尾ノ如
糙澀アリテ人衣ニ粘着ス根ハ鬚根長クシテ強シ莖葉ザラツキアリ
紀聞云　深山ニアリ近邊ニナシ舊根ヨリ生莖高四五尺葉互生シ藤葉ニ似タリ秋
莖ノ頭ニ穗長ク出花ヲ着クハギノ花ニ似テ小ナリ淡紫色後ニ莢アリ薄ク莢二
段ニナリクヽリシ如ク人足ノ形ニナル中ニ豆二ツアリ熟ノ莢ニ糙澀アリ人衣ニ
附故ニヌスビトノ足ト云莢長サ六七分皮許ノ如ニミユ又コレニ似テ葉三葉ニナルヲ
ヌスビトハギト云近山ニ多シ葉豆ノ葉ニ似テ花実ハ本條ト全シ本條ノ類ト云ベシ

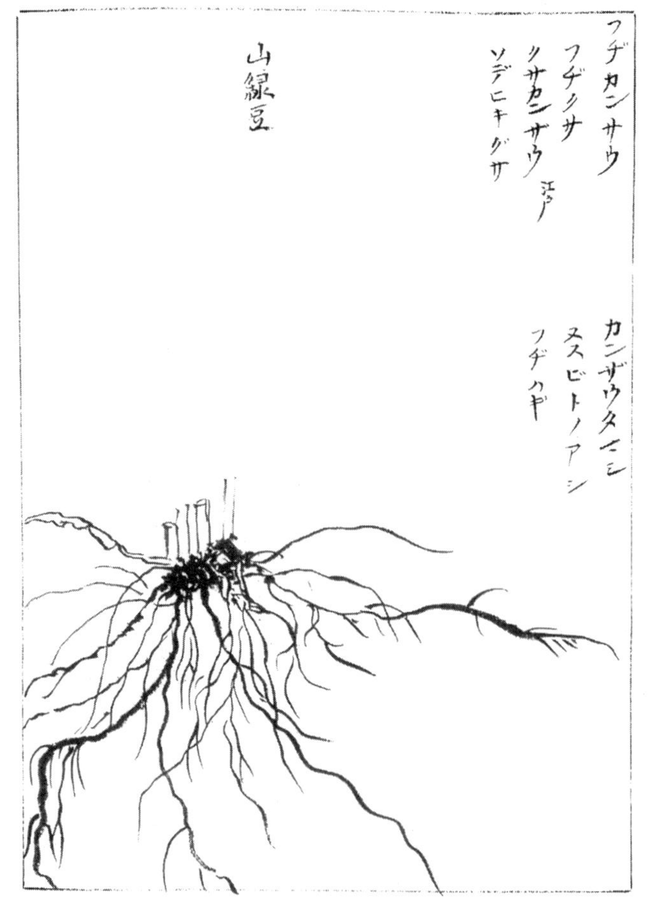

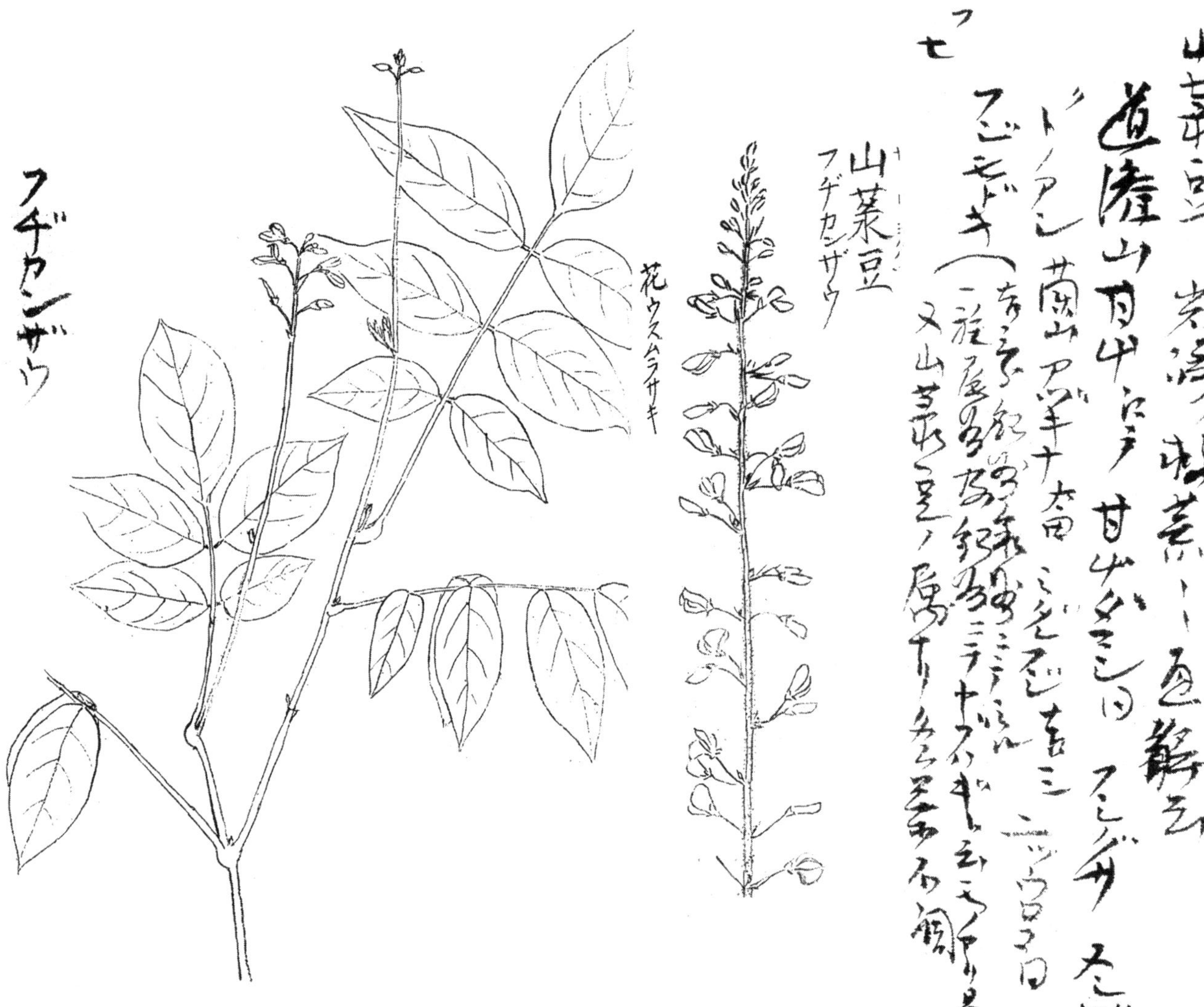
山菜豆
山菜豆
フヂカンザウ
花ウスムラサキ
フヂカンザウ

フジ名弁 フジカンヤ 山萩豆 救荒 道隆山カンゾウに 戸
カンゾウダイこ江戸 ヌスビトノアシ 南山 アツキナ 古田
一種尾張ニテヤマハギトモアリ又モ山萩豆
一名又一種 大豆葉ノ如キモノアリコレヲウジヨウ子サ
トニ云 諸国ノウジヨ治ス乗ユノ葉カナニ云ハ帽生
セズコレモ屬シ本総寶屋ニモウジクサノ名アリ

フ七 山馬蝗 ナニア 山緑豆 山黒豆ニ似ル
フジカサウニ係附

フジハギ
ハギカンザウ 江戸
アースレノメ子
ヌスビトノアシ
ソデヒキソサ

山萩豆
山中陰地ニ生 葉ハ紫花及甘草ノ葉ニモ似タリ 高三四尺
處暑後ヨリ白露ノ際長キ穂ヲナシハギニ似タル淡紅花
ヲ開 後莢ヲ結ブ 一子ノ間細ク蜂ノ尾ノ如キ 龗澀アリテ人
衣ニ粘着ス 根ハ鬚根長ク強シ

大甘草 山萩豆一種

フジカンザウ

梅ニヤハリ

山黒豆

九重嶋津大高山及諸山中ニアリ葉黒豆ニ似テ厚ク毛アリ四時不變

茎高サ尺許頭ニ葉互生ス夏中心茎ヲ抽穂ヲナシ花アリ

熊野物産初志　一

山菉豆

山黒豆ニ似テモ葉細長ニシテ七枚一葉ヲナス

熊野物産初志　一

及巳 四月

圭按ニ次ニ掲ル花嘗見花ハアメリカニツガルナルモ此四大天王ノ花モ亦腋花ニ似タリ 圭

四大天王

四大天王生南安絲茎赤節一茎四葉聚生梢端葉際抽短穟開小白花點々如珠蘭赤根繁密俚醫以治風損跌打無名腫毒

王孫 フタリ静

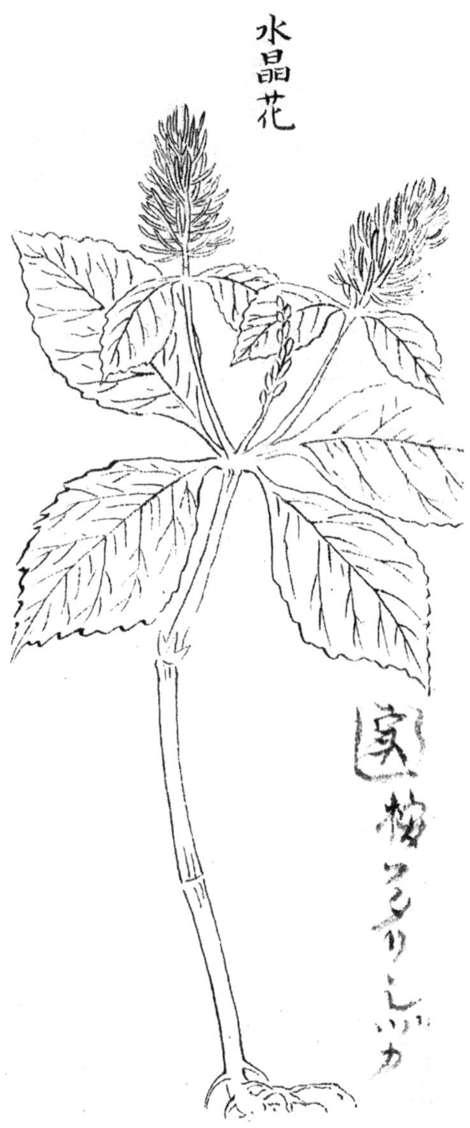

水昌花衡山生者葉似繍毬花葉而小紫茎有節花如銀絲作穗長寸許夏至後即枯

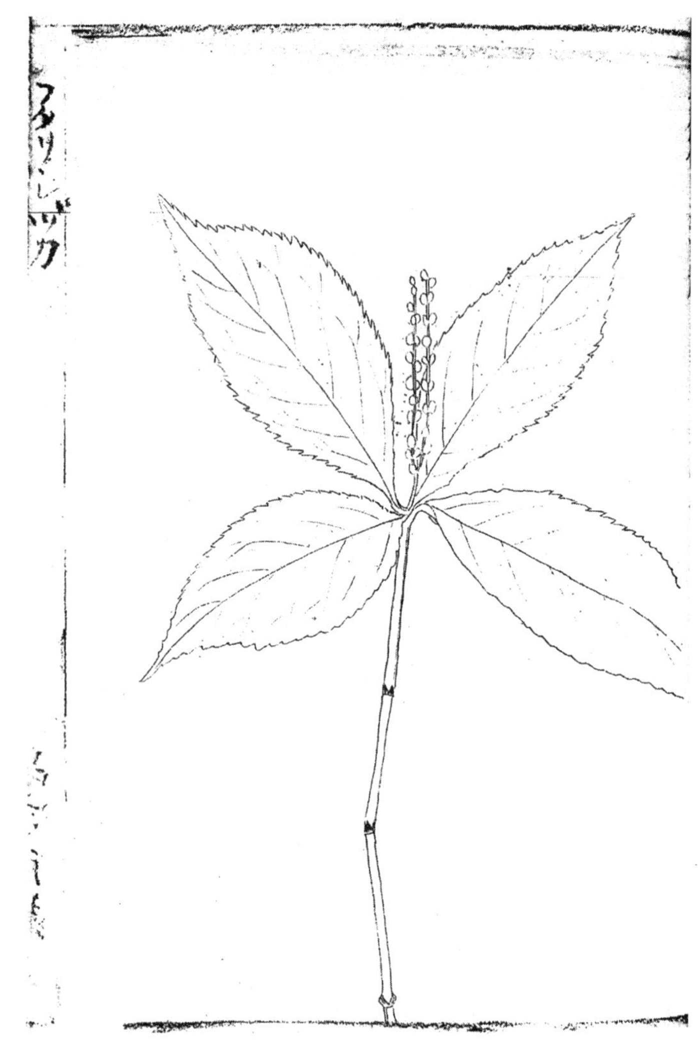

十八　四十五

フタリミヅカ　王孫
葉小ニシテ狭ク節ニ對シ枝ヲ生スル
モノ護國寺山内ニ有小野氏エレ艸云
及已ニ比スレハ茎稍フトク長一尺一
末節有茎頭白花穂ヲナス二本
或三本葉少皺アリ對生ス根香
キアリ
及已　ヒトリシヅカ　一エハ斗艸　地錦抄ニ別ナラス
小草ニシテ四葉對生ス春心ニ白花毛
ノ如シ故名ツク相似テ異ナルモノアリ
葉狭ク光アリ茎頭ニ葉對シ八九
一イ出三月葉心ニ白花ヲ生ス常ノ
花紫
一及已　豆岐祢久尤
及已ヨリ花小也地錦抄及已ノ今条
一エハ斗艸トフタリシヅカノ圖出テ形狀
ノ届フリ紛ラハシケレ氏トクト考合セ
見ルニ一エハ斗ハ及已ナル一明ナリ及已ハ

異名　獐耳細辛

フタリシヅカ

及已

和名類聚鈔 巻二十 草木部
及已　本草云及已　仁諸音義已音以　和名豆木祢久佐
本草和名 草下 第十　及已　仁諧音以　和名都岐祢久佐
一名於字
醫心方 一　及已　和名都岐祢久佐　一名於字
類聚名義抄 四　及已　キツ子クサ

フタリシヅカ　　サヲトメハナ 石州

都岐祢久佐 輔仁本草　　及已ノ名トスルハ誤ナリ又エイサンカタバミニ充ル説モ非ナリスハマサウニ充ル説ヲ優リトス

及已　[名釈] 獐耳細辛

伊吹山　熊野八鬼山　江州鮎川黒瀧ノ間

山中陰地ニ生ス

春宿根ヨリ苗ヲ生高サ尺許茎ニ節アリ茎端四葉アリテ其ノ一寸許ノ穂二條アリ一條アルモアリ白色ノ円キ花ツク立夏ヨリ小満ノ頃ニテ花アリ漸ク緑色ニ変シ漸ク大ニ分許トナル是ソノ實ナリ而シテ漸ク葉間ニ下垂ス凡ソ二穂ヲ常トス故ニフタリシヅカト呼フ然モ瘠タルモノハ一穂肥タルモノハ数穂及ヒ十余穂ニ至ルモノナリ葉ノ形紫備ヒノ葉ニ似テ鋸歯細ナリ

新校正ニ及已ヲカタバミト訓スルハ誤ナリ

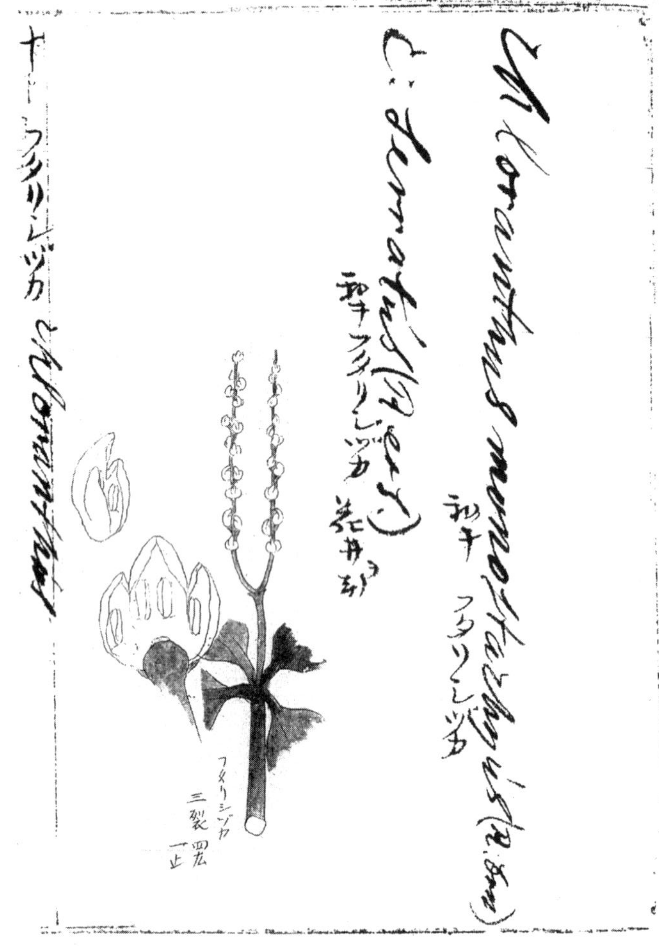

及巳

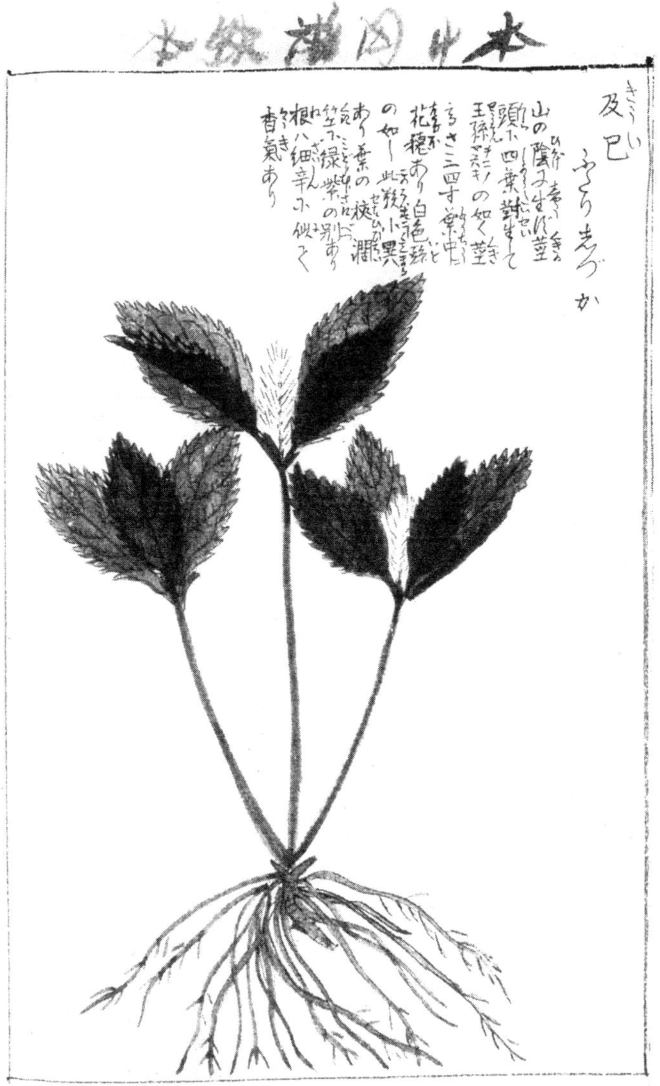
本草図譜
及巳 ふたりしずか
山の陰に生す茎
頭に四葉對生して
王孫の如く茎
高さ三四寸葉中に
花穂あり白色蕊
の如し此種に異
あり葉の狭濶
茎に緑紫の別あり
根ハ細辛に似て
香氣あり

月苗未ダ伸ズ巻テ未ダ開カザルニ白華ヲ四葉抱テ生ズ葉發スルトキハ小白色葉咲
ノ花ヲ開ク花茎一寸花ノ形チ升麻花ニ似テ小圓マユハキニ似名ユヘマユハキサウ
ノ名アリ四月實ヲ結ブ車前子ニ似テ短シ根ハ束根ニシテ細辛及獻歳(フクジユ)
菊(サウ)ノ根ニ似タリ六月枯ル

一種　三階及己アリ形状相似テ頭葉三層アリ

和名　マユハキサウ　ヒトリシヅカ　ヒメフタリシヅカ　ヨシノシヅカ　サヲトメバナ

本草綱目巻之十三恭曰及己生山谷陰虚軟地其草一茎茎頭四
葉隙着白花根似細辛而黒有毒今人以當杜衡非也

二月宿根ヨリ叢生スルコト王孫茎ニ似テ細小圓茎紅紫色高サ
三四寸茎頭ニ二葉ヲ對生其上又二葉相對シテ四葉集リテ四葉對
スルガ如シ一葉ノ形チハ杏葉ニ似テ長サ一寸八分濶サ一寸細鋸齒アリ三

ツキネクサ　輔仁

コロラシフナユス　ヤポニカ

七部見花考図　九ノ四十四丁

及己　フタリシヅカ

フタリシヅカ

及己

深山陰地ニ生ズ春旧根ヨリ苗ヲ生ズ高サ尺余茎ニ節アリ
茎端四葉アリテ一寸許ノ穂二條アリ白色ノ円キ花綴リ
立夏ヨリ小満ノ頃マデアリ漸ク緑色ニ変シ漸ク大サ一
分許トナル是其実ナリ而シテ漸ク葉間ニ下垂ス花二穂ヲ
常トス稀レニ瘠スルモノハ一穂肥タルモノハ数穂ヲ生ズ葉
形紫繡毬(アヂサイ)ノ葉ニ似テ　居官田ナリ

及巳　如列葉云撫根草
附云二人静云々
本草纂疏

及已　漢名　俗名二人静

圓花ノ葉ニ似テ狭ク四葉相對シテ茎ノ末ニ聚リ
生ス高サ二尺許茎紫色ニメ節アリ春花ヲ着テ
葉下ニ垂ル二條長二寸許白粒ヲ條辺ニ着リ老
テ実トナル根ヲ引テ生ス一種小葉ノ者アリ高
七八寸許葉光潤ニメ数十茎叢ヲナス根ヲ引テ
不生花ヲ着テ大葉ノ者ト異リ初春苗ヲ生スル
トキ花ヲ包ミ葉不長ノ際葉中ヨリ一茎僅ニ寸
許白毛茸ヲ着ルノ條ヲ抽ス謝メ後実ヲ結ヒ葉
下ニ垂レ大葉ノ者ニ同シ

[illegible]

○フタリシツカ　及已ニ比スレハ茎稍フトリ長一尺以来節アリ茎頭
白花穂ヲナス二本或三本葉少皺アリ対生ス根ニ香気アリ
○及已　ヒトリシツカ　一六キサ　柳　地錦小ナニメ四葉対生ス春白花毛ノ
如シ故ニ名ク相似テ異ナルモノアリ葉狭ク光アリ茎頭ニ葉ツ對生
メイノニイモ出花十三可借地錦抄ニ及已ノケ糸ニニコハキサトフタリシツカ

[illegible]

十
齒出テ形狀ノ〆アリ紛テシモ瓦得ト考合セミレハニコハキハ及已
ナルヿ明也及已ハ花斗先ヘ出アトヨリ葉出モアル也　朝鮮草方註
及已　フタリシツカ　那賀郡小川谷在田山中ニ
アリ通雅曰牡衡味辛苗葉都細辛今俗以及已代之
非也

[illegible]

及已（フタリシヅカ）

近道諸山陰地ニ産ス春宿根ヨリ叢生ス高サ一二尺節有テ紫色ヲ帯フ茎頭四葉攢生ス葉形花イカダニ似タリ葉中ヨリ花穂両出スルコト二三寸花状茶蘭ニ似テ大ニシテ其色白シ根白薇ノ如シ一種芳野シヅカト云者アリ

[illegible]

及已（フタリシヅカ）

近道諸山陰地ニ産ス春宿根ヨリ叢生ス高サ一二尺節有テ紫色ヲ帯フ茎頭四葉攢生ス葉形花イカダニ似タリ葉中ヨリ花穂両出スルコト二三寸花状茶蘭ニ似テ大ニシテ其色白シ根白薇ノ如シ一種芳野シヅカト云者アリ

[illegible]フタリシヅカノ一茎ニ[illegible]四葉[illegible]

[illegible]

及已[illegible]

アリ葉中ヨリ穂二本出シテ花ヲ着ク一本出ルモ有[illegible]

アリ是ヲヒトリシヅカト云フ多クハ白花ナリ葉[illegible]

[illegible]芳地ニシヅカト云○吉ニ云[illegible]

[illegible]シヅカト云フ[illegible]

及已ノ葉三層アリテ[illegible]細[illegible]

[illegible]紅花ナル及已[illegible]

近世[illegible]中ニ[illegible]大[illegible]

[illegible]

テ[illegible]葉ナリ[illegible]

ヒトリシツカ 一名マユハキサウ 又[illegible]三枚[illegible] 茎形
[illegible]人シツカ[illegible]

水晶花衡山生者葉似繡毬花葉而小紫茎有
節花如粮絲作穗長寸許夏至後即枯

水晶花　フタリシヅカ

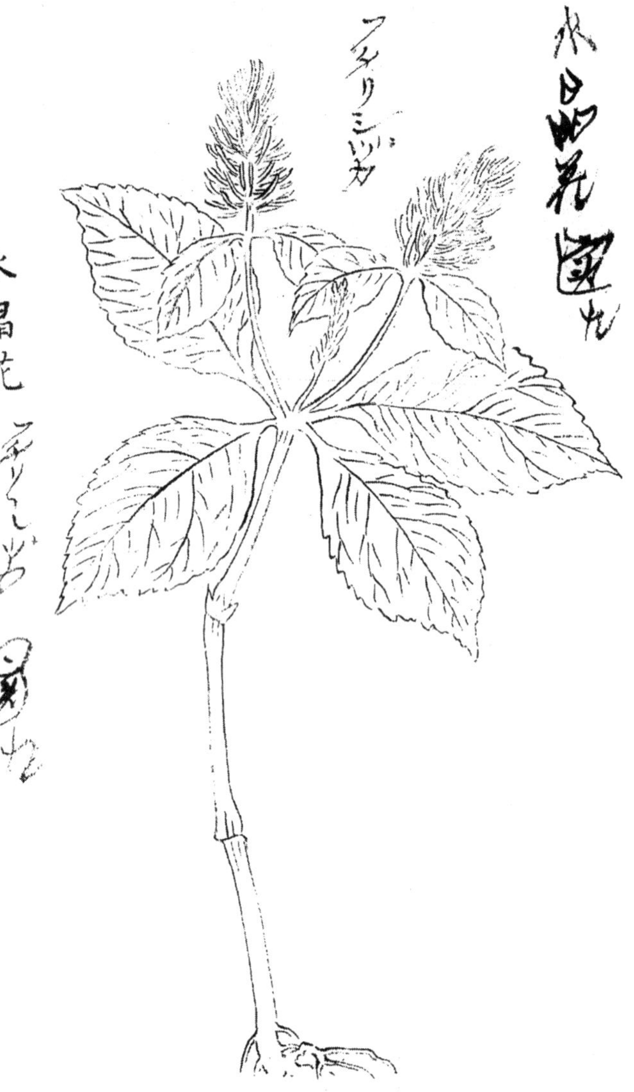

又巳

布太里之豆加

生諸山西谷春月生苗円茎而高六七寸有節而無葉至梢上有葉闊一寸許長三四寸有鋸歯甚細小夏月葉間成穂生花不開而落自古呼有一穂者名一人之豆加呼有二穂者名二人之豆加亦有葉長大生五六穂者

常陸物産志八下

及已 フタリシヅカ

下

太ノ三カ三節アリ下ハ二節ナリ根ハ香キハ小イ方
枇杷ニ似テ大ハ書ナ廣ニシ此ヲミゴユキ
凡ツチハリモヲチ
つきねぐさ 都祢クサ

本和上 四十一 及已 一名 都岐祢久佐 於宇
和傳及已 川々祢久佐 川支祢久イ

水晶花
卽及已 フタリシヅカ

圖九

及已
輔仁 都岐祢久佐
ミヽシヽヅカ
江州里歌辺又伊吹山又赤倉ノ名ノ諸岡山中アリ 紀州ニテハ葉小ク枝ヲ分ツモノアリ名ノ
リ十キ山辺ニアリ
ヨミノシヅカ
マユハキサウ
ミコユキ
ミノ笹洞セナガタワト云処ニアリ 根及已ヨリ細ク多し

○及己 和訓[illegible]
豆支彌久左 出鈔課 丹支作川倶爲及己 今俗稱フタリシヅカ
[illegible]杉葉人自春末出山
[illegible]芽[illegible]浮其
草云[illegible]手[illegible]物
[illegible]
[illegible]

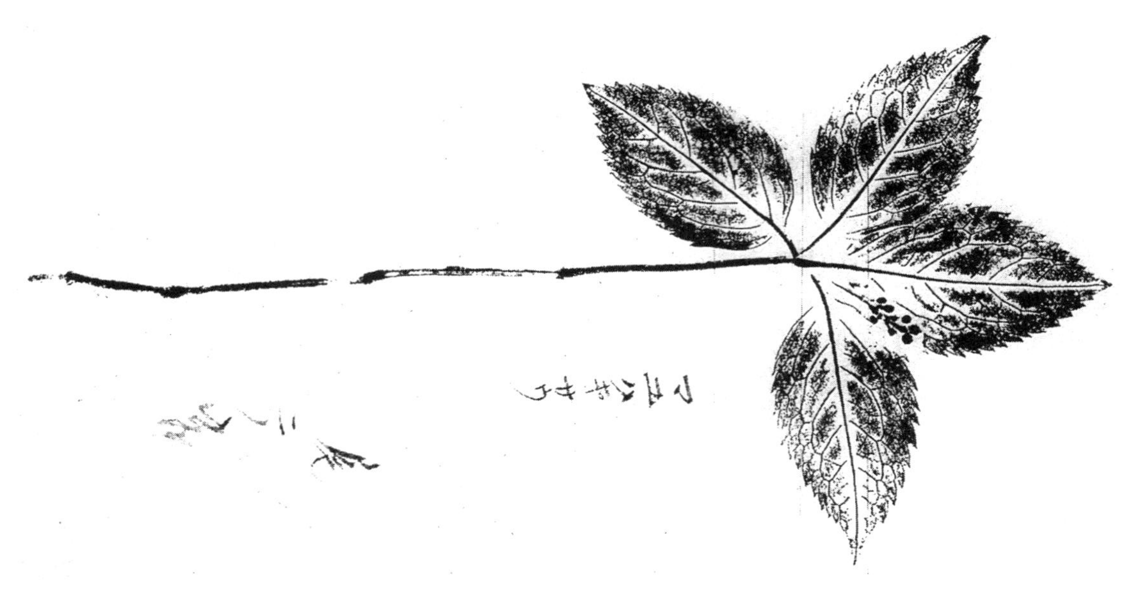

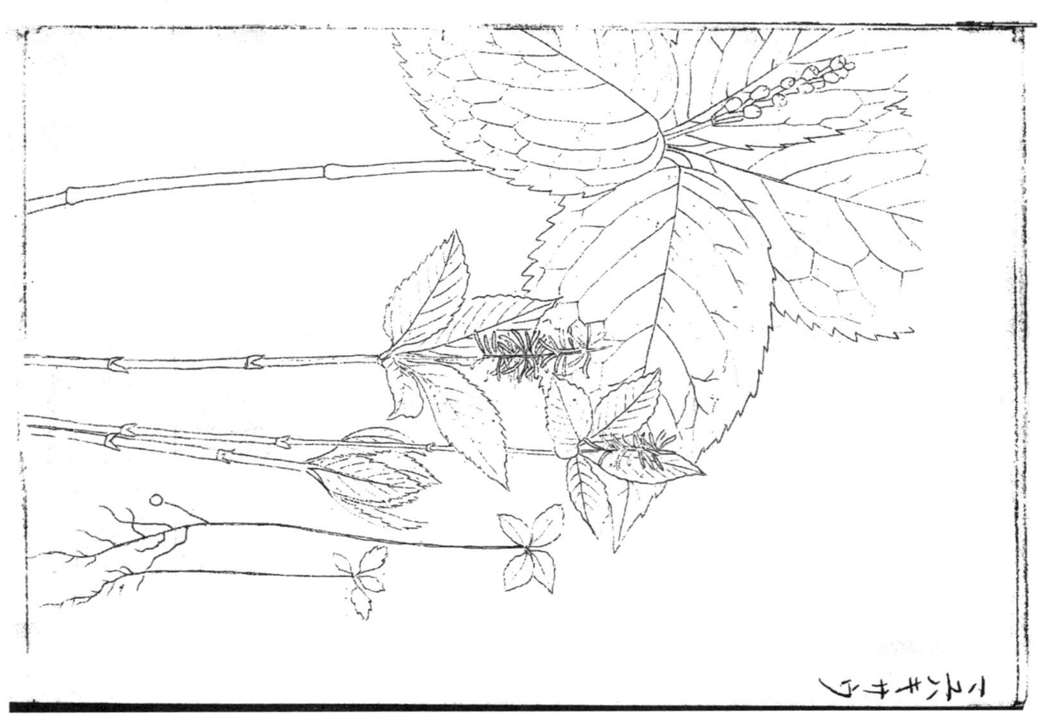

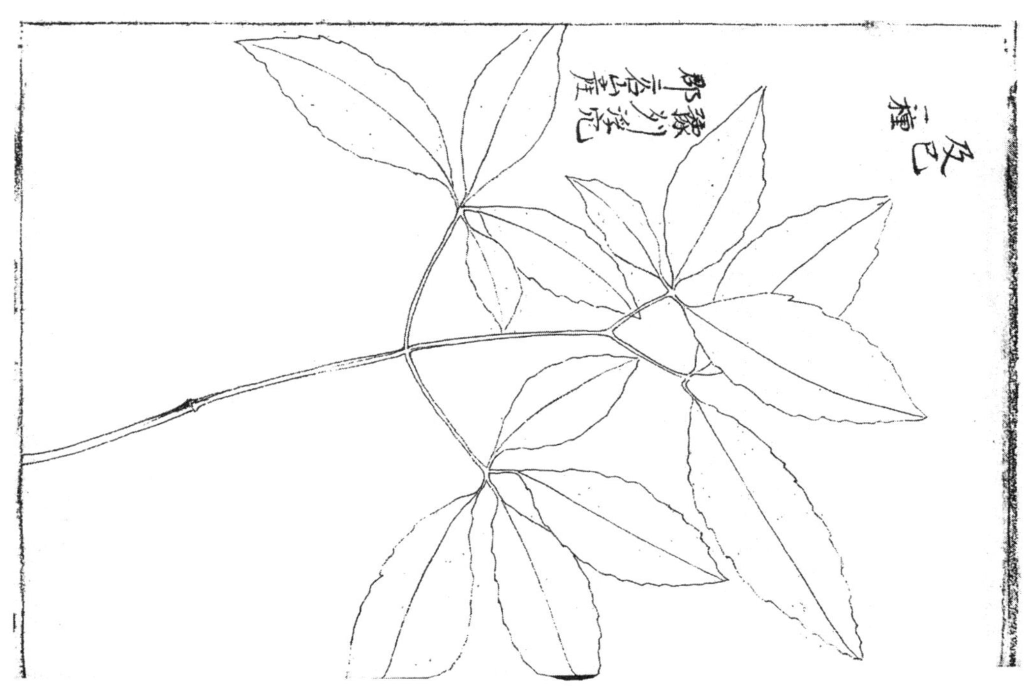

及巳（ギウジ）

一名　眉毛兒

フタリシヅカ

及巳

マユハキ　眉刷毛

一名　眉刷

花名集

マユハキサウ　ヒトリシヅカ　ヨシノシヅカ

ミユユキ

及巳一種　〇ヒトリシヅカ

山中陰地ニ生ス　濃州笹洞ノセナガタワニアリ

春舊根ヨリ生シ四葉對生シ中心一穂ヲ生シ清明前後白花ヲ開ク

高サ三四寸或五六寸花ハ白絲ノ如キモノ多クツキ穂ノ長サ一寸許フタリ

シヅカノ如ク花圓ナラズ

マユハキサウ　ヨシノシヅカ　ヒトリシヅカ

ミコユキ

及巳一種

山中陰地ニ生ス春舊根ヨリ生シ

四葉對生シ中心一穂ヲ生シ清明

銀線草

和名ヒトリシヅカ

カゐ花ニラノ上

ありてユリ年サウ

程墊秋水詩鈔銀線草獨莖四葉葉巓一帚縷垂如線日落香遂收　四葉平鋪分四向巓頭一帚便為花正看縷縷團成線忽詩香銷落日斜

深山幽谷ニ產ス春舊根ヨリ苗ヲ生ズ一根叢生高サ尺ニ及バズ莖ハ圓シテ梢ニ二葉ツヽ對生シテ四葉出デヽ四葉對生スルガ如ク見ユ葉ノ形及已(フタリシヅカ)ニ似テ微潤ク光澤アリ四葉ノ正中ヨリ穗一ツ出長サ一寸許升麻(アハボ)ノ穗ノ如シ白キ絲ヲ聚付タル如ク可觀モノナリ穗一ツ出ツ故及已ノフタリシヅカニ對シテヒトリシヅカト云ヘドモ至テ肥レバ二三穗モ出ヅルモノナリ及已トハ花ノ形列ナリ及已ノ一種トスルハアシヽ

ヒトリシヅカ

銀線草

新撰物品識名　全

〇マユハキサウ
ミコユキ
ヨシノシヅカ
ヒトリシヅカ

及己一種

山中陰地ニ生ス春旧根ヨリ叢生ス一茎四葉排生シ其葉
忠心一穂ヲ生シ清明前後ヨリ茎ヲ開 高三四寸花後実ヲ
結ブ
秋ニ至リ葉大ニシテフタリシヅカノ葉ノ如シ

マユハキサウ　漢名未詳

センおうやりくさ

形如 野州日光辺ニ多シ細茎七八寸ノ高サニノ一根ニ攅リ茎ノ端ニ白キ如糸ヲ生ス蒲公英ノ如ク糸ニ相類ノ且ツ形状殊ニ大ナルモノ也

葉緑鋸歯アリ 三毛アリ

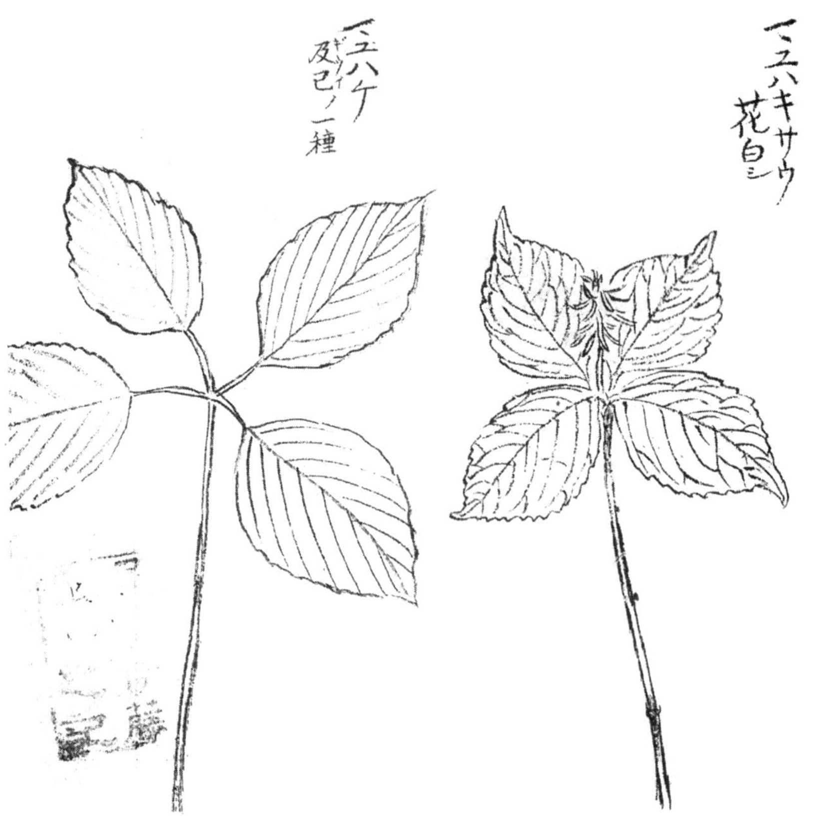

王孫

釋名　牡蒙　黄孫　黄昬　旱藕　[illegible]

和　フタリシヅカ

本草綱目巻之十二恭曰牡蒙乃王孫也葉似及已而大根長尺餘
穀雨ノ後舊根ヨリ二三茎ヲ生ス圓茎ニシテ高サ一二尺葉ハ穀草ニ似テ
闊ク鋸歯アリ長サ三四寸濶サ二寸五分面淡緑色ニシテ皺紋浅ク背浅緑
色葉柄三分五厘茎頭ニ前後二葉相對シ其上三分ニシテ又二葉左右相對ス
四葉相集テ十字状ヲナス其形チカシリ草ノ鬼督郵ノ如シ四葉ノ中間ヨ
リ穂ヲ出ス草麻ノ花ニ似テ穂ヲナシ長サ二三寸

花ノ後實ヲ結ブ車前ノ穂ノ如シ根ハ末根ニシテ細キ鬚多シ細辛ノ根ニ似
テ長サ尺余茎青キ者アリ茎紫ナルモノアリ葉紫ナルモノアリ花三四穂出
ル者アリ

一種

和

三月宿根ヨリ生ス圓茎ニシテ紫褐色高サ一尺五寸茎ニ節ノアルアリ
茎頭二葉相對シ三分上リテ又二葉相對シ其上二葉相對シテ三葉四面ニ
アツテ鬼督郵ノ如シ四月花ヲ出スコト穂形状前ノ如シ根ノ形モ相似タリ

草茶蘭

シサノ茶ラ

和名　やぐら及巳

岩崎常正曰即蔓草類之菅草也

三月宿根ヨリ叢生スルコト亦及巳ニ似タレドモ葉ノ数多ク八九葉茎頭ニ生シテ蕾ヲトテ金粟蘭（チヤラン）ノ形ニ似タレ死花蕾ナレ高サ三四寸ニ過キズ

茎圓ニシテ水紅紫色根ハ束根ニシテ長シ秋ニ至テ茎葉共枯ル

剪草　らき茶らん

二月頃宿根より叢生す円茎紫色節あり葉ハ及己（まゆときさう）ニ似て小く又若葉ニ似て又小く一節ニ二三葉対生し五七層をなし茎の梢ニ白色糸の如き花あり根ハ茜草又細辛の如く良香あり

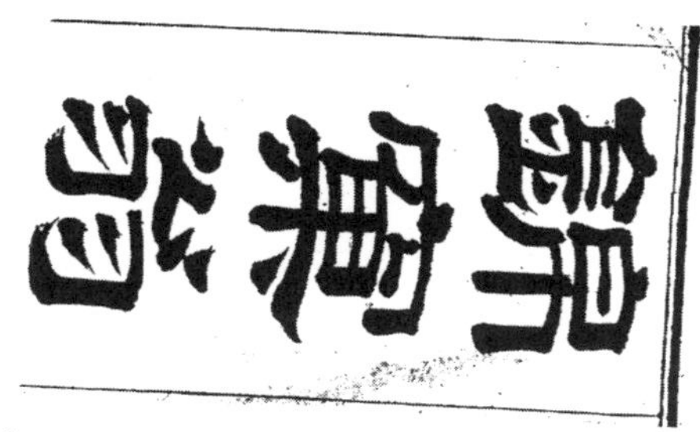

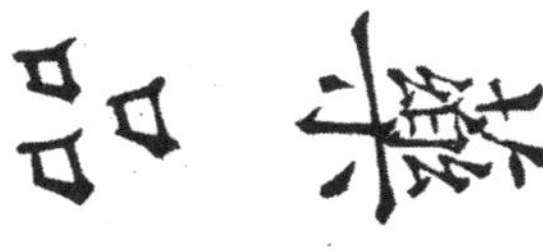
藥品

會

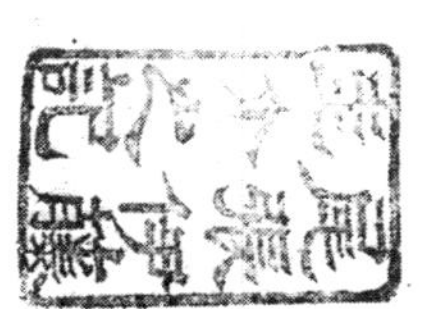

伊藤圭介稿　植物図説雑纂百五十九

ソ十五

木通

蔓大如指毎節有二三枝枝頭出五葉実如小木瓜南人呼燕覆

漳浦縣志 巻五

木通 アケビ

三葉ノ者アリオトコアケビ也

ソ九五

熊野物産初志 一

Emeke Witte Meghi Distel

小薊 メアザミ

牛蒡 武蔵国 梅田村 日本地誌提要二

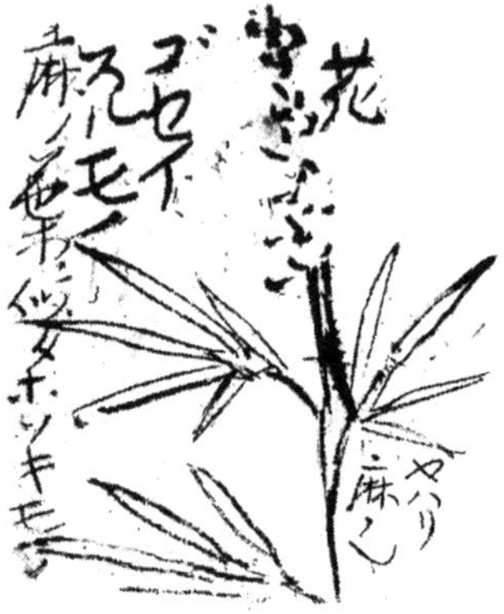

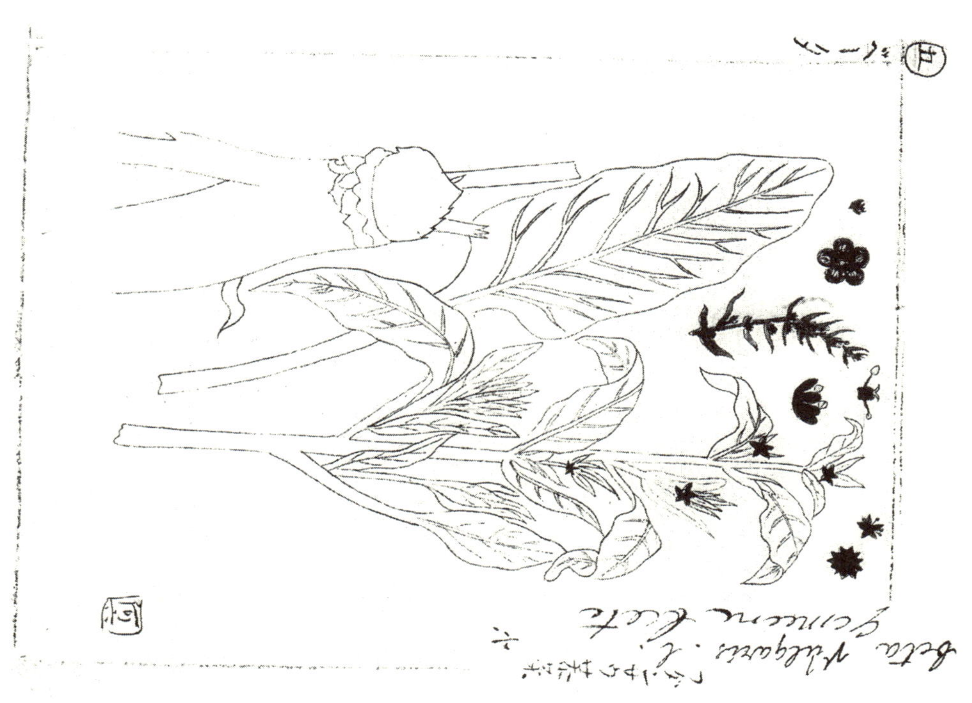

菾菜　一名莙薘菜 泉州府志

止宁知左 古名 不断草 諸州通名

世俗呼不断草大和本草曰逐月種蒔常有之故名之今處々種之春夏間甚叢生豆高二三尺葉間多花其葉比菠薐甚厚緑色光滑而長今人摘嫩葉煮之和酢與豆油或浸豆油食之味最好本草綱目保昇曰夏盛冬枯（冬袪非不断草恐非）其莖燒灰淋汁洗衣白如玉（此法令雖未試妬記之以備後考）一種有似菾菜而其莖紅紫色者其葉四五寸許色青節赤根似菜菔而短小切之有赤白斑文冬月成叢甚盛也鄙埜村（那珂郡處々）種之土俗呼朝鮮菜當是菾菜類　常陸物産志 巻五

莙薘

秋種冬茂滑可作羹一名菾菜菾音甜食物本草曰莖葉似菘菜生熟皆可食四月開細白花結實如茱萸莍内有細子根白色味苦甘寒滑無毒中風熱毒搗葉汁飲之效莖灰淋汁洗衣潔白　陽春縣志

上

○フダンサウ　フダンナ　タウヂサ
イツモナ　チヂウセンナ 菊ア 長春ノ称ナリ
オホバコヂサ 雲州　フ都ノ称　輔仁本草
ゲメーレヘーテ　布都久佐
　ベータヒユルガリス
○18 Betterave blanche a Ferrée　タウヂサ
菾菜 本甸羊蹄菜　莙薘菜
春秋ニ種ヲ下ス葉ハ円ニシテ大ニ至テ厚ク淡緑色四時
食ベシ故不断ノ名アリ夏ノ初茎高三尺反至三尺前後花
ヲ開葉間ニ攅リテ細小　花　実大暑ノ比熟ス
実ハ大暑ノ比ニ熟ス 黄白色
○合食禁　菾菜ニ胡椒　フダンサウヲ食テ死スルモノアルヨシ
フダンサウヲ血ヲウカスニ千リ
○フダンサウノ茎ヲ灰トシテ衣ヲ洗ヘバ垢ヨク落ルモノ
土 一種サンゴジユナ　枝葉紅ニ火焔菜ナリサニ生
フダンサウ

甘菾菜

リユスト 百工製造書
菾糖 ベートウヲシル ソイクル　製法
菾菜ハ甘菾菜 フダンサウ タウチサカ又 ヨリ製造シ得ル
ヨリニシテ其性甘蔗糖ト異ナル事無シ菾菜
ソ汁中ニ結晶性ノ砂糖ヲ含ムモノナリトス菾
菜ニ数種アリ或ハ赤皮又赤條理アリテ
白肉ノモノ或ハ赤皮ニシテ極メテ白肉ノモノ
或ハ黄皮白肉ノモノアリ其ノ土地ノ気候
膚質ニ関係アリト雖モ其ノ黄皮白肉

煮ヲ以テ砂糖ヲ取ル多キヲ良トス

○砂糖ヲ製スル者ニ培養セシ菾菜ハ秋ニ

至リ采ル

莙薘菜　即菾菜

トウヂサ　イツモナ　フダンナ　フダンサウ

春秋分ニ種ヲ下ス葉圓ニシテ尖リ至テ厚ク淡緑色

四時食ベシ故ニ不断ノ名アリ初夏茎高サ二三尺花多

ク葉間ニ攅リテ菠薐菜花ニ似タリ實ハ呉茱萸ニ似テ

黄白色ニシテ尖アリ　救荒啓蒙　十三

成形図説

フダンサウ布斯久佐（本草和名）　不断草（フダンサウ）移さ蒔後は季に青茂とて故に此名あり

菾菜フダンサウ

菾菜

トウヂサ　イツモナ　フダン

ナ　フダン草　タヽトアルモノ

ナリツチヽ食用ニスルノナリ

冬ニモアリ三月ゴロトウ立細白花

アツマリヒラクナリコレニモ

メトニトノ二種アリ又別ニ一種

葉モミクモアカムラサキニナル

モノアリコレヲバサンゴミユ

ナト云一種ノ者ナリコレヲバ救荒

火焔菜ト云ナリロウトヒイトヲ

フツクサ 唐 苣

フダンサウ

蕃名 ケメーンベーテ 菾菜 フダンサウ

甜菜 フダン草ハ京デトウチサト云 葉厚クチサヨリ兼

短東廣シ三角ノヨウナル花形菠薐ニ似タリ 三尺斗

ノ高ニメ穂ニナルモノ也

火䕸菜 アカナ オニゴジユナ

莙薘菜ノ一種 茎葉ノ脉紫赤色ナルモノ也 紅

毛種ニメ今世ニ多シ 此根ヲウヅタイコト云 大サ蘿

蔔ヨリ細ク此レタ断ルニ筋脉紫色ニメ渦巻

ノ形ヲ成ニ ウヅダイコト云 又朝鮮ダイコト云 之ヲ食

用ニナレ 味ハ淡シ 美シキモノ也

珊瑚菜

漢名 莙薘菜ノ赤色ナル者ナリ 莙薘菜一名蒸菜 俗ニ唐チサ 又ハ不断草ト称ス 二種アリ 大ナル者ヲ大菜ト称ス 珊瑚菜ハ大菜ノ赤色ナル者ナリ 本草防風ノ條 珊瑚菜アリ 是ト異リ 又救荒本草ニ火焔菜アリ 恕庵子アカナト訓ス アカナハ則珊瑚菜ノ事ナリ 然レトモ菠菜ニ似タリト云 菠菜モ赤色ノ者アリト云リ 所ノ図ハ珊瑚菜ニ能ク似タリ 何カ是ナラン 珊瑚菜ハ二月種子ヲ下シ 夏秋菜蔬トス 不断草ト一般ニメ大ナリ 茎紅色 葉モ紫色ヲ帯ヒテ條理皆紅ナリ 春ニ至テ薹ヲ抽テ実ヲ結フ 種

フサ

[illegible][illegible]菜（ヲニエゴナ）

子ヲ下ス丁秋ナルトキハ早ク薹ヲ抽ス必ス春ニ宣シ舊根ハ枯ル莙薘菠薐蘿蔔皆紫色ノ者アリ畧之

菾菜（テンサイ）
フダンサウ
實
菾菜（テンサイ）
フダン艸

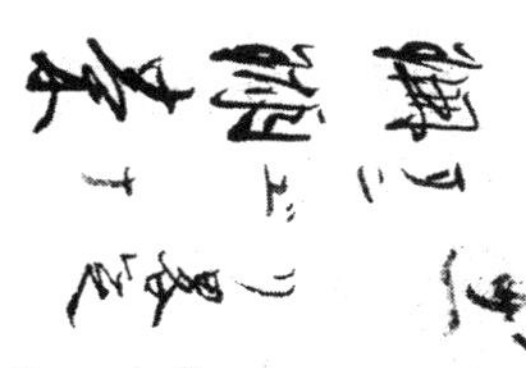

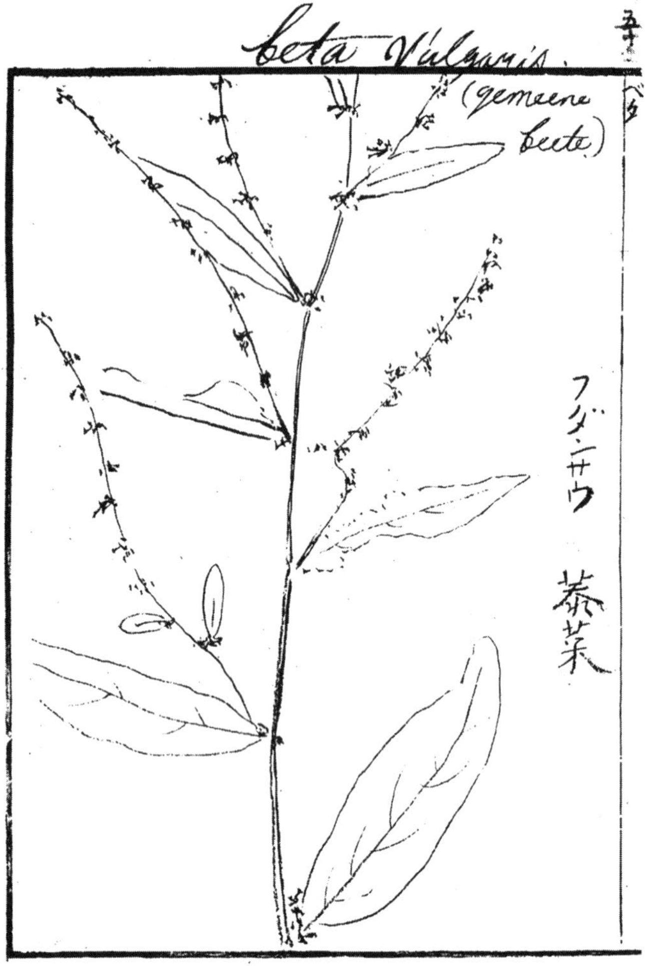

十 フダンサウ タウチサ Beta

Bassango Beet ビート

Beta vulgaris, Linn.

米 菾菜

Beets ニウヨルク種子目録ニモ出

early yellow Turnip beet 米 菾菜

early Star City beet 米 菾菜

二八月ニ下種ス追々蒔クニ
常ニ斷ヘズ葉アリ食用トス
葉ノ状円ク又長ク有リ先
尖リテ厚シ茎ニ付キ叢生
ス四月比ニ茎立ナ二三尺
計リ葉互生ス鶏冠ノ茎
ニ似テ円ク縦ニ筋アリ枝梢
葉間ニ花聚リ付ク後ニ實
有リ黄白色ニシテ硬キ皮有
リ実熟スレバ苗根枯ル其
實ヲ蒔ケバ直ニ生ズ○菾菜訛ナユヲスクヲオゴレく

著蓮菜 トウヂナ　フダンソウ、

莙薘 タウヂサ

[illegible]

菾菜 熊野物産初志 一

菾菜 フダンナ

フ士

綱目ノ菾菜

○白菾菜 ビート

赤ビート

菾菜 [illegible]

Beta (beet)

Vulgaris (common)

long red mangold wurtzel beet 菾菜

Finest early blood turnip beet 菾菜

サタウチサ
根ハ太クシテ蘿蔔ノ如シ茲ニ図スルモノハ葉
深緑色ニシテ葉柄ハ淡緑白色ニシテ赤ヲ帯
ハザルモノナリ是糖質最多キモノナルベシ
根皮ハ灰白色ナリ四分ノ一尾ノ処土中ニ
入ル

若蓮菜草本 秋実を荷う小便とまぜ澆べし 抑て萵苣の乾も皆両の路まへ肥を用て可なれハ甚よし

甜菜栽培試験

ケーニックスバーク大學校教諭デ、ジ、マーク氏ハ畦ノ切リ方ニ由リ植物ニ及ホス所ノ効否ヲ數年間研究シ南北ノ畦ト東西ノ畦トヲ比較スルニ南北ニ畦ヲ立テタル甜菜ノ收穫及ヒ重量ニ大差アルコトヲ発見セリ先ツ葉ト根頸トヲ除キタル甜菜ノ重サヲ百二十目トシ其葉ト根頸トヲ六十目トシ南北ノ畦ニ作レル甜菜ハ東西ノモノヨリ根ノ重サ百分ノ二、九六ノ増加アリ而シテ葉ノ重サハ都テ百分ノ八、四四ノ減少アリ今四段歩ノ收穫ヲ根三万三千封（一封ハ百二十目）トシ葉一万六千五百封アリトスレハ根ノ増加千八十封ニシテ葉ト根頸トノ減少ハ千四百十八封ナルヘク且糖分ノ増加モ亦少ナカラズ試ニ東西ノ畦ト南北ノ畦トヲ一様ノ手数ヲ以テ甜菜ヲ栽培シタランニハ必ズ南北ノモノハ東西ノモノヨリモ葉少ク根重リ糖分ニ富ミ純粋ノ甜菜ヲ收穫スヘシトニフ斯ク相違ノ起レル所以ハ甜菜ノ受クル太陽ノ光リ熱ト同シカラサルニアリ故ニ甜菜ヲ作ルニ高畦ヲ作リテ此ニ栽培スルハ平地ニ作レルモノヨリ日受ケヨク畦ヲ南北ニスレハ其東面ハ朝ニ日受ケノヨク西面ハ午後ニ日受ケヨク夕竟東西ノ畦ヨリモ一層ノ太陽熱ヲ引クコト多シトス（以下略之）

農商工公報 第四十五号 明治廿一年十一月十五日

莙 Extra early turnip Beet. 早ノ菾菜 生

beta

一 Early Red turnip Beet

早赤色 カブラ 菾菜 生

Betterave blanche à sucre (生) 生

白菾菜

一 Bikwooten (蘭) 西洋 オランダ ニテ 菾菜

薄ク切リ茹キテボートルヲカケ食ス其他調理ノ法種々アリ又糖ヲ製ス草ノ枯シ後ニ葉根ヲ以テ牛豚ヲ豢養スルニ甚タヨロシ

菾菜類（ドウチサ／ビート）

シユカアルビート黄色甘味多シ糖ヲ製ス

フラータレーテビート血色紅

ブラータレーテロヲンビート赤長

ホワイテセルウベアビート白銀色

タークスレーテビート紫黒色

畦幅二尺ニ作リ正中ニ堆糞ノ能ク腐朽シタルモノヲ掘リ錯セ人糞ヲ澆キテ土ヲ一二分覆ヒ其上ニ三月二十日頃ヨリ九月二十日頃迄ノ内下種シテ宜シ土ヲ薄ク覆ヒ二三寸ニ長シテヨリ六七寸目ニ一本残ルヤウニ漸々間ヒキテ其抜採リタル苗ハ別畠ニ畦作リシテ六七寸ニ壹本ツヽ植ユヘシ肥養ハ人糞ヲ薄クシテ根ヨリ五六寸側ニ両三回澆クヘシ

サタウチサ

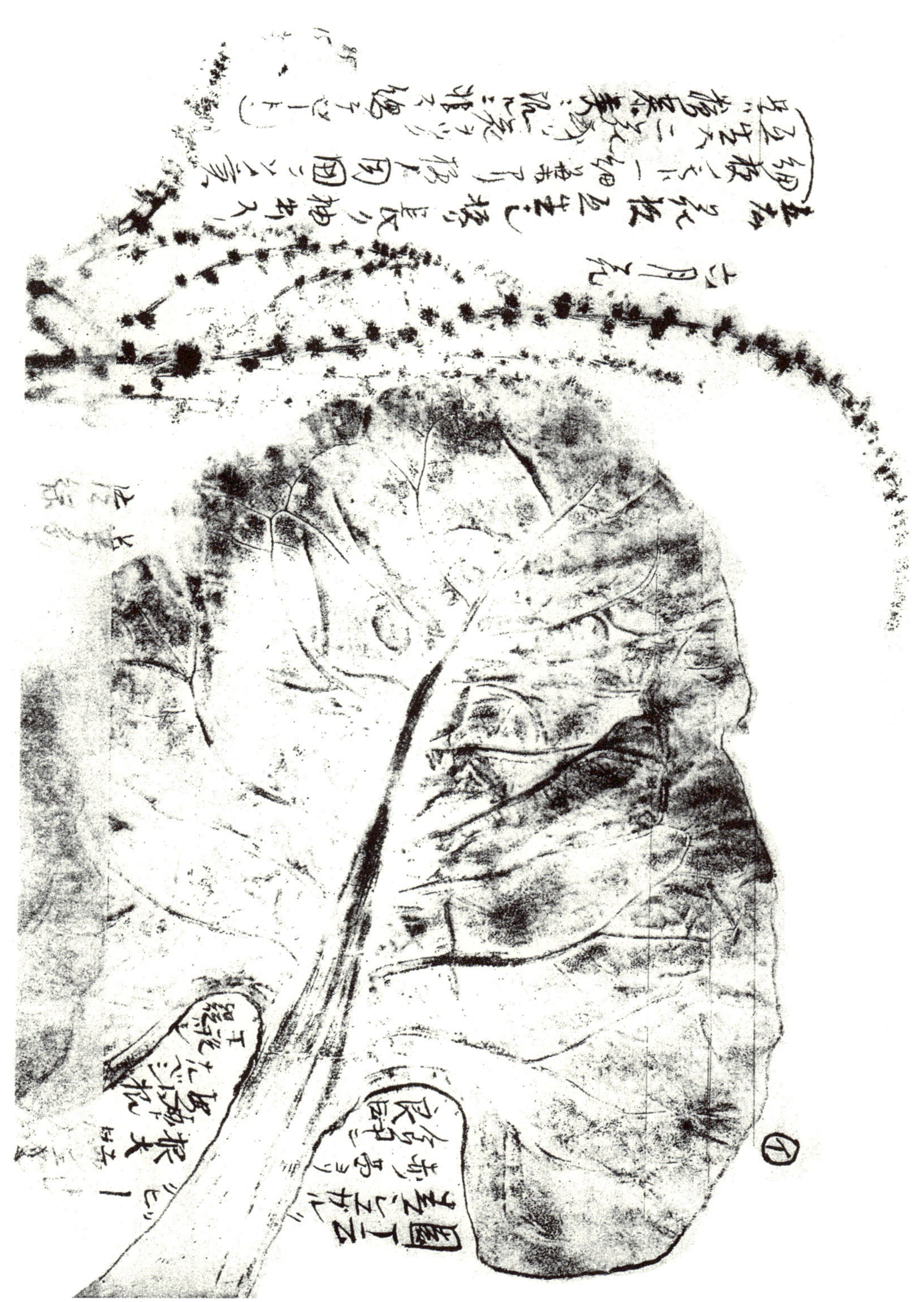

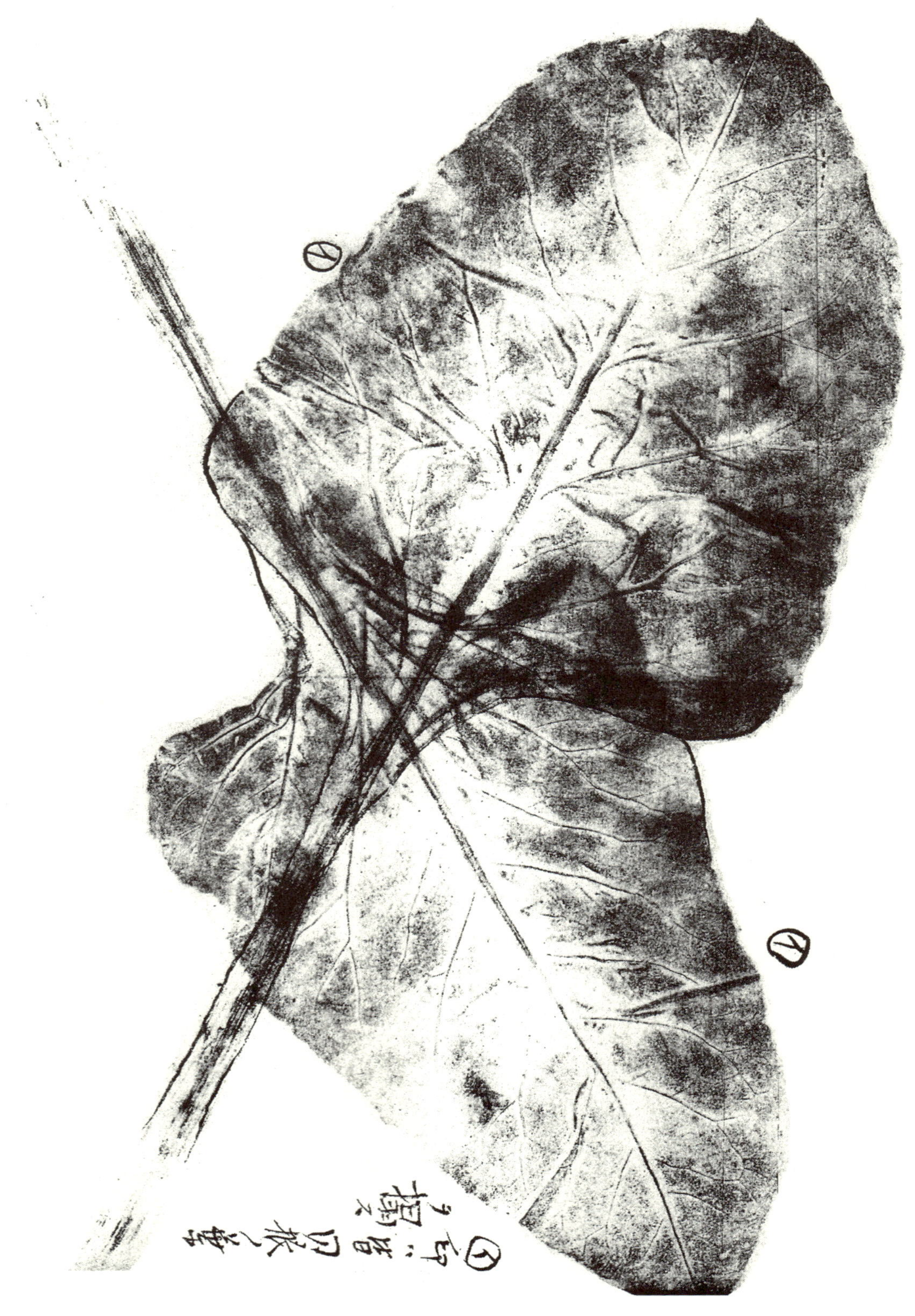

莙薘

葉厚味甜焼灰淋汁可洗衣如玉　鄢縣志　巻一

ノ土　フダンサウ

莙薘 Beta vulgaris ○菾菜（フダンサウ） (pa ting)

本草云平微毒補中下氣理脾氣去頭風利五臓

冷氣不可多食動氣先患腹冷食必破腹茎灰淋

汁洗衣白如玉色　邵武府志　八

○Beta vulgaris campestris.

mangelwortel

フダンサウ　菾菜 又八君莉可

土

○菾菜 タウヂシヤ　焼灰淋汁洗衣コレモ我

和ニテ爲ルナリ

菾菜不都久毛 異名 莙薘菜

莙薘 一名菾菜葉青白似菘但差小耳　安慶府志　巻五

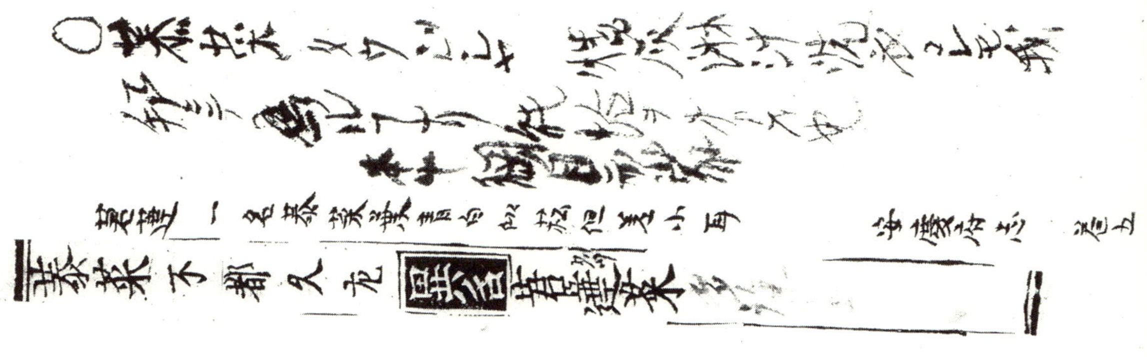

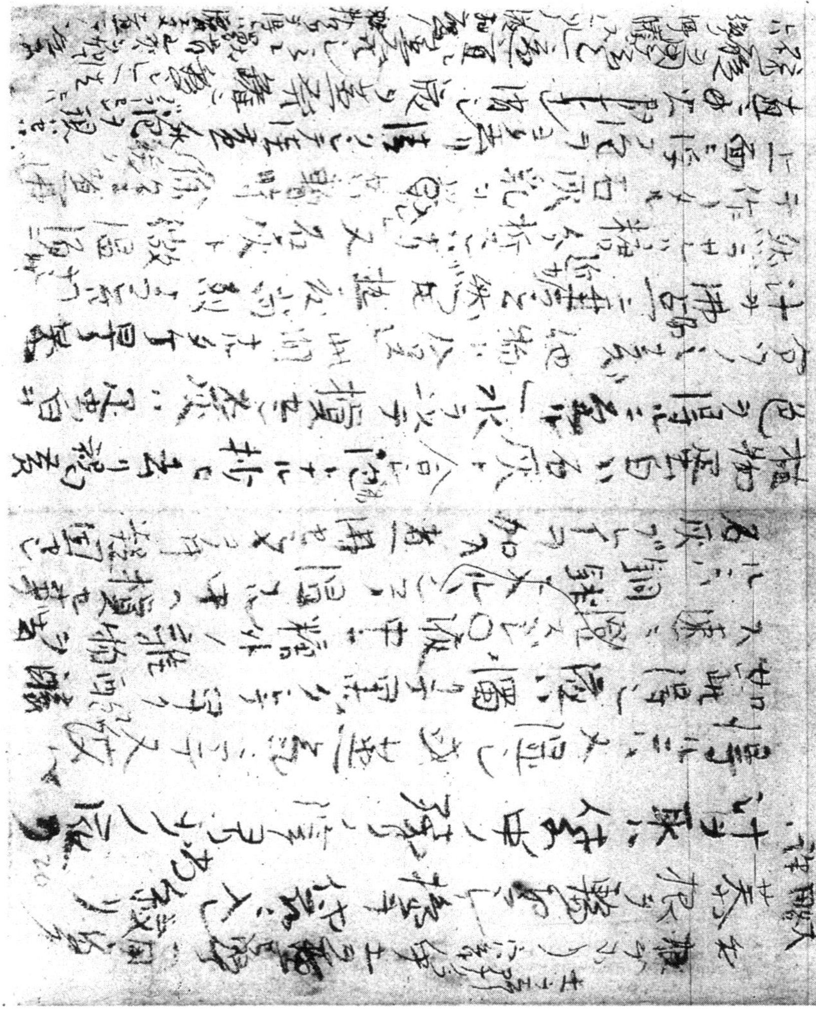

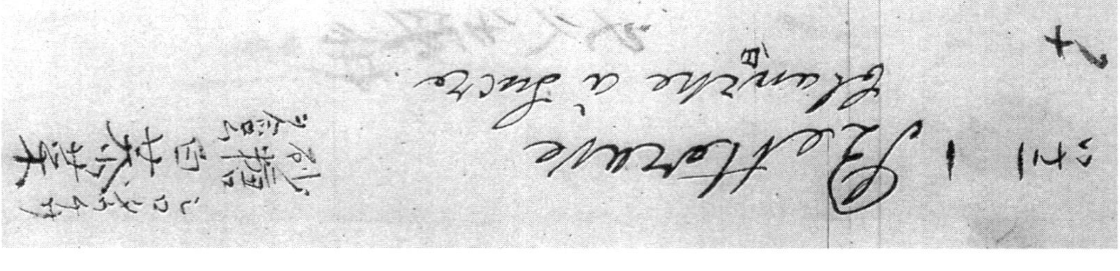

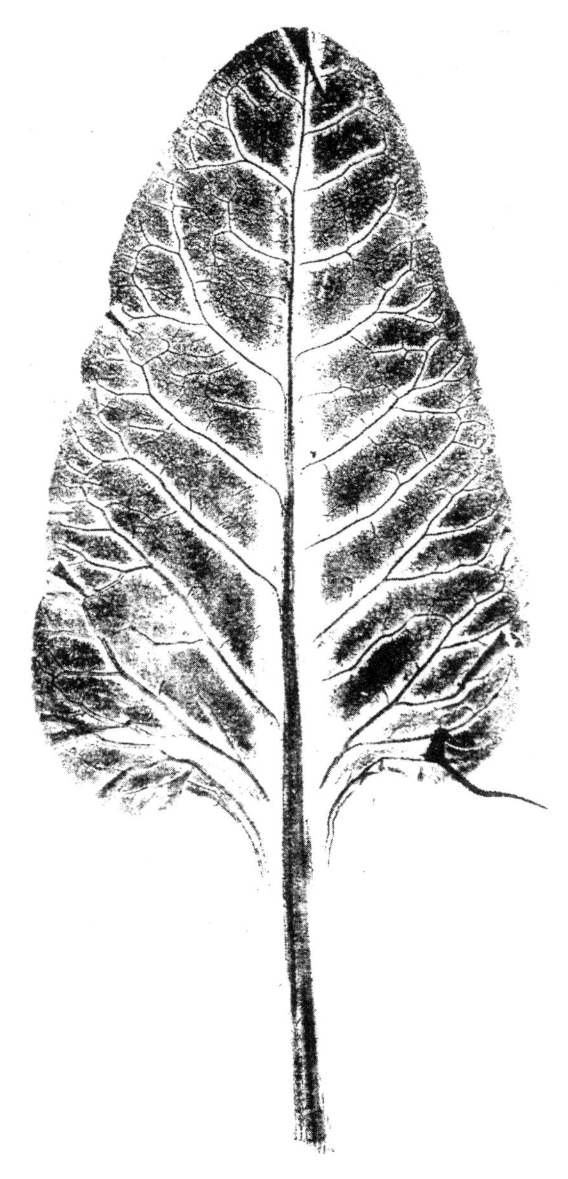

最肥大者

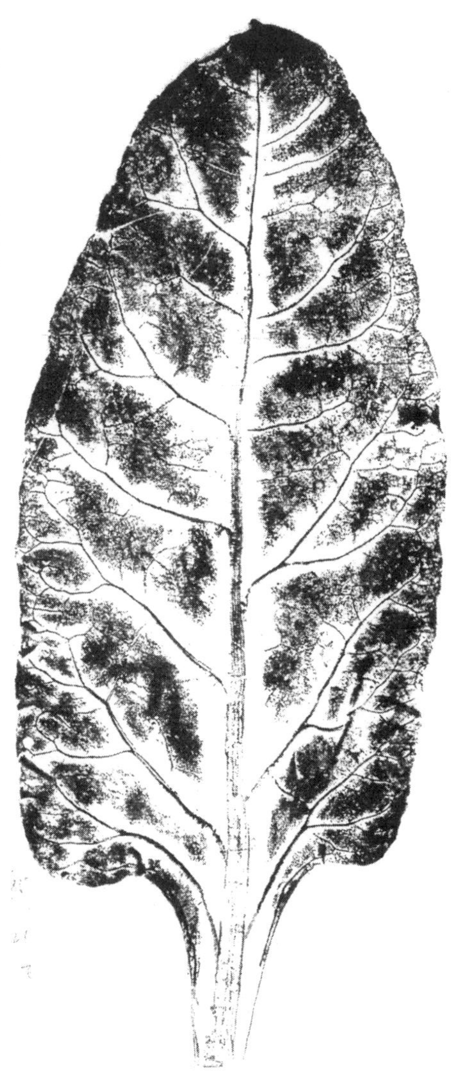

五十

菾菜(トウチサ)ハ [illegible] 阿[illegible][illegible]

(ビート)シユカアルビート 黄色甘味多シ糖ヲ製ス

フラーケレーラビート 血色紅

ブラーケレーテロヲンビート 赤長

ホワイテヒルウベアビート 白銀色

ターケレーテビート 大 紫黒色

右[illegible][illegible]ノ産ニアリ

糖菾

(和ト)(生) ギラルジン ノ説ニ ウイッテ ヒヒ ヒヤ 菾菜 ヲ採用シテ 優ル リトス 是レ 砂糖 ヲ出ス

21 (ト) (生)

作之ニ赤ナ花瓣花アリ皆 Betterave ...
Betterave blanche à Sucre. 糖 八十二
20 成形 米花 然ニ white suiker beet 砂糖ヲ含ム 白(ヒロ)菾(タウ)菜(チサ) (Suiker)
Betterave rouge grosse 赤 大
(Betterave (beetwortel), rouge,) 火焔菜 大者 三十
wortel, Die ...

十六 砂糖フダンサウ beta

Betterave blanche à Sucre. 砂糖ヲ含 白菾菜

採 rave ハ大根之事ニ 菾菜ヲ 菾菜蘿蔔(フダンサウダイコン)

トスルモ或ハ大根ヨリ採ル製スル者ハ

モノハ大根ニチハリ菾菜ヨリ製スルモ

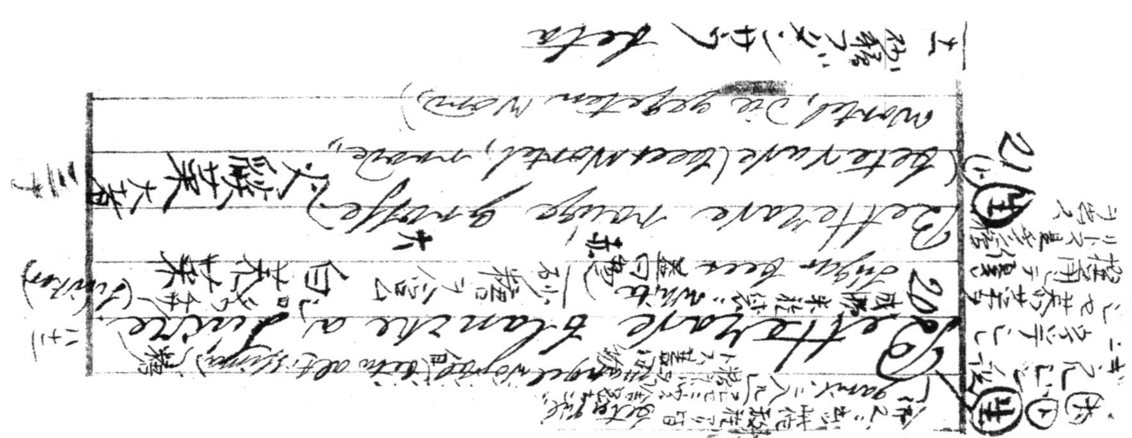

砂糖チサ

下種セシニ候得色（棕ニ白ヲ云）モノ是ク モノモ又同物ニ赤（サスジ）ハ入テ之ヲ云
佛月之ニ砂州佗数種アリ皆 Beta Vul-（ニ云）
garis ニ入ル又之レセニウス之合蘭書ニ
糖ヲ取ル所ヲ mangelwortel（beta al-
tissima）トス蓋同物ク又キヌラルジンノ説ニ
ウイツテ ヒヒセ 恭菜ヲ採用シテ優レリトス之
是糖ヲ生ス多シ又成服氏 米程常ニ Wit-
te suiker 蓋同物
林氏 8巻ニ佛囱ニテハ Bette-Carde ヲ
四随句ニテハ 付蒸菜ヲ Beta Communa（Beta
vulgaris トニテ云ク

佛 Betterave（ジャカル）blanche（白）à sucre（砂糖）ユロタウチサ
砂糖チサ（生）

トウヂサ　肥後州ニテフダン草　備前州ニテアヘナト言フ

菾菜　此草強くさうちやうち花咲中に一種悪気有液ありて其の味く
有赤色にして庭に栽培ところを見ると色多くとも花咲中にて其の秋になり
大根ホどと梅漬に仕り　紫蘇にて代りにも仕り

ギえじン分离書 423下
菾菜根ハ砂糖ヲ含ム了少シテ假令
十ペクト又ペリゴツト」ノ説ニ從ヘハ十四ペプトラ
含ムトリ是モ六ペクトリ」ヨリハ稍大ナル」平均ニテ
ソノ裏析スレハ菾菜根ハ
水　八十五
雜子白具他溶解質　砂糖　十
二、五　二、五
材纖維　二半

〇「ウイツテコルレセ」（白）菾菜ヲ撰用シテ優（良）
リトス是糖（多）ヲ出シ且製造容易ナルニヨリ（嫌好）ハ
ナリ」ワサビオロシヲ以テ液ヲ含ム所ノ
小キ「セル」「ウエールスル」ヲ細ニス（カロ）根ヲノ木ニ
入レバ九十 pcx マデ液ヲ出ス
〇一千四十七年ニ「ベルレイン」ノ margraf（人名カ）
菾菜ノ中ヨリ結晶スベキ糖ヲ検出セリ」（甘蔗ノ糖ニ似タル）

フダンサウ

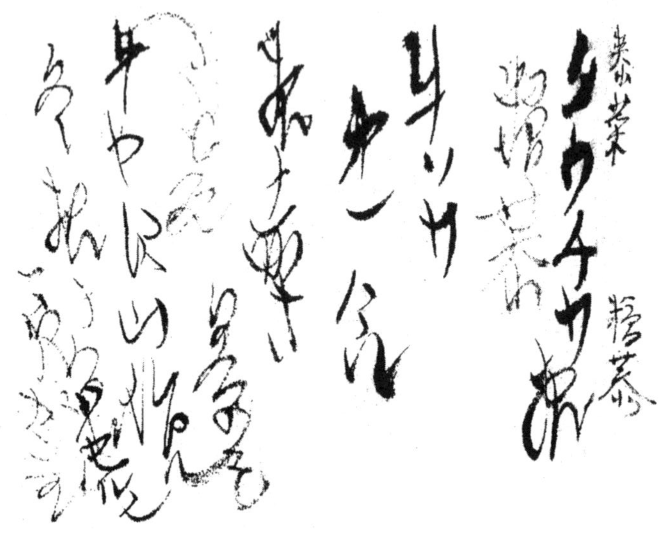

又久三寒春初テ下種シ生ス緑色尋常
ノ品ニ異ナラス葉形円ナラス只長クシテ大

莙薘 異名 甜菜 菾菜

農政全書云タチシ三月ニマキ四月ニウツス又八月ニマキ十月ニワカチウフ異
水ツシ〱ソノ時珍ノ云フル根モ又生スノ毎月オヒ〱ニマケハツ子ニ
アリ故ニ俗ニフダンサウト云ハウレンヨリサカヘヤスクシテツカリマ
シユヒキテ茎モ葉モ酢醤油ニヒタシ食シテ味ハウレンニオトラス
性ハヨカラス虚冷ノ人ハクラフヘカラス

諸菜譜 中

菾菜

菾糖浣澤稿

○トロムスドルフ百工製造書第一巻 155丁

○菾菜根ヨリ生砂糖ヨリ製スルニ
七箇ノ法アリ（其一）此根ヲ洗ヒ。片々ニ切ル中
（其二）此ノ液ヲ搾ル（其三）其液ヲ石灰ヲ
以テ澄ス（其四）澄液ヲ蒸発シテ薄
キ舎利別トナス（其五）薄キ舎利別ヲ蒸

発シテ稠厚シ砂糖トナルニ至ル(其六)稠
厚ノ舎利別ヲ型中ニ灌キテ砂糖トス
(其七)生砂糖ヲ「ケレイアールド」ト云フ
ア
注(イ)此根四種ニ別ツ(其一)赤皮ニシテ
赤肉者又白肉者(其二)赤皮ニシテ
全白肉者(其三)黄皮白肉者(其四)
白皮白肉者是ナリ此ヲ四種ノ糖質

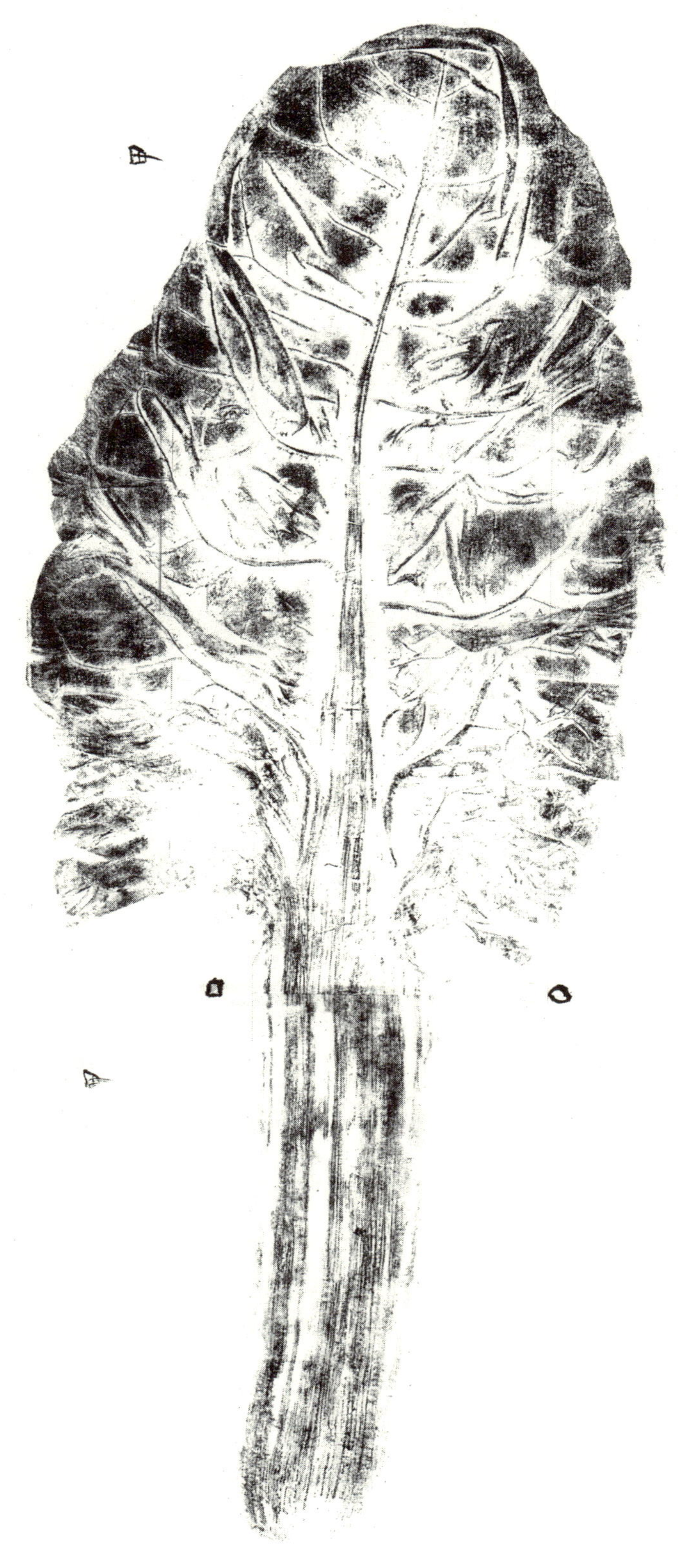

サトウチサ

砂糖ヲ含ム白菾菜（シロタウチサ）

菾菜ノ一種

○佛ノ植物冊ニ Betteraves 三種ヲ掲ク 糖菾菜ト云フ訳

○Betterave blanche à sucre

按ニギラルジンノ説ニウイツテシレシセ菾菜（チサウ）ヲ搾ニ用ス
ルヲ優レリトス 是多ク糖ヲ出ス○船来ノ菾菜糖ヲ見ル
ニ上品ニシテ蔗糖ニ殊ナル無シ 来年多分ニ植ヘ糖ヲ汁製スベシ

文久二戌ノ年佛ヨリ種子船来セリ 菾菜ノ一種ニシテ
実長大ナリ 葉梗赤色ヲ帯ブ 或ハ赤色無キ
モノアリ 根モ大ニシテ頗ル蘿蔔ノ状ナリ

テウセンダイコン	テウセンナ	アカナ
トウダイセン 擦一	アカヂサ	ウズニキダイコン
シヤムロダイコン 大和本草	インゲンナ 同	ウズダイコン 同
ミヒキ子 ナゴヤ 名古屋	シウキナ エゾ	
ヂロートベイト	ベーデトドニエウス	ガラスコロイト

○三 ローデビーテ Betterave rouge 火焰菜 大モノ

火焰菜 救荒本草　菾菜ノ種 紅蘿蔔ニ似

菾菜ノ一種ニシテ茎皮葉脈紅紫ナリ 花実モ菾菜ニ異ナラズ
其根直ニシテ小蘿蔔ノ如シ 切レバ紅白ノ一キタル筋アリ 故ウズ及一ニシ
キノ所アリ 食用トス

サンゴヂユナ

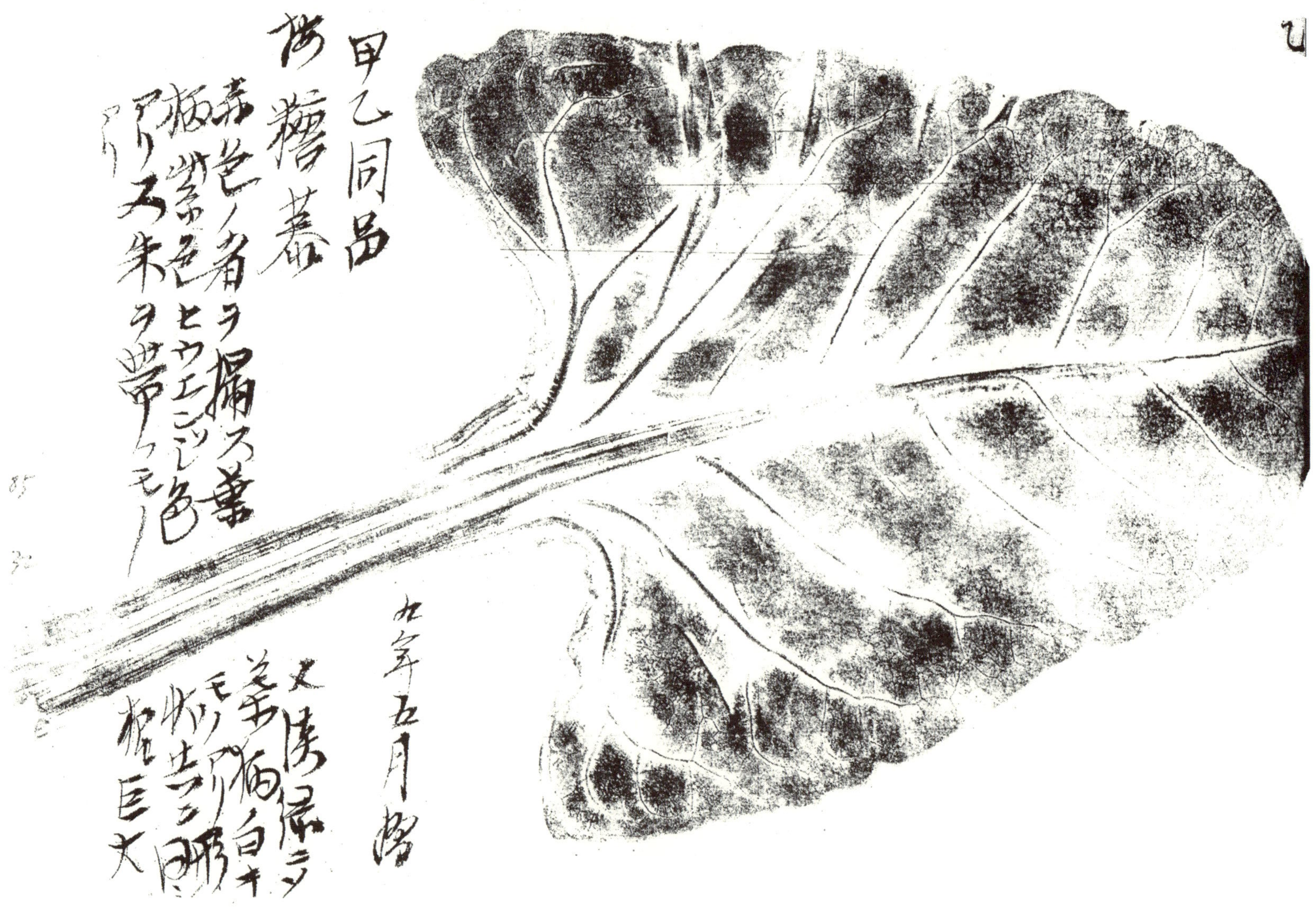
乙
甲乙同品
九年五月

○糖菜にて砂糖を製する法

我邦の地勢たるや南北に長くして南方ハ熱帯ニ近く薩摩土佐讃岐より紀州駿河遠江の國々にハ砂糖を産するの量少からす皆甘蔗より之を製する者なれハ故に我邦人ハ甘蔗の外ニ砂糖を採るへき者あることを知らさるか如し奥羽の地方に至りてハ甘蔗を生する能はさる故ニ砂糖を南方ニ仰かさるを得す然らされハ之ニ替ゆるに蜂蜜或ハ飴の類ひを以てするより他なかるへし歐羅巴に於てハ南方少許の地を除く外ハ其地甘蔗を生する程の暖地なきを以て昔時ハ皆印度の地方ニ貿易して之を本国ニ輸入するのみなりしニ千七百四十七年の頃日耳曼國の「マルガラフ」氏始て其地ニ生する唐

[illegible]

四月上旬堆糞を原肥として畑ニ畦時きし後苗を間引き人糞を施し八月中旬より十月中旬ニ採り其根を薄く切りて生食し又瀹き或は醋漬にして宜し

菜より砂糖を取るの説を發せり之を以て歐州製糖の濫
觴とす其後諸家引續きて意を之に注ぎ其製造を盛ん
にならんとせしかれどもまた世に之を施すに由なかりし而して
世に著名となりしハ佛蘭西の「ベンジヤーミン、ドレツセル」氏なり
同氏ハ一千八百〇一年砂糖製造處を其都府巴里に建設し
同六年糖菜を以て最上の結晶砂糖を製し得たりこの時其
事早くも府中に聞えしかバ佛帝第一世那勃烈翁之を聞て
今迄他邦に仰きし砂糖の我邦に製し得るを深く悦ひ速り
に駕を枉けらの製糖場を一覧せらるに折しも主人ドレツセル
氏ハ所用ありて他出せり帰りて我家に至らんとすれハ帝の親兵
に支へられて入る能ハず依て姓名を告けその主人なることを述べ

稍くして製造處に至りて見れハ帝ハ各處を巡覧せられて
衆多の職夫等に圍繞せられたりドレツセル」ハこの状況を見
て帝の怒を蒙らんことを深く畏れ匍匐して之に近つけハ帝ハ
滿顔笑を含み親ら胸に掛られたる賞牌を取りて之を與へ
彼れの功勞を懇に賞せられしとなりされよりドレツセル氏の榮
譽ハ國中に言ふはかりもなく其製造亦隨て諸方に盛大と
なり遂に佛国の一大工業となり一千八百五十八年に至りてハ
国中製造處の總数三百四十箇處にして五ケ月間に製造
せる砂糖の總高千八百七十萬貫に及へりとなり那勃烈翁
の英武雄略を以て尚不意を斯の如きの工事に注用ひしを
見れハ実に感するに餘ありと云ふべし佛國今日の盛旺を

致す亦宜なりまたや聞く我邦にても曩に山形岩手等の地
方に糖菜を植付け方今専ら製糖法試験中なりと往々
此事業を盛興せハ國益を裨補する蓋し鮮少ならざるべし
糖菜と云へるハ紅白二種ありて蕪菁に能く似たり白なるもの
を以て最良となす即ち上圖に示すが如しその含む所の糖

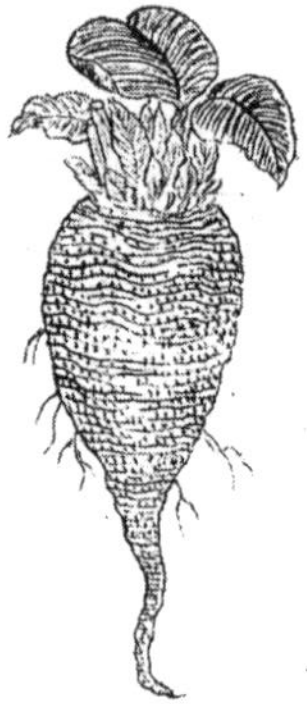

分土地と氣候とによりて大同小異
あるへけれとも佛人ヘリコット氏の其
國中に産する物平均を以て成分
を定めたるものハ左の如し

水分　八十五	糖分　十
粘汁　二、五	木質　二、五

アカヂサ　ロウトベート　蛮

秋子ヲ下シテ生モ冬ヲ経テ長スモト、ウヂシヤト一類ニシテ苗葉花
実ハモ亦トウヂシヤト同シク但葉厚クシテ紅紫色頗ル硬シ大根ニ
テハ甚タ食シ易ク味モ良ナリト

エ

Bette rave rouge grosse　(生)

二、火焔菜

Long blood Beet

長キ血色　菾菜

圭

生

十

ヲ含ムヿ最多ク拮据多量ノ砂
糖ヲ製シ得ベシ
㋺ 木槌ヲ用ヰ中空ニ毋貝キル者
ニ入レ水中ニテ洗フヿソノ蘆頭ヲ去リ得ベク
ベキナラバ皮モ去リ後適宜ノ器ニ
リテ研磨シテ糜粥ノ状トナス
㋩ 菜根ノ粥ヲ搾ルニテ「レイ網」ヲ用ヒ
ノ中ニ入レ「スコルコク」或「ハルフベハセン」用

テ務テ之ヲ搾ル
㊁此液ヲ罐ニ入レ煮沸ス沫(蛋白
質)生スレハ抄ヒ去ル既ニ生セサルニ至
テ此液ト石灰ヲ加ヘ酸ヲ分チ去ル
㊅(液中ノ)酸ヲ奪ヒ去ルニハ之ヲ澄清シ風化
或ハ水化石灰ヲ加ヘ「ラックムス」紙ノ試
ニヨリ液中ニテ赤色ニ変セサルヘキ…
香末ハ澄褐ナルニ至ル…従ヒテ
ルヲ清澄ノ火酒ノ色ヲ得ルニ至ル者
㊄此液酸ヲ脱スレハ木精ニ入…
傍ニアル鍋…清澄酒…出シ…
㊦後ヲ清澄ノ液ヲ務メテ徐々ニ
蒸発シ全ク稀薄ノ舎利別ノ濃ナ
ヲ得ルニ至テ罐ヨリ汲ミ出シ十二時
間静置シ澄マシム
㊆コノ清澄ノ舎利別ヲ(フランネル)ノ中ニアル澄
(林檎酸石灰)ト分チ濾キ出シテ適宜ノ
温ニテ蒸発シ試ニ之ヲ取テ冷ヘシムレハ

舎利別ヲ除キ去ルソノ汁砂糖ハ褐黄
色トナリ甕ノ中ニ残ル

㊇茶菜 百斤（ポンド）ヲ以テ前法ニ據テ製
スレハ雄生砂糖六斤ヨリ八斤ニ至ルヲ得ル（二）

[illegible]

物也除六歳之外人莫用之後来欧羅巴瓶紀
茶与紫非因以糖落入茶与紫非内気化而飲
之別窮糖更多矣法蘭西等国現用甜菜
齋即紅菜豆之実而造糖蓋法昔日用
他處所産之甘蔗糖是今国糖六七餘年
前与英吉利伐之際各日商路不通而糖又由英
吉屬地所産毅所用之糖猶不能後発維採
辨繁至全国色糖可用於是法王建議国内諸糖

凝固スルニ至リ 之ヲ他器ニ移シ冷定
セシム
(リ)舎利別ヲ蒸発シテ 糖形ノ器ニ入レ凝（端末ハ尖リ尖端ヲ下ニス）
固スル時ハ尖端ヲ開キ 結晶セザル舎利別
ヲ流下セシメ 凝固セシ生砂糖ノミ残ル
(ヌ)生砂糖ヲ糖精製スルニハ舎利別
既ニ流下セザルニ至テ「ケレイアールド」水
ニテ浸シタルモノヲ五拇蘭ヨリ七拇迄ヲ掩
ヒソノ液漸次ニ砂糖ヲ透シ尚残ノ

古無徴後漢於是大造糖以資要需備
用甘蔗為而総煉無他料純還且訓成
之糖不甚佳而價亦頗是以法王頒行論示
布告天下使人知考究造糖之法備造得佳妙
者則父皇美之由此国王自立糖廠並開照
各處造糖生造之不以則法見之人飯以甜羅蔔
造出上等之糖一等糖價不甚易是非唯廉一
国之需而尚可消售於他邦之用汁而歷一千
八百十六年法国總有甜羅蔔造糖廠共四百三

此法傳至俄羅斯國而俄國設有糖廠
現有二十五家每年造糖計二万六千五百九十噸而
其出產卑利和之奧地里國布羅斯君等
因地氣適宜不及甘蔗所以現在多將甜蘿
蔔造糖蓋因糖出於甜蘿蔔所有小公司處
產甘蔗者亦多種甜蘿蔔而造糖也可
利之
恰致喜樂惟一法土西亞造糖法

（Suikerpeen (beetwortel, roode wortel, ?ie ??? wortel)
三十七 Betterave rouge grosse.
文么乙
火 嗽菜 大者

火䤆菜　サンゴシユナ　アカナ同名アリ

元蠻産ニシテロートベートト云形蕪菁菜ノ如クシテ茎及葉脈紅紫色ナリ花實モ赤蕪菁菜ニ異ナラズ俗ニサンゴヒユナ一名朝鮮ナ　朝鮮ダイコントモ云大和本草ニシヤムロダイコン　ウヅダイコントアリ根形紅色コレヲ切レバ紅白ノマキタルスヂアリ故ニウヅダイコンノ名アリ食用トス害ナシ

救荒啓蒙十四

火焔菜　アカナ　サンゴシユナ
莙薘菜ノ[illegible]
トウチサト同茎深紅色葉紫紅色
ナリ又葉ノ軸ト葉ノ筋ト赤色ナルモノト有

○火焔菜　アカナ　サンゴシユナ　莙薘菜ノ赤色ナルモノナリ葉ノ形トウチサト同茎深紅色葉紫紅色也又葉ノ軸ト葉ノ筋ト赤色ナルモノト二品アリ小野氏火䤆菜ウスヽキ大根蛮名ロートラライス紅蘿蔔ト云同名異物也

火焔菜　さんごぢさ○播花ニてハあかぢさと云　江戸ニてハなうぢさと云

○火焔菜　サンゴシユナ

火焔菜
サンゴシユナ

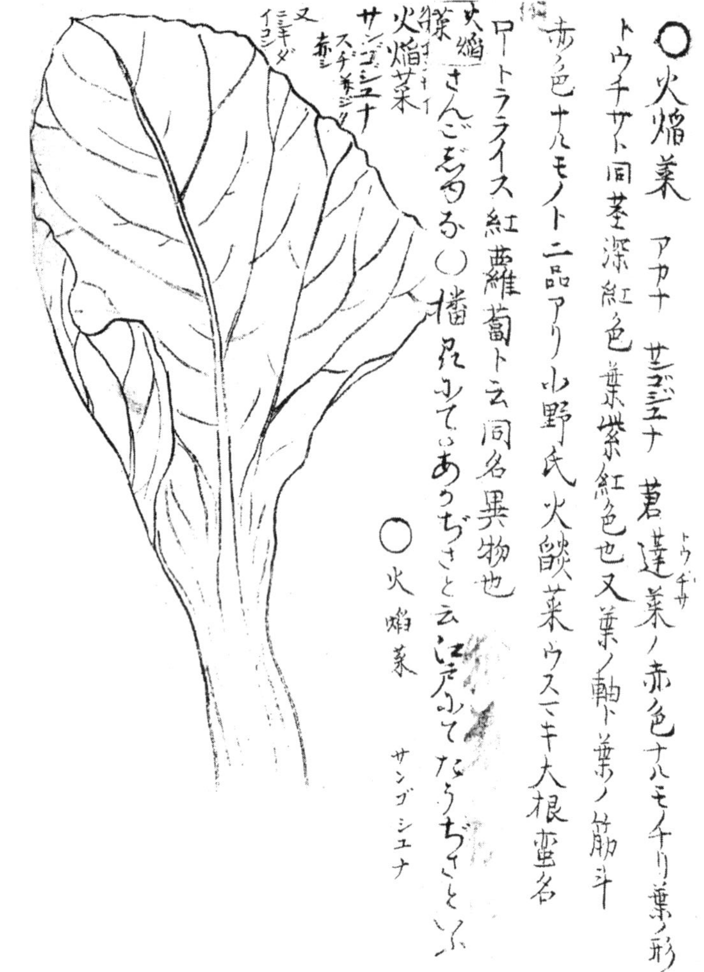

Beet 火焔菜

佛 Bette rave rouge [illegible] (Beta [illegible] Beet")

[illegible] 火焔菜（サンゴジュナ）大昔 (生)

サンゴンユナ

菾菜ノ赤色大ナルモノゝ如シ根モ肥大ニ
テ地上ニ出ヅ

四月上旬堆糞を原肥として畑に畦蒔きし後苗を間引き人糞を施し八月中旬より十月迄旬に採り其根を薄く切りて生食し又淪き或は醋漬ましく宜し

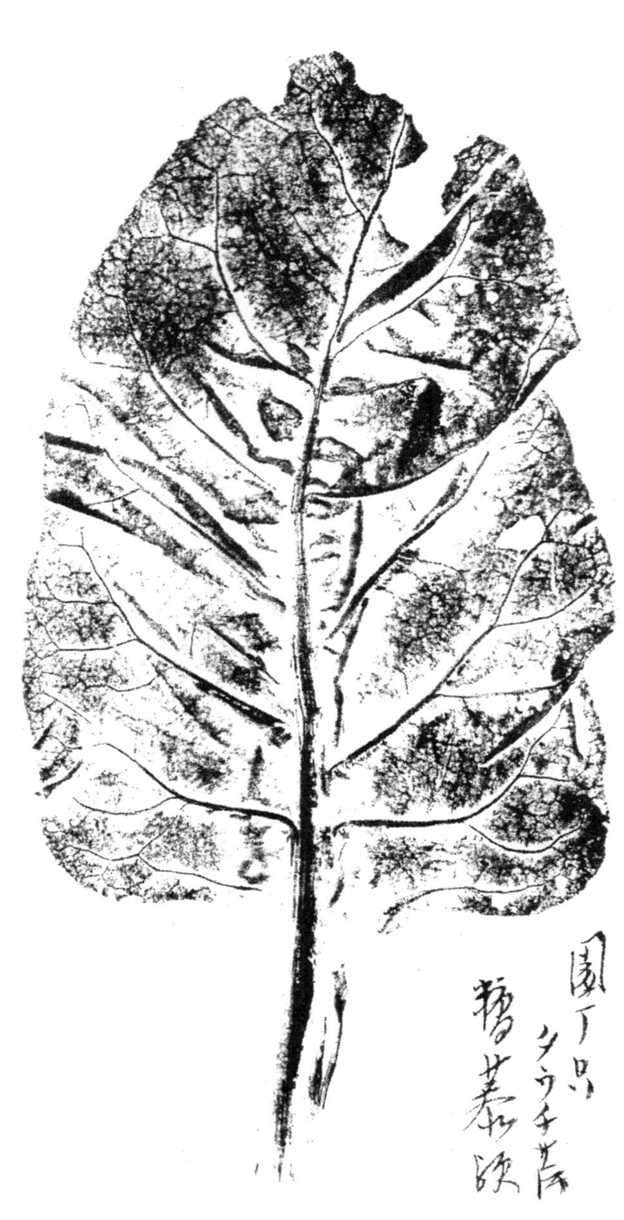
園丁呼タウチサ
糖菾菜類

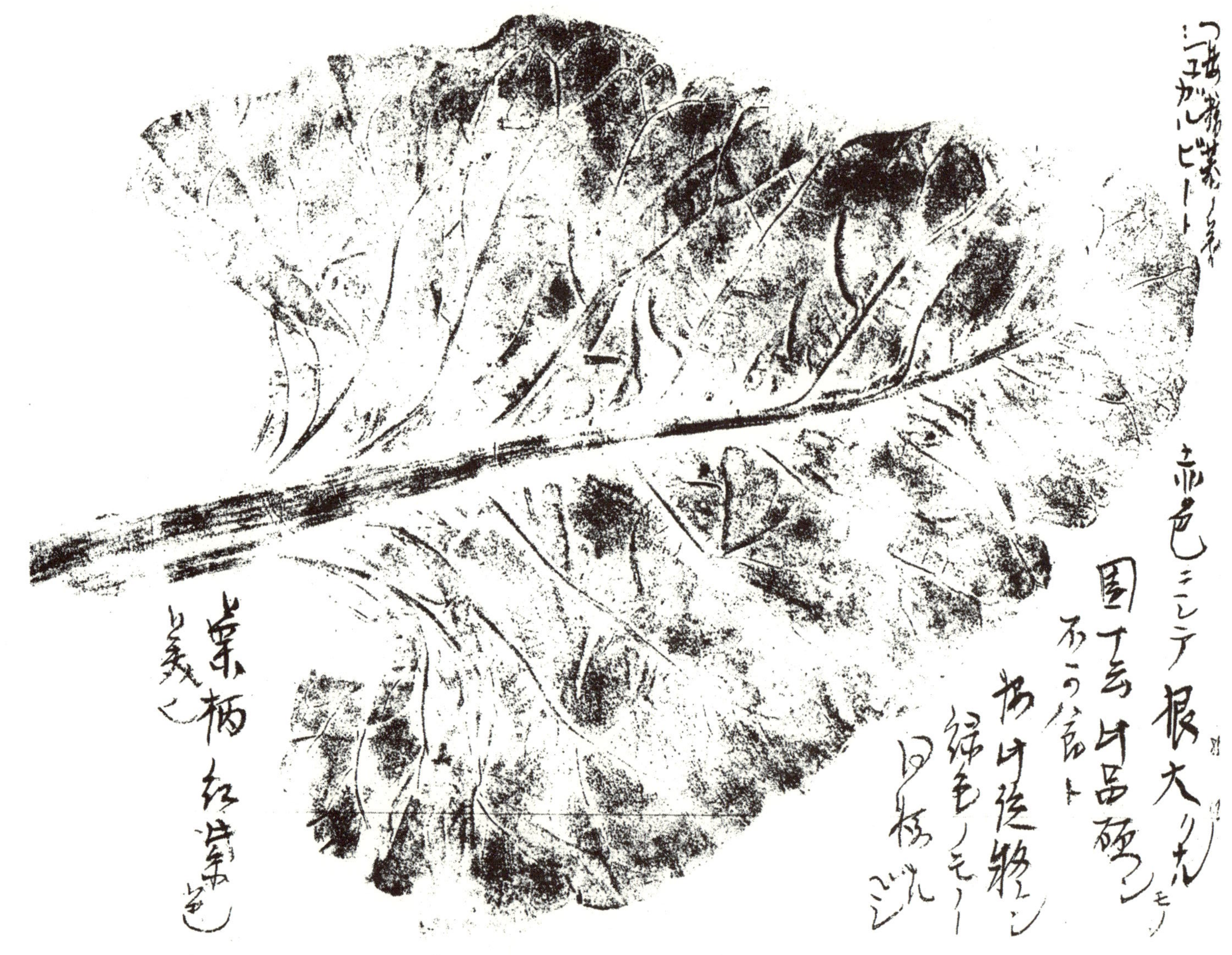
赤色ニシテ根大ナルモノ
葉柄紅紫色

十二

田野路傍又人家ノ庭際ニモ生ス細葉対生ス七八月葉間
二四弁ノ小白花ヲ開ク

圭按ニフタバムグラ
ナルベシ説中ニ五
弁トアリ鈎ハ四
弁トセリ四弁
ナルベシ

鈎本田ナリ

東京牧野氏余ノ後園ニモ
生セシアリ

〇フタバムグラ

蕀蕀菜

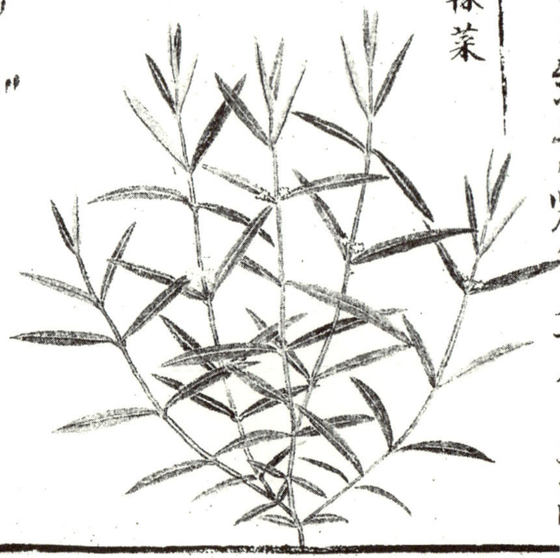

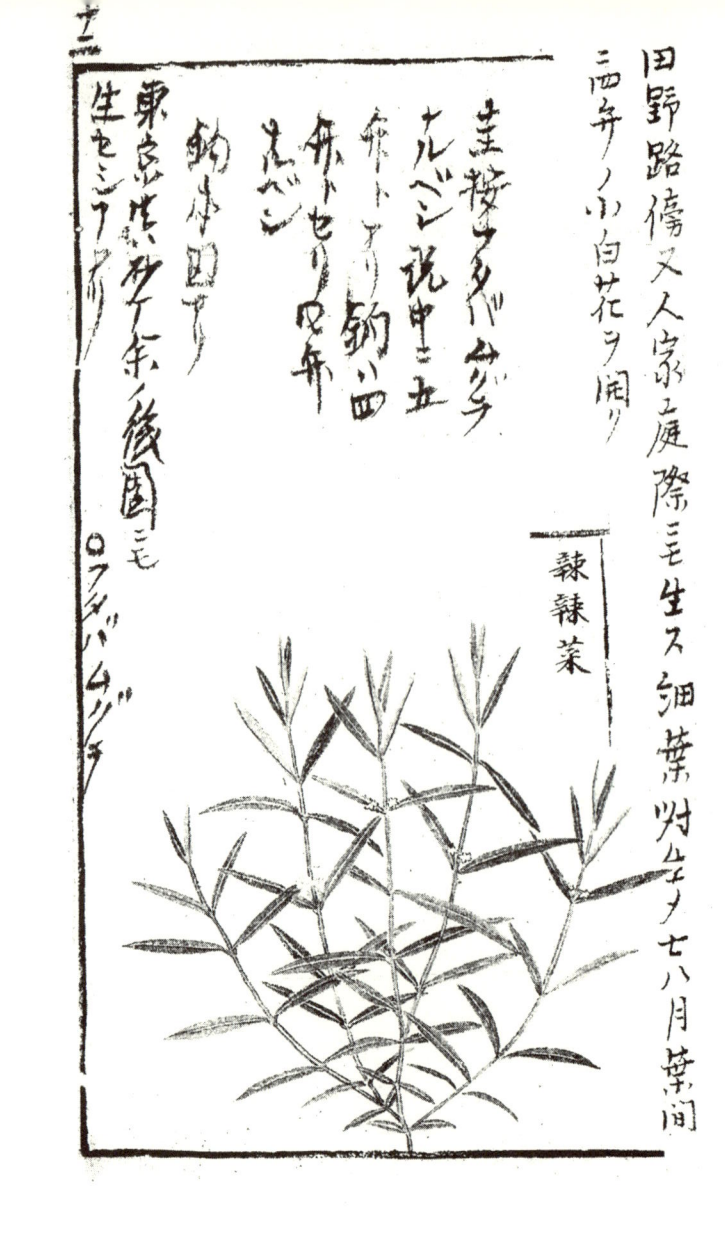

鍊之菜

一名　大葉漆姑草

和名

本草綱目巻之十六蔵器曰葉細細多生石邊○救荒本草巻之三云苗高五七寸初生尖葉後分枝莖上出長葉間細青白花結小蒴其子似葶藶子黄色味辣

四月實ヨリ生ス葉ハ黄芩葉ニ似テ細ク長クモ草ナシ又ムシヤリニダウ葉ニ似テ厚シ長サ一寸二分濶サ一分両葉ツヽ相對シテ十字状ヲナス七月莖高サ四五寸葉間ニ五瓣ノ小白花ヲ開ク雄蕋一分半ニシテ白シ形鐸牙菜花ニ似テ小ナリ雌蕋多シ粉赤茶褐色花ノ後子ヲ結ブ最小リ真味辛キコト蓼葉ノ如シ霜ノ後枯ル

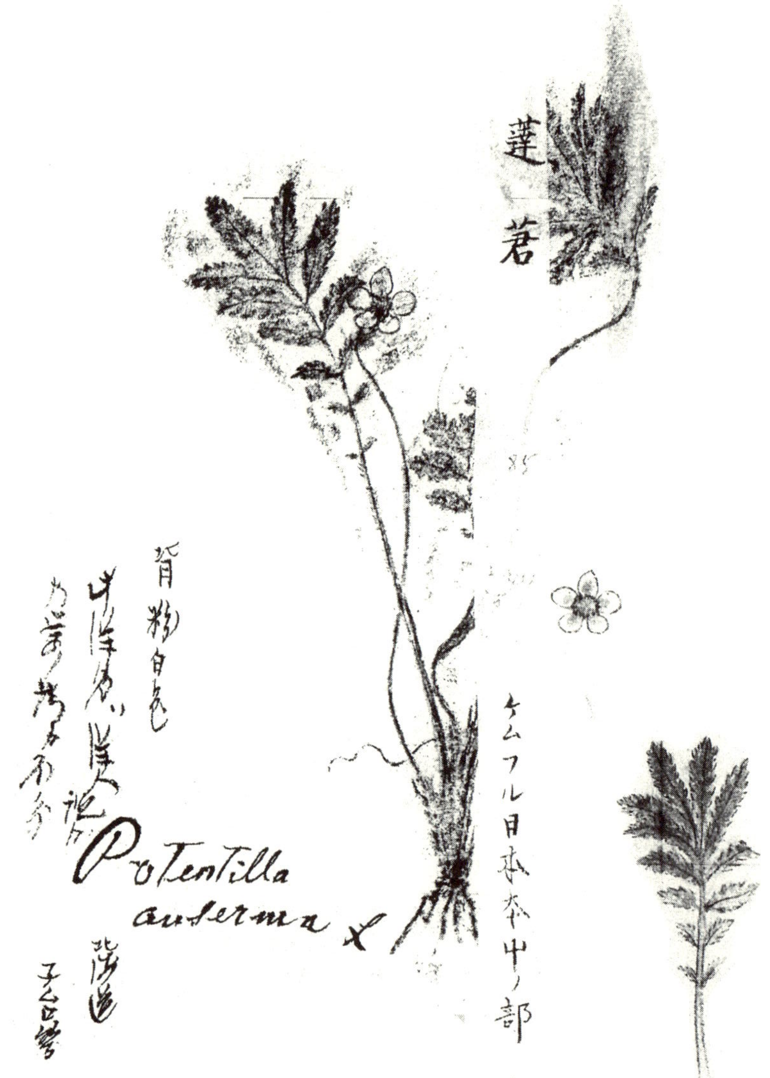

十五

此ニハ三葉七葉ノ分チ有
リ此々ニハ七葉ノ方ナリ
月比花白ク大葉ノ河原
サイコニ似テ地ニハヒ黄色
長大ヲ識倍ス山ニ周テ
ハ小アリ白川ニ有ハ小ナリ
リ吹ノ産ハ大ナリ故ニ花
称ス此根ハ天門冬ノ形
ノ三ツ五ツ有テ有リ皮色
赤ク有リ内ハ白シ小児取
リ生食ス故ニツチグリト云
八葉ノカワラサイコハ雞腿
児ニ似テ白毛無キコト
分シ有レ𪜈ハツキリト不分
即テ翻白草ノ一種ナリ

雞腿児　ブクリヤウツゥ　ツチグリ

葉図ノ如ク鋸歯アリ七葉ツク地楡葉ニ似テ痩セ小葉ニメ背ニ白毛アリ風ニ翻リ白クミユ故ニ翻白ノ名アリ夏初メ五分ノ黄ナル花ヲ開ク茎立花開クモ委陵菜ト同ジ京師ニナシ播州ニアリ京白川山中ニ此ニ類スル草有リ然レ𪜈葉背白カラズ葉巾広ク三月比花アリ形チ雞腿児ト同ジケレ𪜈真物ニ非ズ此レ一種ノ雞腿児ナリ大葉河原柴胡ノ名アレ𪜈茎周ニナラズ本草綱目ノ翻白草ハ三葉ノブクリヤウソウナリ三葉柴胡トス葉背白シ花モ同ジ三葉七葉ノ異アレ𪜈倶ニ雞腿児ナリ大葉ノ河原柴胡ニモ三葉七葉倶ニアリ

翻白草　フクリヤウサウ
三葉モノ七葉モノアリ
熊野物産初志　一

○白山ブクレウサウ苗ハ蛇含ノ如ク葉モ蛇含ニ似テ三岐ヲ成
テ深ク不切又毛葨葉ノ切ナキニ似タリ又翻白中葉ニ
似タリ茎葉ニ茶毛アリ夏茎一二尺出葉互生ス其状
七岐五岐ヲ成小ニメ十二ヒトヘ又モミチ葉ニ似テ茎ニモ
毛アリ梢ニ小穂ヲ成一分許ノ小花ヲ開短蕊アリ花
色黄白ノ二品アリ

中山中本

了

十五

ブクリヤウサウ　ツチグリ

雞腿兒　飜白草 細目ノ飜白草ハ三葉ノフクレウサウナリ

播州ニアリ葉ノ形地楡ニ似テ背白風ニ飜レハ翻リテ白ク見ユ花ノ形蛇含或委陵菜ニ似タリ

紀州ニテ葉鋸歯アリ七葉ツヽ着ク形地楡ニ似テヤセタリ葉背ニ白毛アリ風ニ飜レバ白ク見ユ花五瓣黄色拙テ委陵菜ノ如シ京ニナシ播州ニアリ京白河山中ニ此物ニ似タルモノアリ葉背白カラズ葉巾廣シ花形ハ同シ三月比花開キ葉モ七枚ツヽコレ雞腿兒ノ一種ナリ大葉ノ河原サイコトモ云サイコノ名アルモデン薬用ニナラズ本綱飜白草ハ三葉ノブクリヤウサウ之三葉サイコ比葉背白シ七葉三葉モト同物ナリ共ニ雞腿兒ナリト云ニ

一種大葉ノカワラサイコ キジムシロ江戸ノ大和本草ニキジムシロト云モノハ蛇含ナリ啓蒙

前出芽

○ブクレウサウ　ツチグリ

ポテンチルラヘニア

雞腿兒

播州ニ自生アリ葉ノ形地楡ノ葉ニ似テ背白一根叢生針ニ茎ヲ生シ枝ヲ分ケ　五弁ノ黄花ヲ開ク了蛇含ニ似タリ

根ハ

タ十六

鷄腿児

布久里也宇佐宇

多生山村路傍陽地三月生苗夏月茎高有黄毛
葉緑色而闊一寸許長三四寸形似地楡葉而對
生其葉緑色面深背淺六七月分枝茂生開五瓣
黄花救荒本草曰鷄腿児一名翻白草苗高七八
寸細長鋸歯葉硬厚背白其葉似地楡葉而細長

閑黄花當謂此物

常陸物産志 八下

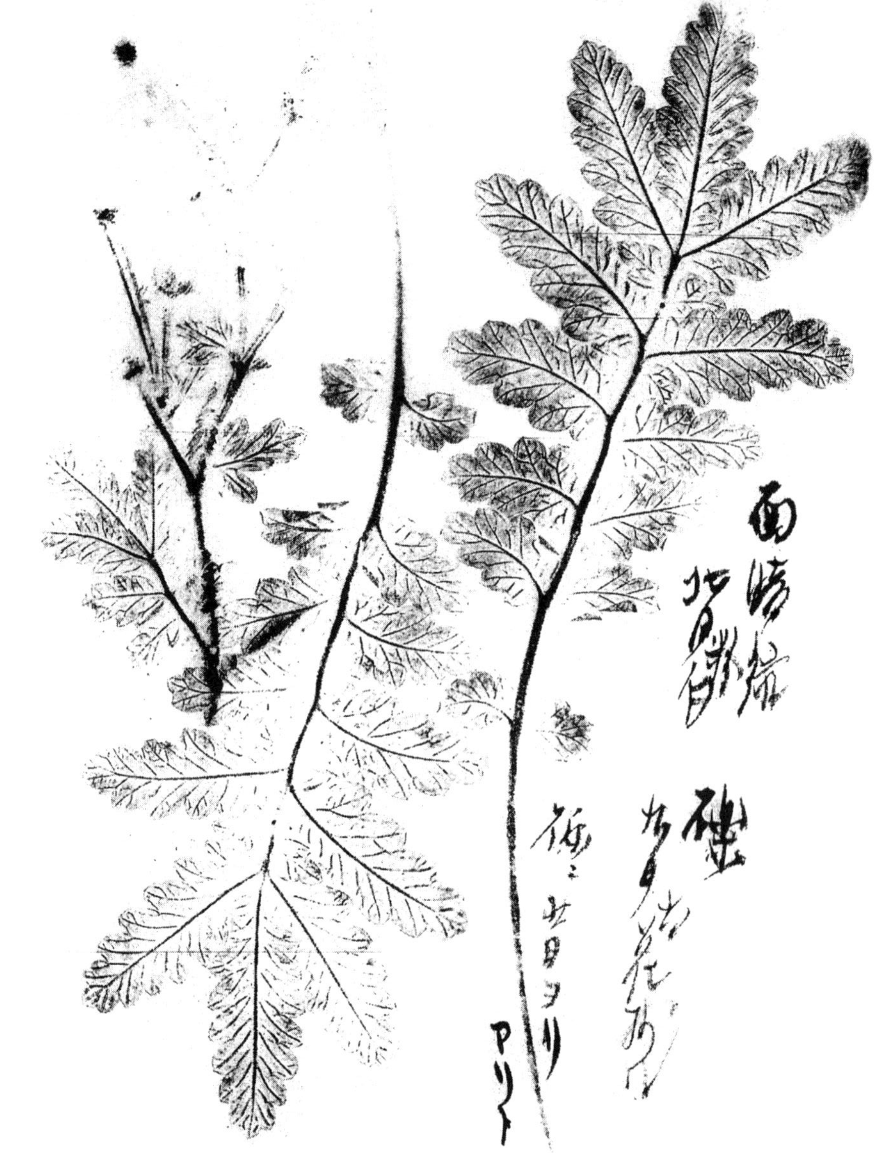

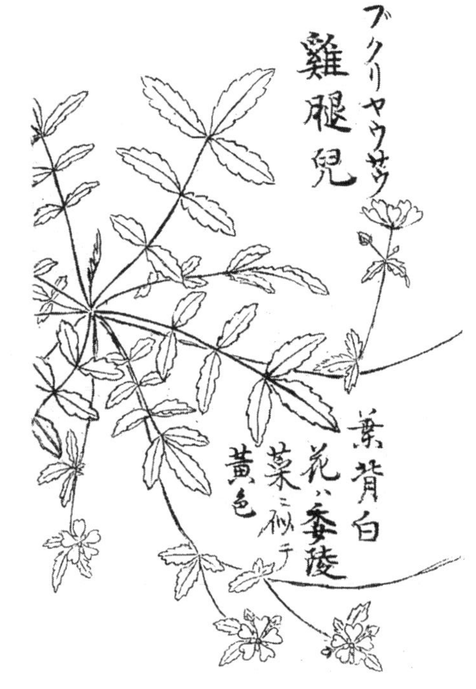
ブクリヤウサウ
雞腿兒
葉背白
花ハ委陵菜ニ似テ
黄色

翻白草
黄花
葉龍牙草ニ似タリ
葉面背莖トモニ
黄毛茸アリ

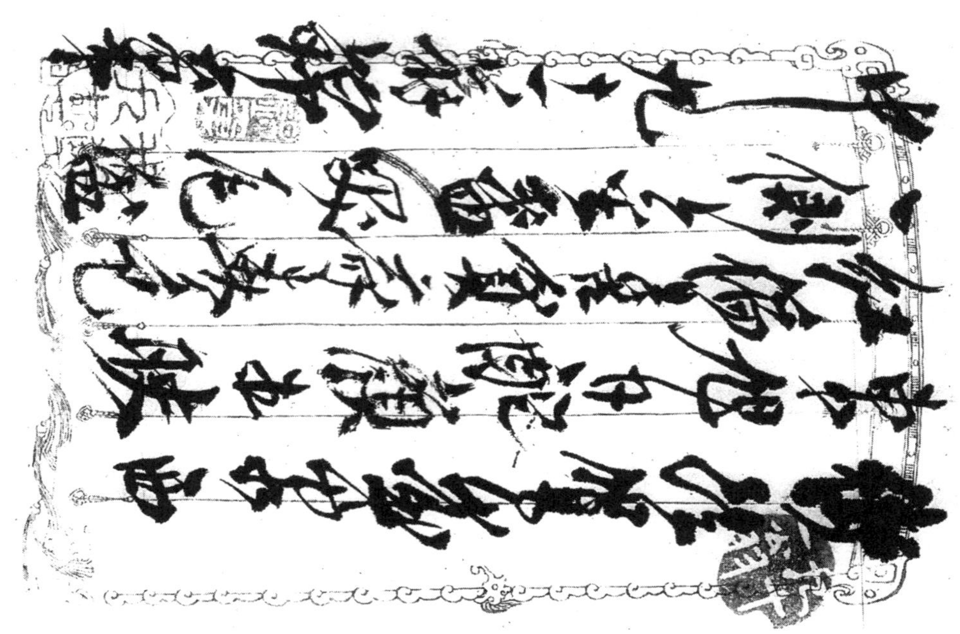

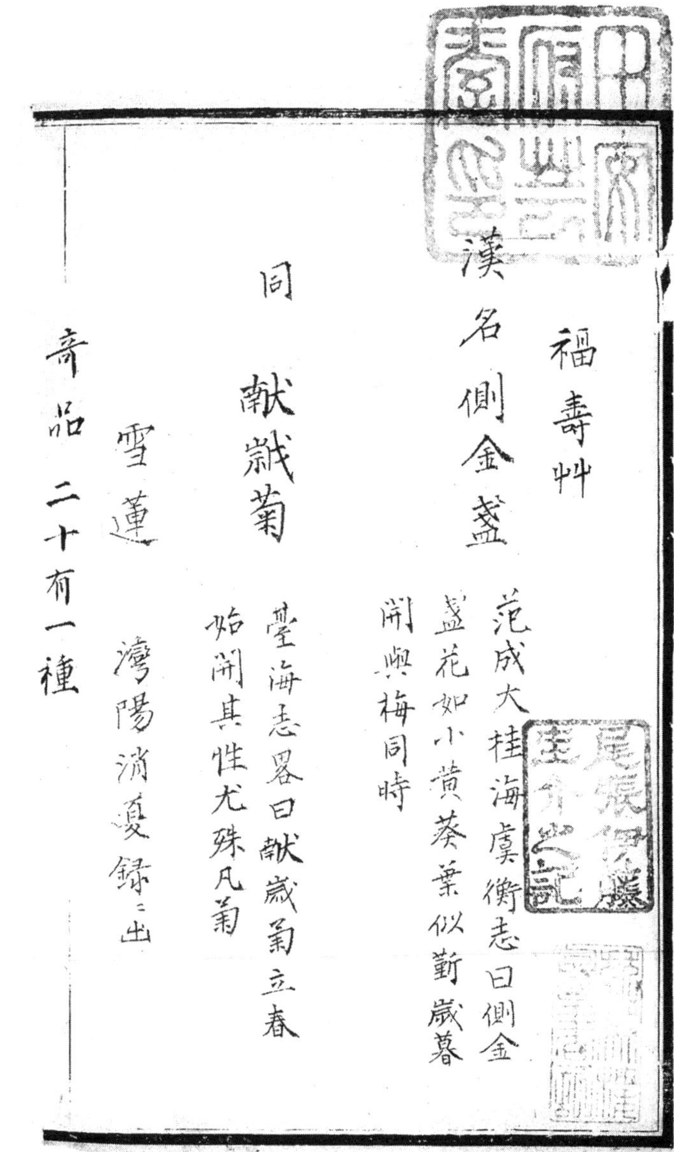

福壽艸

漢名側金盞　花戍大桂海虞衡志曰側金盞花如小黄葵葉似蕲歳暮開與梅同時

同　獻歳菊　臺海志畧曰獻歳菊立春始開其性尤殊凡菊

雪蓮　灣陽消夏録ニ出

奇品二十有一種

十二年一月花戸内山富次郎說書入

福壽草圖譜　完

撰者未詳

福壽草圖譜

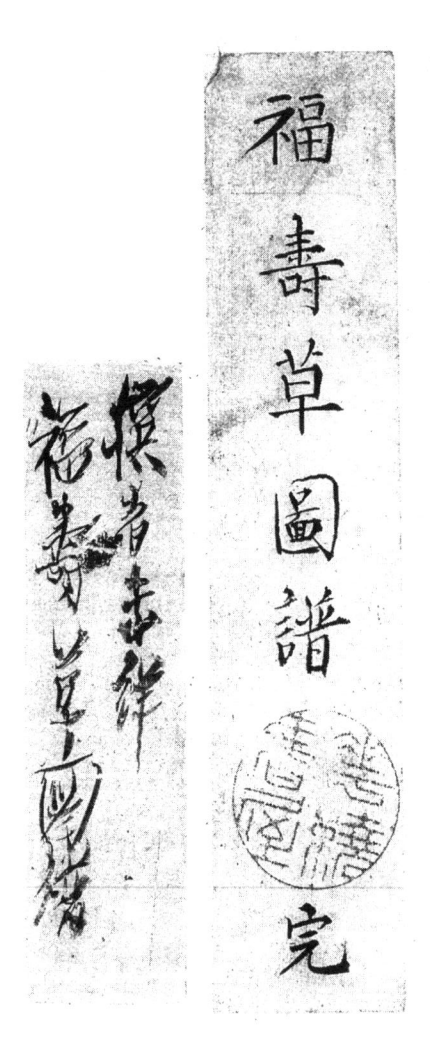

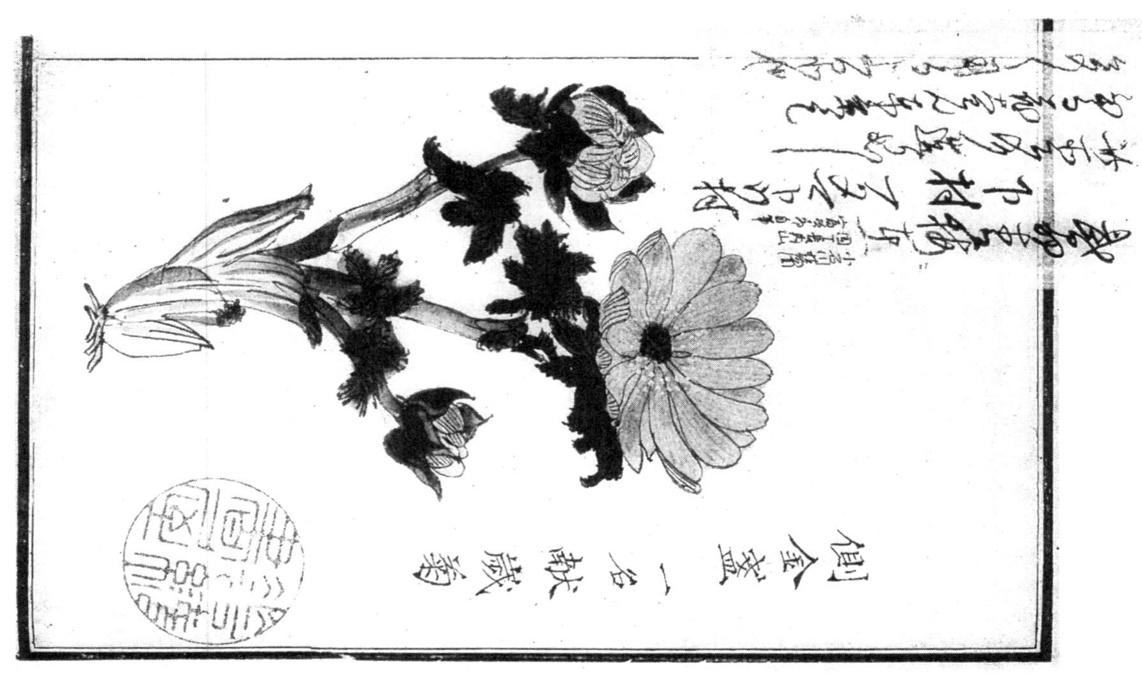

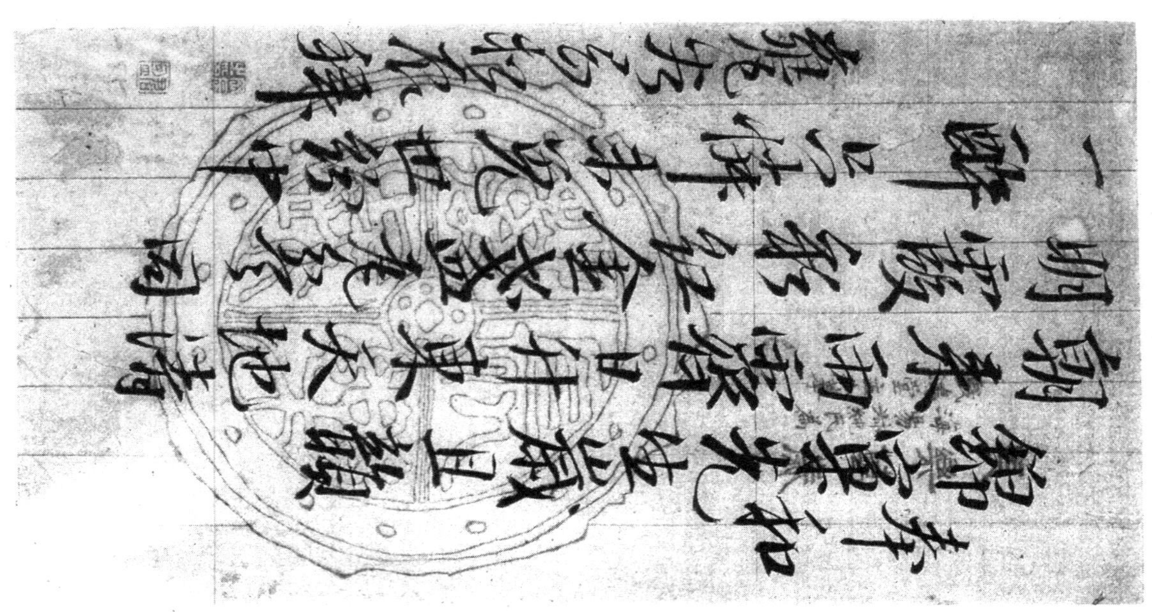

和名福壽艸又雪ワリ同名アリ
單瓣ニシテ大ナリ荅ノ時外紫色
上品トス武州青梅御産

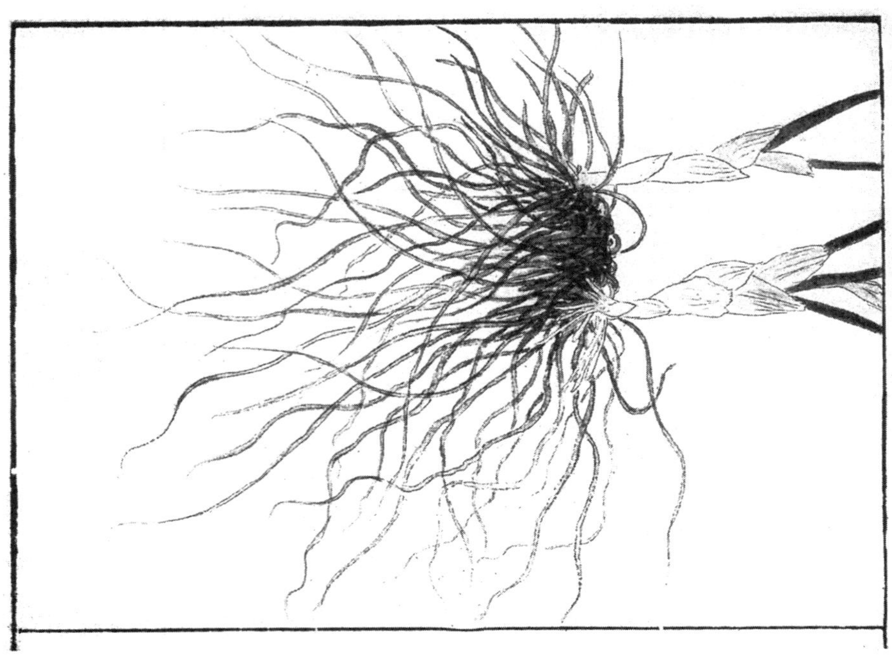

千瓣之福壽艸

花肆呼テ菊咲ト云

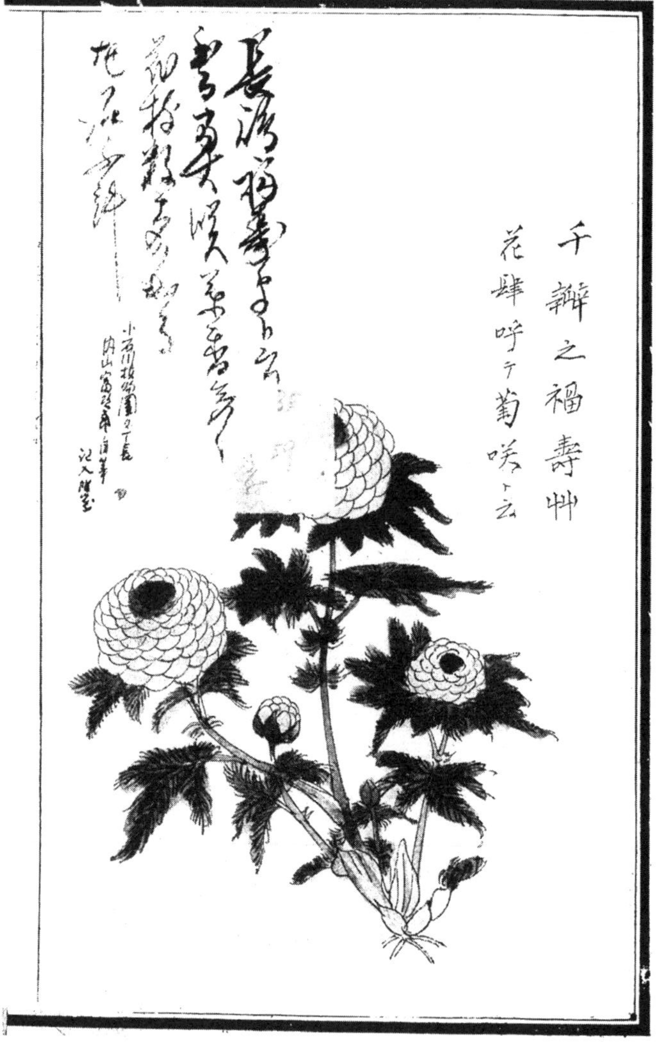

千瓣者

花菊ト如ク緊密ニシテ深黄色ニ心緑色ナリ茎至テ痩セテ細ク葉ハ長ク深緑ナリ一名菊咲トモ云

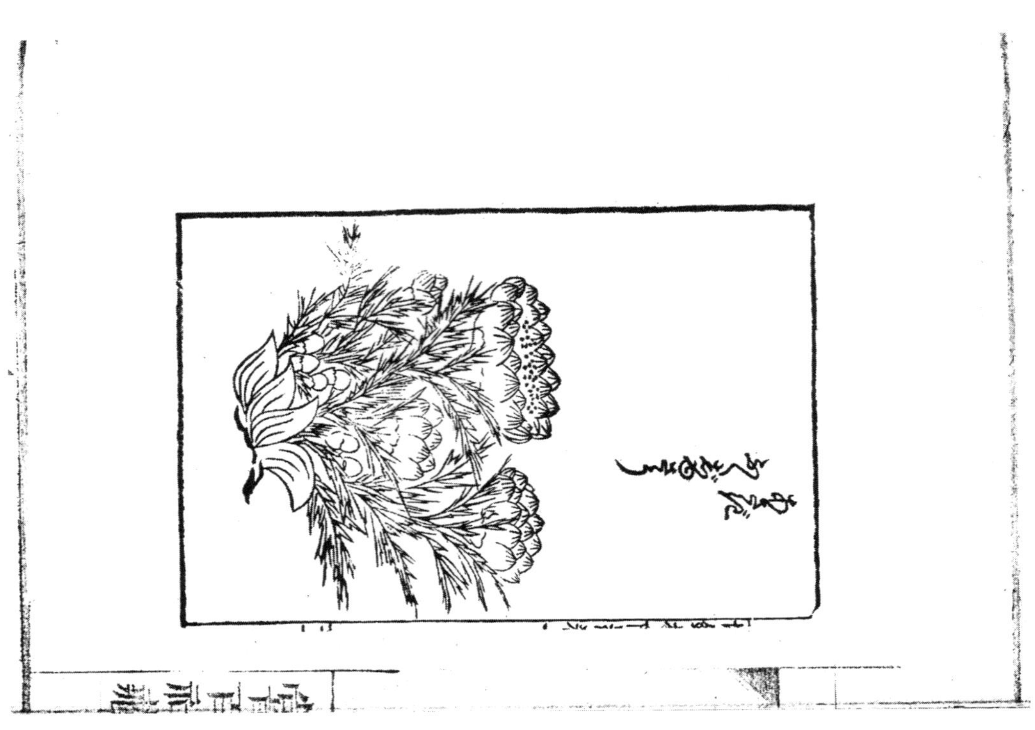

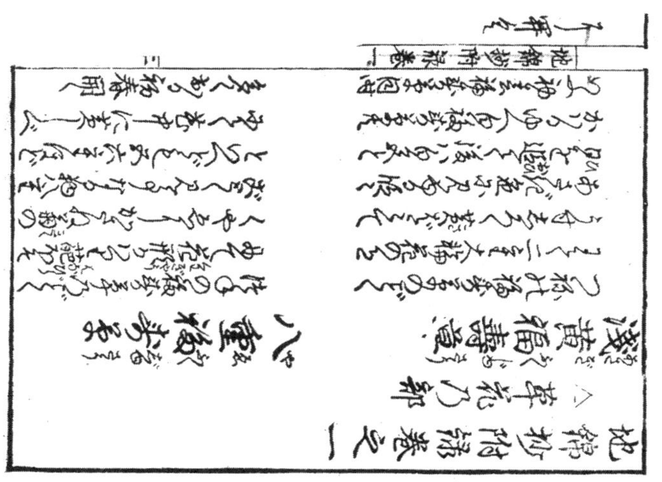

やゑふくじゆさう

地錦抄附録巻之一

△草花乃部

浅黄福寿草（あさぎふくじゆさう）

つねの福寿草のごとく
まるく二重大輪花の色
うす黄ろく葉ださずして
あさぎ色に見ゆる頃に
日を追て後は白色と
かはりゆく白福寿草もあり
めづらしき福寿草也

八重福寿草（やゑふくじゆさう）

はるの福寿草のごとく
咲て花形（ぎやう）くりも葩（ひら）かそ
くやさしかさね菊（きく）の
おもてみてなる物八重
とへども六重ほど
ゆく花中に実一しべ
多くある物春開く

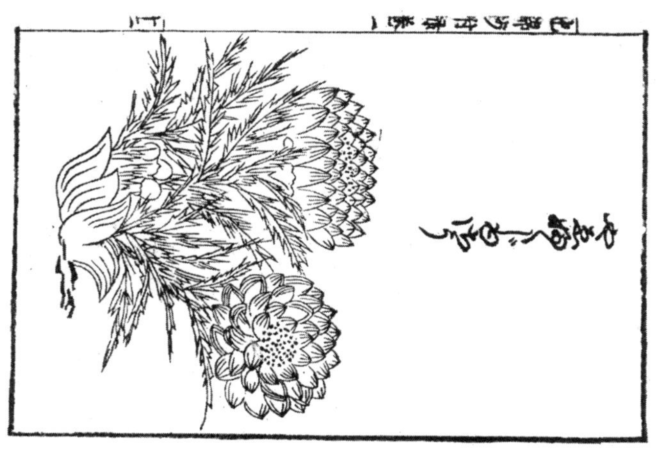

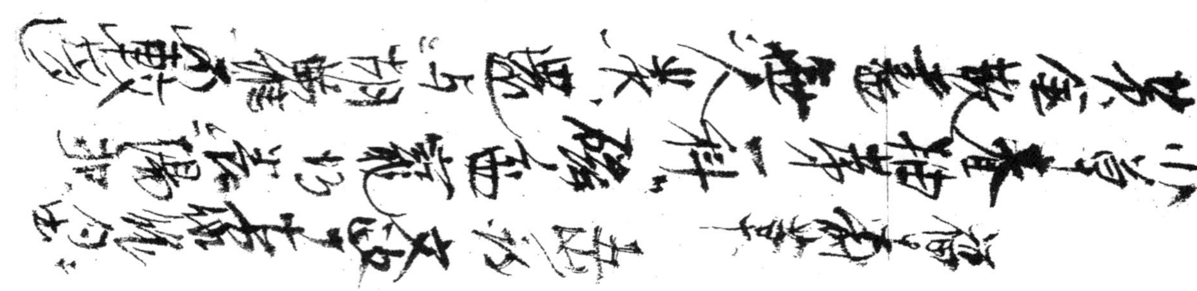

側金盞花（ソクキンサンクワ）
フクジユサウ

玉孔雀

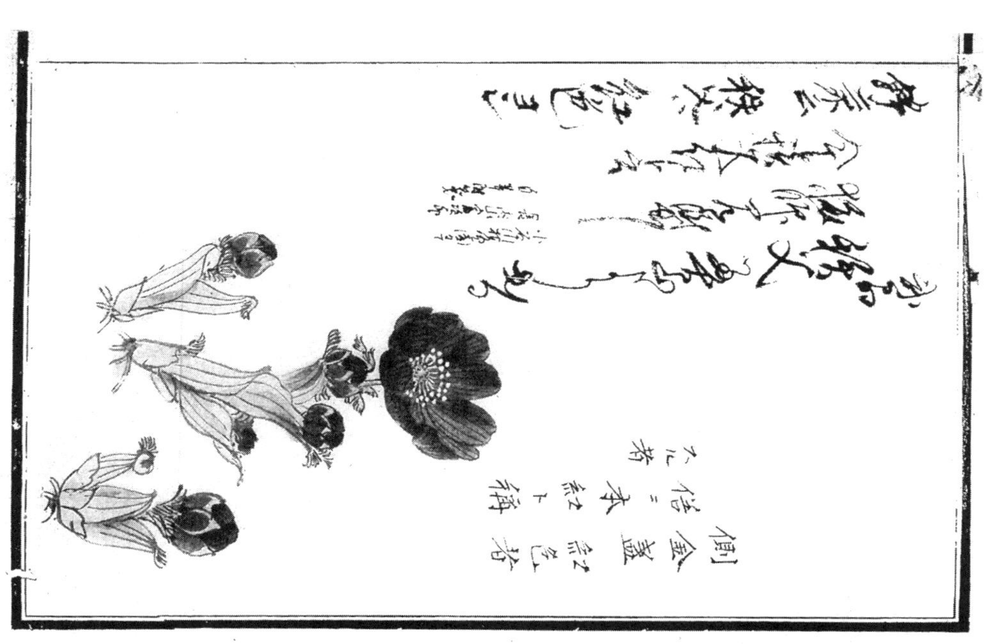

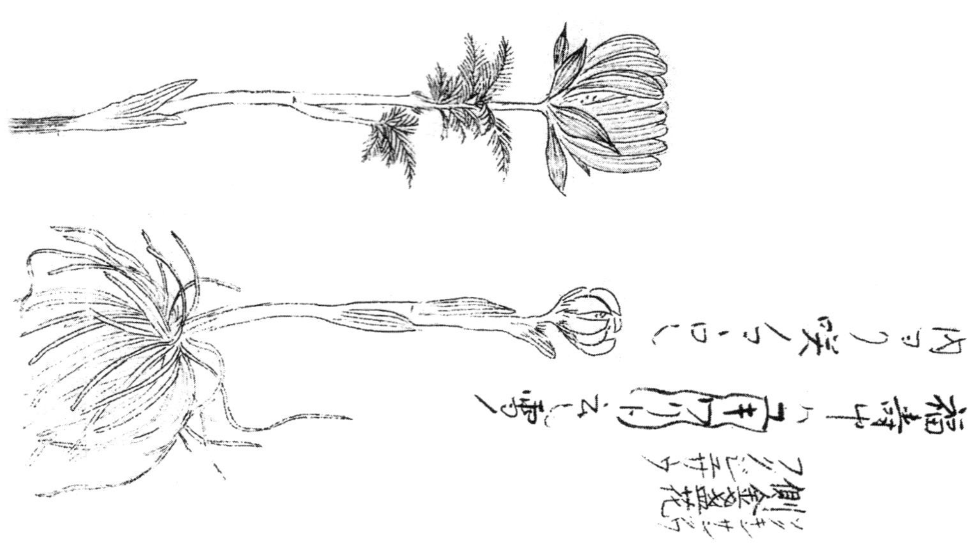

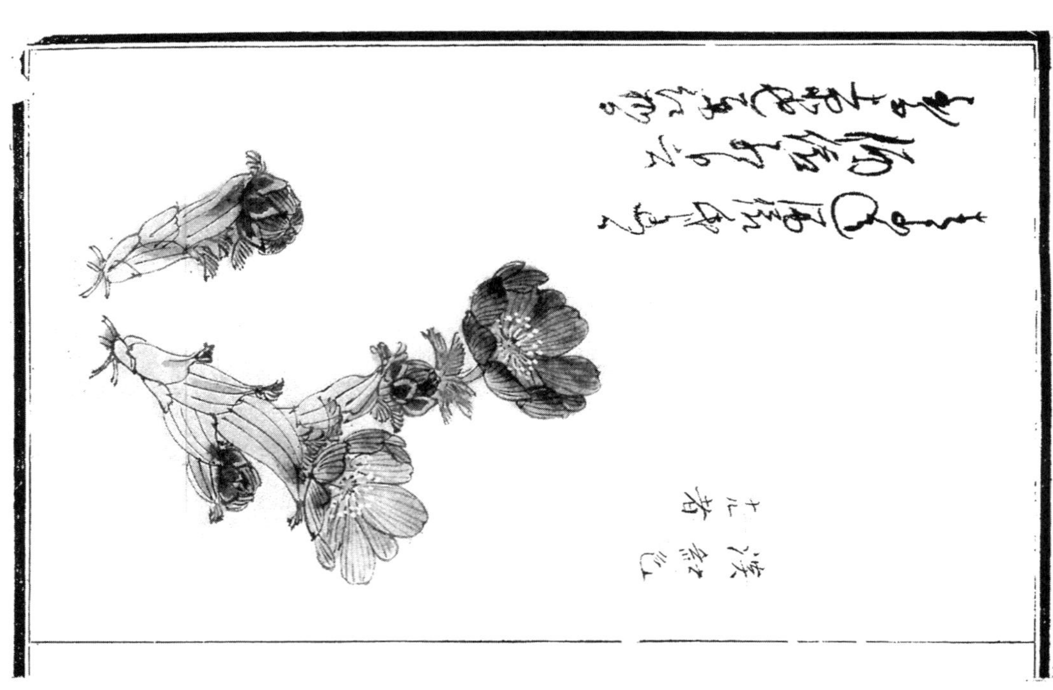

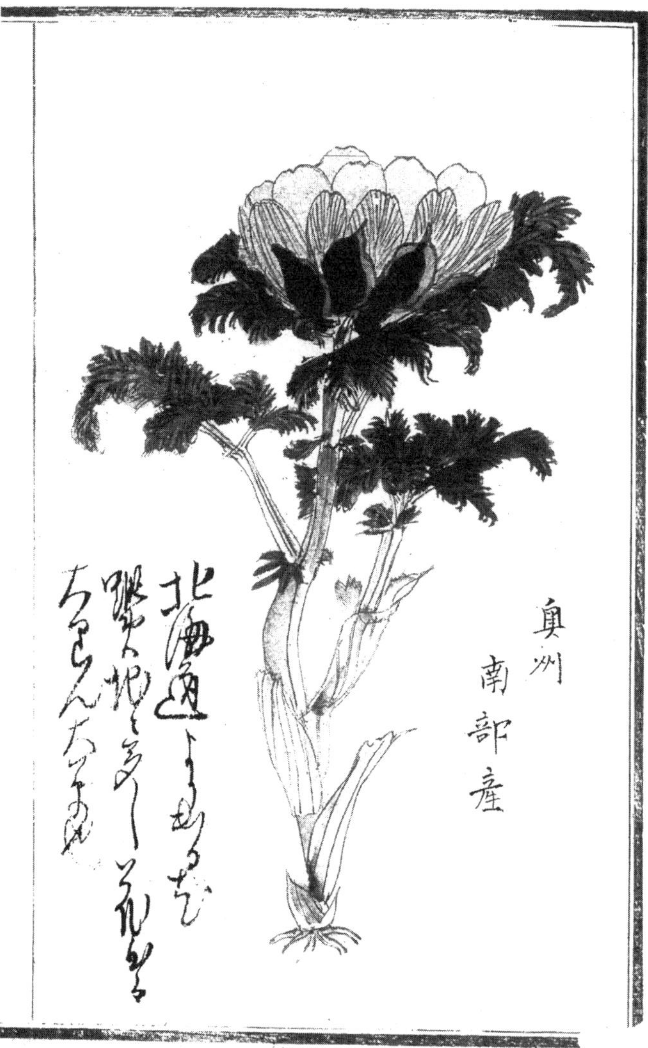

南部産

花深黄色大瓣ニメ外紫色葉モ
帯ヨリ太ク茎淡紫色ナリ

福寿草 正月ニ花戸ヨリ贈ル物ト自然生ハ三月比開ク
花戸ノ物ハ室咲ニシテ日當レバ開キ日當ラザレバ凋モノニシ
朝開キ夕凋ト云ハ悪シ花ハ草山吹ニ似タルト云モ悪
シ大サハ同シコトナレ圧辧数十余ナレドモ聚テ草山吹ヨ
リ多シ東ニ日アレバ東ニ傾キ西ニ日アレバ西ニ傾ク
猪口咲ノ物エヘ漢名側金盞花ト挂海虞江志ニ出ヅ

献歳菊(ふくじゆさう) 臺湾府志 又雪蓮 西域聞見録 とも云蝦夷にては「ニエクト」と云
山にも多く生ず一尺餘ありて花大なり又淡黄福寿草
あり茎緑色にして花淡黄なり又重辧ふくじゆ白きもあり
形状八重菊のごとし是ハ花開くこと遅し山の地にも植べし
盆栽ハ花少し花の時ハ雨露を除てよし夏の間米泔水を
根より灌べし油糟を用ゆるもよし

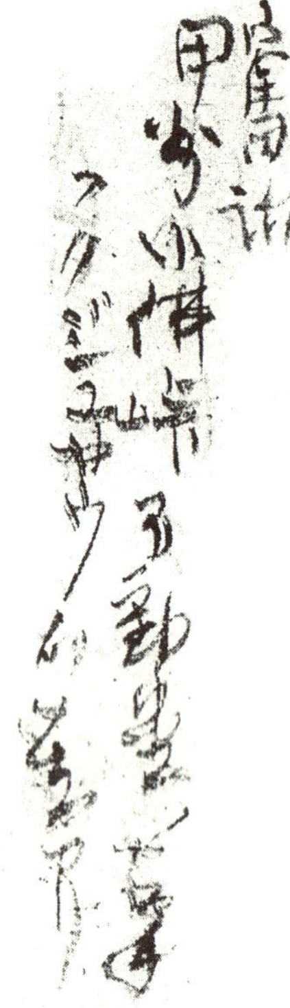

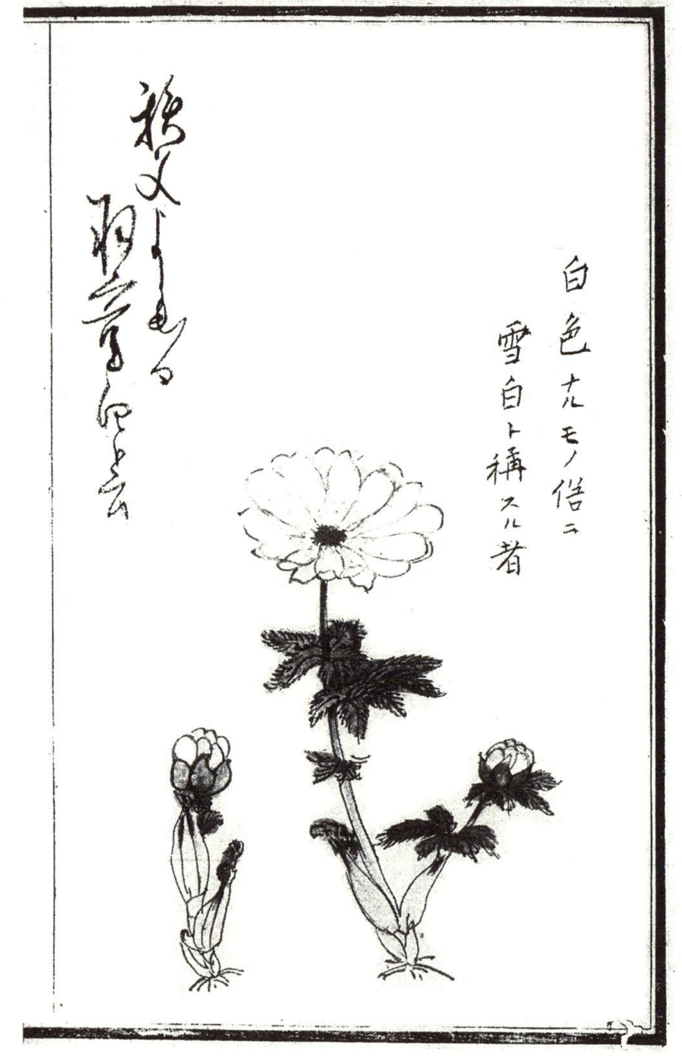
白色ナルモノ倍ニ
雪白ト稱スル者

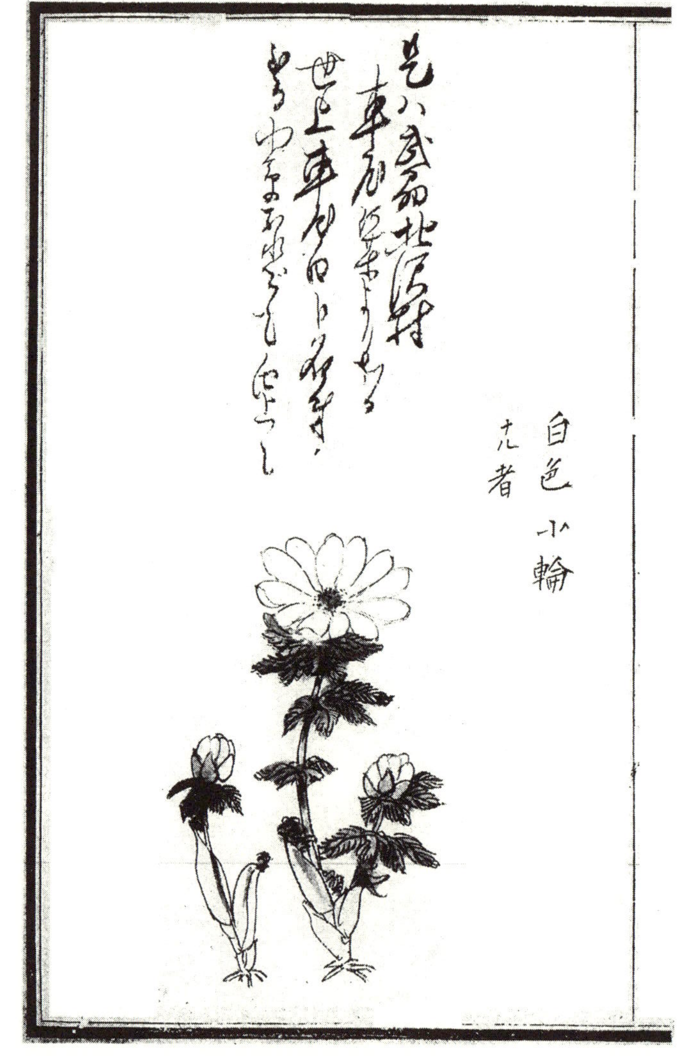
白色小輪
ナル者

三股咲

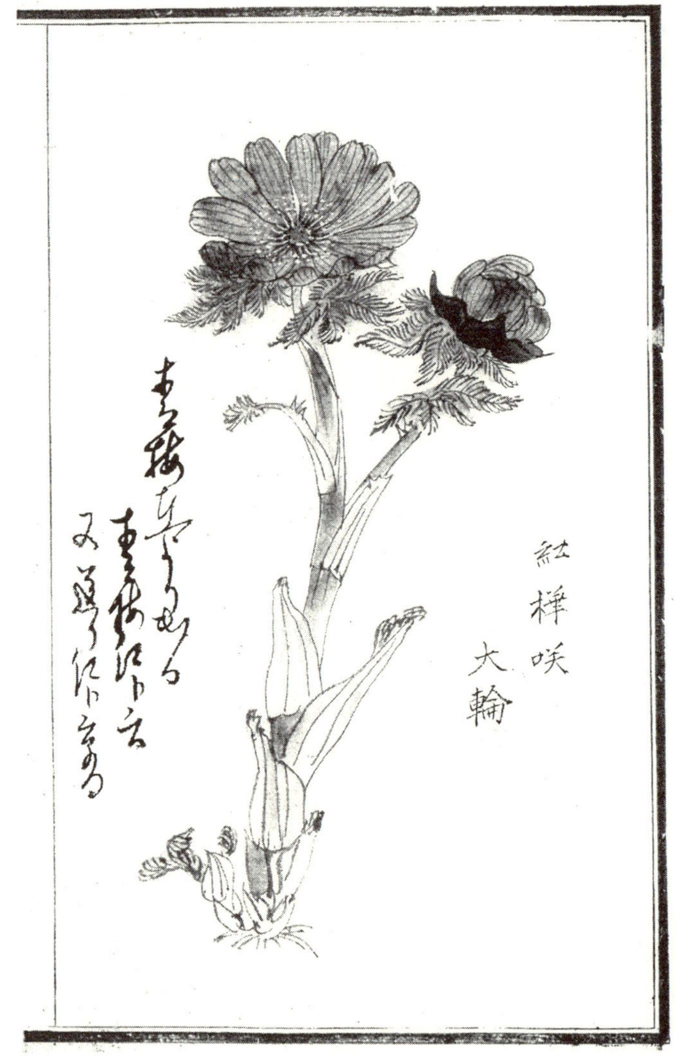
紅樺咲
大輪

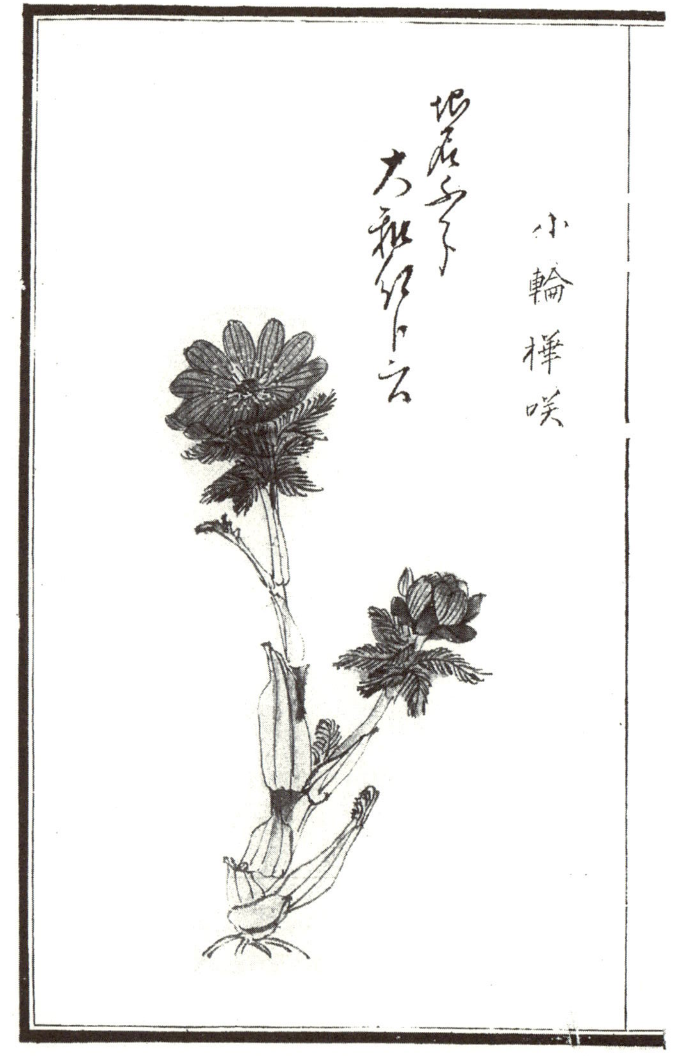
小輪樺咲

一側金盞花

如小黄葵葉似槿歳暮開与梅同時。　桂林[illegible]志

按全如本邦元日艸之形状但葉形不類他書

可考

極寒中　出山

小草春抽第一科、[illegible][illegible]花[illegible][illegible]

黄金散盡無人賞、還與湖廬不識多

右[illegible][illegible][illegible][illegible][illegible][illegible]也

ヲ五十六 Adonis aestivalis

側金盞花

ナデシコ咲

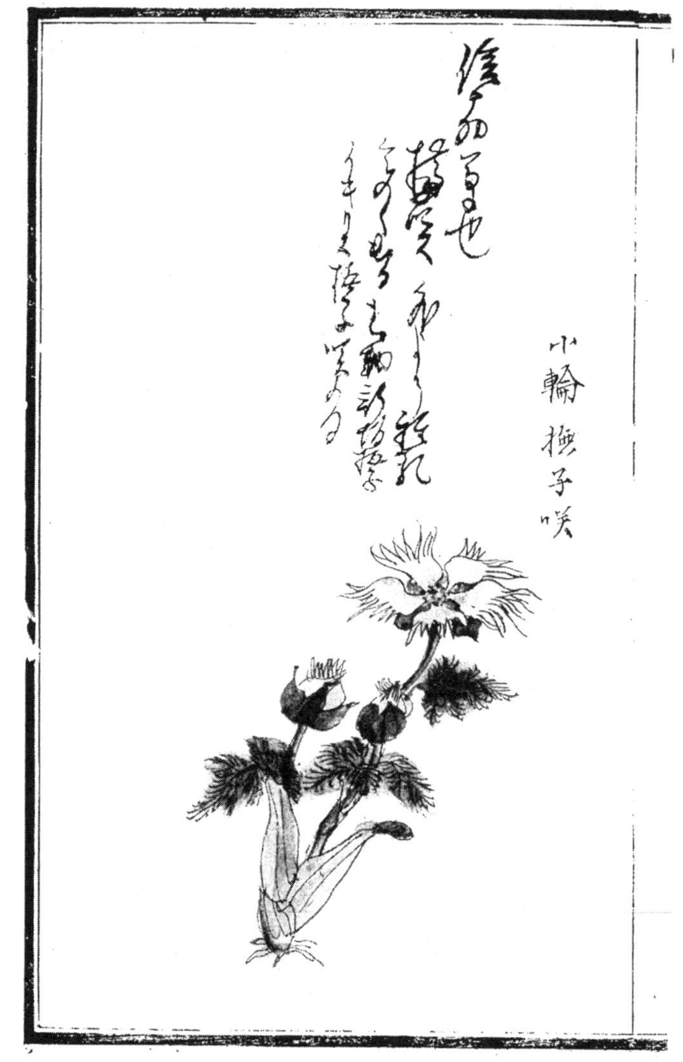
小輪撫子咲

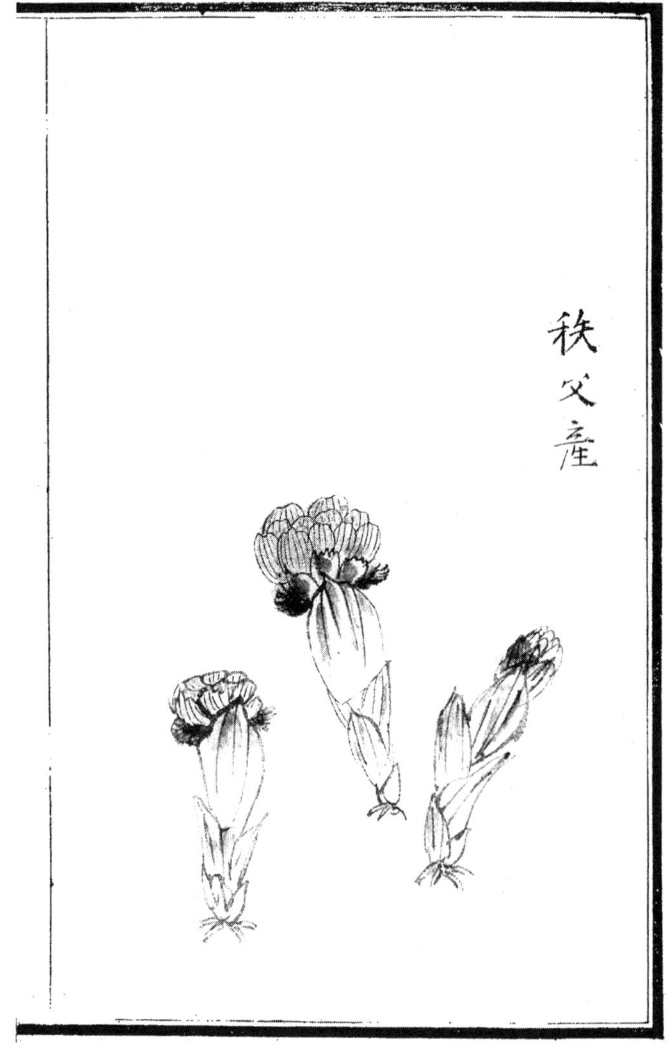

秩父産

武州秩父山中ノ産ナリ形チハ小ニシ
矮短苞紅色ヲ帯ビ花浅緑ナリ中品
ナリ

浅黄フクジユサウ

雨水ヨリ春分ノ頃ニ開ク

千葉フクジユサウ

雨水前出芽

春分前後開花

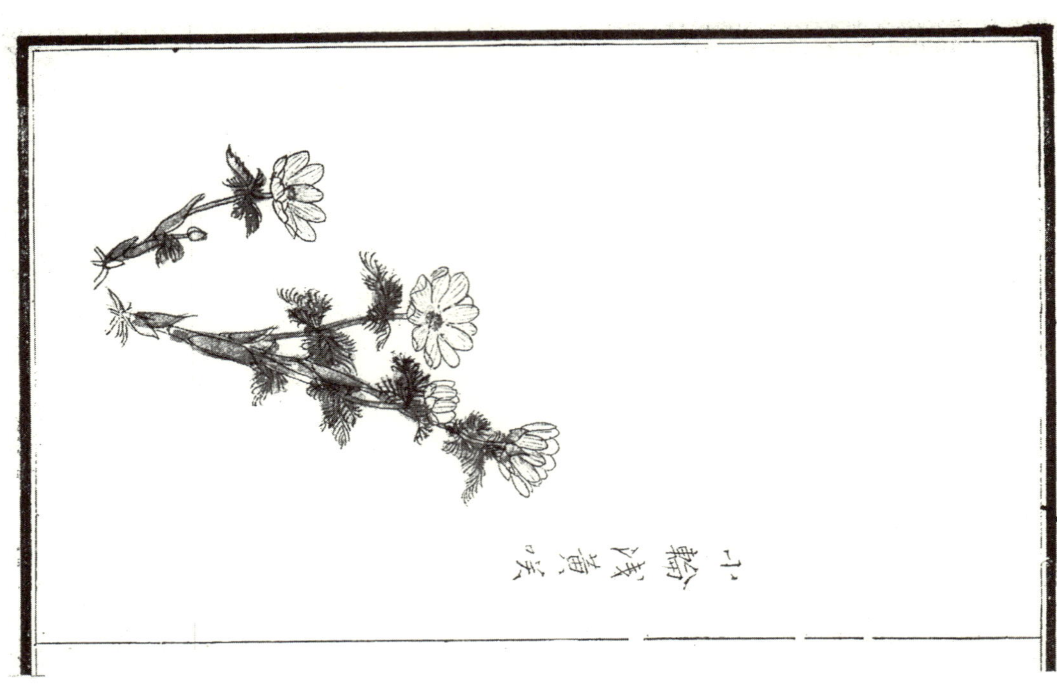

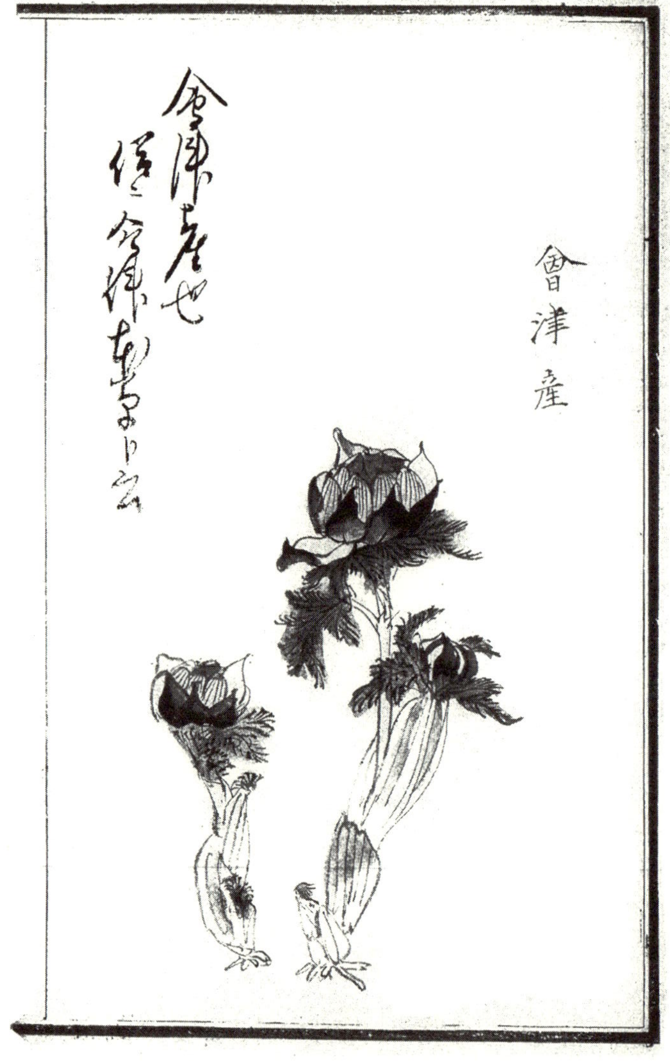

會津産

會津産

會津盤梯山中自然生ノ産

ナリ花小ニシテ葉茎トモニ緑色花

モ少シ緑ヲ帯ブ

十七

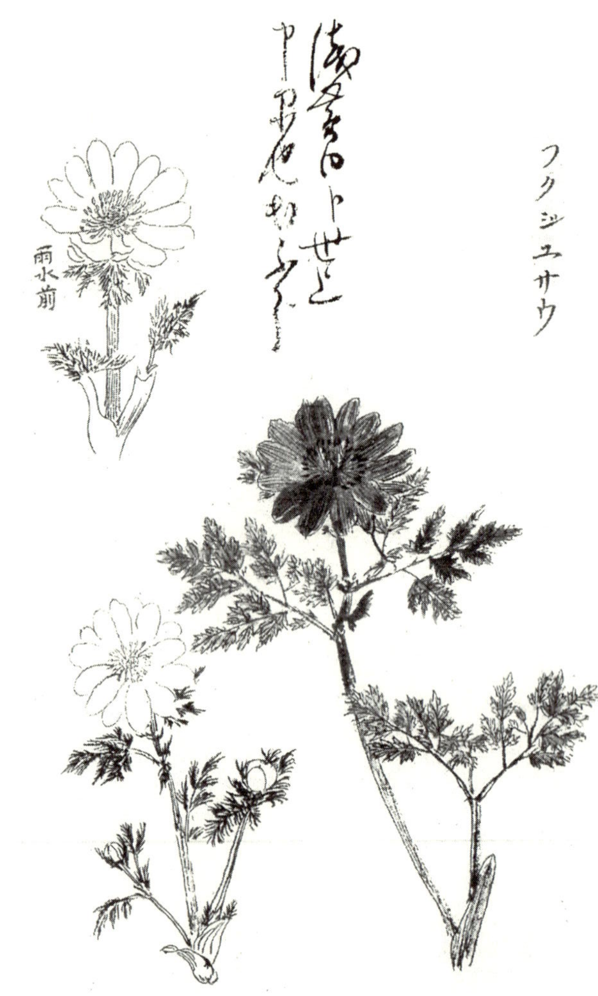

フクジユサウ　フクツクサウ　元日サウ　木曾贄川
志賀ギク　冨士ギク　ツイタチサウ
フクヒンサウ　奥州坂本　勢州　フクトクサウ　タケレニゲ　飛州
ミニサク　奥州南部　皆取早春先開之義也　アクモミニ　加州ニテノニンサクト云　サイタニンノ
ユキワリサウ　ユキノミタ　信州　シユクトエヅ

側金盞花　崔海花志　長春菊　事物紺珠　金盞草ニモ亦有此名
歳春花　清人　歳蘭　漳州府志
雪蓮　西域聞見録　献歳菊　臺灣府志ニ出

山中ニ生ス　肥後スゲ山
勢州坂本山
木曾贄川ノ山中村

相模艸

相州丹澤深山ノ産ナリ花淡黄色ナリ萼モ緑色苞ハ痩セタリ

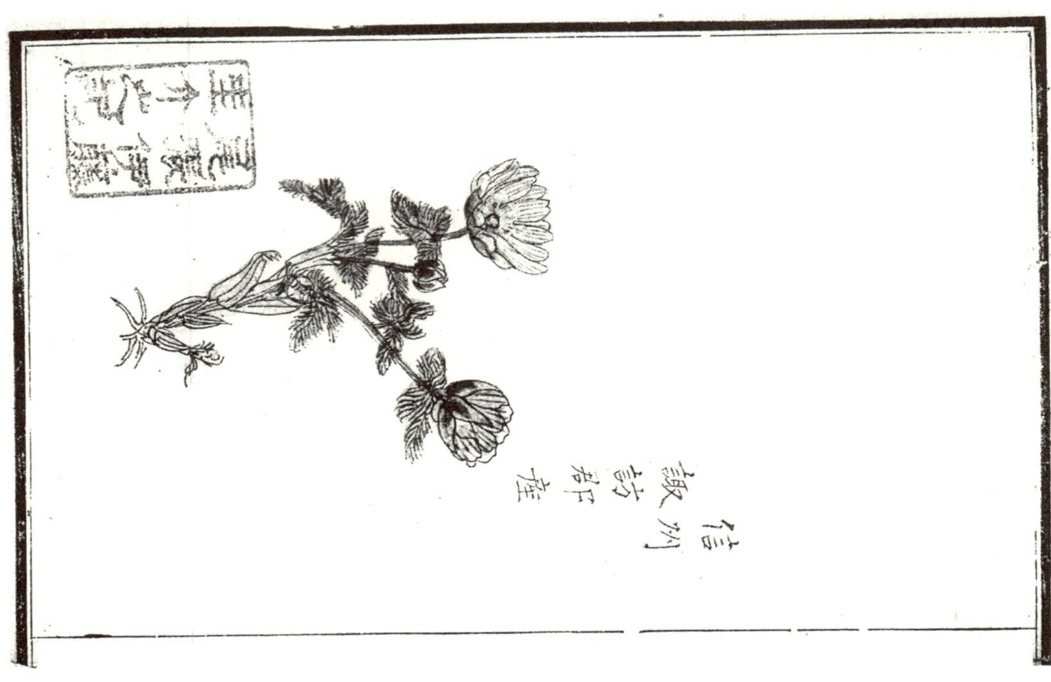
信州
諏訪郡産

信州
松本産

千瓣小輪
ナル者

右ニテ福寿草圖譜了

福寿草圖譜　写　一冊

且撰者未詳奇品廿八種図[經]

描キ記セリ

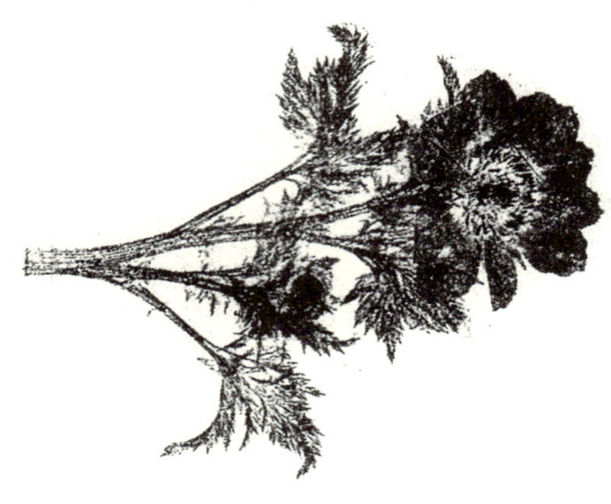

アサキフクシユサウ

大窪昌章「真影本草」

青蒿　アヲヨモギ

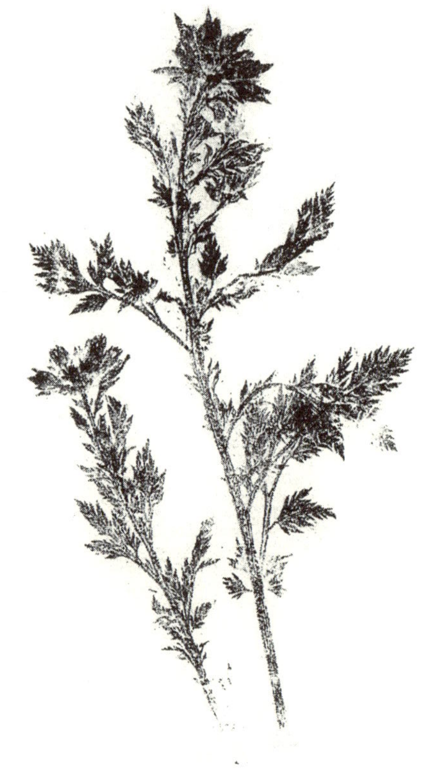

十七

福寿草　又かつて菜とも不老菜の高さ数寸にすぎず葉胡
蘿蔔に似て花はやまぶきに似て黄なり春の初めを
ひらく故に元日艸とも云盆にうゑて新春座上の清賞とす
平安城に多し春秋わかちうゑべし偏鄙(いなか)には稀也
ともあれども生せず但あさましき地にあるべし霊
月いまださかりたる時ほりうゑてうゑにぬかをおほひ
花実おほひをすべし夏月は日のけなるべし五月ふる
茎葉かれて根は出ず九月に発生す此時ありてあらの
あたらうつしうへべし又盆にうゑても湿をいむ又
糞を用ゆべし　花譜

伊藤圭介稿 植物図説雑纂百六十

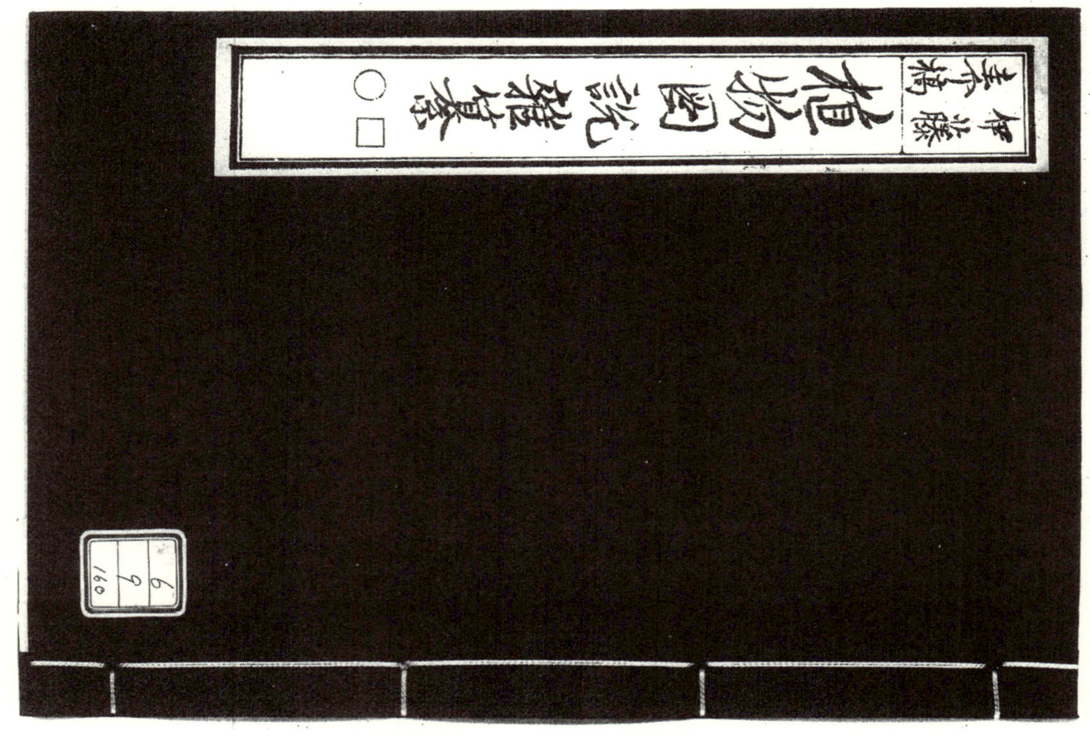

側金盞花 桂海虞衡志 獻歳菊 臺湾府志 雪蓮 西域聞見録 懐陽鎖夏録

鈴木武助ノ説 駒花ノモノ也 駒蓮ニモ也ル 和名ツイタチサウ 元日草 大和本草 フクヅクサ 上同

フクジユサウ リドイセルゲンシイ 千瓣ノ物ニーボルト 注圖質問 朧月ヨリ芽ヲ出シテ旋テ花アリ頭ハ金盞花ニ似テ黄花ナリ葉ハ胡蘿蔔ニ似テ小也根黒褐色ニシテ鬚アリ如シ蝦夷山中又佐渡ノモノ甚肥大ニシテ長サ一尺ヨリ花葉モ亦大ニ又千瓣ナル物白花ナルモノモアリ形チ同シ白花ノモノ近江州北山ヨリ出ツ蝦夷地ハ紫花ノモノアリト云 クナウ リマウボウ 蝦夷方言 △一種 アサギ花アリ花緑色ヲ帯ブ △一種 フキツントイフアリ即ハ重也 椨条トイフトス

○奇品鏡ニ云 福寿草ハ多ク信州ヨリ出ル又松本ヨリモ出ル諏訪ヨリ出ルモアリ又會津ヨリモ出ス 秩父ヨリモ出 相模ヨリモ出 御府内近江ヨリ出ルヲ地草ト云 就中武州青梅ヨリ出ルヲ最上トス 諸国ニ送リテ花色ヨシ 俗ニ又野州経筆ニモアリ

フクセ

○青心万葉福寿草 宍戸州ヨリ来ル又重臺ナルモノ近年出ツ

フクジユサウ

根ち斗

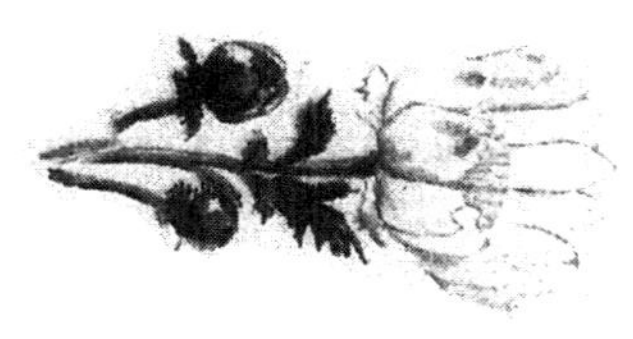

献歳菊 フク寿草。未モ出白花形ノ状可見合

臺湾府志曰立春始開其性尤

殊ル菊

一名側金盞花 桂海虞衡志

雪蓮 西域聞見録

冬ヨリ帯蕾生苗茎葉ニシテ
葉コマカニ胡蘿蔔葉ニ似テ
高サ五六寸枝ヲ生ス單瓣菊
花ノ如キ深黄花開諸山出
霜雪ヲ不恐花葉ノ大小開花
ノ遅速従産小異アリ惟武州
青梅ノ産茎葉大ニシテ花モ大
リンニ佳品ナリ

白花ノフクシ寿草深黄ヨリ白ク
艸ノケセウニシテ前ニ黄色ナリ
後ニ白クナリ四谷方ニアリ大木
穴ヨリ出ルナリ

同産ニ瓣白ク芯黄ク福寿艸

側金盞

花如大但梅蘭側書側

盞盖花如小黄葉葉似薊

歳暮開與梅同時

○福寿草の説

明治十三年一月一日試毫　伊藤圭介稿　孫　篤　増補

草は工業等に関係少く別に有益の用をなすに足らずと雖も献歳の一盆として家々欣賞し華筵寿盃の傍に粧飾に供するを以て此草の梅暦と笑ひ賀客の一粲を博するを愛し漫と弄して亦博物の一端となす而已

一名元日草（大和本草又木曾方言）○志ういたちさう○ふくじんさう（勢州坂下）○ふくづくさ○富士ぎく○福とくさう○たけれんげ（飛州）○まんさく（南部）○歳旦げ○しやくと（北海道）漢名側金盞花（桂海虞衡志）長春菊（事物紺珠）歳菊（潯州府志）雪蓮（西域聞見録）献歳菊（臺灣府志）報春花（清俗紀聞）羅甸名 Adonis Apennina Var dahurica Led.

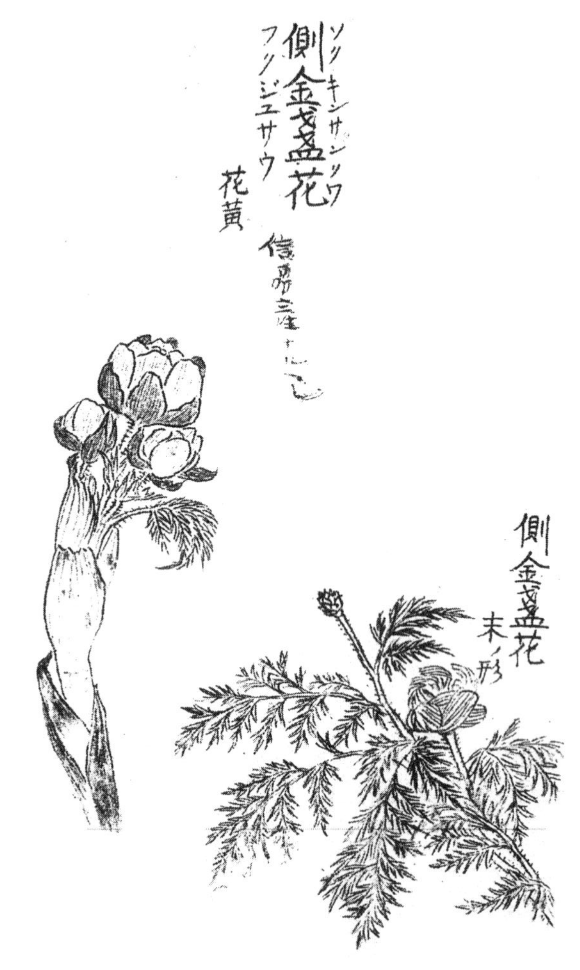

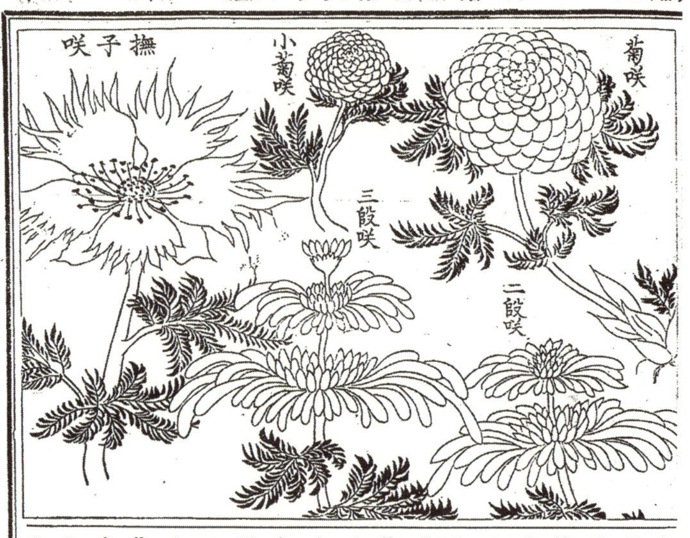

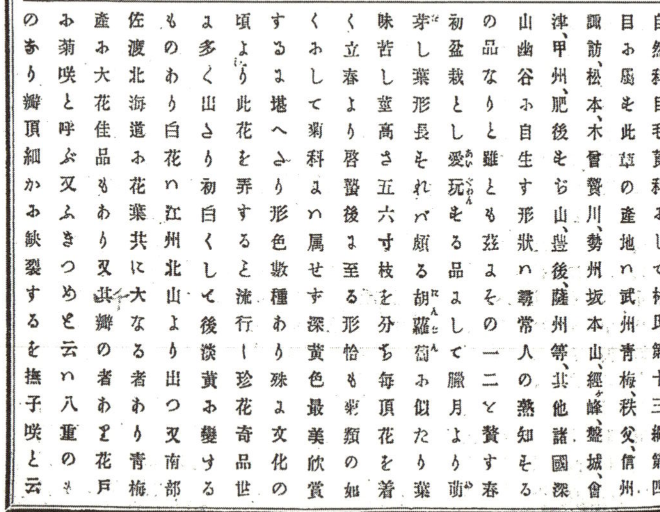

自然科目毛茛科にして、林氏第十三綱第四目に屬せし此草の産地は武州青梅、秩父、信州諏訪、松本、木曾贄川、勢州坂本山、經ヶ峰、盤城、會津、甲州、肥後もち山、豊後、薩州等、其他諸國深山幽谷に自生す形狀は尋常人の熟知するの品なりと雖とも玆にその一二を贅す春初盆栽とし愛玩せる品にして臘月より萌芽し葉形長それハ頗る胡蘿蔔に似たり葉味苦し莖高さ五六寸枝を分ち每頂花を着く立春より啓蟄後に至る形恰も菊類の如くにして菊科には属せず深黄色最美欣賞するに堪へたり形色數種あり殊に文化の頃より此花を弄すると流行し珍花奇品世に多く出たり初白くして後淡黄に變するものあり白花は江州北山より出づ又南部佐渡北海道に花葉共に大なる者あり青梅產に大花佳品もあり又其瓣の者あまた花戸に菊咲と呼ぶ又ふきつめと云ハ八重のものあり瓣頂細かに缺裂するを撫子咲と云

淺黄福壽艸　産所未詳
莖葉純緑色ニシテ淡黄花ヲ開
日ヲ経テ色甚薄シ
榊原福壽草　草立莖細ク
葉コマヤカニシテヤサシク早春千
瓣　黄花ヲ開ク瓣狹ク先
二尖ニ切レ初メ青ク後深黄
色花ノ盛ハ瓣下ヘ反巻ノ盛上
タルカ如ク小枝ニ至ル迄能開テ
見コトナリ
永島福壽艸　一名万福
是亦吹詰ニシテ瓣潤ク先尖ク
大リンニシテ見コトナリ枝花不殘ハ
開カタシ二月咲薩州産ナリ
又相州産ト千瓣アリ心莖ノ
花ハ千瓣ニシテ枝花ハ皆單瓣ナリ
白地錦抄ニ白花ノ福寿艸

此福寿草ノ図ハ巣鴨ノ花戸卯之吉
ノ藏本ナリ借リテ寫シ置[illegible]

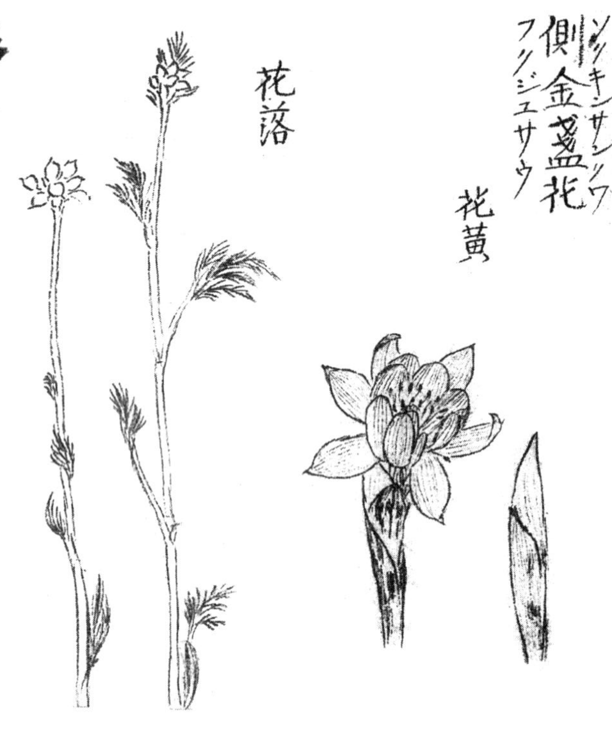

第八千[illegible]號　明治十[illegible]年　八百十二

二段咲三段咲あり紅花淡紅花のものあり一種花の淡緑色なるをあさぎと呼ぶ其他變[illegible]数品ありといへども共に異花家の珍愛する所とす又欧州にては伊太利亜に産す[illegible]又此草の實を下種して變花を生ずること多し又紫花小瓣なる扇[illegible]の説と[illegible][illegible]か亦参觀すべし此他[illegible]花に就て諸說あれども[illegible]を待て姑く茲を闕す

○[illegible]工の[illegible]

凡鐵橋[illegible]大河に[illegible]は必ず橋を架す[illegible]の[illegible]は多くは鐵を以て造る各國[illegible]所の[illegible]の形も數百尺より數英里まで[illegible]一大鐵橋あり「タイムス」河に架を[illegible]河の[illegible]一英里半其橋は兩個の大弓形をなして長四百五十尺河底より弓形の頂に達する高さ二百六十尺河中に花崗石[illegible]大鐵柱四本に[illegible]其柱の[illegible]尺[illegible]又英國の西[illegible]

[illegible]き鐵板を以て[illegible]力管と作り之を橋に用ひ鐵條其内外に有りとして堅固ならしむる爲め水中に三大柱を立つ中間の柱は水中原有の大石上に立てり此柱は高さ二百三十尺每管每節長さ一千四百九十二尺鉄道の費用二百五十万[illegible]其變管なるは來車往車の爲なり此橋築造の後漢國の屬地なる米國「カナダ」と云へる處の大河あり水流極めて速にして其寛さ十三英里多月は凍氷甚厚く氷初て解るに當て河面大氷塊を流下すること甚速にして尤危險のことせり然るに内地の貨物は必此河に依りて西洋各國に送りしが今より三十三年前或人初て架橋を企て十三年の後に成れり夫より滊車此橋を通過す此橋柱は共に二十四本の大柱にして水面を離るゝこと高六十尺每柱相距ること二百四十二尺中間の弓形相距ること三百三十尺又橋柱に[illegible]河上に對して[illegible]

献歳菊

一　天守り　人麿

二　扨露岐　玉律姫

一福寿草ハ明珠瓶の小札ヲ似毘沙門天の
御掟也とて又書梅堂の青葉ハ服前ら逸見
兵衛ハ本宿和尚白菓の花香ハ精辯士夫
の素顔ハのやさし長厝の風ヲ久く奴玩く
しきハ寿老人と指也扨ハ大猫来迎の
奇事目出度大猫神茶と称候の序ヲ
荷付ましら然

載花園
寿山園
清水庄

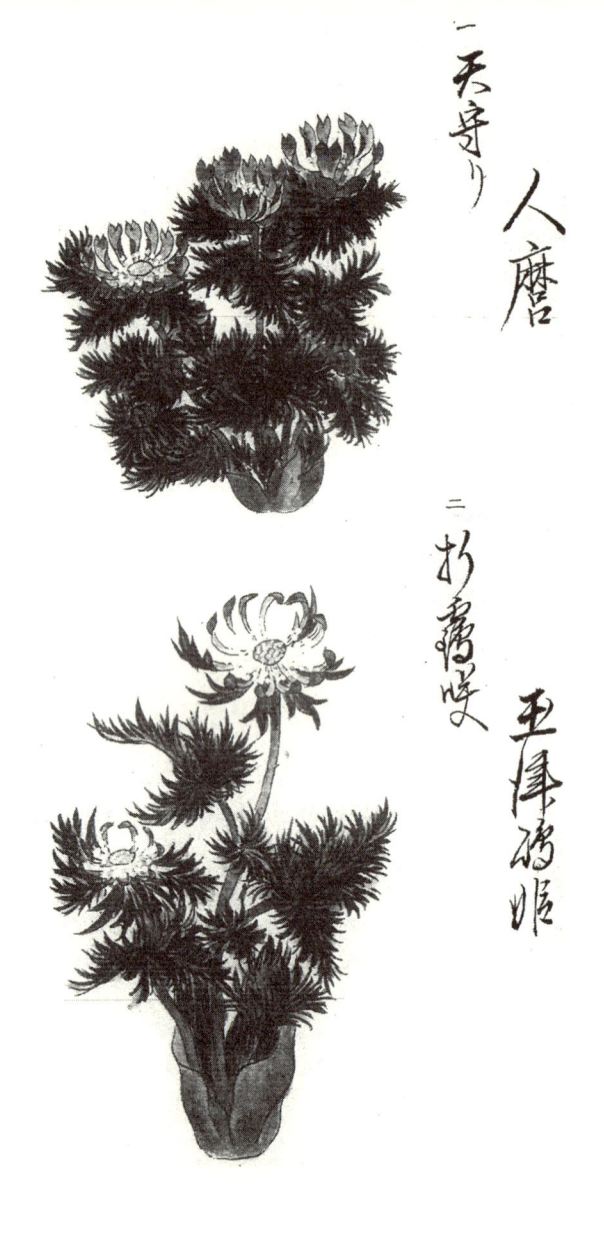

十七

三 青葉　唐人

四 榊原方福咲　大黒天

五 絞り石化咲　夷三郎

六 二段咲　福禄寿

十一
十二

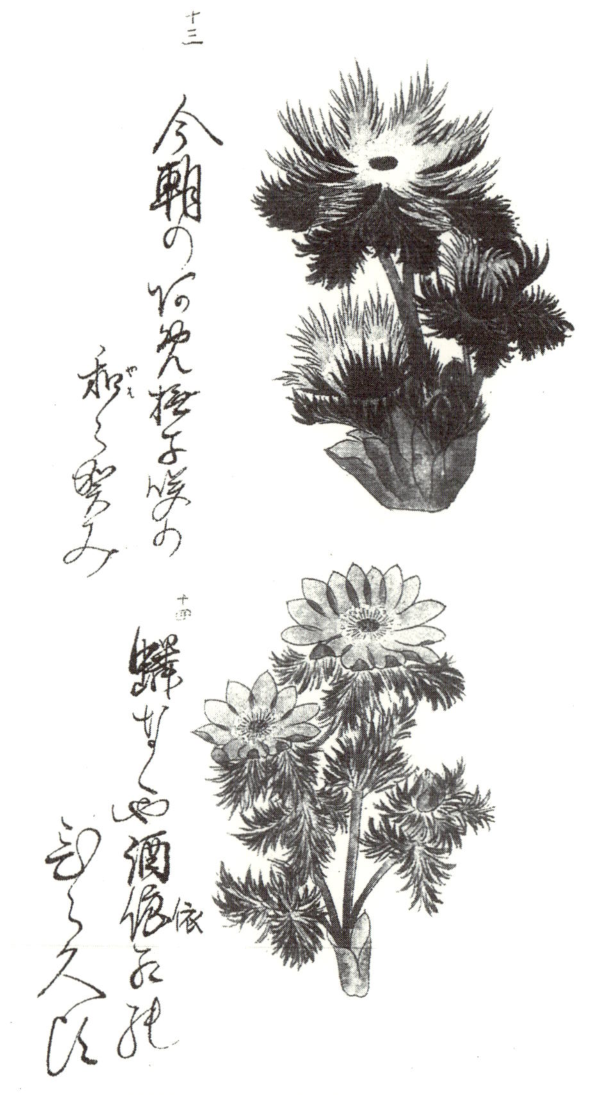
十三
十四

側金盞花　天川山谷ニ産ス　和州吉野郡中物産志　上

福壽草李冬及初春開黄花人種盆以為節物劉桂山醫官謂紀昀灤陽消夏録所云雪蓮或是未知的否聞蝦夷地方此草極多又有紫花者未得致其種後閲西域聞見録雪山北路雪蓮最多雖不載形状為此草可想知矣　近聞寓筆　坤

續修臺灣府志　巻十八

獻歳菊　立春始開其性花殊凡菊　臺海志畧

○福壽草ノ効用　福壽草ハ[illegible]

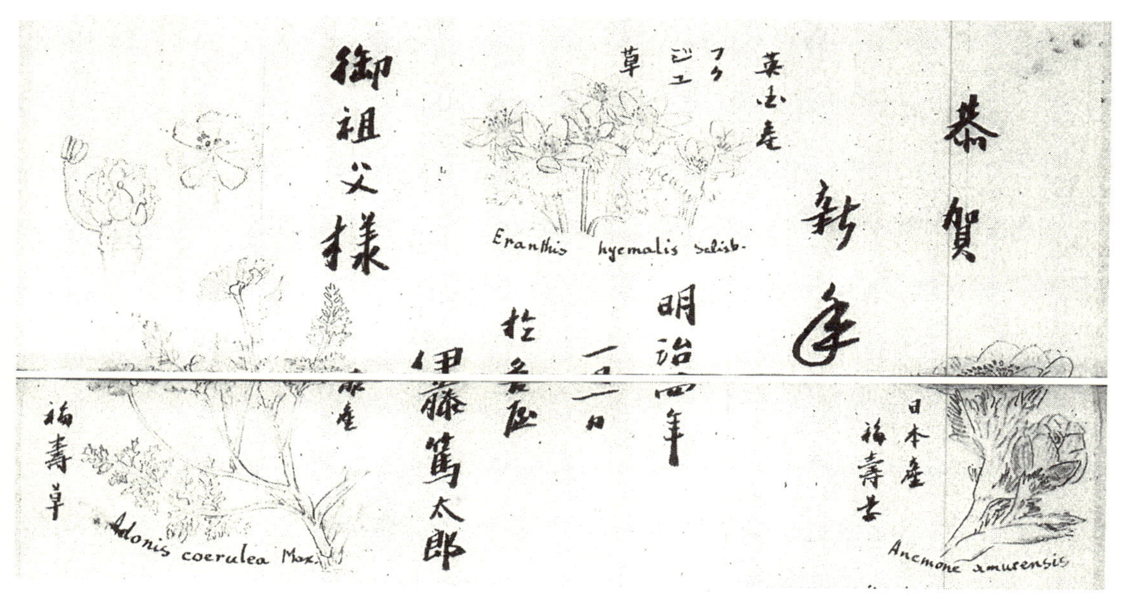
恭賀
新年
Eranthis hyemalis Salisb.
明治四十年
一月一日
伊藤篤太郎
御祖父様
日本産
福寿草
Anemone amurensis
Adonis coerulea Max.
福寿草

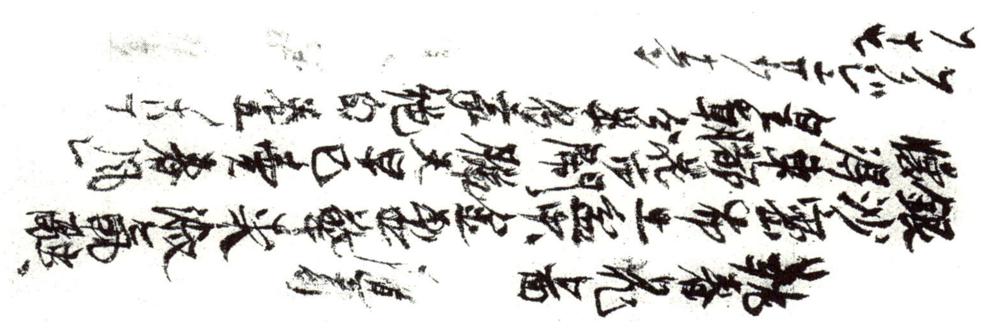

福寿草　孟山

小草春抽第一科、移盆窓几得養陽和

黄金叢裏無人賞、還與胡蘆不較多

又　蘆洲

元是陶家一種芳、野人雕琢駐春長、朱門

別給新称小草名、東福寿様

ま

福寿草や松葉[illegible]

フクジユサウ

イ
山中ニ生ス冬ヨリ芽ヲナシ立春後ヨリ花ヲ開キ雨水前後盛ニ
〆啓蟄後モデ花アリ初開クトキハ葉開カス花後漸ク葉
開キ形ノニンジンノ葉ニ似テ石子シ果苦シ花ハ淡黄色

実

フクジユサウ

札幌区北海道神社

フクジユサウ

○フクジユサウ
シガギク　フジギク
フクトクサウ　サイタンゲ　タケレンゲ 飛ー
マンクサ 奥ー南ア　ユキワリサウ　ユキノミタ 信ー
シュクド エゾ
アドニスホルゲンシス
フクジンサウ 勢ー 坂本

[illegible]

沖 山本(印) 醇 十州

桂海 花志

側金盞花
山中ニ生ス冬ヨリ芽ヲナシ立春後ヨリ花ヲ開キ雨水前後盛ニ
〆啓蟄後モデ花アリ初開クトキハ葉開カス花後漸ク葉
開キ形ノニンジンノ葉ニ似テ石子シ果苦シ花ハ淡黄色

実

フクジユサウ

札幌区北海道神社

アサギ

○金蓮花 [illegible]ニ諸説ヲ考ルニ[illegible]
様ト フクジユサウニ似タリ

一種千葉ノモノ
福壽草　献歳菊
神原千葉ノモノアリ
榊原八重　白花一重
永島八重　浅黄一重
半兵衛八重　外紫一重　カサ子アツシ
赤七八重　紅花福壽草
アレ月花未見
アサギ咲卯之吉出福壽草　巣鴨

フクジユサウ [illegible]
[illegible]

○側金盞花 フクジユサウ 士大[illegible]
[illegible]

十七

フクジユサウノ花正面ノ圖
色黄
カズ十
カズ九

冬ヨリ芽ヲ生ノ立春後花ヲ開雨水前後サカリニテ啓蟄後ニテ花アリ初メ開クトキハ葉開カズ一二寸ニメニズ花ヲ開キ昼日ヲ請テ開キ夜ハ凋ム雨水啓蟄ノ頃ニ至テ段々葉ヲ出スノニンジンノ葉ニ似テ厚シ

元日草　福壽草ト云正月ニ植ル物ゝ元日比ニ花アリ葉ハ冬ゝヨリ生ズト云非ゝ先花後葉アリ冬ゝヨリ蕾ヲ生ズル物ゝ漢名側金盞花

婁篋小牘ニ余往年以桂海花志所載側金盞花ヲ為福壽草ト其文曰如小黄葵葉似穉歳暮開與梅同時或駁之曰黄葵郎黄蜀葵也欂郎木槿也皆非彷彿福壽草之花葉者而何以為側金盞花耶答曰黄葵有二文菊亦名大黄葵見通雅其所言如小黄葵者乃似丈菊而小之謂也故事物紺珠云側金盞花一名長春菊見金盞草有数名読有菊名則其非似黄蜀葵為葵也明矣槿菫同字康煕字典数与示雅翼月令廣義西史雲南通志通雅皆以木槿作木菫唐類函引禮之菫荁ヲ作菫荁李東璧云菫者旱芹也紫菫黄菫皆以似芹而名之今[illegible]

金蓮花

廣群芳譜　出山西五臺山塞外尤多花色金黄七
瓣兩層花心亦黄色碎蕋平正有尖小長狹黄瓣
環繞其心一莖數朶若蓮而小六月盛開一望遍
地金色爛然至秋花乾不落結子如豪米而黒其

葉綠色瘦尖而長五尖或七尖○五臺山志山有
旱金蓮花如真金挺生陸地相傳是文殊聖蹟○張
壽莊云五臺山出金蓮花寺僧採摘乾之作禮物
餉客或入寺献茶盞中輙浮一二朶如南人之茶

菊然云食之益人　査慎行人海記旱金蓮花五
臺山出瓣如池蓮較小色如真金曝乾可致遠有
户餉者以點茶一甌置一朶花開沸湯中新鮮可
愛後扈從出古北口外塞山多有之開花在五六
月間一入伏莖勝俱萎矣○金蓮花出五臺山又
名旱池蓮一名金芙蓉色黄味滑苦無毒主
治口瘡喉腫浮熱牙宣耳疼目痛煎此代茗
明目解嵐瘴療疔瘡大毒諸風　山海草函

Adonis annua atro rubens
アドニス
フクジユサウ

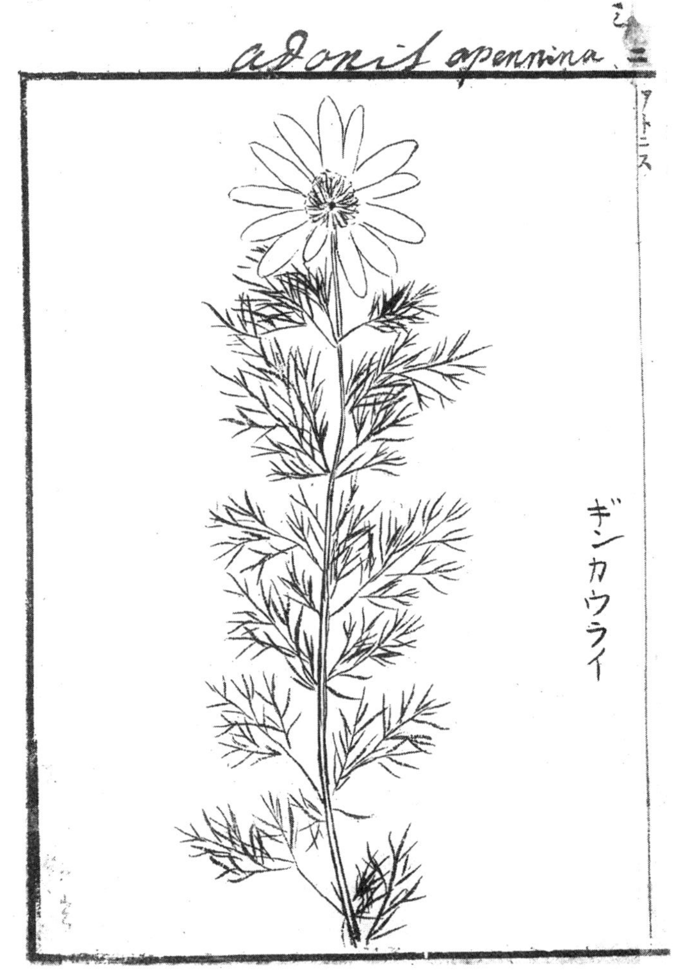
Adonis apennina
アドニス
ギンカウライ

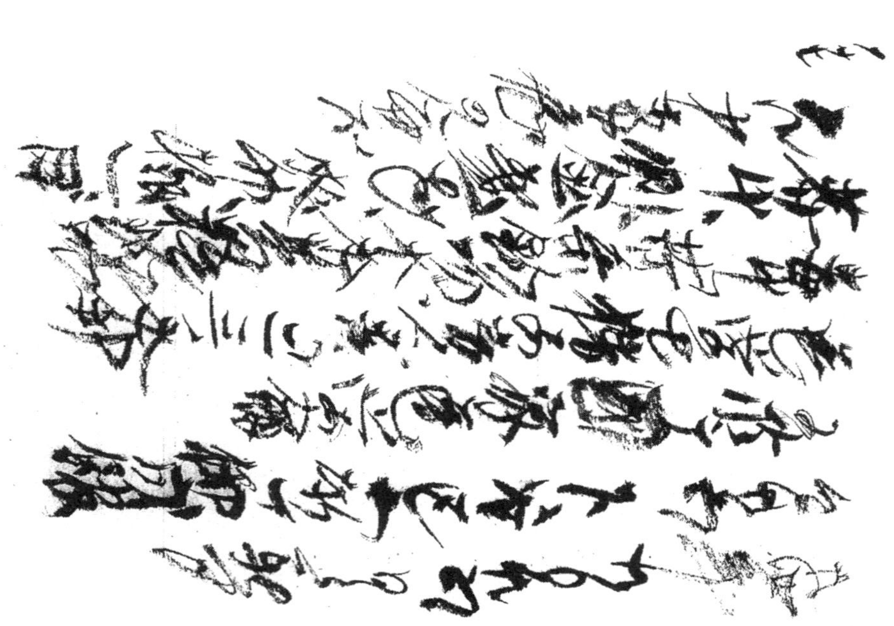

福壽草之葉雖至細碎如胡蘿蔔葉亦似芹葉而其開花未葉時宛如芹葉初出之狀故云葉似藿也此草生高山幽谷毎歳暮從諸州致於花師花師上盆以為献歳之賁故又名元日草實開花與梅同時者也至春苗高寸餘莖頂先開花大一寸餘晝開夜闔凡十餘日而槌其開必迎陽故常斜側不直立而其色深黄光滑如紫金單葉者十餘瓣重葉者數十瓣皆聚抱如平盞狀是所以名側金盞花矣黄葵花亦常傾側故有側金盞花之名大小雖殊亦可類推焉近来或以為獻歳菊或以為雪蓮花按臺灣府志云獻歳菊立春始開其性尤殊凡菊則似是指菊之以早春開花者矣松漠草云雪蓮花産雪山葉似蒲則亦乗福壽草之比也

福壽草 品川八並寺山家生
方言 節分草 大和本草云
和名 ... 文元日草
從是 ...

川

○雲州産ハ花五弁ニシテ紫色 方言元日草ト云 中村宮田江云
○豊後産 カバ色ノモノアリト
○オホメトテ云フクビユサウ オホメハ地ノ名ナリ 花大ナリ 大ササシワタ二疊ノ
目四ツホドアリ
○白花ナクシユ草ハ漢州クハリヨリ書ニ出タルヨシ
○萬重ニミテシニナキラ江戸ニテ吹詰トモ云
○長島トテ云フハフキツメノ事ヘ
○大リンニテ二重ニ咲モノアリ 江戸
○江戸ニテ柳糸ト云モノ紫ノ萬重トテ云ナリ日光トテ云ハ中ニ心アリテノ重ナル

ふくじゆさう 福寿草の義元旦に花を咲をもて元日草とも名く歳菊ともいふ八重福寿草あり浅黄福寿草ある 和訓栞中編二十二

○飛州ツノ川ト云所ニ福寿草アリ高山ヨリ四里ナリ方言タケレンゲト云[illegible]

香田仙[illegible]
○田中ノ仏供[illegible]ハ下ヨリ
ミシルト上山ニ[illegible]
ミ[illegible]
[illegible]ノ右ニアル　[illegible]
[illegible]高山ニ
[illegible]
[illegible]
[illegible]
[illegible]

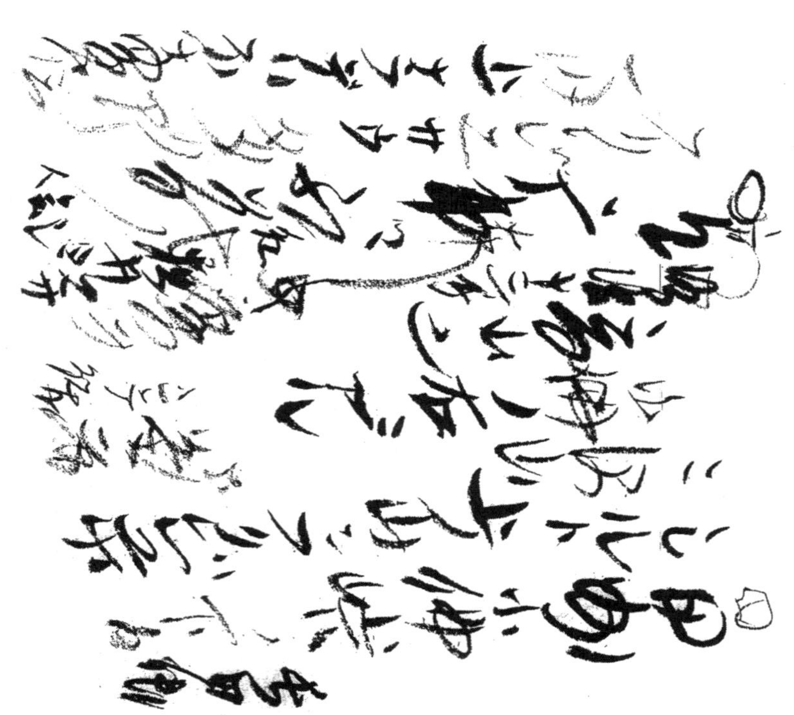

新年の御眺え

松竹梅　福壽草

右陳列致居候ニ付御望
ミ有之候得ば御參觀御
買上の程奉希上候也

月　日

東両國横網町
壹丁目五番地
香樹園孫八

元日草　漢名 赤富

誰言園裏衆芳別　古夫風最後妝妖艶濃香可憐色　山良由　日本咏物詩中

元日草　漢名 赤富

生憎人説亞花王

領得微陽氣　數莖秀盆中　花信二十四　許君第一風　山良由　日本咏物詩中

又

黄花不必問　清香杯酒還　從處士儔淩雪　誰言萱草緑　守興　日本咏物詩中

金光臈月滿春光

フサ花

朝飛[illegible]

[illegible]

◎福壽草　青梅近邊福壽草の本場は本年相當により既にフックり芽みたり然れば十頃には初荷着すべく現在ポツ／＼縁日に顯ものは本草にあらずして信濃地方に產するればヒヨロ／＼として見るに足ぬも尤もあ

○献歳菊　フク壽草　臺灣府志曰立春始開其性尤殊凡菊
一名側金盞花 桂海虞衡志　雪蓮 西域同　諸山ニ出
淺黄福壽　花開テ淡黄色経日ダンダン白ク成故ニ白フク寿ト云
薩州八重福寿　千瓣塞心　一名万福永島ノ八重共云
榊原ノ八重福寿　千瓣ニメ葩狭ク先ニ尖リ枝花迄モ
能開テ格別見ヿ也然ヤシナヘハ正月中時分迄ニハ開ク
相模出ノモノ心ノ花斗　千葉ニメ蕋アリ枝花ヒトヘ也

十ノ

白福寿草　二月花開花形常ノ福寿草ノ如ニテ色白シ中立
チイサク　一本ニ一花アリシヲ芙ト地錦抄ニ見タリ予未見　朝倉ノ花
元日草　漢名未審

頌ニ得微陽氣数莖秀盆中花信二十四許君第一風　山良由
日本詠物詩

十二月
正月三日寫生　福壽草

布久之由佐宇　一名布久豆久左宇 大和本草
俗亦呼元日草世人種之盆中愛之春初開花其
花先葉而開形似黄菊花謝生葉形如青蒿亦似
胡蘿蔔此草置之陽處則盛換之陰地則萎如夏
月所其種又之
常陸物産志 八上

献歳菊　フク寿草
臺湾府志ニ曰立春始開其蕊尤
殊ニ凡菊ニ一名側金盞花 桂海虞衡
志　雪蓮　西域同　諸白ニ出
淺黄福寿　花開テ淡黄花
経日タンく白ク成故ニ白フク寿
ト云
薩州八重福寿　千瓣寒至心一杏
万福永島ノ八重 共ニ云
榊原ノ八重福寿　千瓣ニシテ範扶

先ニナリ枝花追モ能開テ椿
別見コトモ能ヤシナヘハ正月中時
分迄ニハ開　相模ニ出　有心花ヰ
千瓣ニシテ葉アリ　枝花トドヘアリ
白福寿竹　二月開花形常ノ福
寿　草ノ如ニシテ色白シ　葉立チイサカン
一本ニ花一リン咲ト枇杷葉ニ見タリ
予未見　白花葉黄色ノモノ相州
ヨリ

Adonis [illegible] Adonis [illegible]
側金盞花ノ一種五弁 [illegible] 紅花或ハ紫ノ花 [illegible]
Adonis aestivalis (Adonis [illegible])
林氏 アドニスノ [illegible] 紅ノ五花 [illegible]
○ [illegible]

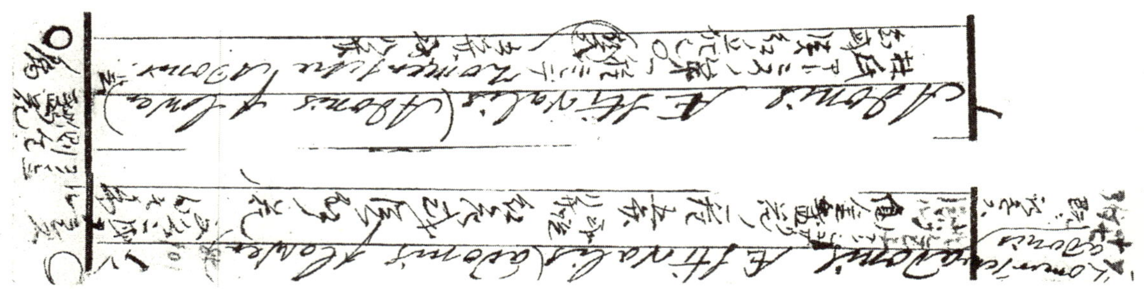

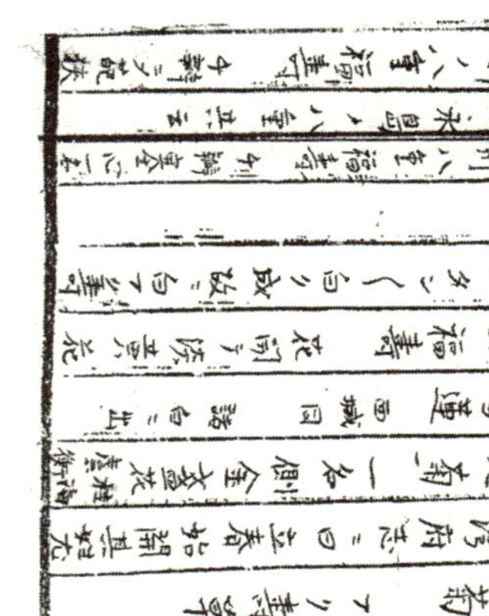

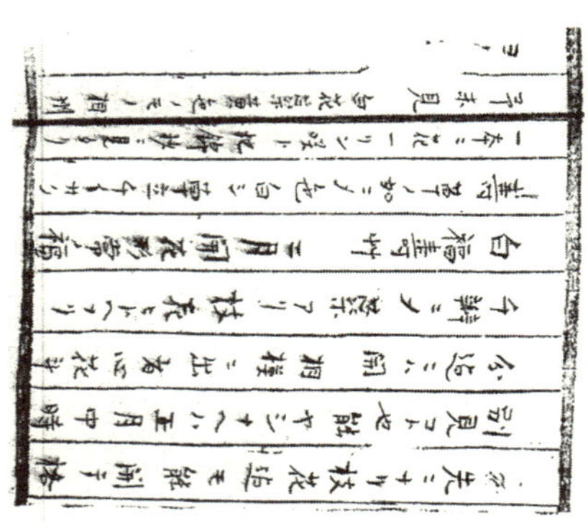

十七

○福壽草 [illegible] 漢名未詳冬ヨリ苗ヲ生シ花ヲ包テ出ツ立春ノ比先一花ヲ开テ漸々葉ヲ生ヒ枝ヲ分チ花ヲ开ク始テ一花开ク時茎纔ニ一二寸漸ク長ノ四五寸ニ至ル葉胡蘿蔔ヨリハ柔クメ芥ヨリハ細カナリ花ハ單辯十葉許菊花ニ似タリ外青褐色内深黄色ナリ日向置時ハ不开却テ萎ム好事ノ者元日未明ヨリ咲ヲ以テ开カヤ祝フトス故ニ元日草ト云浅緑福壽草アリ青白色ニメ黄色ヲ帯ハ重アリ肥ル中ハ辯モ多シ然モ他ノ重辯類ニ非ス葉色淺深色ヽメ花外色[illegible]

○献歳菊 臺灣府志曰立春始開其性尤殊ル菊
一名側金盞花 桂海虞衡志 雪蓮 西城聞見録

冬ヨリ帯芽生苗茎柔ニメ葉コマカニ胡蘿蔔葉ニ似テ高五六寸枝ヲ生メ單辯菊花ノ如キ小黄花ヲ開諸山ニ出ツ霜雪ヲ不恐花葉ノ大小開花ノ遅速従産小異アリ惟武州青梅ノ産茎フトク高サ七八寸大リシテ觀ルニ可也

淺黄福壽草 産所未詳 茎葉純緑色ニメ淡黄花ヲ開日ヲ経テ色甚薄シ

榊原福壽草 草立茎細ク葉コマカニメヤサシク早春千瓣ノ黄花ヲ開吹詰ニメ瓣狭ク先ニ尖ニワレ初青ク後深黄色花ノ盛ハ瓣下ヘ反巻ス盛上ルカ如ク小枝ニ至迄能開テ見ルコト也

七

永島福壽草　一名万福　是亦吹詰ニメ瓣濶ク先ワレス
大リニニメミコト也枝花不残ハ開カタク二月咲薩州ノ産也
又相州産ノ千瓣アリ心ノ花ハ千瓣ニメ枝花ハ皆單瓣ナリ
地錦抄ニ白花ノ福壽草アリ

福壽艸　一名元日草

淺黄　咲

八重福寿

白福寿艸

フクヰ

側金盞花　花草類
福壽草　フクジユサウ　元日草　ガンジツサウ　志
賀茂ギク　冨士ギク　マンサク　奥州　アスモ　モ加州ニテ　南部
マンサクト云皆早春ニ開ノ草ヲナルナリ　一名長春菊
付録　報春先　清俗　桂海花志曰　側金盞花如
小黄葵葉似樓歳暮開与梅同時人作盆
黄葵ニテアリ其葉蓋丈菊ノナリ　通雅ニ丈菊
亦名大黄菊　其小者謂ニ云モノハ形丈菊ニ似テ小

ナルノ謂也又似槿トハ槿菫同字典ニ今福壽艸ノ
葉ハ細碎ナル故蘿蔔ノ如シテ菫菜ニ似ス然レ圧
其花ヲ用ル時ハ菫菜出突テ葉動出ノ秋ノ如
シ故ニ菫菜ニ似ルト云此草高山雪谷ニ生シ歳
暮毎ニ諸州ヨリ花肆ニ遣ル花肆盆ニ上ス
献歳之賀故ニ元日草ト云實ハ前ト梅同ク盛
也春ニ至テ黄菊一寸餘莖頭ニ生ス開花大サ
一寸餘晝開夜合ス其開クヤ必陽ニ向フ近ニ常ニ

斜側ニシテ直立セズ千葉ノ形ノ如シ是ヲ側金盞
花ト名ル所以ナリ又近来献歳菊トシ又雪蓮花
トス按ニ臺湾府志ニ云献歳菊立春盛開其
妹尤殊凡菊トスルニ菊ノ早春ヲ以テ花ヲ開者ヲ指
スニ似タリ又松漠州ニ云雪蓮花産雪山葉似
蒿ト則又福壽艸ノ類ニ非ス良薑ニ云又五雑俎ノ
歳蘭ヲ充レ圧宜シカラス曰歳蘭ハ其花同蘭而葉
稍異其開必以歳首故同蘭ト云ハ充テタル　一種

第五十二号 ○アドニース

此花奇麗ナリト雖モ吐花寡ク又廣ク世ニ流布セス保花至テ久シ大抵八「インチス」ノ距離ニ栽ユヘシ

種類

○アドニース、スナスウハリース 深紅色ニシテ高サ一「ヒート」夏咲ナリ

○――オーサユムナリース 秋咲ニシテ血色高サ上ニ同シ

フクジユサウ

側金盞花 フクジユサウ

諸深山ニアリ 在田郡生石山及

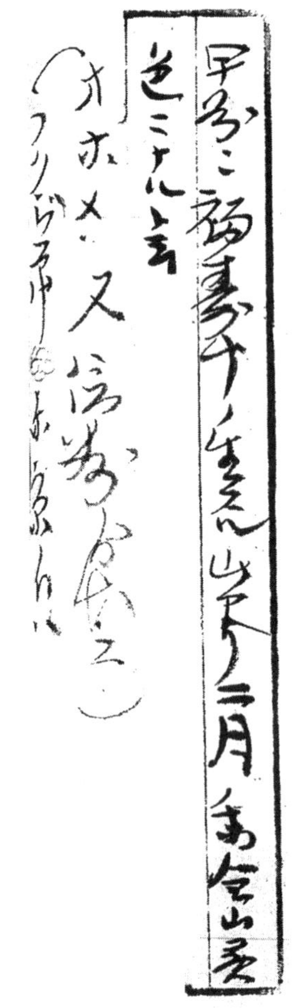

清稗類鈔云塞外有雪蓮生
崇山積雪中狀如今之洋菊名以
蓮耳其生必雙雄者差大雌者
差大雌者小然不並生而不同根相
去必一兩丈見其一再覓其一不不
得者蓋如兎絲茯苓一氣所化氣
相屬也凡望見此花默往採之
則獲如指以相告則縮入雪中
杳無痕迹即劚雪求之亦不

十七

獲少本有数限不可解土人曰
山神惜之其或然歟
者フリジユカウニ穏当ノ像ナシ

Adonis
Anemone Apennina L.
沙ニ 少ヰ図說ノナ四ノ子ニアリ
フクジユサウヨリ

15 Adonis aestivalis.
御金盞花（フクジユサウ）
世品菊名ソーメルセアドニスト云夏ノフクジユ
サウノ義ナリ得壽ノ品ハホールヤールセアドニ
スト云

〔 〕リ七月ヨリ
花咲 朱色
色 花大サ
位ナリ 苗
高サ尺余
四五 細シ
二尺 葉ノ形ハ
葉ハ蓬ノ如シ
〆十七品

蘭 ソームルアドニス

葉ノフンビンニ似ノ義

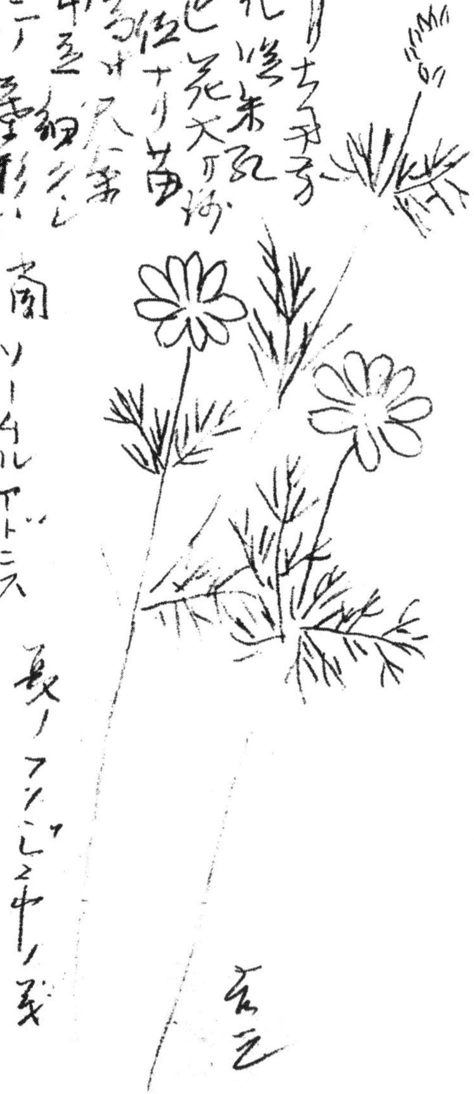

玄之

色咲花種

献歳菊 土拵 肥合こやし

出所 信州 青梅

植様

此土をよくふるひてそろ〜とさせて地面をほりて此土を入地ニ植べし

水の出るほとよくすへし 夏の中合肥をとおしうけべし

長鳴 花ハ八重大サ一寸二三分ほど 色うす黄花ひらの先丸し

榊原 八重にてたおひらの先こがり 大かん

二段咲 春の花さきて花の中より 枝一本出又其の枝ニ花を むすび三月ごろよりさく

水仙 土 肥 小便 山土 砂 くろぼく 赤土

福寿草 中ノ屋 肥 小便ニテマシ 石

ホノホンナリ 右 ホランツ石川陳

植様

今ころおよ植かへんとそらきてよし冬ハよく霜よけへし　もし
咲せたらハ根を入たる時ハ夏の土用より一日の中三度ほと玉を小便ハ
ひらし植へし　これまていた弥の根くさらハとまらすのく

廣大和附録

フ十七

仝上ノ十四丁
歳菊　和名福寿草、滇州府志及ヒ圖撮活法
等書ニ見ヘタリ、歳菊一名歳蘭　陰ニ衣同名
中春生、葉似、邦蒿葉大同小異云云」
滇州府志ニ歳菊歳蘭ノ名無し、賽蘭アレ
花別物ニ」

啟天御狭小仕撮ノ考也

茯苓
以自生者爲佳老松根下間有之其下有苓即其上松枝虬
結如窠謂之苓窠用鐵器探取其質實而堅最貴今山中多
以法種之松根朽爛用苓切片加子數顆埋入其中過五六
年掘之遂成苓其纏于細根者爲茯神一物而異形要非眞
茯苓比也
宋陽勝志ニ出

茯苓○椎ノ茂生シタル山ニ得茯苓如鶏卵...
[illegible]

ブクリヤウ

茯苓　筑前国夜須郡　日本地誌提要七

茯 a medicinal plant which holds ... is an amber.

明治十七年十一月
新潟県御用掛生[illegible]報告
生薬表
茯苓　越後　三島郡 新五郎
[illegible]

マツホド 和名抄
ブツブド 濃州笹洞

茯苓
パエマ　ココス」羅

東濃恵那郡加子母ノ邊、神附、樫本（カシモト）又加茂郡黒瀬、細目、笹洞、（追加 飯地、鄕見、切井、赤河、）諸村
其他諸山ヨリ出ツ、又信ニ、諸州ニアリ、中國九州産地殊ニ多シ
黒松（クロマツ）ノ地ハ白茯苓多ク、赤松ノ山ハ赤茯苓アリト云、
松株ノ截リタル後、五六年許リニシテ、其根朽チタル頃、
漸ク之ヲ生ス、水ニ浮ブモノヲ上品トス、山民茯苓ツキト
称スル鐵ノ火箸ノ如ク、太ク長クシテ、横ニ柄ヲ
着クル形  此ノ如キ者ヲ以テ土中ニ刺シ
試ミ、ソノ状芋魁（イモカシラ）ヲ刺スカ如ク覺ヘ或ハ抜ケ難ク、
或ハ抜テ茯苓ノ臭氣アルヲ驗シテ、之ヲ掘リ採ルナリ」
茯苓ハ漢薬ニハ古来日用ノ品ト雖モ、洋方ニハ未タ之
ヲ用ユルヲ聞ズ、但支那人ハ、和産ノ茯苓ヲ殊ニ賞ストテ、
故ニ従来交易ノ一品ナリ、満川新三ノ支那通商必携ニモ、
彼ノ地輸入税則中ニモ茯苓ヲ揚ケタリ」

Pachyma Cocos

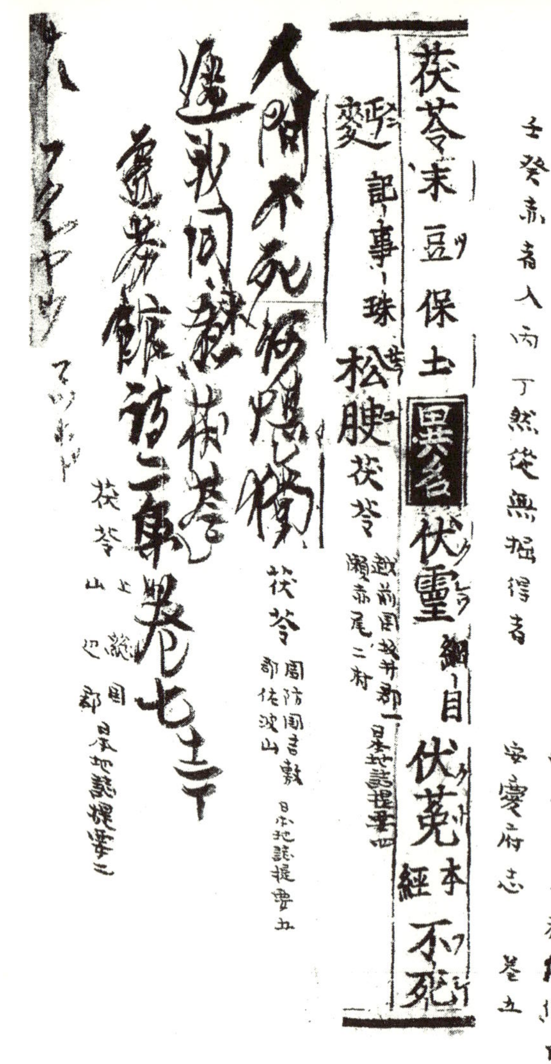

茯苓

淮南子曰千年之松下有茯苓上有兎絲赤白二種俱佳白者入

壬癸赤者入丙丁然從無採得者　安慶府志 巻五

茯苓　末　豆 保土

異名　伏靈 綱目　伏菟 本經　不死

部ノ事ノ珠　松腴　茯苓　越前国坂井郡一瀬赤尾ニ村　日本地誌提要四

茯苓　周防国吉敷郡佐波山　日本地誌提要五

茯苓　上総国山辺郡　日本地誌提要二

雷丸

船来多シ真物ヽ船来ハ形豬苓ニ似テ小ニメ重ク堅実ヽ形丸ヽ大ナルハ栗位小ナルハ無患子位正円ナルモエガミタルモ二ツ通リタルモアリ皮ハ黒内白メ潤ナク乾タルモノヽ希ニ皮赤キアリ赤キハ毒アリト云本経逢原ニ皮黒内白者良赤黒者殺人ト云ニ一一ハ竹林中ノ土中ニ生ス茎葉ナシ茯苓ノ立ヽ故ニ竹苓ト云先年遠州金谷ニテ堀リ出セシヿアリトヽ上品也船来ノヨリ大ニメ色白ク柔ニヲ茯苓ノ如キ様子ヽ中ニハ竹根ヲ夾ミタルモアリトナリ又阿州祖谷山ノ竹林中ヨリ堀出シタルヿアリコレハ竹根ノサキ直ニ一一ニナリテアリ切レハ内ハ茯苓ノ如キモノヽ和産ニアルモノナレモ薬店エ出ス薬店ニハ船来ヽ昔ヨリ和俗大爪子ヲ一一トム薬店ニモ大爪子ノ油ヲ一一ノ油ト云コレハ大ナル誤リナリ形相似タルモノユヘニ誤ルヽ然レハ一一乾テ油ナドハ一向ナキモノナリ世上ニ返魂丹ヲ調合スルニ大爪子ヲ入ルコレモ一一トアルユヘニ大爪子ヲ用ユルヘコレハ大ニ誤リヽ又魂丹ニハ竹苓ヲ入ヘキナリ又和方ニハ大爪子ノヿヲ一一ト書テアリコレニハ大爪子ヲ用ユベシ又油ギリノ油ヲ一一ノ油トムコレモ大爪子ノ油ノ偽物故ニ一一ノ油　誤リナリ

マツホド　和名抄
マツフド　濃州笹洞
茯苓　同シマ　ココス羅
加茂郡黒川ニ
細目ニモ
東濃加子母(恵那郡)ノ邊、神附、及樫本(カシモト)其他諸山
ヨリ出ツ、又信三諸州ニアリ中國九州産地殊ニ
多シ黒松(クロマツ)ノ地ハ白茯苓多ク赤松(メマツ)ノ山ハ赤茯苓
アリト云　松株ノ截リタル後五六年許リニテ其
根朽チタル頃斷ク之ヲ生ス水ニ浮ブモノヲ上品トス
山民茯苓ツキト称スル鉄ノ火箸ノ如ク太ク
長クシテ横ニ柄ヲ着ケタル形ノ　ソナヘ行
此ノ如キ者ヲ以テ土中ニ刺シ試ミソノ状芋魁(イモカシラ)ヲ
刺スガ如ク覚ヘ或ハ抜ケ難ク或ハ抜テ茯苓ノ臭
氣アルヲ驗シテ之ヲ掘リ採ルナリ△支那人ハ和産ノ
茯苓ヲ賞スト云故ニ従来交易ノ一品ナリ備リ
新ニ支那通商必携ニ彼地輸入税則中
ニモ茯苓ヲ掲ゲタリ
伏苓ハ漢土ニテハ古来日用ノ品ト雖
洋方ニハ未ダ之ヲ用ユルヲ聞カズ但△

福王草　諸山ニアリ　相州吉野郡中物産志　上

一　フクワウソウハ彦山方言 [illegible]

福王佐宇生諸山谿谷円茎而大者高二三尺其葉緑色光
沢無毛歯缺刻深自茎中央以上葉有三叉者亦
有五叉者是以其大小長短不同矣六七月梢上
分枝開花形如山萵苣花逐日成絮随風而飛　常陸物産志　八下

十九

フクワウサウ　サイトウグサ 蒹葭堂　シドクサ 江州上坂

ラノエサウ 山ノ半途尾上ニ生ズ故ニ名ク　チシヤナ 信州松本

今ニコナ 釣

勢州菰野山　江戸堀ノ内大箕谷也 又

三園云 勢州福王山ニ多シ故ニフクワウサウト名クトモ云

福王艸 尾州方言 京北叡山西塔辺ニ多シ故ニ京ニテ
西塔艸ト云 茎ノ高サ三尺余 葉ハ秋牡丹ニ似テ三岐又ハ
岐アリ大サ三四寸 茎ノ毛ト別也シテ茎ノ長サ五六寸互生ス
葉アリ梢ハ断ノ細キシ又葉多シ九月梢ヨリ
花ヲ開ク[illegible]

一種山中福王草ト云ル者アリ 形錦文大黄ニ似
テ小ク 稍々硬シ 紫緑色 葉ノ茎長 翦羽アリ 葉ノ
辺 花又有テ 不深 茎ヲ抽テ 單瓣ノ淡黄花ヲ開テ
菊ニ似タリ 秋後是モ又黒シ 薊ノ類ニ非ス 或ハ
漏蘆又飛廉ナラント云リ 未詳
[illegible]

形

フクワウソウ
及 タケブキ 如シ
葉茎モ毛茸モ
アリ 根ハ鬚根ニテ
和名菜ノ如クチ[illegible]
[illegible]

白薇
フナバラ
花紫蕊黄
花形細圖

本草綱目ノ名アリ白微ノ本條ナリト云フ事アリ（本草本條）
然ルニ通志ノ集解ニ云フハ白微ノ一種トスベキヤ
本云白微白前ノ根ニ非ズ蓋居ニ者乙ノ
白前ハ大国ノ白微ト云フニ黒色ニカ自在スル
日本ニテ石ノ物色ニ才大国ノ白微ト云ベシ然両
西稜ニ振ル白微白前ト云ハ非ナリ
○叔備ニ色ニアリ ノ名ニアスセヒト云 廿種ノ
草ノ叶実ノ後ハ腔ヲ卵状ノ蜜槽五ツアリ小角枝

白薇
出入
一名春草葉似柳而味苦　義烏縣志　八

白前モ此藥白前ナリ、俗ニ草ノタチハキナル名
ツクヌ又近年肥前ノ垂ノ平ニ似テ紋紫色ノ花
ヲ開クアリ花アリテ紅花ノ白前ト称シ珍賞ス
右花隠居ノ和名未詳異種ノ説

イヨカヅラト図説セテイト云字四十五ニ出セリ此処ニ移
スベシ

伊予葛（イヨカヅラ）　高一尺許葉似仙翁花ニ而蔓敷
四五　如葛又而非蔓又五六月開小紫花（徐氏生ノ物品ハ一）

一白前

此草往古ヨリミカト存候得共俗ニツルヤナキトヤ相是ニ

テモ可有御座哉ト心アテ白微ヲリレト心アテ仕ル者多ク

御座候得共真ノ物ハ出不申和名カヽミ草ミラハキナトヽ申

アヤシキ草ヲ心アテ申者数人御座候得共皆相違御座候

御座候此草京都賀茂ノ社ノ邊ニ多ク御座候

みなしこくさ　和名抄ニ白前　一名白ワサ又アマナ

拾遺　順長哥　みち衣ふさいひたちし秋きりふかもふかれとも

なみのしこるよるもしより物思ふしまのをと

しけみ　上下畧　　和歌本草提要巻三

今種樹家ニてハナタチハナと称する物是也又フナハラとも云大き茎

三尺許梢の葉ニ似て短し全体ニ白毛あり夏梢の葉の間ニ梅花

の如く花有り末ニてハ穂の如し又蔓生も有之

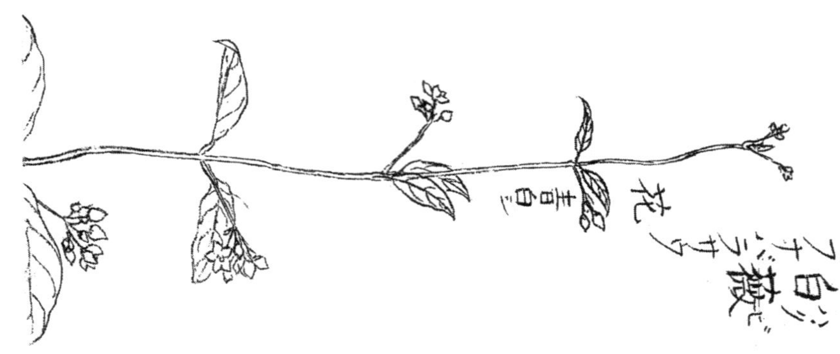

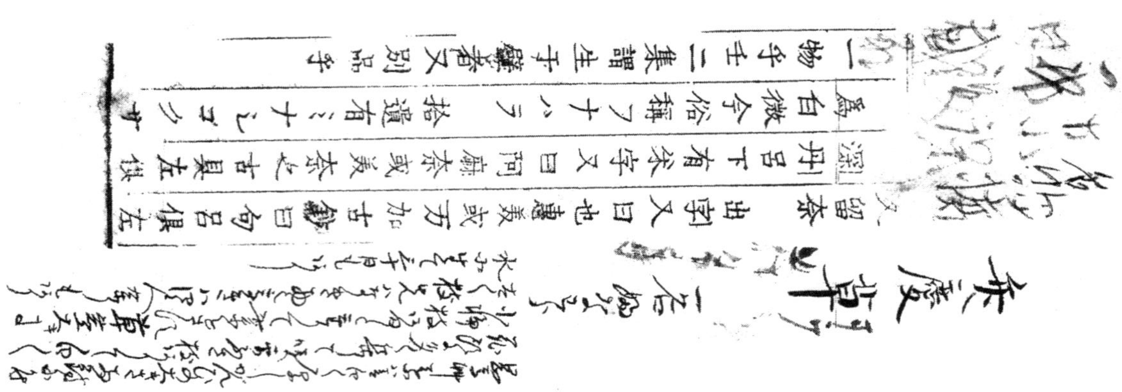

又留奈　出字又曰也恵美或万加古鈔曰句呂倶左
深丹呂下有米字又曰阿麻奈或美奈之古具左倶
爲白微今俗稱フナハラ　拾遺有ミナシゴクサ
一物壬二集謂生于蘇者又別品乎

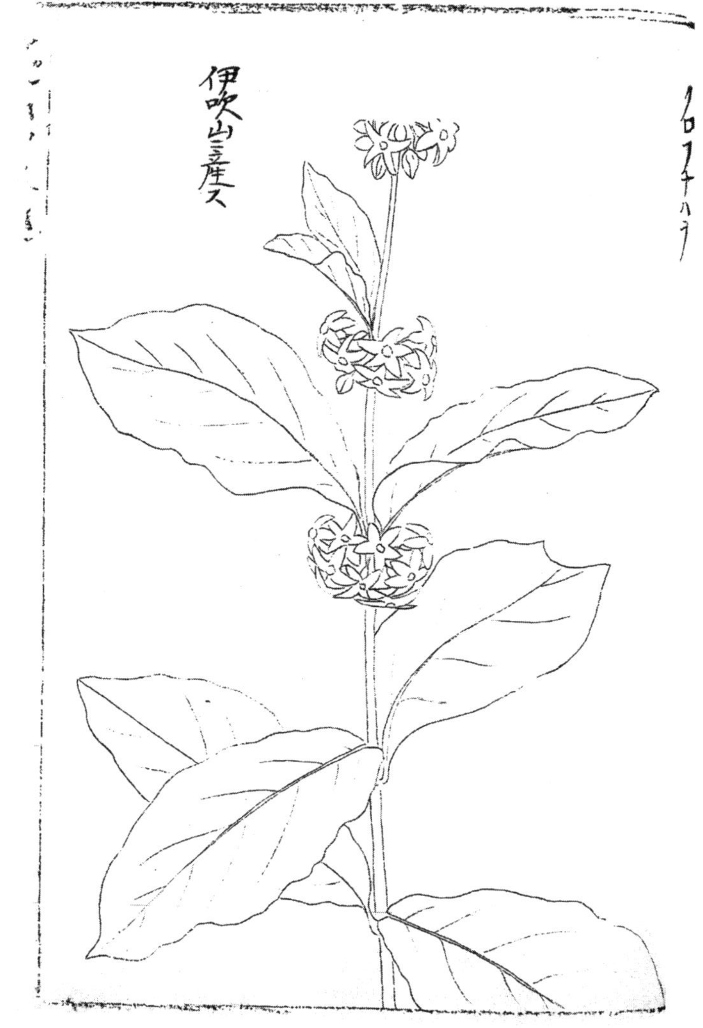
伊吹山ニ産ス

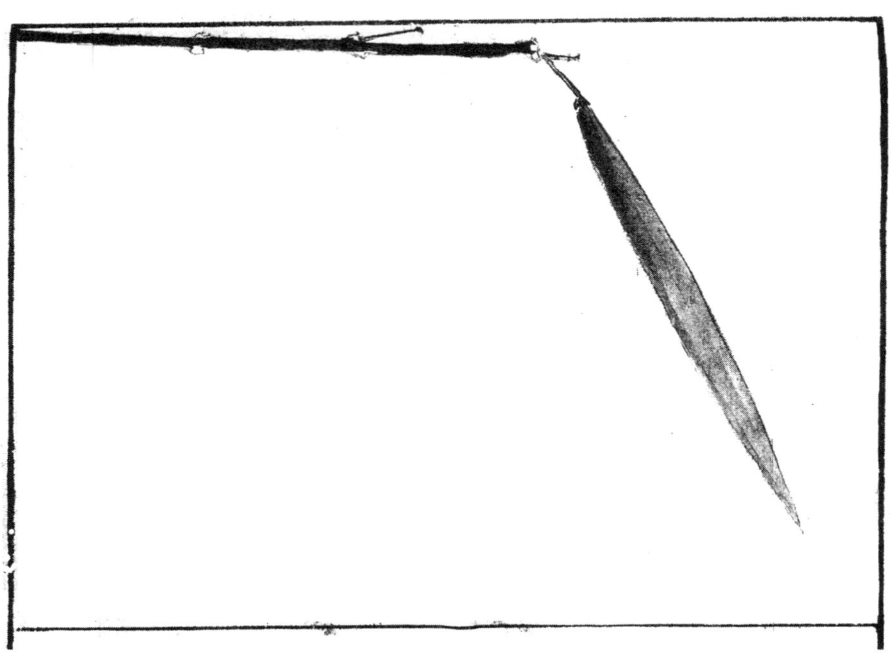

二千何
東谷産 スヽメノヲゴケ

カツホサウ 豆ニ一 実ノ形ニテ名ク　ヤマノハサイシン 第十ノ北
ホトロ　コルバノフナワラ　オホフナハラ
ロクエンサウ　ヤマシホ 同一　ミナレコクサ 輔仁本草
クロメクサ 〃　アマニナ〃
アスセレピアス

白微　微又作薇 救荒証
山野向陽ノ地ニ生春宿根ヨリ苗ヲ生高二三尺円葉対生ス
柳葉ニ似テ小ナリ茎及葉面背ニ白毛アリ夏月梢葉間ニ花ヲ
開末ニテハ数花簇生シテ五弁紫黒色花後角ヲ結長サ
二寸許内ニ白絮及子アリ又緑花ノモノ淡紫色ノモノア
リ

フナワラサウ
白微 羨那之呂久佐 又 称久呂米

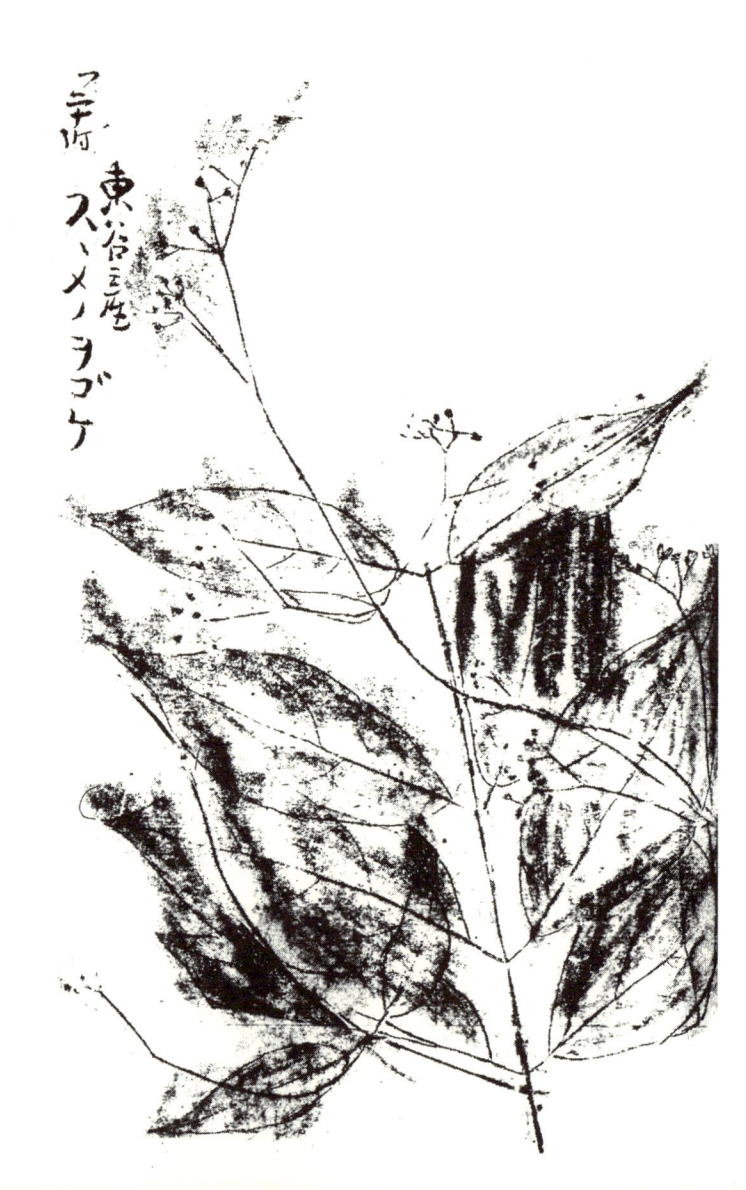

一種白花ノモノ　シラサタチバナ　ト云　クニ生
一種大葉ノモノヲ　キリノハサウト云　キニ生
一種一茎直上葉梢ニ簇生対シツク白色ノ花アツマリ雄ヲナシ
開クモノ常州筑波山辺ニアリ
一種尾州二ノ宮山産根ヨリ六七寸上ニ六七葉対生シソレヨリ上ニ
五六寸細茎ヲ抽キ小満前後紫花ヲ開リ
主根クルマ葉フナバラト云テ多シ

マルバノフナバラ
カツホサマ　豆州　実ノブラリトシタルトコロ
ホトロ　ヲ見立テ名ク　カキノハサイシン　遷地
義奈之古久佐　仁輔　久呂女久佐　同　阿未奈　同
白微　微又作薇　教言證　知微老　輟耕録　竹葉細辛　御菜本草
百土呂草　同　白幕　別録　春草　別録
[釈名]　薇草　別録
葞音尾　骨美
[仁輔]　白審　叙菜性　白草　巌草　雑要訣
救荒本草ノ説ニ據リテノロリアエヒサウニ充ツ山野ノ向陽ノ地ニ生ス春
宿根ヨリ苗ヲ生ス円茎高サ二三尺葉対生ス枸杞葉ニ似テ小ク短
シ茎及葉ノ面背ニ白毛アリ夏月梢葉ノ間ゴトニ花ヲ開ク余

みかしこくさ　クロメクサ・クロクサ　クロナ
ヤエミ・アマナ

名　白薇　ミナシコクサ一云クロクサ アマナ　伊字　同　又白薟　曽　ミナシコクサ・クルメクサ・アマナ

又紫草　ミナ　延　白薇　ミナシクサ　ミナシコクサ

拾遺　離　長秋霧ふかく[illegible]もまよ[illegible]みかしこくさ

あかしまね　おりの事の葉をあけてこそ

白薇　釋藥性云白薇美奈之古久佐一云久路久散又云阿末那〇本草和名云白薇一名白幕一名薇草一名春草一名骨美一名白𧄍曹出釋藥性按千金翼方證類本草骨美以上五名皆本草本條所載則白𧄍曹一名出釋藥性也而本草和名骨美下失著出典源君誤謂諸名皆出釋藥性非是下總本有和名二字本草和名久路下有女字陶隱居云根状似牛膝而短小爾圖經云莖葉倶青頗類柳葉六七月開紅花八月結實根

黃白色

白薇　[illegible]　上

箋注　倭名類聚抄

ニテハ數花簇生シテ穗トナル花ノ大サ四五分五瓣ニテ紫黒色形徐
長卿花ニ似テ大ナリ花後角ヲ結フ長サ二寸許内ニ白絮及ヒ子アリ
又白花ノモノアリ花葉ノ形状同シ阿州ニテノクサノナバナ
ト云泉州ニテノシホカゼサウト云共ニ根ハ細長ク數多ク簇生ス
又細葉ノ白微アリ葉勢夏黒羅ニ似テノ赤尖ル六七月ニ花ヲ
開ク紫黒色是ヲベンケイサウト云又大葉ノ白微アリ
種樹家ニテノツルカシハト云
茅舗ニ白微ノ葉ヲ取リ葉フナワラト名テ鬻クル
○師濤辺ニアリ　惣州小金原ニアリ　伊勢朝熊山　志州鳥羽ニ五知ヘ
行道
白微ヲ和方ニ鹿薗草ト書ス　フナワラサウ　江州上野
○一種一茎直上葉稍ニ簇生對シツク白色ノ花アツマリ毬ヲナス
開モノ常州筑波山辺ニアリ
○一種クサノナバナ　伊吹山ニアリ花形立バナニ似故名○一種形状小ニシテ紅
[illegible]

[illegible]
白薇　フナハラ　白薇　[illegible]アリ　下総小金
藤ヽ谷多地ニ生ス春旧根ヨリ苗ヲ生ス
葉ハ柳ノ葉ニ似テ[illegible]面背ニ毛茸アリ
四茎ニ両対ス夏月長サ一二尺許梢[illegible]
纏フ梢ノ葉ノ間ニ數花ヲ簇生ス五出紫黒色
花形徐長卿ノ花ニ似テ花後角ヲ結フ四
五分ヨリ七八分ニ及ヒ蘿摩ノ実ニ似テ細シ根灰色ノ
数条アリテ徐長卿ニ似テ[illegible]

相似テ葉狭クモアリ稀ニ相似タル者
ドニ品アリ根蔓ヲ生

白薇 ヘンケイ艸 一名 フナハラ
花ニ品アリ紫色ヲ黒ヲ謂 ケイトヲ云
青花ヲ青ヲ謂ケイト云 葉臭根相
葉似テ小也對生ス茎高サ一二尺茎
上花穂ヲナス又ロクエン艸アリ
葉スコシ小ニシテ粉色アリ對生ス茎三
尺ハカリ茎上ニ小黄花穂ノ如ク開救荒ノ
白薇ニ充葉ニ大小廣狭アリ花色ノ
チカイ大小アレドモ根形花形皆相
似テ共ニ徐長卿ノ類ナリ又カモメツ
ルト云有旧説白前ニ充レドモ葉黄白
花白前ニアラス根モ花モ徐長卿ニ類
ナリ同品ニ蔓生スルヲツル葉莿ト
名ク花白メ見コトナリ近年ナシ
白前 白トラノ尾
野ニ生多シ葉莿キイ艸ニ似テ小葉ニ尾

押

〇フナハラサウ 白薇 伊吹山

紫黒色花 緑花 淡紫花

啓圖曰夏月数花簇生シ穂ヲナシ 五弁紫黒色

又白花モアリ後角ヲ結ブ

本艸圖譜曰クロベンケイ

押

キリノハサウ ツルガシハ 大葉白薇 日光 伊吹等

紫花 長スレバ蔓ヲナス

本草圖説曰ツルガしハニ種アリ

ノ二十

日光 ツルガシワ

伊吹 ツルガシワ

如此別アルガ如シ尚精ク鑒ベシ

押　白蘞一種　筑波山産
一茎直上葉梢ニ簇生対シツク白色ノ花ア
ツマリ毬ヲナシ開ク者シ

押　白蘞一種　車葉ナナバラ　尾州二ノ宮産
二ノ宮ニテナバラ
根ヨリ六七寸上ニ六七葉対生シ夫ヨリ上
五六寸細茎ヲ抽キ小満前緑花ヲ開ク
（旭ノ舟　緑花）

押　クサタチバナ　白蘞一種　伊吹山

廿

白薇(フナバラ)先輩徐長卿ヲフナハラト訓ス徐長卿
モ一類ナレﾄﾞモ本草ノ説不詳救荒本草ノ白薇能
合リ苗ノ高サ二尺許葉ハ松本草ニ似テ潤ク深
緑色茸毛有テ両々相對ス四月茎ノ五辧肉紅色
ノ小花ヲ開テ聚リ茎ヲ抱テ臺層ヲナス種類多
シ莢ヲ結ンテ二寸許中ニ白瓤アツテ蘿藦子ニ
似テ小ナリ一類皆同シ唯此一種ト草橋ノ二種
実ヲ結フ丁稀ナリ○一種香白色ノ細少ノ花ヲ
開クアリ茎葉モ亦小ナリ白フナハラト称ス○
又浅色ノ者アリ薄色舟ハラト云又柳葉フナハ

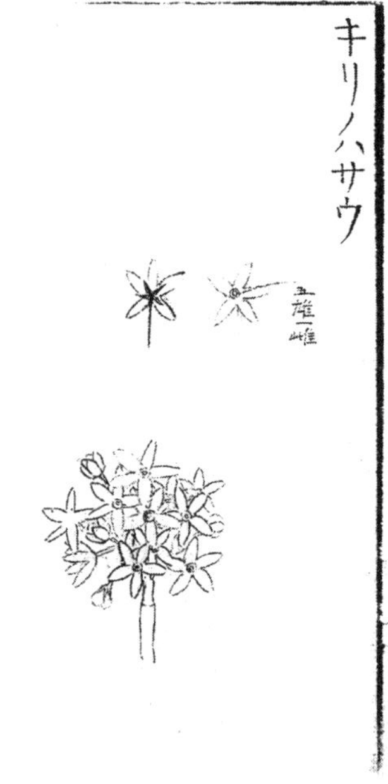

テ漢名救荒本草ニ出ル米カ児ク葉ハ柳葉ニ似
テ黄緑色細窄ク細茎尺餘淡黄白色ノ細花ヲ開
キ莢ヲ結テ細長シ此外金連草伊豫蔓艸草橘皆
一類ク各條ニ見タリ

野葛 カツミカツラ
指
[illegible]
布介波羅 一名空穂

[illegible]

花

あまな ミナミコクサ クロナ クロクサ 六十七丁
　拾 クロメクサ ヤエミ
　雑下長哥源順 秋きりに心もそゝふすゝひ
　しこ草よあやしきわかれの事のはそろことゝ
本和上三十白薇 阿末奈一名美奈之古久佐
一云美奈之古久佐 一名久呂女久佐 和白薇 阿末奈
一名呂女久佐 林節 白薇 ミナミコクサ
くろくさ ヤエミ ミナミコクサ アマナ カ名メ糸 クルナ あまな 十丁
　くろくさ 七十二丁 参考スヘシ
字白薇 夜恵弥一 和白薇 和名美那之古久佐 一云久呂
云久留奈 久佐一云阿末奈
和傳同
くろめくさ 同上
本和上三十白薇 美奈之古久佐 一名久呂
[illegible]
勤植名彙
勤直名彙
和傳同

一名 白草[本草和名 引雜要訣] 叢草[同上] 白幕[本草和名 引釋藥性] 薇草 骨美

和名 サシコリサ[本草和名] ロメクサ アマナ[共ニ同上] オホツナワラ ロリエンサウ

蠻名 ヒンセトキシキユム[羅甸] スロリユウユウラルトル[蘭]

和産數種アリ下總州小金原鐶ヶ谷原ニ生ス春宿根ヨリ苗ヲ 一
生ス葉ハ柳ニ似テ稍ハ面背皆毛アリ圓茎兩對ス夏月茎高サ 二
三尺許梢長ヘレハ蔓ヲナス葉間ニ數花攢生ス五瓣紫黒色
其形除長卿ニ似テ肥タリ後角ヲ結ブ圓シテ長ク蘿藦ノ角ニ
似テ細シ根灰白色數條アリ形細辛ノ如クニシテ香ナシ一種リサ
タチハナ一名シホナゼサウトモ云アリ形状コナハラニ似テ白花ヲ開ク
類大ナリ一種ツルカシハト云アリ日光山ニアリ大葉ニシテ木蘭ノ如ク
又柳ノ葉ニ似テ圓ク梢ニ四葉アツマリツク紫花ヲ開キ其角除

長卿ノ如ク多クアツマリツク一種ベンケイサウ[同名アリ]葉ハ女蔞菜[カハラケシ]ニ 三
似テ狭ク夏月花ヲ開キ紫黒色コノモノ集解蘇頌ノ説ニ類 四
柳葉ト云モノ是ナリ一種スヾメノヲゴケハ葉ハ星宿菜[ヌマトラノオ]ニ似テ潤リ
毛アリ花ハコナハラニ似テ白シ一種蔓生ニシテ淡黄花ノモノアリ
一種イヨカヅラト云アリ葉ハ柳ニ似テ尖リアリ稍蔓ニナリ纤フ
葉間ニ細枝ヲ分テ紅花ヲ多ク攢開ス一種カモノヅルト云アリ水
澤ノ地ニ生ス細葉蔓生小ナル淡紫花ヲ開ク其角ハ除長卿ニ如シ
凡テ此類氣味相似タリ内細長葉ノモノヲ用ニベシ

[illegible]徐長卿ノ圖説[illegible]

廿

白薇　フナワラ

一種　クサタチバナ　一説ニ是ヲ女青児菜ニ充ルハ不穏　一名ミホカセリウト云ヘリ

形状フナハラニ似テ二尺許直立ス稍ノ葉ノ間ニ毎葉白花ヲ開ク白前全ニ似テ

大也　一種　ツルガミハ

上総州原野ニ生スルモノハ大葉ニシテ木蘭ノ如ク柳ノ葉ヲモ大ニシテ毛アリ四茎叢生ス

生ニ紫花ヲ開キ白ヲ雑ヘ大サ梅楮ノ如ク四弁ナリ是ヲツルガミハト云ヘリ

一種　ベニケイサウ　葉天モベニケイサウ伝敵ニ是ニ名　名ベニケイ艸ト

葉ハ女萎葉ニ似テ短ク夏月花アリ紫黒色ナリ

一種　イヨカツラ

葉ハ瓜テフナハラニ似テ稍尖リ稍ノ茎草木ニ纏フ葉間ニ細枝ヲ分チ紅花アリ

多ク横開ク愛スベシ

一種　スヽソノオゴケ

葉ハ馬苗葉ニ似テ潤大ニシテ毛アリ茎円対生ス高サ二尺許リ花ハフナハラニ似テ

小ニシテ白色　一種　カモソツル

澤地ニ生ス細葉蔓生ニシテ小ナリ淡紫花ヲ開ク后テ莢アリ絡長腳ノ如シ

白薇（ハクビ）フナバラサウ

白花

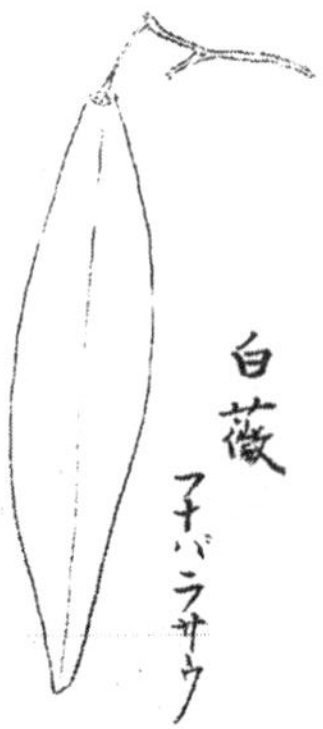

白薇　フナバラサウ

実廿八十 白紙ノ図アリ 説ニ云開五瓣小紫花成簇極

但無名、

一ナ 枸杞ニ云

白微　左三日白微　白前　徐長卿　此三種一葉
ニシテ茎形ヲ以テ別カツト雖モ　細葉対生ノ葉
ニ似タリ葉茎ヲ切テ白汁ヲ出白汁ハ一種アリ
数茎ヲ生ス茎ヲ形ヒ田ク夫リ花ニテ夏
生スルノミニア物ニ紛ヲ辨ス其何花ア
茎ハ節中茎ニ入茎ハ出サレ羅
葉状ハ形ヲ以テ微茎白微大ナル
者多少茎ヲ出サシ茎ヲ白十出ツ

薇　熊野物産初志一

白前　一種カモメヅルアリ　熊野物産初志一

白薇　一種白薇ナリ野州日光山ニアリ茎高サ尺余
帯葉長三四寸茎端ニ簇リ両々相対ス毛茸
アリ深緑色ナリ葉上ニ抽茎シテ紫黒五弁
花ヲ聚リ繖ヲナス形蘿摩ノ白薇花ノ如ク根モ赤
用似タリ惟茎葉ニ微毛アリ

白薇　野州　日光山中　莢　常州　夏見　海浜

[illegible]其葉ハ女萎葉ニ似テ背
夏月花アリ紫黒色ナリ一種ステメカツラト云葉黒
宿葉ニ似テ闊大ニシテ毛アリ内互ニ対シテ高サ三五寸許
花ハツナワタニ似テホニシテ白毛アリ一種 萬葉集ニシテ茎黒
花モアリ一種イヨカツラハ葉形ツナツラニ似テ梢尖リ梢
ノ茎ヤヤ赤シ蔓ヲ延テ長シ細枝ヲ分チ紅花ヲ多ク攅
生ス蔓ニ(三)一種カモメヅルアリ隰地ニ生ス細蔓茎
生ナク落葉ハ花ヲ開ク後角ヲ結ブ後子ヲ[illegible]
ハル後毛ヲ吹ク[illegible]

春草　和名　天都保佐宇

秘傳花鏡曰春草生陝西及滁鄜潤遼等處莖與葉俱青頗似茉莉　クロベンケイ　ミツナハラ

月開紅花

三月宿根ヨリ生ス圓莖高サ一尺五六寸大ナルモノハ三尺ニ至ル葉ハ木黎蘆葉ニ似テ頭尖ラズ圓ニシテ長サ二寸五分濶サ一寸五分皺文多シ面緑色ニシテ背薄シ面背共ニ毛茸多シ四月莖高サ二尺葉梗三分半葉両々相對シテ十字状ヲナス葉間ニ蕾ヲ生シ甚種ノ後五瓣ノ紅紫花ヲ開ク形金線鈎胡盧（イトキヤウ）ノ花ニ似タリ瓣外緑色ニ紫ノスジアリ花口五合五リシ蘂五出心蕊圓ク黄ハ色蕊椎ハ五ツ稍緑黄ナリ一莖ハ九花ヲ綴ル下ヨリ開テ頭ニ至ル花ノ後角ヲ結フ長サ二寸大ナルコト拇指ノ如シ先尖ル緑色ニシテ毛茸アリ中ニ絮アリテ子ノ頭ニ出ツ八月枯ル根束根ニシテ細辛杜衡等ノ根ニ似テ長

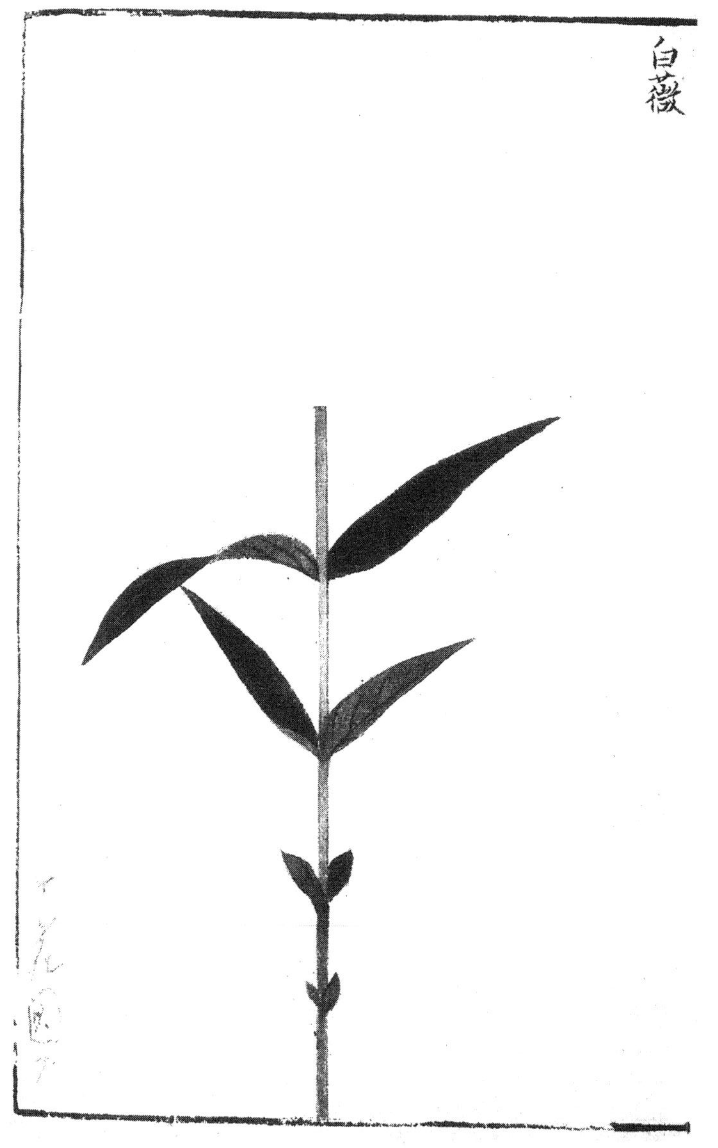

白微一種蔓生ニシテ黄花ナルモノアリ

○白微ヘニケイ艸 一名フナハラ 花ニ二品アリ紫黒色ヲ黒弁ケイト云青花ヲ青弁ケイト云又ロクヱ二艸アリ葉スコシ小ニシテ粉色アリ対生ス（葉ハ臭梧桐葉ニ似テ小也対生茎高一尺 茎上花穂ヲナス）茎三尺ハカリ茎上小黄花穂ノ如ク閑ク救荒ノ白微ニ充ル葉ニ大小廣狭アリ花色ノチカイ又大小アレ圧根形花形皆相似テ圧ニ除長卿ノ麥也又カモメヅルト云有旧説白前ニ充ル圧白前ニアラス花黄白色根モ花モ徐長卿麥也同品ニシテ蔓生スルヲツル茉莉ト名ヅク花白ニシテ見ヘヿ近ト ノセ 朝倉多三郎

白微

布奈和良

生諸山性好高燥地春月因宿根生苗円莖而大
者高二三尺莖葉倶多毛其葉圓大而厚闊一寸
許長一寸餘形如柹葉而對生夏月每葉間開五
瓣紫紅色花謝結小莢比之徐長卿稍大也熟而
成絮隨風而飛

一種有細葉者生村松砂場葉細長而厚形如女
青莖葉倶有毛花實似蘿藦故土人誤爲直生蘿
藦本草綱目頌説莖葉頗類柳葉當謂此物 豊陰翠志八下

白微 和名類聚鈔 巻二十草木部 ・・・・・

白薇 釋藥性云白微 和名美那之古久佐 一云久呂久佐 一云阿末奈

新撰字鏡 下 白薇 夜恵弥一云久留奈

本草和名 草中八 白薇 一名白幕 一名
薇草 一名春草 一名胃美 一名白審 出釈薬性
一名白草 一名巌草 出雑要訣 和名美奈之古
久佐 一名久呂女久佐 一名阿末奈

醫心方 白薇 和名美奈之古久佐 一名阿末奈 又久呂女久佐

類聚名義抄 八 白薇 ミナシコグサ 一云クロクサ 一云アマナ

類聚名義 僧上 白薇 ミナシコクサ 一名クロクサ 一云アマナ

色葉字類抄 下人 白薇 白幕薇草 已上云名ミナシコクサ亦名クルメクサ亦名アマナ見本草

延喜式 三十七 典薬 諸国進年料雑薬 伊勢国 白薇一斤四両

伊豆国 白薇 七斤 下総国 白薇 二斤

近江国 白薇一斤十三両 若狭国 白薇 一斤 〃〃

播磨国 白薇 二斤

○按ニ白薇ハ久呂久佐又阿末奈ハ数種アリ、随テ各種ノ称アレドモ、總シテフナバラサウト呼ブ」

白幕

一名　芒草　菌草

和名　ミナシグサ　ムクサ　アマナ

清明宿根ヨリ叢生ス茎圓ニシテ毛茸アリ細弱ニシテ淡緑色葉ハ柳ノ葉ニ似テ長サ二寸八分濶サ一寸七分頭小尖ル皺紋多シ面緑色ニシテ背黄緑色葉茎四合皆茸毛多シ四月高サ二尺以上蔓ヲ生シ葉ニ葉ヽ對シテ十字状ヲナス葉間花梗ヲ生シ小朶ヲ分テ五瓣ノ淡黄花ヲ開ク正開セズ径リ五分心蕊ハ圓ニシテ黄鬚蕊ハ五ツ黄粉錆アリ花口ニ見ヘズ蕚五尖後角ヲ結フ長サ二寸周圓一寸中ニ黒小子アリ子頭ニ絮アリ秋熟ス十月茎葉黄落ス根ハ東根ニシテ龍胆根ノ如シ

白薇

釋名　薇草　葞　骨美　ロクヘンサウ　ホソハスイ

本草綱目巻之十三頌曰莖葉俱青頗類柳葉六七月開紅花八月

結實其根黄白色

三月宿根ヨリ生ス葉ハ柳葉ニ似テ長サ二寸濶サ五分鋸齒ナシ先尖ル面緑色ニシテ背ウスシ葉梗ナシ面緑色毛茸多シ徐長卿ニ比スルニ白薇ハ葉ノ色ウスク光澤ナク毛茸アリ徐長卿ハ深緑色ニシテ毛茸ナク光澤アリ此レ其分別ヲナストコロナリ莖ハ圓ニシテ淡白緑色毛茸アリ四月末ニ至テ莖高サ一二尺葉間花梗ヲ生シ小朶ヲ分チ五瓣淺紅紫花ヲ開ク瓣頭尖リテ桔梗花ノ瓣ノ先ニ似タリ花ノ徑リ六分心蕊頭黄花口ニ出ツ鬚蕊ハ其周圍ニアリテ花口ニ出テズ花ノ後角ヲ結フ中ニ絮アリ小子アリ頭ニ絮アリ風ニ從テ舞飛根ハ束根ニシテ牛膝根ニ似タリ

艸花圖ア

紅花白前

和名　べニ白前

三月宿根ヨリ生ス葉ハ白薇及剪秋羅葉ニ似テ鋸歯毛茸ナシ長サ一寸六分濶サ一寸光澤アリ皆淺緑色葉莖一分両葉莖ニ對生スルコト亦白薇徐長卿等ノ如シ莖圓ニシテ淡緑色五月高サ八九寸頭及葉間細莖ヲ生シ小枝ヲ分テ五瓣深紅花ヲ開ク花ノ径リ四分瓣頭圓ニ心ハ淡紅ニシテ蕊花口ニ出ツ鬚ハ心ノメクリアリテ粟米ノ如ク黄色夏至ノ後花止ミ實ヲ結ブ

白前

和名類聚鈔　巻二十 草木部

白前　本草云白前一名石藍 和名能加加美

本草 出蘇敬注　和名 萕九 草中 蔚宗　一名 浴赤眼老母草

一名 雀茬草 出龍門方　一名 天香菜 出野俗名也 雜要疑

本草 二名出蘇敬注　和名 萕九 草中 白前　一名石藍　一名嗽藥 上已

和名乃加々年

醫心方　蔚宗 和名加々毛　白前 和名加々年

○按ニ白前ハ今名スゞメノオゴケニシテ白薇ノ属ナリ

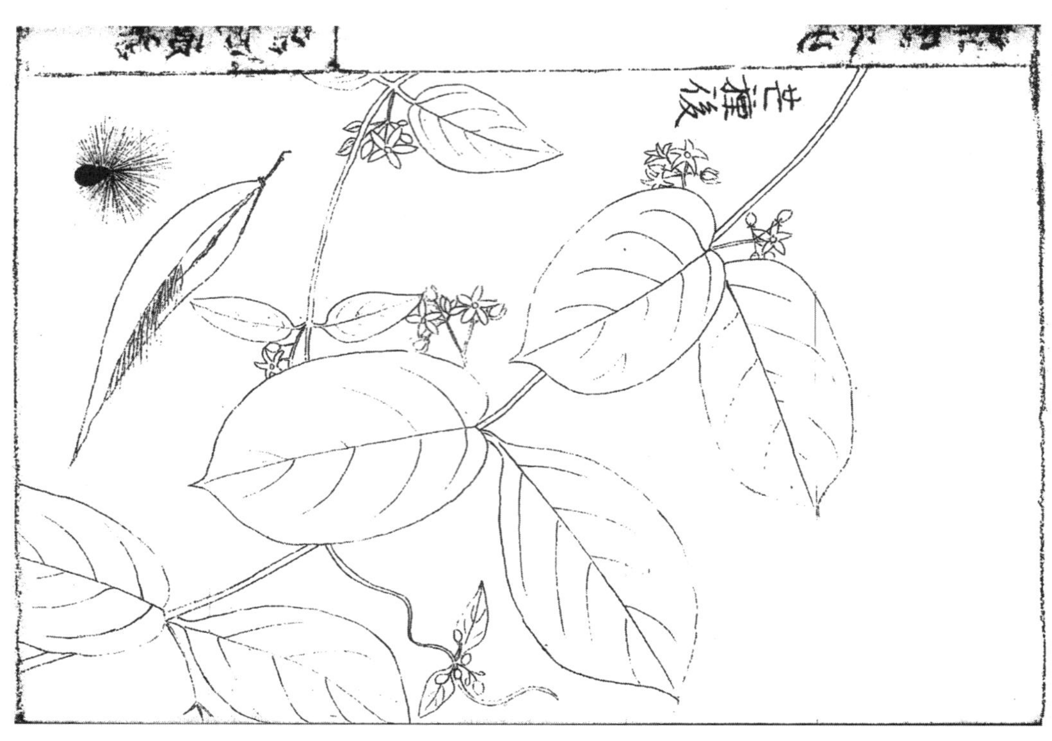

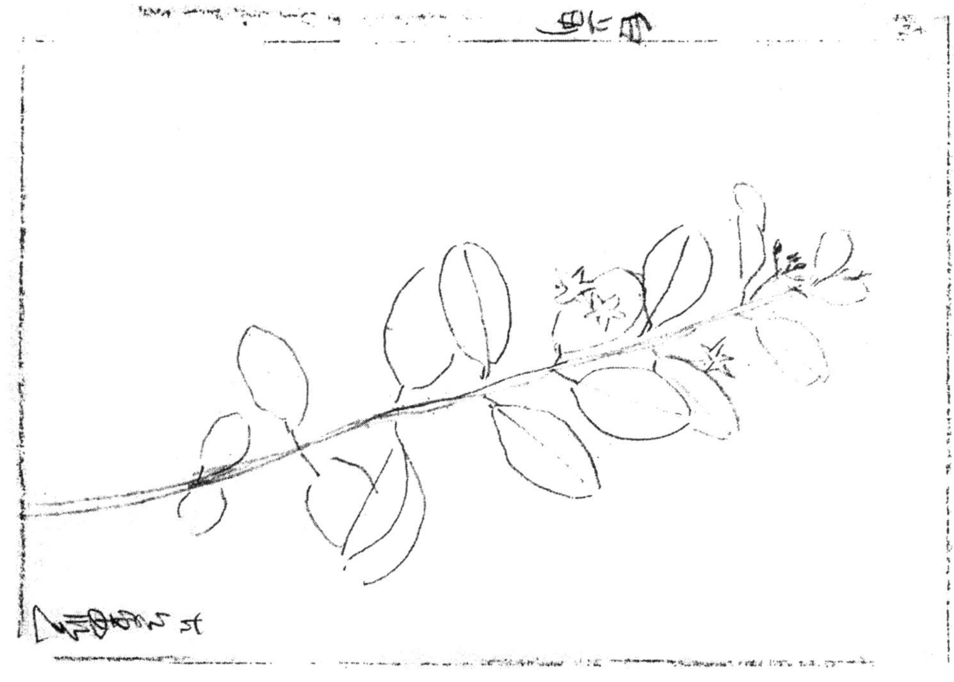

白前

一種　肥後白前〔称呼〕

二種あり圓葉のものハ白前ニ似て粉緑色長葉のものハ白薇ニ似て狭し茎
高さ三四尺花五瓣黄緑色蘇頌の説ニ葉似芫花といふこれなり此物

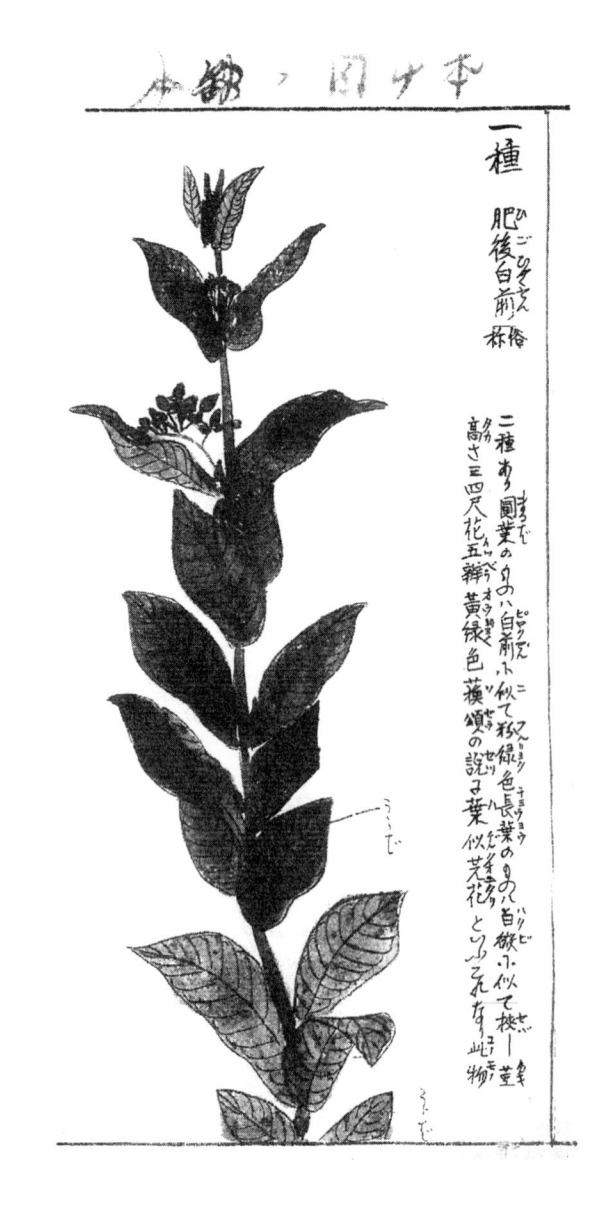

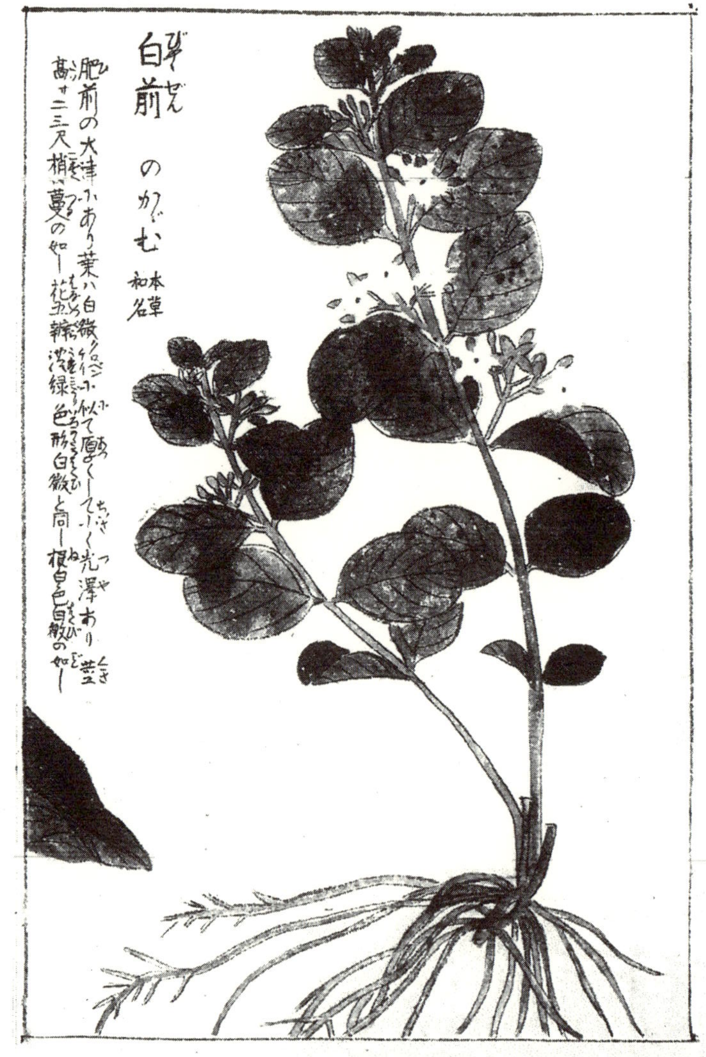
白前　のかゞむ
本草
和名
肥前の大津にあり葉ハ白微に似て厚くして小く光澤あり莖高サ二三尺梢ハ蔓の如し花五瓣淡緑色形白微と同し根白色白微の如し

白前

和名　白芽　沼芽　スゝメノオゴケ

本草綱目纂疏卷之四曰至夏佳一二尺似白薇而葉圓而有光澤
間白花根似細辛而麁大有叢生

三月宿根ヨリ生ス圓茎淺緑色高サ七八寸大ナル者ハ二尺ニ至ル最大ナル者ハ
頭ニ蔓ヲ出ス葉ハ茉莉葉ニ似テ長サ一寸七分濶サ一寸一分本ヒロク頭セハシ
色革及鋸歯ナシ面緑色ニシテ光澤アリ背ウスシ根ニ近キ葉ハ最小ナリ両葉相
對シテ十字状ヲナス四月葉間細茎ヲ出シ小朶ヲ分チ五瓣暈黄白花ヲ開
ク膠兩天児菜ノ花ニ似テ小ナリ径リ四合心芯頭五ノ頭アリ鬚蕋五粉毬黄色
今通シテ白前ト稱スル者此草ナレトモ綱目ヲ考ルニ肥後白前之形状的當スレハ
今肥後白前ヲ前ニ出ス根束根ニシテ長シ秋深クシテ枯ル

白前乃加加美又称ス加加美久佐ト [illegible]

知知美武寸

白薇ノ一種ナリ春宿根ヨリ茎ヲ抽スルコト一二尺回葉
對生シ光澤アリ四月葉間花ヲ開ク形チフナワラノ如クニ
シテ其色黄白不堪見根ハ白薇中ノ下品ナリ

白薇ニ似テ葉小ク円クシテ光澤アリ小満後葉間ニ白緑色ノ花ヲ開ク

乃加之美 輔仁本草

白前 〔名叙〕 石藍 唐本 嗽藥 同上

〔集解〕根似細辛而大ニ色白不柔易折氣嗽方ニ多用之恭曰苗高尺許其葉似柳或似芫花根長ク細辛ヨリ白色ナリ生ニ洲渚沙磧之上ニ不生近道今ノ用ル蔓生者味苦シ非眞也志曰根似白微牛膝莖二月八月采テ陰乾ニ用嘉謨曰似牛膝粗長堅直ニシテ易断者白前也似牛膝短小柔軟ニシテ能彎者白微也

（色白微黄折之）（色黄微白折之不断）

氣味甘微温無毒

權曰辛 恭曰微寒

白微ノ一種ナリ春ニ宿根ヨリ苗ヲ生ス一科数莖高サ一尺餘葉ハ形指ニシテ忍冬ノ葉ノ如ク對生ス莖ト共ニ微毛アリ四五月指葉間ニ数花ヲ開形ハ白微ノ花ニ似テ小ク白色ナリ根モ又相似タリ

一種黄花ナルモノアリ始メハ草本之後ハ蔓草トナル
一種始ヨリ蔓草ナルモノアリ
一種ニ蔓生ニテイヨカヅラ一名カラスノヒルヅルト呼フアリ
一種カモメヅル
〇細葉白前 サリユヲルテル
〇チヨカヅラ サキツルニナルモノ
又一種越州白前ハヤニホクセキ之 古来白前ヲシウハギニ當ル
ハ穏ナラズ シウハギハ ヌマトラノヲニテ救荒ノ星宿菜ナリ
草犀 ホリ詳ナラズ

〇スヾメノオゴケ 白前
葉ニ光澤アリ花淡紫肥前大津ニ産ス
本啓曰茎月数花ヲ開ク白薇ニ似テ白色根モ
亦相似タリ又黄花ノ者アリ後蔓ヲナス 又始
ヨリ蔓生ノ者アリ
本草図譜曰ノカヾム
〇イヨカヅラ 白前一種
紫花 紙花 葉滑毛茸アリテ光澤ナシ
〇イヨカツラ一種
緑花
紫花 毛茸ナク葉面光沢アルモノ即チスヾメノオゴケ
ノ葉円ナラザルモノヽ

カモメヅル（カラス ノヒヅル）白前ノ一種
花紫黒色葉女青ニ似テ長ク毛ナク臭ナシ
鉤吻苗名「イヨカヅラ」ト称シ

同一種小ナル者ヲ「カモメヅル」ト称ス前種ニ比スレバ葉小ニメ短シ花紫黒色弁ノ先キ右ヘ少シヒ子リタルガ如シ

予曽庭ハ毛ナク蘇野産ハ少シ毛茸アリ

本草啓蒙曰 白前一種カモメヅルト呼者アリ池
澤邊ニ多シ「イヨカヅラ」ニ似テ蔓短シ葉間ゴトニ唯一花アリテ少シ大ニシ

ロクオンサウ 白前ノ一種
圖葉長葉アリ

ツルモウリンクハ

フラートハツトス

ミヽメサウ スヾサイコ 徐長卿

自蔵
似女萎貯葉ト有リ一種ノ物ニメ讃州土州ニ有リ京近辺ニハ無シ

自蔵 フナワラ

此ノ図ニあるハ細葉ノフナワラ也 大和本草ニ ベンケイソウ ト云

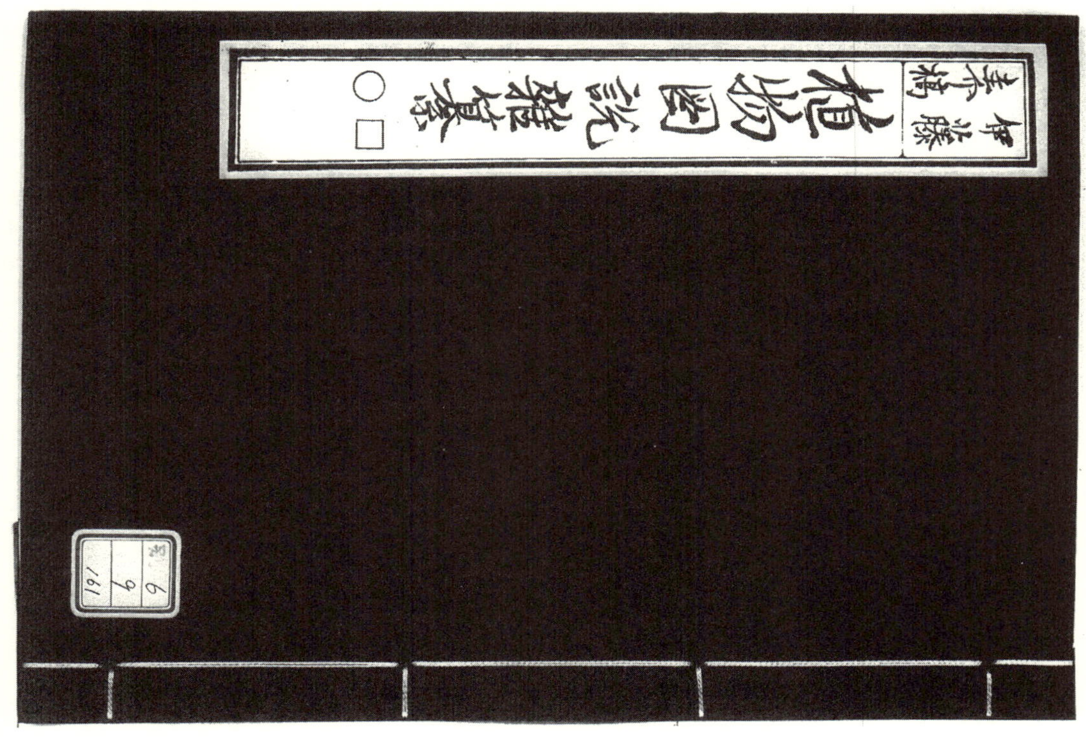
伊藤圭介稿
植物圖説雜纂
○□

○スヾメノヲコケ

ノガヾミ　輔仁｜

「アスセレピアス」ノ類

白前　**白前　五三　古方薬花上**

白薇ノ一種ナリ春旧根ヨリ苗ヲ生一科数茎高一尺餘葉ハ形

樋ニノ忍冬葉ノ如ク對生ス茎トモ微毛アリ四五月梢葉間ニ

数花ヲ開形白薇ノ花ニ似テ小ク白色也根モ相似リ

一種莢花ノモノ始ハ草本後蔓草トナル

一種始ヨリ蔓中ナルモノアリ

一種蔓生　イヨカヅラ　イニ出

一種カモメヅル　カニ出

一種細氣ㇾ白前　サリュヲルテル

スヾメノヲコケ

一種チヨカツラノ　サキツルニナル

一種越州白前ハヤヽホトヽギス古来白前ヲシラハキニ当ルハ非也

徐長卿　白薇ノ一種細葉ノフナワラヲ云徐長卿ト出ス

ハ非之徐長卿モフナワラト云葉細ツミ此ニ云ハガン

ピノ葉ニ似タフナワラヲ云ベシ　ケイサウト云花モ帰

[illegible]

ノ白薇ト同ジ春夏ノ間紫花ヲ開京ニナシ他国ニハ自

然生アリ末ノ葉ノ間ニ開ク此ニ実小之ト云ハ非ナリ

白薇ハ一名チツポウ草ト云葉巾廣シ

白前　一種スヾメノオコケ　葉トラノオヨリ大毛アリ

高ニ尺ニ及ブ白フサハラヨリ大

一種　蔓生ニテ海芋ノ花ニ似テアリ

ト一種　ヘンケチ山　紫黒色ノ花ヲ開ケルト云。

白前

和名ノカヽム 本草和名 ハマカヽミ 相州 スヽメノヲゴケ 肥後 カワヲサマ 豆州

蠻名アホセイ ミニム荷蘭ノ一種

肥後ノ大津道傍ニ数種アリ皆徐長卿白前ノ一属ナリ春
宿根ヨリ生ス葉ハ白薇ニ似テ毛ナリ光リアリ圓茎對生高サ二
三尺梢ハ蔓ノ如シ葉間ニ花アリ五瓣淡緑色ノ小花房ヲ
ナシテ攅生ス根数條アリ色形白薇ノ如シ一種ヒゴビヤクゼン
アリ一名ハツモトユイ花ト云葉ハ水楊ニ似テ鋸歯ナリ又圓
葉モアリ緑色ニシテ白粉ヲ塗ルカ如ク秋月茎高サ三四尺蔓ヲ
ナサズ花淡黄緑色形徐長卿ニ似タリ蘇恭ノ説ニ葉似芫花ト云

カツ
カヽむ ノカヽミ カヽミクサ
ノカヽム

本和上三畜 白前乃加々牟 一医 加々牟 和白前 能加々美 和

傳 白前 加美久佐乃称 又蘿摩子 旋字称一皿 又白芨 加々牟 加々

ミクサ 皿加々美

後拾遺 怕けりうらいろつりもある 相見をかゝみ草みもさせて

けるかな

白前 和名シラハギ

イヨカヅラ [illegible] 白前

葉ハ柳ノ[illegible]根ヲ[illegible]抽キ 葉両々ニ [illegible]對生

形ノ柳ノ葉ニ似タリ 茎延 [illegible]

[illegible] 上ニ立葉ノ尖ニ開ク [illegible]

[illegible]

コレナリコノ物救荒本草ノ両點兒菜ナリ一種蔓生ノモノアリ　ニ

カモメヅルト云澤池ニ生ス細葉蔓生小ナル淡紫花ヲ開ク後角

ヲ結ブ形除長卿ノ如シ穰アリ鵝毛ノ如シ以上ノ類三十角ノ　ニ

形同シ或ハ大ニ或ハ細長ナリコレ蘇恭云今用蔓生者ト云ハ是

ナリ

白前　柏云東都方言スヽメノヲコケ　随處有之茎高尺

餘其葉両々相當ル春末抄間開細黄花結角垂例リ　[illegible]

ノ形チ魚ノ鈎ニカヽルカ如シ故ニ初島卿語ニカツヲサ

マト云或人定テコレヲ白薇トス誤レリ延喜貢物ニ白

薇アリ国名フナハラ又ミナシコグサ當時所貢ノ物今詳

ニシガタシ

スヾメノオゴケ
ニ毛岸左多啓蒙 圖 一種紅花者アリ春宿根
ヨリ苗ヲ生ス高サ二三尺茎弱クメ直立セス葉茎
ニ両々相對ス葉ノ形毒草ノ毛ヨリ微大ニシテ
長サ三寸幅一寸許ニ分テ三尖ヲ為ス深緑色ニシテ面
背共ニ毛ナシ三四月梢葉間ニ枝又ヲ分チ十五
ニ辨ノ淡紫色ノ花ヲ開ク中ニ黄蘂アリ花後実
ヲ結ブ根ハ白色ニシテ硬ク長シ

四十六

徐長卿 スヽサイコ ラ
アシワケ艸 一名刀兒苗 救荒
花彙紀聞 草閣藏
摩訶尊 郷藥本艸
處々ニアリ葉柳葉ノ如ニシテ狭ク對
生ス夏ノ末茎長ク立ノビ一二尺位立
ノヒテ黄花鈴ノ形ノ如ク下垂ス小野
氏云白微モフナハラト云故ニ此ヲ
カフナワラトモ云テ別ツ
按ニ葉ノ形相似テ厚ク尖リ蔓ヲ
ナスモノウナギツルト云紫モ根ノ形一類
也大小二三品有水生モアリ 又大葉
ノ茎頭ニ紫花ヲ生スル有有葉
茎相似テ葉ヨリ上蔓長ク生ノ小
紫花ヲ生スルヲ地錦抄ニ伊与カツ
ラト云又草立花アリ茎高サ一尺余
葉白微モホニ似テ白花穂ヲナスモノ

アリ三月末花ノ形楅相ノ形ニ似
タリ故ニ名ツクト地錦抄ニ云
ロクヱン艸 講慶艸 蔓ツル
茉莉
イヨカツラノ大葉ヲツルカシハ
阿州ニカガタケ花ヲ 淡州ニテシホカゼ
艸ト云

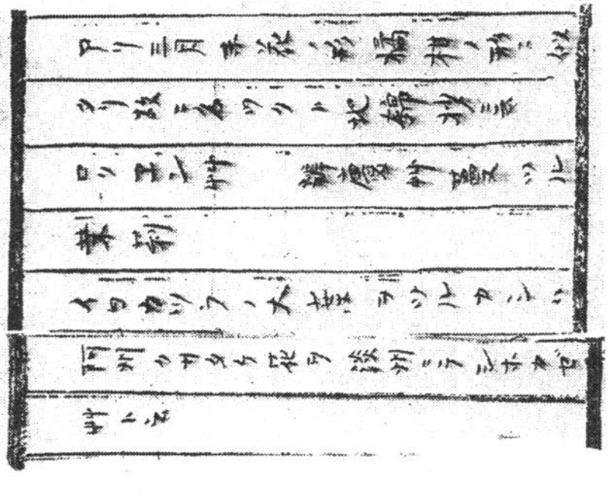

白前 スヽメノヲゴケ本草ニ記ス詳ナリ此ニ特生蔓生
又花ニ黒白ノ二種アリ又蔓ニ属ニカモメヅル イヨカヅラ
ノ二種アリ其ノ二種モ亦葉ノ長短アリ共ニ記セ詳
ナリ　綱目諸家所説ニ藍藤アリ為高田
生新羅国根如細辛主治氣咳嗽ト又白
前ノ下ニ蘇恭曰白前俗名石藍又名嗽薬今
用蔓生者味苦非真也トコノ今用蔓生ノモノハ
カモメヅル又イヨカヅラノ類ヲ云トナリ說アリ　按ニ陳

仲景治嗽而脉浮澤漆湯中亦用之（澤原浮作沈）
藏器言藍藤ト云ハ蔓生ノ白前ナリ或人久嗽ニ苦
メ奇効アリ実ニ嗽ヲ薬ノ名空カラス尚後考ヲ俟ツ

Zwaluwe Wortel, of Asclepias; albeery Vincetoxicum.

細葉白前 スヾメノヲゴケ

白前ハ多識編ニ白前加加美又和加々美久佐トアリ今俗ニスヾメノオゴケト称ス、○本草図譜附説ニ白前肥前大津ニ産ス葉ハ白微ニ似テ毫シ小ニシテ光沢アリ茎高サ二三尺稍ハ蔓ノ如シ花ハ五瓣紫緑色形白微ト同シ根モ相似テ白シ又肥後白前ト称スルモノ二種アリ一ハ円葉ニシテ全ク白前ニ似テ紫緑色、一ハ長葉ニシテ白微ニ似テ繊ニシテ高サ三四尺花ハ五瓣ニシテ緑色此物即チ蘿藦本草ノ両天児葉ナリトアリ又一種葉白微ニ似テ大ク茎直立シテ

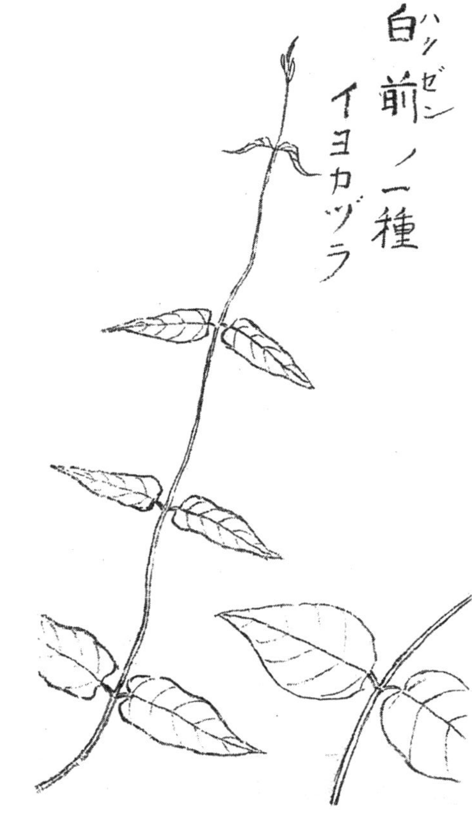

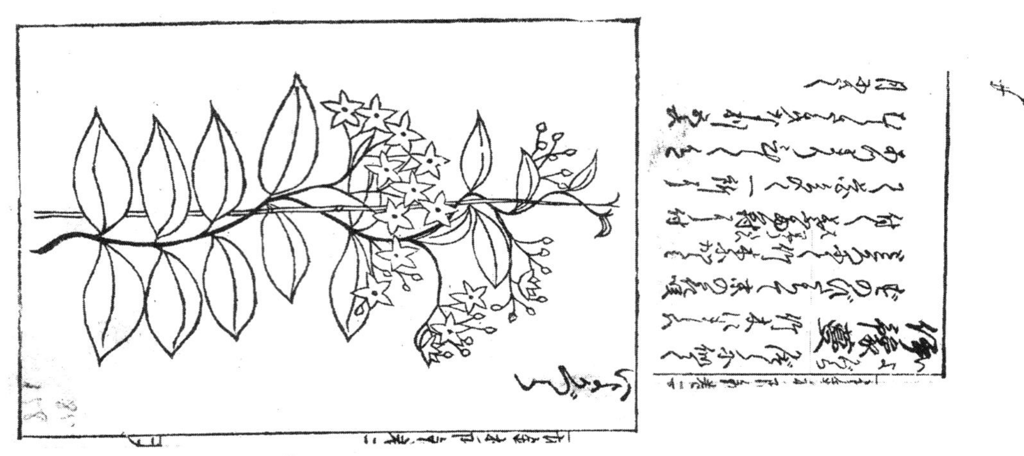

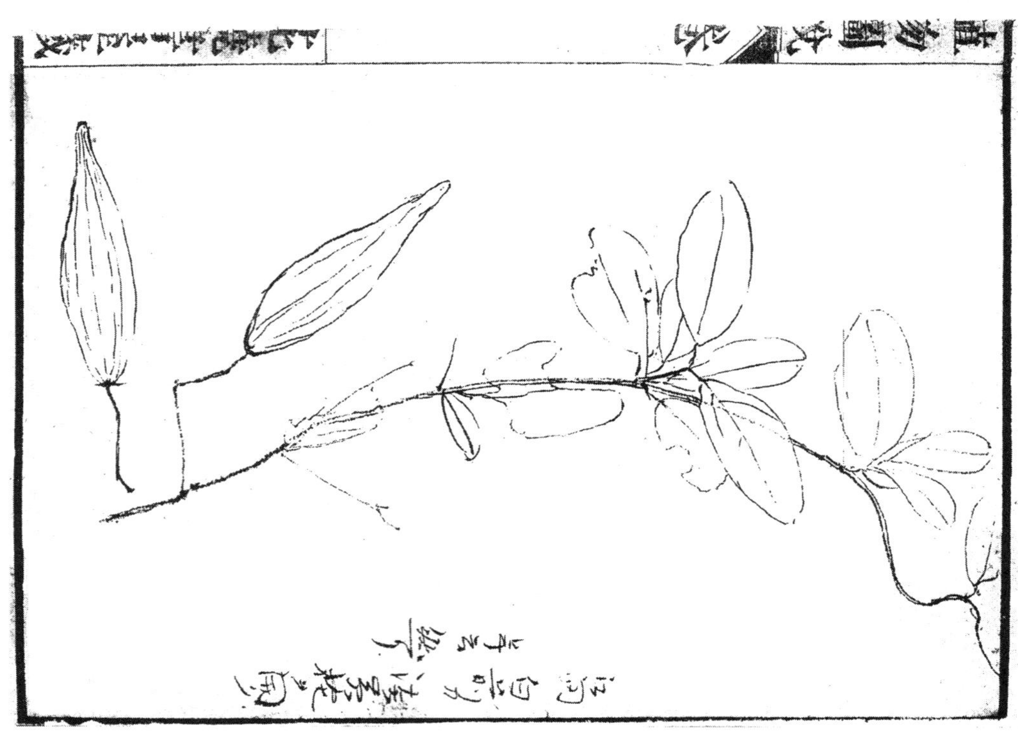

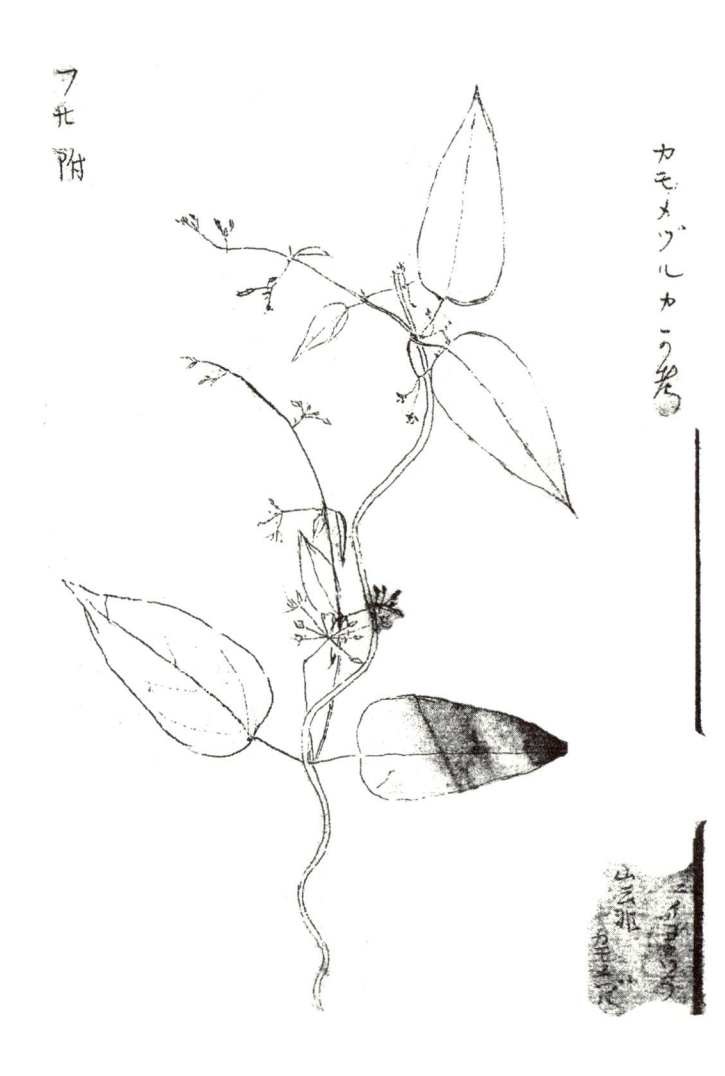

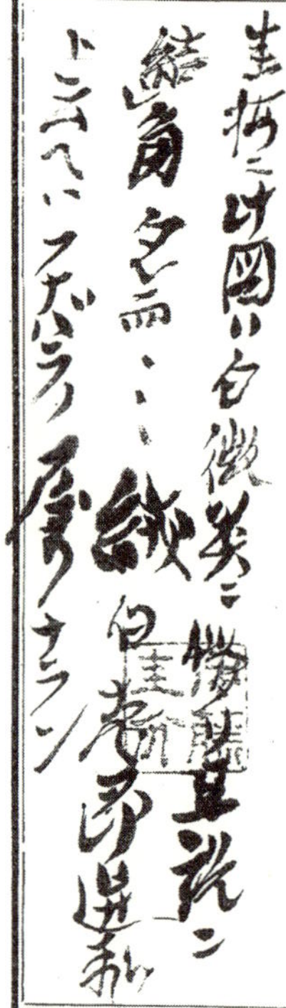

植物名實圖考

蓮生桂子花

蓮生桂子花、雲南園圃有之、細根叢茁、青莖對葉、葉似桃葉微闊、夏初葉際抽枝、參差互發一枝、蓓蕾十數、長柄柔綠圓苞搖丹、頗似垂絲海棠、初開五尖瓣紅花、起臺、生小黃筒子五枝簇如金粟、筒中復有黃鬚一縷、內嵌淡黃心微突、此花、大僅如五銖錢、朱英下揭、黈蕊上聳、宛似別樣蓮花、中撐出丹桂也、結角、如婆婆鍼線、包而上翾絨白子紅、老卽迸飛、

奎文堂刊行

イヨカヅラ

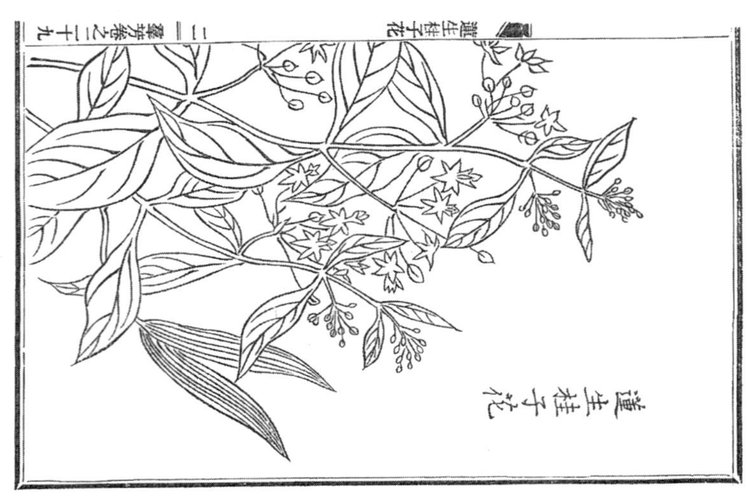
蓮生桂子花
蓮生桂子花
二
羣芳巻之二十九

イヨカツラ　カラスノヒヅル

白前ノ一種

ツル長ク草木ヲ纏フ葉両對ス形女青葉ニ似テ長ク毛ナリ
臭氣ナシ秋梢葉間ニ小キ枝叉ヲ分ケ花ヲ開ク徐長卿ノ
花ニ似テ小ク紫黒色ノ角モ亦相似タリ

○イヨカツラ　カラスノヒヅル

白前（スヽメノコケ）一種

山野ニ生ツル長ク草木ヲ纏フ葉女青葉ニ似テ長ク
白毛アリ后梢葉間ニ枝叉シテ花ヲ開ク徐長卿
ニ似テ小ク紫黒色角（サヤ）モ亦相似タリ

フセ

二イヨカツラ

雨點見葉 旧説ノサノチヤ
茎ハ蔓 ヒゴ 白芋

大葉徐長卿

和名　カモメヅル

三月宿根ヨリ生ス蔓長サ壹丈五六尺圓ニシテ淺緑色ニシテフトサ馬兜鈴蔓ノ如シ葉ハ柳葉ニ似テ長サ四寸余濶サ一寸四分葉梗三分面緑色ニシテ背ウスシ両葉ツヽ蔓ニ相對數十層ヲナス蔓ニ依右纒ス葉茎共ニ毛茸アリ五月中葉ノ本ニ蕾ヲ生シ一茎朶ヲ分チ十餘花ヲ攅ル五瓣紅紫色瓣皆頭尖ル心蕋黄色鬚蕋ハ心ノ周圍ニアリ花ノ徑リ六分正開セズ面紅背紫色ニシテ背ウスシ萼五出アリ先尖ル跡一分緑色ニウルホヒアリ花謝シテ角ヲ結フ長サ二寸周圍一寸二分中ニ絮アリ絮皆綴子子小ニシテ扁ク黒シ

一種馬兜鈴葉ノ者アリ余ハカワルコトナシ

石藍

和名　イヨカヅラ

本草綱目啓蒙巻之九曰一種蔓生イヨカツラ一名カラスノヒルヅルト呼アリ蔓長ク草木ニマトフ葉両對ス女青葉ニ似テ長ク毛ナク臭気ナシ秋梢間ニ小サキ花叉ヲ分チ花ヲ開ク徐長卿花ニ似テ少サク紫黒色角亦相似タリ

三月宿根ヨリ生ス圓茎淺緑色毛茸ナシ蔓長サ三四尺葉ハ菊ノ秋羅葉ニ似テ両葉相對ス長サ二寸三分濶サ一寸三分元セバク頭大シ又十字ノ状ヲナス上下葉少ニシテ中ハ大ナリ五月葉間花茎ヲ生シ小朶ヲ分チ五瓣ノ單瓣花ヲ開ク徑リ四分心ハ圓ニシテ鬚五ツ心ノ本ニアリ絨黄色後角ヲ結フ亦常ノ者ノ如シ霜ノ後枯ル蘭山翁ハ花紫黒ト云ヘトモ紫ナラス紫花其本性ナリ今此ニ出ス者ハ一ニシテ奇品ナリ

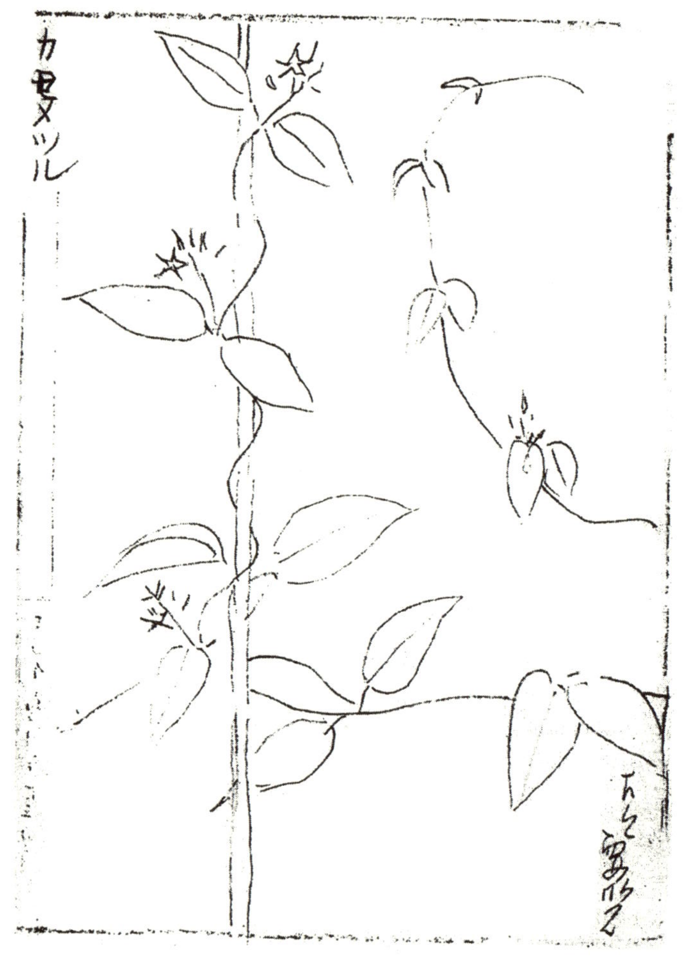

一種イヨカツラハ葉フナハラニ似テ尖細長
シテ淡紅花開ク赤紫星花アリ二種
茎ニカラミノヒルツルト手如麦ニ似テ毛ナシ
臭気ナシ秋花アリ何モ花フナハラニ似テ実
ナハシヤく似リヘニ三寸ナハ目多矢向ケ合フ
ノロコンテイトニ

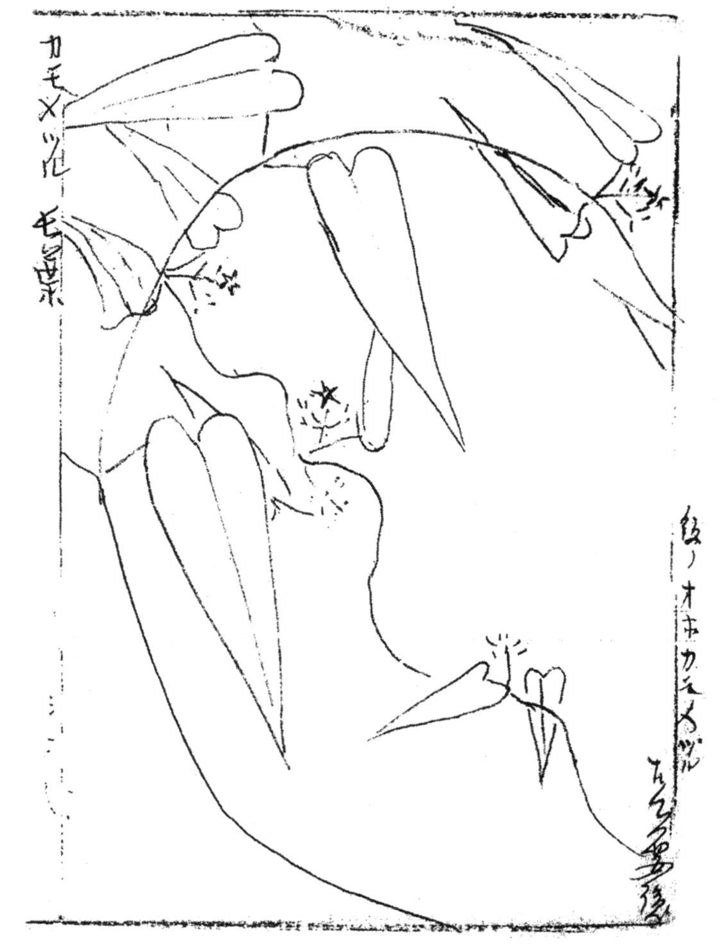
カモメヅル 毛葉

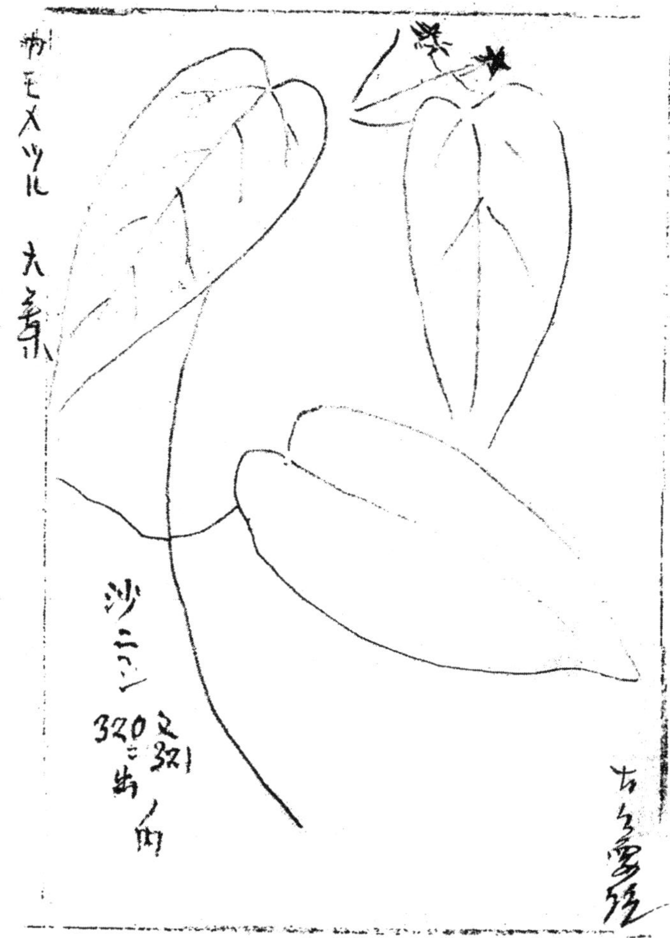
カモメヅル 大葉

矮生カモメヅル 救荒通解

二月宿根ヨリ叢生シテ高サ一尺余圖茎緑ノ如ク淺緑色ニシテ節ニ紫色ヲ帯フ葉ハ蕃椒葉ニ似テ長サ一寸二分潤サ四分本ヒロク頭尖ル面緑色ニシテ皆ウスシ鋸歯及ヒ毛茸ナシ葉梗三分茎ノ本ニ穉葉アリテ茎ヲ抱テ對ス其ヨリ上ハ両葉ツヽ茎ニ對シテ十層餘アリテ十字状ヲナス五月葉ノ間ニ花茎ヲ出シ頭ニ小枝ヲ分テ顆毎ニ五瓣ノ小猫色ノ花ヲ開ク細瓣ニテ子ジレアリ心蕋ハ圓ニシテ尖頭アリ鬚蕋ハ五ツ心ノメグリニアリ粉毬黄ナリ花ノ後角ヲ結フ蘿摩ノ角ニ似テ長サ二寸五分周圍一寸餘初緑ニシテ後黄白色中ニ絮アリ絮ノ本ニ小子アリ根ハ龍膽根ニ似テ長シ霜ヲ経テ枯ル

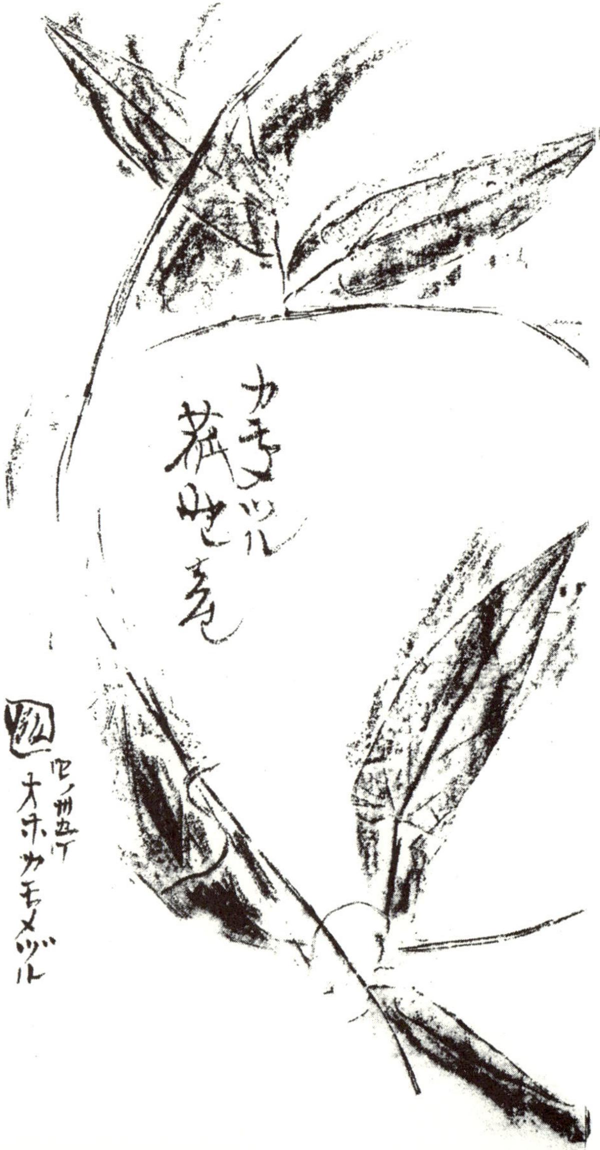
カヽメヅル
オホカヽメヅル

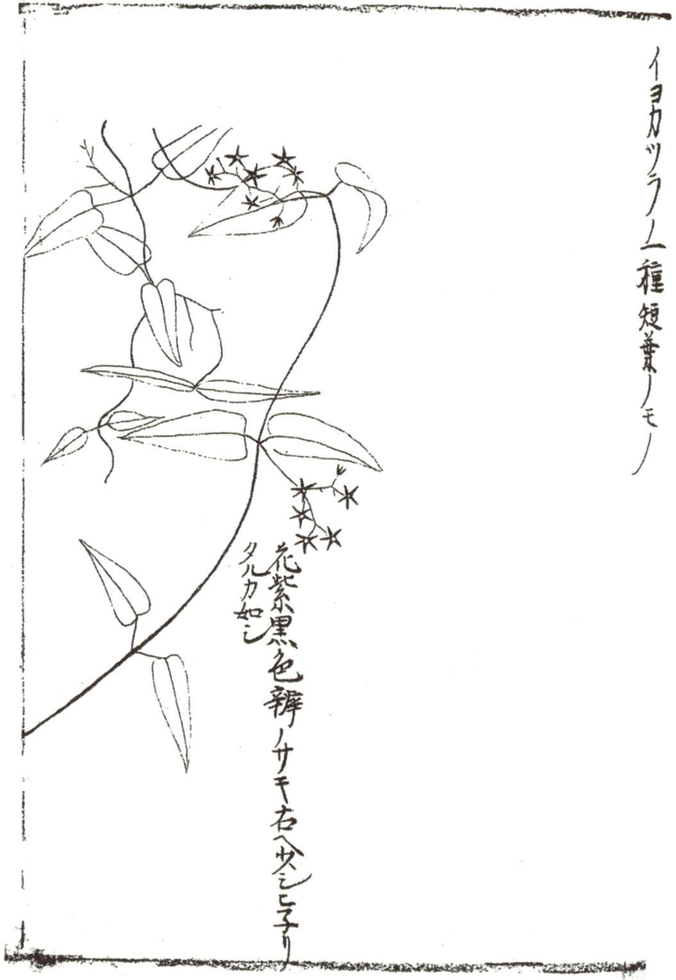
イヨカツラノ一種短葉ノモノ
花紫黒色瓣ノサキ右ヘ少シヒ子リタルカ如シ

石下長卿細目譜

和名　カモメヅル

山野路傍ニアリ三月ウルヽ根ヨリ蔓ヲ生ズ圓ニシテ黄緑色葉ハ柳葉ニ似テ頭尖リ本圓長サ二寸五分闊サ七分鋸歯ナシ葉梗四分面緑色ニシテ背ハウスシ二葉ヅヽ相對ス蔓細綫ノ如シ蔓長サ二三尺五月葉間ヨリ花莖ヲ生ス莖頭ニ三朶ヲ分チ各小瓣ノ小紫花ヲ開ク瓣細ク紫色ニシテクルヒアリ徑リ四分心蕋ハマルクシテ黄色鬚蕋ハ心蕋ノメグリニアリ粉蕋黄ニシテ花ロニアリ蕚五出花謝ニ長角ヲ結ブ十月熟ス霜アレハ莖葉ハ枯ル根ハ東根ニシテ細辛根ニ似タリ

草ト花図ナ

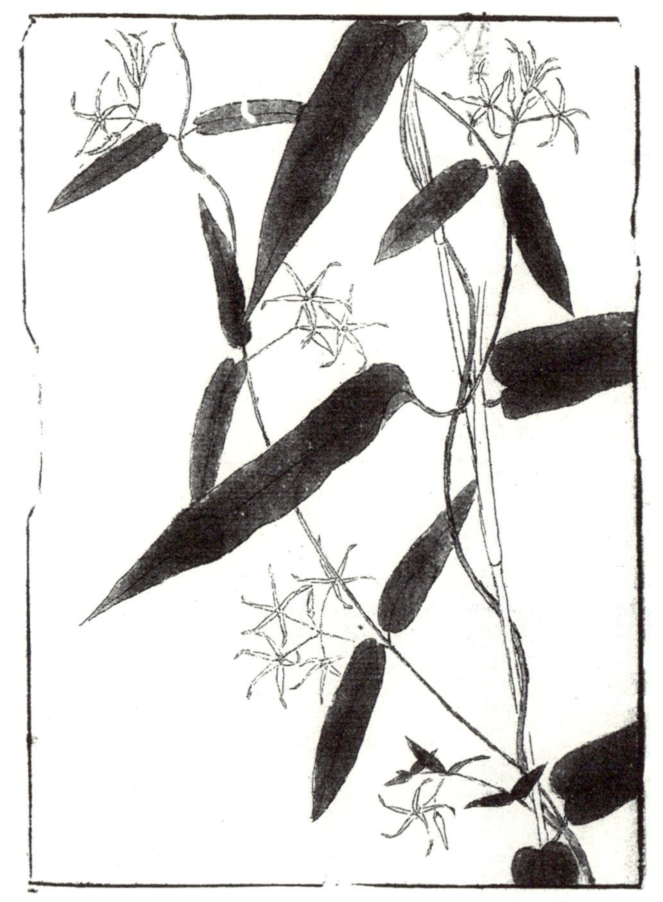

白龍鬚　圖廿一

サカモカツルニ似テ花葉

ナシ実ニ非ス

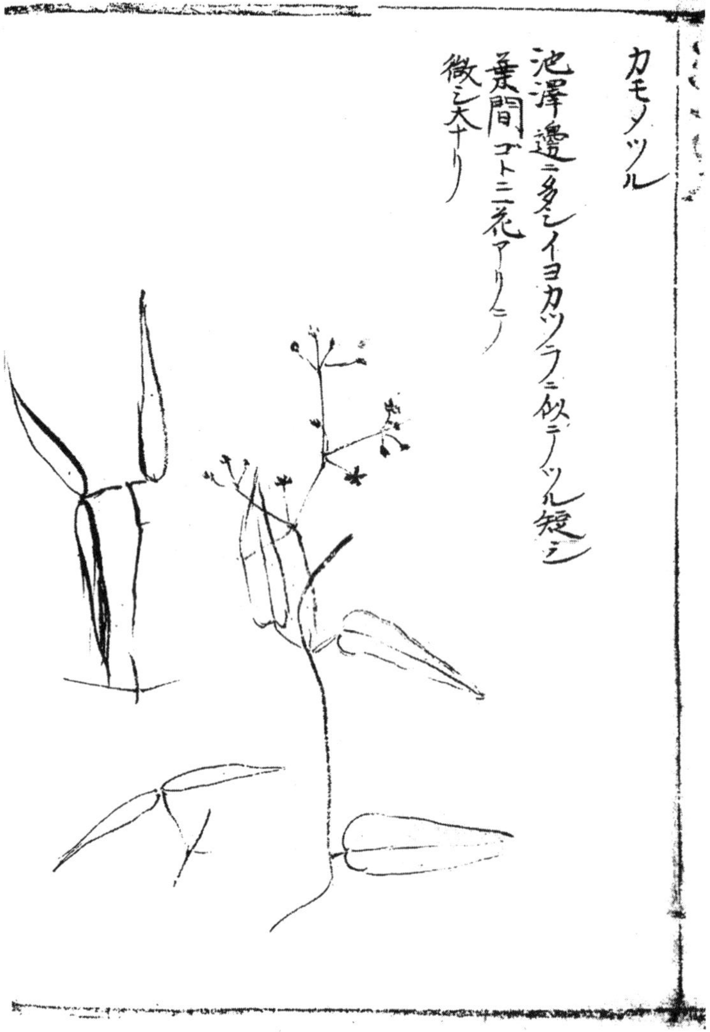
カモメツル
池澤邊ニ多シイヨカツラニ似テツル短シ
葉間ゴトニ花アリ小ニシテ
微シ大ナリ

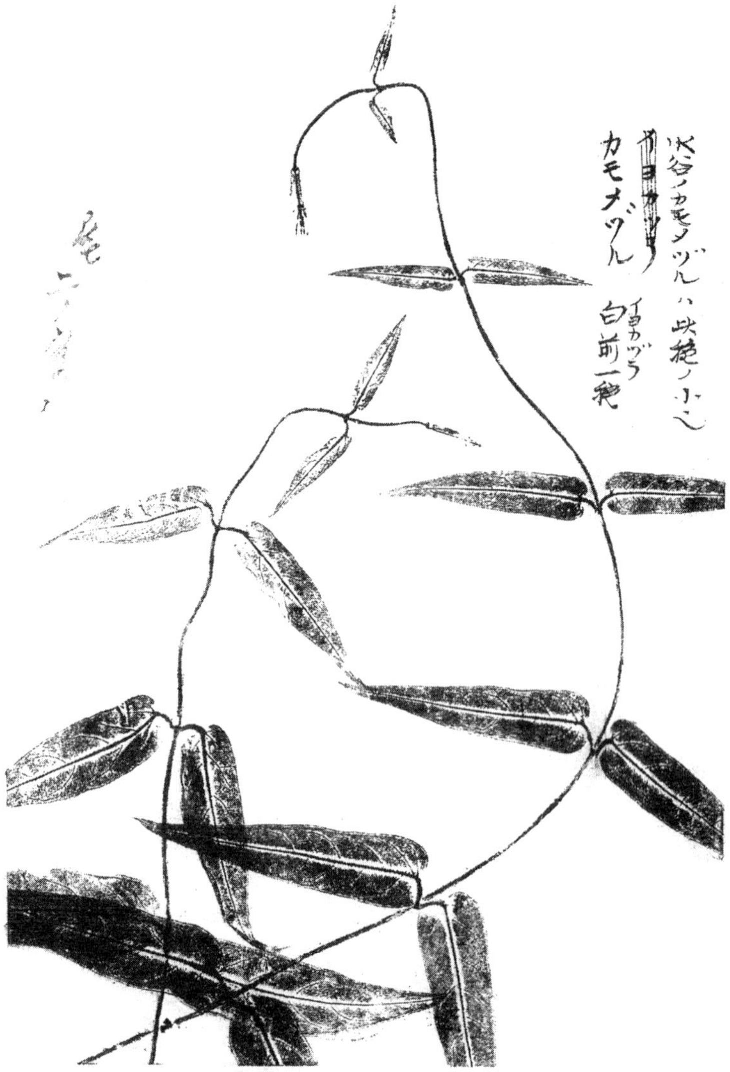
水谷ノカモメヅルハ此種ノ小ニシ
カヨカツリ
カモメヅル
白前一種（イヨカヅラ）

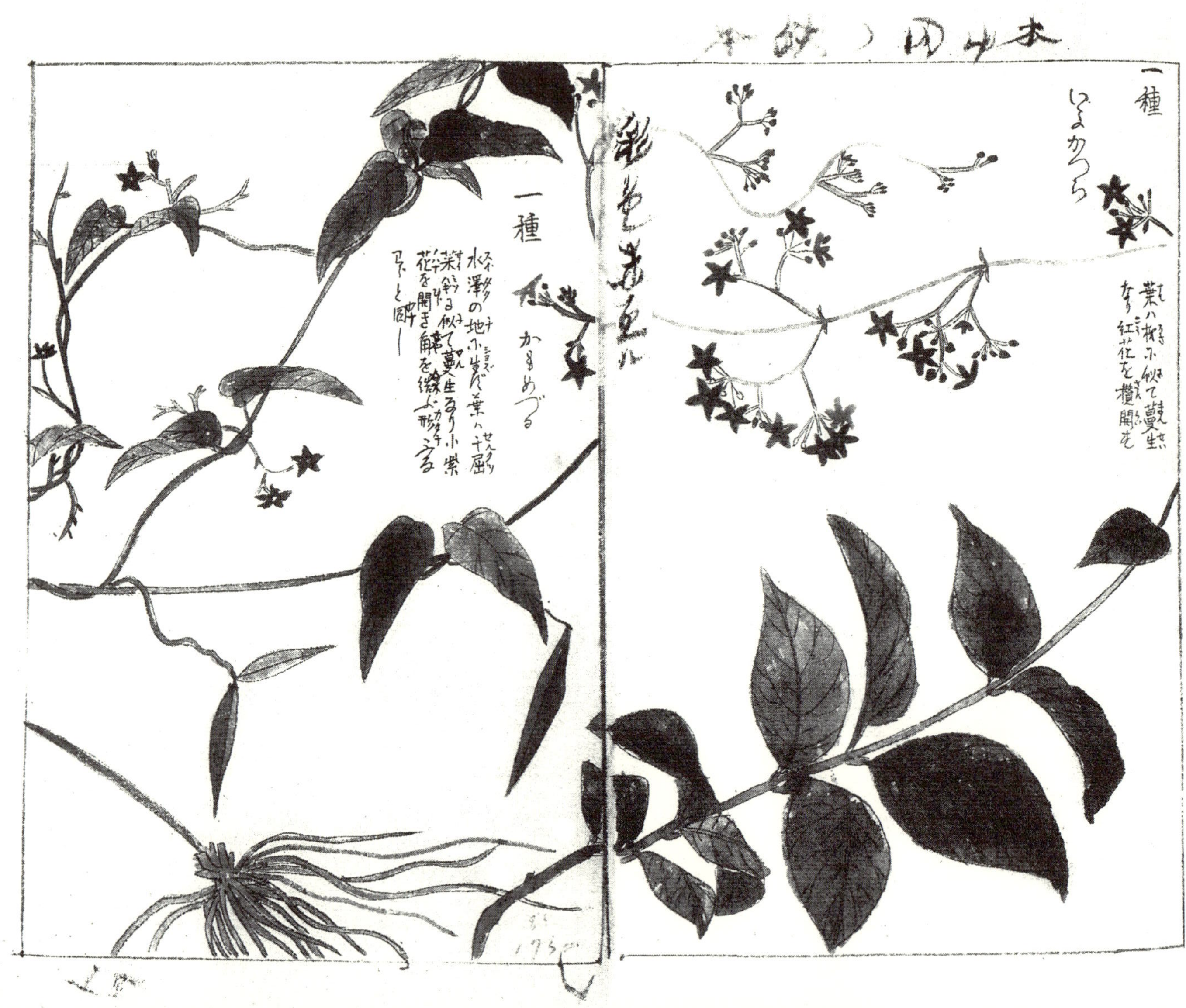
一種
一種
かまめづる

カモメヅル
白前一種
池沢辺ニ多シ春旧根ヨリ生ズイヨカヅラニ似テツル短葉
間コトニ二花ヲ開
形少大ヤ

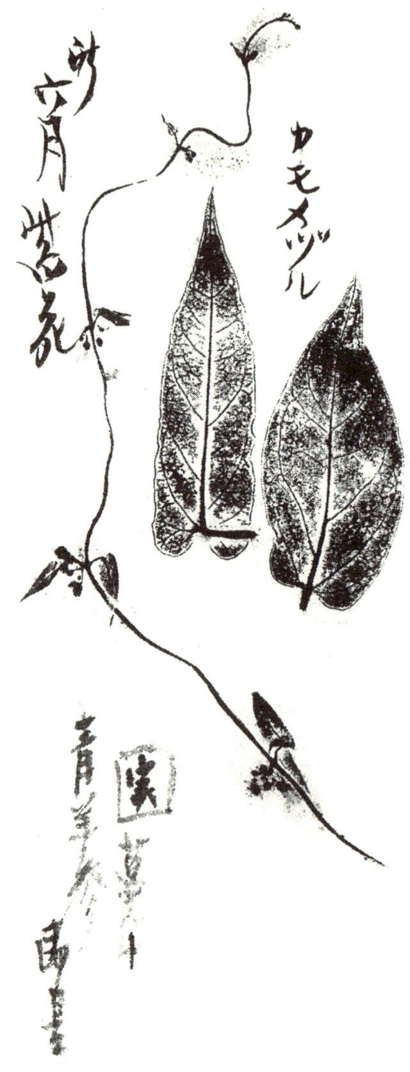

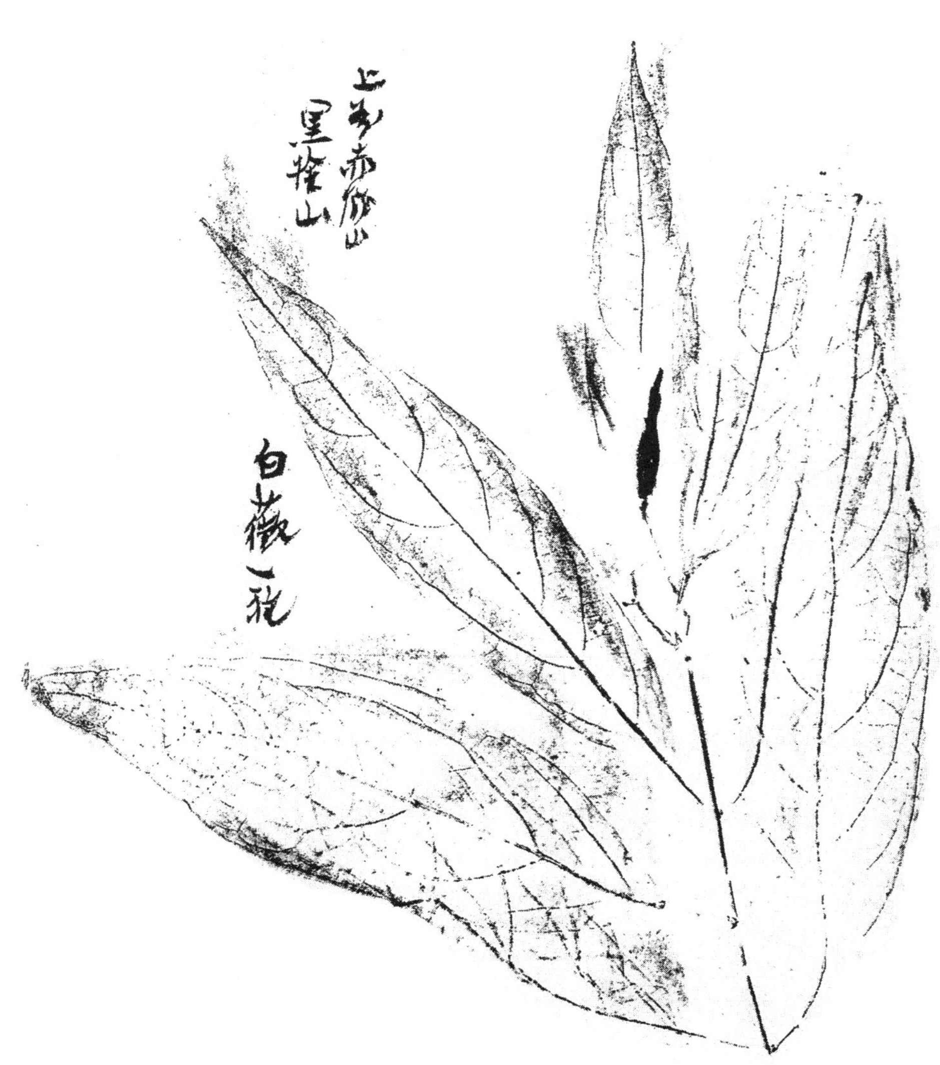
上州赤城山
黒檜山
白薇一種

白前

肥後玉大津居住ニ有しハ俗ニあをめのとをけとれ唱申ハ

本草ハ白前の葉柳葉ニ似るの説能符合仕候

白龍鬚　家　丸一ノ八丁　極カヨク宜敷候ナラン

但シ花實ナト不相見ニ付難決

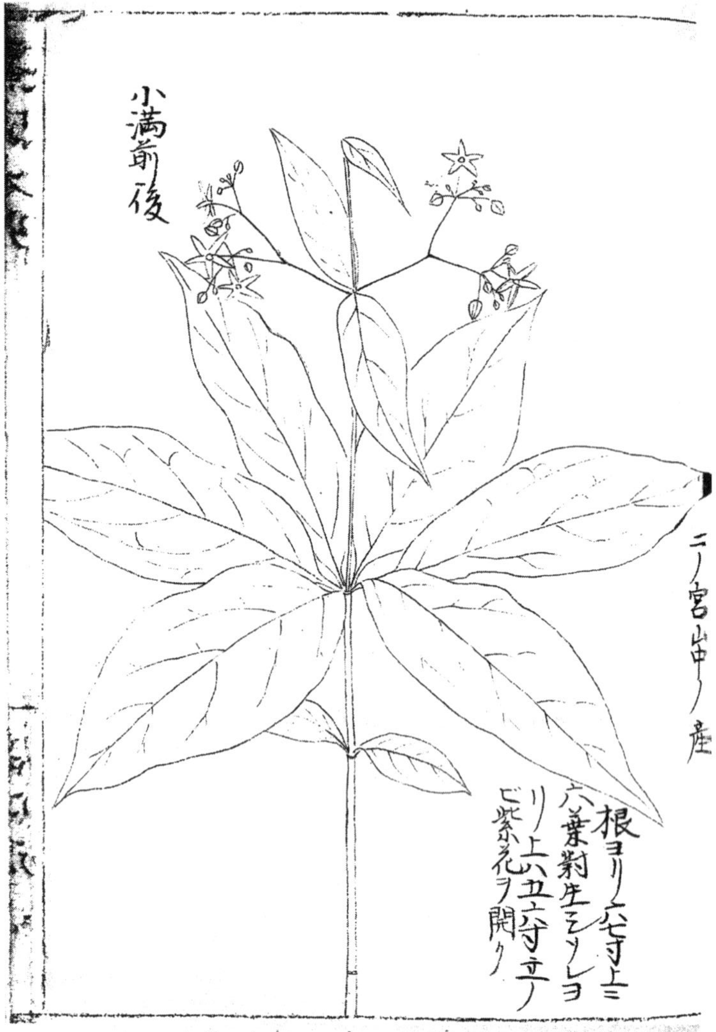

Vincetoxicum rubellum, Franch.

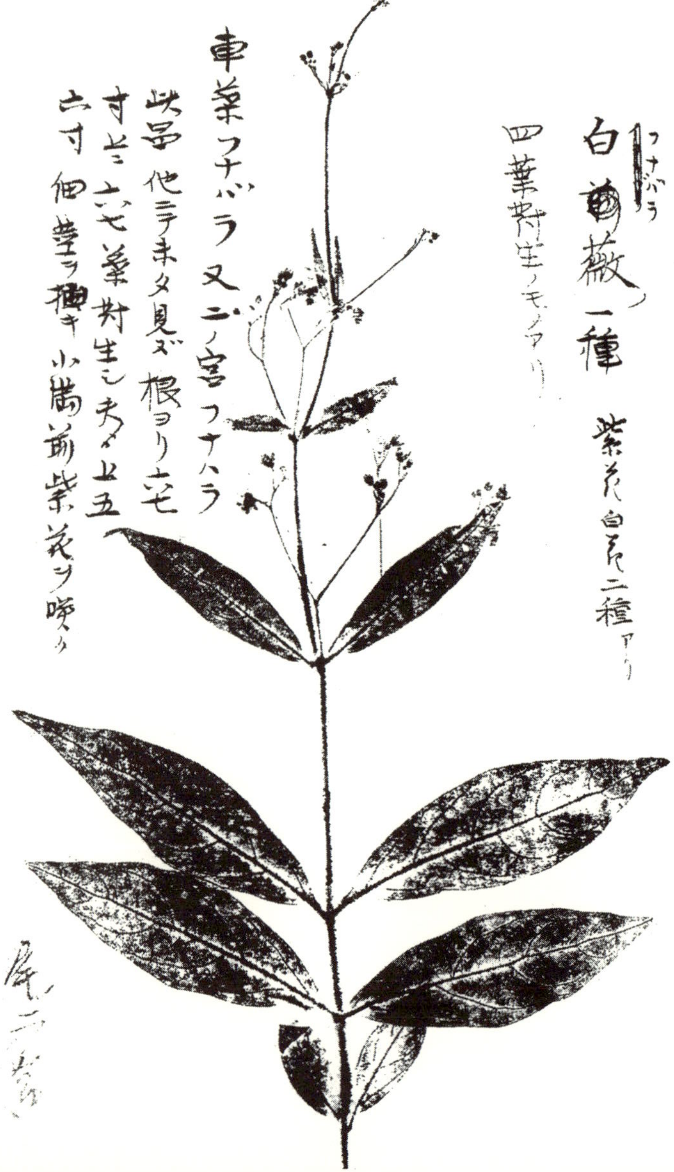

白薇(フナバラ)一種　紫花白花二種アリ

四葉對生ノモノアリ

車葉フナバラ　又ニノ宮フナハラ

此品他ニテ未タ見ズ　根ヨリ六七寸ニ六七葉對生シ夫ヨリ上五六寸　細莖ヲ抽キ　小満前紫花ヲ咲ク

別仙蹤
一名石下長卿
和名　ツルカニワ
本草綱目巻之十三保昇曰苗似小桑両葉相對三月苗青七月八月
中花図
着子似蘿藦子而小九月苗黄十月凋八月采根
三月宿根ヨリ生ス初メ紫黒色徬葉十シ圓茎淡緑色土ニ近キトコ
ロ紫色ヲ帯ブ長スル五寸ニシテ小葉蕾ヲ抱テ茎頭ニアリ長スルトキハ両
葉ツヽ三層ヲナシテ葉ヲ開ク楸葉ニ似テ光ル皺文深クシテ葉ニ[illegible]直テ
茎ニシテ皆緑長サ五寸濶サ三寸頭尖ル又常山葉ニモ似タリ五月茎高
サ一尺頭ニ蔓ヲ出シ物ニ纏フ蔓又少葉相對ス五月末ニ至テ上ノ葉ノ

本ニ蕾ヲ生ス初メ紫黒色一茎ニ朶ヲ分テ七八花ヲ綴ル五瓣深紫色径リ二分
五リシ其形チ白薇等ノ花ノ如シ心ハ莨菪頭ニ粉點アリ鬚紫黄黒色ニ
シテ心ヲ抱ク鬚ハ花口ニアリ心掲リ花口ニ出ク萼五出茎皆紫黒色大
葉ノ上ニ出ル蔓青赤黄色（トバイロ）九月葉及茎皆枯ル子ノ形前條ニ同シ十月枯

一種 紅黄花者

和俗　深山ツルカミロ

二月宿根ヨリ生ス初生小葉蔓ヲ抱テ生ス圓茎高サ七八寸以上葉ヲ生ス葉ノ状薯蕷葉ニ似テ大ニシテ薄シ又嫩葉ノ梁ニモ似タリ長サ二寸五分濶サ二寸余頭尖リ本ニ凹ミ葉茎一寸許紋多シ鋸齒毛茸ナシ二葉ツヽ相對シテ四層以上蔓ノ如ク蕾ヲ生ス蕾ノ本ニウケ葉アリ五瓣ノ赤黄花ヲ發ク鬚蕊見ヘズ心蕊花口ニ出ス共黄色蕚五出一茎十四五花ヲ綴ル後角ヲ結フ古終藤角ニ似テ小ナリ秋ニ至テ自カラ裂ケテ白絮ヲ出ス黒小子アリ秋ニ至テ枯ル

一種茎高サ一尺余蔓ヲ生セサル者アリ葉最大ナリ角ヲ結テ馬蹄

キリノハサウ

キリノハサウ　ツルカシワ

伊吹山　下野清瀧社ノ境内　荒若瀧ノ北谷

葉柿葉ニ似テ長サ七八寸四葉對生其上ハ細小葉両對シテ蔓中ト
ナル其葉間ニ小紫花簇生ス

○キリノハサウ　コヌスセレピアスムノ類　ツリガネソウ

Vincetox. sim. Acumi.

Matsum

キリノハサウ　ツルガシハ

白薇一種

山中

葉柿葉ニ似テ大長七八寸四葉対生其上ハ細葉両対ノ蔓
生シ大日左前葉間小紫花ヲ簇生

一種春葉未開以前穀雨後ニ芽ヲ出ス許ニテ花多アリテ間諸
紫色

Vincetoxicum Acuminatum.

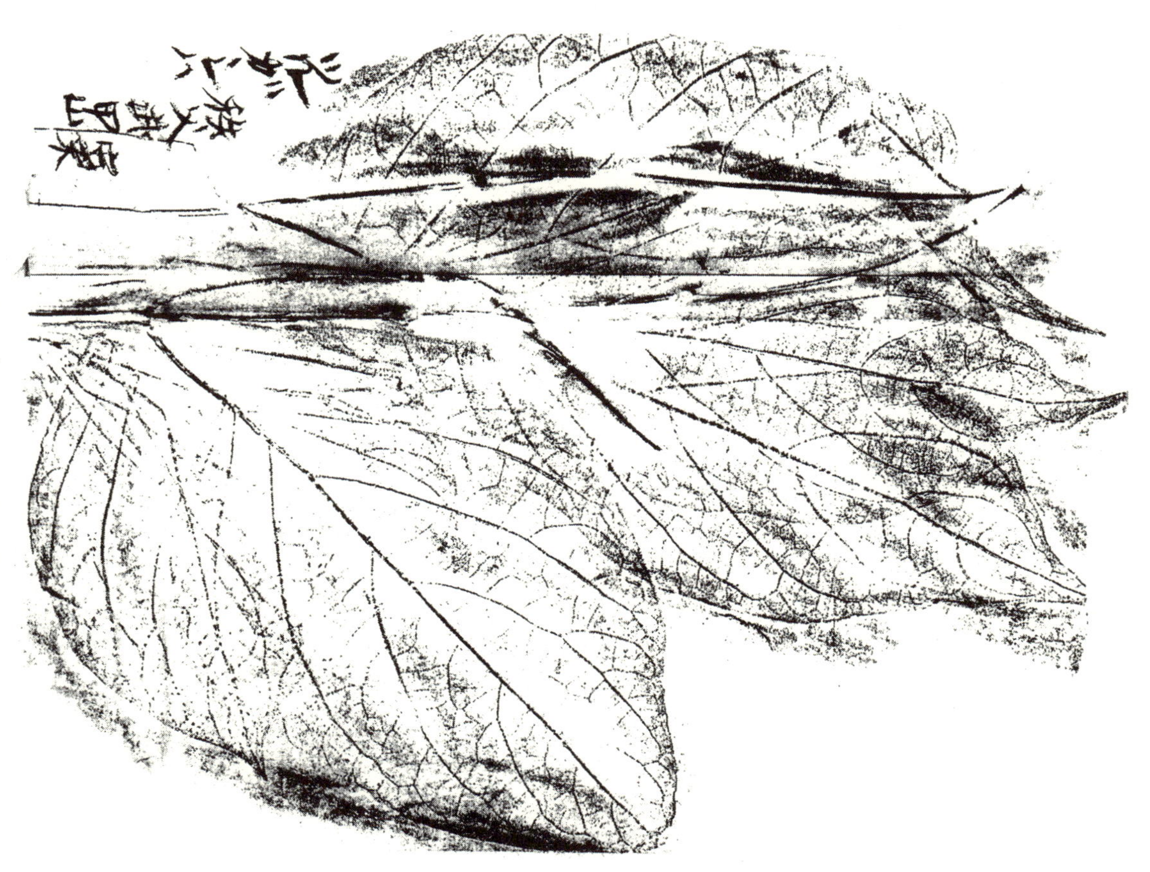

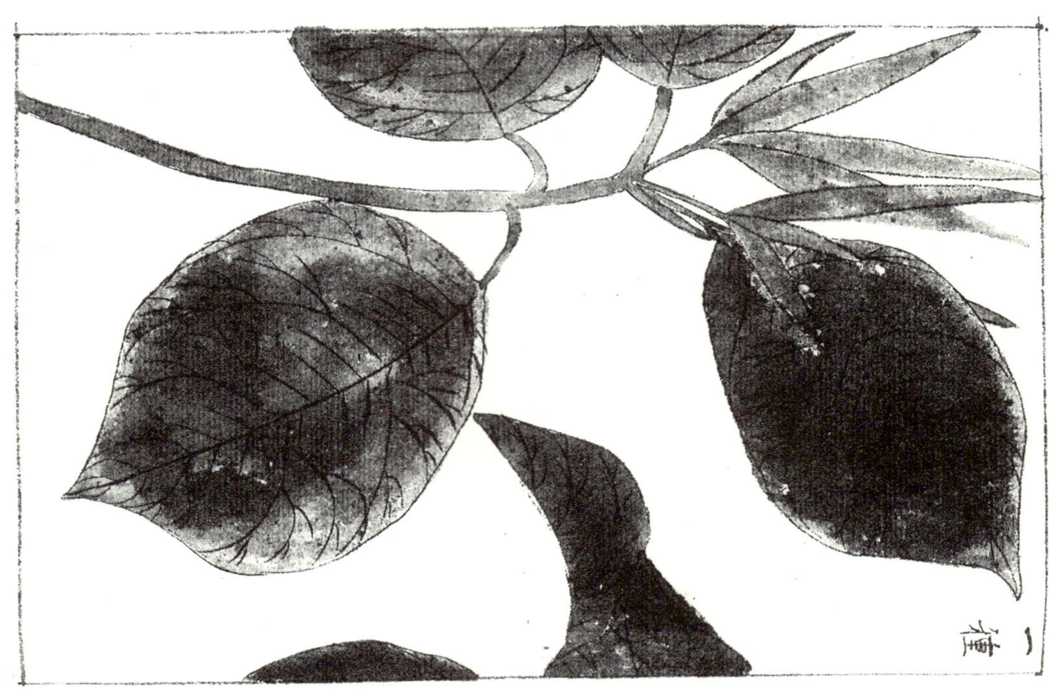
大戟ノ図中本
一種

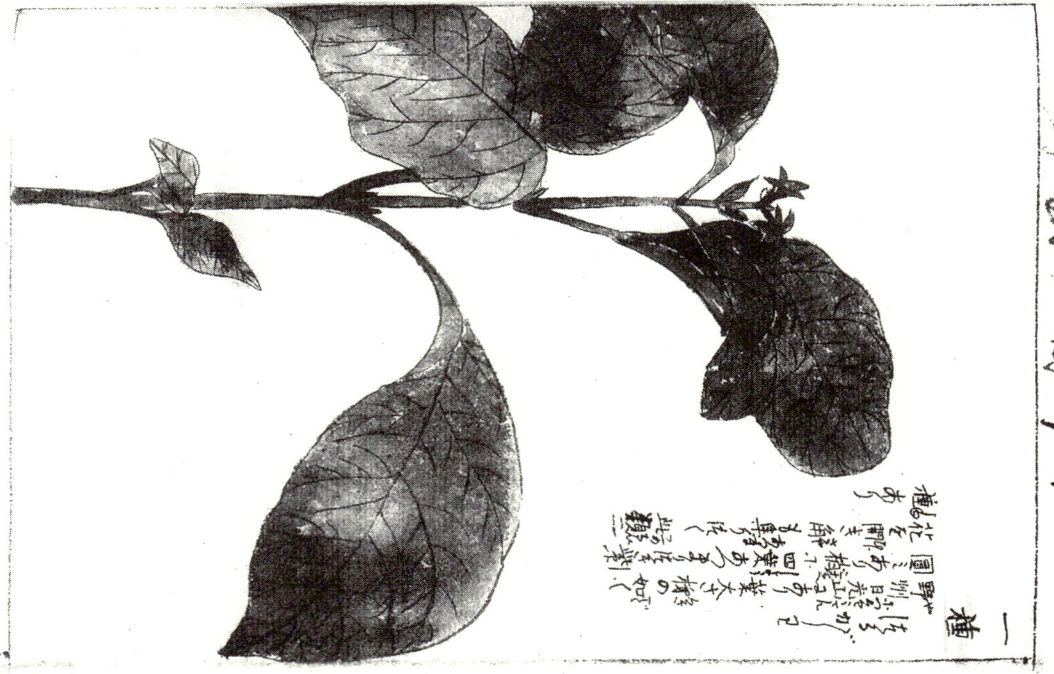

一種
野州日光山にあり葉大さ椿の如く
圓くあり梢に四葉あつまり
花を開き
此類二種もあり

アセ

Vinicetoxicum Acuminatum キリノハサウ

morr et Decaisne. 白薇ノ種 ㊞ツルガシハ

V: macrophyllum, Sieb et Zucc. 大葉白薇 (?)

「ビンセトキシキュム アキュミナチュム」飯沼

伊藤氏 (?) 訳

白薇 藤 (?)

ツルカシハ

Vincetoxicum Acuminatum

キリノハサウ ツルカシハ

和刑鈔 ツルカシハ 江戸 白薇ノ種 即チ大星ノフチハラ乙葉對

生ス四枚ツヽ生ス長サ七八寸巾三四寸柳ニ似テ大ク其ノ葉上ニ

ツル生ス葉對生ニ末ノ穂ニナリ枝ヲ分チ紫黒ノ小花開

三渡ノ名ハ蔓ナシ直ニ四枚葉ノ上ニ花生ス根ノ形白微ニ同

白ビ 一種 ツルカシハ 葉柳ヨリ大ク毛アリ 葉ハ蔓

生 對シ花 是 大葉 白藤 人

一種細蔓大ニシテ
四ツ生ス葉上ニ茎ヲ抽キ末ハ小葉ヲ攅両對ニシテ蔓ヲ
ナスアリコレヲツルガシハト云 即蔓生ノ白薇ナリ　百種
一種 上ノ説ノ如キニ
生スル者ハ大茎ニシテ本高ノ如ク極ヲ茎ヨリ大ニシテ毛アリ
因テ茎葉共ニ対生ス 茎及ビ葉ノ間ヲ角ヲ莢ヲ結フ 大ニシテ
大概此ノ如ク字ニコレヲツルガシハト云

ツルガシハ
蔓文餘ニ文ノ緑色也葉両對ス白前ノ葉ニ似テ長大幅一寸長サ三四寸
九鬼山中ニ生ス　熊野物産初志 一

キリンサウ
ツルガシハ ノ屋
白薇 大葉者
羅摩科　細辛属
同　科
毛アリ
伊吹山ニ産ス 又濃州高尾ニモ 文 白前之
葉 潤大 因ニシテ柳葉ノ如シ 大ニシテ 長サ
細茎 両対ス 節ニ 茎ノ上ニ 細ナル花
枝アリ 黒キ花
根形ハ竒常ノ白薇ニ似テ細シ

ロクミサ年ケイサ
蔓又白前

○徐長卿　一名刀兒苗 救荒 摩訶尊 本草 卿蓀 スヽサイコ　コラナワラ　アゾロサ
處々ニアリ葉柳葉ノ如ニメ狹ク対生ス夏ノ末茎長ク立ノヒ一二尺位
ニ立ノヒテ黄花鈴ノ形ノ如ク下垂ス小野氏云白微モフナハラト云故ニ此ヲ
小フナハラト云テ別ツ按葉ノ形相似テ夏ク光リ蔓ヲナスモノヲウスギヅル
ト云此モ根ノ形一麥也大小二三品有水生モアリ又大葉ニメ茎頭小紫
花ヲ生ス八者有茎葉相似テ葉ヨリ上蔓長ク生メ小紫花ヲ生
スハヲ地錦抄ニ伊ヨカウラト云又中立花アリ茎高一尺余葉白薇
葉ニ似テ白花穂ヲナスモノアリ

[illegible]

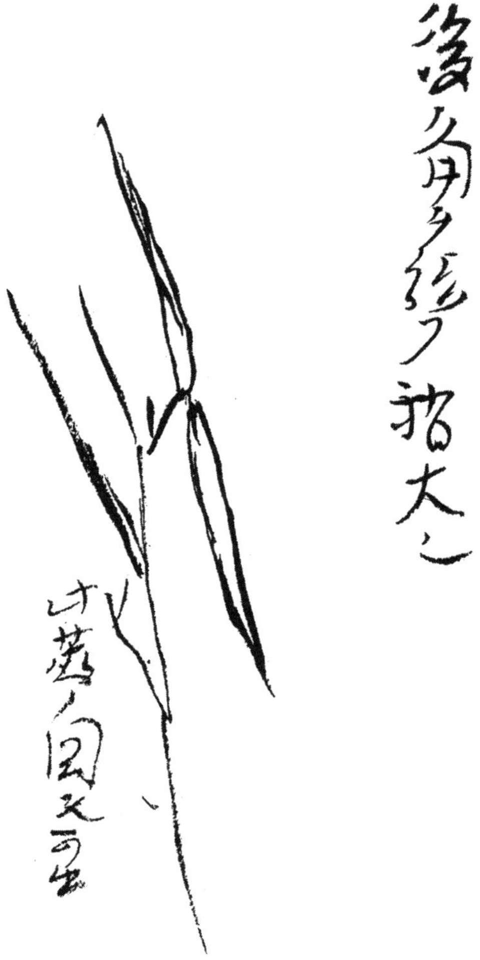

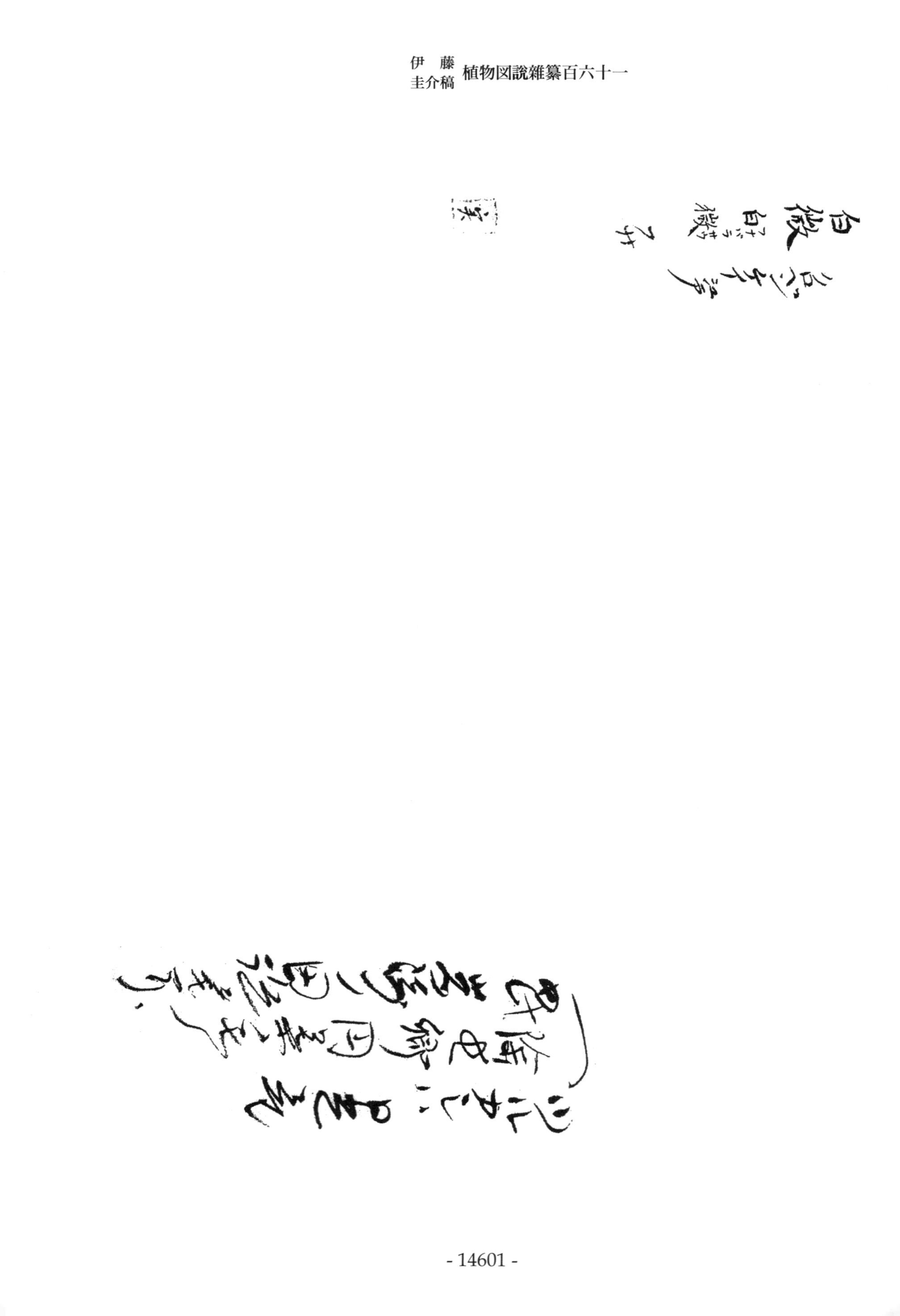

白薇 [illegible]

白薇（フナバラサウ）

[illegible]

ツルガシハニ二種アリ
詮同キリノハサ物 ツルガシハカ主吞同物ナリ但僅少ノ別アルガ如シ
再接未得目擊 ニツルガシハ二種アリトスツノ第二種ノ図ハ即チナリ
ノハサウ歟

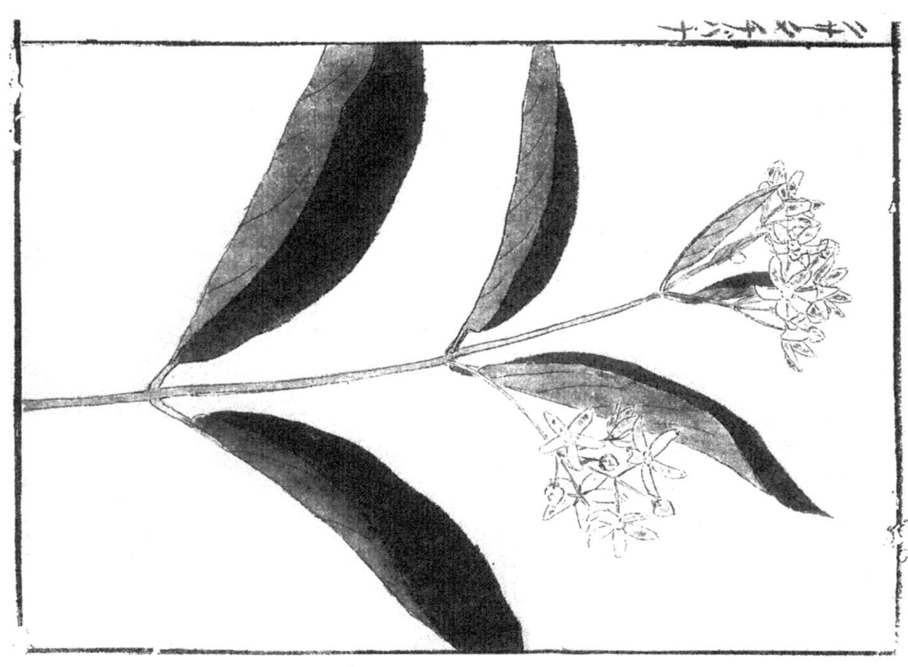

草橘名未図 白微ノ白花ナル者也形状常ノフナ八
ラニ同ク葉微シ小ク浅緑色也茎及花ヲ着テ相
聚テ多シ鮮白色也常ノ白微ノ如ク層ヲナサズ
微シ橘類ノ花ニ似タリ

決明ノ角ノ状ノ如シ武州多摩郡ニ出ツ

梅ケ枝中　ツナタチバナ

白微一種ノサタチバナ　雨点児菜

草橘

[illegible]

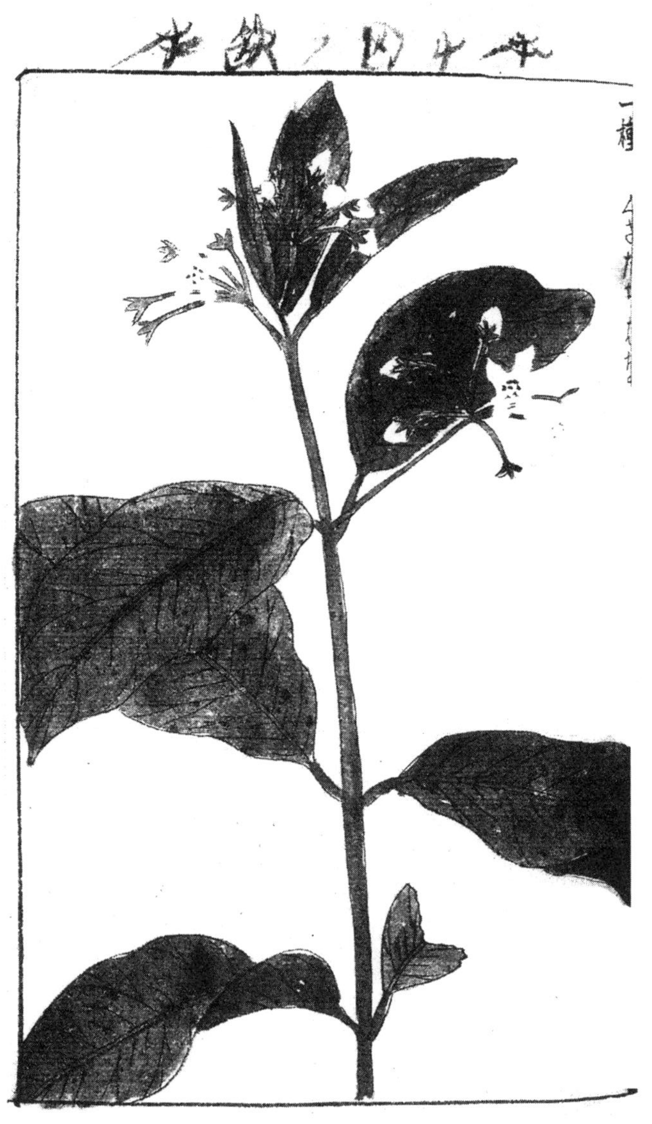

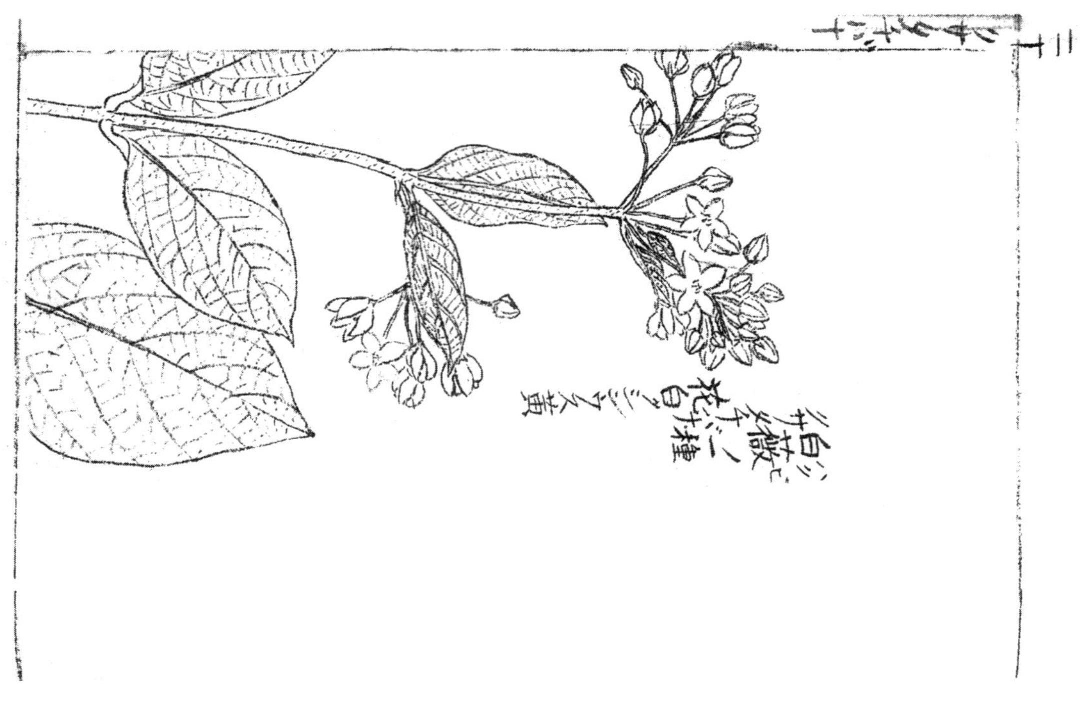

草楯志図 白薇ノ白花ナル者ニ形状亦同ナハ

其二

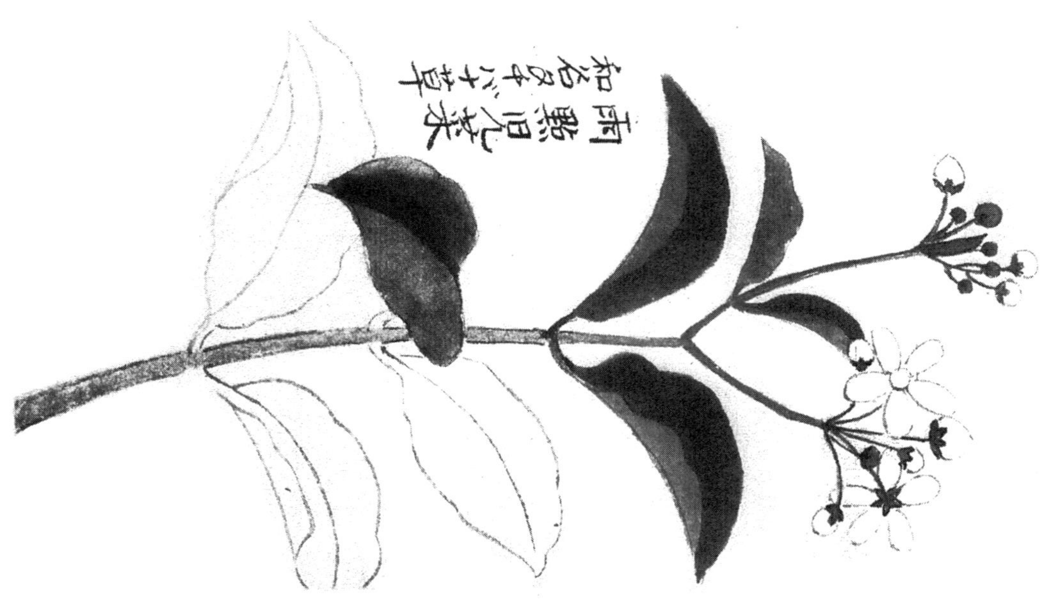
雨點児茶木

雨點児菜

草犀 未詳

一名

和名 クサタチバナ

本草綱目巻之十三 珣曰獨莖對葉而生如燈臺草根如細辛

三月舊根ヨリ生ス一莖圓ニシテ立升リ葉ハ古終藤(ツルワタ)葉ニ似テ長サ三寸五分餘濶及ビ葉毛ナシ葉茎五分面緑色ニシテ光澤アリ背ウスシ立夏ニ至テ茎高サ二尺茎ノ本ニ稀葉アリ毛茸ナシ二葉ヅヽ茎ニ對シテ十字状ヲナスコト七八層梢頭ニ枝ヲ出シ小枝ヲワケテ各五瓣ノ小白花結フ径リ二分五リ瓣厚フシテ返ル赤白前花ヨリノ差大ナルハ一瓣長サ三分半濶サ二分弱重瓣ニシテ五出黄緑

クサタチバナ 伊吹山ニアリ

白サ徴

一種クサタチバナ 阿州ニテハ シホカゼサウ 佐州

葉ハ苦参ノ如ナルニ似テ直立ス五弁白花

一種シホカゼ 淡州 クサタチバナ 阿州ニテハ 高二尺許葉對生シ毛茸ナシ茎端ニ数枝ヲ分チ毎枝ニ花ヲツケ五弁大サ五分許白色也

ミレ白花ノ白微也

色暗四合五リン穎黄頭白クシテ三角五顆集ツテ其形蕾ノ如ク花ノ中央ニ
アリ心蕊ハ其中ニアリ淡黄色心蕊集テ高サ五リン径リ一分八リニアリ秋ニ
至テ茎葉共ニ枯ル根ハ束根細辛ノ根ニ似テ長シ草犀的當ノ説多ク闕ベ
亦歎ヲ闕ベキナレト白前ノ一種ニシテ根ト葉ノ對生ト殉ノ説トコニ近ク亦
細目其切ヲ主トシ亦其似タル者ヲ序シテ先後ヲナセバ全ク據ル處ナキニモア
ラズ暫クコレヲ載テ眞ノ草犀ノ出ヲ待ツ

雨點児菜

一名

和名

救荒本草巻之三云就地叢生其茎脚紫稍青葉如細柳葉而窄小

角又大其葉味甘

此草三月宿根ヨリ生ス形肥後白前ニ似テ葉細ク葉ニ白粉ヲ帯ズ前條ノ
草犀ト一物ニシテ葉ノ細ソキヲ異トス適ニシテ雨點児菜ト呼テ俗稱ナシ花
ノ時モ亦同シ葉ノ潤ク柿ノ葉ニ似タルヲ假リニ草犀ニ充ツ

みなしこくさ 和名抄釋藥性云白薇 ミナシコクサ 一名クロクサ又アマナ

拾遺 頓長哥 ふち衣ふさゝひたらし秋きりふかくまよひ

まあみなしこ菜ふるく 可思ひみそあてとしけみ 上下略

今種樹家ふてハナタチハナと称ゟ物是ニ又フナハラともいふ
太き茎三尺許柳の葉ふ似て短し全体ふ白毛あり夏梢
の葉の間ふ梅花の如く花あり末ふてハ穂の如し又蔓生も有之

蜀黙児菜

本條文徐長卿ニ甚近シ一説ニクサタチバナニ充ツ然ルニ本條ノ形状ト異リクサタチハナハ白薇ノ一種白花ナル者徐長卿ハ山野陽地ニ生ス春舊根ヨリ苗ヲ生ス茎細ク堅クシテ高サ一二尺葉形細長ニシテ瞿麦葉ニ似テ淡緑色両對ス夏月茎梢ニ枝ヲ分チ花ヲ開ク大サ三分許五瓣ニシテ黄紫色後莢ヲ結ブ長サ一寸許圓ニシテ尖蘿藦ノ角ニ似テ小ナリ中ニ白絮アリ其本ニ小扁子アリ根ハ白色細長ニシテ数條攅リ生シ細辛根ノ如シ乾ク片ハ牡丹皮ノ氣アリ

フサ路

両黙児菜 救荒本草 クサタチハナ 白薇ノ一類ニシテ稍蔓生セス葉ハ白薇ニ似タリ苗高サ二尺许リ稍ニ五弁白花ヲ開ク形チ又白薇ニ似タリ

○豆䒳志 白前 俗曰東都方言スヽメノヲゴケ随処有之茎高尺余其葉兩〻相当春末秋間細黄花結角垂倒ソノ形臭ノ鈎ニカルガ如シ故ニ祠島ノ郷語ニカツヲサヽ云或人定テコレヲ白薇トス誤レリ延喜貢物曰薇アリ国名フナハラ又ミナシコグサ当時称貢ノ物今詳ニシガタシ

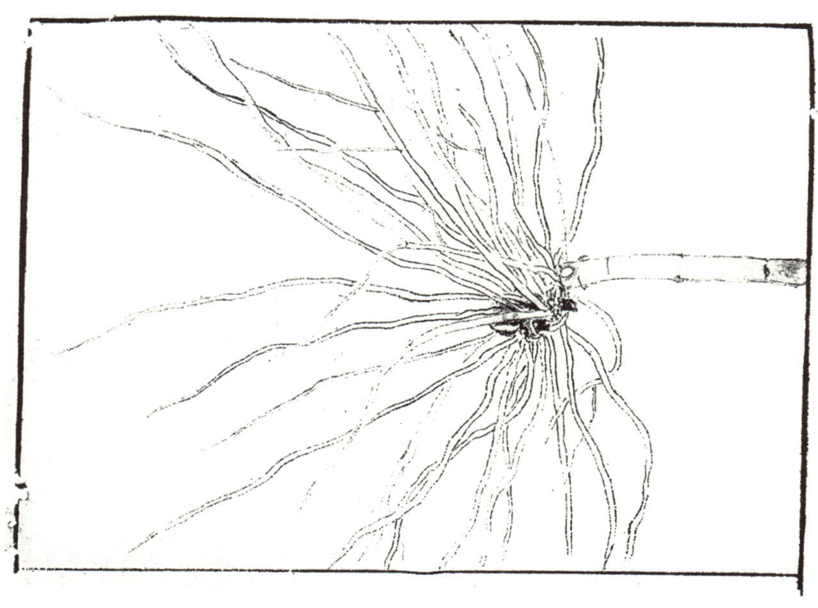

肥後白前

肥後州白前

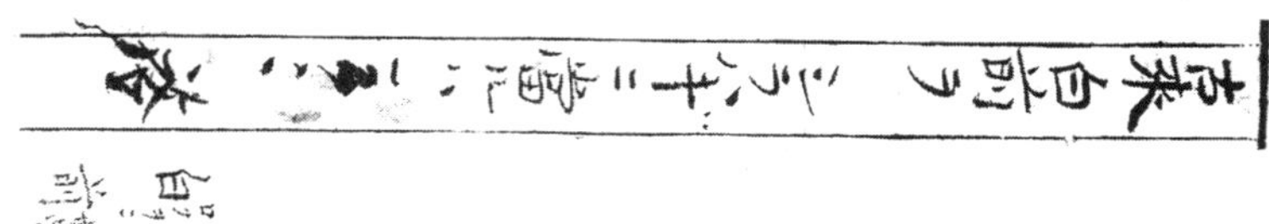
古来白前ヲシラハギニ當ルハ謬

肥後白前　釋名　嗽藥

和名　シラハギ　ノカヾミ

本草綱目巻之十三恭曰苗高尺許其葉似柳或似芫花根長細辛白

色生洲渚沙磧之上

三月宿根ヨリ生ス圓莖粉緑色高サ三尺餘莖蘇直上シテ兩々葉ヅヽ莖ニ

相對シ十字状ヲナス葉ハ楊葉ニ似テ皺紋多シ面緑色ニシテ白粉ヲ帯背白

緑色葉莖ナシ全葉長サ二寸五分濶サ一寸一分先尖リ光澤アリ鋸齒毛茸ナ

シ上下ノ葉ハ少ナレトモ中ノ葉ハ大ナリ五月葉ノ本ヨリ細莖ヲ出シ八九ノ小

朶アリテ蕾ヲ綴ル初甚小ナリ六月ニ至テ大ナル縹豆ノ如ク五瓣黄色ノ花ヲ開ク

初メハ緑色ノウツリアリ徑リ四分蕚五出心蕊圓ク頭五ツニ分ル長サ五リニ驗蕊

[illegible]

此花図ヲ

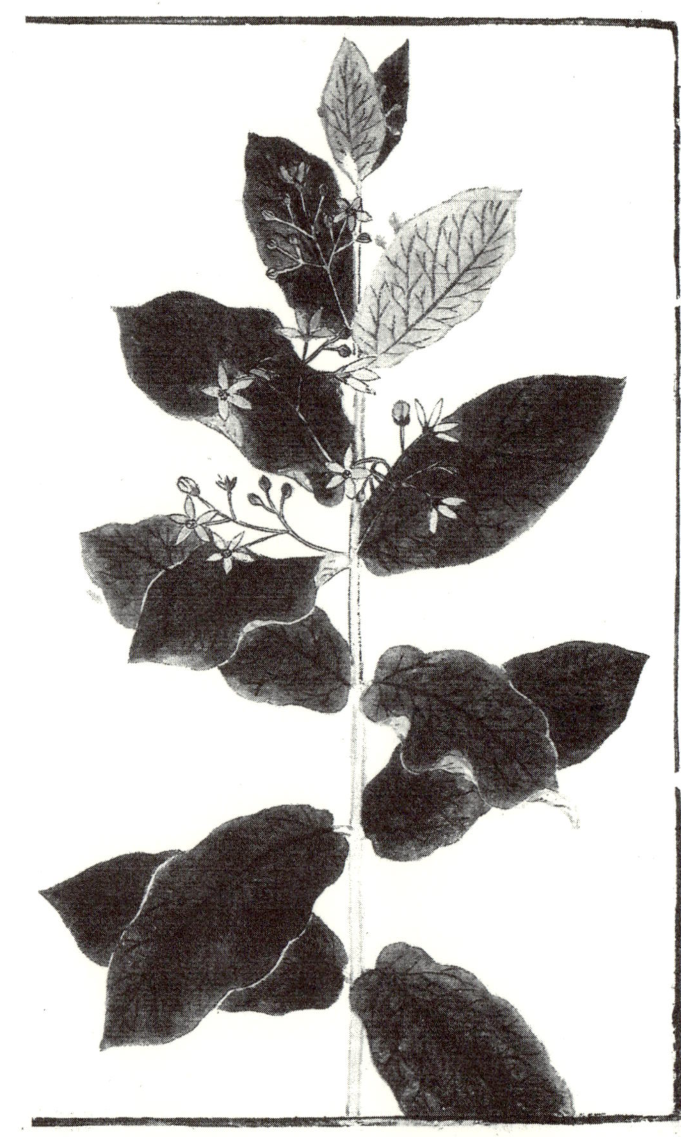

雨點兒菜

和名 ロクヨンサウ　ヒゴビヤクゼン　江戸

救荒本草 雨點兒菜生田野中就地叢生其莖脚紫梢青葉如細柳葉而窄小抪莖而生似石竹子葉而頗硬梢間開小尖五瓣白花結角比蘿蔔角又大其葉味苦

古来救荒本草ノ尖刀兒苗ヲ本草綱目ノ徐長卿ト一物トシ又雨點兒菜ヲモ一物トス畫圖及文段ハ相似タレトモ一物ヲ同書ニ再擧スベキ理ナシ別テ二物トシテロクヨンサウニ充ベシ白微ノ類ナリ春月舊根ヨリ苗ヲ生ズ芽ノ色淡紫ニシテ長ニ随テ緑色トナル葉ノ状白微ヨリ細ク毛茸ナク ノ葉ノ全タ

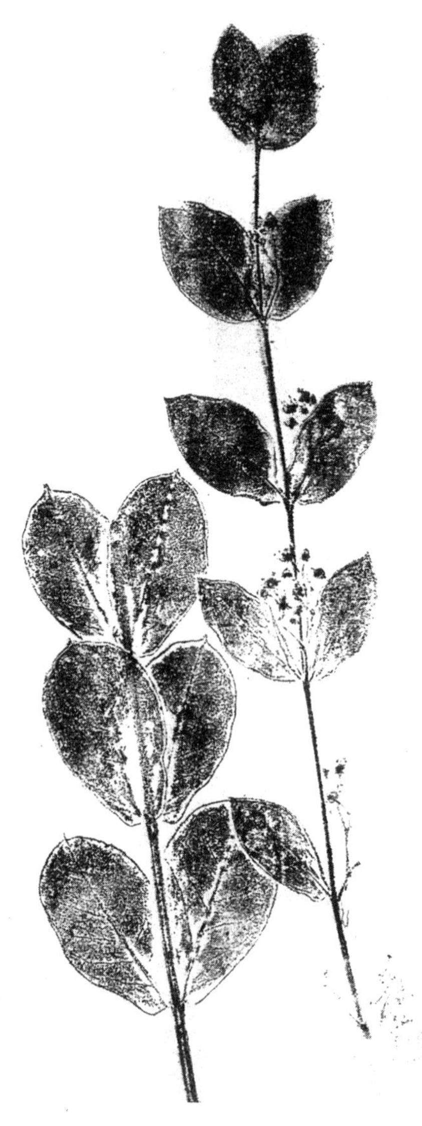

ロリヨヒサウ 一廿

ルカ如シ相對シテ生ズ夏月梢ニ花ヲ開ク五瓣ノ黄白花白微
ニ同シテ小ナリ後子ヲ結ブ又同シ中ニ白絮アリ風ニ随テ飛
ブ秋深シテ苗枯ル

[白前] 志らき花○江戸ニて 志らき花と云これ古名なり 後河にて志かくさ

シラハギ 加賀にて かもめぐさと云 伊路にて ひよどり草と云 播州にて萩

ハゼビ 似て小白花咲き 唐種ニ ろく爲んさうと云 名上不あり 抱之

ノ一種 まつ乃や 岩前 撰

7廿

白薇　　　　　　　　　　　　　　救荒啓蒙七

フナワラ　ロクエン草 古名

山野向陽ノ地ニ生ス春宿根ヨリ生ス圓茎高サ二三尺許
葉對生形柳葉ニ似テ小短茎葉倶ニ面脊ニ白毛アリ夏月
梢葉ノ間ニ花ヲ開ク数十簇リ穂ト成ル花ハ大サ四五分五
瓣ニシテ紫黒色形徐長卿(スゞサイコ)花ニ似テ大ナリ花後角ヲ結フ
長サ二寸許内ニ白絮及子アリ全形牛嬭菜ノ角ニ相同
シ又一種白花者アリ花形相同シ本條圖スル所ノ者ハ細
葉白薇ナリ品類多シ餘ハ本草啓蒙ニ詳ナリ

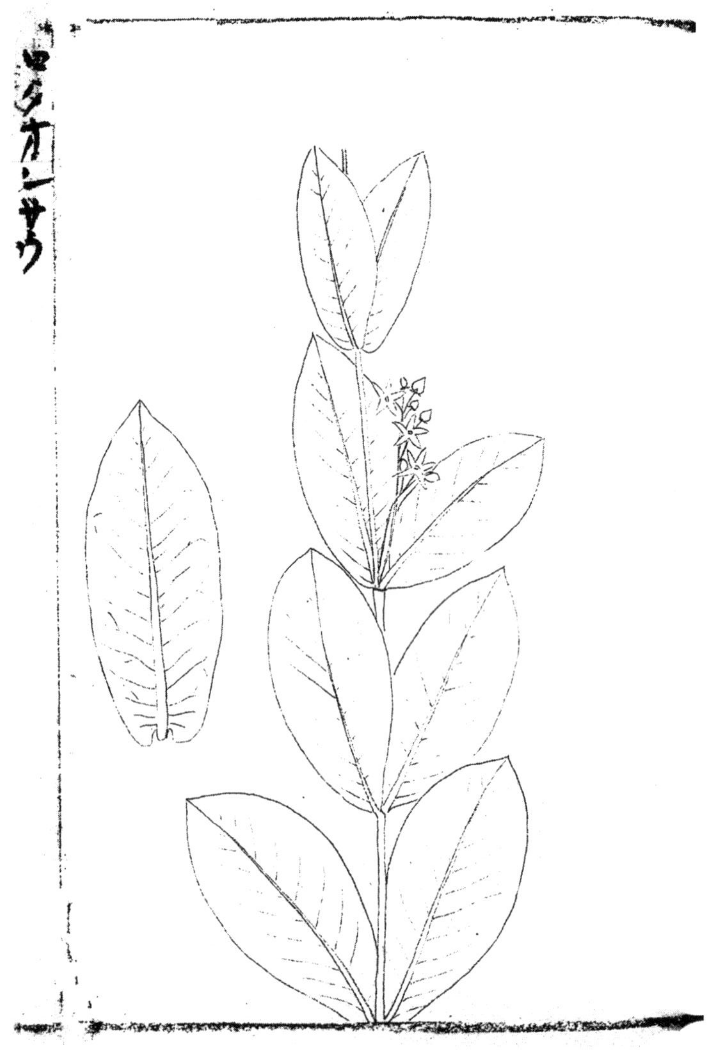

合掌消

合掌消江西山坡有之獨莖脆嫩如景天葉本方末
実有疎紋面緑背青白附莖攢生四面對抱有如合掌
故名秋時梢頭發細枝開小紫花五瓣緑心子繁如
罌粟米粒根有白汁氣臭俚醫以爲消腫追毒良
薬

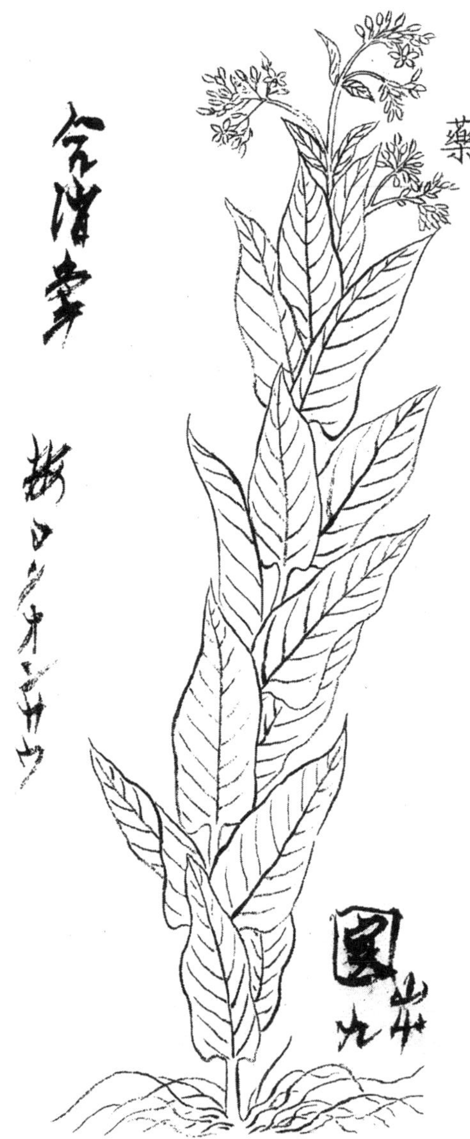

○ロクヲンサウ

備前ノ山野ニ産ス茎硬ク直上シ高サ三四尺ソノ葉ハ
白色ヲ帯ブ大ヨモギ葉ノ如ク淡緑色ノ花ヲ開ク 原マ

又一種 枇杷葉白前ト云者アリ 春宿根
ヨリ苗ヲ生ズ 葉形カワヤナギニ似テ白粉ヲ帯テ
茎左ノ直ニ立高サ二三尺 梢ニ [illegible]
[illegible]

一
● 白前ノ一種ロクヲンサウハ [illegible]

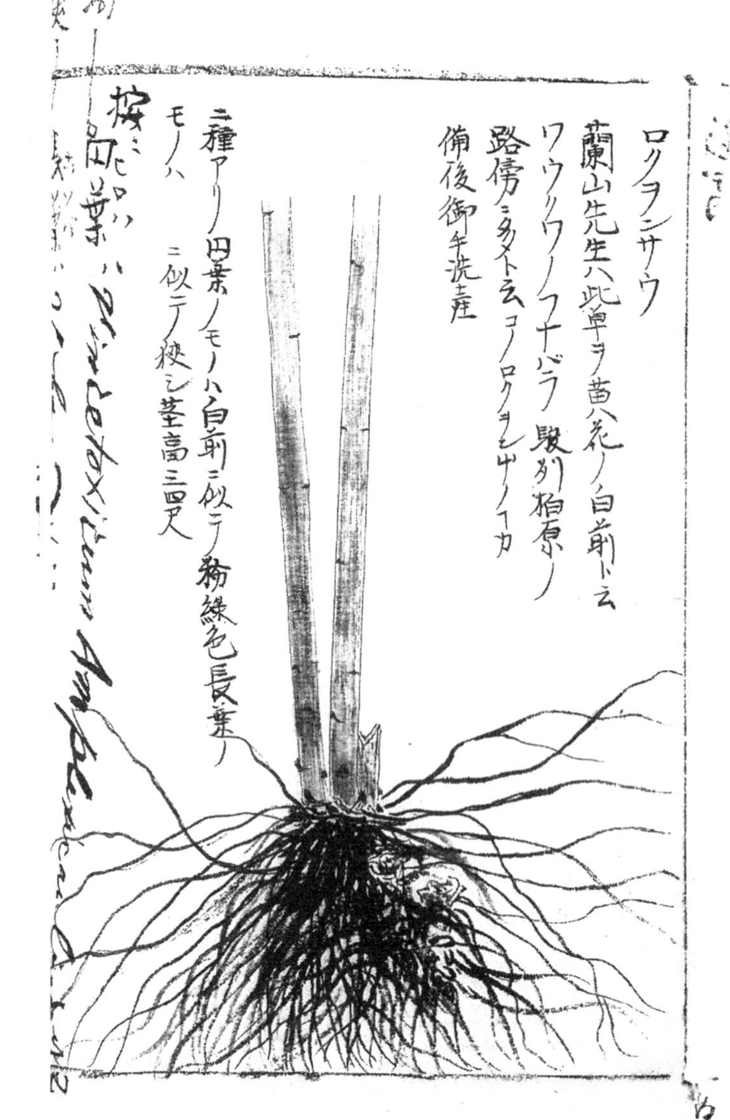

ヒゴヒャクモン 江戸 ○ヒゴハリセン 熊本梅内村

ミラハ斗 又テハキ漏 ロクオン中

ハツモトユイ 花戸

藍水田村氏 肥後ヨリ

携「至ルト云

フナワラ

本草綱目 図 漢州ニテ未カゼサウト云ハ

白前ノ混淆ナリ 牧丹ノ花ノ香アリ 葉小ニシテ細

葉ノ白微ニ円ジ花モ小ナリ

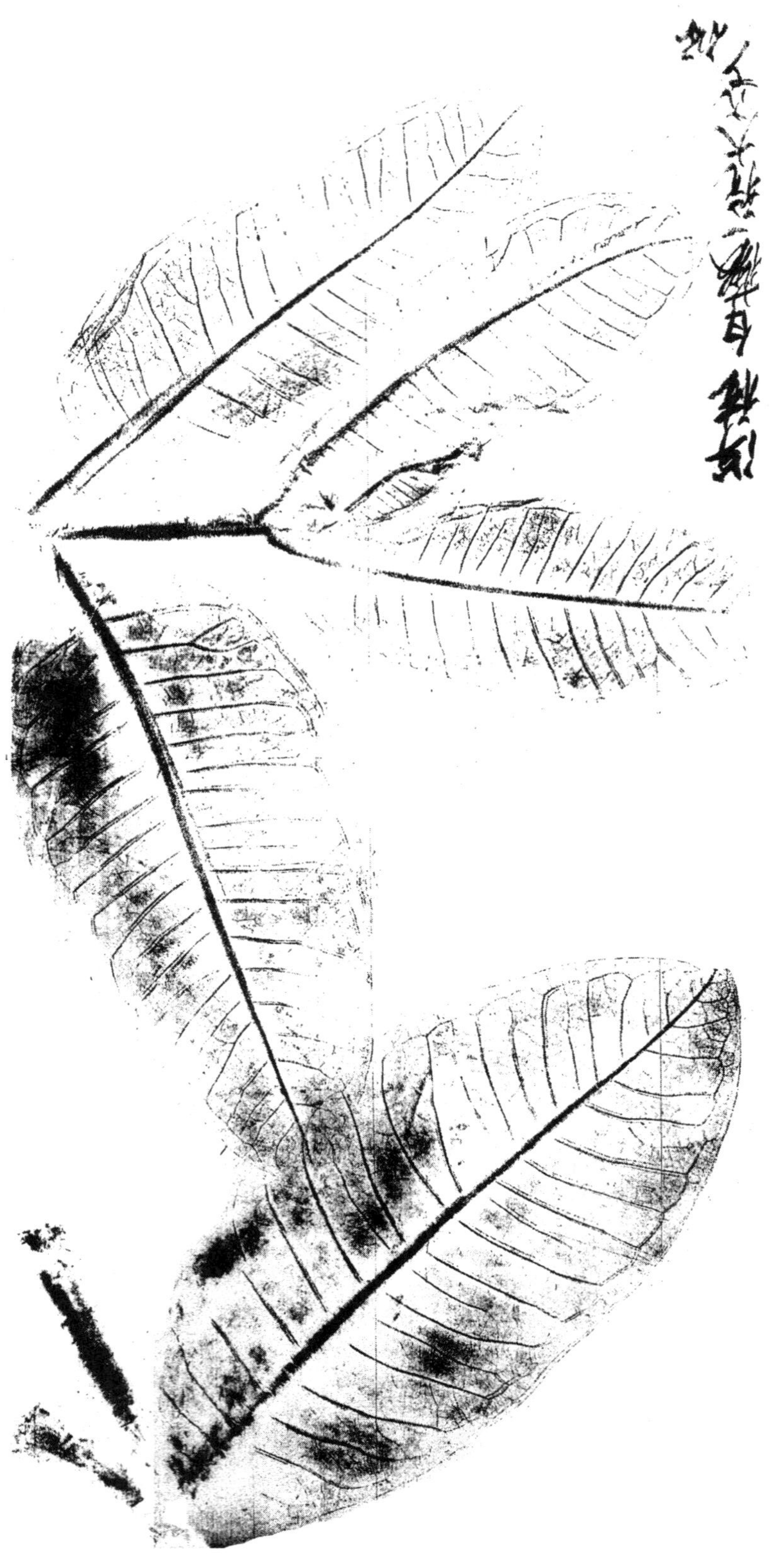

喜多尼訶經

江戸宇田川榕菴榕譯

如是我聞。西方世界。有孔刺需斯。健斯涅律
私。木里索肉私。刺愈斯。多兒涅禰爾篤。歇兒

滿葛蘓法兒拔烏非奴私馬兒吧及斯花列
斯律兌弗大學師蒲爾花欹大學師林娜私。
等諸大聖。累代出世。各於其國。發大願力。建
大道場。設大法會。出大音聲。出眞實言。說無
有上微妙甚深最勝眞理。敎化諸大弟子
爾時大聖告諸大弟子言。四大洲中百千萬
億。一切衆生。差別二種。人馬獅狗鷄鳳燕雀。
鯨蛇蠋龍。蠅蜂龜蟹。性情智能圓滿具足。靡

不步行自在。名曰動物。性情智能。圓滿具足。
有雄有雌。有一體兼男女。有六親眷屬。有壽
量。有色相。不能步行。名曰植物。然此二種。本
來一理
我說如是最勝眞理。若汝等不信受。我略說
之。亞墨利加洲有草號密莫沙。若有物觸葉。
縮而萎。汝等若爲異域遠物。猶作疑惑之念。
使汝等現得是眞理。開窻試見。庭前答未林。

度樹。其葉晝則伸。夜則眠。有情如是。抽幹高
聳。敷地作蔓。樹上寄生。陸上產者。水中生者。
其性種種如是。春則勾萌。夏則成長。秋則凋
萎。冬則零落。乃至開花結實。有智如是。爲人
畜食餌。爲濟生醫藥。爲救荒貯畜。有能如是。
有開心蘂花者。有開鬚蘂花者。有開心鬚兩
全花者。有雄有雌。有一體兼男女。如是有類
芹者。有像葱者。有似葵者。有六親眷屬如是。

有今冬發生。明夏枯者。有春月發生。冬月枯
者。有三年而枯者。有十二十。乃至五六百年
而枯者。有壽量如是。有全苗赤色者。有脉絡
紅色者。有綠色黃色者。花實亦復種種色。有
色相如是。一托生處。歷兆億年。不能遷居。不
能步行如是。汝等信心隨喜。若不違我。我諦
宣說
一切植物。食氣食水食火食土。而化成凝流

二體與動物無差異根幹椄葉花實六部是
爲凝體根幹液葉液花液實種子液皮液膜
液六種是爲流體
凝體六部各箇不一根有五品幹有七品枝
有八名椄有七種葉有三大別細分別之則
有二百餘形花有二十四經細分別之則有
一百二十餘緯實有三等細分別之則有一
十餘品流體六種色質香味各箇不一亦復
如是
我先演說流體根幹液乳糜也葉液血也花
液陰器之液也實種子液造化成功之液也
皮液養液也膜液脂肪也葉液有三種花液
有三種皮液有八種如是諸液循環輸轉終
則老廢自蒸發孔漏洩而去以何所爲如是
循環皆頼大陽温暖和煦之氣一紀一歳一
月一日一時一密扨(ミニユート)多一世紺(セコンド)度之温氣悉

皆關係

諦聽諦聽。我爲汝等再說。一切凝體。無量無數一切植物。本來一條纖維。錯綜織成一片薄膜。二品脉管。是膜是管。造作全身。膜卽表被。包絡圍繞全身衆器。具足恒河沙數玄孔皺紋。二品脉管。一名液管。綜攝動靜二脉水脉及乳糜脉而言。二名氣管。通大空氣。扶持諸液循環。是此氣管。諸他衆生。本來不具足。

根皮有噏收管孔。有蒸發孔。葉有神經。有至微脉。有蒸發孔輭細毛茸。皆無量無數。至微至細管孔。口也。根胃也。幹莖腸也。葉肺也。花陰處也。粉男精也。篩輪精管也。葯精囊也。花柱腟也。柱頭陰門也。礎卵巢也。子宮也。胚胎也。花心胞衣也。種子卵也。一切種子。圓者扁者。長者短者。像腎形者。類蛇頭者。俱有細眼。卽是臍也。若破未成子室。室中種子。皆有細

締。固牢維繫。締卽臍帶
種子落地。則復甲拆。甲拆下。根。根又抽莖莖。
又生葉。發露花實。實復藏種子。色香性味。分
毫不易。猶如動物生産蕃息。生理循環。無有
毫髮止息間斷。汝等信受奉行我所說。於四
大洲中。百千萬億。一切植物。得於智眼。大聖
說是菩多尼訶微妙經典已。大弟子等。頂戴
聖足。歡喜踊躍。合掌環繞。作禮而去

菩多尼訶經
文政五年正月刻成
紀元二千五百廿八年錦窠居士
再刊于大竺花園

明治十二稔一月御屆
同　二月　出版
本鄕區眞砂町十四番地
翻刻人　平民　伊藤篤太郎
馬喰町二丁目五番地
島村利助
田代町四番地
佐伯志津磨
發兌書肆

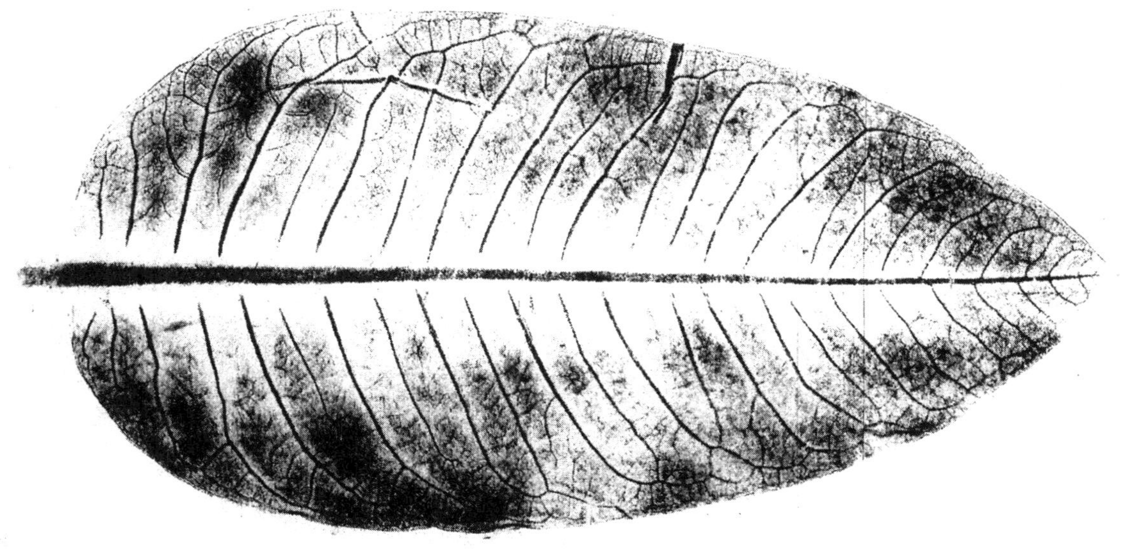

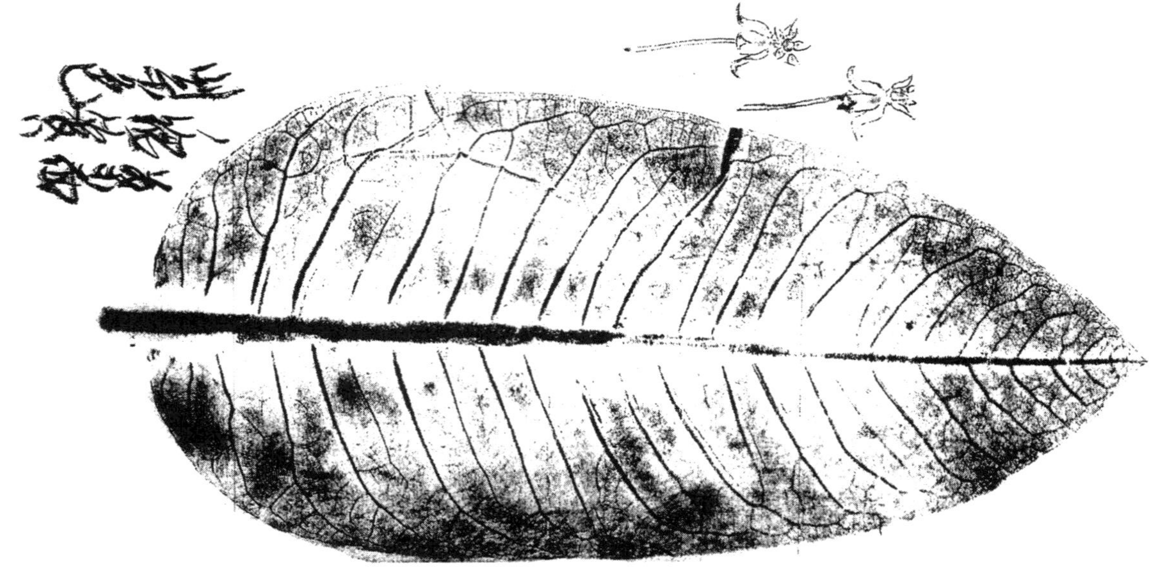

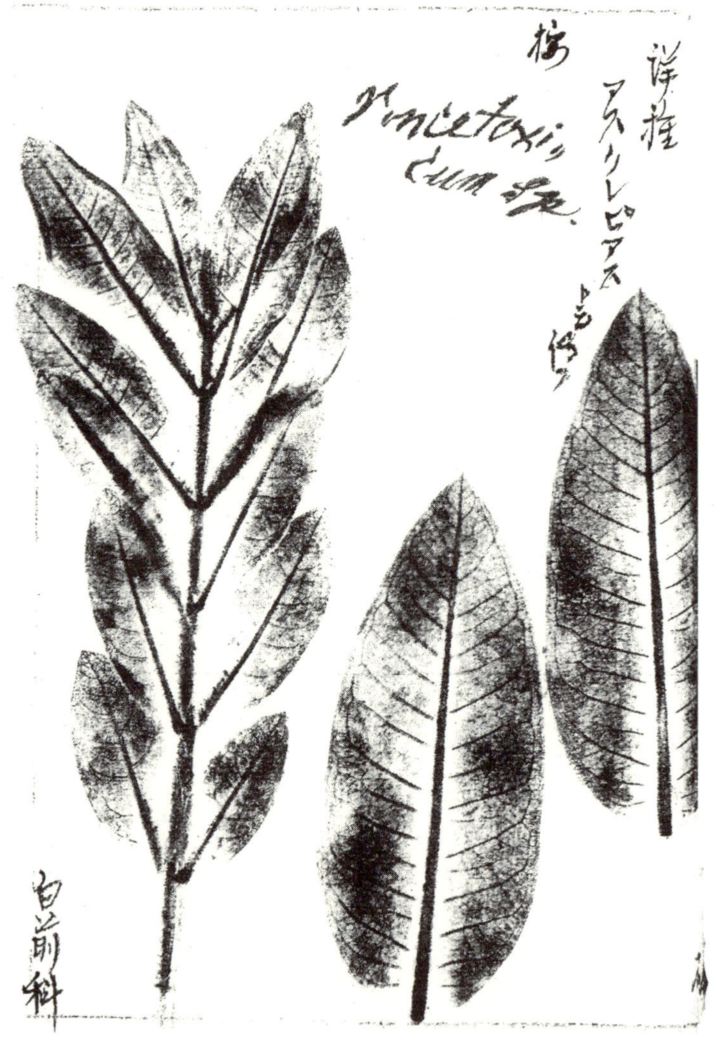
白前
洋種
Vincetoxicum sp.
白前科

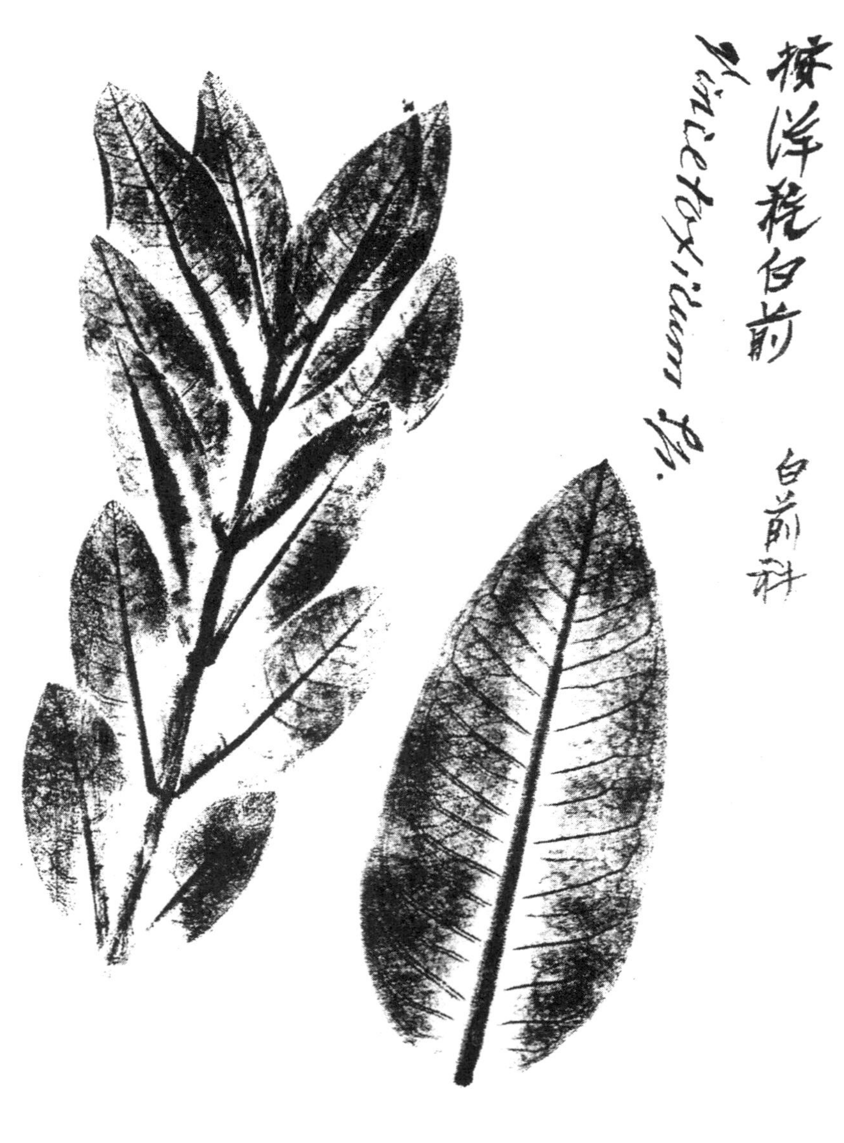
Vincetoxicum sp.
白前科
アスクレピアス

ツルモウリンクワ　ツルミツリ　蔓生ノ茉莉

白前ノ一種

暖国ノ産ニシテ寒気ヲ恐ル冬蔓カレズシテ葉モヲチズ厚クシテ光澤アリトリキニシテ根ヲ生ス白露後葉間ニ花ヲ開

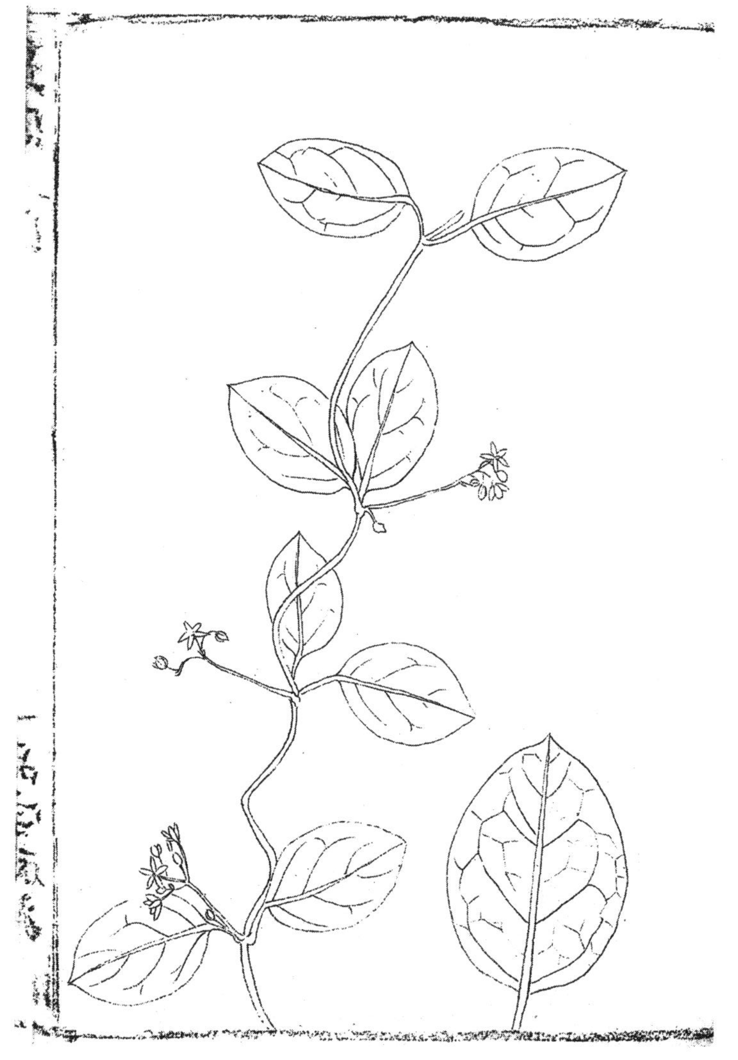

〇廿附 ツルモウリンク

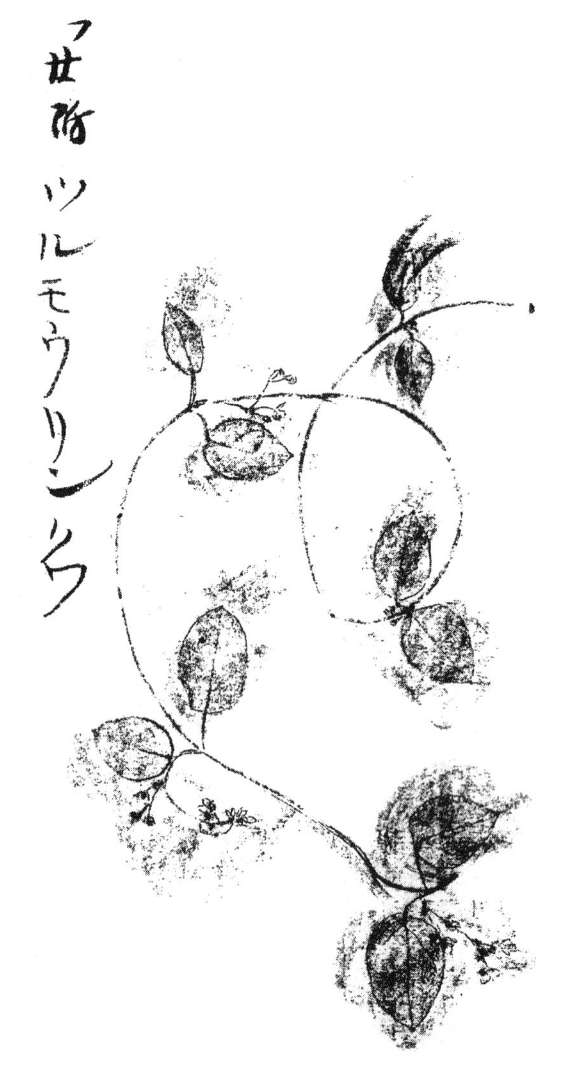

〇ツルモウリンクハ

ツルマツリ

白前一種

暖国ノ産ニシテ寒ニ至テ果葉蔓トモニ枯レズ葉厚ク光アリ

白露後葉間ニ花ヲ開ク白ク微花ノ如

トリキ店

[illegible]

乙廿 附

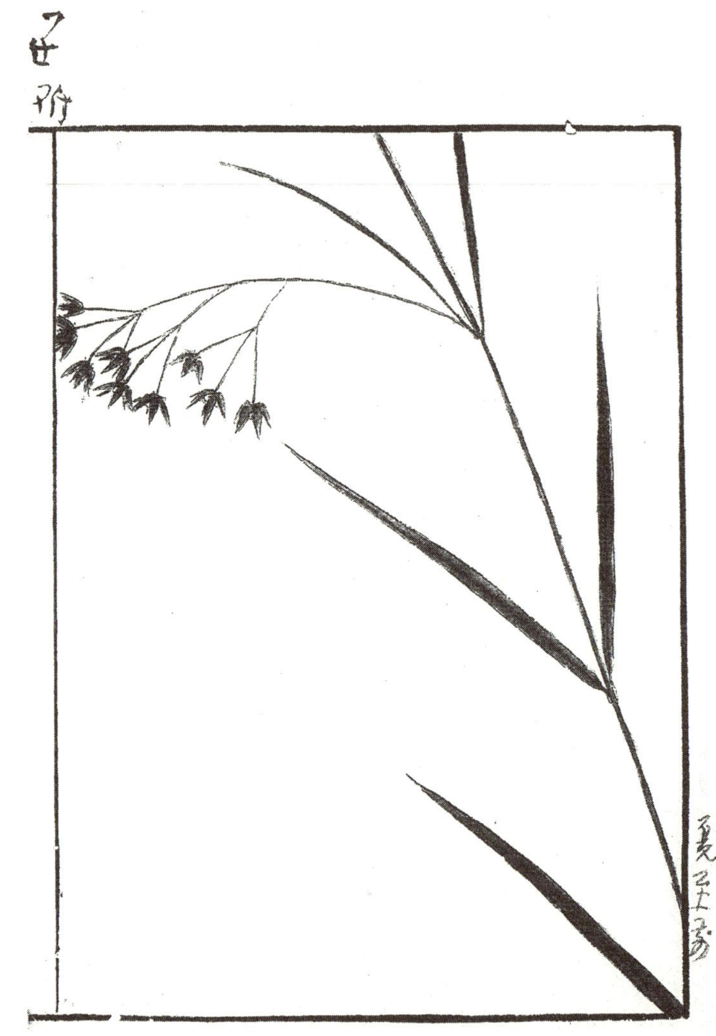

茉莉 蔓生

本草載茉莉蔓生其花皆夜開芬香可愛 登梅比常

茉莉其葉稍厚而有光澤其茎與芄蘭彷彿凌冬不枯

其根似細辛肥大 琉球土名蔓茉莉花

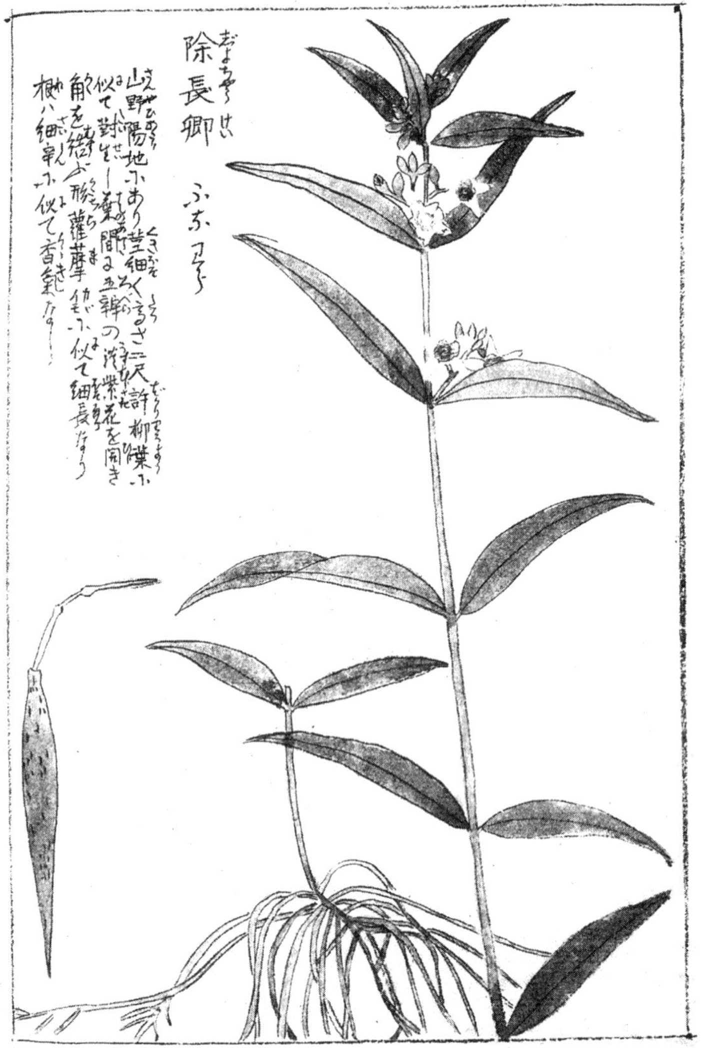
除長卿
山野陽地にあり茎細く高さ二尺許柳葉に似て対生し葉間に五弁の淡紫花を開き
節を繞ぐ形ち蘿藦仔に似て細長なり
根ハ細辛に似て香気あり

徐長

卿 和名類聚鈔 巻十 草木部

徐長卿　本草云徐長卿　和名比女加美

本草和名 苐七 草上　徐長卿　楊玄操音貞丙反　和名加美比女

鄭 本條　一名龍銜根　一名清陽 已上出范注方　一名鬼督

長卿 出釈薬性　和名比女加ゝ美　一名石下

醫心方　徐長卿　和名比女加ゝ美 又加ゝ毛

○按ニ徐長卿ハ今ノスヾサイコ、コフナバラ、カヾミサウ等ナリ、其他異名多シ

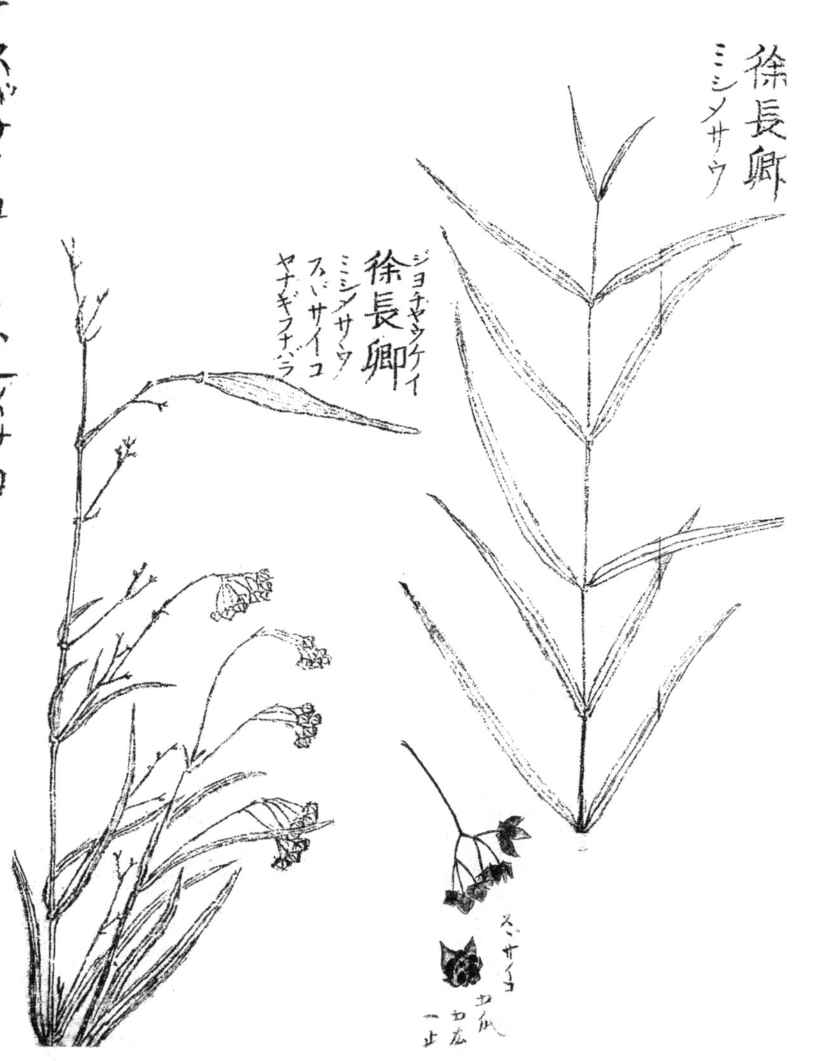

Pycnostelma chinense, Bunge

釋名　鬼督郵　別仙蹤　尖刀児苗　摩訶尊　清瑒

和名　ヤナギサイコ　リウヤウサイコ　リウヤウサイシ　スゞサイコ　ハマヤナギ

ヒメカゞミ　ハナワラ　アヒワケサウ

本草綱目巻之十三　恭曰葉似柳両葉相當有光澤根如細辛

微粗長黄色而有臊氣

三月舊ヨリ生ス一二茎ヲ生シ茎圓ニシテ淡緑細クシテ堅シ高サ一二尺葉ハ柳葉ニ似テ厚ク長サ二寸五分闊サ五分頭尖ル葉梗一分面緑色ニシテ光澤アリ背淺蒼緑色鋸歯及毛茸ナシ両葉ツヽ茎ニ相對スルコト八九層茎頭数枝ヲ分チ各小朶ヲ出シ五月枝頭ニ五瓣ウス緑色ニシテ黄色ヲ帯タル小花ヲ開ク花垂テ皆下垂ス　形千葉蜀

第十五章并

荒蘭の下保長卿を保チフナハラといふ義はしらね

保長卿舟ニ酔ふるを治する能ある也（フナハラと称する事ニ附

辺まの事ゆれ共先年ある医人物語なりしに本草綱目

保長卿の条考えしに和注車注船を治る功能あり。やう

覚えし三十年前の事なる記性なうす本草の考証

敬具

安藤吉泊殿

白石先生書ヲ拔

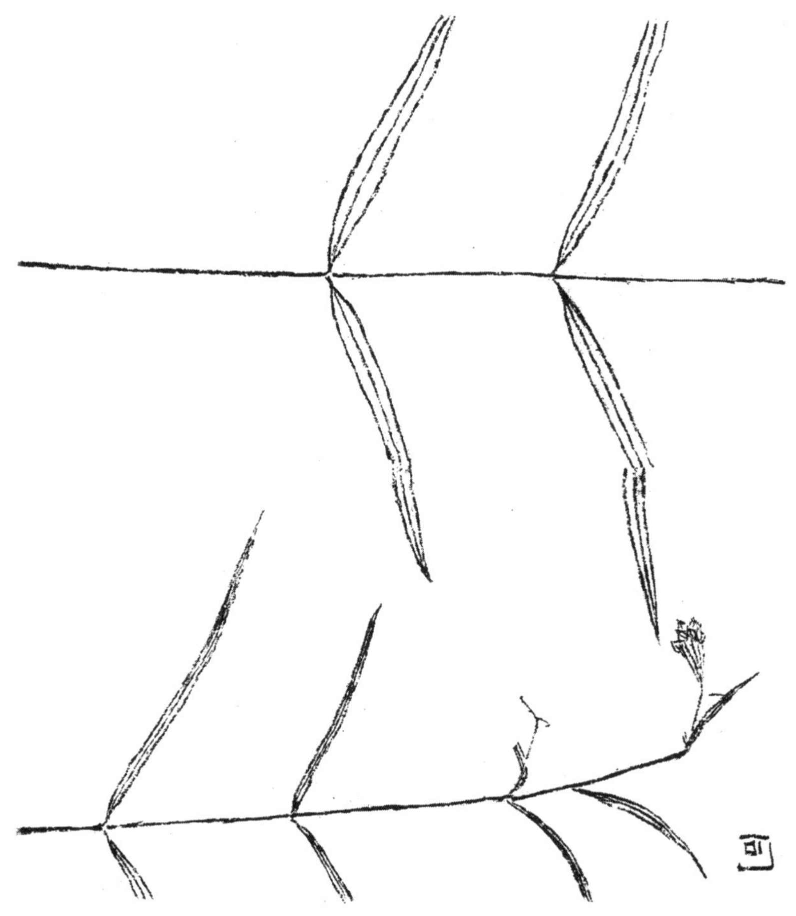

徐長卿
五月苗

①

(一)

アスクレピアス ヒンセトヽキシクム 羅「スワリウヱーヱル」蘭
毛莨 徐長卿ニ充ツ
書敷云アスセピアス ヒンセトキシクム 根ハ徐長卿ニ充ツ
オスレヤムプノ図大ニ異ニシテ白花或ハ白花白薇リサンチバナニテ
アルベシ ○圭按(参) 原図ハ徐長卿説誤ナリ「アスセピアス ヒンセトキシクム」ハ 白前ナリ 或白微 図ヲ按スルニ 「アスセピアス スリユイチコサ」ハ 徐長卿ナリ クサノチハナトスルモ合ナラズ
オスノ説

Asclepias Vincetoxicum.
Tegengift Regte Wrangt.
De VIe Classe.
Uit Linnaeus Nat. Hist. door Houttuyn. IIde Deel
VIIIe St. bl. 739.
Regte Wrangt met Eyronde bladen, om lang gebaard
Regt stengel en kruipende Kroontjes,
a. De Vrugtdeelen tekke.
b. De eenhuizige Vrugt Vrugtdeelige Bloem.

黍ノ實ニ類ス徑リ三分心ハ淡黄鬚蕊ハソノ四リニアリ粉極淡
黄花ノ後長角ヲ結フ形チ羅蔔角ニ似タリ中ニ實アリ細ノ芥ニ
實アリ又蘿蔔子ノ實ニ似タリ根ハ細辛ノ根ニ似タリ霜ノ後沽
枯ル

少花圖

ひめかゝみ

カゝモ
ハナワラ

動植名彙

本和上 廿三 徐長卿 比女加ゝ美 和 徐長卿 比女加ゝ美 医 加ゝ毛

和傳 徐長卿 比咩加ゝ毛 加ゝ美 又 波奈和良

c. de vijf kroonblaadjes in gesloten omgevende
d. de zelve uitgespannen
e. een groenachtig teeltjes, 't geen de vrugtwerk tuitje insluit.
f. een afgezonderde klier met
g. de van een staande meelknopjes.
h. de bloeme van de voorzijde.

Bloeitijd. in kommige gebergten van Europa groeit deze plant tot a drie voeten hoog en bloeit in july. de om laag gelaarde bladen zijn niet bij allen te vinden.

Pycnostelma chinensis (Bung.)
asclepiadeae.)
フナハラ、スヾサイコ、徐長卿
蘿藦科
和産
花开分二ノ開ニア
(前ニ此名ヲ附ス)
Oxystelma lineare dc.

フ廿附 Oxystelma スヾサイコ ニ Pycnostelma ~~Oxystelma~~ ニ改

フ九
徐長卿(ジヨチヤウケイ)
花分類
一名布姑淡竹
一名寿慶草

[illegible]

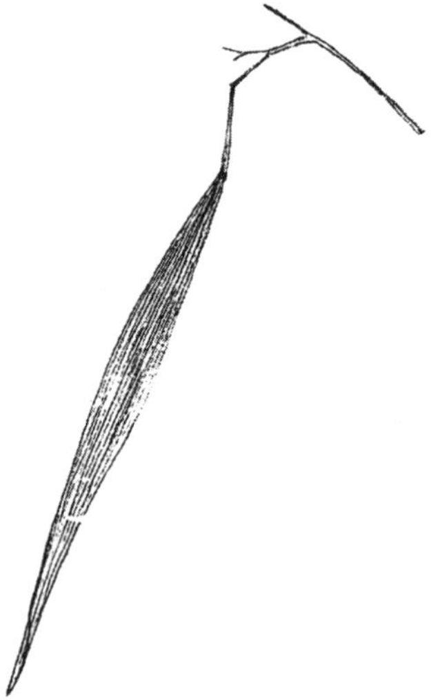

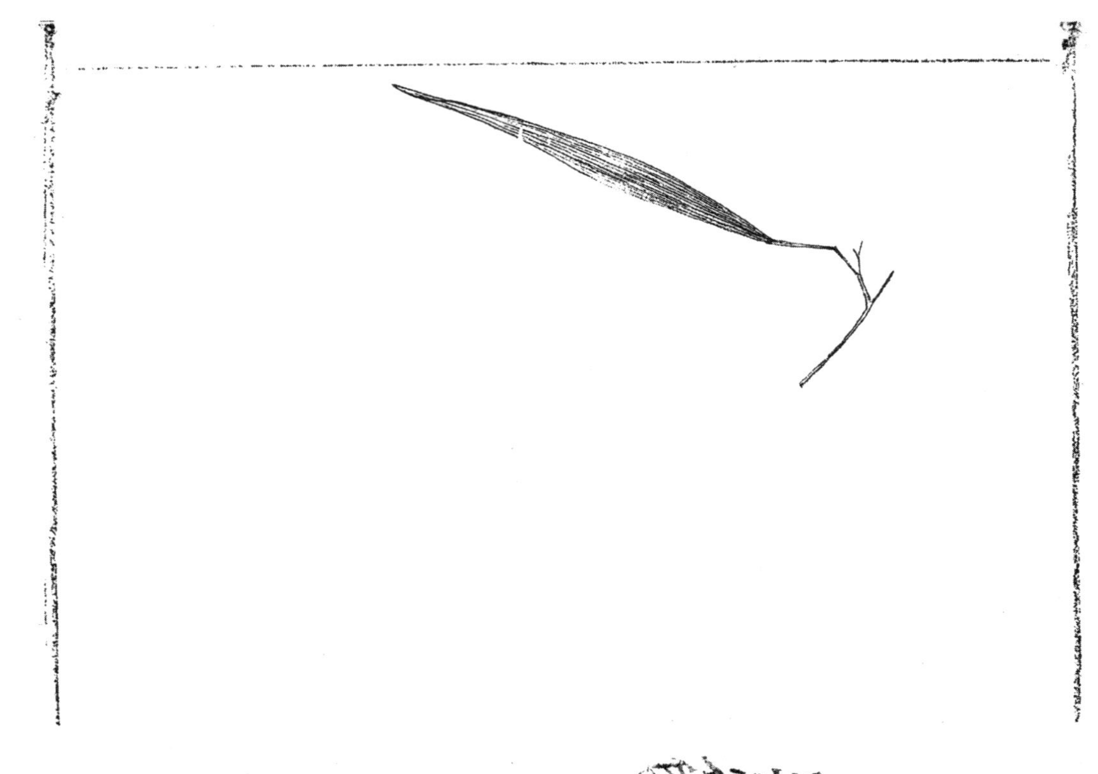

犬カ兒苗　即徐長卿ナリ

フナハラ　ヤナギザイコ　スヾサイコ

山野陽地ニ多シ春舊根ヨリ苗ヲ生ス茎堅細ニシテ高
サ一尺餘葉形瞿麥葉ニ似テ細長淡緑色两對ス夏
ニ至リ茎梢ニ枝ヲ分チ花ヲ開ク大サ三分許五瓣黄紫
色後角ヲ結フ長サ一寸餘圓長ニシテ尖アリ秋月熟
ス蘿藦（ガヾイモ）角ニ似テ小ナリ中ニ白絮アリ其本ニ小扁子ヲ
結フ根白色細長数十攢リ生シ細辛根ノ如シ乾ハ黄
白色牡丹皮ノ氣アリ

徐長卿　恭ノ説ハ細葉ノモノニシテ即スヾサイコヽ實ヲ越前ニテ
カラスノヒルズトニミロフツトニ物ヲツミタルガ如キ故ナリ

徐長卿 布委 和良 今ニ俗 誤為成 夫ト仙

○ミミシメサウ
スゞサイコ　ヤナギサイコ　リウヤウサイシン
コフナハラ　コナワラ　ハマヤナギ　佐ー
カグラサウ　ハナワラ　サバミ　白レンド同名
ヒメカゞミ　輔仁ー　カヽモ　医心方

徐長卿 [illegible]

徐長卿
山野向陽ノ地ニ多シ春旧根ヨリ苗ヲ生葉細ク堅ク高二三尺
葉細長メ瞿麦ニ似テ互両葉対生夏至後茎梢葉間ニ穂ヲ
生五弁紫花ヲ開白微花ノ如
余円長ク尖リ蘿藦ノ角ニ似テ小中ニ白絮アリ李ニ子アリ根細　後角ヲ結長寸
長数多攅リ乾セバ黄白色牡丹皮ノ気アリ

ミミシメサウ

徐モ卿
花三ヲ 徐モ口 蘭山花彙紫色
上州ノ方言由也之茎性陽地ニ生ス一本ニ三チ七く
アシワケソウト云 稲葉ヲ七十ノ太刀見苗ヲヒナリ一種
茎生ス香アリ山地陰地ニ生ス是ヲイヨカゾラノ細
葉ハトガシトモ云ナリ又古田氏曰 麦門冬ノ葉
ノ如ク石下長卿ニ云ルハ香アリ 入バ此葉ノ
葉ニ称アリ石下長卿ハ此葉ノ又サキルモノ近来
アシワケナトモ云アリ此葉ヲ引是スゞサイコノ葉
ノ廿稀 此云ジン 此葉ニ入用ニ又花色氏九アリ

ミミシノサウ　スヾサイコ　ヤナキサイコ
リウヤウサイシ　コフナワラ　フナワラ
ハヽヤナギ 佐州　カクラサウ　ハナワラ
カヾミ 白歛モカヾミト云名アリ　ヒメカヾミ 輔仁本草　加ヾ毛 醫心方

和蘭薬鏡　アスクレピアスヒミセトシキウム羅 スワリッウヱヲルトル蘭

徐長卿　犬カ見苗 救荒本草　摩何尊 卿薬本草

名義 鬼督郵 本経　別仙蹤 蘇頌　輔仁 龍銜根　清陽 已上范汪方
石下長卿 欽菜注

白微モフナワラト云故ニ此ヲ小フナワラト云テ分ツ又サイコハ花ノツボミ鈴ニ似タル故ナリ

山野向陽ノ地ニ多シ

春舊根ヨリ苗ヲ生ス茎細クシテ堅ク高サ二三尺葉細長クシテ瞿麥ニ似タリ緑色浅シ両葉相對ス夏茎梢ニ枝ヲ分テ多ク花ヲ開ク大サ三分許五瓣ニシテ苗ハ紫色後角ヲ結ブ長サ寸餘円長ニシテ尖リアリ秋熟シテ蘿藦ノ角ニ似テ小シ中ニ白絮アリ絮ノ本ニ小クシテ扁クキ子アリ根白クシテ細長ク数多攅リ生ス細辛ノ如シ乾セハ苗ハ白色トナリ牡丹皮ノ氣アリ

和蘭薬鏡　誠効 根ノ用苦辛香竄温煖衝動シ汗ヲ發シ小便ヲ利シ経閉ヲ通シ神経ヲ強壮シ腐敗ヲ遏止シ性功纈草ニ比イシテ又ココクスウヱルハノ如シ代用ス可シ○水腫喘息癇病及癎症脚病子宮病ヲ治シ蛇虫ヲ殺ス

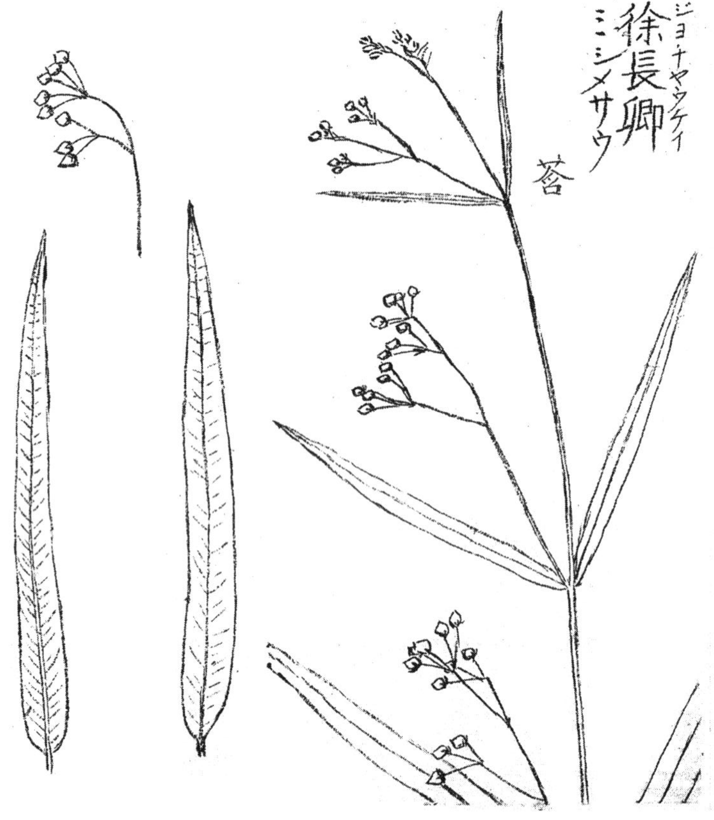

徐長卿

カグラサウ　ハナウラ

カヾミ

軸仁　龍衡根　清陽已上　蓖臣可　石下

長卿　秋葉他　和名比女加々美

惡心可　和名加々毛

廿一

綠豆
ブンドウ
花黄

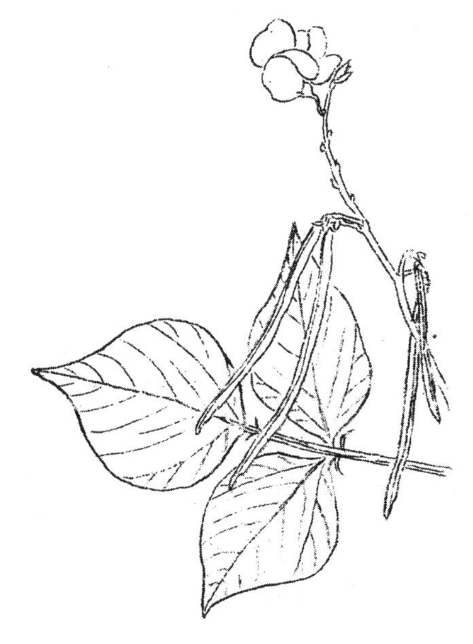

綠豆
ブンドウ
花黄
實青

此種類ニミニ品アリ
ブンドウアヅキト云
實赤小豆ノ如シ
赤ツルト云

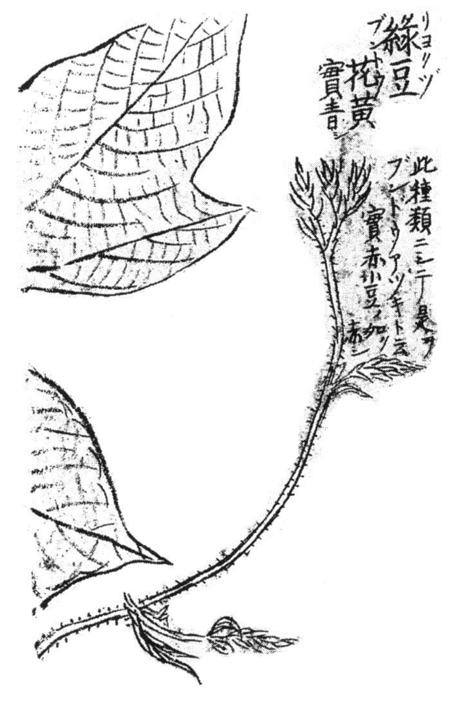

◯菉豆有官綠油綠摘
綠等種配米可作飯磨汁可作粉生芽可菜其食用甚溥

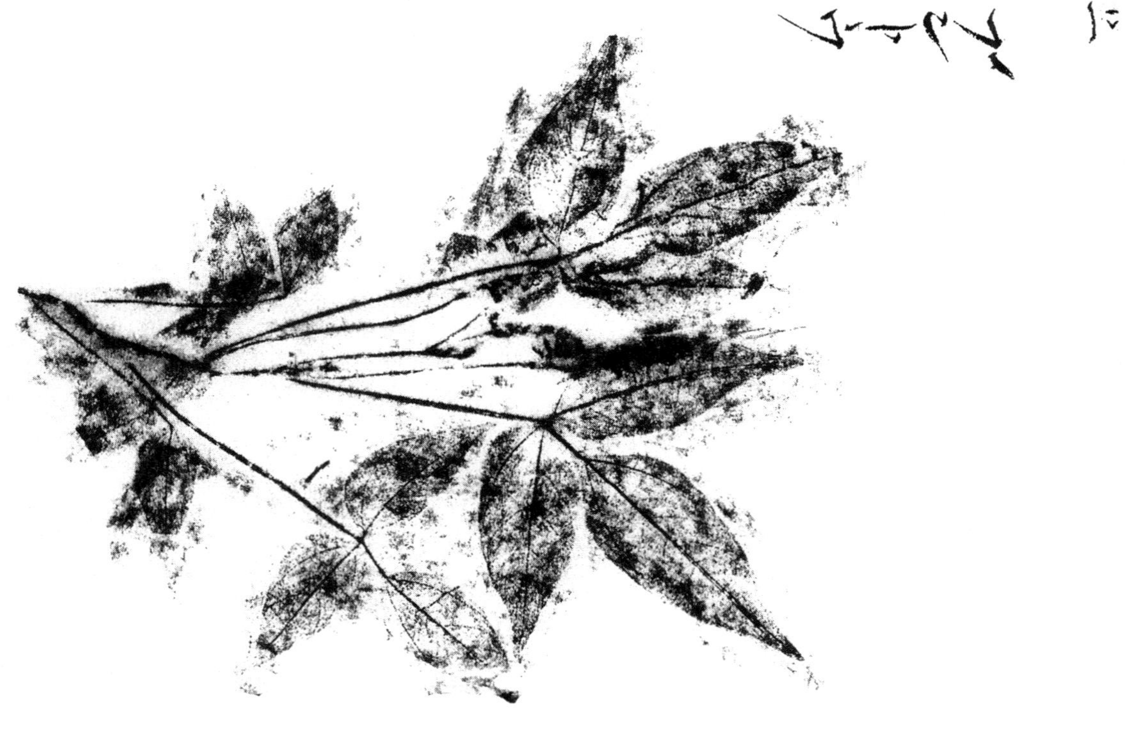

雜石

他ニゲンドウ、アヅキ、ゴマノ苗ヲ入ト見之

肥田法菉豆為上小豆胡麻次之皆以五月及六月概種之七月八月耕殺之春種穀則一畝收十石其力與蠶沙熟糞同矣　居家必備

ア廿一

識在杭田以菉豆撒炒投沸湯中傾之其色正緑香味亦不減新茗宿村中覓茗不得者可以此代余炒大麥為湯不獨香味不減茗又能消食過食鳥魚肉則必致發頭　詩本草　全

豆生用菉豆粉採和細切如線乾而貿之呉江者佳　蘇州物産志　十二

サ廿一

緑豆　十二村荘大川荘ニ植苗蔓莖ヲ引ク五六尺ニ至ル葉菉豆ニ同ノ微長ク尖レリ其豆細クメ米粒ノ如ク淡緑色ニシテ黄ヲ帯　和州吉野郡中物産志　下

緑豆

布牟登宇京也　患奈里東関　安於安豆支水戸　[illegible]

久慈多珂處々種之他處亦有之春月下種苗葉比赤小豆形相似而稍瘦細以三葉對生葉間開小黄花花謝結小莢其豆比小豆亦稍小而色深緑者也亦有帯黄色者亦油色者

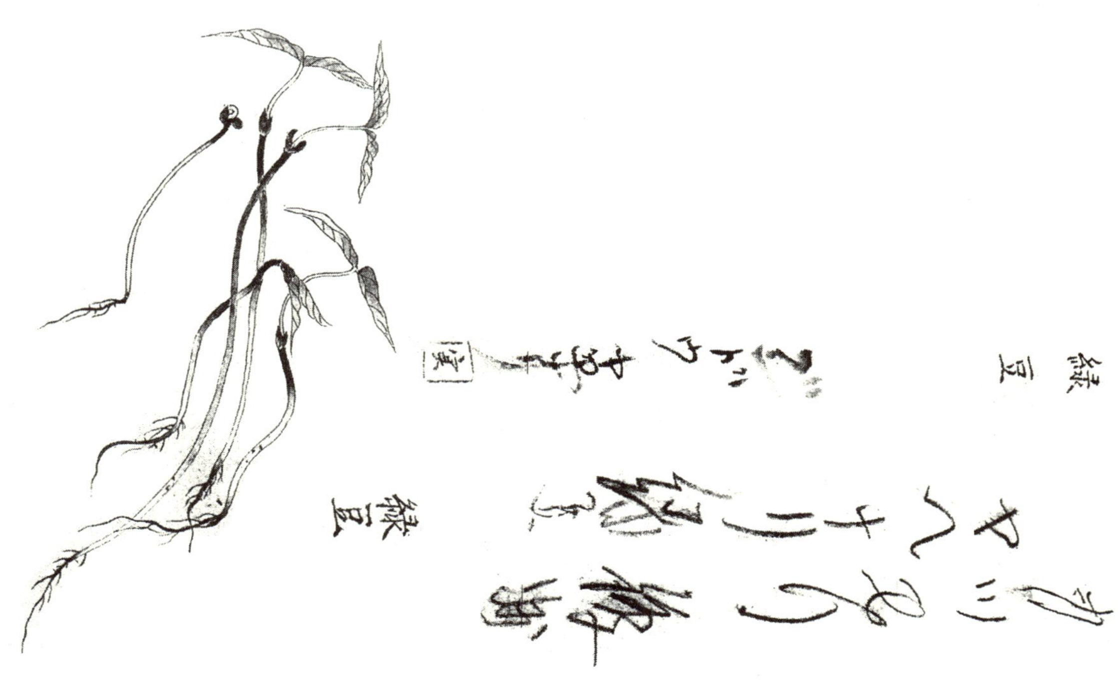

菉豆粉

和名マメノコ日本ニテハ豆粉ヲ用中土ハ緑豆
ヲ用郢州府志云餅子饆饠等皆轉菉豆粉者呼曰
捘兒雪即日本マメノコ[illegible]イニテ團子ヲ轉スル
モノ捘兒雪トス雪コガシト日本ニ云カ如シ又
曰菉拌

廣大和本草 二

[illegible]稿

緑豆

カツモリ 越後

ヤヘナリ 紀州

緑豆

ブンドウ [illegible]

実

廿七

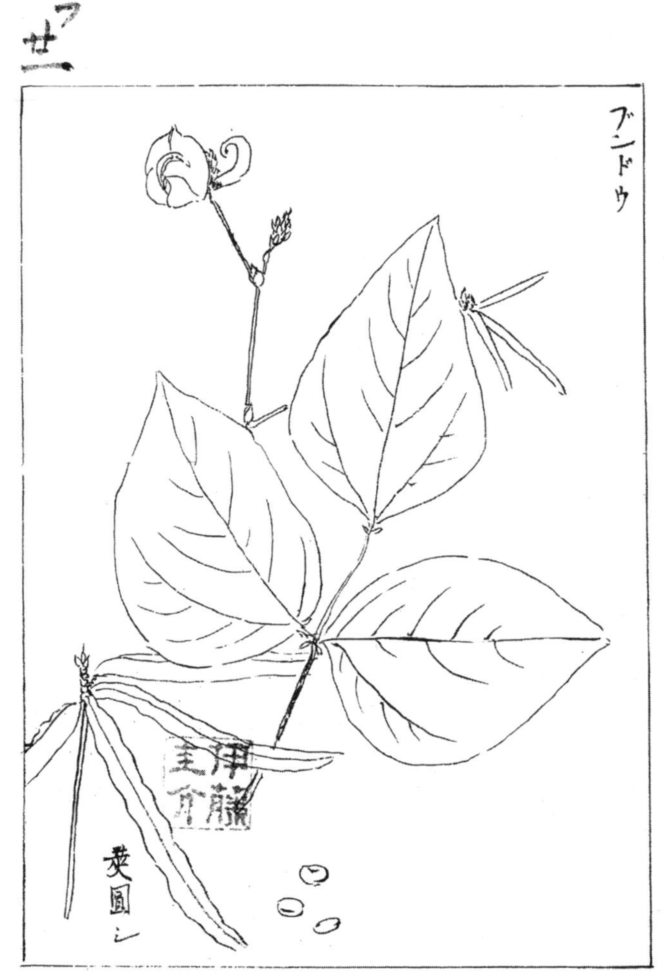

ブンドウ
マサメ 筑前
バコロシ 同
トウゴ 遠州
アヅキブンドウ 藝州

ヤヱナリ 東国江戸　トウロク 同
サナリ 備前　バドコロシ 同
ブドウ 同　カツモリ 勢州
アヲアヅキ 河州　ナタナリ 薩州

緑豆
安豆 外科正宗　水寒豆 外科大成　小寒豆 同上

苗ハ赤小豆ニ似テ小ク莢モ亦相似テ小ク粒モ亦小ナリ

○官緑 一名 明緑 事物異名 正緑色ナルモノ

○油緑 一名 灰緑 事物異名 緑色ニメ褐ヲ帯フモノ共夏ヨリ

廿一

秋ニテ断ヘズ実ノル又早ク種ヲミノリタルヲ再ビ種エレバ其秋
又実ノリ一年ニ二度実ノル故ヤエナリト云 集解ニ早種ル者呼テ為
摘緑トモハツミブンドウナリ 摘緑一名摘角緑 授時通考 遅種呼テ
為抜緑トモハヒキブンドウナリ一名抜角緑 授時通考 此粉ヲ
為菜用 緑豆粉トモ云青登ニ真粉トモハ真ノ緑豆粉ノ略ナリ一名
豆粉 事物異名 解蔽白上

○緑豆ヲ長崎ニ多ク作リ泥粉トス長崎ヨリ渡ルコトあ

○大和ちちなと云和俗云緑豆ト葛粉ト同食スレハ腹ハリテ死スト

○モヤシヲ豆芽菜トシテ食用ニス

○大小長短粉形アリ形円ニテ山椒ホドアリ故ニ山椒ニメトあ
粉ニメモチニツケテノヨレ故ニ粉豆(ブンドウ)ト云説アリ
年ニ二度実ノル故ヤエナリト云 至粒ニテノ小サキ故ニ南京アンドウ

トモ 莢立テ生ズル故ニタケアヅキトあ

○藏疽初発一二日毒攻心 菉豆粉乳香甘草煎湯ニテ下ス
○小便閉 菉豆ノ末
○酒ニ不酔 菉豆 小豆 葛粉 日 寿多末 湯水ニ服
○衄血 菉豆細末
○痘ノヨリノ出来タルニ 菉豆末付ル
○湯火傷 菉豆粉 焼 蕉香油調敷

緑豆
菜用食用ニスルヿ多シ方書ニ真豆ト云
赤小豆ヨリ小サク緑色又茶色ヲ帯ブ唐テ粉ヲ

ノ北一

○緑豆芽 留青采珍
棟緑豆水浸二宿候漲以新水淘控乾用蘆席灑
濕襯地攤豆於上以混草薦覆之其芽自長

豆芽菜

緑豆を洗ひ水に浸し一夜程水に豆よく退たる時
奇麗なる地にあけ水を濯き湿したる紙を一重かけ豆をころけ
とき器を以て覆ひ一日に一夜程水を濯きかけ芽
出る事一寸位なる時水の中にて皮を去りて用ゆ赤
小豆にてもよろし

緑豆　ヤエナリ　ブンドウ　ロクドウ　マサメ　西國　白メ　アヲミヲヲ
ブ　アヅキヨリ少シチイサシ　粉ニシ
タノヲ菜用ニスル　眞粉　方書　眞豆粉
同上　豆粉　事物異名　菉粉　同上
上　解菽　同

緑豆　ぶんどう○東國にて○やへなりともよび又○そうろくともよぶ畿内にて○ぶんごうごふをにて○さうごうと云備前にて○さるうとも伊勢にて○かつもゝと云尾張にて云ぶんどうあづき又十六ささげなどといふ別種之

豆芽　ぶんどう又赤小豆水にひたし少しめの出たるを紀桶の底にひろげ其上に豆をまき又わらを並豆と並べへんも右の通りにして暖なる所に並毎日米の洗ひ汁をかけ芽三四寸になりて用ゆ桶の底にい穴をあけ置べし

卓子式

菉豆　緑豆　今ノ菜ニ布　釦登字也　借邪利

性寒能解暑毒可以作粉解酒　小浸罨芽蔬中佳

廿一

緑豆（やゑなり） 菉豆同 みどり色なる故名く 夏より秋まで
頻りに遂て実なる 又よく枝して よく実りたるを 蔓は
早秋又実る 一年の内 二度実る 故にやゑなりと云
餅ニ入 又切ル 多し

菉豆 有官緑油緑摘緑等種配米可作飯磨汁可作粉生芽可作菜其食用甚溥 畿輔通志

アメリカアヅキ
（隠元豆） 百姓ら 鶏ニドウ鳥 時 宜 蒔
故ニ多く作 就く ヨシ テキルにて
信州ノ 生ニ 數多ク ある也

菉豆

農政全書曰粒大而色鮮者為官緑皮薄粉多し粒細而色深者為油緑皮厚粉少又曰粥トし飯トし炙トス或磨テ粉トし麪トし其味甘而不レ熱乃済世之良穀也又浸水ヒタシモノヘ出ルソ食ス味ヨシ　月令廣義曰麻ニシカリオハリテ其アトニウフヘシ　種樹書云菉豆　瘠地ニ宜シ四月ニ種テ六月ニ收ム子再種テ八月ニ收ム時珍曰三四月ニ下レ種豆粥豆飯豆酒トナスヘしロ肥地ニアシク一年ニ二度ミノル或曰再ウフルニ宜しカラス一タヒウヘテ二度ミノルモノナリ二度子ヲトルヘし性寒ニシテ熱毒ヲケシ小便ヲ利ス小便しケキ人ヘクラフヘカラス粉ハ夏月水綿トス

諸菜譜　下

成形

文豆(ブンダウ)　本菉豆ヨリ字音ニ轉シリ

二成豆(フタナリマメ)

早成豆(サナリ)　大和風土記 緑豆即是なり

真小豆(マアヅキ)　八重ナリ　江戸方言

加通毛利　米ハ麻米を省きたり

猿豆(サル)　蒂の宛ら猿の面の斑文(マダラ)あり

般若り

蘭名カテイアンボーン

然モノ一年に両度実を収るゆへに二成と称す八重成とも夏秋両度実成るを以て名けたり皮実ともに深くとりその根葉ー名りねを延ば莢(サヤ)齋子(ミ)黴(カビ)して用ひ中也此ものの即小豆の実まさて文種の子焼ありその巨細(フトキホソキ)有り色の濃淡有り緑豆の方言一ありじ今漢名の下に採く食する所あり

二成粉（ニタリコ）　さくはるし　通名　小屑粉とも云　凡粉屑（コナクヅ）の細なるものをいふ
緑豆粉　赤粉　赤（真）豆粉
以上方言
豆粉　解菽　菉粉
以上事物異名

白（アラ）粉ハ脂垢を触去り首粉に代用す
唐音　緑豆（リウタウ）餠（ヘヒ）と云
麪粉（メンヨウ）ハ餛飩餡とす　炒粉（イリコ）ハ餅の衣（アン）とし
緑豆麪ハ緑香を製るがとし　緑節を糫（キル）出しうや
助無手交へ食ふ味最良し　長崎の唐人館にて毎す
閑ふものん
天工開物云
フタナリモヤシ　菉豆芽

フセ一

本文註ニ明緑トアリ　遊山ハ霜云
一名ニ出ヒ氏緑ノ字
ノ語筆者ノ書日チ
違哉

つ九　緑豆　和名　ヤエナリ　江戸　フントウ　アラアヅキ　河州　マサメ　トウロク　東国　フタナリ　薩州　サナリ
備前　ハコロシ　日上　トウコ　遠州　カツモリ　勢州
漢名　一名　青豆　附方
蘭山云　菌ハ赤小豆ニ似テ小ク莢モ又相似テ小ク粒モ亦小也　正緑色ナルハ官緑也　一名明緑　事物異名　緑豆
ヲ褐ヲ帯ル者ハ油緑也　一名灰緑　事物異名　共ニ夏ヨリ秋マテ断ヘズ実ノル　又早キ種テミノリタルヲ再ヒ
種ユレハ其秋又実リ一年ニ二度実ル故ニヤヘナリト云　集解ニ早種者呼為摘緑ト云ハツミブンドウ也
遅種呼為拔緑ト云ハヒキブントウ也　此粉ヲ薬用トス　緑豆粉ト云　方書ニ真粉ト云ハ真ノ緑豆粉ノ事也
一名豆粉　事物異名　解菽　日上　本草十六ノ二十一ヲ見ヨ

コメブンドウ　ウジブンドウ　ウジアヅキ
カニノメ　ツルアヅキ　センラウアヅキミノ
ヘイハタアヅキ　数種

蟹目　長崎五芳

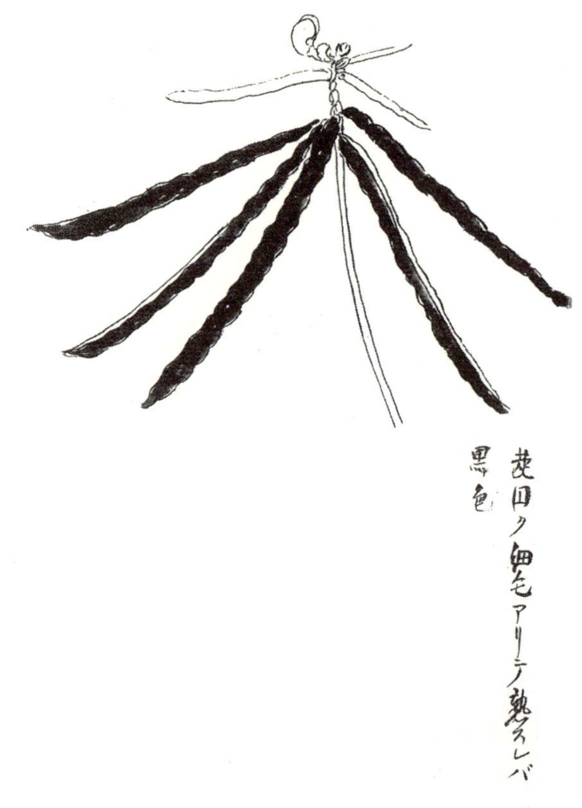

莢白ク細毛アリテ熟スレバ
黒色

ぶんどう 緑豆也文豆の義東国にいふなりろく遠州にといふ
備前にてやろう伊勢にてめぐりともいふ 和訓栞中編巻二十二

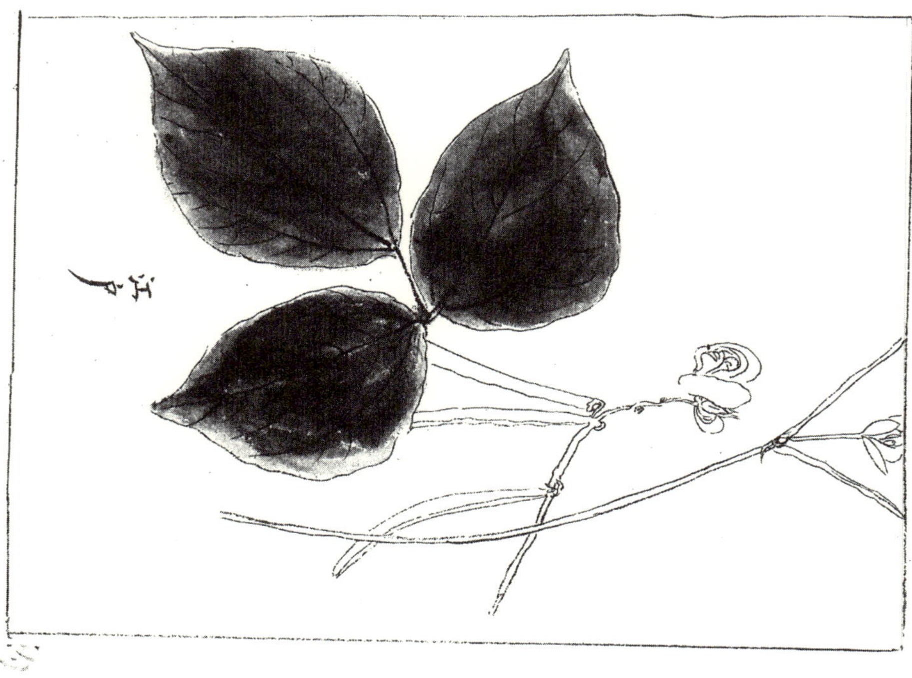

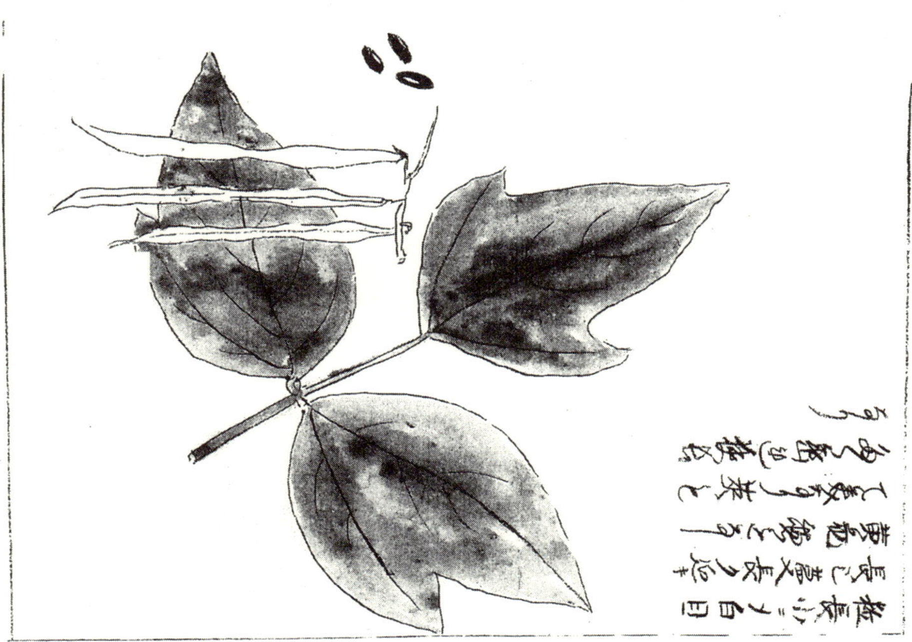

ブンドウ

用トス

緑豆

苗赤小豆ニ似テ小ク莢モ又相似テ小ク種モ赤小ヤ夏ヨリ秋マデ
断ヘス実ノル又早ク種ノミノリ了ルヲ再ビ種レハ其秋又実ノリ
一年二三度実ノル故ニヤヱナリト云　集解ニ早種者呼為摘緑
ト云ハツミブンドウナリ遅種呼為拔緑ト云ハヒキブンドウナリ此称ヲ[illegible]

○ブンドウノ　ヤエナリ　トヒヒク
マサメ 筑前　サナリ 備前　ババコロシ ハ
バコロシ ハ　ブドウ　カツモリ 勢ー
トウゴ 土佐ー　アヲアヅキ 河ー　フタナリ サツマ
アヅキブンドウ ゲイー　タケアヅキ 英彦故　サンセウマメ
カイラアンボラン

緑豆
ブンドウ　ニサメ 河内　星[illegible]
フタナリ 薩摩　トウロク 肥前
サナリ 備前　バコロモハ　ブドウ 遠江
カヅモリ 加賀
(集) 摘緑 ツミブンドウ　ワセー
拔緑 ヒキブンドウ　ランテー
官緑 [illegible]
油緑 [illegible]
又ロブラ [illegible]　鶺鴒斑 [illegible]
粉[illegible]　上[illegible]　[illegible]
緑豆粉 [illegible]　真豆粉 [illegible]
豆粉 [illegible]　解[illegible]
モヤシ　豆[illegible]　[illegible]
△
明緑 [illegible]　灰緑 [illegible]

緑豆粉　緑豆ヲ長崎ニ多ツクリ洗粉トス長サキアラヒラト云
大和本草ニ緑豆ト蕨粉同食スレバハラハリテ死
モヤシヲ豆芽菜ト云
湯火傷ーー粉焦炒香油調敷　衂血ーー末　小便閉ーー末
正緑色ナルモノヲ官緑ト云　緑色ニシテ褐ヲ帯モノヲ油緑ト云

菉粉　菉豆粉也　鋪薑爲羨

碾破緑珠撒成銀縷熱蠲金石清徹肺腑

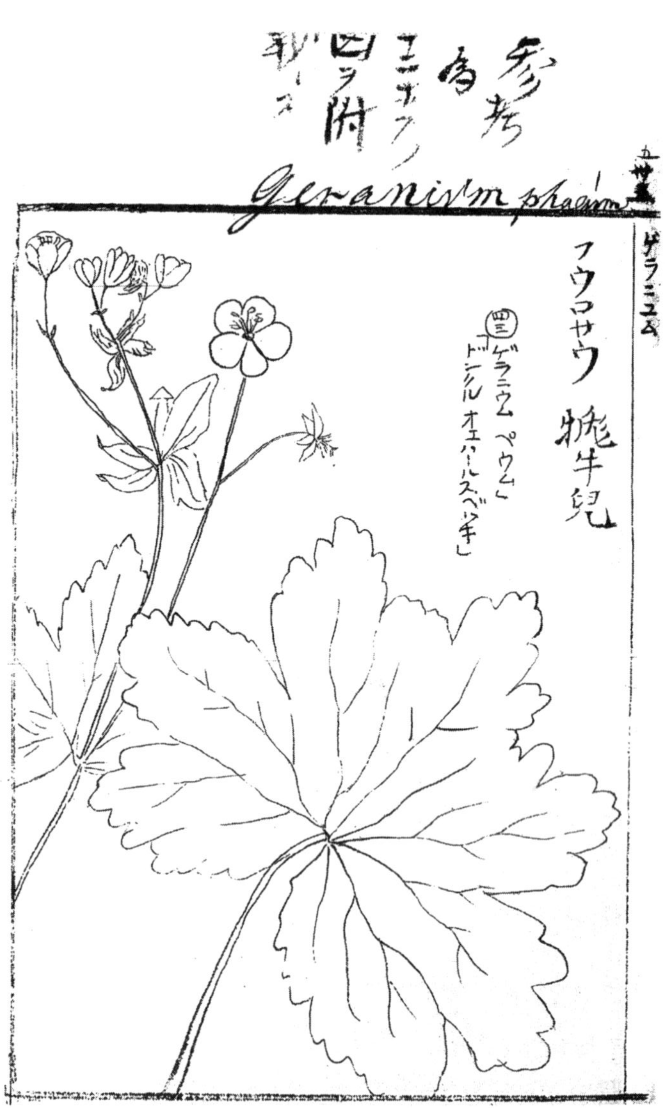

風露草（フウロサウ） 花名集

品字花梅花の如く花の色淡紫にて五月末に咲
葉の形柳のごとく紅葉の如くやゝ細くして花ハ多く
新付風露草の草ナリこの名多く実し
葉ハ大きく雅しき花の風露ハ素和せ細きもの多く茶
花も多くけり

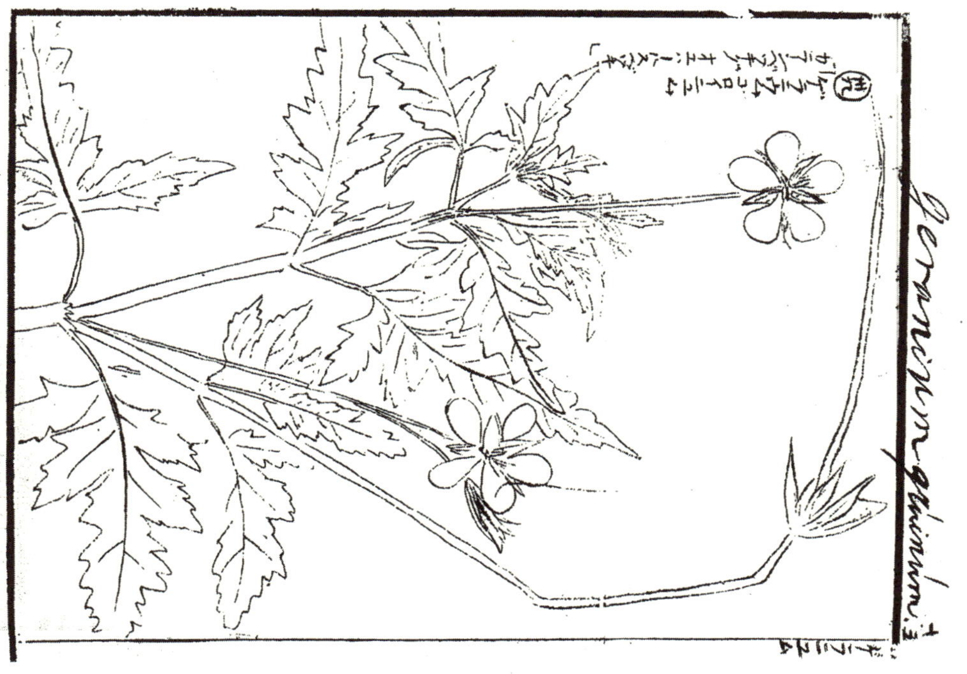

Geranium
hemerocallis triste
七 三十九
ヘメロカルリス
㊉世
ゲラニウム チリステ」
「ドルーヒゲオエハールスベ子」

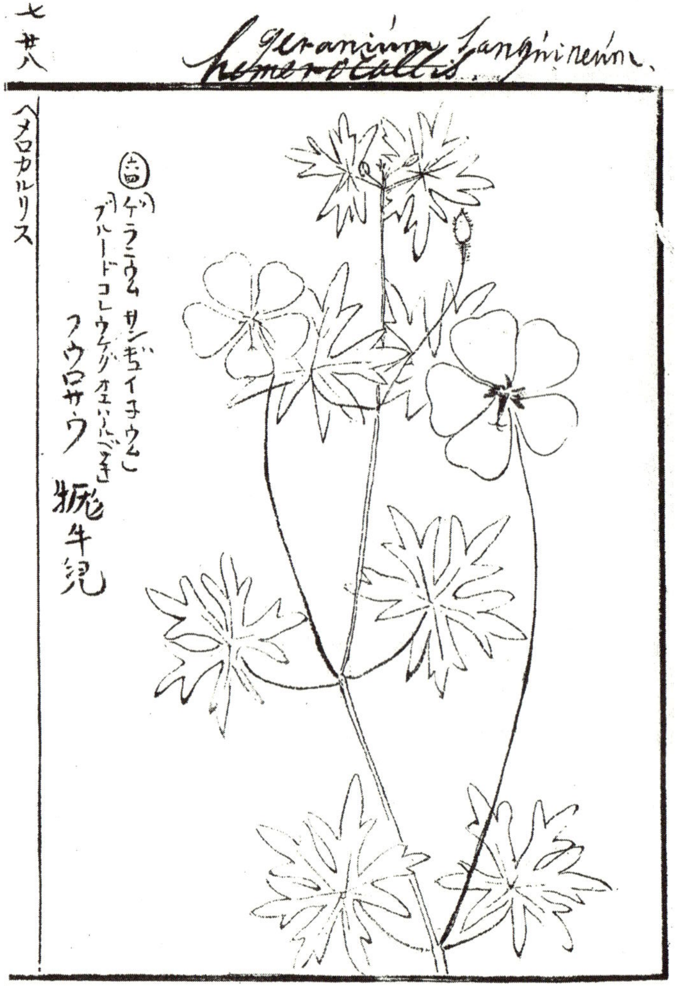
Geranium sanguineum.
hemerocallis.
七 廿八
ヘメロカルリス
ゲラニウム サンギユイ子ウム」
「ブルードコレウテゲオエハールスベ子」
フウロサウ
牻牛児

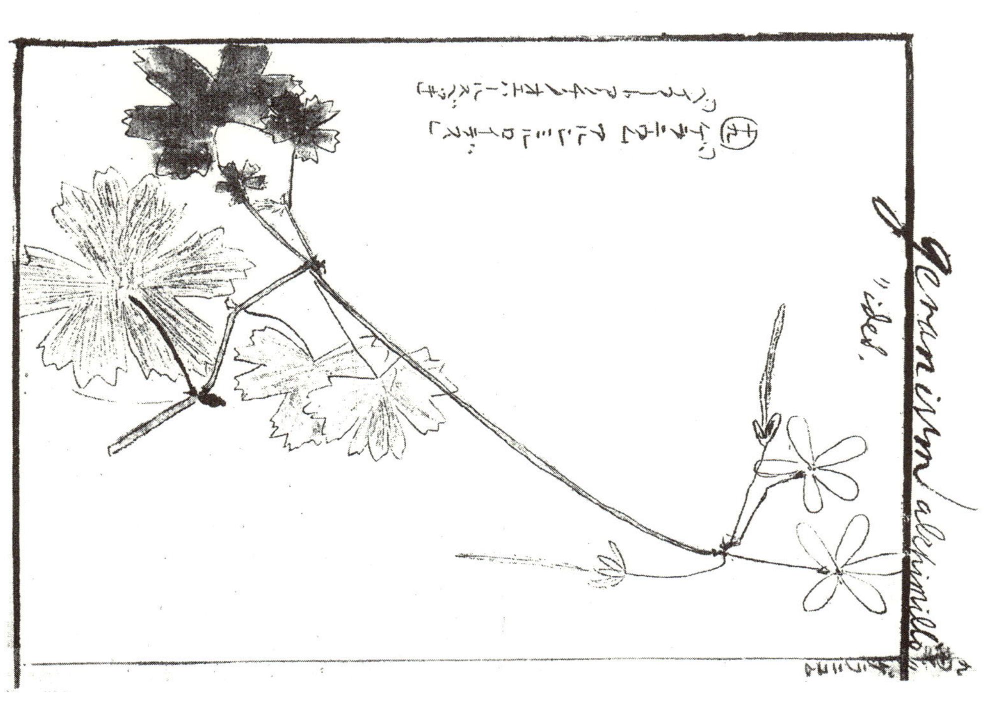

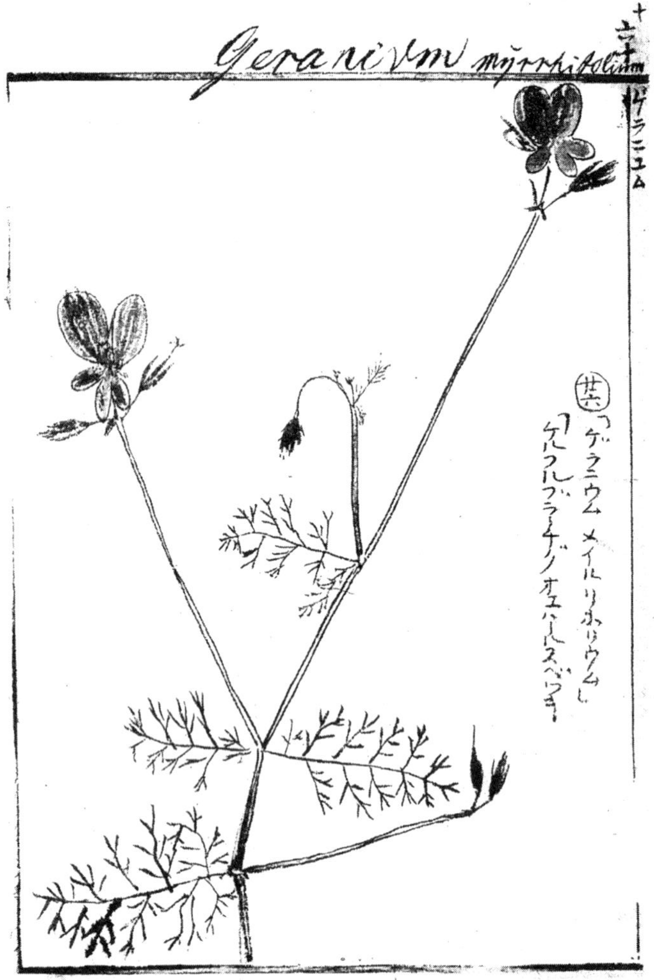
Geranium myrrhifolium
ゲラニユム
ゲラニウム メイルリホリウム

Geranium moschatum. L

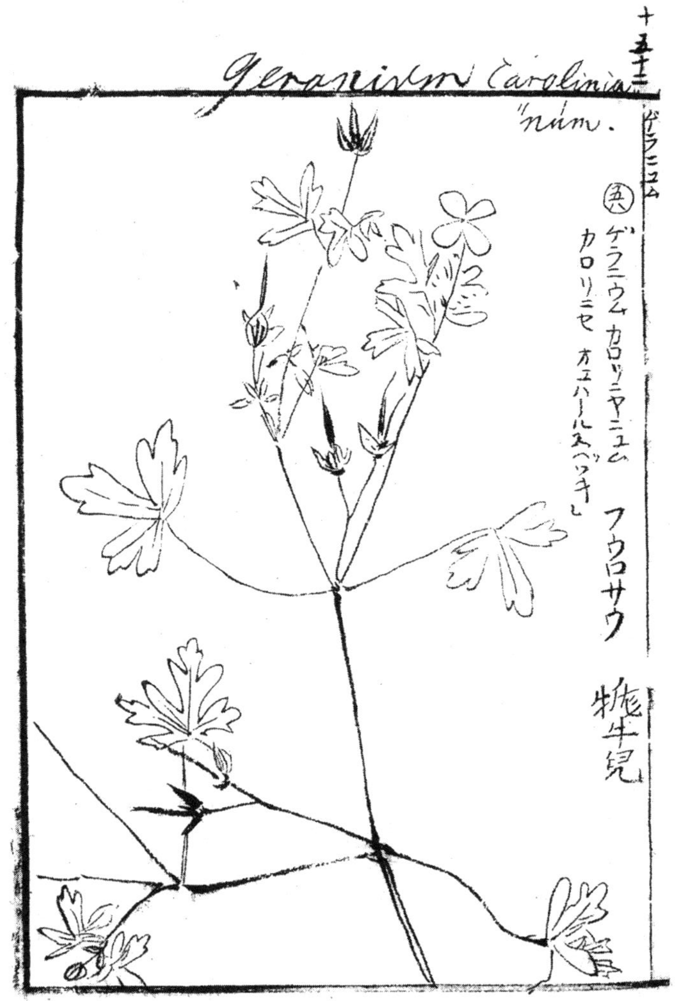
Geranium Carolinianum
ゲラニユム
ゲラニウム カロリニヤニユム
フウロサウ
牻牛兒

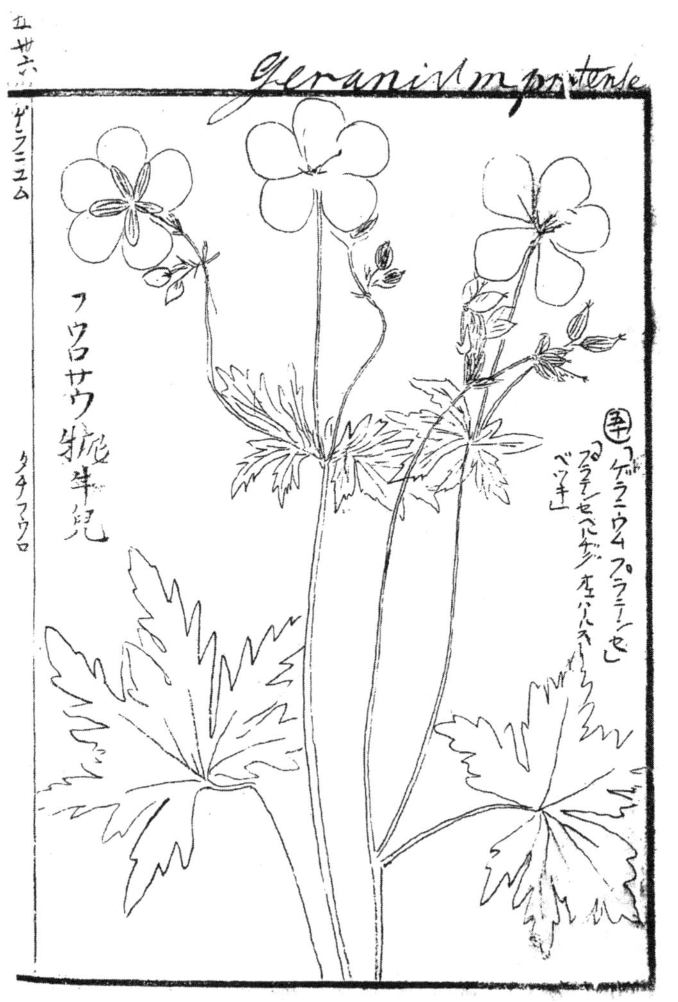
Geranium pratense
ゲラニユム
フウロサウ 牻牛兒
タチフウロ
ゲラニウム プラテンセ

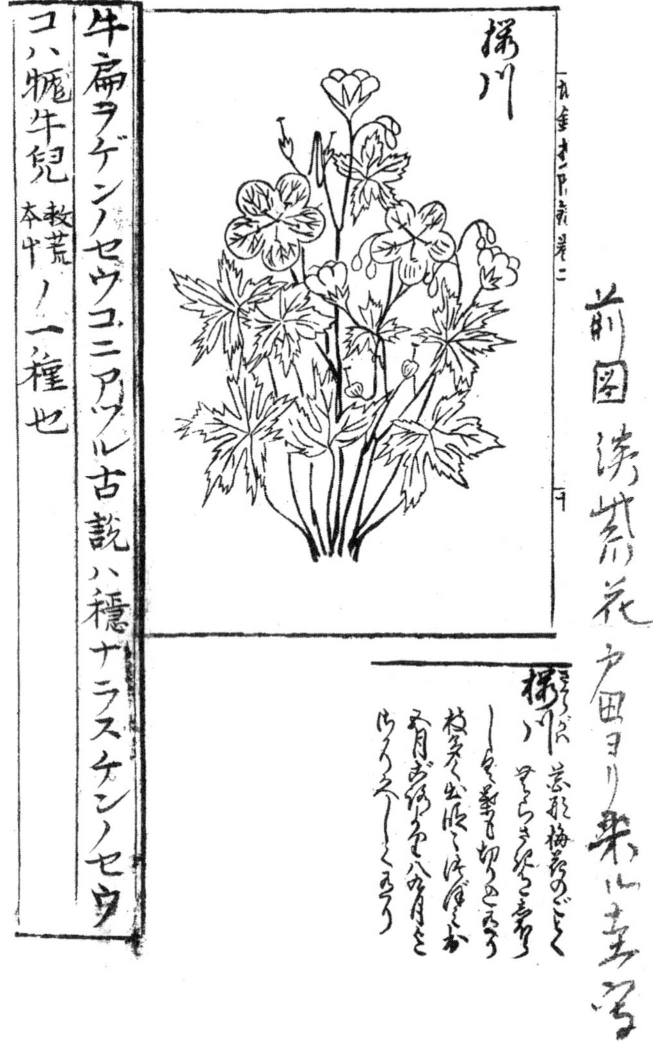
牛扁ヲゲンノセウコニアツル古説ハ穏ナラズゲンノセウ
コハ牻牛兒 救荒本草ノ一種也
採川
前図浅紫花戸田ヨリ来ル写

ゲラニウム
geranium robertianum. l.
(roode ojevaarsbek)

牛扁

和名類聚鈔 巻二十 草木部 、、、、

牛扁 蘇敬注云 牛扁 甫典反 知末知久佐 和名太 治牛病 故

名牛扁也

本草和名 草下 巻十一 牛扁 仁諝 音甫典反 蘇敬注云 治牛病 故名牛扁 已上二名 出蘇敬注 和名太知 末知

一名 扁時 一名 扁毒

久佐

醫心方 一 牛扁 和名太知 末知久佐

類聚名義抄 牛扁 タチマチグサ

○按ニ牛扁ハ古説タチマチグサニ充

ツ然レ𪜈先輩ノ説ニハ此説非ニシテ

和名俗人草ナリ タチマチノサ[illegible]

[illegible]ハ、ホツケサウ、等 諸国方言多シ

ソノ痢病ニ効アルヲ以テタチマチグサ

又ゲンノシヤウコト呼ブ 漢名 鬪牛兒苗

一名 牻牛兒苗ナリ

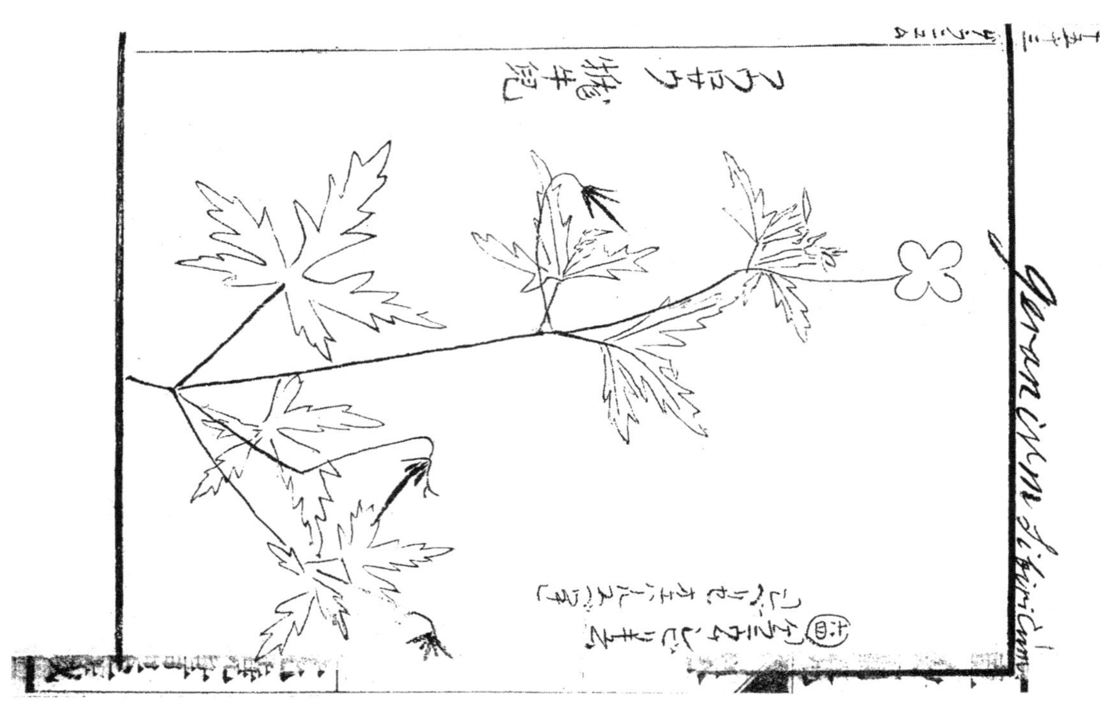

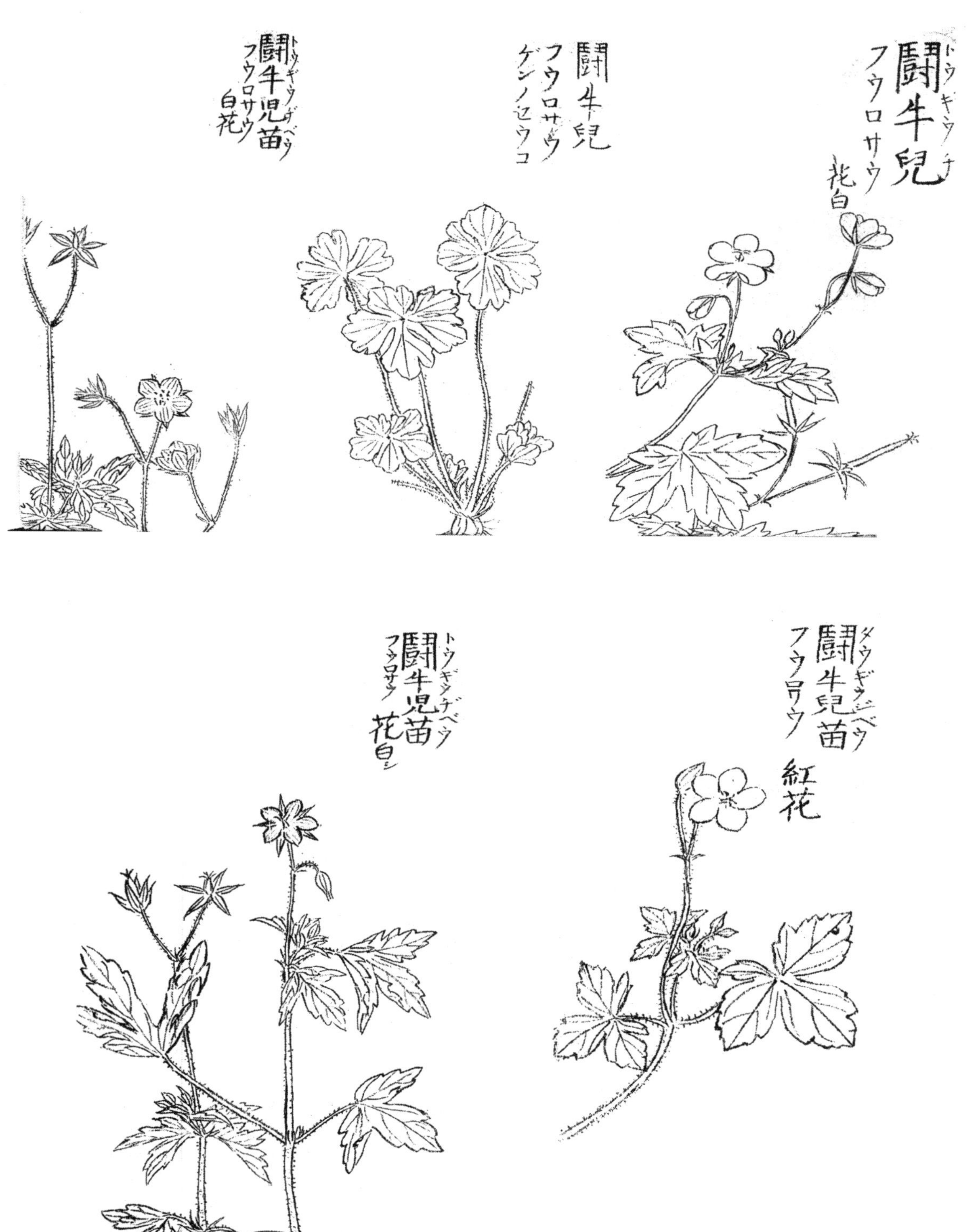
闘牛兒
トウギウチ
フウロサウ
花白
闘牛兒
フウロサウ
ゲンノシヨウコ
闘牛兒苗
トウギウヂベウ
フウロサウ
白花
闘牛兒苗
タウギウジベウ
フウロウ
紅花
闘牛兒苗
トウギウヂベウ
フウロサウ
花白シ

廿二

牛扁　ゲンノシヤウコラ云漢名鬭牛兒トスヘシ葉ハ居
齒アサミ尖リナシ葉両対茎長ク地ニ布ク花円クサキ
ニ尖リナシ紫色或ハ白色薄紫アリ
大和ノ人金弥

鬭牛兒苗（トウギウジベウ）
フウロサウ
ゲンノシヤウコ

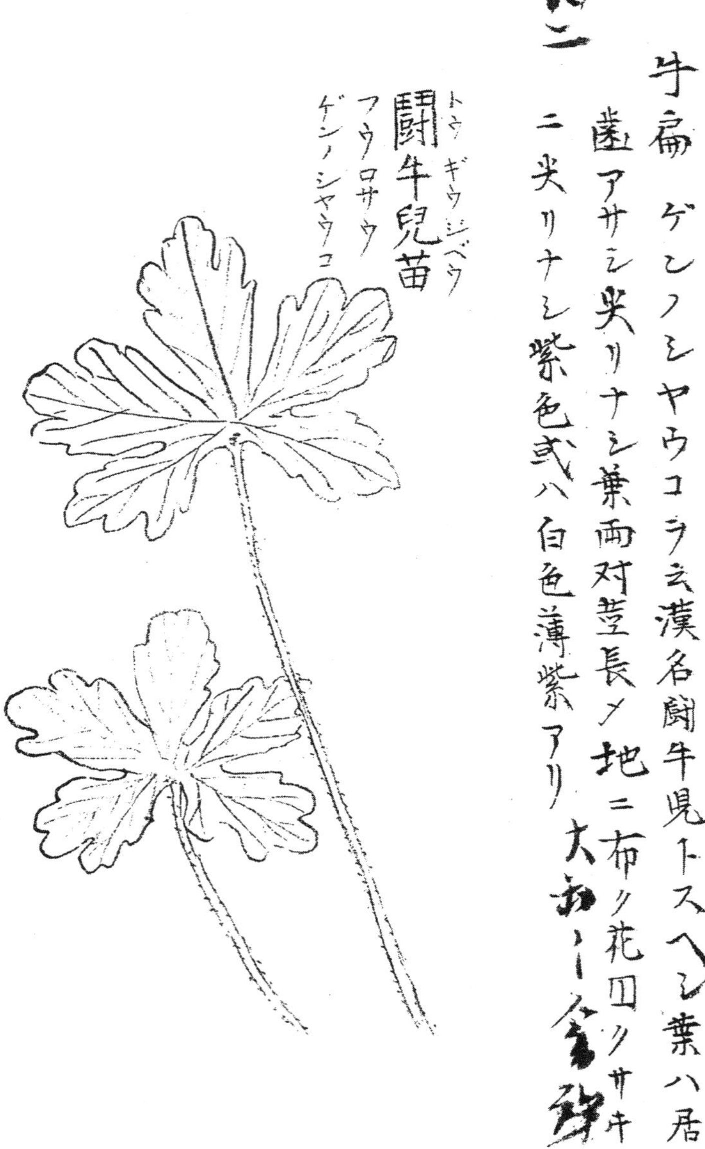

牻牛兒苗

ゲンノシヨウコ　ホツケバナ　ミコシグサ

田野路傍ニ多シ冬枯レズ葉形毛茛葉ニ似テ大サ一寸許五岐ニシテ鋸歯アリ葉面紫黒斑點ヲ生スルアリ兩々對生シ夏月葉間ニ淡紅花ヲ開ク形梅花ノ如シテ小ナリ又濃紫色白色者アリ倶ニ微毛アリ花謝シテ莢ヲ生ス熟シテ莢五ツニ竪ニ裂シ分レテ上ニ巻ク形神輿ノ蕨手ノ如シ故ニミコシグサト云此草莖葉ヲ採リ陰乾シテ痢疾ニ用ユ奇薬トス故ニ限ニシヨウコアルユヱ限ノシヨウコト云香川家痢疾ノ奇方一味丸ト云者是ナリ

ニアリ故ニ郡内フウロト云草形大ニシテ花モ赤大ナリ紅白或ハ斑紋ノ者アリ至テ美ナリ即牛扁一種ナリ

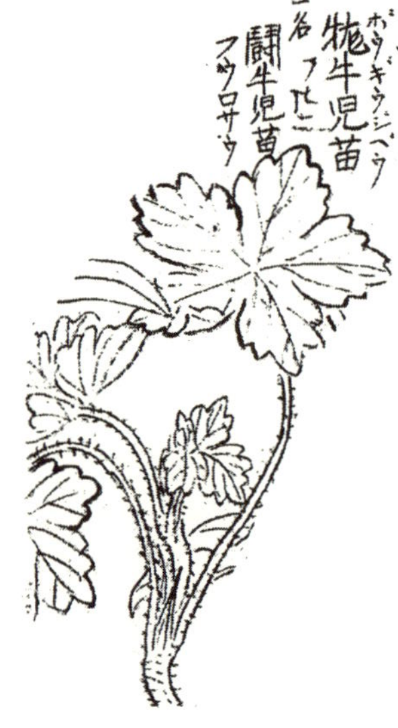

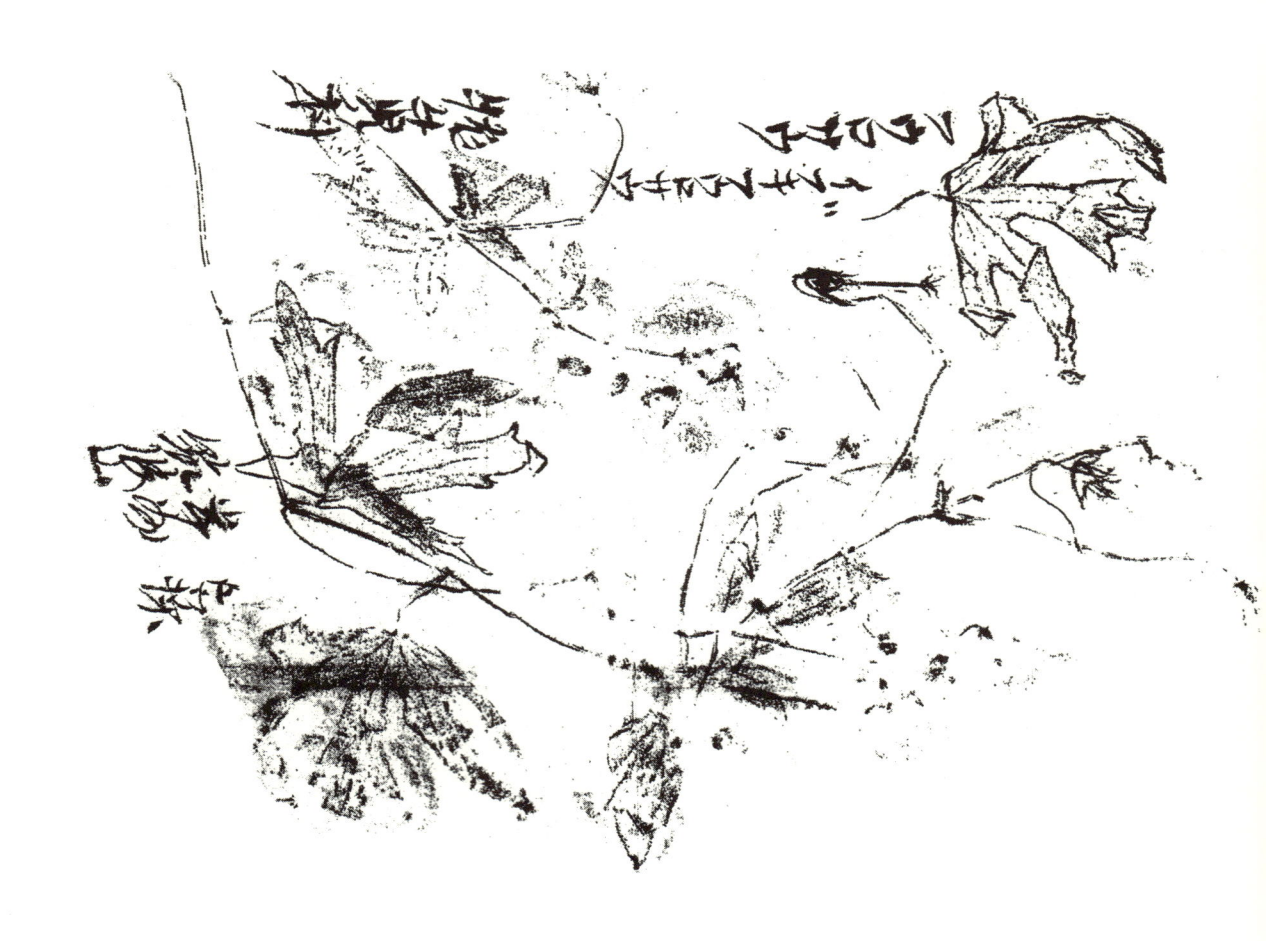

サクラガワ 江州ニテ
フウレイ

牛扁 二說アリ舊說ゲンノシヤウコニアツル
ナリボツケ草 ホツケ花 レンゲ草
タチマチグサ ミコシグサ フウ
ギリ 植木屋 子コアシ 仙臺 野生ナリ
葉ハ五ツノキレコミアリテ大サ一寸
ホドアリキレコミトモキレテアリ
夏カラ秋エムケテ五瓣ノ紫花アリ
紅モ白モアリノレハトリトアタラズ
救荒本草ノ鬧千児ノ苗ノコナリ
紫地榆 [illegible] 州ニテ [illegible]
フウロサウカ

[illegible]
[illegible]方言今チリサ ゲンノセウコ
[illegible]

牛扁 ゲンノセウコ。タチマチグサ() 花葉實共ニ杭牛児ニテ
吾革ノ牛扁ニアラズ サレモ発明ノ賢說アラハ尚
敬叓ノ上ニテ申ベキ了也 春分ノ頃苗ヲ生ス胡椒
菜ニ似テ七八月紫花ヲ開ク莢ハ尖リテ錐ノ如
ミ陰湿ノ地ニ宜シ 主治身皮ノ瘡ノ熱氣ニハ浴
湯ト作シテ治ス且ツ小虫ヲ殺シ又牛病ヲ療ス 慶賀寫真

古説ニゲンノセウコ牛扁ニ充ルハ非之

牻牛児苗　ゲンノセウコ　ミコシグサ、
田野路傍ニ多シ、苗葉相似ズ、葉ノ形毛莨ニ
似テ小サク一寸余、五岐ニシテ鋸歯アリ微毛モアリ
救荒ニ、[illegible]
肥地ノ者ハ大サ五寸ニ至ル、葉両対シ茎ニツキ、直上
セズ地ニ就ク、夏葉間ニ梅花ヨリ小キ、五弁ノ
濃紫花ヲ開ク、又白花モ淡紫モアリ、花
謝シテ長サ寸許リノ莢ヲ生ズ、実熟シテ莢
五ツニ竪ニワレ、下本ト離レテ上ニ巻キ上リ、御輿
ノ家根ノワラビ手ノ如クナル、故ニミコシグサノ名
アリ、此ノ茎葉根ヲ採リ、痢病ノ薬トスル故
ゲンノセウコノ名アリ、香川家ノ一味丸ト云是也

花大ニシテ見コトナルヲ風露ソウ
ト云、此ノ図ニハセリノ形テ似
テ充リ悪キナレドモ莢ノ形
ハ同ジ、伊吹ノ産ハ国ニ近
シ、此レヲダケフウロトスベシ
葉アザミノ如ニシテ花ハ小サク
淡紫色ニシテ后ニ種出来テ
セビグリ生ジ、根ハ細ク、コケ
ノ如シ、真ノ牻牛児苗ニ充テ
往シ、ゲンノショウコモ其類也

牻牛兒類

布宇呂僧宇

生山道陽地春月因宿根生苗初生二三葉其莖葉有白毛至夥漸々成叢夏月方莖二尺許其莖屈曲左右分小枝而甚茂其葉缺刻至深形如金剛纂赤似九重槭樹秋月毎枝開五瓣淡紫花形似桃花

常陸妙産志八下

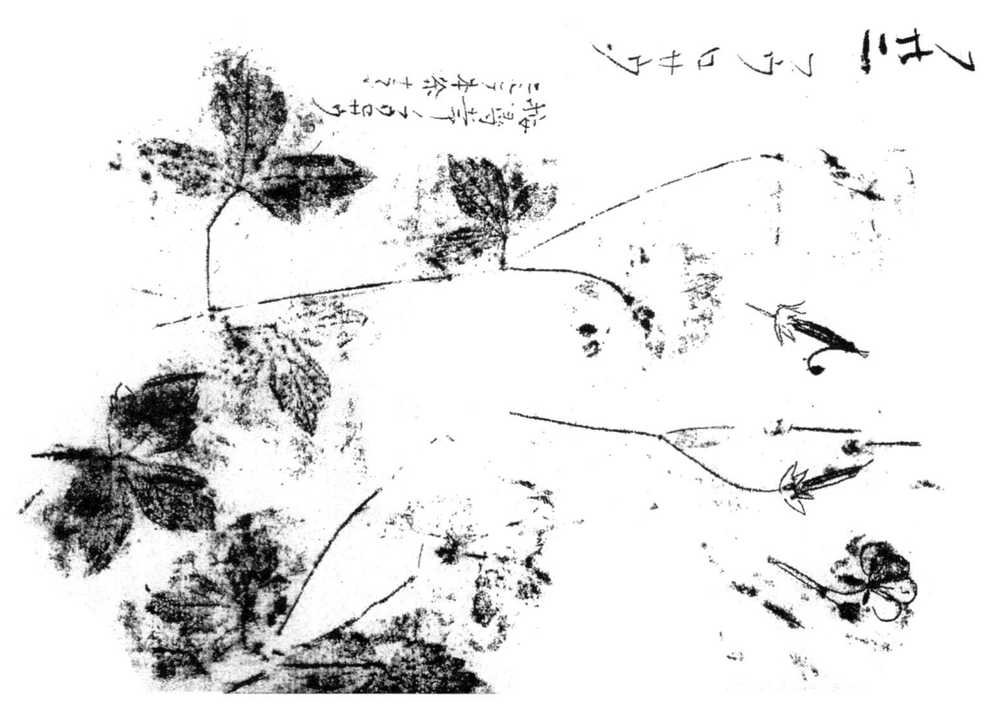

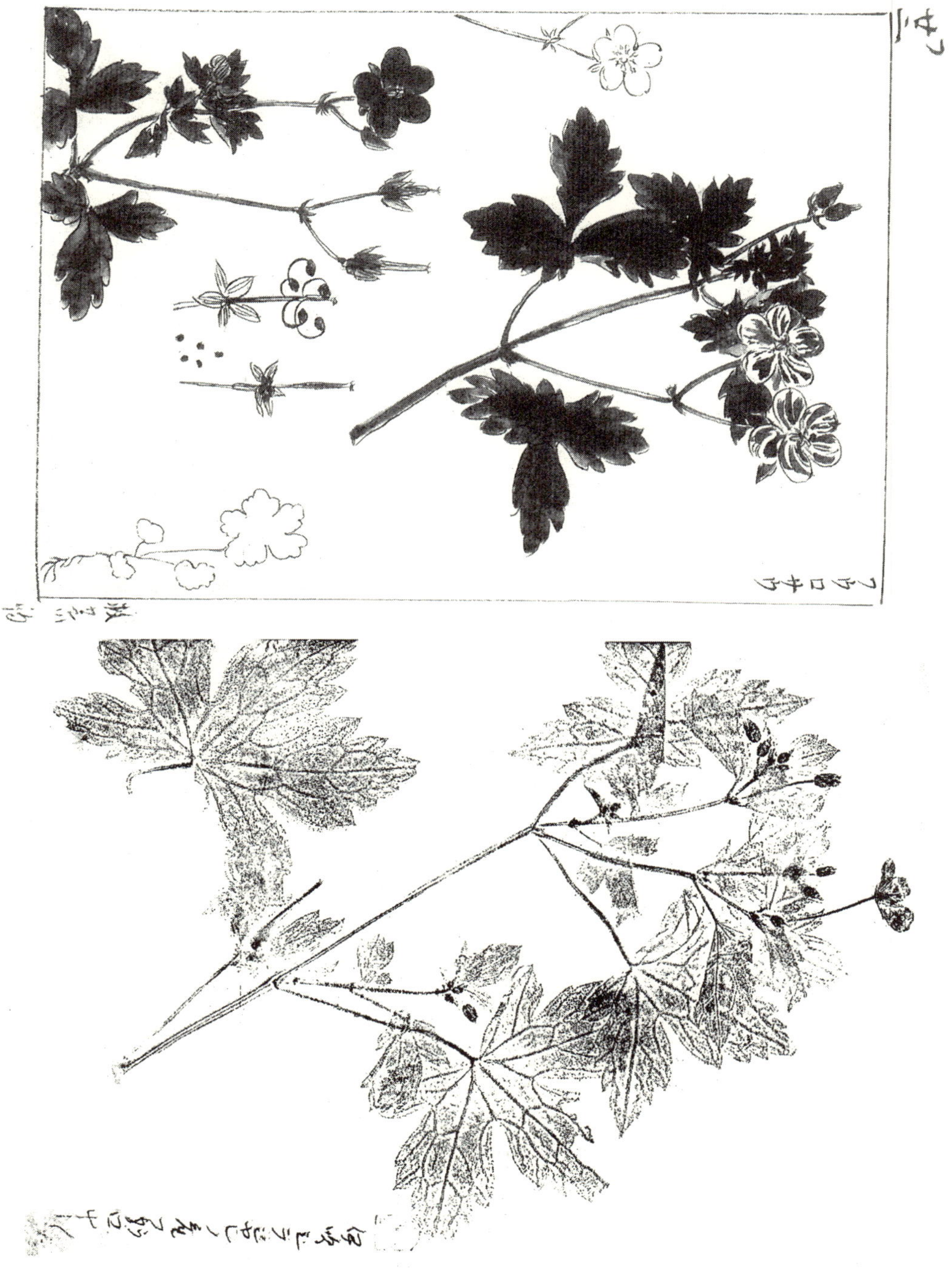

フウロサウ
フウギク 江戸
タチマチグサ
ホツケバナ
チコアシ 奥州仙臺
ベニバナ
ボカ 木曽野尻

ゲンノセウコ
フウレイ 江州
リビヤウサウ 濃州加志母 木曽湯舟澤
ホツケグサ
チゴグサ 土州
ゴベンサウ

ノフウロ
フユノムメ 越後
ミコシグサ 長州
サクラガワ 花戸
カツラサウ 江州上野
ノガヘリ

ライエハルスベク ドヽニュス

ケラニユム日

救荒本草ノ牻牛兒苗一名鬪牛兒苗ノ一種ナリ 山野倶ニ自生多シ冬ヨリ葉アリ春分後出芽莖四方ニ繁布シ直上スル丁能ハズ枝葉對生シ秋分ノ頃五瓣ノ白花ヲ開ク莖葉倶ニ微毛アリ 花後六七分ノ莢アリ子熟スレバ莢堅ニ分ニワレモトノ方許ハナレ上ニ巻上リ 神輿ノ屋根ノワラビテノ如クニ見ユ故ニミコシク

救荒治

サノ名アリ
葉味微苦莖葉陰干水煎下治痢病多下利ヒテ治ス虚弱ナル人ニハ不可用故ニ痢ビヤウ草又ゲンノセウコノ名アリ香川ノ一味丸ト云モノ是ナリ
野生ハ皆白花ナリ又所ニヨリテ紅花ノモノアリ関ケ原ト藤川トノ間ニ紅白共ニアリ
紅花ノモノヲ紅梅サウト云朝開キ夕ニシボミテ落一日花ナリ
紀州ニ云野ニ多シ冬葉不枯葉形毛莨ニ似テ小ナリ大サ一寸余五ツニ切レテ鋸歯
有肥地ノ者ハ二三寸ニナルモアリ皆毛茸アリ葉形猫或ハ犬ノ足跡ノ如シ夏莖出
皆地ニハウ葉間ニ花アリ梅ヨリ小ニシ濃紫ノ五瓣ナリ又白花或薄紫ルアリ後一寸
許ノ細キ莢アリ 以下日上畧之崙異ナリ伊吹山ニ芹ニ似タルアリ細葉ニシ花モ小ナリ真ナリ但ヒ
勢州関ヨリ 伊賀ヘコス道カブトノ辺ニハ皆紅花ガカリシ 河内ノコウ村辺野生ノ
モノ皆紅ナリ

洋漢乞渡来ノ フウロ牛ノ名ハ[illegible]
[illegible]
右栗田氏之[illegible]

◻牻牛児科 Geraniaceae.

フウロサウ ゲンノセウコ 牻牛児科

◎ Geranium Sibiricum L. 図抄

イブキフウロ 牻牛児苗ニ充

◎ Geranium sp. 図抄

グンナイフウロ 牻牛児苗ノ種

◎ Geranium eriantheum DC. 図抄

ノ此物牻牛児苗ニ充ツ フウロサウノ誤

リビヤウサウ 牻牛児苗ノ一種ヘ茎葉ヲ陰乾シ水煎下痢病ヲ治ス多ク下利シテ治ス虚弱ナル人ニハ不用ト云 木曽採薬記

フトニ
フウロサウ

實

たちまちくさ　うしくさ　一廿三丁　参考

本和上四十五　和　太知末久佐　同四十九　蓄扁　蓄　多知末知久佐　一名宇之久佐　和傳

牛扁　太知末知久佐　太知末久佐加宇之久佐　二八ヤナキ　伊字　牛扁草　ウシクサ、タチマチクサ

藻八卌三　牛扁

たちまくさ

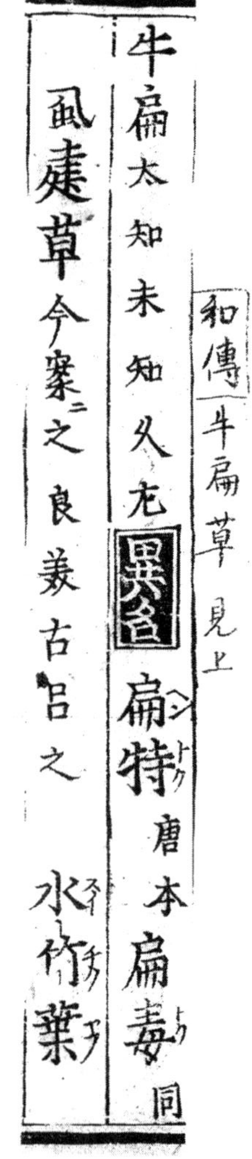

牛扁　太知末知久左　異名　扁特　唐本　扁毒　同

和傳　牛扁草　見上

虱建草　今案ニ之良美古呂之　水竹葉

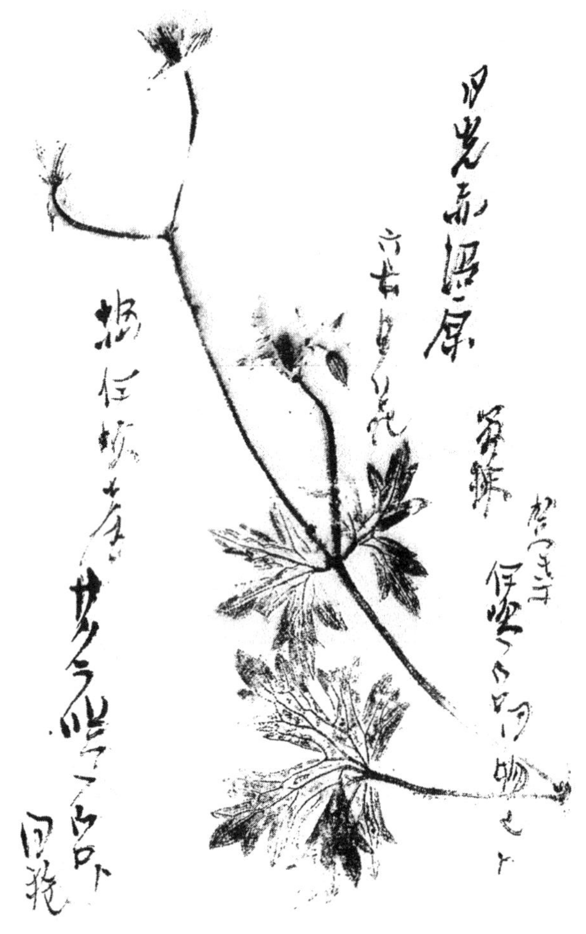

G. nepalense.

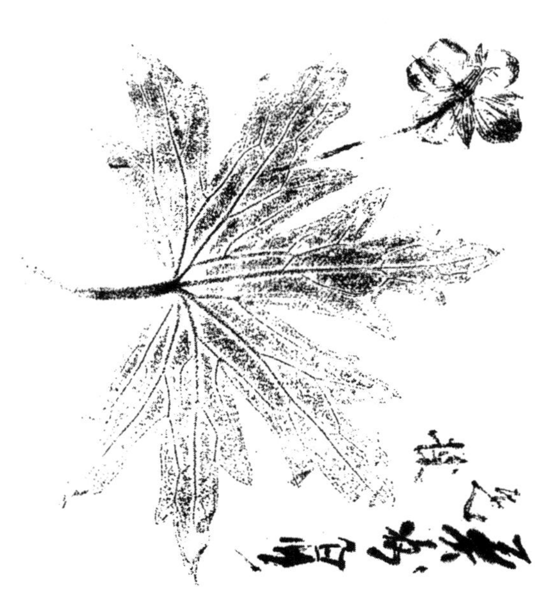

イブキタチフウロ

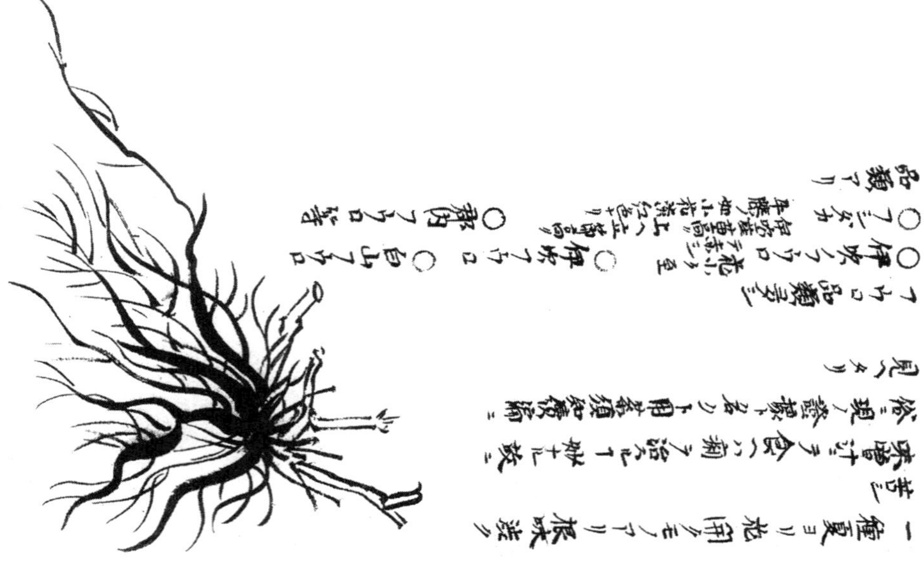
一種夏ヨリ花開クモノアリ根味渋ク苦シ
味噌汁ニテ食ヘハ痢ヲ治スル事妙ナル故ニ
俗ニ現ノ證拠ト名クト用薬須知續編ニ
見ヘタリ
フウロ品類多シ
○伊吹ノフウロ　花小ク至テ赤シ　○伊吹フウロ　○白山フウロ
○フシダカ　伊吹産茎高ク上ヘ立節高ク牛膝ノ如小花淡紅色ナリ　○郡内フウロ等
品類アリ

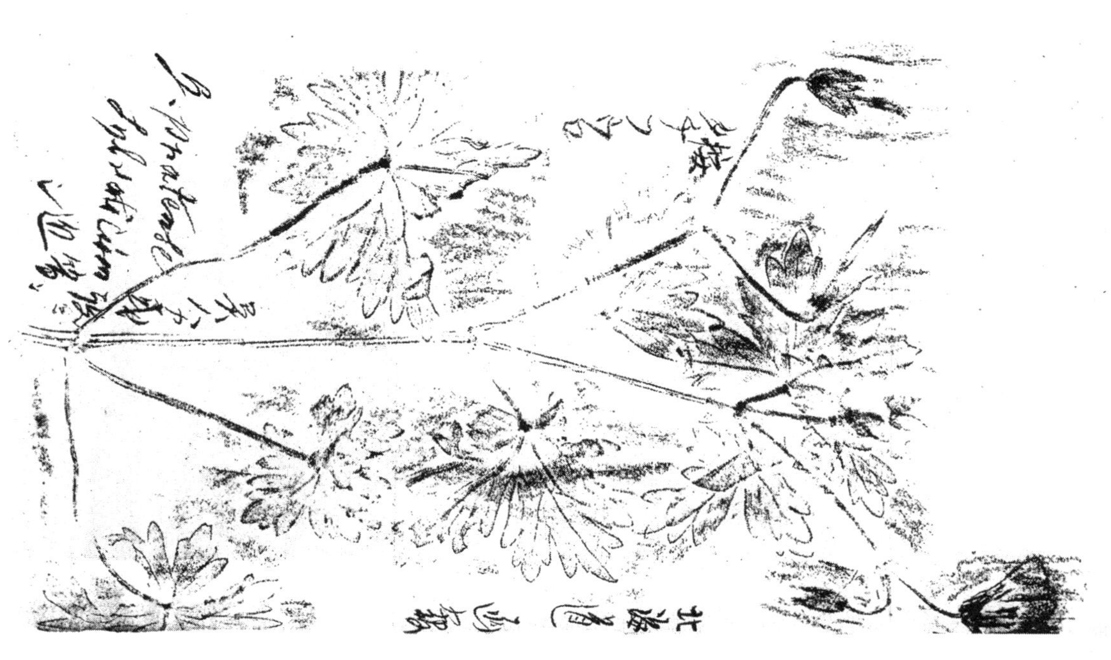

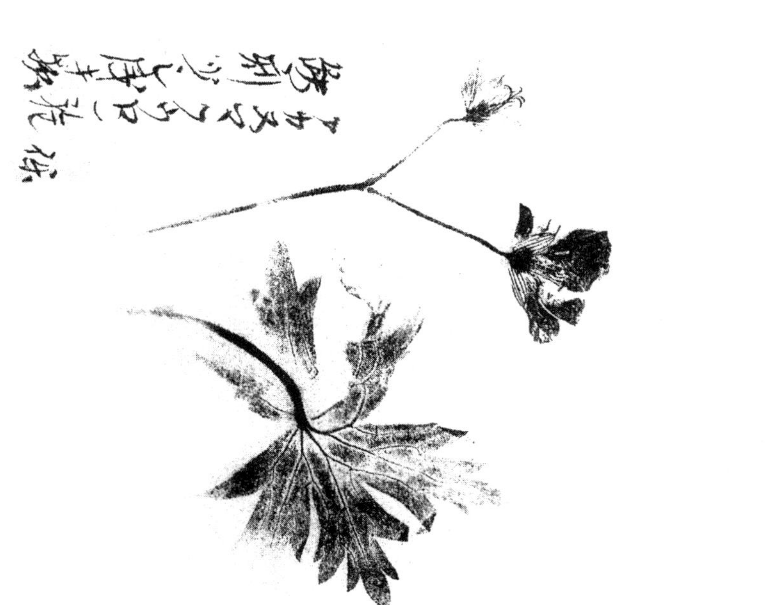

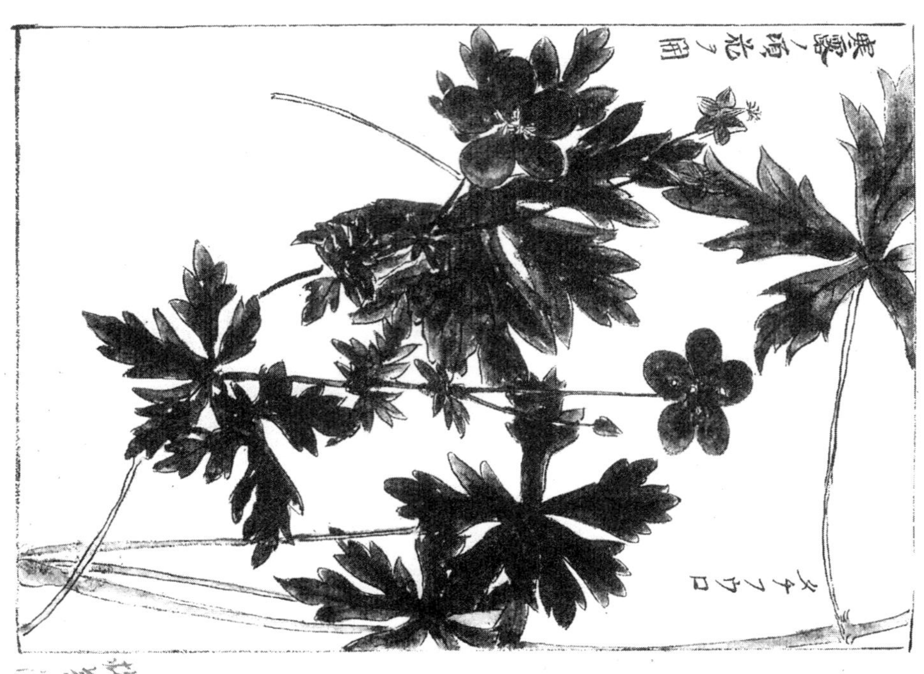
寒露ノ頃花ヲ開

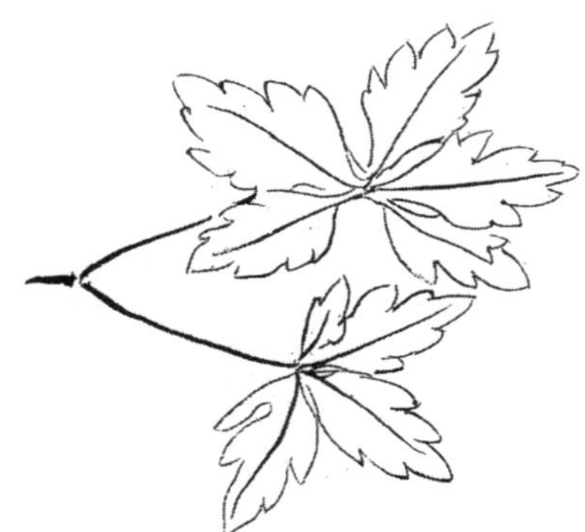

○蠣牛兒主治　蘭畹摘芳附刊

此約束ニ蠣牛兒主治ド、子ウスヨリ書出シ

入電覽候尚又此考伺度存候

磐石先醒足下　　杉田豫再拜

蠣牛兒一種ゲンノセウコ

形状ヲイエハイルスベット「サクラフウロサウ　蠣牛兒一種ノ第二

ノ種類トイヘンフートト名ツク葉圓ク三岐二

廿二

ソケレイ子セーリユウエ」ニ似テ小ク白ク〆滑ナラズ縁ニ鋸歯アリ莖高サ一スパン子」大指ト中指ヲヒロゲタル長或ハニスパン子」拇ニ五六寸許ニ至ルモノモアリ細ク〆毛茸アリ地ニ就テ生ズ莖上ニ小紫花ヲ生ス花後莢ヲ生ズ形チ鶴頭ニ似テ堅ク〆長キ刺アリ根ハ細ク鬚アリ

出處　道路不耕ノ地ニ生ス諸邦ニ此レアリ

名目　蕃語埵尓条逸至（トヱデルエイフ）Duiyven voet「ドイヘンフート」ト云ヒ

刺的印ニテベスコリユムピンユスト」ナフ

主治　ディヨスコリデス曰ク此草葉ニ用ユル1ナシト今時ノ本草家腹痛或ハ拘攣シ或ハ腸鳴スルニ此草ヲ以テ蒸シ或ハ浴シテ良ト云「サクテフウセサウ」「ケロイナリス」

牻

牛児一種

刺甸「ヲイエハールスベツキ」Ogevaarsbek　和蘭

主治　根ハ食料ニ宜シ又量目四戔ヲ葡萄酒ヲ以テ服スル片ハ子宮ノ腫瘍（アポステマ）ヲ解散スヿアリニウス曰ク此根ハ軟弱ナル症気力源ニ飯ス」又

根量目四戋 葡萄酒四ヲハ戋目ニ二度服ス

匁片ハ労瘵（ヨイトドローゲン テーリング）ニ甚良ナリ

牻牛児一種 ヒメフウロサウ ローベルクッコロ

イト 葉鵠煙尓舌逸至リニベルタ刺的印

主治此草疵瘡ニ或ハ胸及男根ノ腫ヲ治ス血

ヲ止メ又浮血ヲ止ム

牻牛児 和産未詳ヲイエハーレス ベッキ和蘭

ゲラーニユム 刺的印

主治 性微凉微乾微収歛故ニ金創ヲ愈シ腫物

[illegible]ノ白 図ナシ
花ハ大 [illegible]ノ花ノ如ク
白[illegible]モ大[illegible]
白山ノ[illegible]
黄花ハ小色[illegible]

ノ初発ニ良ミ

梔牛児一種 グンナイ・フウロサウ「ラニユンキユリユスセリユレウクス」 羅甸「フラーウボーテルブルーム」 blaauw boterbloem 和蘭

梔牛児一種「ベニフウロサウ」「アキユスモスカ一タ」 羅甸 ローデボーテルブルーム roode boterbloem 和蘭

主治 二種共ニ宜ク疵ヲ治スニ用ユ「ヒユクシウ」大ハ赤色ノ花アル而已疵ヲ宜ク治スト云「ヒユク

梔牛児一種 和産未詳「カラーニクハルツ」

シレス「カラーンハルス」Crane's bill

牻牛児一種オホフウロサウ「ゲラーニュムモンタニュム」羅甸「ブルードウヲルテル」bloed wortel 業謂埋尓

出逸至

主治　ヒユクシウスノ曰ク第二「ブルートウヲルテル」bloet-wortel ト呼モノ血ヲ止メル効アリ

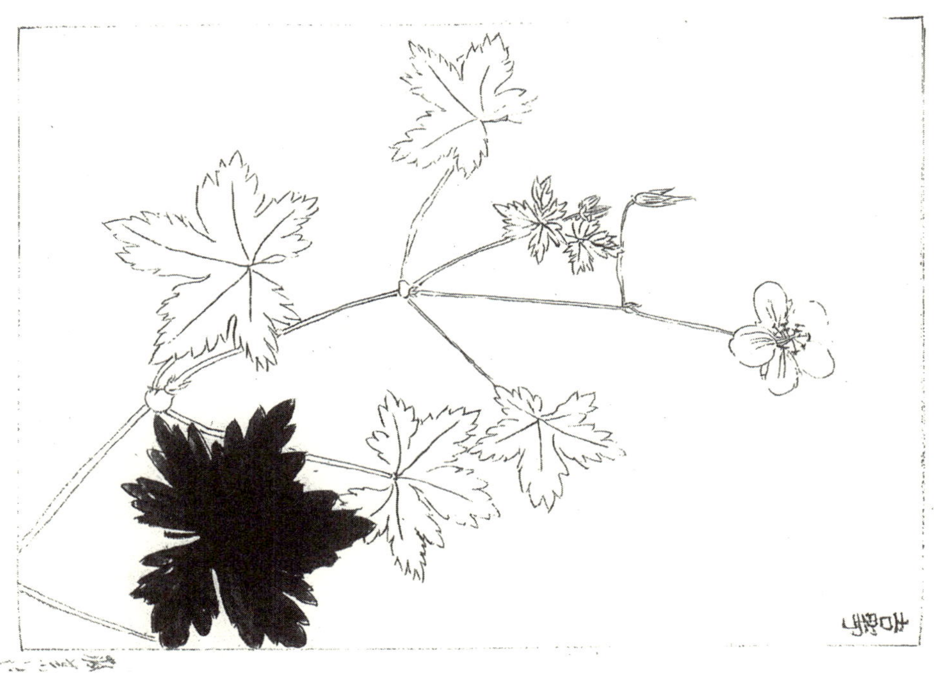

伊吹フウロ

和名　ミツバフウロ
漢名　鬪牛兒苗
洋名
綱　目　科
形状
産地　採

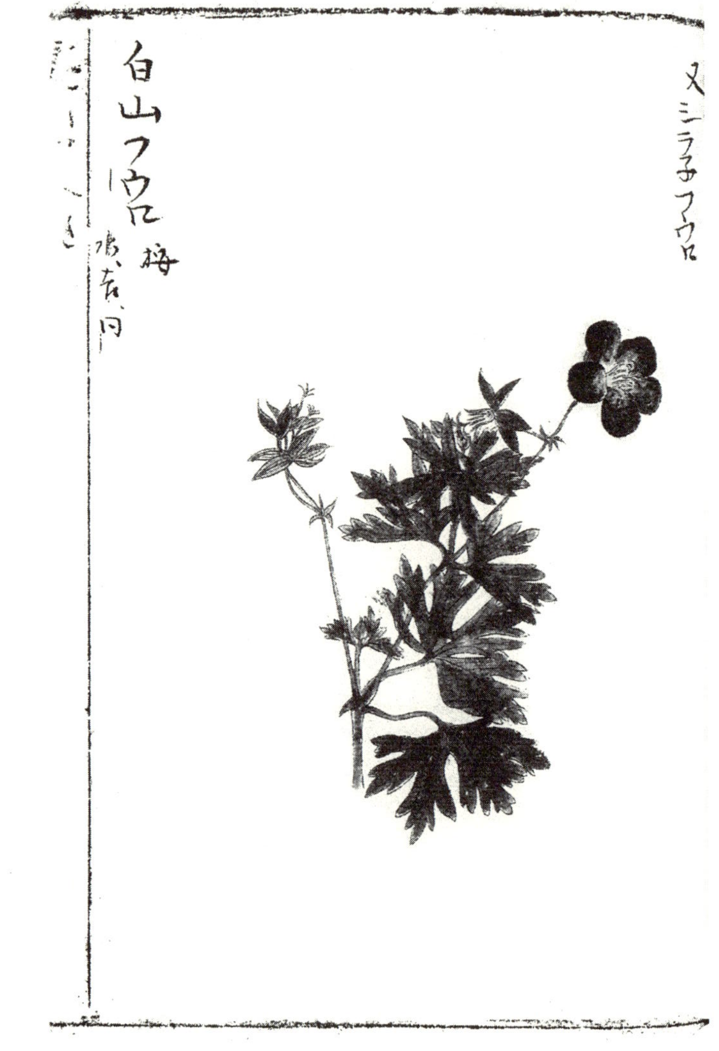
白山フウロ 梅
又シラ子フウロ

ミツバフウロ
フウロサウ

白山フウロ

廿五 フウロ 木曽鳥居峠産

風露草(ふうろさう) 花形梅花のごとく色淡紫
四月咲葉に切りめ有
花やさしく交の花
より細葉するもあり
く見事也 花後
に形が花よし

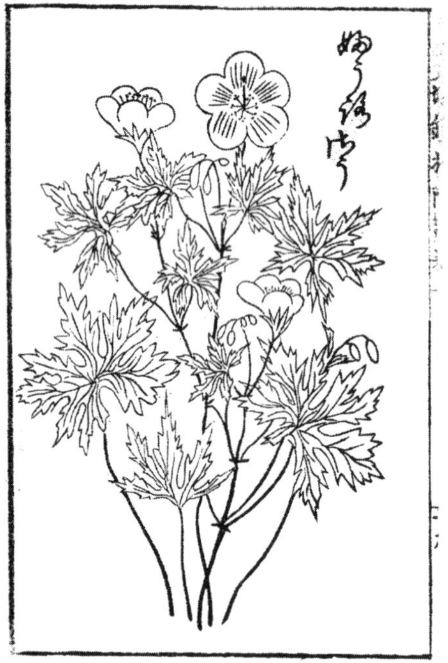

廿二　タチフウロ

闘牛児ノ一種
タチフウロ
花紫

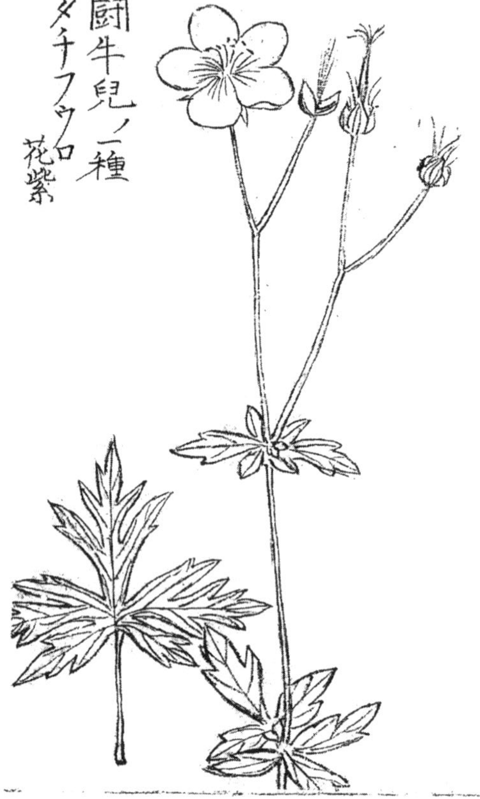

凡[illegible]中ノ所々ニ至ル地モ多ク[illegible]

白花ナキ[illegible]

葉ハ剖裂シテ蒼ク春ニ至テ茎ヲ生ジ高サ尺許ニ至

ル白花ヲ開キ花ノモノ[illegible]ニ[illegible]

原野生ニシテ葉ハ高サ[illegible]ニシテ[illegible]ニアリ白花ヲ著ハ

三月花開ク花著花七ウメ花実ヲ見ル[illegible]

廿一　フウロサウ

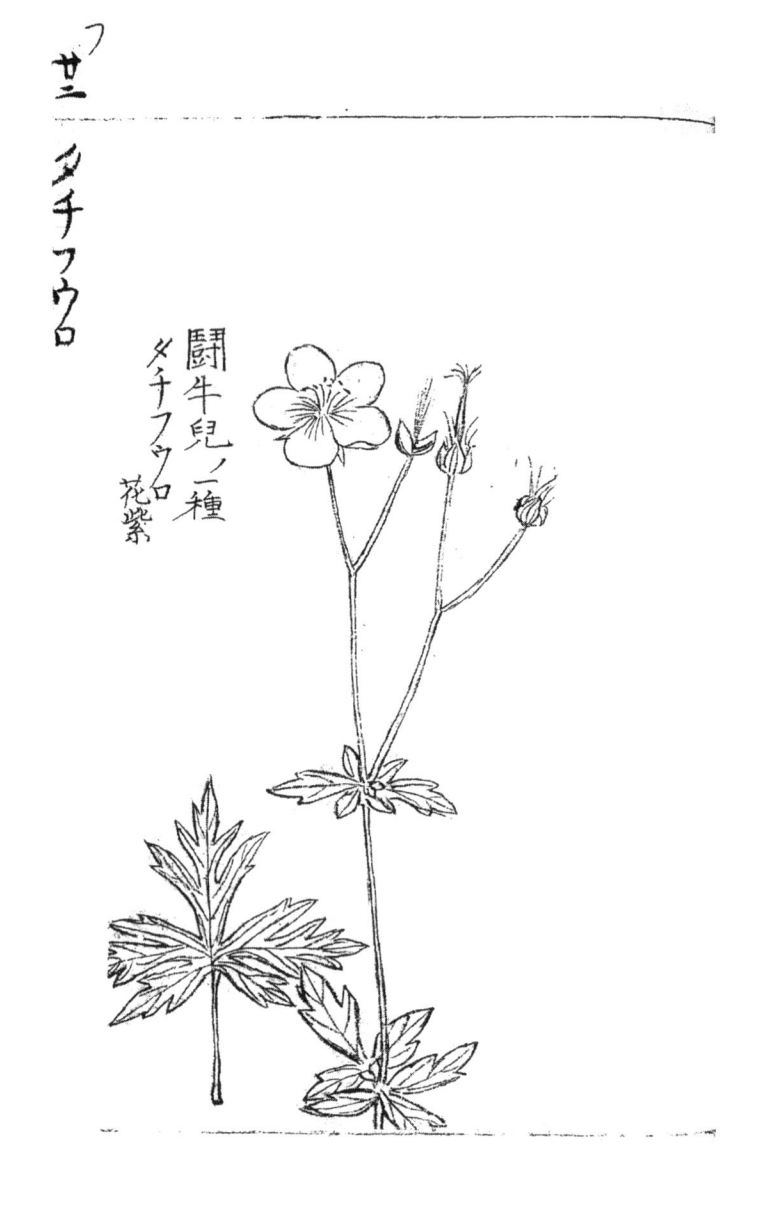

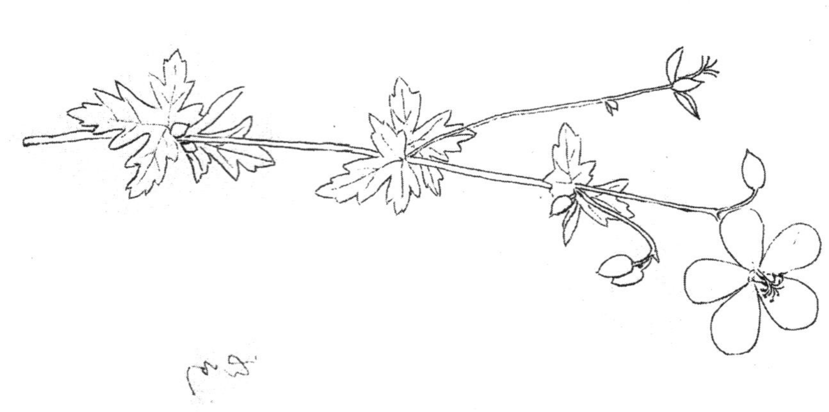

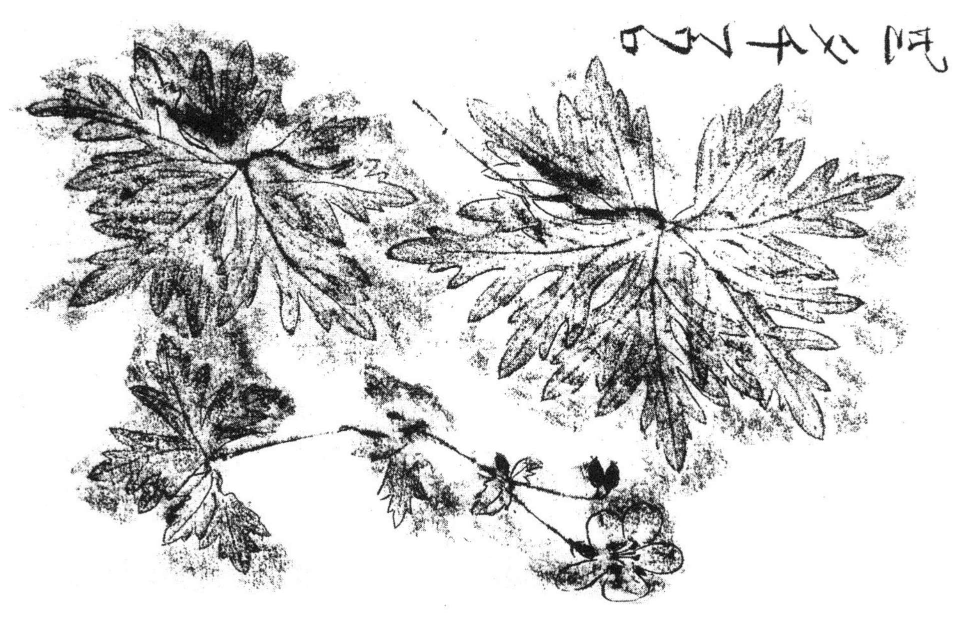

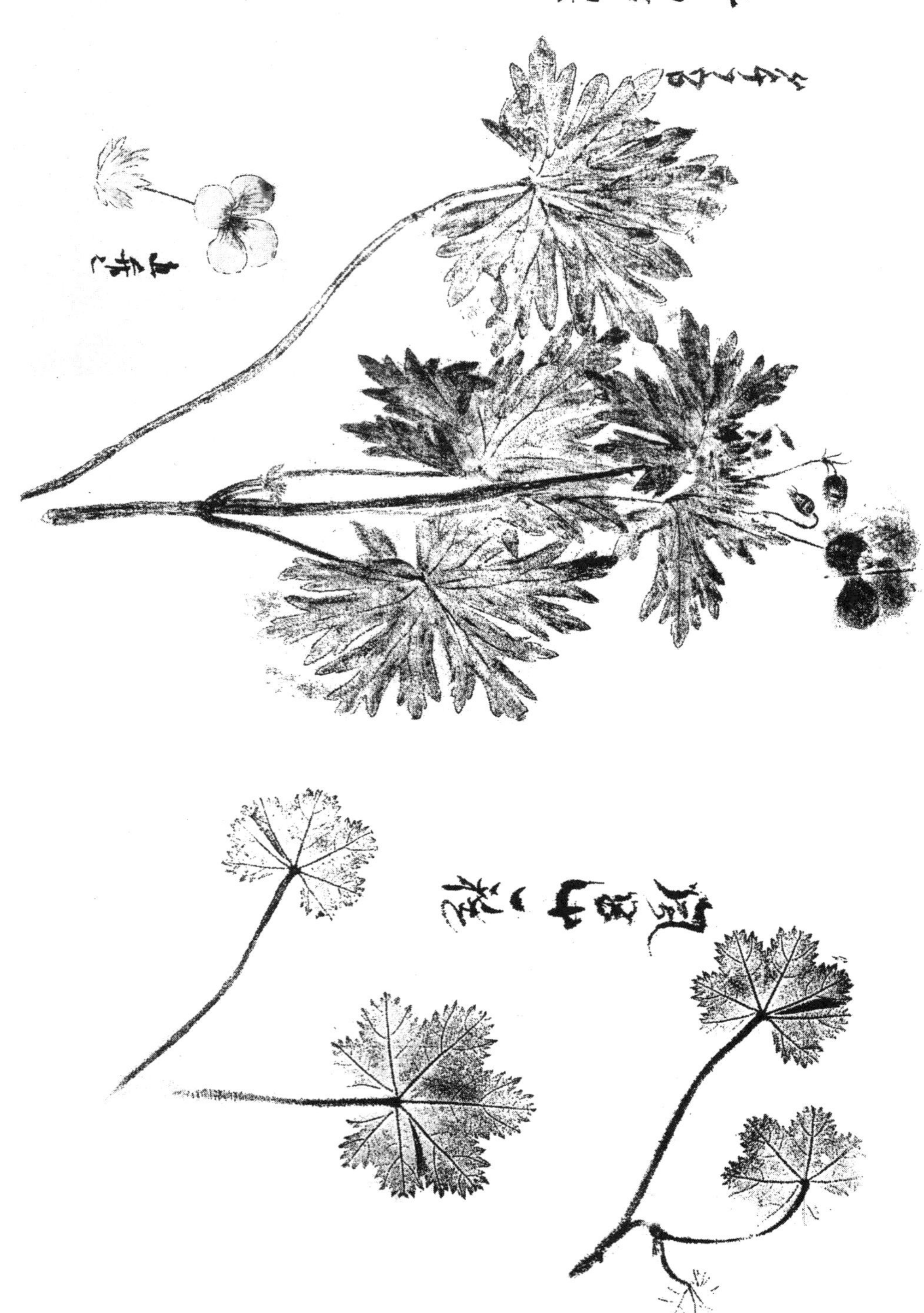

立風露草　牻牛児ノ別種ナリ葉鈌刻深ク危
児傘ノ如クニシテ欝金菱ノ葉ヨリ大ニシテ硬クモ
少クシテ小又深シ茎直上シテ三尺許無節葉ヲ對
生ス枝ヲ分チ茎堅クシテ弱ク以テ小竹ヲ不扶ハ不起
七八月ヨリ紫紅花ヲ寀ク梅花ノ如シ梅花草ニ比
云〇一種淡紫花ノ者アリ葉形少シ異ナリ小又
少クモ多シ五六月ヨリ花ヲ用ク〇一種白花ノ
者アリ又小異アリ

ゲンノジヤウゴ
一名梅枝草　一種白花ノ者アリ

熊野物産初志　一

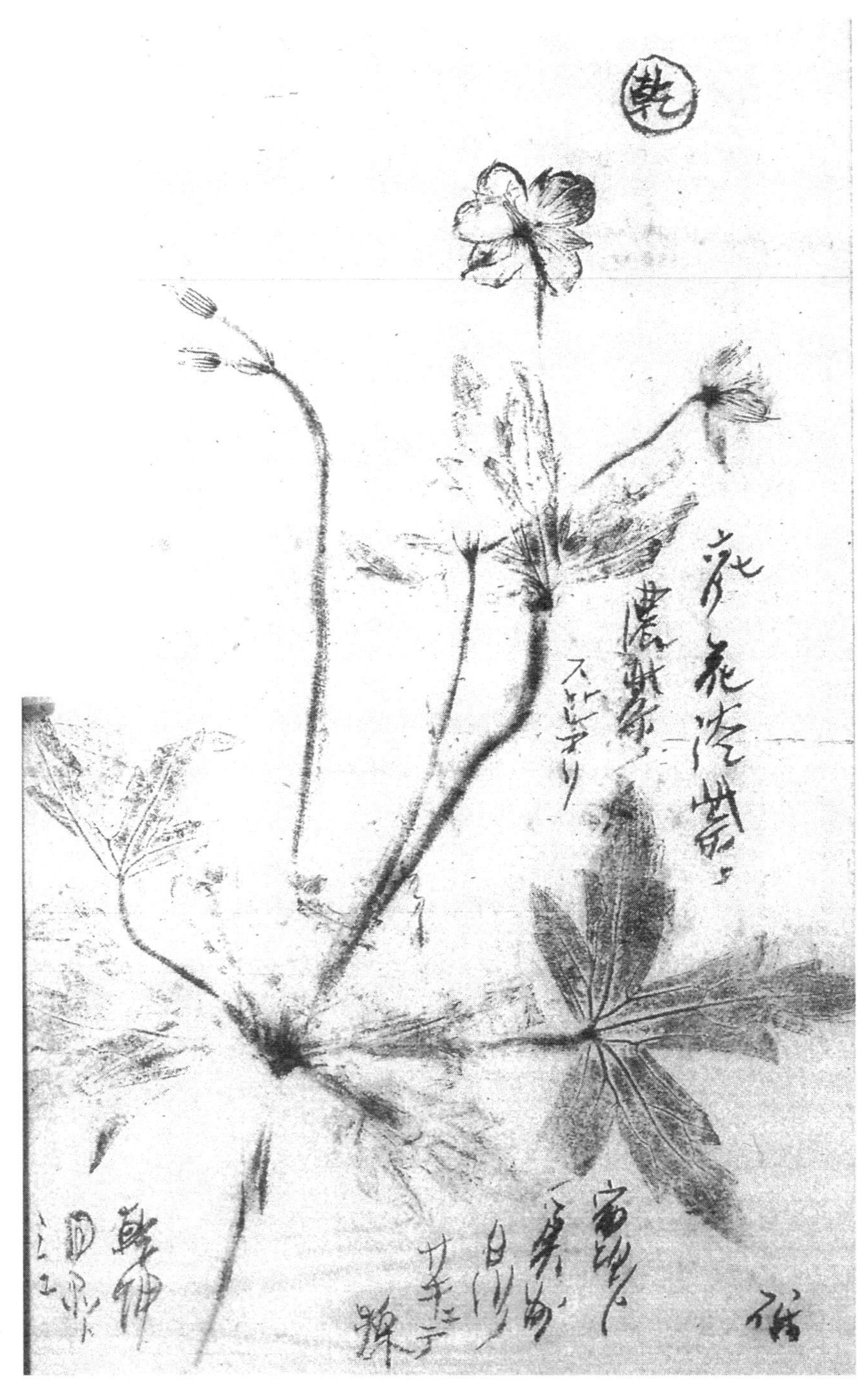

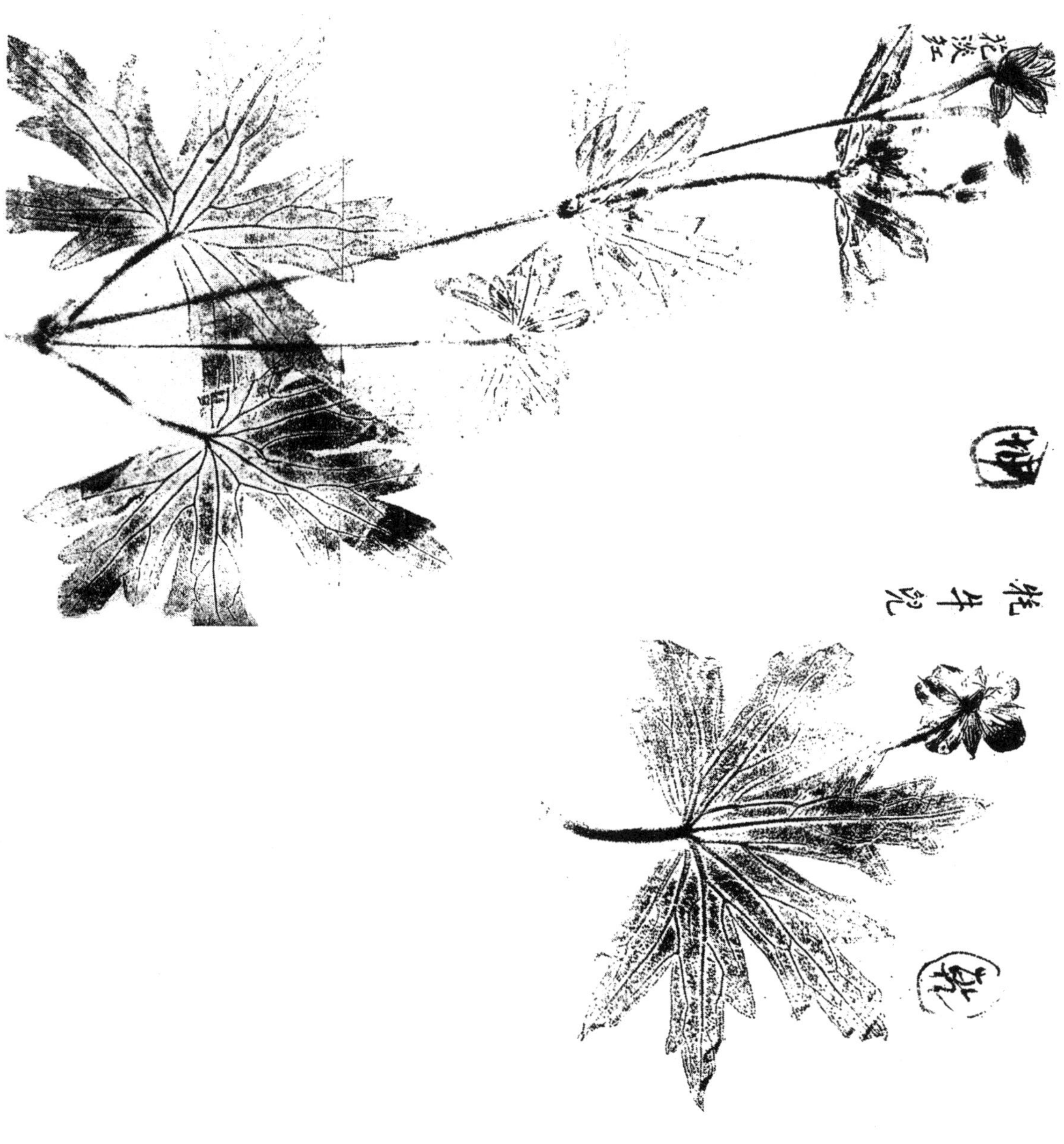
花淡紅
牻牛兒

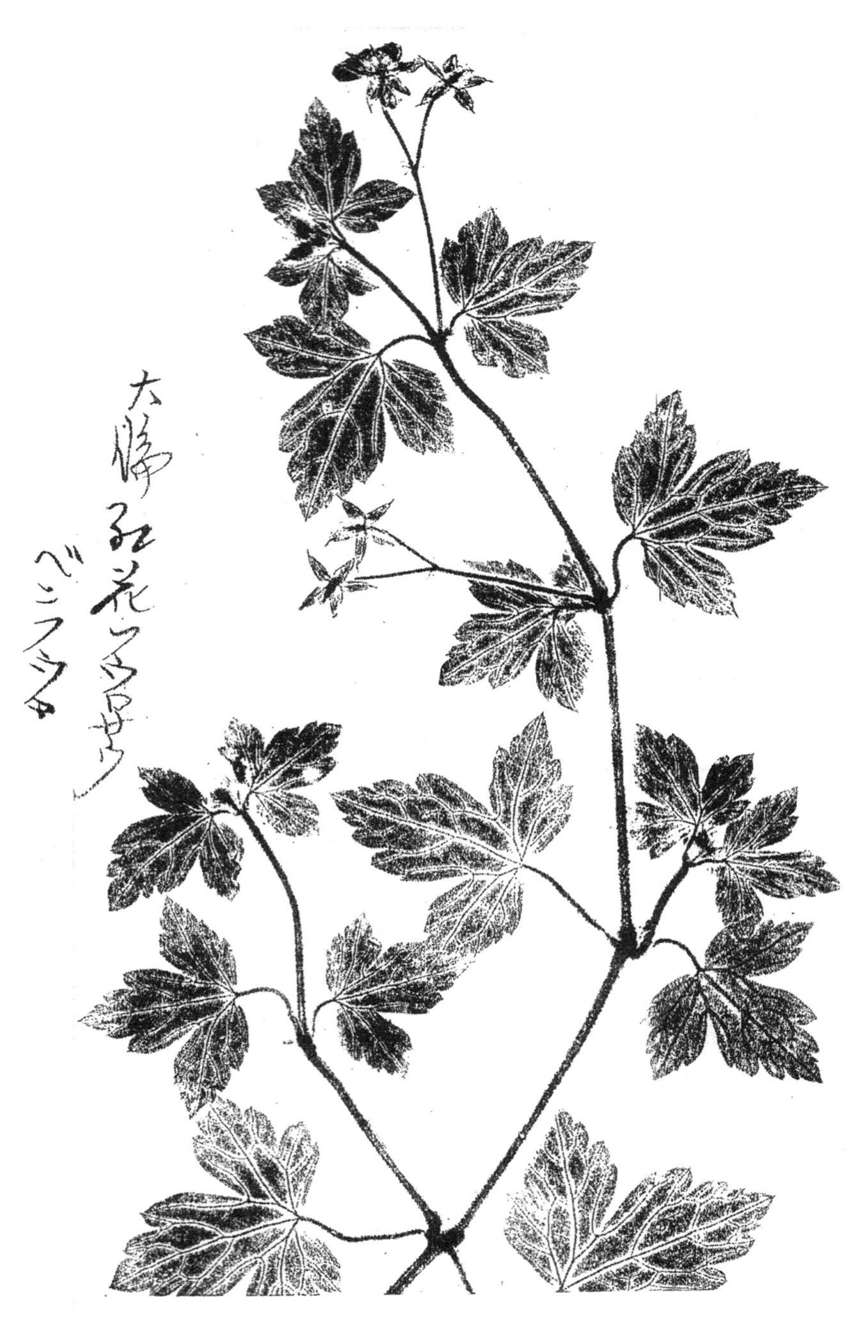
ベニフウロ

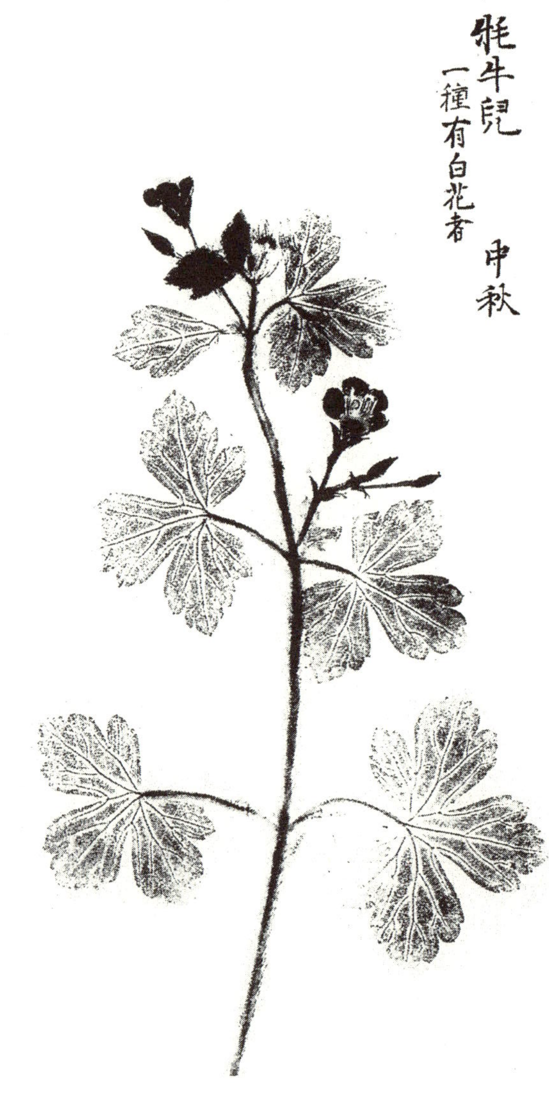

牻牛児
一種有白花者
中秋

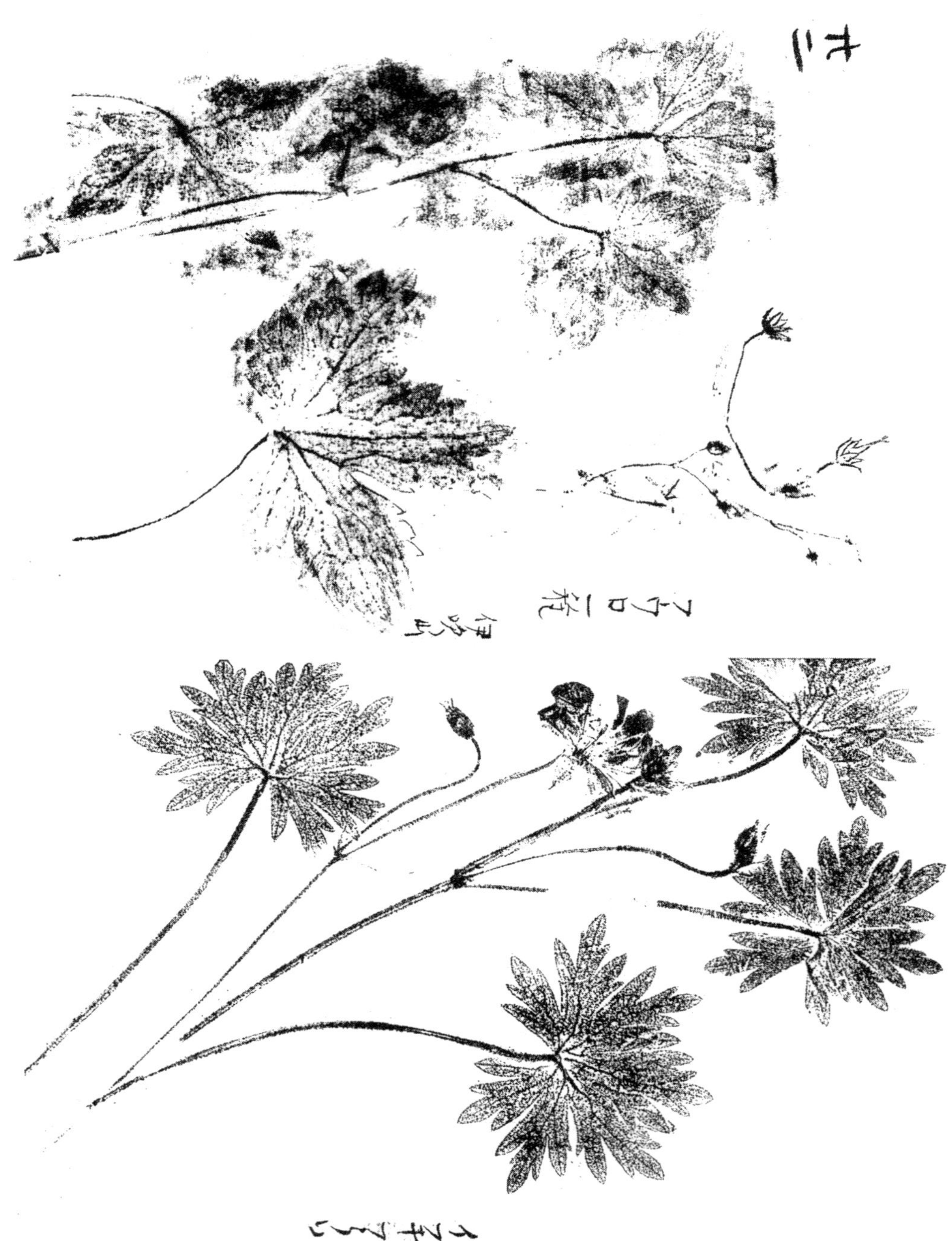

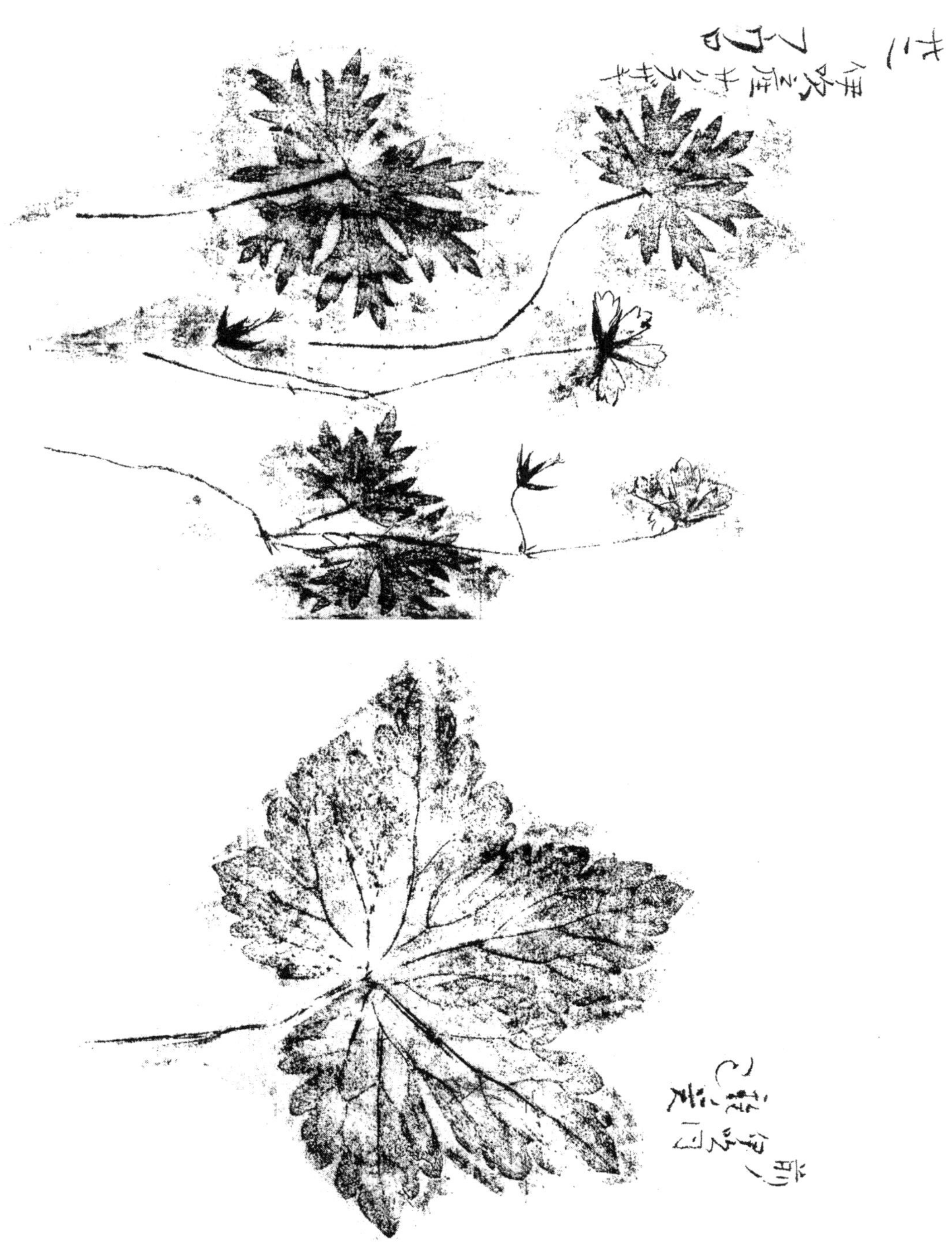

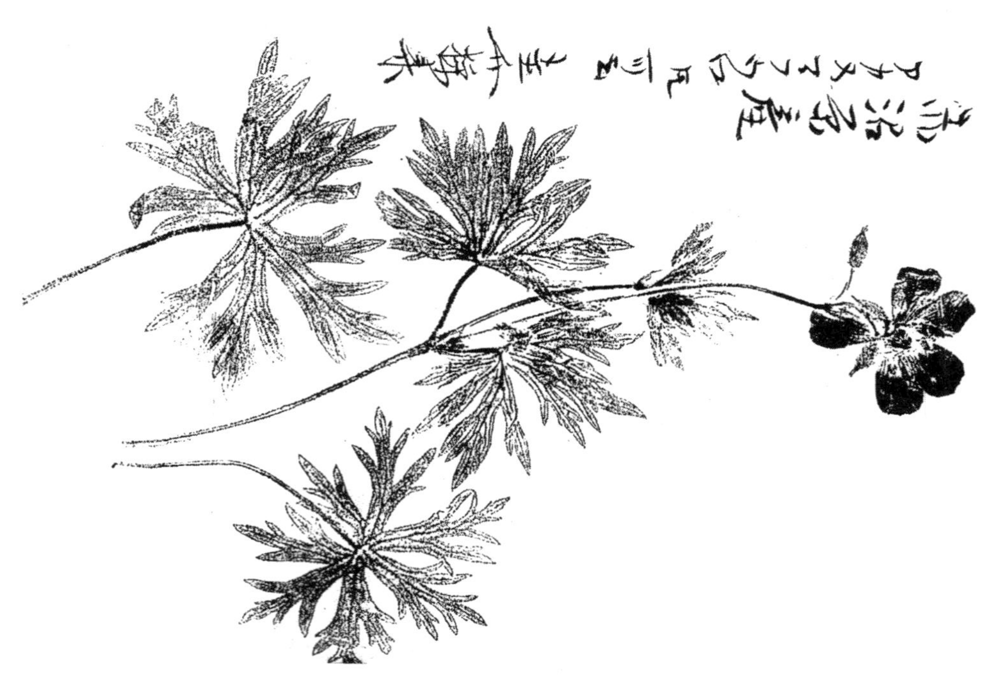

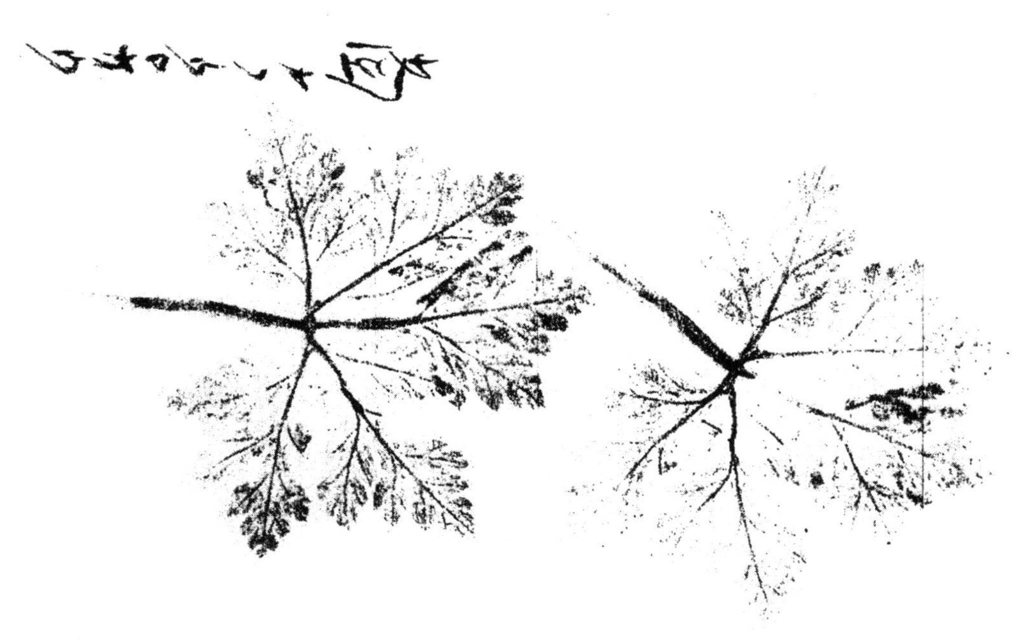

グンナイフウロ
鬪牛兒苗ノ一種
莖葉共ニ毛茸アリ芒種ノ頃高サ一尺七八寸ニシテ稍ニ枝ヲ分チ花ヲ開ク
紫色ニシテ横ニ向フ加州白山別山ニ同形狀ニシテ薄色ノモノアリ右ハ三園登山ノ
寸採来ル故ニコレヲ記ス
根皮茶褐色

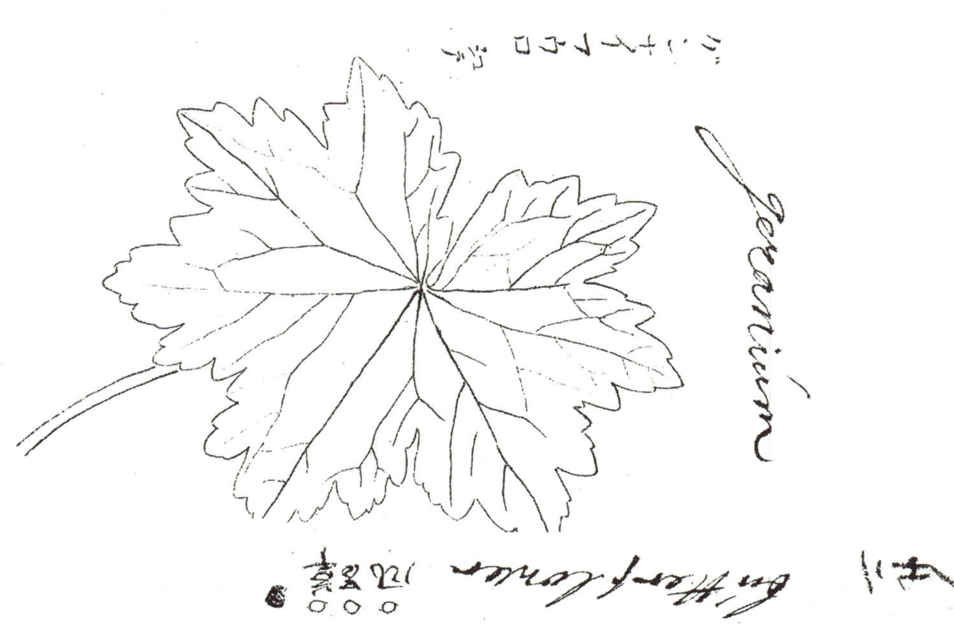
Geranium

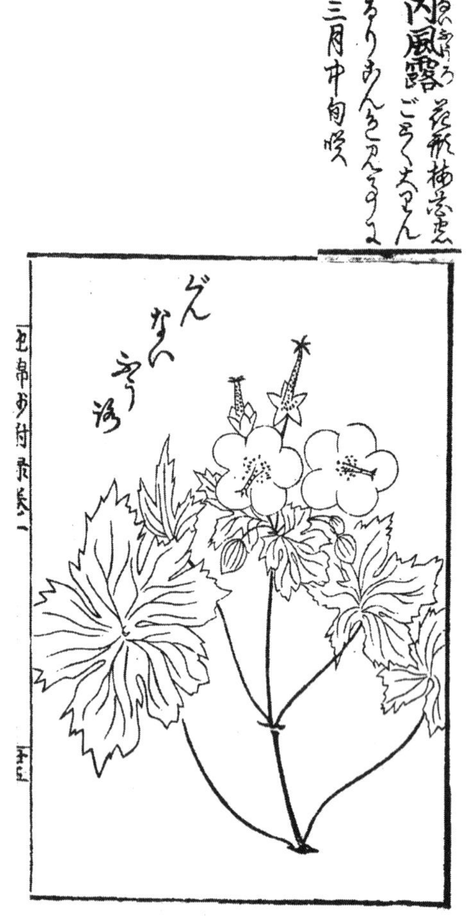

郡内風露 葉ハ胡菫ニ似テ二葉出ル茎長シ中ヨリ
茎出小葉対生シ上ニ花アリ梅花ニ似テ大ナリ紫緑色
三月ニ開

牻牛兒科 *Geraniaceae.*		
一 フウロサウ ゲンノセウコ	牻牛兒苗	三十六綱 目
一 イブキフウロ *Geranium sibiricum L.*	牻牛兒苗一種	同
一 グンナイフウロ *Geranium sp.*	牻牛兒苗一種	同

タチマチグサ　リビヤウサウ[illegible]キリ　ミコシグサ[illegible]

ネコアシ 仙ダイ　ノガヘリ　カウラサウ[illegible]

ホツケバナ　ボカキリ

ヲイユハルスヘクトニース　ケラニユム[illegible]

ケラニユムパリユストレ

三

フウロサウ

救荒本草ノ牻牛児苗一名鬬牛児苗ノ一種ナリ

山野共ニ自生ス冬ヨリ葉アリ春分後出芽茎四方ニ繁布

シ直上スル能ハズ枝茎対生シ葉ノ形　秋分ノ比葉間ヨ

リ細茎ヲ抽キ白露ニ花ヲ開ク五弁白色茎葉トモニ微毛ア

リ花後ニ六七分ノ莢アリテ冬熟スレバ裂テ五ツニワレ本ノ方バ

カリハナレ末ニ巻上リ御蘂ノ屋根ノワラビテノ如クニナル葉黒微

Geraniacea nepalense

牧野 イグチフウロ

牛[illegible]圖説 Vol 12

Vol 41,49

イグチフウロハ[illegible] 圖説ニ據ル 雅名[illegible]

ふうろさう　風露草とよぶ花梅の如く紫色なり○郡内
風露あり色餅あり　　和訓栞中編巻二十二

牛扇蘇散曰牛扇[illegible]反太知末知久散○甫典反與仁語音合
下總本有和名二字治牛病故名牛扇也○證類本草下品
引云此藥葉似三葉石龍芮等根如秦艽而細生平澤下
濕地田野人名為牛扇療牛蝨甚効與此頗異本草和名引
與此全同蜀本圖經云葉似石龍芮附子等圖經六月有花
八月結實本草云牛扇殺牛蝨小虫又療牛病　箋注和名類聚抄

苦茎葉陰干水煎下治痢多ク下ノ治ス又以テ二ヨリ紅花ノモ
アリ根黒渋ク苦シ
一種二反ヨリ花ヲ開クモノアリ
一種タチフロウ
寒露ノ比花
一種オホフロウ
花ヨ四三向
白山フウロ
イフキフウロ
グンナイフウロ
ヨシノ

圭（印）西京医局
ゲフウロ色赤シ

蝿牛児苗　ゲンノセウコ　小野氏フウロ草ニ蝿牛ト云
野生多シ葉郡内フウロニ似テ小也
蔓ツナス花白ク小リン不足見又
紅白紋リ有見コトセ梅カエフウロ
ト云實ニ紅花モアリ又大葉ニ
紋アリ淡緑也花薄紅ニノ小ナリ
茎立テ蔓ツズ引郡内フウロノ一類
ト見ユルモノアリ

茎葉トモニ毛茸アリ茎ハ根ノ頭ヨリ[illegible]

紫花ヲ開横ニ向

一種淡紅色ノモノアリ　イブキ

フウロ[illegible]

ゲンノシヤウコ

一種 フウロサウ　センノウフウロ 葉似テ大ニ[illegible]

硬ニ葉茎細毛ニ多ク[illegible] 秋ニ花アリ紅色

亦純白ノモノアリ

一種 ミチノクフウロ 葉ノ[illegible]ニ似テ細ク直

[illegible] 花紅紫色淡紫アリ

[illegible]

牛扁　フウロ艸
足高フウロウス色ニシテセイ高シ
野生多シ秋咲
白雪フウロ一名シライキフウロ野生
ノ白花也秋咲
紅フウロ秋咲一名紅梅フウロ鮮紅
色ナリ
春咲フウロウス色ニシテセイヒクシ
花壇紀聞　草園蔵
加州春咲フウロ　白山ノ産ニシテセイ
モコトナリ格別ヒキク葉初生粉色
アリテ見コトセ花淡紅鮮色
郡内フウロ　大葉ニシテ瓣アリ花ルリ

色可愛ウス色ノ花アリノロマ 郡内
ト云三月中旬開扁特ナルヘシ
小野氏云牛扁集解ニ根似秦艽
トアルハ牛扁根モ羅紋糾ナル7
知ヘシ或説ニ朝鮮種及伶人草
也ヘシト　按ニ附子葉ノモノアリ
夏咲大葉ニシテ花大ニシテウス色アリ

[illegible] 伊吹ニ多シ中ニモ[illegible]テ民生ス 花ハ牛児苗ノ如[illegible]

六月 葉ハ格別 [illegible] 大ナリ 花紅色ニメ

[illegible] 小ク 不高 見 花 [illegible]

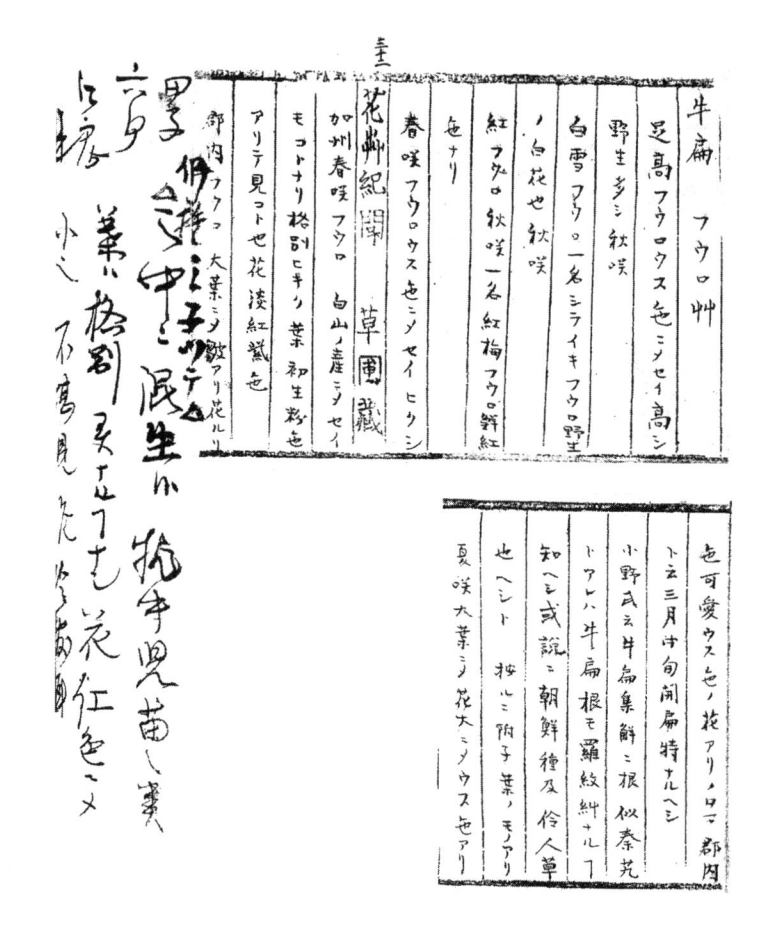

葉ハフウロニ似テ大ナリ 茎葉トモニ毛茸アリ 此種ノ頂
高一尺六七寸ニシテ枝ヲワカチ 花ヲ開ク紫色ニシテ横ニ白根皮
茶褐色

グンイナフウロ

フウロサウ
武州小金井堤 採

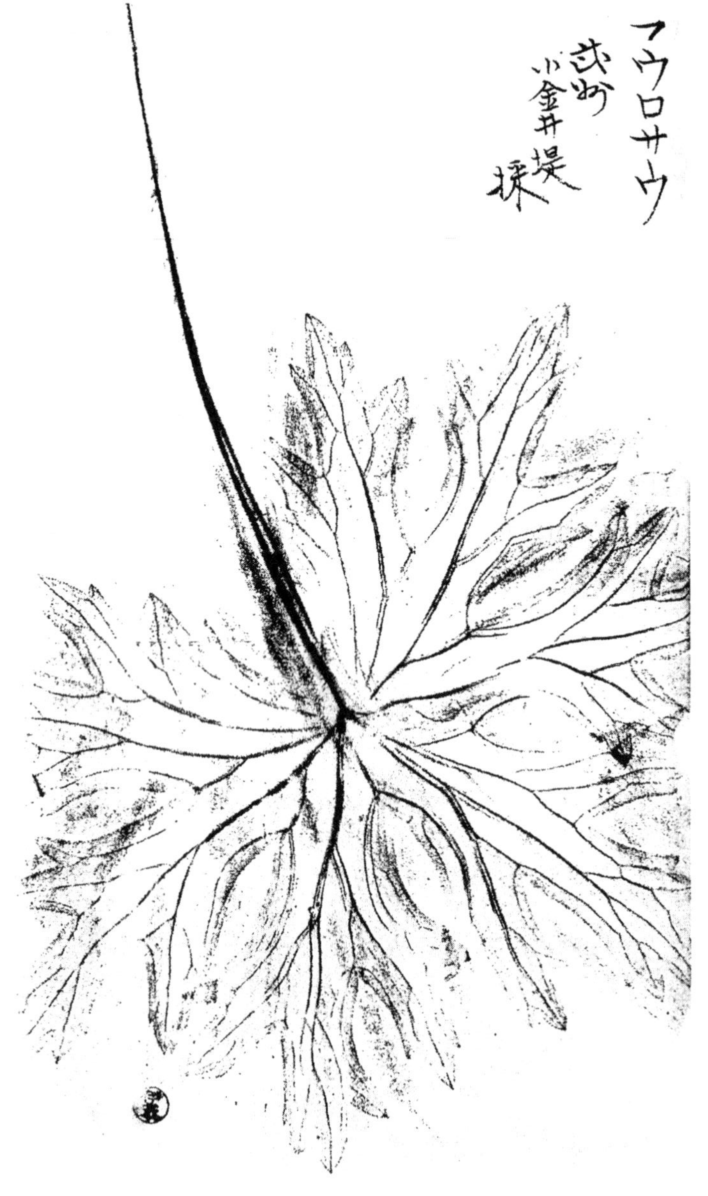

Pelargonium Zonale mis pollock.

Geranium 風露草

Geranium 香葉、Fl. 84

Geranium Robertianum

Geranium Thunbergii (S. et Z.)

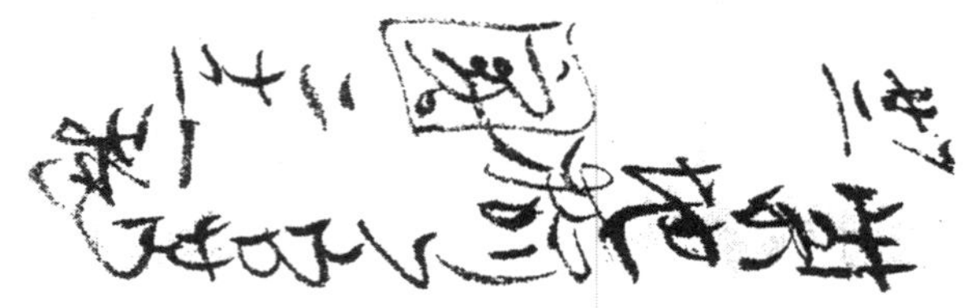

一 風建

此薬類草ニ和俗フウロウ草梅モトキハクベラト申

薬御座候皆一草之様ニ相見得申候然ルニ真之

物出羽奥別之内諸山所々ニ相見ヘ申候

牛扁（ゲンノシヤウコ） 是亦先輩俗人サウニ充ツゲンノシヤウコハ闘牛

児苗ニ充テ来ルナリ 慶賀写真草

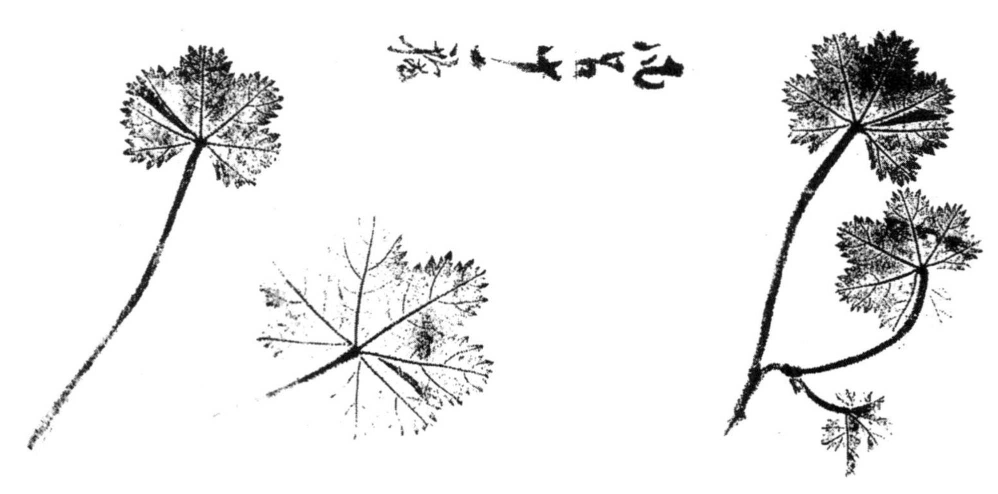

フウロサウ
ゲンノシヤウコ 根苗末ニシテ痢ヲ療スルニ功アリ故ニ名ク
ホッケバナ 京師
サクラガワ 江戸
ネコアシ 山城
チゴクサ 土州
ノガヘリ
リビヤウサウ 濃州加志母

レンゲサウ
フウレイ 江戸
ベニバナ 城州石倉
タチマチグサ
ゴベンサウ
カツラサウ 江州上坂

ホッケサウ
ミコシグサ 長州
フウギク 雅樹家
[illegible]
ホツケグサ
ノフウロ
ボカ [illegible]

ヲイエハルスベク ドベニクス ケラニユム

牻牛兒苗 救荒本草 一名 鬪牛児苗ノ一種
山野路旁ニ多シ 葉形五岐ニシテ猫ノ足痕ノ如ク毛アリ大サ一二寸 白班紫班ノ二種アリ秋ニ至テ五瓣ノ白花ヲ開ク紅花モアリ

牛ギウ 扁ヘン
花多 [illegible]
[illegible]

風露草 花紫モノ一種 中茎白モノ 梅ガエ 蔓生
三十一丙寸

風露草　白山ノ別山頂上ニ多シ向陽ノ地ニ生ス高サ五六寸葉ゲンノシヨウコニ似テ細ク岐深ク薄ク淡緑色茎葉倶ニ微短白毛アリ夏茎ヲ抽テ尺許方茎ニノ葉對節節ヨリ二三枝出六月梢ニ枝ヲ分チ二三花ヲ開大サ七分許五瓣紅紫色也一種白花ヲ開者花微大也方言ムメバチサウト云 北越[illegible]

牛扁　今ゲンノシヨウコト云ハ牛扁ニ非ズ救荒ノ牻牛兒一名鬪牛兒ニ牛扁ハレイジニ草ト云物ニトリカブトニ似タル草ニ鬪牛兒ハ毛莨ニ似テ五ツニ切レ猫ノ足カタノ如シ茎上ニ立ズツルノ様ニ成ル薄赤キ花美シ又白花モアリ后莢ヲ生長ク小サク熟ノ五ツニ竪ニ分レ下ヨリ開キ上ニ巻キ上リ御輿ノヤ子ノ如クニナルユヘニミコシグサト云

字典　牻　莫江切音厖　黒白雜毛牛

按　牻字ナシ　但救荒ハ字ヲ作ル者之ニヨルカ

圖　牛扁ハ多クノ誤リヲ云ヘリ　此救荒本草ノ牻牛兒ノ一名鬪牛兒ノ一種ナリ

品物名彙ニ　フウロサウ　牻牛兒ノ一種

救荒啓蒙ニ　牻牛兒苗ノ条云一種フウロサウト云アリ云々　即牛扁ノ一種ナリ

故ゲンノシヨウコヲ牻牛兒苗ト云フ　圖ニハ一種ハブアリ

因テ之フウロサウヲ牻牛兒苗ノ一種ト始ノ記入

フクロサウ
重瓣ナル紅紫　牛角ノ条
三寺モノゼンノシヤウニ一種ナル白相雑テ
コレガリノ香アリ至テ美ナリ又花大ニシテ色ノ
異ナル花アリテ風露ト云牛ト云アリ紅色ノモヲ
ベニフクロト云斑駁ナルヲサラサフクロト云雑
ニ縦斑ナルヲ郡内フクロト云又加州白山ノ産
ニ大輩ニシテ白花アリ阿多金剛山ニ三重
ニシテ白花ノモアリ江州伊吹山ノフクロウハ重ヲ
形大ニシテ鉄刻深ク直立シテ延作セス花大

ニシテ陸紅色ナリ外テフクロ又ミカエリフクロ
ト云又伊吹山ノ産ニ細葉ノモアリソノ花淡紫
色ニシテナリトナリコノ外ニ重瓣ノ胡テ異也
ノ気アラ

牻　誤ナリ

牻牛児苗

康煕字典曰
音尨　説文白黒雑毛牛

右ハ丁ニ文下文ヲ来

秋咲

白雪フウロ　一名ミライキウロ　野生ノ白花也秋咲

紅フウロ　秋咲一名紅梅フウロ鮮紅色也

春咲フウロ　ウス色ニメセイヒクシ

加州春咲フウロ　白山ノ産ニメセイモ格別ヒキク花淡紅紫ニ葉初生粉色アリテ見コト也　郡内フウロ　大葉ニメ皺アリ花ハリ色可愛ウス色ノ花アリ　白て郡内ト云三月中旬開扁特ナルヘシ

○牻牛児苗　ナンセウロ　野生ニテ葉郡内フウロニ似テ少也莖叉ヲナス花白ヌハリニ不足見紅白絞リ有見コト也　梅カエフウロト云実生ニ紅花モアリ又大葉ニテ皺アリ淡緑色花薄紅ニメ小輪茎立

フ廿二

テ蔓ヲ不引　郡内フウロノ一类ト見ユルモノアリ　朝鮮ノ白花

フ七二

現證據

漢名牻牛児　救荒本草ニ出タリ　大和本草牛扁ニ當ツ何ニ據ル事ヲ不知　本草ノ説ハ不分明　又レンケ草ト云ヨシ云リ　牛扁ノ和名藤鹽草等ニタチマチクサト訓ス　故ニ今タチマチクサト云者アリ　牻牛兒ト一物ナルヤ不詳　山野近道ニ多ク生ス　一類別種甚多シ　葉ハ毛莨ニ似テ鈌刻深ク紫色ヲ帯莖紫ナリ　叢生ノ四散シ蔓延ス節ニ對メ葉ヲ生シ葉間枝ヲ分ル　五辧ノ小紫花ヲ開ク梅花ヨリ小ナリ　夏ヨリ深秋ニ至テ漸々花ヲ著花謝ノ小子ヲ結フ事五子々ノ頭ヨリ一嘴アツテ尖鋭ニメ錐ノ如シ　熟スル時ハ五辧ニ分ル　逆ニ裂ケテ錐ハ少止リ花様ヲナス　又白花

牻牛兒ノ別種ナリ　葉毛莨ニ似テ

フ廿三

伊吹證據

蕁モ多皺文アリ四月莖ヲ抽テ淡碧白色ノ花ヲ
開テ大サ梅花ノ如シ一處三五花ヲ着花謝メ実
ヲ結フ了常ノ現ノ證據ノ如シ莖地ニ不レ布直上
メ又詩

風露草　牻牛児ノ別種ナリ白風露郡内風
露アリ

欝金菱　牻牛児ノ別種ナリ葉小ク硬シ五叉
有テ又小叉アリ節々葉ヲ生メ地ニ布ク常ノ現
ノ證據ニ似テ莖細ク花大ナリ淡紫色漸々深ク
了同シ伊吹山下ノ人欝金菱ト呼何ニヨル了ラ
不レ知東武ニ櫻川ト称スル者ナラン．

[illegible]一花　菊葉ノ[illegible]　葉[illegible]アリ
[illegible]ニノ[illegible]ニ[illegible]
ニ分チアリ花[illegible]
自[illegible]ノ[illegible]
ニス[illegible]カ

フウロサウ　花紅
[illegible]　アカエマツ
[illegible]

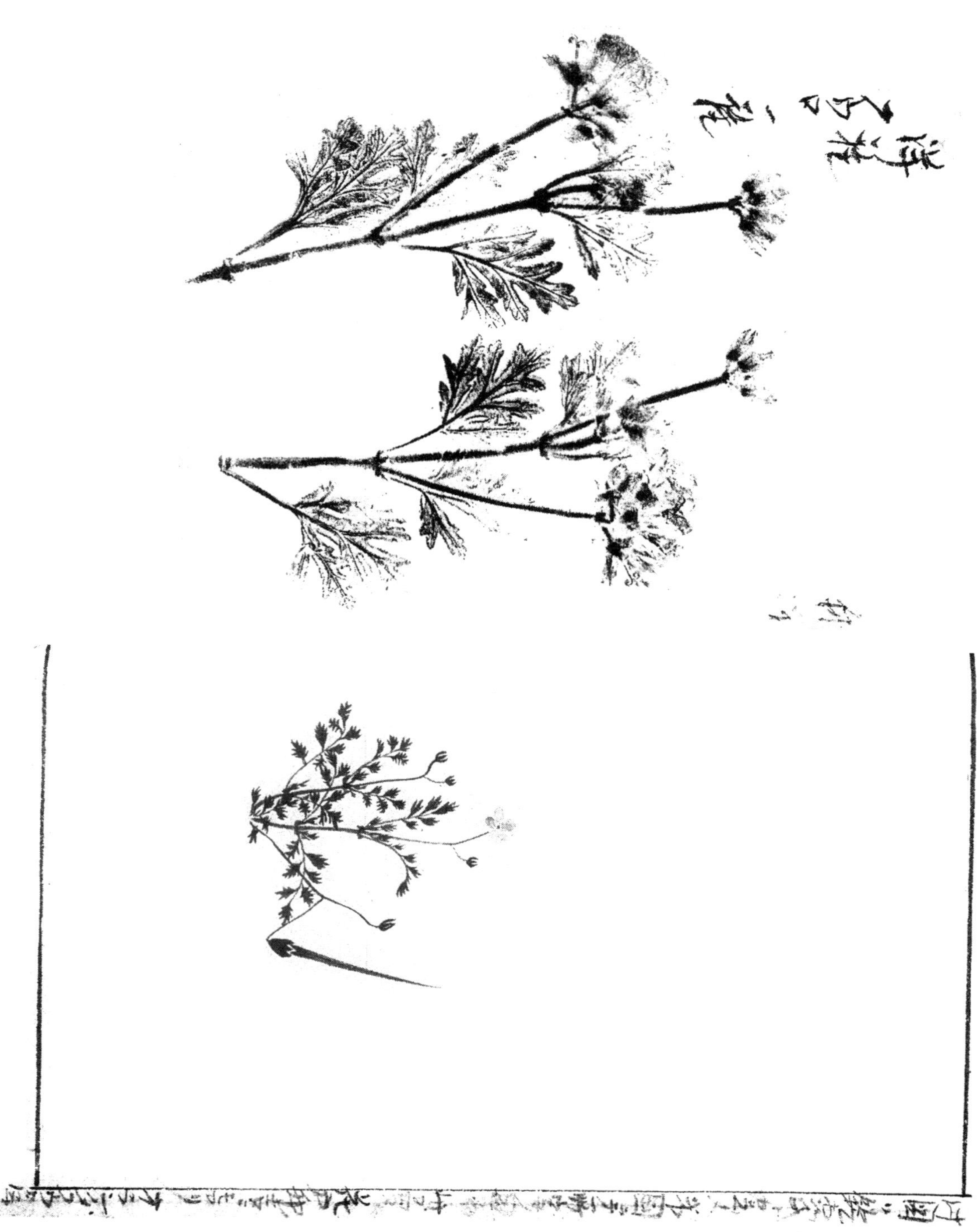

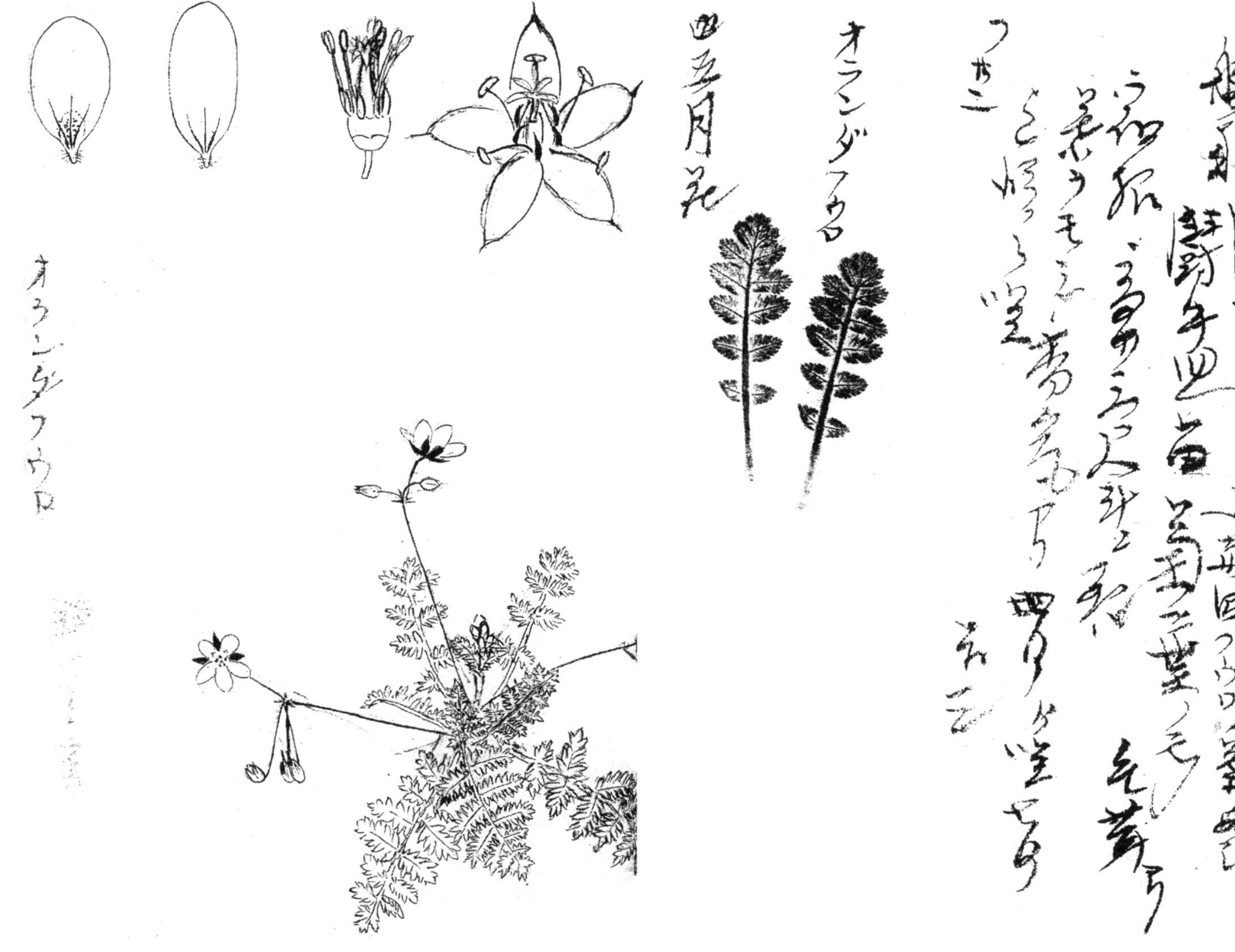
オランダフウロ
四五月花
オランダフウロ

オランダセリ　舶種

葉　又和名

カワラサイコノ如クニシテ細カキ葉ヲ四方ニ
散布シ中間ヨリ細キ花梗ヲ抽出ス
梗色赤シ端ニ二三四五花宛ツヽ
頂ニ花ヲ着ク紅紫花五弁ニシテ上ノ
二弁相並ヒ下ノ三弁ニ比スレハ稍短ク闊
ナリ二ニ三弁ノ下ニ白斑ノ節アリ其ニ萼
黒ノ細点アリ下ノ三弁ハ然ラス五ホ石ノ間
細実
蕊ヲ抽出ス
梗アリ…五…
…

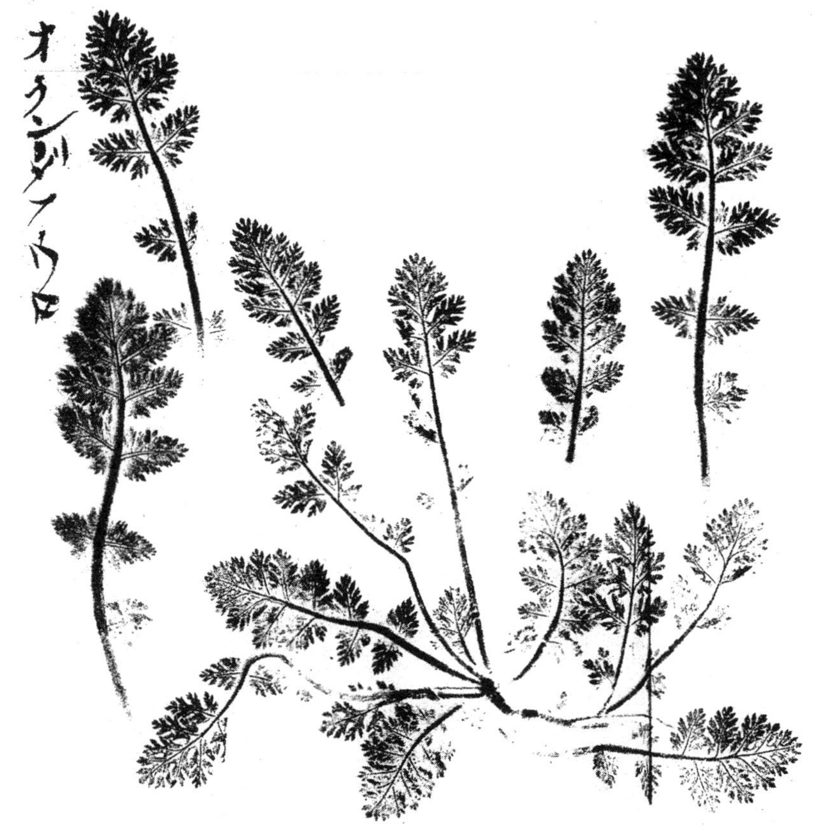

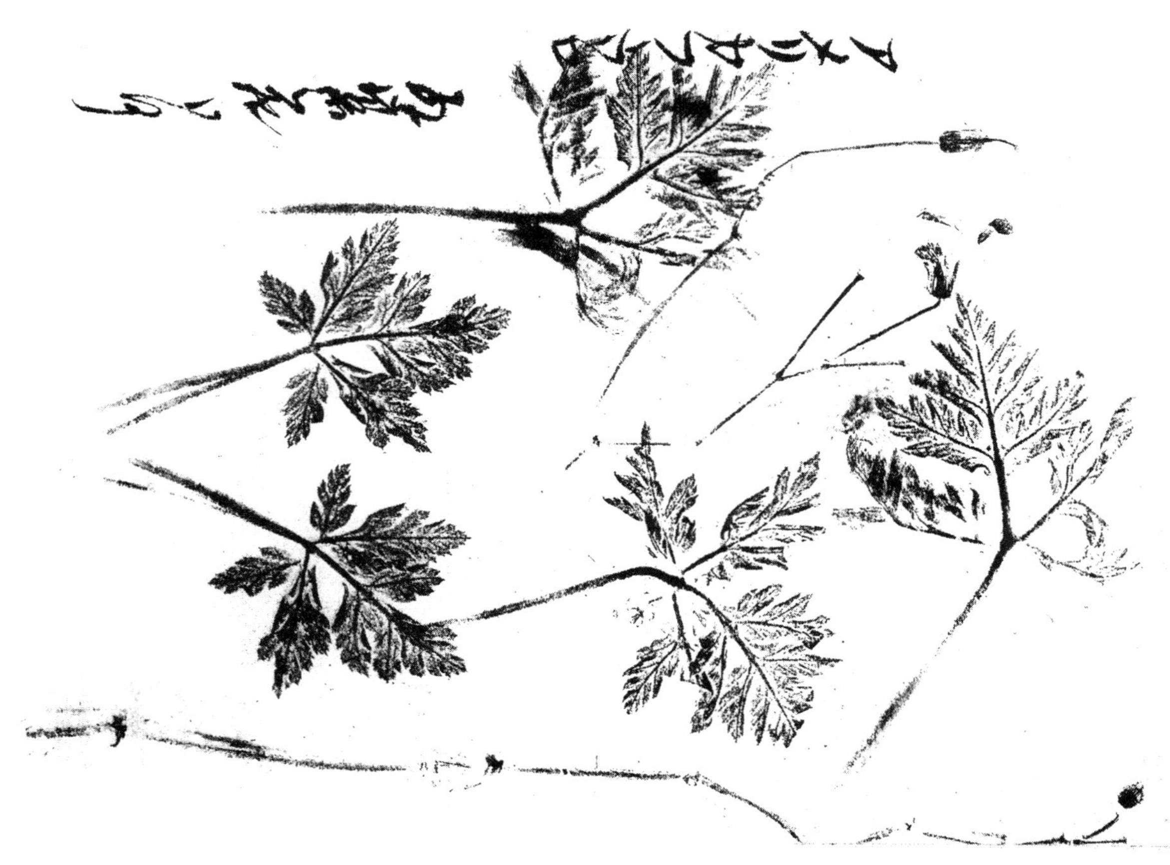

牻牛児苗　ゲンノシヨウコ
ゲラニウムムキユデア

ゲンノシヨウコハ集解ノ牻牛児苗ニ非ズ鵜飼氏ニ野老苗ノ
義トス内ニ用セ葛葉ニ似タル大ナルモノ又鶏腿児一名ニ
似タリ月ニ移シ其物ナリトス天保年中ニ和ニテ生ス

葉ハ鵜飼児ノモチリノ葉ニ

フサミ

フウトウカヅラ

按 ツルコセウ クウトウカツラ 蒟醤ニ縮ニ見

Piper futokadsura Sieb. et Zucc.

大葉キンマ

同 蒟醤

紅毛語 ペーテル

洋菜 考伝 宮本 ノ説

和ニテキンマト呼ブ。クロボウ語ヨシ。此
草ノ葉檳榔子及ヒ蜂灰ト同ク嚼ミ食ス。
瘴癘ヲ避ケ胸中ノ悪気ヲ去ルト時
珍云ヘリ。崎港ノ蛮館ニ於モ崑崙奴
常ニ嚼ミ食ス。赤キ唾ヲ吐キ出ス。清人
コクシヤ工社ナトノ荷物ニ僅ニ有ヲ見ル。何ノ為ニ
持ト云フ古又ヲ知ラズ

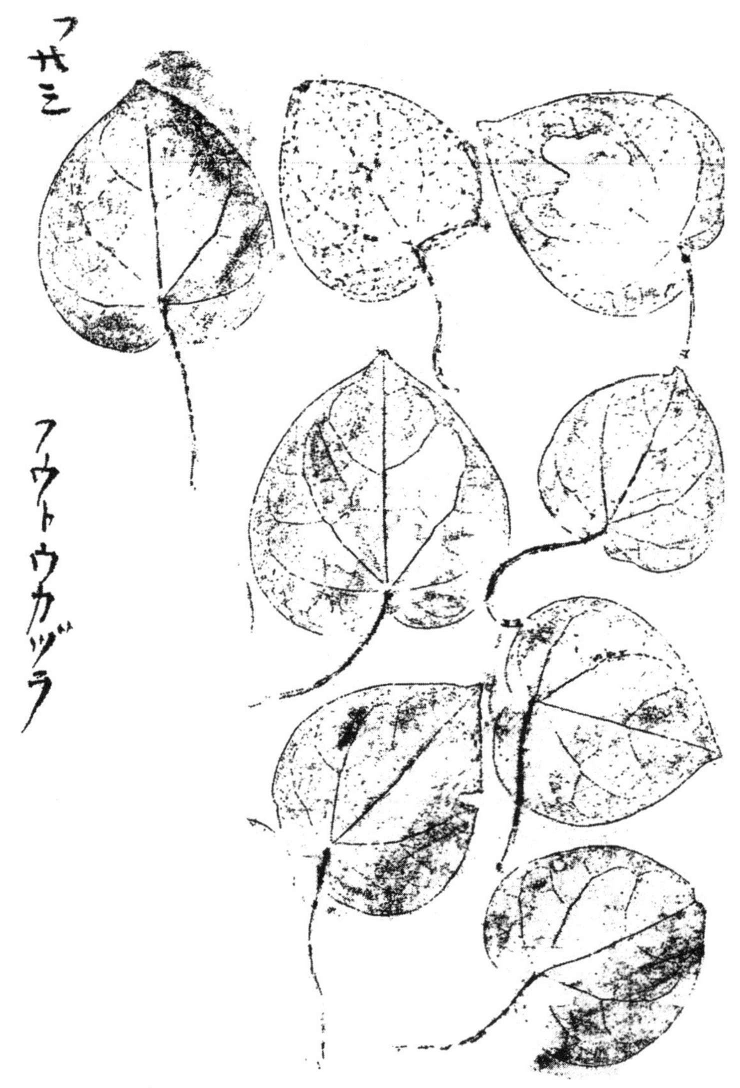

〇[illegible]志 風藤 一名南藤 ヨノ物南方殊ニ多シ 蘇頌曰
榮州有之生ノ依南木茎如馬鞭有節紫褐色葉如杏葉而尖
閩書曰生依南樹故号南藤即是也或以為土蔞藤者非也ソノ
藤密節ヲ毎節根葉ヲ生ス 和方ニ中風痺及腫痛諸瘡ヲ治スルニ煎
浴シ又煎服ス極テ験アリ 元禄中 官ヨリ豆南山付ノ諸村ニ命シ
ヲ仰付ラル 蔞草ヲ采ル 因ク少シク光ル葉ノ味辛シ 風藤ナラバ野人
因天ヲ能知之 清陳振先採藥録曰深山老者即海風藤治風氣其藤
土者盈拱唯土ニ畢ル 諸疾ノミナラス扑折傷手足冷ルナドモ久浴スレバ
亦不忘ユサレド只風藤バカリニテハ功ヲ奏セル少ナシ 風藤(二斤 但薬肆ニテ
ハ年月ヲ経効少シ新ニ採テ用ユベシ)様木皮 乾姜 忍冬 各半 杜仲 羊躑躅 右四
味同煎シ風呂トナシ浴シ或ハ患処ヲ洗フベシ

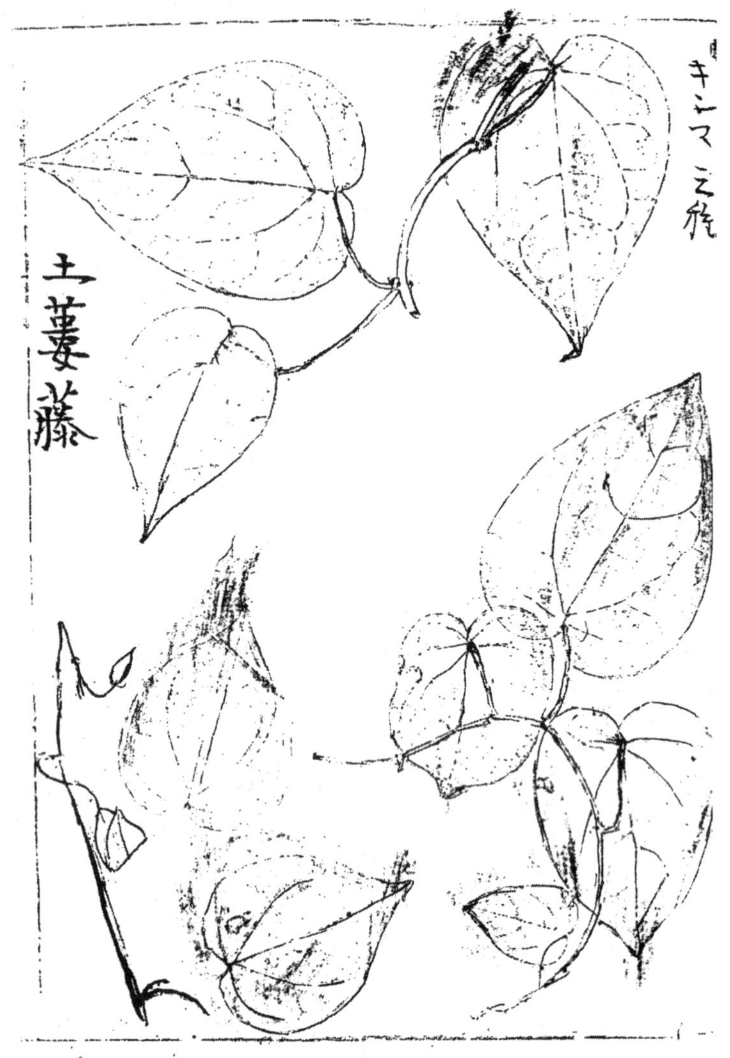

南藤

未詳 松岡ノ説ツルムメモトキニ充ル非也又一説ニフウドウカズラニ充ル非ナリ此ハ漢名蒟醬 烈節 附録 コレヲ松岡ノセツフウドウカズラニ充ル非ナリ寿世保元曰石南藤一名扂目女人不可久服犯則切令思男

啓(蒙) 南藤一名風藤 和俗フウトウカヅラト呼フ土ニ蔓延ス 同名ナリ・後略

蔞葉

蔞葉、生蜀粵、及滇之元江、諸熱地、蔓生有節、葉圓長光厚、味辛香、翦以包檳榔食之、南越筆記謂、遇霜雪則萎、故昆明以東、不植、古有扶留藤、扶留急呼、則爲蔞、殆一物也、醫書、及傳紀、皆以爲卽蒟、說見彼、滇之蔞、種於園、與粵同、重蘆而不重蔞、故志蔞、不及粵之詳、莖味同葉、故交州記云、藤味皆美、

〔長編〕齊民要術、吳錄地理志曰、始興、有扶留藤、緣木而生、味辛、可以食檳榔、蜀記曰、扶留木、根大如箸、視之似柳根、又有蛤、名古賁、生水中、用燒以爲灰、曰牡蠣粉、先以檳榔著口中、又取扶留藤長一寸、古賁灰少許、同嚼之、除胸中惡氣、異物志曰、古賁灰、牡蠣灰也、與扶留檳榔、三物合食、然後善也、扶留藤、似木防已、扶留檳榔、所生相去遠、爲物甚異而相成、俗曰、檳榔扶留、可以忘憂、交州記曰、扶留有三種、一名穫扶留、其根香美、一名南扶留、葉青味辛、一名扶留藤、味亦辛、

南越筆記、蔞、以東安富霖所產、爲上、其根香、其葉尖而柔、味甘、多汁、名曰穫扶留、他產者、色青味辣、名南扶留、殊不及、然番禺大塘、康樂鷺岡、鳳岡頭諸村、及新興陽春所產、亦美、冬間、以獨草覆之、稍沾霜雪、立萎矣、凡食檳榔、必以蔞葉爲佐、有夫婦相須之義、故粵人、以爲聘果、

元江州志、蔞葉、家園遍植、葉大如掌、纍藤於樹、無花無果、冬夏長青、採葉、合檳榔食之、味香美、

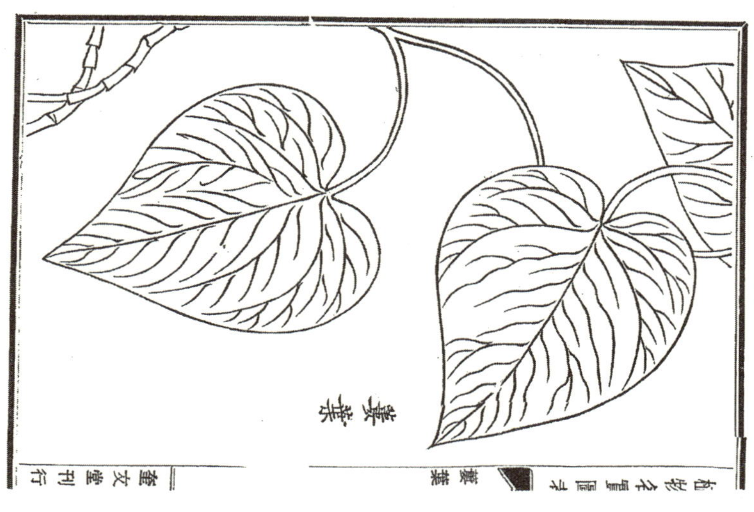

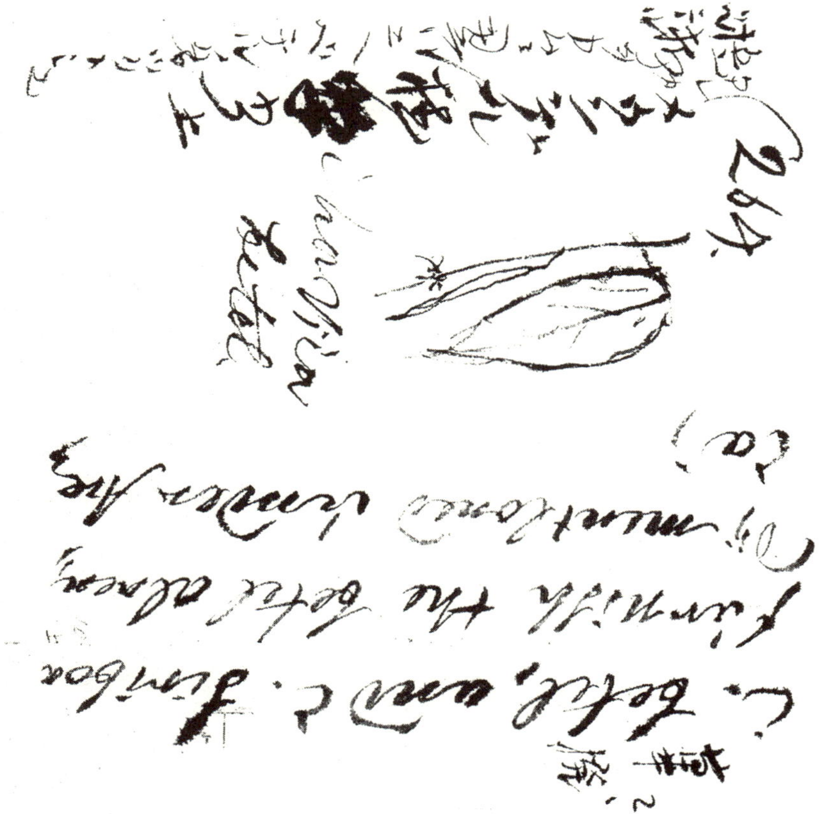

Chavica betel

Chavica betel

betel 蒟醤 betel leaf 蔞葉

唊檳榔和蔞葉蘸少灰咀之大辛興閩廣同檳榔以羌
圭浸今軟蔞葉小而味薄春夏興葉則嚼其根味亦香
辛食之既久唇紅齒頳々吐水石上如一團鮮血矣
見駿人天祿識餘

蒟給即蒟醤其藤曰浮留今謂之蔞○太沖蜀都賦
先言蒟蒻茱萸又言蒟醤流味於番禺之鄉六臣注蒟
弱為蒟醤故升菴潛谷因之而誤也劉淵注是智按常
璩巴志蔓有辛蒟蜀志言有蒟給並含曰蒟醤蓽茇

也生于番者大而紫曰蓽茇生于番禺小而青謂之蒟焉
蒟子調食故謂醬焉孟奇不知此故疑蒟為醬此因
徐廣而誤廣謂木生豈足據乎蓽茇即蓽撥今為二種畢
茇草生蒟蔓生西廣呼蔞為蔞借字也雲南人食檳榔用
蔞子廣東冬用蔞根蒟蒻則兎芋餅前

通雅

フウトウカヅラ 豆州フタヱ フトカヅラ 志州礒ゟ 琉球コセウ 花戸

土蔓藤 廣東新語 山蔓藤 同

四国九州紀州志州勢州尾州豆州ホノ海濱ノ岸ニ蔓延シテ生ス葉ハ蘿藦ノ葉ニ似テ厚ク互生ス深緑色ナリ切レバ胡椒ノ香アリ故ニ世人胡椒或ハ草蔓ナリト云茎ニ節アリ京師ニテハ冬月窖ニ入サレバ枯ル四月葉間ニ細キ穂ヲ生ス長サ一寸余細小白花ヲ開ク子ハ累々トシテ穂ヲナス長サ一二寸子ハ椒目ノ大サノ如ク外ニ膚皮アリ色赤シ肉ニ粟殻色ノ硬殻アリ其ノ内ニ仁アリ色白シコレヲ嚼ムトキハ味淡ニシテ微辛ナリ香気蓽茇ニ似タリ先年蛮人ニ見セシニ胡椒ナリト云然レトモ形色気味胡椒ニ異ナリ即土蔓藤ニシテ薬艸ノ下品ナリ夏以後節ゴトニ根鬚ヲ生ス土中ニ入ルモノハ鬚根多クナリ土ニ遠ケレバ鬚一條ノミ故ニ節ゴトニ切レバ皆分チ栽ユベシ葉ノ大サ二寸許或ハ四五寸長キ葉アリ

田舎ハ小葉アリ 〇渇本ニハ細葉ノモノアリ

〇伊豆権現ニ甚多シ

〇駿州久能山ノ麓根古屋村ニ細葉ニシテ実ヲ結フモノアリ土人云葉ヲ煎シテ打撲ヲ洗フ 〇フウトウカヅラ アラキハ 石菖蒲ホ分煎服治疝気

〇外科ニ用ルコトアリ

〇人ヲヤソノ時ニフウトウカヅラヲ薪ニマゼヤケバヨクヤケルヨシ

小葉

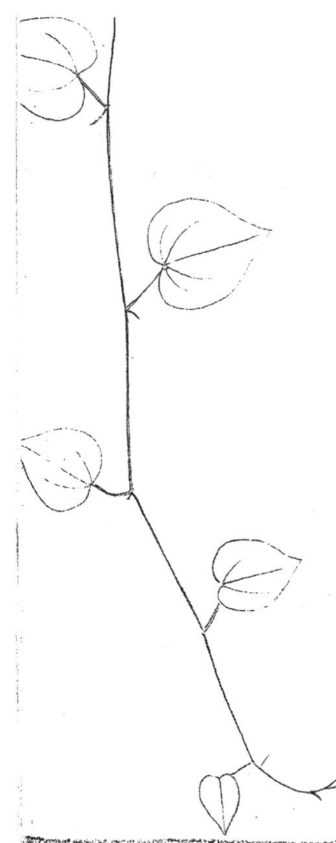

風藤 一名南藤コノ物南方殊ニ多シ蘇頌曰榮州有之生
〆依ニ南木ニ茎如ニ馬鞭ニ有ニ節紫褐色葉如ニ杏葉ニ[illegible]書曰
生ノ依ニ南樹ニ故ニ號ニ南藤ニ即チ是也或以為土蔓藤者
非也其藤密節ニシテ毎節根葉ヲ生ス和方ニ中風痺
及ヒ腫痛諸瘡ヲ治スルニ煎浴シ又煎服ス極メテ
驗アリ元禄中官ヨリ豆南山ニ付ノ諸村ニカコヒヲ仰セ
付ラル蔓草ニシテ葉圓ク少シク尖ル葉ノ味ヒ辛シ風藤カ
ツラト云ヘハ野人田夫モ能ク知ル之清陳振先採薬録ニ
曰深山老者即チ海風藤治瘋氣其藤大者盈拱唯上
ニ攀クル諸疾ノミナラス疝折傷手足冷ルナトモ久浴
スレハ必ス愈ユサレモ只風藤バカリ二斤○但シ薬肆ニア
ルハ年月ヲ經テ効少ナシ新ニ採テ用ユヘシ
風呂トナシ浴シ或ハ患處ヲ洗フヘシ
樸木皮 去粗皮 忍冬 各半斤 杜仲 四拾銭 右四味同煎シ

○土蔓藤（ツルコセウ） 伊豆及ヒ安房ニ産ス六月ニ下種ス然レモ長スル事甚難シ故ニ
梅雨ノ候ニ至リ其蔓ヲ折リ挿スレハ三月間ヲ經テ根ヲ生シ二年ヲ經テ花
実ヲ見ルニ至ル花ハ盆栽ニ宜シ従来暖地ニ生スルヲ以テ寒ヲ怕ル丶事甚シ
トス故ニ冬日ハ温室ニ収ム性人糞ヲ忌ム因テ春秋二期ニ油滓ヲ與フ六月
花ヲ着ク其状茶蘭方言ノ花ニ似テ黄ナリ其実初メ緑色ヲ帯ヒ秋ニ至リ熟
シテ紅色ヲ表ス葉ニ香氣アリ

南藤　フトラカヅラ　啓蒙ニ　トヅラカヅラニスニ土蔓藤ノ一種トス
非也蔓葉ハ冬葉脱シ春新葉ヲ生ス南藤ハ四時青翠也粤
述ニ蔓葉小而味薄春夏無葉則嚼其根味亦香辛テ嶺南ハ春ニ至葉ヲ脱トニ
紀府津守氏ニ蔓葉ニ檳榔蚌灰ヲ合シ包メル古渡リアリ
其葉ヲ開キ見ルニ馬兜鈴葉ノ如ク左右本張出セリ通雅
ニ雲南人食檳榔用蔞子廣冬用蔞根トス

南藤 [illegible]

三九ノ

蒟醤　フウトウカツラ　コセウツル
伊豆熱海ニ多シ人家ニ[illegible]
蔓生ス葉丸ク尖テ先尖リ根香
氣アリ寒國ニ移シテハ花不生
コセウノ一類ナリ

[illegible]

betel leaf

betle-Nine

[illegible]

(17) 枝三

口葉 蒟醤 薩摩産 蘿吉采来

細葉 西國ヨリ来ル

C. betel, and C. siriboa Rumph., of the betel chewers; mostly under Areca,

メウンデル植学書上 264. ニ出

Chavica betel

檳榔(アレカ)(ベテル)ヲカムニ用ユルニヘベテルノ名アリトムヘシ

伊藤圭介稿
植物図説雑纂

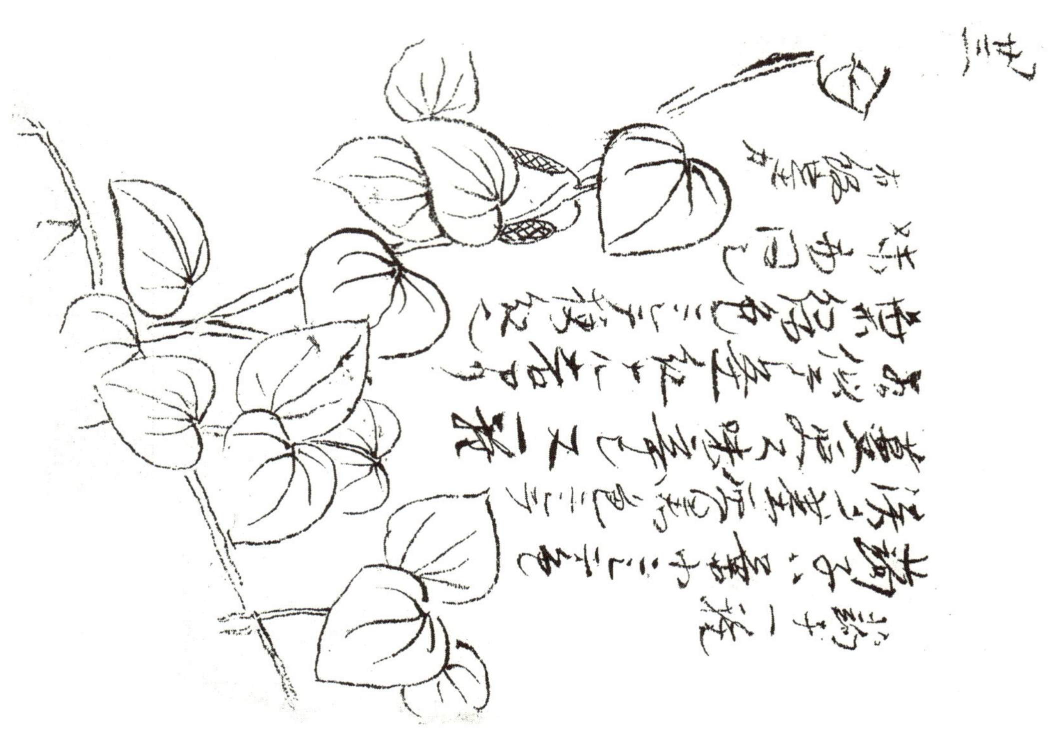

廿三

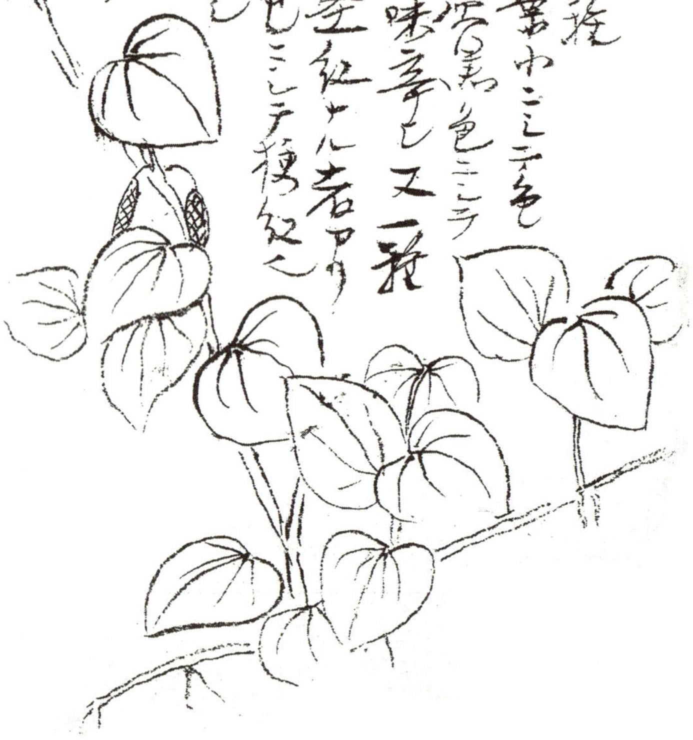

蒟子一種
蒟子ハ葉ヤミニテ色
淡ク茎ハ黒色ニシテ
蔓延ス味辛シ又一種
葉似テ茎紅ナル者アリ
葉緑色ニシテ梗紅之
味亦同シ
花穂長キカ

Chavica betle. 蒟醤 betel-pepper 同
Chavica roxburohii 蓽茇 long pepper 同

蒟醬　大葉

登按蠻人常以此葉及檳榔子陳皮蚌灰包貯朝暮嚼之啜此其味辛帶甘　硫磺嶋土名牛蔓

蒟醬　細葉

登按其莖如蔓或依樹或據石節々有生根凌冬不死甚忍寒氣其葉似榊葉牛膝厚實長二三寸許其狀如胡椒小也其味辛本草載劉淵林注蜀都賦云蒟醬緣木而生其子如桑椹熟時正青長二三寸以蜜及鹽　而食之辛香此注宜證琉球土名於志

收蔓

元江列志蔞葉蒙園遍植葉大如掌纍藤於樹無花無果冬夏長青採葉合檳榔食之味香美

ヒルハセウ [illegible]

○蔞葉　一種葉ハ実葉ノ絡石ニ似テ大ニ長ク尖リ五味子ノ蔓ノ新芽ニ似テ冬モ不枯者アリ花実ヲ不知當国知多郡ノ海辺ニ有

一種海辺ニ生スル者アリ葉圓ニナ一夾有テ粉青色長蔓繁茂シテノ地ニ附テ能生ス寒気ヲ恐ル小花ヲ開キ實ヲ結フ未其形狀ヲ詳ニ不見

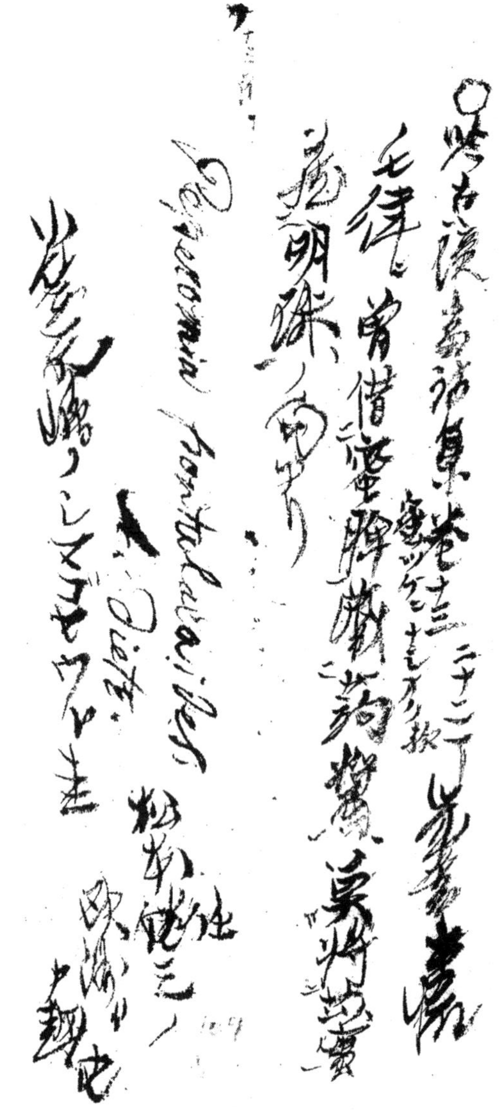

○蛤灰藤葉嚼檳榔倚酔能消夜漏長第一珠江風月
藪四更猶泛野鴛鴦　妙ノ五虎文字　巻西

蒟醬　キンマノ生葉ト蚌灰ト檳榔トヲ交エ菓子トナシ
嶺南辺デ賓客アル寸ハ出スヨシ昔シハ檳榔ト蒟醬葉
トヲ一ツニ砂糖ニ漬タル物渡リシヨシ茶店ニ手本ニアル
残ル葉形加茂葵ニ似テ長ミアリ厚シ今九州辺ニアル
風藤カヅラ蒟醬ト同ジ了シ然レ氏辛ミナシ下品ノ者ト
見エ土蔓藤ノ方シ本綱ニ出ヅ○キンマ撫ノ番合ハ朱
塗ニメ黒キ蒔絵アリ中チハ皆三ツニシキリアリ大ナ
ルハ童ニスル之檳榔合ト桂海虞衡志ニ出ツ

フ廿三

土蔓藤 フウトウカツラ

蒟醤ノ下品ナリ下只ノ称ヲ土トヱフ四國九州
尾海老花ノ
伊豆伊勢紀伊等ノ海濱ニ生ス蔓草ニシ
テ葉形蕺菜ニ似テ厚ク先尖リ尤五生葉間
白鬚ヲ生シ截撕シテ活シ易シ四月葉間
花穂ヲ發ス長サ二寸許穂ノ形樺穂ノ如シ小白
花ヲ開ク花後実ヲ結フ大サ椒目ノ如シ葉実共ニ
胡椒ノ氣アリ性甚寒ヲ恐ル冬月窖ニ入レ
サレハ不活葉ニ大小長等ノ品アリ

按心臓葉

ヤーイコヤし

南藤　きんま　蒟醤と同名

天保四己年琉球の産なる物薩州より江戸へ来る蔓生きんまに似紅色
葉ハ山草薢（ところ）に似て小く落葵（つるむらさき）に似て薄くして茎紅色ニ未花実を
視す是真のきんま又ふうとうかつらなるべし風藤ニ釈名ニ見ヘ西和漢通名
あり斉民要術交州記を引て扶留有三種一名穫扶留其根香美一名
南扶留葉青味辛一名扶留藤味亦辛といへ

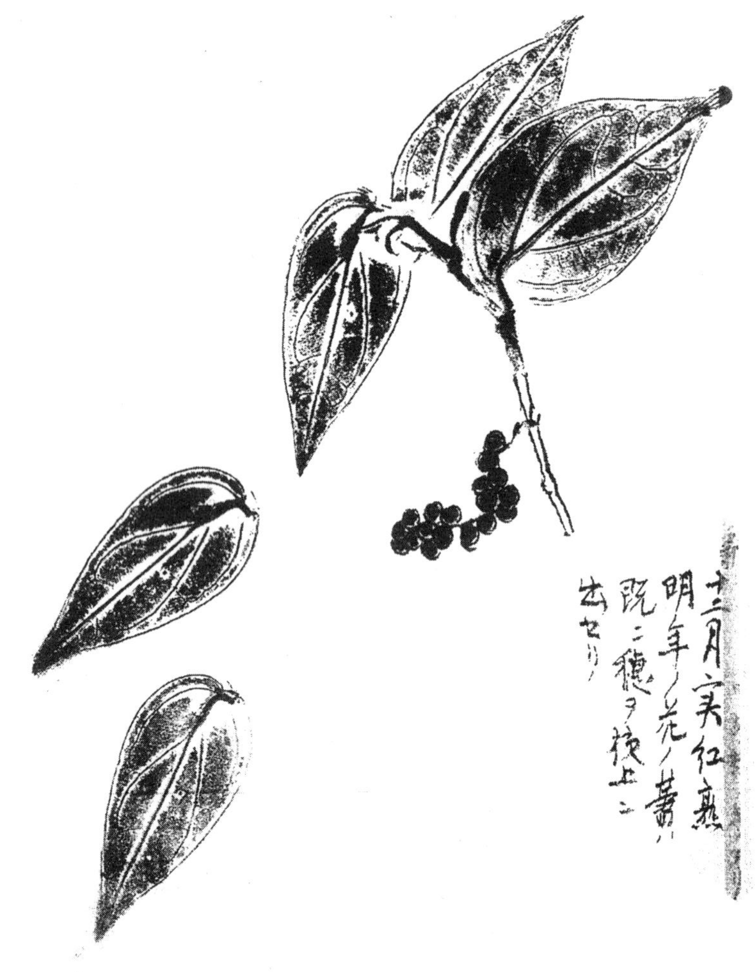

醫 三 蒟醬 十二 樓治 相思葉

享保年中ニ此叶來ル 檳榔ト 性 使 ?? 此

色ニ ?? 廣ニシ 花モ ??

三蒻

三蒻根似薑而軟脆、性熱消食、宜兼檳榔嚼之、以當蒟子、或以調羹湯、微辣而香、聘婦者以三蒻雕鏤花鳥胡嗹諸狀、薄金傅之、佐檳榔椰肉桂薑花等以賁筐、三蒻一名山柰、亦曰廉薑、可為虀、予詩山辣作金虀、蠻薑為玉豉、山辣者三蒻也、蠻薑高良薑也、以其子合細辛末、可辟口疾、　廣東新語　二十七

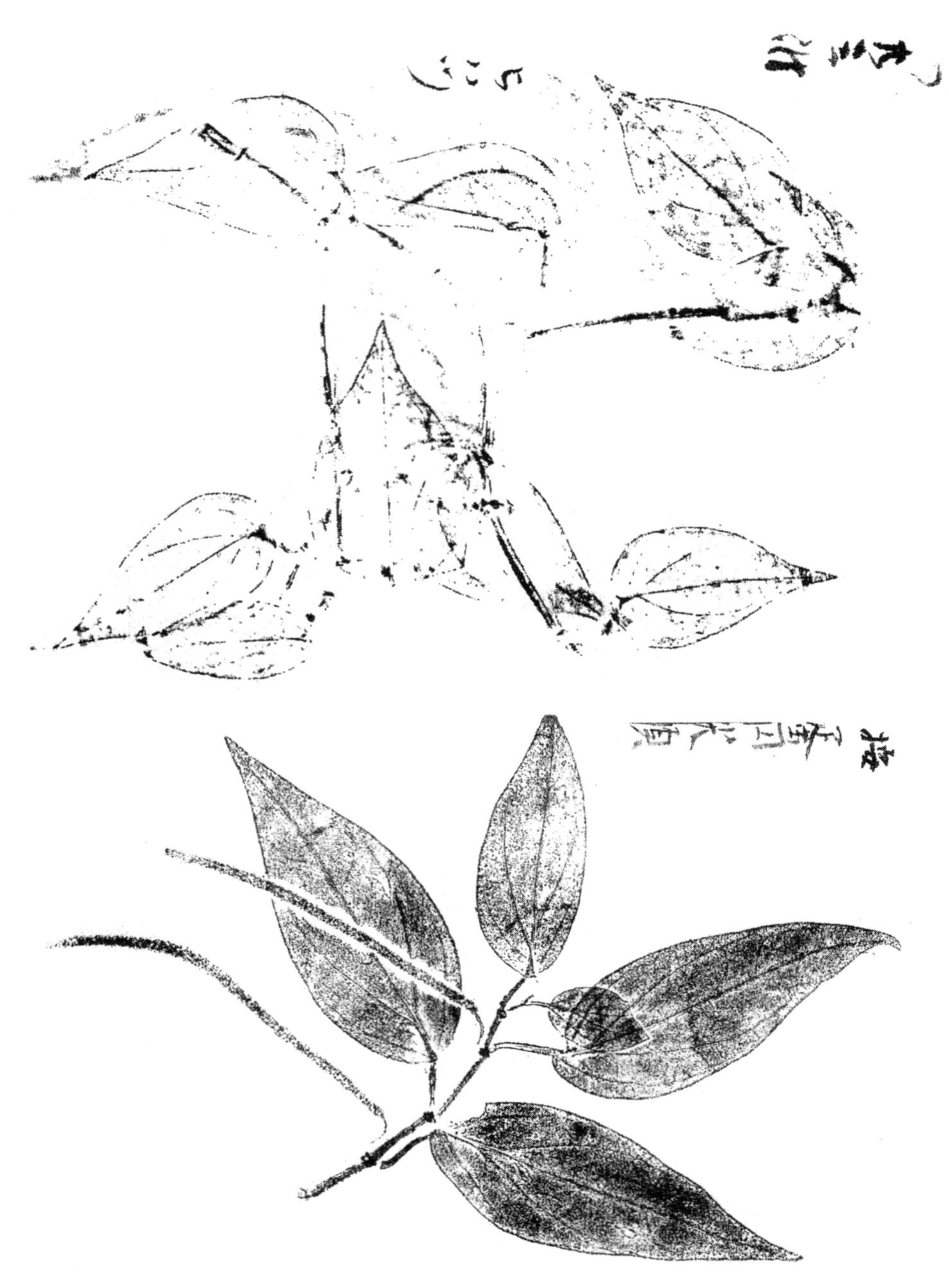

蔓附木生實若椹纍或曰浮留南人謂之和以爲醬

五味告宜

右蒟出渝瀘茂威等州卽漢唐蒙所得者葉如玉瓜
厚而澤實若桑椹緑木而蔓子熟時外黒中白
長三四寸以蜜藏而食之辛香能温五藏或用作醬
善和食味或言卽南方所謂浮留藤取葉合檳榔食
之

益部方物略記

蔞油 按蔞即扶留藤

キンマ

蔞卽蒟也山嶺南人取其葉合檳榔食今人名櫓葉用其葉封 本草綱目拾遺
固罨半載收貯待用可留數十年非獨䟽積滯消瘴癘治
病亦夥惟西洋人有之

南藤 フウトウ
熊野ニ産ス葉闊大ニシテ濶二寸餘長サ三寸許香蔞ニ似テ大ニシテ鋸齒
ナリ面深緑色

熊野物産初志 一

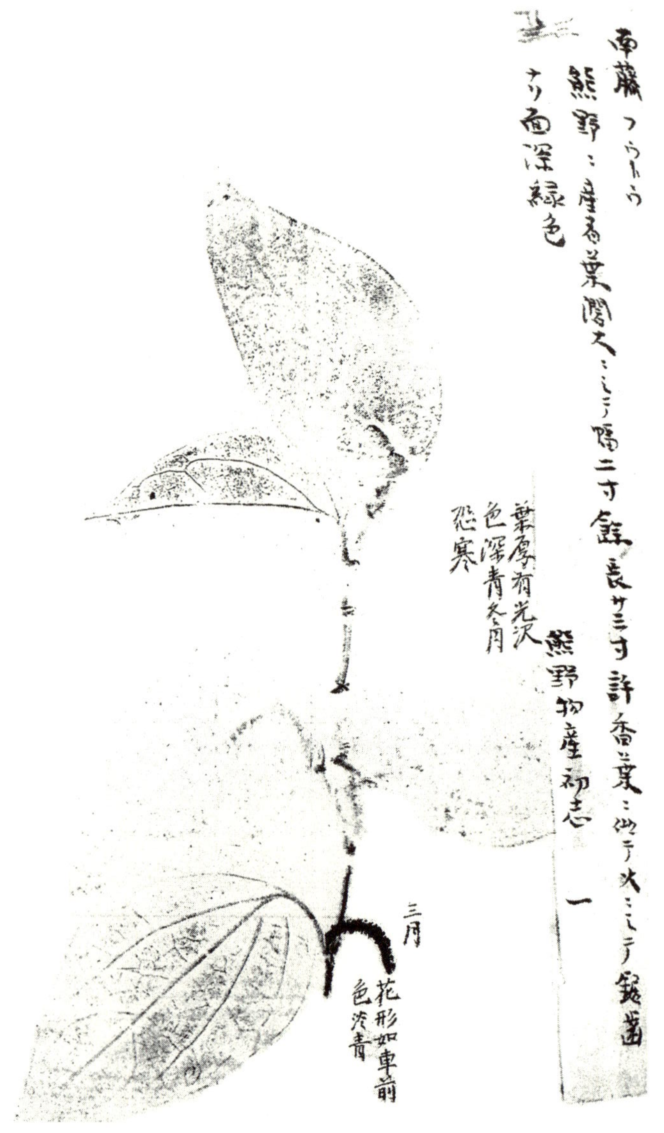

蔞附本生實若椹累或曰浮留南人謂之和以為醬

五味告宜

右蒟 出渝瀘茂威等州即漢唐蒙所得者葉如王瓜厚而澤實若桑椹緑木而蔓子熟時外黒中白長三四寸以蜜藏而食之辛香能温五藏或用作醬善和食味或言即南方所謂浮留藤取葉合檳榔食之

[illegible]

キンマ

一 蔞油 按蔞即扶留藤

蔞即蒟也山嶺南人取其葉合檳榔食今人名櫓葉用其葉封固曬半載收貯待用可留数十年非獨疏積滞消瘴癘治病亦夥惟西洋人有之 本草綱目拾遺

南藤 フウトウ

熊[illegible]

ナリ石

[illegible]三寸許香氣アリテ大ニシテ[illegible]

檳榔

遐海胎嘉實天生壽瘴郷醉心兼綠葉到口自紅漿翠盒類來客金盤新嫁孃 粵俗以此敬客亦嫁女必之 相如因作賦南食首賓狼 相如賦作賓狼

学福齋詩集　元

一紀州ニ而白土萆薢ト云又経寸餘者 紀州和歌山 畔田重兵衛翠山

翠山源伴存按物類品隲以南藤為風藤

可謂確矣質問本草載南藤即風藤也李時

欽蒙以風藤為萆薢非也紀府草肆有古塚

萆薢葉合擁郷蚌反巴之首其葉似馬兜

鈴葉而闊厚藴実所謂萆薢葉似王瓜

而厚大光沢即此也 山本物産

萆薢 和名大葉トコロ

総名野老 土名牛蔓

山薬 紫細葉 似柳葉 提未女一

綜名ナンキャン

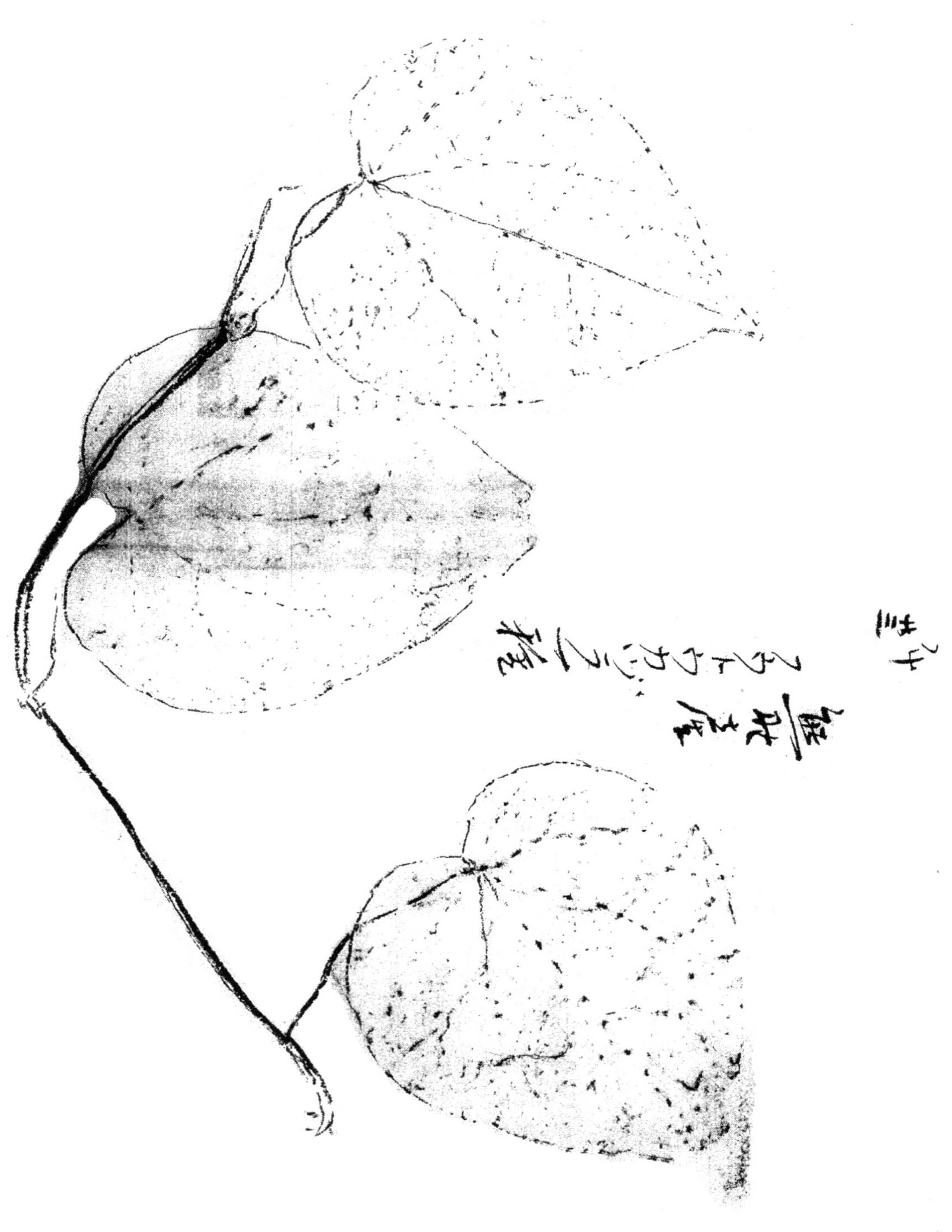

蔞葉藤
葉似葛蔓附于樹可為醤即漢書所謂蒟醤也實似桑椹皮黒肉白味辛今檳榔食之療瘴癘
華夷花木考　巻五

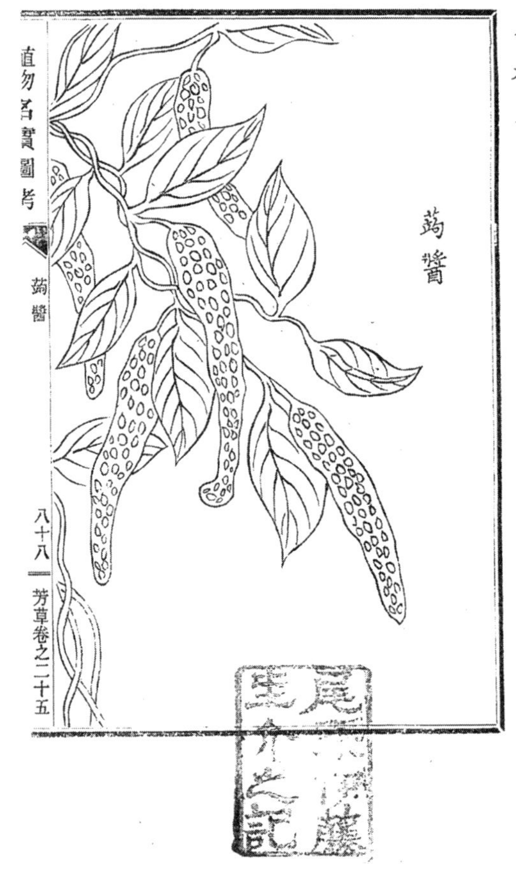

蒟醬

蒟醬、唐本草始著錄、按漢書西南夷傳、南粤食唐蒙蜀枸醬、蒙歸問蜀賈人、獨蜀出枸醬、顏師古注、子形如桑椹、緣木而生、味尤辛、今石渠則有之、此蜀枸醬、見傳紀之始、南方草木狀、則以生番國爲蓽茇、生番禺者、謂之蒟、交趾九眞人家多種、蔓生、此交滇之蒟、見於紀載者也、齊民要術、引廣志、劉淵林、蜀都賦注、皆與師古說同、而鄭樵通志乃云、狀似蓽撥、故有土蓽撥之號、今嶺南人、但取其葉食之、謂之蔞、而不用其實、此則以蒟子及蔞葉、爲一物矣、考齊民要術、扶留、所引吳錄、蜀記、交州記、皆無卽蒟之語、唯廣州記云、扶留藤、緣樹生、其花實、卽蒟也、可以爲醬、始以扶留爲蒟、但交州記、扶留有三種、一名南扶留、葉青味辛、應卽今之蔞葉、其二種、曰穫扶留、根香美、曰扶留藤、味亦辛、廣州記所謂花實卽蒟者、不知其葉青味辛者耶、抑藤根香辛者耶、是蒟子、卽可名扶留、而與蔞葉一物與否、未可知也、諸家所述、蒟子形味極詳、而究未言蒟葉之狀、宋景

文、益部方物略記、蒟贊云、葉如王瓜、厚而澤、又云、或言、卽南方扶留藤、取葉、合檳榔食之、玩贊詞、並未及葉、而或謂云云、蓋闕疑也、唐蘇恭說、與鄭漁仲同、蘇頌則以淵林之說爲蜀產、蘇恭之說、爲海南產、李時珍則直斷蒟蔞一物、無疑矣、夫枸獨出蜀一語、已斷定所產、流味番禺、乃自蜀而粤、故云流味、非粤中所有、明矣、余使嶺南及江右、其賁灰、蔞葉、檳榔三物、既合食之矣、撫湖南、則長沙不能得生蔞、以乾者褁食之、求所謂蘆子者、烏有也、及來滇、則省垣茶肆之累累如桑椹者、殆欲却車而載、而蔞葉又烏有也、考雲南舊志、元江產蘆子、山谷中、蔓延叢生、夏花秋實、土人採之、日乾收貨、蔞葉、元江家園遍植、葉大如掌、纍藤於樹、無花無實、冬夏長青、採葉、合檳榔食之、味香美、一則云夏花秋實、一則云無花無實、二物判然、以土人而紀所產、固應无妄、余遣人至彼、生致蔞葉數錢、葉比嶺南稍瘦、辛味無別、時方五月、無花蔕也、得蘆子數握、土人云、四五月成花、卽似蘆子形、七月漸成實、蓋蔞葉園種、可栽以餉、而蘆子、產深山老林中、

蔓長、故但摘其實、景東廳志、蘆子、葉青花綠、長數十丈、每節輒結子、條長四五寸、與蔞葉長僅數尺者異矣、徧考他府州志、產蘆子者、如緬寧思茅等處、頗多、而蔞葉、則唯元江、及永昌有之、故滇南蘆多、而蔞少、獨怪滇之紀載、皆狃於鄭漁仲諸說、信耳而不信目、爲可異也、滇海虞衡志謂、滇俗重檳榔茶、無蔞葉則剪蔞子、合灰食之、此吳人之食法、夫吳人所食、乃桂子、非蘆子也、又以元江、分而二之、爲蒟有兩種、一結子以爲醬、一發葉以食檳榔、夫物一類而分雌雄、多矣、其調停今古之說、亦是考據家、調人媒氏、然又謂海濱有葉、滇黔無葉、以子代之、不知冬夏長青者、又何物耶、蓋元江地熱、物不甦則枯、葉行數百里、肉瘠而香味淡矣、蘆子苞苴、能致遠、乾則逾辣、滇多瘴、取其便而味重者餌之、其植蔞者、則食蔞耳、嶺南之蔞走千里、而近至贛州、色味如新、利在而爭逐、亦無足異、蘆子爲醬、亦芥醬類耳、近俗、多以番椒木橿子爲和、此製便少、亦今古之變食也、本草綱目、引嵇氏之言、本草、以蒟爲蔞子、非矣、其說確甚、後人輒易之、故

詳著其別、蓋蒟與蓽茇爲類、不與蔞爲類、朱子詠扶留詩、根節含露辛、苕穎扶援綠、蠻中靈草多、夏永淸陰足、形容如繪、曰根節、曰苕穎、曰淸陰、獨不及其花實、亦可爲雲南志之一証、赤雅、蒟醬以蓽茇爲之、雜以香草、蓽茇、蛤蔞也、蛤蔞何物也、豈以蔞同賁灰合食、故名耶、抑別一種耶、滇黔紀遊、蒟醬、乃蔞蒻所造、蔞蒻、則非子矣、蔞故不妨爲醬、又李時珍、引南方草木狀云、本草以蒟爲蔞子、非矣、蔞子、一名扶留草、形全不同、今本並無此數語、唐本草、始著蒟醬、嵇氏所謂本草、當在晉以前、抑時珍誤引他人語耶、染皁者、以蘆子爲上色、本草亦所未及、

[長編]唐本草、蒟醬、味辛溫無毒、主下氣、溫中、破痰積、生巴蜀、註、蜀都賦所謂、流味於番禺者、蔓生、葉似王瓜而厚大、味辛香、實似桑椹、皮黑肉白、西戎亦時將來、細而辛烈、或謂二種、交州愛州人云、蒟醬人家多種、蔓生、子長大、謂苗爲浮留藤、取葉、合檳榔食之、辛而香也、

圖經、蒟醬、生巴蜀、今夔州嶺南、皆有之、昔漢武使唐蒙、曉諭南越、南越、食蒙以蒟醬、蒙問所從來、答曰、西北牂牁江、廣數里、出番禺城下、武帝感之、於是開牂牁越雋也、劉淵林註蜀都賦云、蒟醬、緣木而生、其子如桑椹、熟時正青、長二三寸、以蜜藏而食之、辛香、溫調五藏、今云蔓生、葉似王瓜而厚大、實皮黑肉白、其苗爲浮留藤、取葉合檳榔食之、辛而香也、兩說、大同小異、然則淵林所云、乃蜀種如此、今說是海南所傳耳、今惟貴華撥、而不尚蒟醬、故鮮有用者、

海藥本草、謹按、廣州記云、波斯國、文實、狀若桑椹、紫[illegible]者、爲上、黑者是老、不堪、黔中亦有、形狀相似、滋味一般、主欬逆、上氣、心腹蟲痛、胃弱、虛瀉、霍亂吐逆、解酒食味、近多黑色、少見褐色者也、

南方草木狀、蒟醬、華茇也、生於番國者、大而紫、謂之華茇、生於番禺者、小而青、謂之蒟焉、可以調食、謂之醬焉、交趾九眞、人家多種、蔓生、

益部方物記、蔓附木生、實若椹纍、或曰、浮留、南人採之、和以爲醬、五味告宜、右蒟、出渝瀘茂威等州、卽漢唐蒙所得者、葉如王瓜、厚而澤、實若桑椹、緣木而蔓、子熟時、外黑中白、長三四寸、以蜜藏而食之、辛香、能溫五臟、或用作醬、善和食味、或言、卽南方所謂浮留藤、取葉、和檳榔食之、

本草綱目、李時珍曰、蒟醬、兩廣、滇南、及川南、渝瀘茂威施諸州、皆有之、其苗、謂之蔞葉、蔓生依樹、根大如筯、彼人、食檳榔者、以此葉、及蚌灰少許、同嚼食之、云辟瘴癘、去胸中氣、故諺曰、檳榔浮留、可以忘憂、其花實、卽蒟子也、按稽含、草木狀云、蒟醬、卽華茇也、生於番國者、大而紫、謂之華茇、生於番禺者、小而青、謂之蒟子、本草、以蒟易蔞子、非矣、蔞子、一名扶留、其草、形全不相同、時珍竊謂、蒟子蔓生、華茇草生、雖同類、而非一物、然其花實、氣味功用則一、稽氏以二物、爲一物、謂蒟子非扶留、蓋不知扶留非一種也、劉欣期交州記云、扶留有三種、一名穫留、其根香美、一名扶留、其藤、味亦辛、一名南扶留、其葉青、味辛、是矣、今蜀人、惟取蔞葉作酒麴、云香美、

赤雅、蒟醬、猺崗中、家家用之、以華茇爲主、雜以香草、味雖佳、不足爲異耳、史記、唐蒙風曉南越、蒙食蒟醬、問所從來、道西北牂牁、故蜀都賦云、蒟醬、流味於番禺之鄉、今問之番禺、無有知者、惟出自牂牁、故云流味也、華茇、吾家、蛤蔞也、師古注、本草注、楊用修、張孟奇、辨之皆誤、

按齊民要術、廣志曰、蒟子、蔓生依樹、子似桑椹、長數寸、色黑、辛如薑、以鹽醃之、下氣消穀、生南安、顧微、廣州記曰、扶留藤、緣樹生、其花實、卽蒟也、以扶留爲蒟、僅見於此、扶留葉可食、蒟葉不可食、滇南元江州志、辨別甚晰、餘皆訛、緣未目覩、

元江州志、蒟子產山谷中、蔓延叢生、夏花秋實、土人採之、日乾收貨、

說文解字注、蒟果也、史記漢書、有蒟醬、左思蜀都賦、常璩華陽國志、作蒟、史記亦或作枸、據劉逵顧微宋祁諸家說、卽扶留藤也、葉可用食檳榔、實如桑葚、而長、名蒟、可爲醬、巴志曰、樹有荔支、蔓有辛蒟、然則此物藤生緣木、故作蒟從艸、亦作枸從木、要必一物也、許君、木部有枸字、云可爲醬、於艸部、又有蒟字、蓋不能定、而兩存之、次於葚者、以其實似葚也、其實名蒟、故云果也、果木實也、當云蒟果也、爲三字句、从艸竘聲、俱羽切、五部、

又枸、枸木也、可爲醬、出蜀、史漢皆云、枸醬、詳艸部蒟下、从木句聲、俱羽切、四部、

按小雅、南山有枸、毛曰、枸、枳枸也、枳枸、卽禮記之椇、許於枸下不言枳枸、椇字亦不錄、

成都府志、蒟醬、寰宇記、出成都、如今之大華撥、

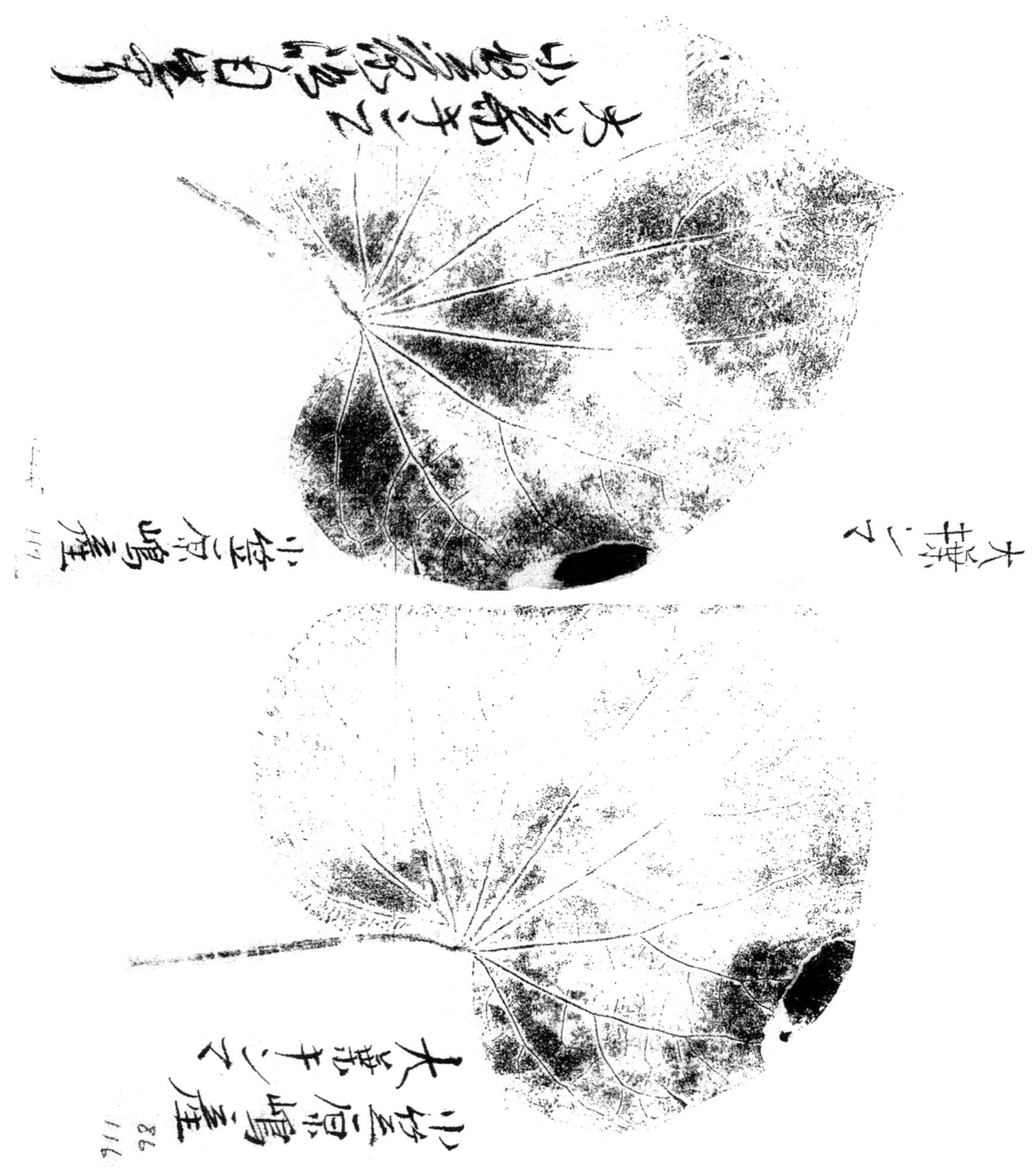

三 フウトカヅラ

○フウトウカツラ

土蔞藤 廣東新語

海濵ノ山崖ニ蔓延シテ生ス葉ハ蒟醬ニ似テ厚ク互生シ深緑色ナリ切レバ胡椒ノ香アリ故ニ世人胡椒或ハ蓽茇ナリトス並ニ非ナリ四月葉間ニ細キ穂ヲ生ス長サ一寸余細小白花ヲ開ク子ハ罌粟ト[illegible]ノ穂ヲナス長一二寸子ハ椒目ノ大サノ如外ニ薄皮アリ色赤シ肉ニ粟粒ノ硬殻アリ其肉ニ仁アリ色白シ実渋ニシテ少シ辛ク冬至後節ゴトニ根鬚ヲ生土中ニ入ルモノハ駿州久能山ノ藤根古屋村ニ細葉ニシテ実ヲ結フモノアリ土人云葉ヲ煎シ打撲ヲ洗フ

白菟藿 俗にまるはなの類に有り

フウトウカツラ ノ [illegible]

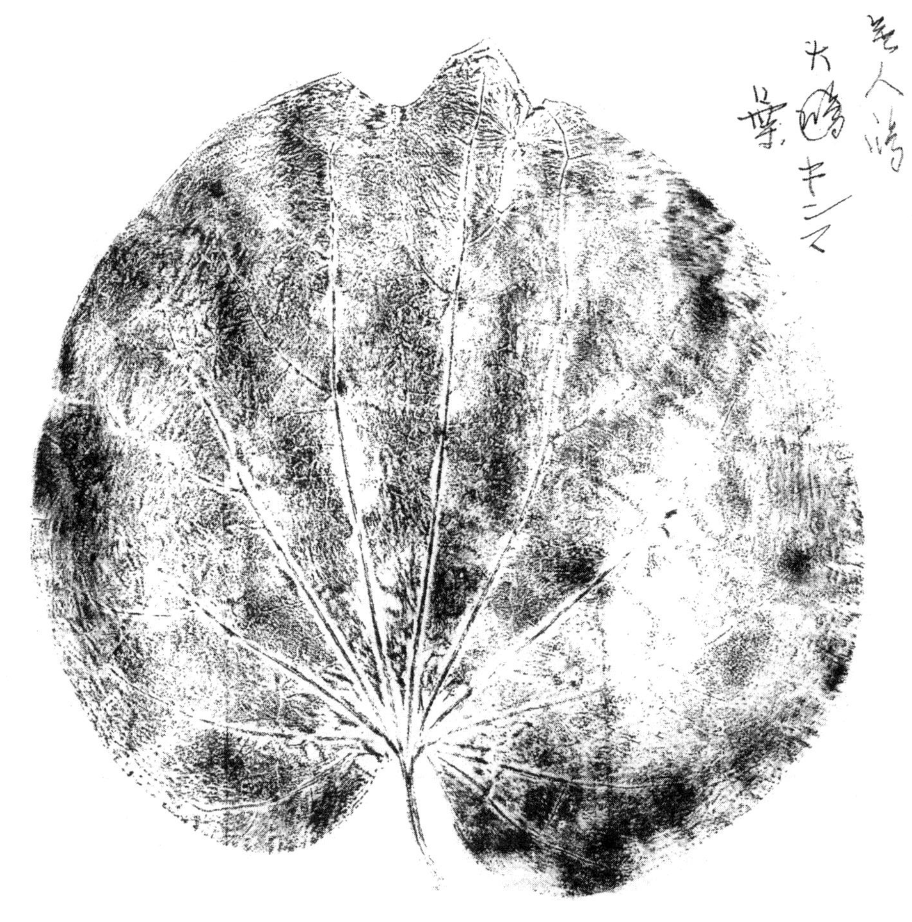

シマコセウ

小笠原嶋産

蒟醬

蒟醬本草云蒟醬一名華蕟必發二音 和太々非〇千金翼方證類本草中品有二蒟醬一不レ載二一名一證類本草蒟醬條引唐本注云又有二華撥一叢生子細味辛烈於蒟醬是蘇敬以二華撥一蒟醬相類附録也開寶本草云華撥似二似蒟醬子緊細味辛烈於蒟醬本草圖經云今惟貴二華撥而不レ尚二蒟醬一亦其非二一物一可レ見也而本草和名云一名華蕟出二蘇敬注一蓋輔仁誤以二蘇注華蕟一爲二一名一源君承二其誤一也按南方草木状云蒟醬華

フウトウカツラ
ヒゴッタ
木蓮ノ一種カ

蔞葉本生賓若椹彙或曰浮留南人謂之和以為

蒟醬五味告宜

右蒟 出蜀瀘茂威等州即漢唐蒙所得者
葉如王瓜厚而澤實若桑椹緣木而

蔓子熟時外黑中白長三寸以蜜藏
而食之辛香能温五藏或用作醬善和

食味或言即南方所謂浮
留藤取葉合檳榔食之

益部方物略記

○蒟醬　フウトウカツラ　コセウハ　伊豆熱海ニヨタシ人家藩籬ニ
蔓生ス葉丸ク厚クメ先尖リ根香気アリ寒国ニ移テハ花
不生コセウノ一类也

廿三

蒟醤
蔞　通雅
辛蒟　通雅
芙蒥　泉州府志
（通雅）蒟子　广志
苗名ニ扶留、土蔞藤
（仁輔）浮留藤

キンマ　和ニテキンマトヨブ
芙葉　八閩通志
蒟給　同
蔞葉藤　廣輿記
土蔞藤　食療
甘蔞　蔞葉ヲ名扶留藤ニ作ニ扶櫂一作浮留
華茇　味辛　仁謂一音上交下撥也上二名
蘇敬注
和名和多く比

ヘーテル　紅毛
相思葉　广东新語
無留藤　本草原
蔞藤　一統志

嶺南ニテハ此葉ヲ生ノ檳榔子ト蚌灰トヲ包ミテ果ニ交テ食フコトヲ
入ニ器ヲ准海府廣衡志ニ檳榔合ト云ナ家府流ニテキンマデノ香合
トシテ弄ブモ是ナリ一器ニ三室ノモノアリ又三ノ層ニシテ香櫃ノ如キモノアリ皆外ニ
細キ猫花アリ享保年中ニ此葉ヲ以テ檳榔ト蚌灰トヲ包ミ家産ニミモ盛ル
ソノ葉ノ形秋海棠ノ葉ノ如シ即今フウトウカヅラト呼モノナリ

南海附录
扶留　フウトウカヅラニ充ラル　土蔞藤　暖国海浜ニ
到節
辛妝義菜ノ名ヲ見ル厚保色曼地ニ生ス
蔞ニ葉辛ニ子出ル
蔞　即扶留藤也　今檳榔合　和名加波比
之有名ニ諸方ニ住人用フ
新與記

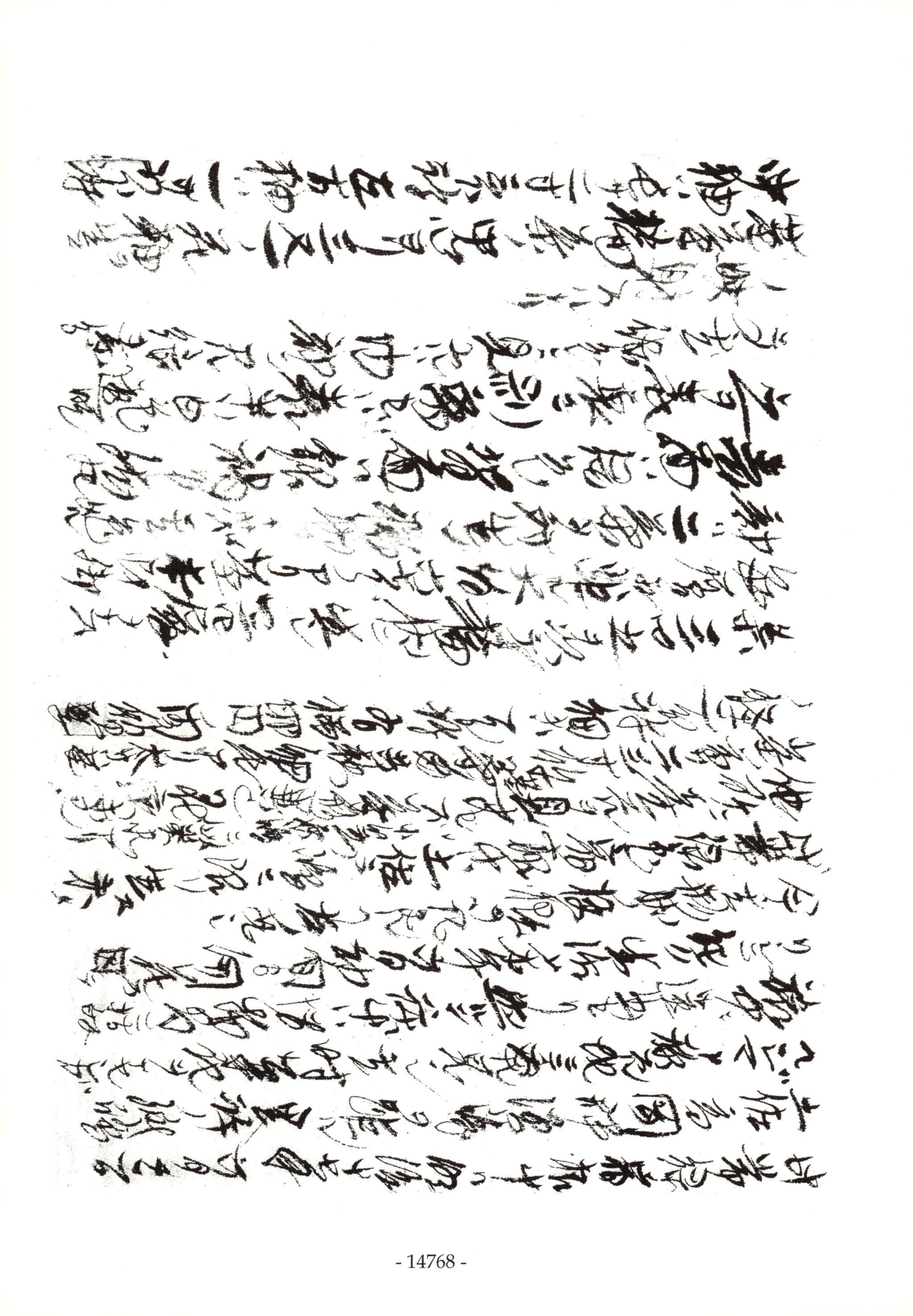

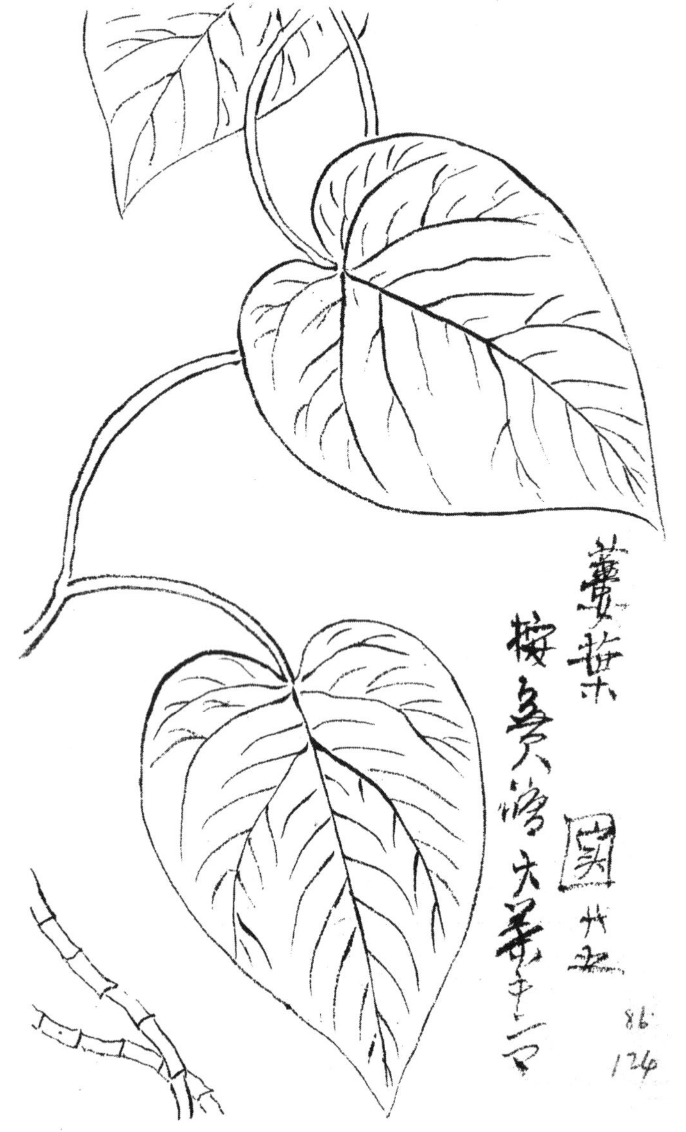

扶留藤
俗呼蔞葉亦曰荖葉合檳榔飲之婚姻皆用　漳浦縣志　巻四

蔞葉

蔞葉生蜀粤及滇之元江諸熱地蔓生有節葉圓長光厚味辛香翦以包檳榔食之南越筆記謂過霜雪則萎故昆明以東不植古有扶留藤扶留急呼則為蔞殆一物也醫書及傳紀皆以為即蒟説見彼滇之蔞種於園與粤同蔞蘆而不蔓蔞故志蔞不及粤之詳莖味同葉故亦別記云藤味皆美

廿

蒟醬 葉ヲ以テ檳榔子及蚌灰ヲ包ミ食フ 南人食品

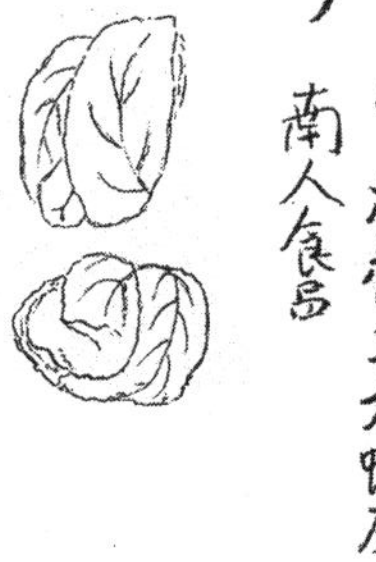

蛮人此葉檳榔及蚌灰ト同ク嚼ミ食フ
瘴癘ヲ避テ胸中ノ悪気ヲ去ト時珍云リ
長崎ノ蛮舘ニ於テモ崑崙奴常ニ嚼食テ
赤キ唾ヲ吐出ス 清人ハ工社（コンシイ）ナトノ賤者ニ僅ニ有ヲ見ル 何ノ為ニ指ト云フヲ知ズ

蒟醬 ヒハツ 大和本草 [illegible]

蒟藤 蔓生 味辛 和檳榔食之 物産志彙

○キンマ

蒟醬
嶺南ニテハ此葉ヲ生ノ檳榔子ト蚌灰トヲ包ミテ 果ニ充テ食
フ 此ヲ入ル器ヲ桂海虞衡志ニ檳榔合ト云 蒟醬者流ニテキン
マデノ香合トテ ヨサゲナモノ是也 一番ニ宝ノモノアリ 又三層ニシテメバコ
ノ如モノアリ 外ニテキヘアリ

キンマ

細形ノ花ヲ[illegible]ニ雄ニ出[illegible]
ノ毛アル円ヲ上ニ[illegible]円六白
粉ヲ吐キ咲テ花蕊ハ[illegible]
ノ如ク柱頭ヲ承ル[illegible]
[illegible]三尖ニ[illegible]其花
上花後[illegible]円ク[illegible]
[illegible]ヲ白[illegible]
[illegible]
[illegible]又[illegible]

粤遊詩七十八韻　寄内　長[illegible]
檳榔巻二葉小椰子裏二[illegible]圖　学福齋詩集　元

雄蕊ノ図ハ[illegible]三出[illegible]
三叉ヲナス[illegible]
[illegible]
[illegible]Oleum[illegible]
[illegible]
[illegible]
[illegible]

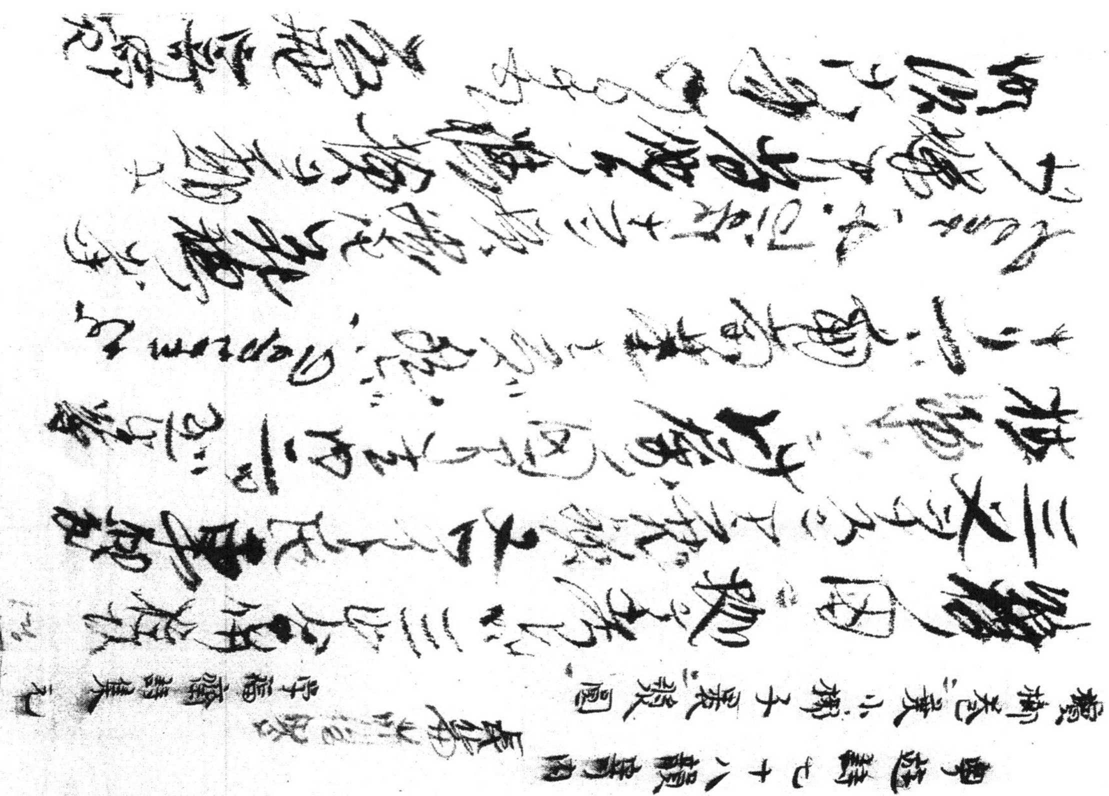

和蔞胡椒ハ漢名之ヲ蒟醤ト称スルニ告
修書地ニ種アリ成ハ果ヲ結ヒ即チ故ニ名ツ
ク是耕ヲナス且ツ従来暖地ニ生スル故テ室
中ニ入レ冬日ハ暖室ニ收ムヘシ此人甚
タ悪ム例チ去ル秋油摩ヨリ手入タ花開
ノ後蒲萄ノ花ニ似テ実也蒸シテ結フ
実ハ青ク秋ニ至テ熟ス葉ハ香気有テ
甚タ良シ

蒟醤
キンマ 蛮名ナルベシ
[一名] 蔞 通雅　荖葉 八閩通志　相思葉 広東新語
莘蒟 通雅　蒟給 同上　扶留藤 本草彙言
芙蒥 泉州府志　蔞葉藤 広輿記　蔞藤 一統志
嶺南ニテハ此葉ヲ生ノ檳榔子ト蚌灰トヲ包ミテ果
ニ充テ食フコレヲ入ルヽ器ヲ桂海虞衡志ニ檳榔合
ト云茶家者流ニテキンマデノ香合(カウバコ)トテ弄ブモノ
是ナリ一器三室ノモノアリ又三層ニメ香撞(ヂウカウバコ)ノ如キモ
ノアリ皆外ニ細ナル描(キヱ)花アリ享保年中ニ此葉ヲ

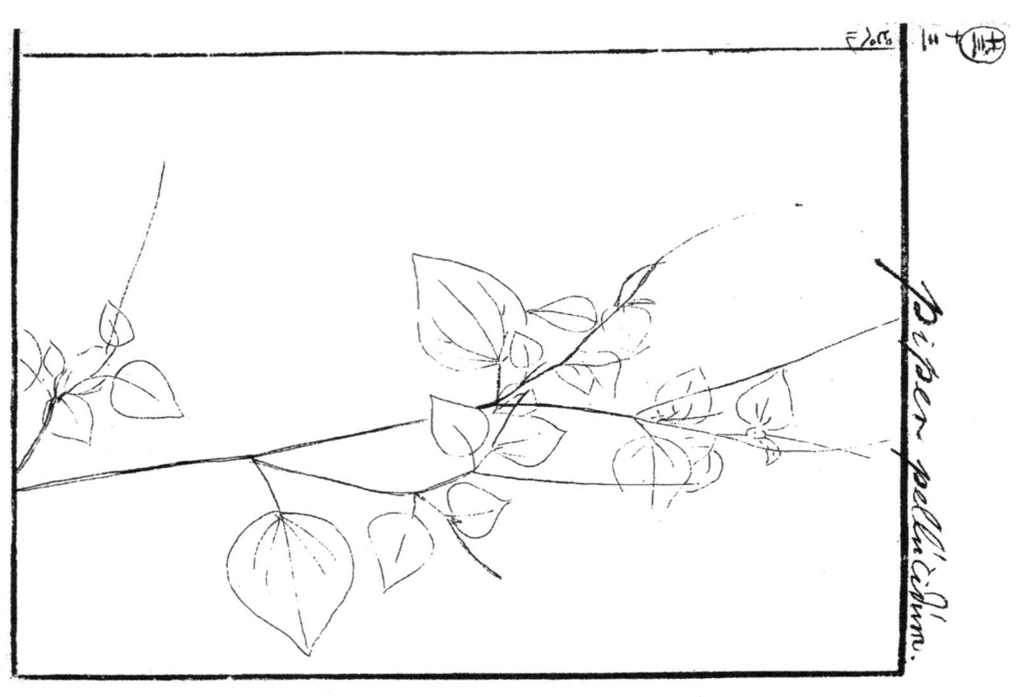
Piper pellicidum.

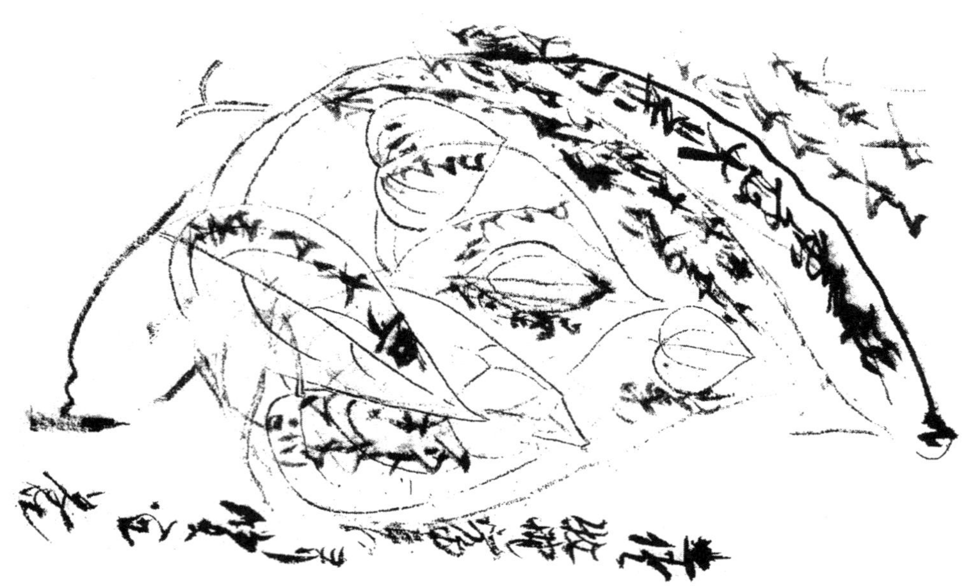

檳榔ト蚌灰トヲ包ミ蜜漬ニシタルモノ渡ルソノ葉ノ
形秋海棠ノ葉ノ如シ節今フウトウカヅラト呼モノナ
リコレハ四国九州豆州紀州海濱崖ニ蔓延ス生ス葉ハ蕺菜
ノ葉ニ似テ厚ク互生シ深緑色ナリ切レバ胡椒ノ香有リ故ニ世
人胡椒或ハ華茇ナリトス茎ニ節ナリ京師ニテハ冬月
窖ニ入レザレハ枯ル四月葉間ニ細キ穂ヲ生ス長サ一寸餘
細小白花ヲ開ク子ハ累々トメ穂ヲナス長サ二三寸子ハ
椒目ノ大サノ如シ外ニ薄皮アリ色赤シ肉ニ粟殻色ノ硬
殻アリソノ内ニ仁アリ色白シコレヲ嚼メバ味淡ニメ
微辛ク香気華茇ニ近シ先年蠻人ニ見セシニ胡椒ナリト

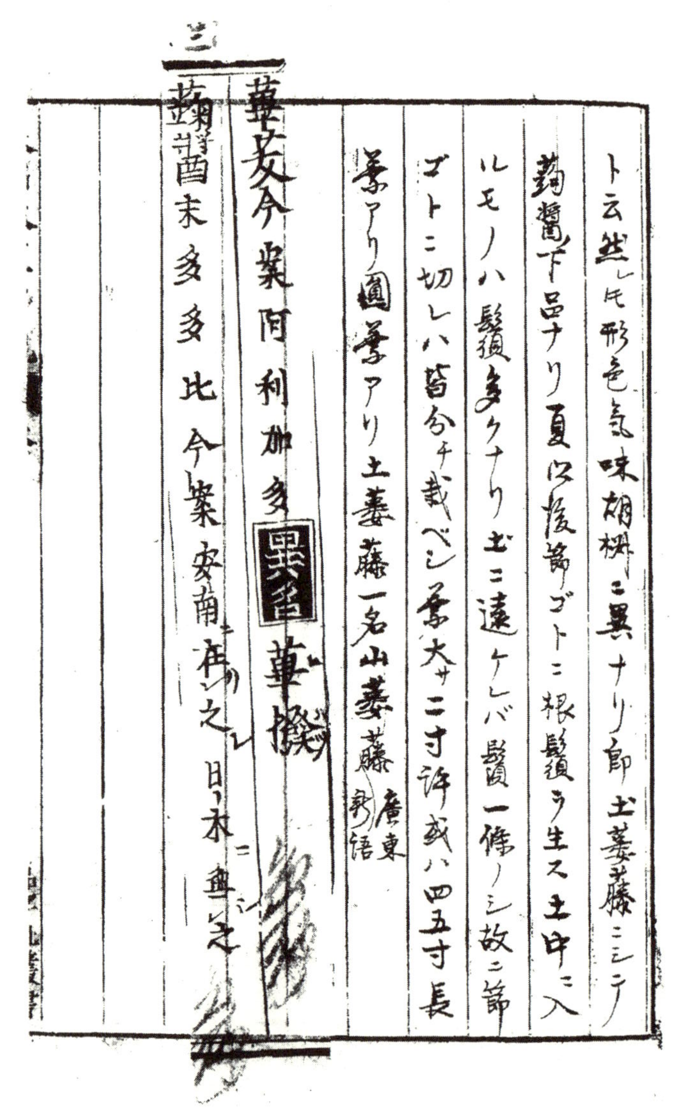

ト云然レモ形色気味胡椒ニ異ナリ即土蔞藤ニシテ
蒟醤ノ下品ナリ夏以後節ゴトニ根鬚ヲ生ス土中ニ入
ルモノハ鬚多クナリ土ニ遠ケレバ鬚一條ノミ故ニ節
ゴトニ切レハ皆分チ栽ベシ葉大サ二寸許或ハ四五寸長
葉アリ團葉アリ土蔞藤一名山蔞藤 広東新語

三
華茇 今案阿利加多 異名 蓽撥
蒟醤 末多多比 今案安南ニ在之レ日本ニ畫之

シマコセウ 圭新名
小笠原島産
蔓ヲナサス叢生シ 円茎ニシテ濃緑色
三葉或ハ二葉対生シ
葉厚ク濃緑光沢アリ
花穂ハフウトウカヅラニ
portulaceum
小笠原島産
130

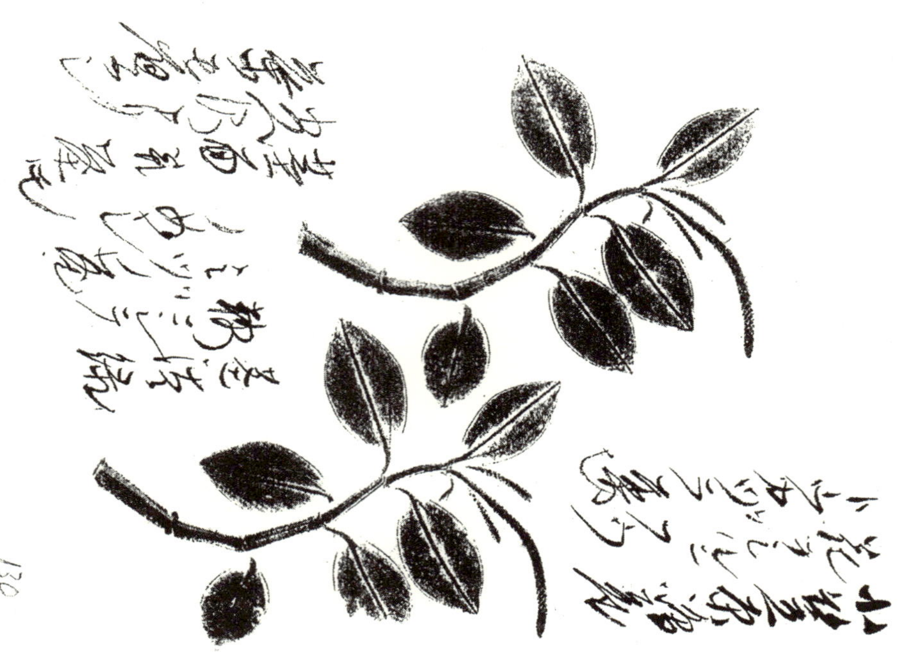

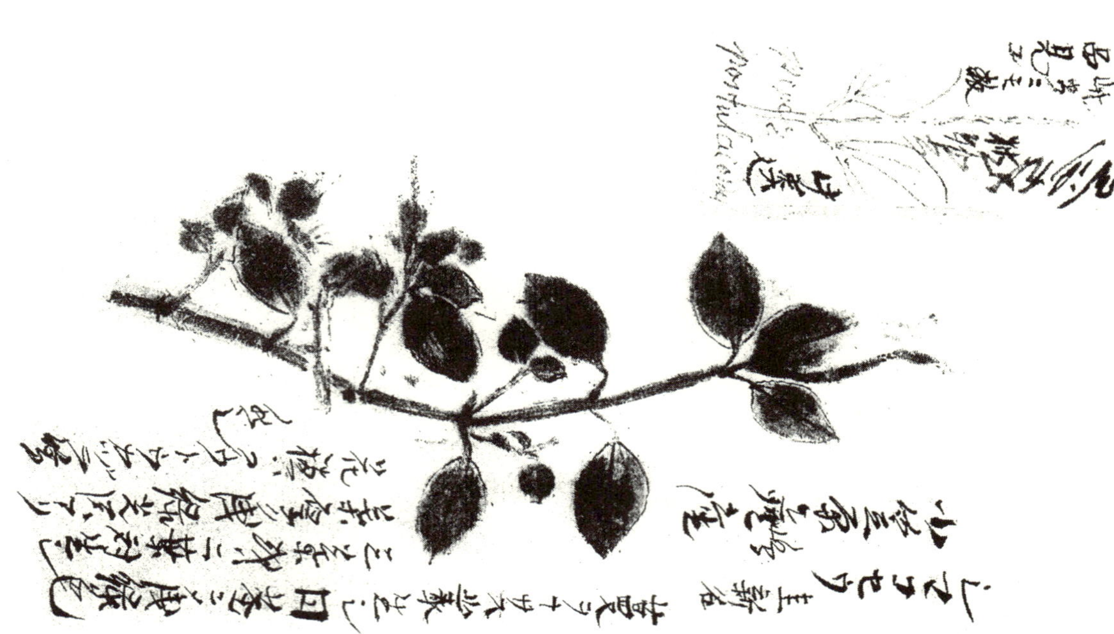

戸島サウ（ヘジマ）佐称
小野職愨云勢州方言
ミサキサウ

土佐国高岡郡戸嶋産

ヘジマサウ
一名サタサウ

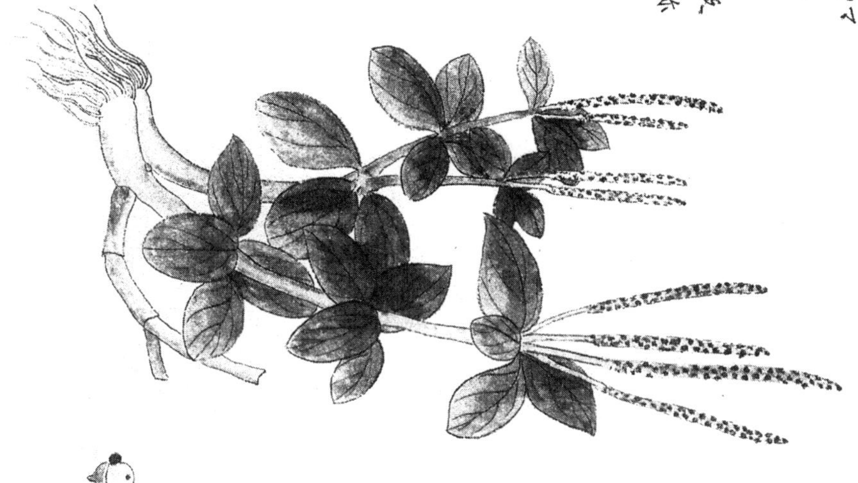

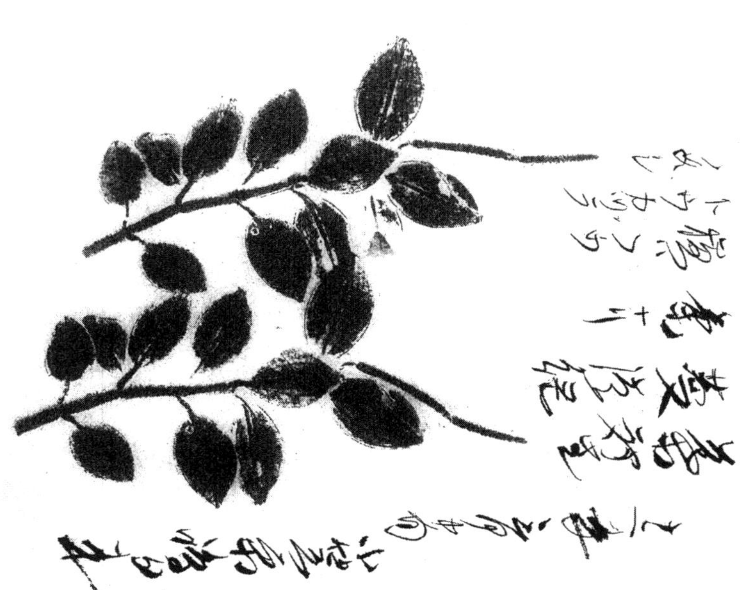

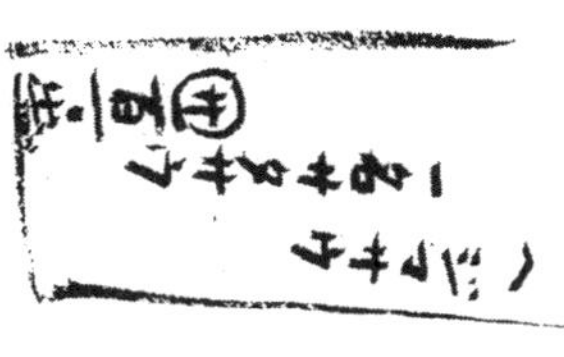

ミサキサウ　高知縣
此名ハ壽年知ラズ小野氏ノ説ニメ勢州ノ方言ナリト云
十八年六月十三日園中培養開花
[illegible]

ヘジマサウ　土佐ヘジマ戸島産

附 土佐産ハ[illegible]ノ[illegible]ナラズヤ

風蘭鏡花　西國より多し檜柏（ひのきびやくしん）又加條木（かなのき）などの生樹の枝幹へ着
樓桐のもなとふて結ひつけ置ば彼へ根を纏ひ繁るものなり
又へごへつけて結せば名護蘭（なごらん）も同じ　山本亡羊

〇月蘭　中欄松蔭三ノ廿四丁

風蘭

風蘭産閩粤江西贛南山中亦有之一名弔蘭根露石上莖葉向下倒卷而上高四五寸扁葉長二寸許雙合不舒五月開花似石斛瓣與心均微似蘭而小以竹筐懸之檐間得風露之氣自生自開或寄生老樹上

風蘭

種小似蘭枝幹短而勁類瓦花不用砂土取竹籃盛貯其大窠懸於有露每日之處朝夕洒水三四月中開小白花將萎轉黃色黃白相間如老翁鬚或云宜以冷茶沃之或云用婦人髻鉄絲盛之而以頭髮襯之則風花闌也又云此蘭能催生將分娩掛房為妙

種小似蘭枝幹短而勁類瓦松不用砂土取竹籃盛貯其大窠懸于有露無日之處朝夕洒水三四月中開小白花將萎轉黃色黃白相間如老翁鬚或云用婦人髻鉄絲盛之而以頭髮襯

桂蘭二種

[illegible]ウラン之名十一[illegible]

産浙之温台山中。巖壑深處。懸根而生故人取之、以竹為絡。挂之樹底。不土而生。花微黄。肖蘭而細。不可缺水。時當取置水中浸濕又挂。亦奇種也。粵閩一種。紅花黄邊。紫心者美甚。

遵生八牋　十六

桂蘭　回註即風蘭

元　謝宗可

江浦煙叢問草萊。靈根從此謝栽培。移將楚畹千年恨。付與東君一縷開。湘女久無塵土夢。靈均原是棟梁材。午窗試讀離騷罷。却怪幽香天上來。

詠物詩選

桂蘭二種

[illegible]ウラン之名十一[illegible]

桂蘭

浙之温台山中巖壑深處懸根而生故人取之以竹為絡桂之樹底不土而生花微黄肖蘭而細不可缺水或云宜以冷茶沃之

花史左編　二

同之ウヘラキ意外ノ他ニ類

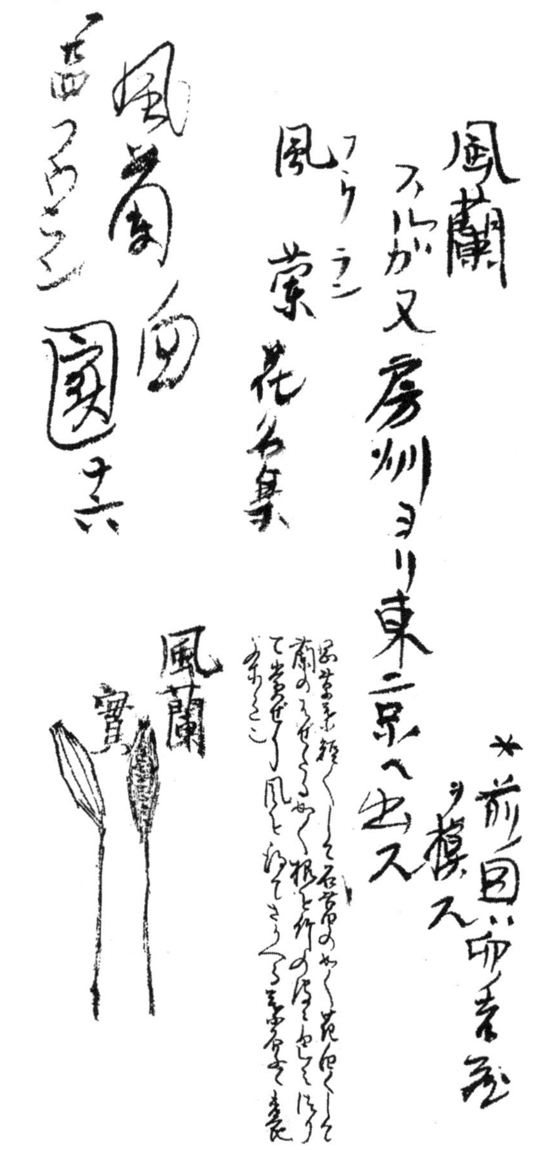

風蘭 スルガ又房州ヨリ東京ヘ出ス

風蘭 フウラン 花名集

風蘭 ふうらん 圖十六

風蘭 實

*前圖ハ印本ヲ模ス

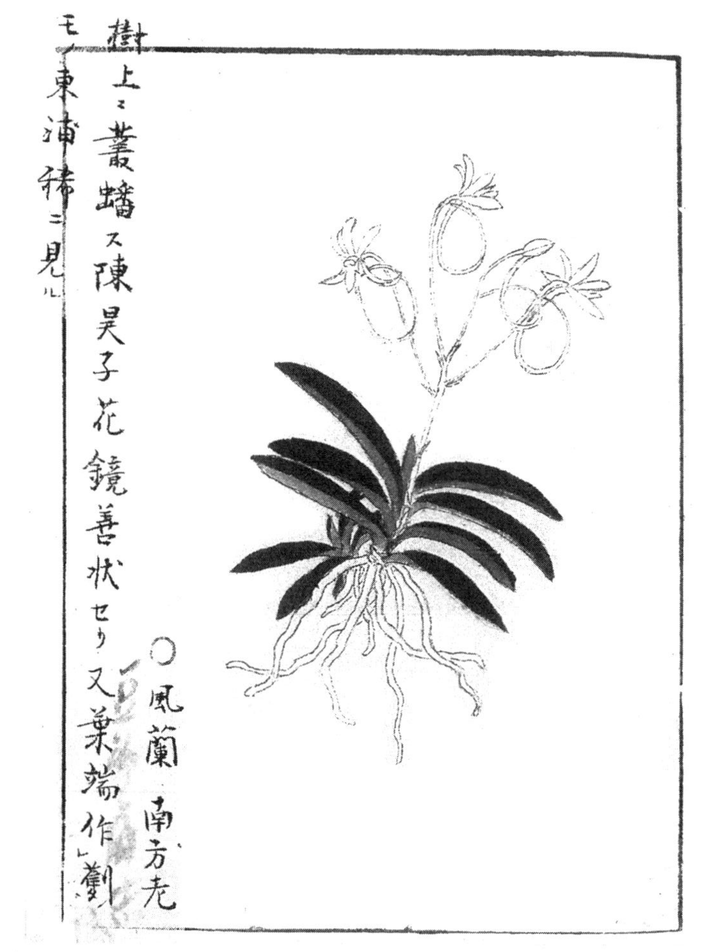

○風蘭 南方老

樹上ニ叢蟠ス陳昊子花鏡善状セリ又葉端作劉

モ東浦稀ニ見ル

風蘭　漢名風蘭花鏡及福州府志ニ説ク處者ハ今ノ風蘭ナリ五雜俎ニ云處ノ者ハ別種ナリ曰ク根不著土ニ叢蟠木石之上取而懸之簷際時ニ爲風吹則愈々茂盛ノ其葉花與家蘭全ク無シ異ナルコト之今者往年異邦ヨリ来レリ今ノ菖蒲葉ノ如キ者ナリト云リ今ハ絶テナシ

今ノ風蘭ハ本邦モトヨリ有樹上ノ寄生ナリ福州府志寄生高樹ニト云リ葉ハ細小ニシテ堅硬石斛槲ノ葉ヨリ細ク尖リテ甚ク勁シ一莖五六葉根ハ青白色ニシテ葉ニ比スレハ不油六月小白花ヲ開テ少葉花ニ似タリ清香アリ老トキ黄色トナルコト花鏡ニ云ル如シ

風　蘭　図ハ石斛　ケムフル日本本草中ノ部

風蘭
種小似蘭枝幹短而勁不用砂土取竹籃時之懸於有露處朝夕洒水欲花茂
則以亂髪襯之此蘭能催生婦人分娩掛之房幃為妙　廣群芳譜　名花譜ニ全

○豆州志石斛ノ條　風蘭 南方老樹上ニ叢生ス陳昊子花鏡
善状アリ又桑瑞作劇モノ東浦希ニ見ル

一つりらん [illegible]
[illegible]
[illegible]
ヨドノ[illegible]キ[illegible]
[illegible]

ノ北面

○[illegible] リモドリユム タルカチユム

風蘭　潜確類書

大暑前

図考　十六ノ三十七丁

Aerides Japonicum Lind. et Rchb.f.

Oeceoclades falcata Rogd. [illegible] II. 28.

風ラン ウツヨキ [illegible]

[illegible]

フウラン

フウラン

フウラン

風蘭　潛確類書　秘傳花鏡　三才圖會　福州府志　名花譜

五雜俎ニ風蘭ト云モノハ別種ナリ葉三尺ニ及ブモノナリ
大風蘭葉十七八枚ツ隠岐國ニアリトコレハナゴランナルベシ
立秋前花ヲ開ク

フウラン
武州ノ西川モガサセウレン寺ノ山中ノ
シテノキ、エノキニ着キテアリ此ハ細葉
ナリ

武州西川モクサノセウレン寺ノ山ニテノキ、エノキ
ニツク風蘭カハ細葉[illegible]

風蘭　図ニテナセテ　[illegible]

風蘭　葉長二寸巾二分厚一分斗三角ノ如シ春白花ヲ開ク
五雜俎云風蘭根云々ト云ハ今多クワリモノニスル風蘭
ニ非ズ此ニ引ハ誤シ流球来ノ風蘭ト云モノシ京デヽ
保チ難シ葉建蘭ト同ク色浅ク光アリ三尺ノ長サ花ハ
白ク正中ニ太キ紫筋アリ大樹ニ生スル大和本草モ此モ鈎
リ物ニヌ能生ズ土佐ニテ岩蘭菖蒲蘭ト云花形建蘭ト
同ク下垂ス

鈎藤　○フウランノ吊蘭
[illegible]トモ鈎藤ノ吊藤トモカク
安房甲斐ノ國ニタメシスルガ
ニモアリ松尾山ニモアリ。

○款冬　枳莖菜也本草云款冬十二月有華其色黄或紫其味
苦也三昧詩云僧房逢著款冬華出寺吟行日已斜十二街
中春雪遍馬蹄今去入誰家按ニ此詩十二月之華至暮春雪
時分也然我朝朗詠集清愼公ノ詩云款冬誤綻暮春風
何哉所詮日本之俗皆以山吹謂款冬山吹即酴醿也其色黄
而如緑酒也清愼公之作亦誤欤酴醿謂款冬也其詩意
云此華ノ名也若是款冬何綻暮春風乎然款冬字而云爾ミカ
耳詩意雖工用上故事誤矣可辨之
下學集

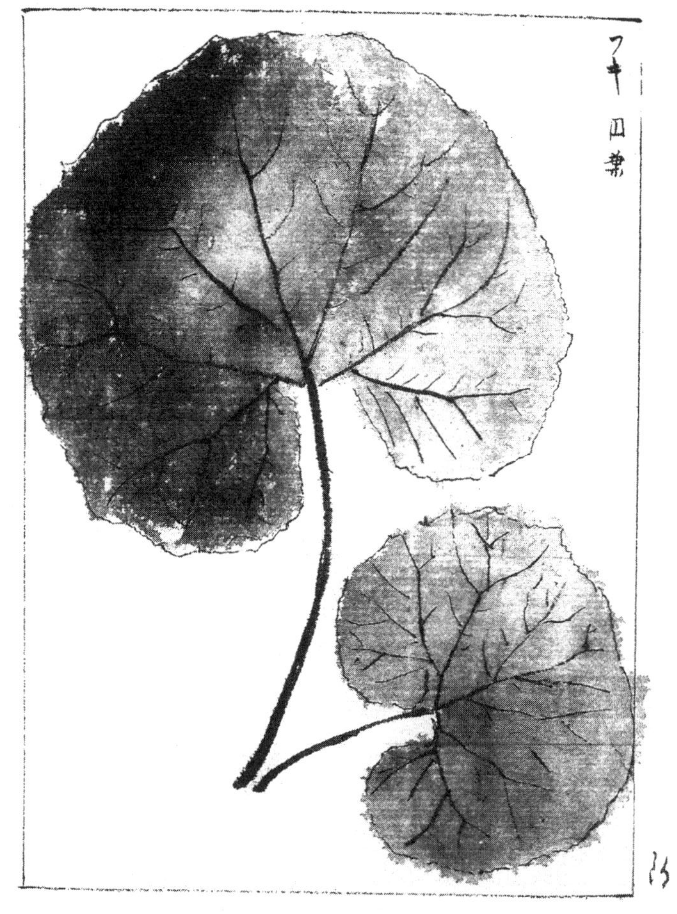

款冬（フキ） 君ガ俚種多シ大セ河内高井田村丹波羽州秋田
款冬谷生ス葉ノ大サ傘ノ如シ軸長五尺余有
[illegible]

トウブキ 蕗斗菜 臺 海底花
石蕗 [illegible]

四季富貴の頭 料理物妙集ニ
ふきのとう疝ふきを能見立く足ニて根をとこし
先かわをぬき気せ朝七つ時まで露を請其まゝあく
ぬきを上へのせよく洗てふきいきとして口を紙にてまり
をき夏土用の節汁ふとき糠より出し上を一ろ
きられの青くとして冷物あぶまし

款冬

Pestilentie wortel of + Dorke,
bladeren ~~en de bloemen~~,

款冬花

釋名　款凍　顆凍

和名　フキ　不氣農多宇

秘傳花鏡巻之四云叢生水傍葉似葵而大開花黄蘂青紫萼出自根下偏於十一二月霜雪中發花獨茂又

二月華ノメグリ舊ヨリ芽ヲ生シ土中ヲ横行シテ長キ者二尺短キ者二三寸一根五六芽柔脆水白色ニ紅色アリ芽頭土ヲ穿テ生ス葉ハ細辛葉又初生沙参葉ニ似テ大ナリ初メハ小葉二三葉ヲ生シ後大葉ヲ生ス圖形ニ

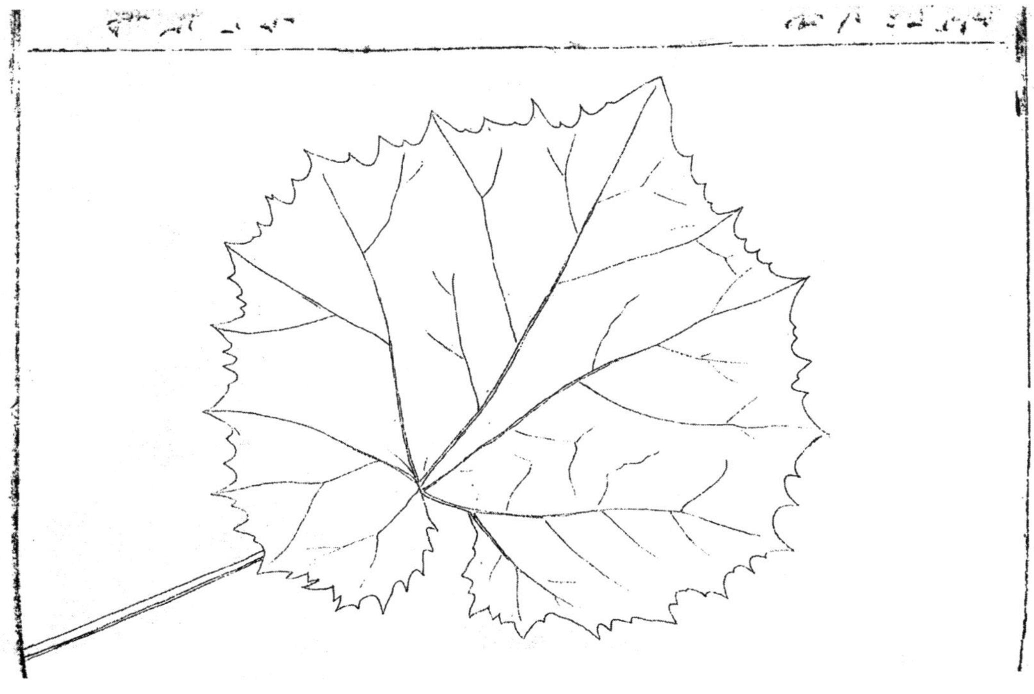

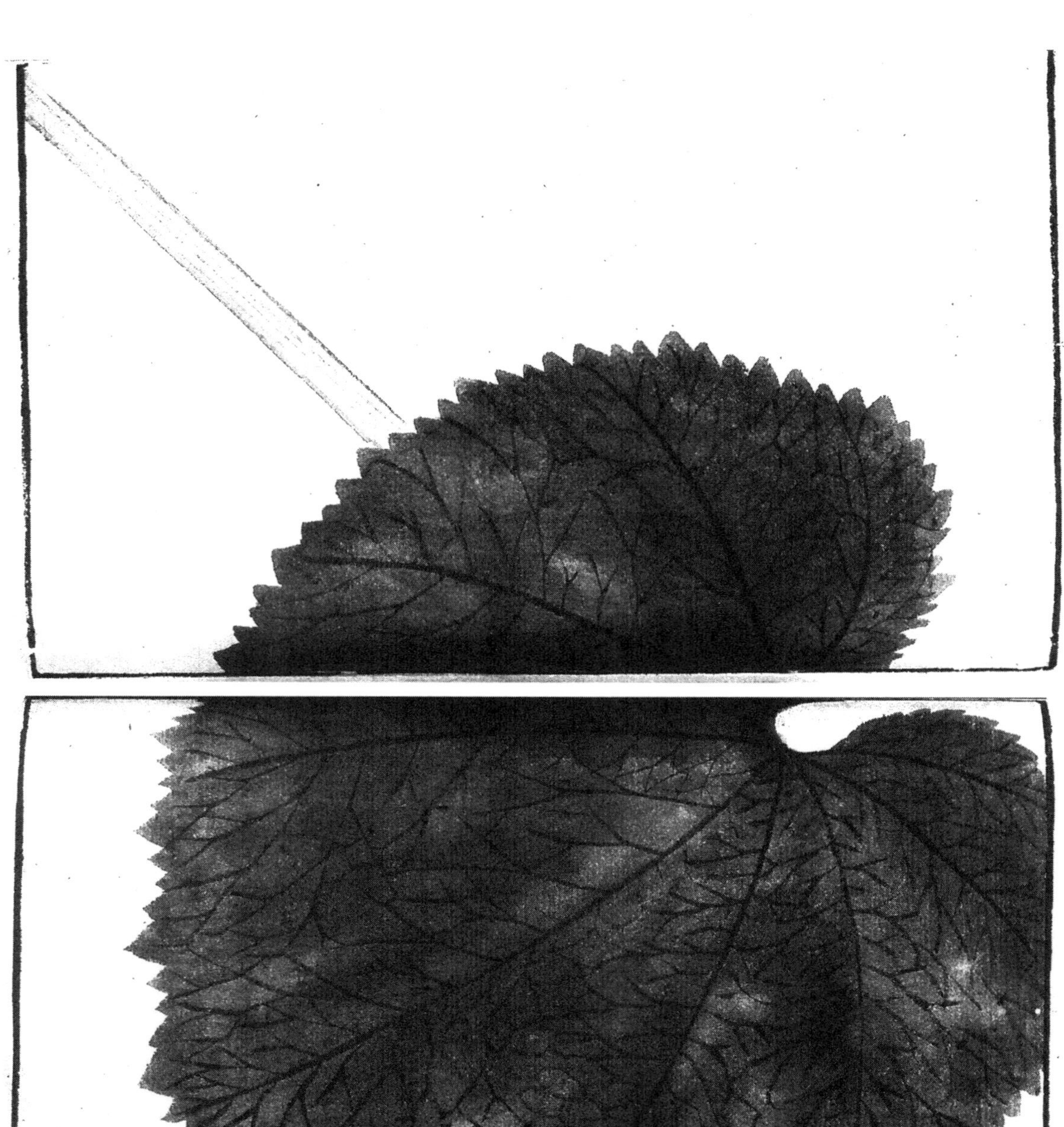
秋田款冬

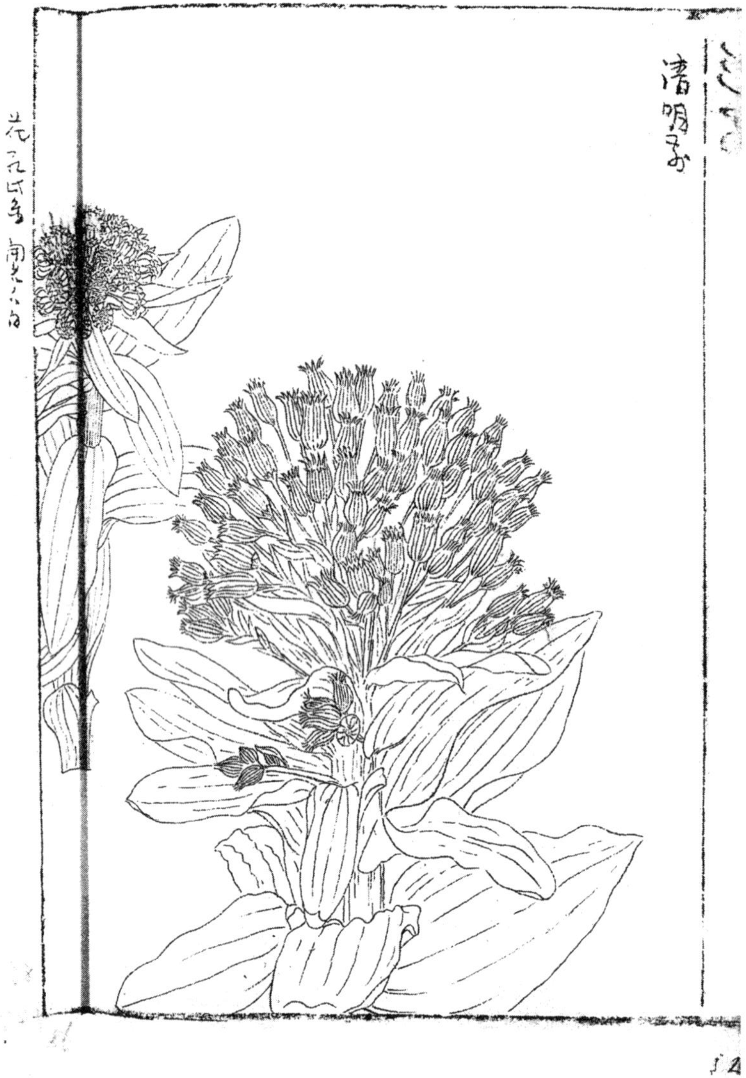

寛延ノ料理山幽郷

蕗　和　ふきの薹を酒煮しにおくたるが

胡戸凡をとて又也摺りなる上品あへなまし

款冬　奥州津軽ナリ　勝テ大　河州高井田　丹波日本名産記坤

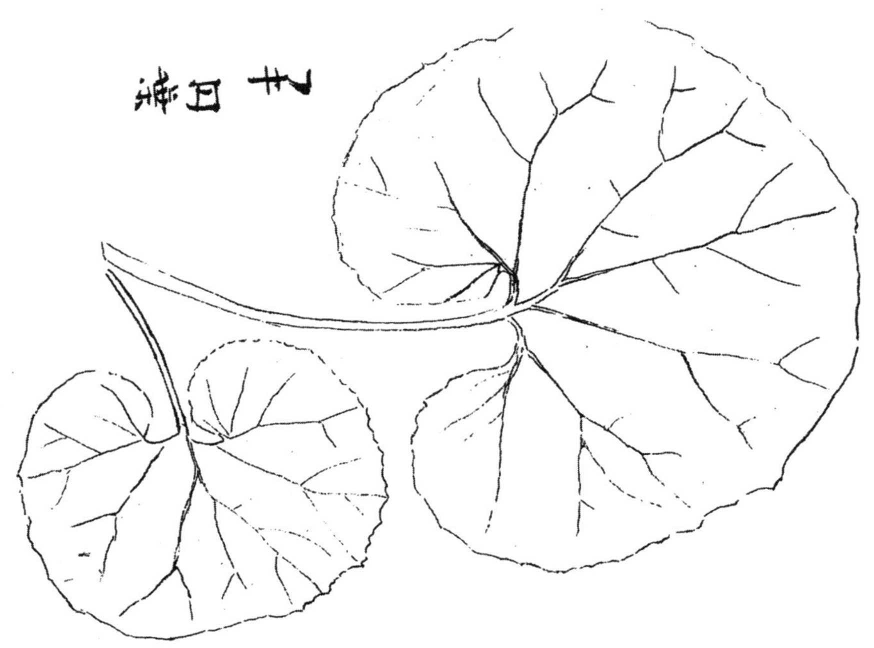

ニシテ内ノ方ニ缺タルトコロアリ則葉梗ノ頭ナリ葉面径リ梗頭ヨリ先ニ毛アル
四寸莖頭左右各三寸五分缺タル幅先ニテ二寸五分メグリニ鋸歯アリ其間
ニ三十二尖アリ面淡緑ニシテ背白緑色背ニ九ノ大スジアリ大スジ此白ニ十枝
スジアリ各細スジヲ生シテ細羅紋ヲナス大スジ及梗ニ革綿アリ梗圓ニシテ内
ノ方(カタ)ニ清道アリ長サ一尺フトサ箭簳ノ如ク水緑色ニシテ本紅紫色四五
月葉大ニシテ葉面径リ一尺ニ盈チ葉莖指ノ大ニシテ長サ二尺ニ盈ツ皆
頭淡緑ニシテ足紅紫色一本七八蕾ヲ生シ莖ヲ抽サズ秋ヨリ冬テ衰ヘ霜ノ
後老テ葉ナシ中心蕾ヲ生ス形状蓮ノ菡萏(ツボミ)ノ如クニテ質モミ紙ノ如シ數ニ
シテ白黄緑色茸毛アリ長サ一寸五分濶サ一寸メクノヨリ蕾ヲ包ム十二月雪中
ニ葉咲ノ小白花ヲ生シ穂ヲナス正月雨水ノ後氷解テ後種長スルコト五六寸葉ノ
數十小花四面ニ開ク一花ノ兒チ菊花ニ似テ瓣纔ク細クシテ薊花ノ瓣ニ似テ心
雄蕊ノ口ヨリ出ル一分五リ白色ニテ粉毬黄ナリ蕾ハ劉寄奴ニ似テ長サ二分
メグリ三方蒂三方ニテ葉アリ穂ノメクリ五六寸長サ四寸其下二十余ノ積葉ア
リ清明尚盛ナリ後子ヲ生ス菊ノ種ニ似タリ宿根旧ヲ越ス鬚根長シ

一種葉ノ周圍ウ子リクルヰアルモノアリ余ハカハルコトナシ

二種莖堅クシテ甚タ苦キモノアリ肥テ大ナリトイヘトモ苦クシテ食フ
ベカラス

一種

フキ 蕗

路 羽後国各郡 日本地誌提要三

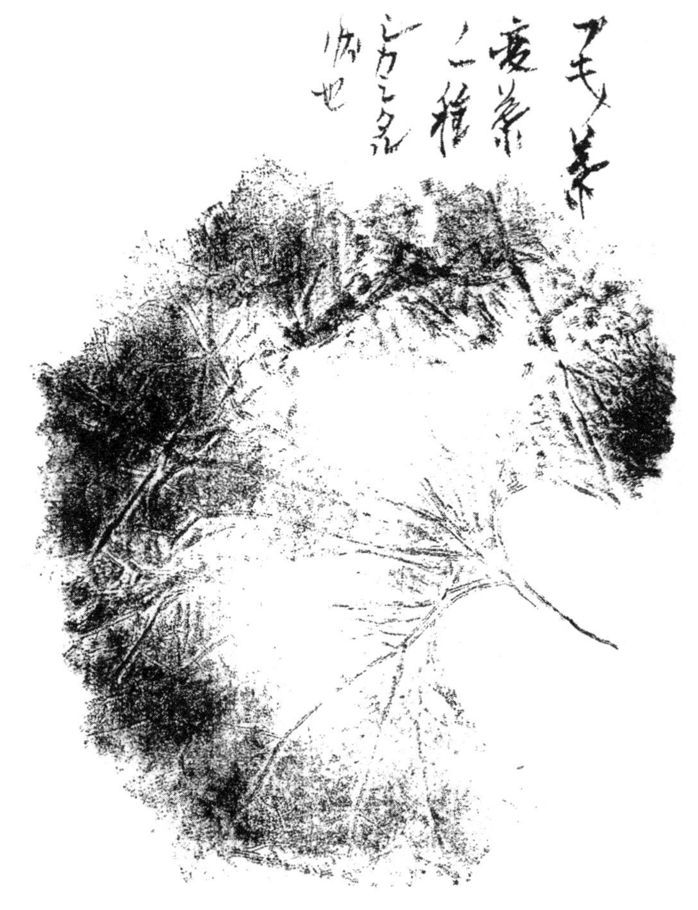

フ[illegible]　フキノ類　尾張国知多郡

トサフキ　ヤマトフキ　地フキ　赤フキ

白フキ　中国譜志　一

一種 紫款冬

一名 冬花蘂 紅花款冬

和名 アカブキ

常正曰茎紅紫色花淡紅色

九月葉ノ中心ヨリ蕾ヲ生ス状チ圓ニシテ長ク先少シ尖ル長キ者一寸五分周圍(メグリ)四寸外皮花ヲ褁ムコト菡萏ノ形ニシテイク重ニモナリテ周圍(マワリ)ヨリツヽム正月ノ初外皮綻ヒテ花茎ヲ抽ツ外皮ハ花茎ノ四面ニ互生シテ葉ノ如シ茎頭数花ヲ開キ穂ヲ成ス一花ノ状チ白朮花ノ形ニ似タリ蔕ハ劉寄(アワダ)加草(チサウ)ノ蔕ニ似テ長サ三分緑色ニシテ紫黒色ハウツリアリ雄蘂ハ薊ノ蘂ノ如ク本筒ニシテ五出淡黄色花口一分五リシ雌蘂一筒ノ中ヨリ出鬚旋淡黄ハ一蔕ノ蘂大凡十八九瓣ハ蔕ノ外ニ見ヘズ蔕ノ蒂四分一穂ノ花四十余花アリ花ノ後葉トナツテ飛二月舊根ノメグリニ葉ヲ生ス紅紫色圓ニシテ冬葵葉ニ似テ尖リアサシ西紅黒色ニ緑色ヲ帯ブ背ハ紅紫色ニシテ節藾皆ノ色ニ似タリ茎モ赤紅紫色ニシテ茸毛アリ梗長キ者一二尺其形状ハ前ノ款冬ト葉ニ異ルコトナシ

一種 秋田款冬

一名 苦菫 鑽凍 氐凍

和名

本草綱目巻之十六恭曰葉似葵而大叢生花出根下

羽州秋田ノ名産ニシテ其葉面傘ノ如ニシテ茎ハ大筒ノ如シ

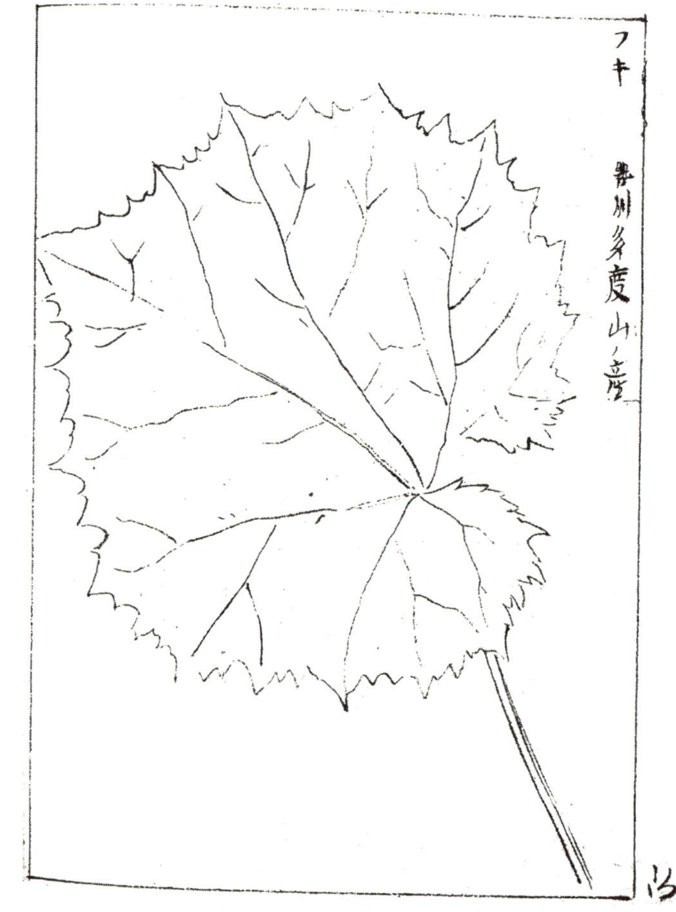

小関某氏ノ甘露煎蕗ノ花ノ説ニ
三月上旬款冬花ヲ摘採シ清水ニテ洗ヒ雫
除テ盛リ食塩五升ヲ和シ醃蔵スル凡七日ニテ之ヲ
出シ復洗醃蔵スル前法ノ如シ真熟アヲ候テ
器ヲ換ヘ食塩少許ヲ加ヘ収蔵ス入ノ食用ニハ
砂糖及ヒ味淋酒醤油等ヲ調和シ煮テ之ヲ注
加ヘ食用トス」

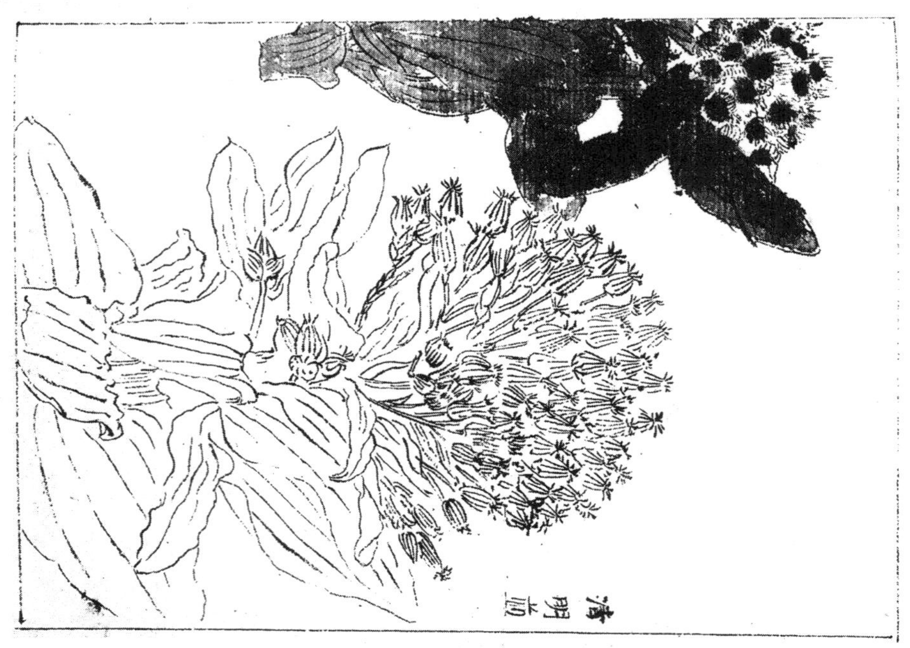

疑冬　フキ　熊野物産初志　一

ふき　款冬といへて次のふきの條ふあるし　たるを　国史草木昆虫攷巻之六
ふゝき　古くハ蕗といへて今ハ款冬ともいへるさるを世のあ人
万葉の山吹の花とおもひまちひて改るをおきハ此物の俗せ
ワすましてまみ誤たるこ俗の略て化例ゟあるし　たり　蕗く
款冬の国生之史ゟ物ゟも園菜部ゟ收めて和名不ゝ木と
註し款冬を蕗の野生なれを草部ふ入て和名於末不ゝ木
一云於末不木と註したり　式ふ蕗を布木とよみたるもせよ
不ゝ木の約ゟてけり　當時の俗名なるゟぬれ一物　なれと
家園と山野のかうてをぢたらしと思うこヤマフキと今のツハ
フキと混したるなるもし　ツハフキハ物ゟいへる款冬なるん　ゆゑ
蕗も即園生のツハフキなるへきといふへし　ツハフキを培養
して菜蔬とあせしためしをきゝまさおもひたらさる説
なうツハフキを款冬の葉ゟ似て葉ゟ艶ある　ゆゑなれハされ
う名をおもたるへくその草の性を文ふ別ちへツハフキハ史游急
就篇ゟ栽たる橐吾なる牛蒡と山マフキ菜をミツフキな
といへるもその葉の硯せるをもて　かあて　契沖ゟ和字正
濫ゟ字書ゟ苦蕗字なしといへるを誤なる正字通ふ蕗音魯
香草也　別録ゟ甘草一名蕗草楚辞七諫ゟ莵蕗雜于
䕨蒸　契沖の博洽　たまゝこれをわすれたるや　国史草木昆虫攷巻六

甘露煎　款冬花　三月下旬款冬花ヲ摘採シ清水ニテ洗ヒ樽四斗樽ヲ云フニ盛リ食塩五升ヲ和シ醃蔵スルコ凡七日之ヲ出シ汚汁ヲ去リ復浄洗シ醃蔵スル前法ノ如クシ其熟了(ツケアガリ)ヲ候テ器ヲ換ヘ食塩少許ヲ加ヘテ収蔵ス販賣スルニ及ヒテ糖霜及ヒ味淋焼塩等ヲ調和シ款冬花ニ注加シテ食用ニ供ス

[illegible]

款冬去皮縁割四條晾日略乾者加細剉辣茄酒醤煎收併煎

(奥)[illegible]図　フキヨシハ

[illegible]

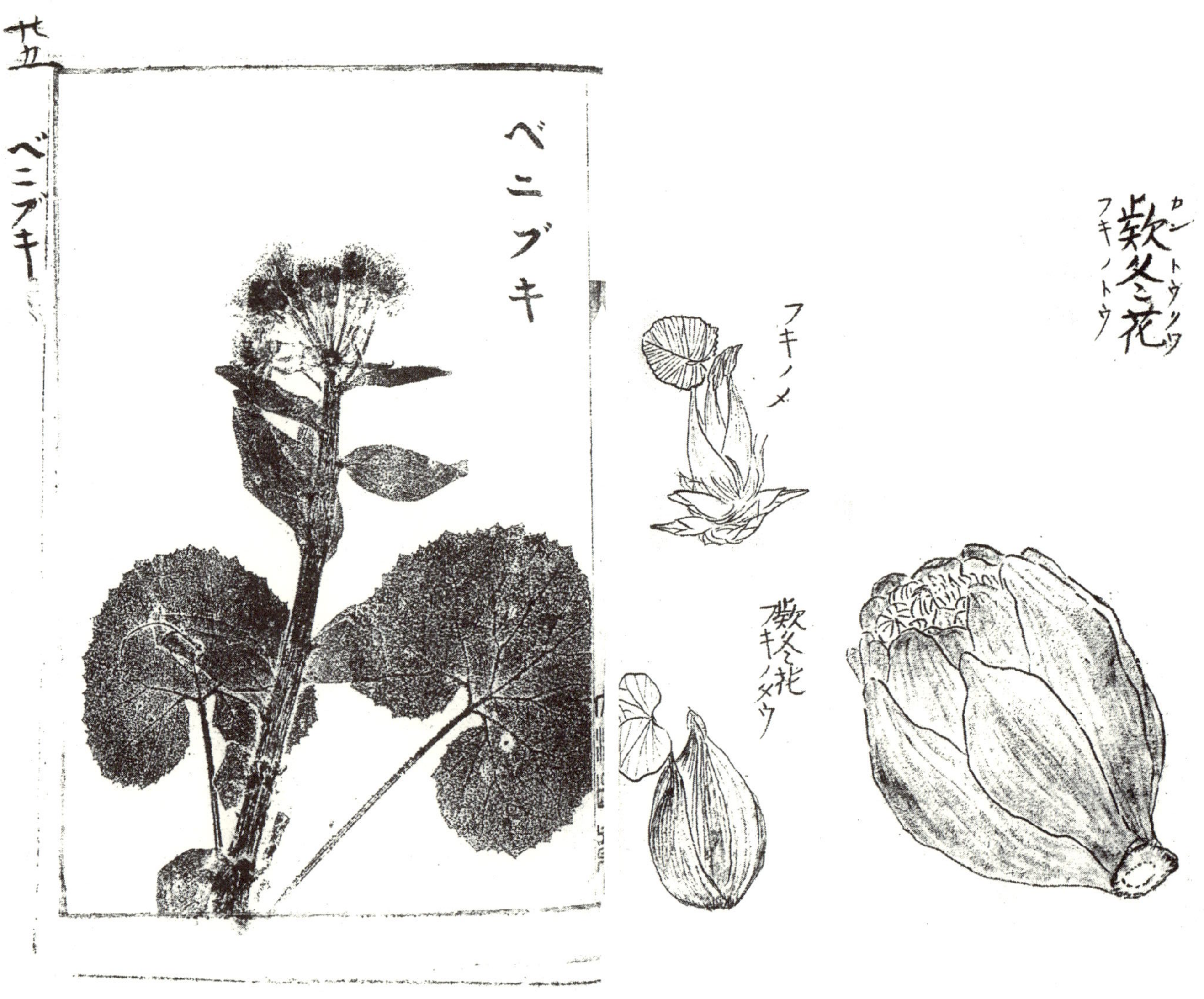
廿五
ベニブキ
ベニブキ
款冬花
フキノトウ
フキノメ
款冬花

ク廿五

蜂斗葉、款冬ハ紅花ノモノ出羽ノ中ニ有之

ふき　俗に蕗をふきといふ。ふきの急稱也。俗にふきといへり○蝦夷の地の蕗の葉ハ五六尺に及へりとそ○紫ふきあり莖葉紫色にして花白し○朝鮮ぶきあり花一劑に叢生す○琉球の産は紅花の品ありと覧すべし　本草に蜂斗葉と名くる是なり　和訓栞巻二十六

蕗

新撰字鏡　草五十九　蕗　不〻支　蕗同

和名類聚鈔　巻十七　菜蔬部

蕗　崔禹錫食經云蕗音路和名布〻木　葉似葵而圓廣其莖煮可噉之

廿五

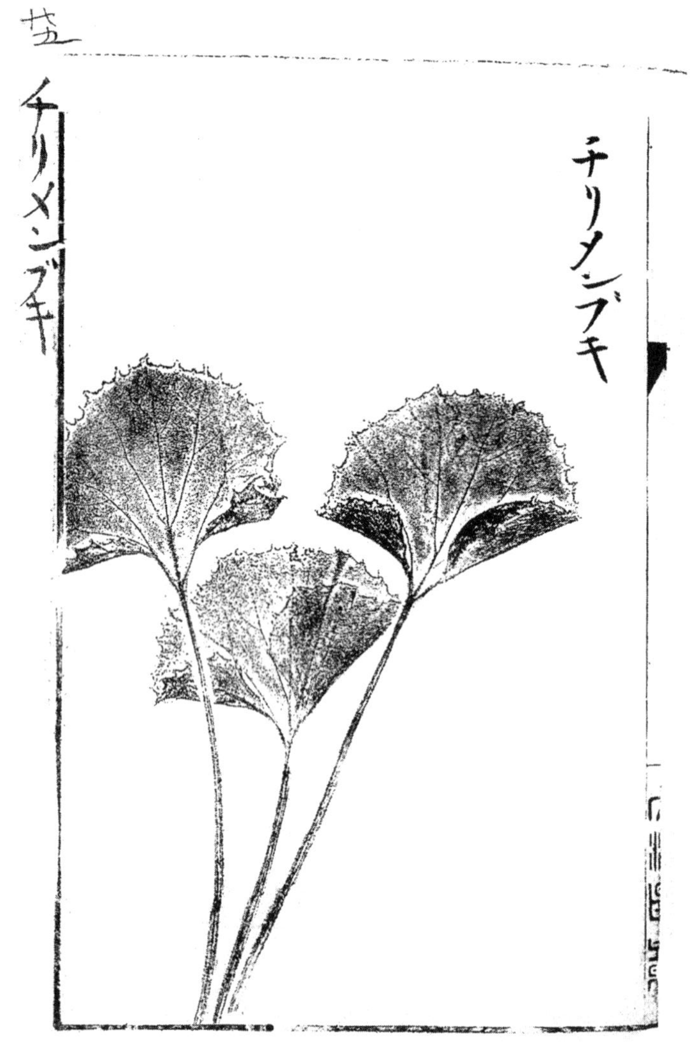

○コルコニマ名コロクニ一名コリコ三上同フキ本朝フキ順抄和名 丑臨小云

下のフきらの如し或ハ ミフキの伸るる故ニ 款冬亦夷中の款冬ハ太なれこ料

なる世の雨傘の如くなりとそその花も又想ふへし

州五

昌五 款冬 フキ 備荒録

又有ニ紅花款冬一名ワダブキ 此花也 ○紅ブキ 正字通薮冬注

ニ ク 撒ニ透徹ス直ニ煮食テ 一種ハスイモブキトエアリ 並淡緑色 味不苦

款冬去皮縁割四條晾日晒乾者加細剉辣茄酒醤

煎収併煎汁瓶藏經久愈佳

布々木 佐不岐 不々木 於保波 世末布支

世末布々岐 由佐(?) 於保波 [illegible] 本草(?)

本草和名(蕗十八) 棺茎 一名 蕗伏 又有

金實草 出崔禹 和名布々岐

類聚名義抄 ハ 蕗 フキ

延喜式 三十九 内膳 漬年料 雑菜 蕗二石 五斗 料塩一斗 米六升

右漬春菜料

延喜式 卅九 内膳 耕種園圃営 蕗一段 種子二石 惣単功

卅四人 耕地二遍 把犁一人 駆牛一人 牛一頭 料理平和

二人 糞百廿擔 運功廿人 殖功二人 九月 芸二遍 第一遍

二人 三月 第二遍二人 六月 刈功四人 三年一殖

欵冬　和名フキ本邦古ヨリ
棣棠花ヲ以テ欵冬トス欵冬モ古訓ヤマフキト
称スルト云説アリ俗ニ欵冬花ヲフキノ薹ト称
ノ菜蔬トス一種唐フキト称ル者アリ肥大ニシ
テ径リ寸許赤色ヲ帯フ相傳フ佐渡別ニ大欵冬
アリテ高サ丈許アリト云リ凡ソ牛旁欵冬ハ菜
中ノ佳品ナリ中華ニ不称之風土ノ異ナルニシ
ベシ
佐渡ノ産モ甚ナリ蝦夷ノフキハ大サ五六寸長
大餘ニ至ルト云

フキ

○按ニ蕗ハ即チフキ欵冬ナリ布木ハ布久木
ノ約ナリ安州ニテモフキト呼ブ漢説ニハ蕗ノ
字ヲフキノ事ニ用ヰシテ稀ナリ字典ニ蕗ハ蘇蕗草名
或作蕗ハ別録ニ甘草ノ異名蕗草トアリ然モ
崔禹錫食経云蕗葉似葵而圓廣其莖
煮可噉之トアレハ實ニフキナルヲ知ルベシ

欵冬　和名フキ本邦古ヨリ

棣棠花ヲ以テ欵冬トス欵冬モ古訓ヤマフキト称スルト云説アリ俗ニ欵冬花ヲフキノ薹ト称ノ菜蔬トス一種唐フキト称ル者アリ肥大ニシテ径リ寸許赤色ヲ帯フ相傳フ佐渡别ニ大欵冬アリテ高サ丈許アリト云リ凡ソ牛旁欵冬ハ菜中ノ佳品ナリ中華ニ不レ称之風土ノ異ナルニシベシ

佐渡ノ産モ甚ナリ蝦夷ノフキハ大サ五六寸長大餘ニ至ルト云

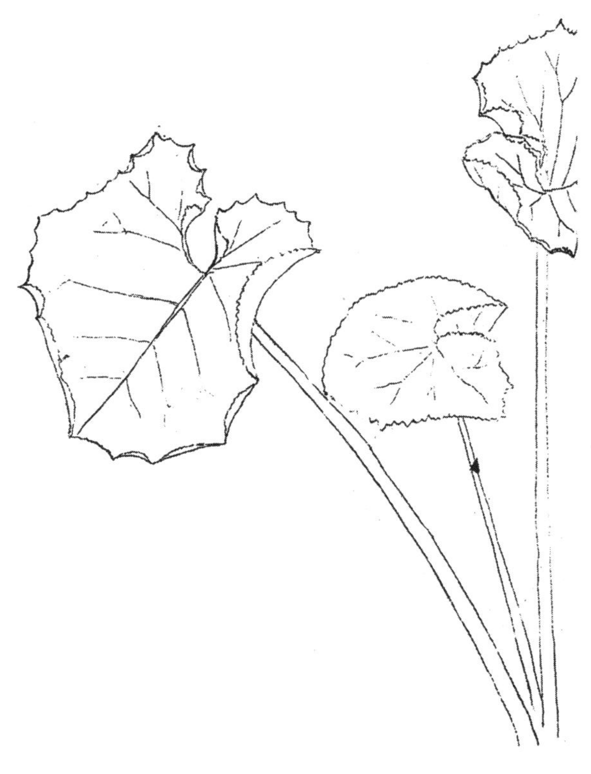

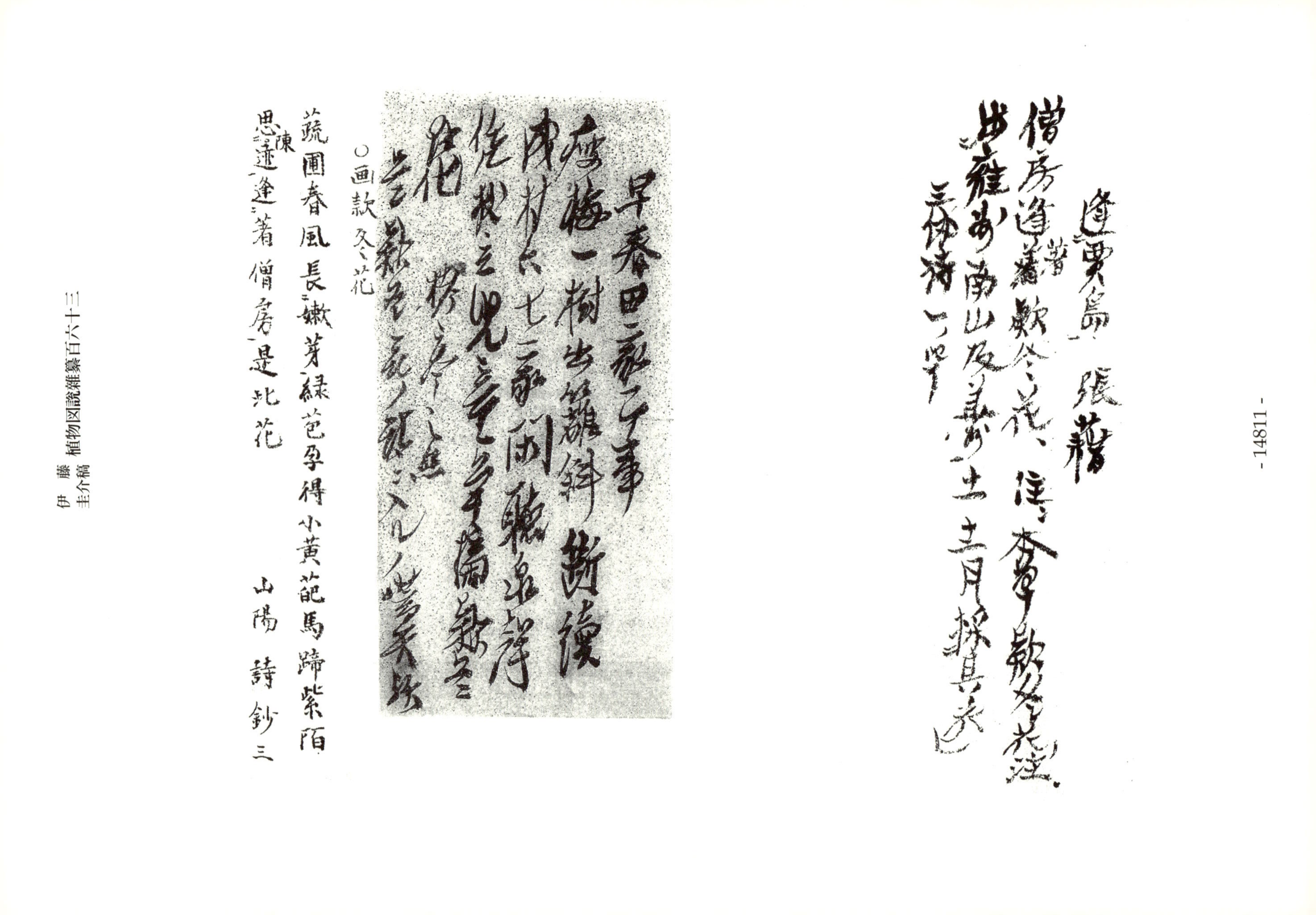

逢賈島 張籍

僧房逢着款冬花、注、本草款冬花注

出雍南山及渓水 十二月採其花陰

三体詩 一ノ四丁

○画款 冬々花

早春田家之事

疎梅一樹出籬斜

[illegible]

[illegible]

蔬圃春風長嫩芽緑苞孕得小黄葩馬蹄紫陌

思逢逐着僧房是此花

山陽詩鈔三

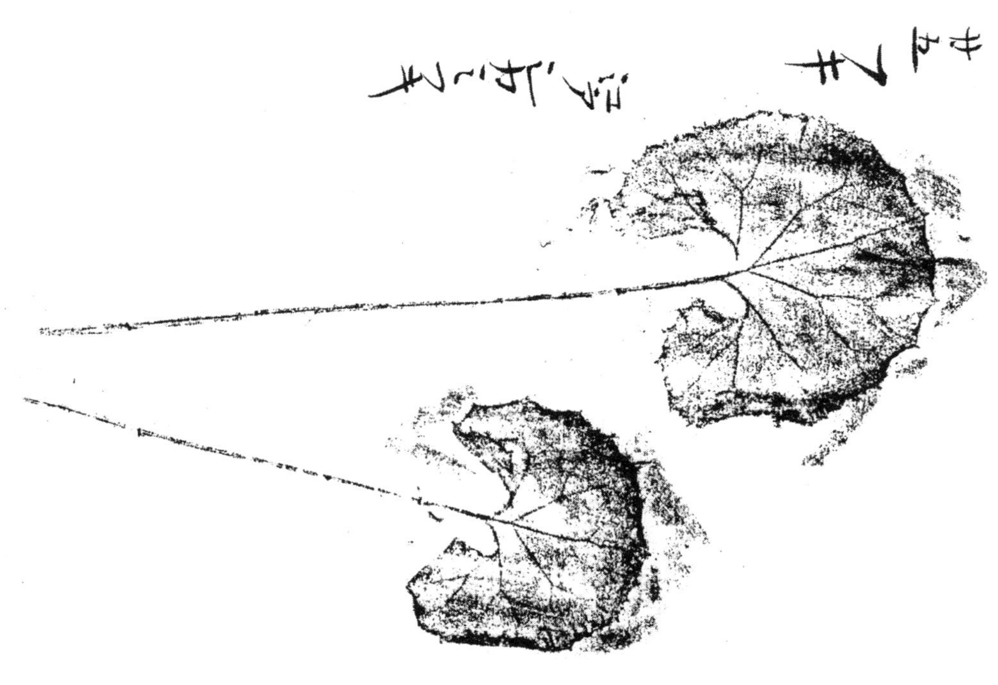

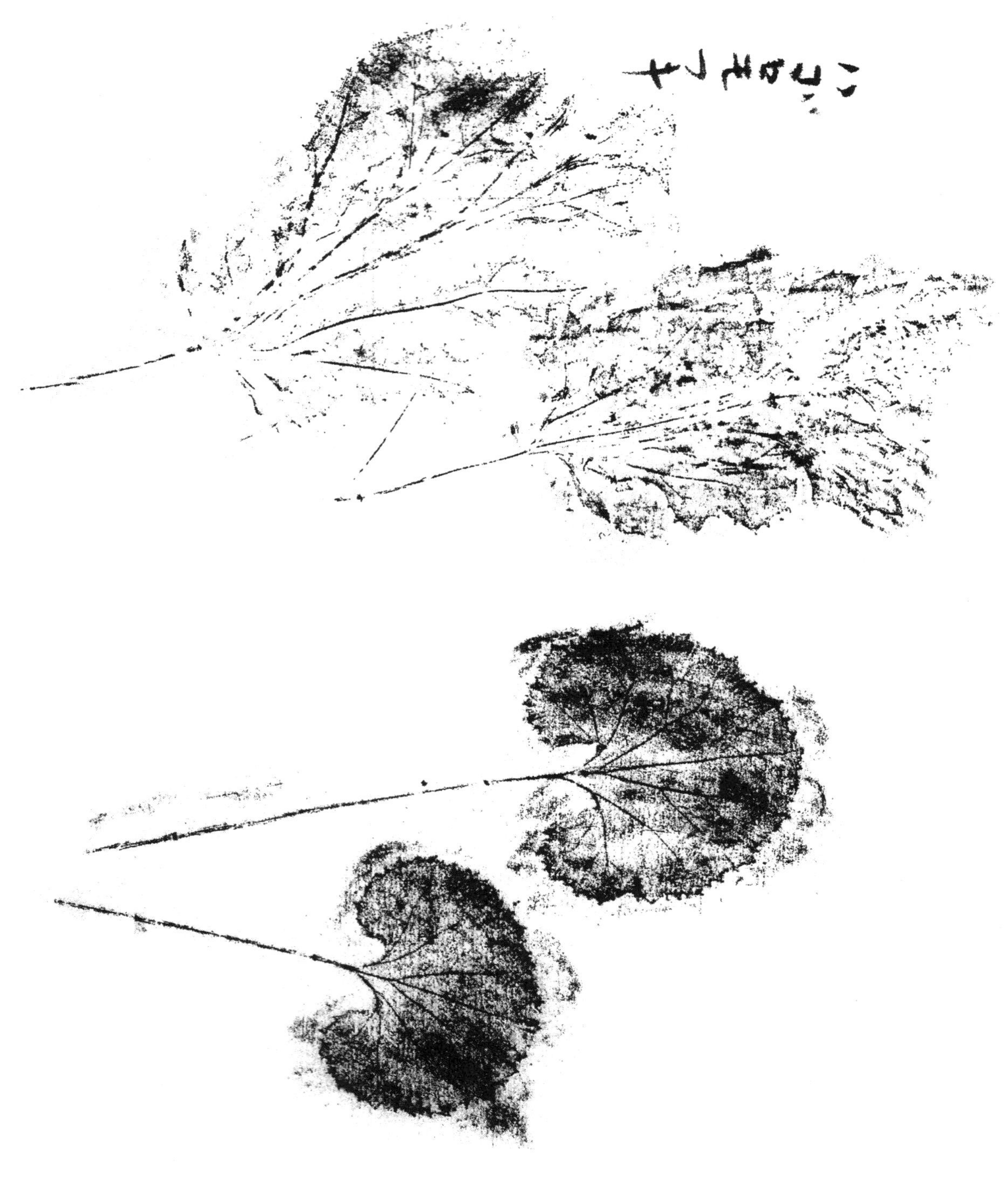

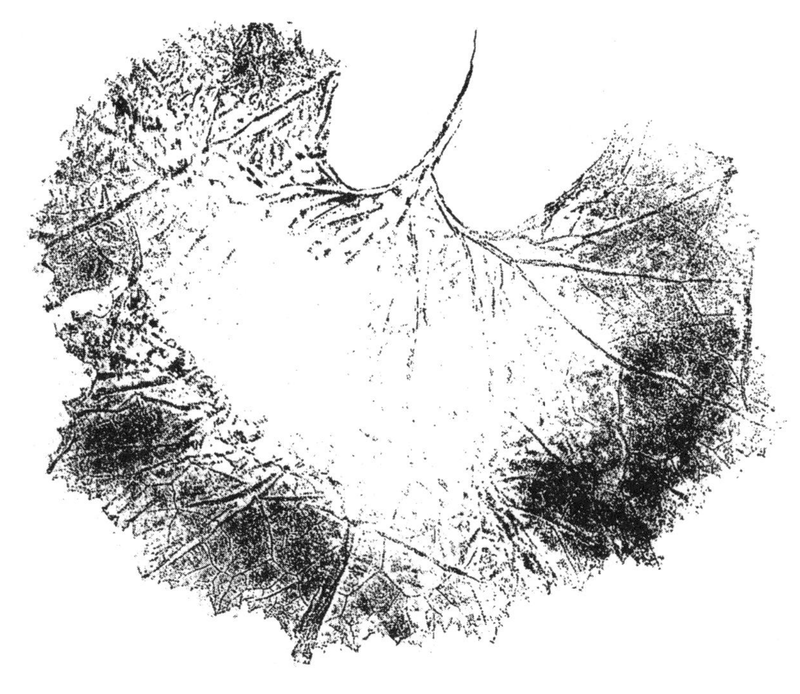

Petasites spurius. 蕗 100
(Tussilago petasites. var. nordwsmed
japonica Sieb. et Zucc.)
Tussilago petasites. Linn.

petasites offinalis mönch

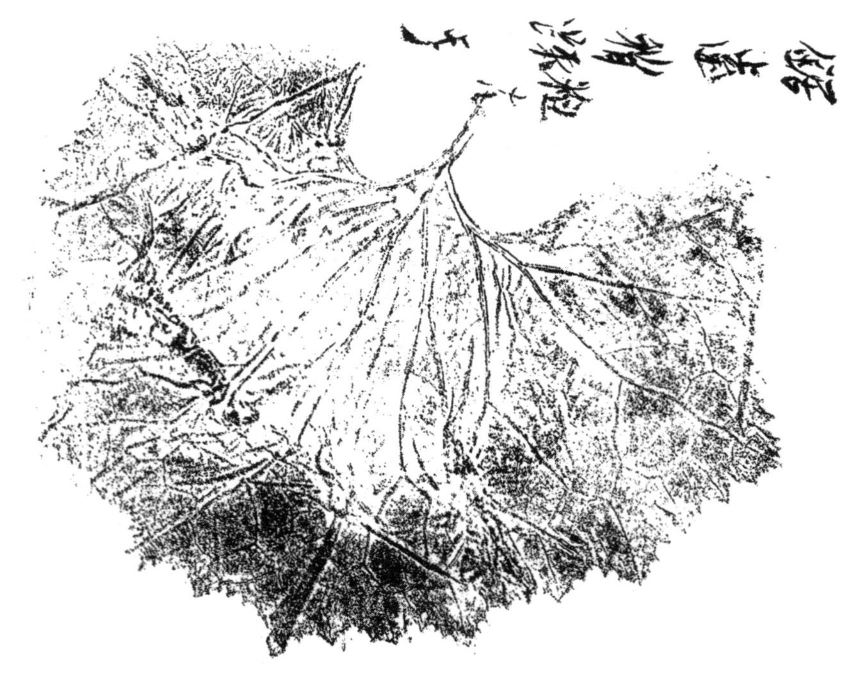

○也末布々木　世俗名菝葜

那多抄ニ欵冬ヲ夜末不々木ト云秋ノ比

實ニ布々木ト今モ　云　一雅欵冬ニト唱

ニ自生ノモノアリ味イト苦シコレ又加賀布ニ古

又也末布々木ト云モノアレハコレヲ根ヲトリテ大和

本草ニ莠連日ト加ヘテ秘生也ニ用之

ナリトし

○布ニ支　出字鈔深字又曰山保ニ支　鈔丹保作不或也末不支

指山生耳深丹又曰於本波　今俗稱フキ　鈔引食經為路字同

鈔丹或作欵冬式既出字作束花音通平也未不支條宜參

考　深為栢莖菜可疑　名物

欵冬本草　根もとに紫色あるハ常ニ多あり茎と葉と

又ふきのたうも苦味薄し上品なり又赤ぶきハ葉も茎も

赤し又秋田ふきハ葉も茎も甚大なれども江戸ふきハ葉の大さ

二三尺位なり苦味強し又たうも大なれども味よろしからず　捴て

ふきハ水湿ノ地を好む秋のハ根の上へ細き茎を発し肥を用ゆ

破

涼傘　フキ

マフキ 輔仁本草 オホバ〃 コリコニエヅ
赤布ノ岐 於保波 和名抄
カハニグサ モレホクサ 影リサ〃
ウーフブフーデレン チユスシラゴペタヱシテス

款冬 本草図譜 於保波木 耐冬 無名花 苦萃 広雅 款凍 同
山生ノモノハ葉小ニシテ苦味多ク家園ニ栽ルモノハ葉大ニシテ苦味薄シ
フキノトウ フキノヂイ フキノシウトメ 和一
款冬花 フキノハナブサ
款花菜 和方 ボウカイ 菊乃杉前 バンカイナンブ
款冬花
款冬花 図 ふきのとう フキヨリハツハフキ

「フキ」

(草木名鑑ニ云 フキ △大葉ト小葉ト山生ト園生ノ種数アリ △一種秋
田フキハ葉茎共ニ甚大ナリ △一種 紫フキ アカフキ 葉面淡紫
背茎ハ深紫色花淡紫ナリ △一種 チリメンフキ 茎葉緑色ニシテ厚
ク皺アリテ光澤アリ △一種 ヤツガシラ ヤツフサ 朝鮮フキ
花戸ニテ作ルフキノトウハ一株ニ四五ヨリ十五六一株ニ生ス形チ円シ △一種
紅フキ 琉球フキ 蕾ハ紫赤色ニシテ開ケハ淡シ此種身延山ヨリ出ト云
本経逢原ニ花紫色有白絲者真ト云フハ紅フキ真ナルヘシ又百花録ニ
紅花款冬アリト云フ予未タ見ズ亦琉球ニ産ストキハ葉同メ花ノ紋リ生
ズルヿ三四五或ハ七八花瓣紅色ナリ又集解頌曰又有紅花者葉似荷而斗大
(但し毎葉数寸)俗呼為蜂斗葉又名水斗葉ト云共ニ集解

古ヨリ款冬ヲヤマフキトスルハ非ナリ ヤマブキハ棣棠ナリ 山生ノフキヲモ
フキト云故ニ混スルナリ
南部 津軽 羽州 秋田ニハ至テ大ナルモノアリ 茎径孔中 乾青奥
ニツヲヘベシ 葉ハ馬上ノ傘ニ代用ユベシト云伝フ コレヲナンブフキト
輪田フキト云 羽州秋田ノ大フキ名産年々献上ス
一種 ベニフキ　リウキウフキ　花ノ蕾紫赤色 開ハ色浅 モト駿
州庵原山ヨリ生ス 本経道原ニ 花紫色有白絲 者真ト云 寸ハ
江フキヲ菜用ニ良トスベシ
一種 紫ブキ　葉面浅紫ヲ帯 茎ト背ト淡紫色ナリ
一種 朝鮮フキ　ヤツガシラ
葉大ニノ苦気少 花多簇生スルコト数多 故ニヤツガシラト名ク
一種 チリメンフキ

フキ
コリコニ エゾ
フヽキ 和名抄
フーキ 泉州

フキ 款冬

ウーフブラード

款冬　款肺候 観耕録
輔仁 款凍　於屈　耐冬 華名苑　苦苣 廣雅

和歌本草提要巻之一

あふひ　葵　本草

万葉　詠数種物歌

なしなつめきみにあはつきはふくすの後も逢んと葵さくなり

あふひ花さく

普通にあふひと云るハ先かもあふひ銭あふひなと云是真の葵と云物にハ非す真の葵ハ今の蕗是也フキフキ古ヘ常食の物にて

古本草にハ蔬部に入しを後世綱目に湿草部へ移しハ早も古へを失ひし誤也此論ハ向井元升庖厨本草質疑論によく弁して本草文義の混雑も明に正せり得て見るへし[illegible]

然に延喜式耕種園圃部にも葵蕗を営む事あり其時の葵ハ銭あふひなとや食しけん或ハ日車なとをや食しけん日車の葉ハ今も食せり日車一名曠葵向葵いひまはり

もし云て必日に傾き廻れハ是とや葵と心得しも知へからす傾日衛足の古言によく符合す落亦然り試て知れり衛足の義まさに志るし

和名抄款冬和ヤマフヽキヤマフキ是ツハなり順の誤さる所也蕗の属にて大なる故に山と添て云るなり和名本草和名はまなし[illegible]一

落字本草甘草の釈名にのみ見えて其余一局に有事无しいか

款冬 室テラオツル末カケミウスヘシ莫耶水猪汁或泊ト小便ト等分ニマゼテ
カセテミツ〳〵ソ、ケハミケリテ味ヨリヤハラカナリ八九月ニ入キテ根
土ヨヤハラカニミテ段カフヘシ京畿盛ニハカタケミウ尤ヨシ花ハ臘
月ヨリ生ス生ニテスリニ、ミソニ加ヘアタヽメテ食ス味ヨシ塩ツケ
ミソツケモヨシ本草綱目ニ疑ヲ争ソ説備ナラザル故フキヲ疑冬ニアラ
ストスル人アリ李時珍カ食物本草註ヲ見ルニ款冬ナル事又ウタカヒ
ナシフキ初テ生シ葉小ナルヲ銭フキト云人葉トモニ食ス二月
ヨリ四月マテ茎ヲ食ス○一種ハハト云草アリソノ葉茎フ
キニ似テ毛アリ秋黄花サクヒラク本草ニ見ヘスフキノフク
皮ヲ去リヨク煮テ久シク水ニヒタシ置テ食ス其味フキノコト
シ性寒ナリ諸毒ヲケス又魚毒ヲコロス河豚ノ毒ニアタリタルヒ
モミテ汁ヲ取テ服セシムヘシ甚験アリスリテ赤脚ニツクレハ消
スルヽアリ蒸煮テホシ物トナルモヨシ此草モ古書ニ出タリ

釋名 顆凍 郭璞 虎鬚 本経 氐冬 別録
鑚凍 衍義 菟奚 本経 橐吾 本経

古ヨリ款冬ヲヤマブキトスルハ其誤リ朝儀集ヨリ出ヅヤマ
ブキハ棣棠花ナリ款冬ハ充來フキノコニソ山生ノモノヲ山
ブキト云ヤマブキハ能名図ニキ故ニ混ズルナリ山中自生ノモノハ
葉小ニソ苦味多シ家園ニ栽ルモノハ葉大ニソ苦味少シ奥州南
部ノ秋田ニハ至テ大ナルモノアリ茎ノ径リ七寸許中ニ
乾青魚二ツヲ入ベシ葉ハ馬上ノ傘ニ代用ユベシト云伯アコレヲ
南部ニテ十輪田フキト云此根ヲ取寄セ栽ルニ初メハ大ナレドモ
年ニ変ソ小サクナルナリ
唐山ニハ款冬花少キユヘ説郛本草ニ諸州ノ款冬ノ図ヲ多
ク載ス且枇杷花ヲ偽リ貨買スト云

款冬

布々支 名順和 布支 通名諸州

花 布支乃止宇 通名諸州

多生山谷水辺冬月不顧雪霜因宿根而生花其
花採未開者煮熟和味噌搗之若泥以為食用俗
呼布久未曽食之久則能駆痰嗽春月一茎生一
葉其茎中空高五六寸其葉似葵葉而円大二三
月甚叢生今観生陰谷潤間者甚小痩而味苦
故不堪入食用俗呼也末布支亦名仁加布支
一種有種人家井辺培養有茎葉肥大味淡薄而
甚美也病人亦可食俗呼美豆布支今野人採葉
代烟草切之繊長如絲安之烟管著炭火吸其烟
以為楽食賤人多用之 按本草綱目発明有采款冬花療久咳熏法今土俗抹炭熏之其法相似少異
一種有呼止宇布支者比之尋常者葉大而茎甚
長其味雖劣美豆布支冬月凌雪霜多生花甚叢
生俗呼也豆加之良
一種有大葉者其葉円大而形如荷葉及大者可
容水数升茎堅皮厚淡白肥大及二三尺今多種
之至如味太劣尋常者唯以其長大者為珍耳
一種有呼豆和布支者漢名橐吾由于本草綱目
款冬花款名雖然花与茎不類款冬故其形状詳
于雑草類唯以其名与款冬相似挙其名耳 官薩物産志善之立

款冬花

フキノトウ　〔款冬〕　フヽキ 和名鈔

今 フキト云

薬ニハ花ヲ用ユ故ニ款冬花ト云家園ニ栽ル者ハ茎葉共ニ
大ニシテ苦味薄シ奥羽ノ産ハ自生ト雖モ茎葉至大ナリ一種
紫ブキト云アリ茎葉共ニ紫色ヲ帯ブ又ベニフキト云アリ花ノ
蕾紫赤色開クトキハ色浅シ薬用ニハ山中自生ノ者上品味
辛温無毒古名ヤマブキト云同名アリ花ヲ賞スル者ハ朗詠集
ニ云ヤマブキニシテ秘傳花鏡ノ棣棠ナリ元来仮名同キ故
誤リ混ズ本條ニ款冬花一名棗吾トアリ通雅云棗吾非款
冬本草以爲一誤矣云云又顔師古註云棗吾似款冬而

羽州秋田ノ大フキ名産ニテ年々献上ナルハ秋田領ノ出ル山阿仁
ト云山ヨリ出ル大人ノマワリモアリテ子供七八人其傘ヲヒロゲタル如シ

一種ベニブキ　琉球ブキ
花ノ蕾紫赤色開ケバ色淡シ此ノ種モト琉球ノ国近山ヨリ出
ツ本種違ふニ花紫色有ニ白縁者一真トス寸ハ紅フキヲ薬用ニ良
トスベシ

一種紫ブキ
葉面淡紫ヲ帯フ茎ト背ト淡紫色ナリ

有絲生陸地花黄色一名獸須云云是ニ據リ二物トスヘシ
槖吾 和名ツハフキ歟 冬葉ニ似テ厚ク葉軟光アリ茎ヲ抽
キ花ヲ開ク黄色ニシテ形旋覆（ヲグルマ）花ニ似異ナリ

一種 胡盧ブキ ヤツガシラ
葉大ニシテ苦味無ク花蔟重スルヿ輪多キ故ニ八ツ頭ト名ク

北海道ヘ行キシ者織田氏話シ
エゾブキ 方言 秋田フキトハ少シ異ナリ 且其
大サノ異アリ 随処ニアリ東ニ無
柳ノ皮ニテ…ナル 煮テ食ス
食用 賤シ エゾ人食用トス 箱館
ミニノ砂粉積トス 船ノトマトス 金輪 カルフル
ニツミカキトシアリシ島ヘノ人ノ…

つ手

南部津軽松前ノ蝦夷ホニ産ニシテ花鏈ノ大サニ
過キ茎ノ剛四五寸葉ノ径三尺許モアル。ニ代テ急雨ヲ
防ハト云南部ヨリハ茎ヲ塩糠ニ和蔵テ遠ニ寄リ
又駿河国石田ハ圓六七寸葉大サハ七八尺茎ノ長サ九尺
許有ヲ見ル是ヲ久能山ノ奠供ニ上ルト云

問 款冬(クワントウ)を山吹と訓する如何　[illegible]

答 款冬花を山吹に用ひ来る事久し　けだし違ひハ誰しも
知る事ふて頃が和名抄ふやまぶきと和名抄より誤りたりと
いへれどさにハあらじ頃かどの者らいやまぶきいふてもつとも
山吹と蕗をとり違へて和名をあへきや是ハ薬艸なれど
山中に自生のものをよしとてやまのふきといふなるを後人
の取違へて山吹へとよふハ粗漏なり又文字ふても款冬と書
て叢生ふ薹を出して春ふ至て満開してはなを花之
されば二字を文字にも書なして三月ふいたりて咲く花
異く山吹とよびなす違ひ也山吹の漢名(カンメウ)ハ棣棠花也

問 ちなみふ蕗(フキ)の薹(タウ)ハ冬を季ふ用ゆへきや　答 蕗の花と賞味
するハ冬と季ふされバ冬の季ふ然るへし　まゝと冨貴の音よ
通ひて俗の耳目を喜ハするよ　其興ハあるとふハ至極のもの

欵冬 フキ 紫背ノ大サ傘ノ如ク莖三四寸者傳

栽

ハスイモブキト云アリ

紅花ノ者アリヘヒフキト呼 天禄識餘曰欵冬花

即尓雅所稱菟奚顆凍者紫赤華生水中十二月

雪中出花

前ノ書ヽ此ニ襲綱目之誤リヲ云ハ非ヽ救荒ニ
時珍ヲ引シ丁ハナシ綱目ニモ神農本經ノ通ニ〆
釋名ニ橐吾トシ欵冬ノ款凍二物ニ分ツヲ徒トス
○細字ハ本文ナリ大書ニスベシ

欵冬花

欵冬ハフキ花ノ字アレバフキノトウ此ノ図ニハ
葉ヲリヲ載スルハ食用ニハ葉ヲ芽ヲ一トスル
故ニ此ニ花ノ字アルハ本經ヲ其一ニ出スヘ
ナリ○評注ニ誤リ有リ本文ニ引シ橐吾ハ
神農本草ヲ引キシモノヽ神農本經ニ一名橐
吾トアリハ二物ニ分別スルハ急就篇史游ヨリ
以後ニ始ルハ救荒本草ハ本草綱目ヨリ少シ

○赤款 花ハ尋常の款冬ニ同し莖赤く葉ハ緑色少し淡く
微赤き氣味あり蕾正月中より伸出る之挿花にして頗雅あり
方地土撰ばず肥淡小便を澆ぎてよし 移 秋彼岸よし
○ふき 俗ニ蕗といへりふきの急語也俗ニ茎をよめり○蜷薹の
地の蕗の葉ハ五六尺ニ及へりとそ○紫ふきあり茎葉紫色
ニして花白し○朝鮮ふきあり花一訴ニ小蕚生せり○琉球ノ
産ニ紅花の品あり愛すへし本草ニ蜂斗葉と名くる是
あり 新刑
ふうき ふき ノ条ニ見エ
ふき 同上

○ふきを山へ行多く採来りて煮てクイス葉を入塩漬にして
香の色のこゆるまんおし跡め存く紅のあさき色之○ふきのひも
多く山より採来りてあくをぬき干上置く 多く汁
汁の家あまあつてやらうし 文政廿年冬 陸奥日記

款冬ハ蕃(?)年ナリ家園ニ植
養ス又山中自生モ有
ヲ採テ食用トナスモアリ
各地ノ俗ノ便ニ従フ
モノトス

蕗 ふき
蕗山吹ノ説 東雅巻之十三

蕗水漬

ふきを生にて皮をむき薬研にて摺鉢に入塩にてもみ あをき汁をとり蕗ハ塩にて漬こと右葉の青汁を入へく 押を重おもり置て塩出して黄蘗にて入れば生のふきの如 異ならず

布行

ふくき　フキ　フウキ

本和下 四十 枱莖菜 布々岐 [illegible]

和蕗 布々木

孛 蕗 不々支 蕗 同 名

蕗 フヽキ

和玉 蕗 フキ

和傳 枱莖菜 不宇支

[illegible]

[illegible]

大ふき款冬

東北ノ款冬ハ[illegible]大[illegible]
[illegible]馬ニ[illegible]
[illegible]ナ和田山[illegible]
[illegible]ノ[illegible]ノ上ニ[illegible]
[illegible]秋田ニ[illegible]九[illegible]
[illegible]秋田[illegible]
[illegible]

秋田フキ（一名サタケフキ 毛ナキ）
クボメブキ
秋田フキヨリ細キテ、
毛アル
（相園ニアルハ毛アル）

津軽ニ款冬葉ニ大ナルアリ茎高一二尺ツノ葉ヲ取テ馬合羽トスト云故世ニ津軽ブキトテ賞ス

○北海道款冬（農商務省報告）千島国国後郡ハ土地卑湿ニシテ到ル処款冬ノ発生スルヲ見ル然レ凡概ネ其質悪クシテ味モ亦佳ナラス元来款冬ハ其味苦キヲ常トスルニ独リ同郡留夜別村ノ産ハ茎肉脆軟ニシテ苦味ナク特ニ美味ヲ有ス其大ナル者径三寸八九分

丈一丈四五尺其小ナル者モ径一寸五分丈五六尺ニ下ラス其葉ハ恰モ
雨傘ヲ張カ如ク著名ナル彼ノ秋田縣下戸和田産ニ讓ラス而シテ其
佳良ニシテ發生ノ夥多ナルハ留夜別村字「ルヨヘワ」ヨリ又秩刈澤
村ニ至ル間凢方一里半ノ所ナリ又荒蕪地或ハ圃畔ノ路傍ニ繁生
スルモノハ剛硬短小ニシテ微ク苦味ヲ帯フルモ刈取シテ園菜ニ代用
シ之ヲ煮或ハ塩藏シテ香物ニ供スルニ淡味皆食フニ足ル曽テ
札幌ノ一菓商款冬花ヲ撮採シテ之ヲ糖漬セシニ恰モ生姜糖
ノ如キ美品ヲ製出シ廣ク之ヲ販賣セシカ其香味茶菓ノ
用ニ適セリト云フ　明治十六年十二月十四日　宮韜

款冬　フキ冬ニ至テ花サク故ニ一ーー云食物本草ノ注
ハ皆本草ノ經ヲ以テ書クシ食物本草デナクテモ本草デ
ヨク知レテアルシ皆本ハ本綱ノ説ヨリ取テ書クシ
一種紅ブキト云テ花ノ蕾ヲ時紫赤色開テ色サメルア
リ。別ニ漢名ナシ

三十二

大和本草[illegible]

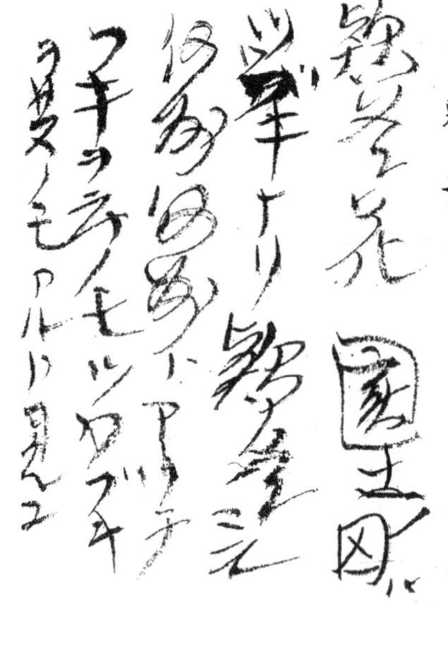

一 款冬

此草本草ニ谿州秦州其外諸國之産ニ依テ異形成コトヲ相記シ申候本朝ニモ四種御座候俗ニ京路 赤路 ツワニフキ 山路ト申候此ツワニフキト申候ハ真之槖吾ニ似申候間名付候カト奉存候殊之外見事ニテ葉ヒカリ花黄白大單菊ノコトク成物ニ御座候テ深山之溪ニ生申物ニテ葉ノ大サ尺余計ニ相見エ申候世上不存物ニテ珎數物ニ御座候扨山路ト申候モノ餘國ニテ諸々ニ御座候得共出羽奥州之深山ニ其葉ノ大サ傘ノコトク或ハ一間ニ満テ茎ノ大サ六七寸廻リ長サ五六尺成物ヲ見當リ申候誠ニ希代成儀ト奉存候此款冬ノ文字ヲ古来ヨリ本朝ニテ隷葉ノ花ト取違四條大納言公任卿之和漢朗

以下織田說ノ說
[illegible]

雨傘ノ如クナリトヅハノ花モサタ想知ベシ
幅広小ヰ款冬ノ説

コルコニ 一名コロクニ 一名コリコミ上ダフキ式本朝 フヽキ 順抄。
按ルニ和字正濫ニ云下ノフハウノ 款冬本草 東中ノナヘテナリコナタノ
如シ或云フキノ仲タルナルベシ

○アキノノゲシ

小窓雑字帖ニ款冬 山吹 フキ 白モレ

顆凍 亦款冬淡 西奚顆凍ナリト事

フユ夷カ物ノ

フカ 十和田山多尾大款冬

詠集清慎公ノ詩ニ款冬誤テ綻ニ暮春風ト御座候モ実ハ棣棠ノ事ヲ申候又古歌ニ井出ノ山吹ト詠ミ申モ棣棠ノ儀ニテ御座候異國ノ張籍カ僧房逢着款冬花ト作候詩ハ成ホト款冬ノ事ト御座候本朝ニ往古ヨリ棣棠ノ文字ヤマフキト不存候ト相見ェ順ノ下学集ニモ酴醿ナリト記シ申候是又誤リト奉存候酴醿ハ関東ニテホタンハナト申候草ニ御座候亦五畿内邊ニテハコヤオギト申候九國邊ニテハキク イハラト申候茎方ニテイバラ御坐候故ニ申候見事成草花ニテ淡紅色成モ稀ニハ御座候大方ハ淡白色ニテ大成千葉成菊花相見ェ候農政全書ニ花ノ黄ナルモ御座候由又ニオ△

181

小窓雜字抄ニ
款冬 山吹 フキトモ

△圖繪ニモ一種黃ニシテ酒ニ似タリト御座候是ハ本朝ニテ
山川酒ノ類ヲ申ニテ可有御座奉存候本朝ニハ黃成花
イマダ見及不申候此花三月ノ末ヨリ咲初申候間大躰草
木ノ終見ニ申候此故ニ王荊公カ詩ニ開テ到酴醿花事
了ルト御座候モ此故ト奉存候

ク三「コリヨ三ナト」ト云即款冬」秋ノ向
遣半ノ食料トナス此葉或ハアクリテ皮ヲ
剝噉フ山中ニ生シテ花肥大ナルハ莖太サハ
カ手ヲ以テハカリ且大サ四五尺ナルモアリ其中
又甚ダ悠一剝裂アラズ或ハ更ニ莖ヨリ細千而
ヲ為シ又事莖一取ニテ傘カラカサニ用ユ

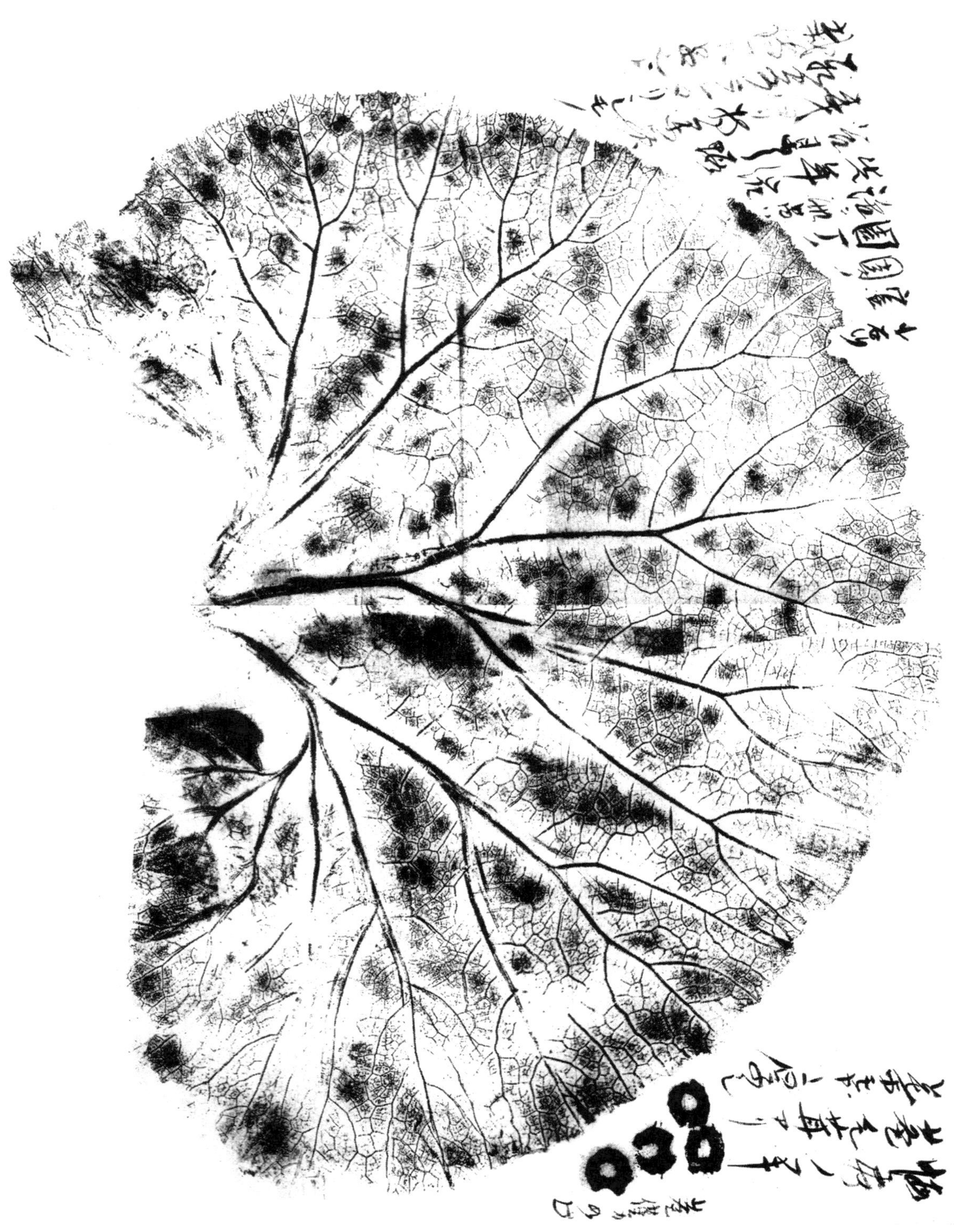

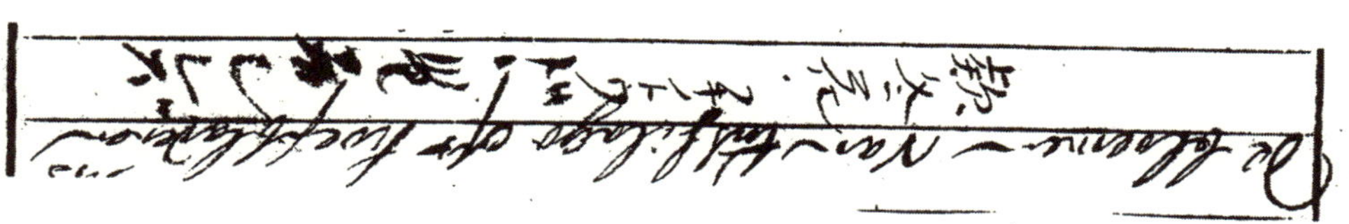

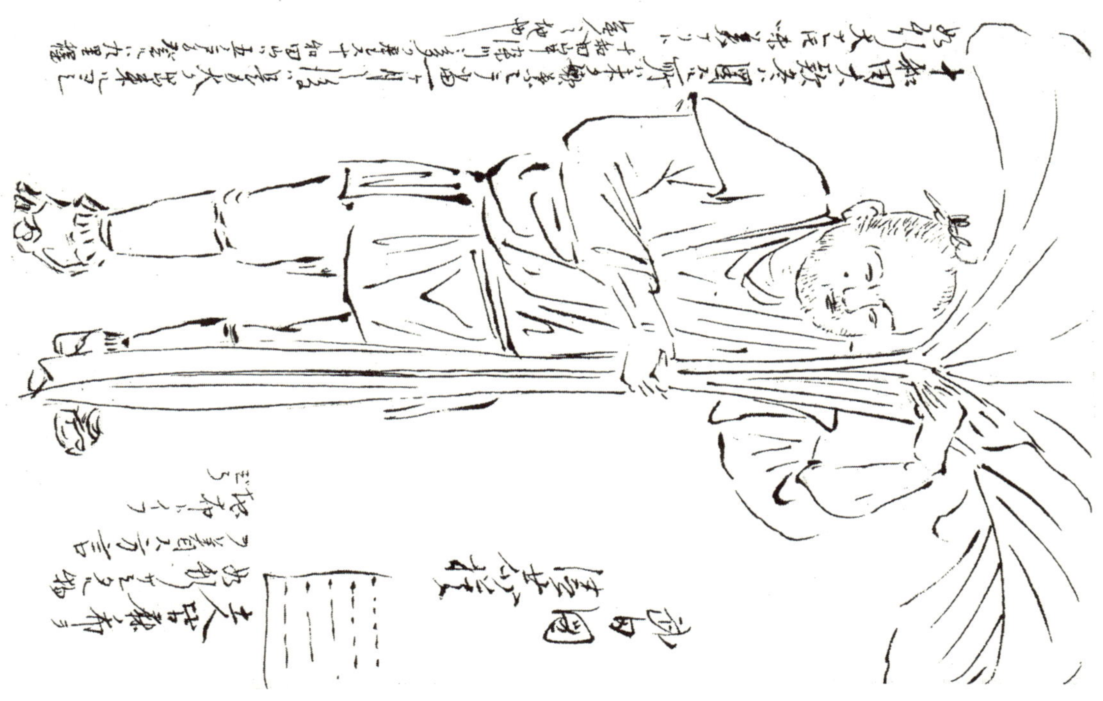

フキノトウ　フキノヂイ 羽州　フキノミウトメ 和州

バッカイ 松前南部　バンカイ 南部　フキノハナブサ

款冬葉 和方

款冬花

薬ニ花ヲ用ユ故ニ款冬花ト云フ

款冬葉 本草必讀　冬花 古今医統　款花 万病回春

薬肆ニ茎立ノ比已ニ花ヲ開クモノヲ乾カシ售ルモノハ用ルニ堪ヘズ

○血止　フキノトウ[illegible]
○[illegible]　フキ絞リ汁飲
[illegible]一夕　荷葉[illegible]三下
○断血　フキノ花陰干湯下
油ニ調敷
○[illegible]　フキノ花末[illegible]

○断血　フキノトウ陰干白湯下
○小児頭瘡膿瘡浸淫不止　フキノ
ケノイフニニト香油ニ調之敷ク
○白禿　一根葉[illegible]カモノ
○フグノ毒ニフキノ根汁多ク飲ム

成形　フヾキ　新撰字鏡　本朝内膳式　布々伎トス
雪ヲ布ヾ伎トス　時花白キニ因レルナリ
オホハ　和歸記大葉ノ謂ナリ　多識編ニオホハフキトアリ

カヽミグサ 款冬草　影クサ同上　蓋陰干ノ義也
カヾミクサハ葉ノ円キヲ云フ
蕃名ウーフ　ブラーテレン

布ヾ伎ハ其花ノ形チニ於タルヨリ前ニミルセルガ如ク
食ニ云葉似ノ形大サ鍾(サカヅキ)ノ如クアラムニハ葛ノフヾキ
ヲ言ラホラセルモ宜(ベ)ナリ　深邪ノ樹ニ款冬ノ字ヲ棣棠
ニアヤマリシハ昔時本草者ノコヲ山布ヾ伎ト称ヘルニ
縁レルヨシナリ
綱目ニモ棣棠ヲ款冬中ニ混入タリ
然レドモ江談抄曰昔大隅守信輔傳曰故親父典
薬頭忠人朝臣語曰昔中書大王為大納言時諸大夫等
地為風流天徳撰歌書中陽之時暮見黄花盛開
干時大王憑欄檻吟詠曰[illegible]着此催款冬天不知意款冬誤從暮
春風之句爰忠人從容(オモムロ)言曰款冬和名不在文見於
草其花開今以款冬為山吹名誤也拠是中書大王

感皆ユフ此義を旋暮春風しき句ハ伝に云於朱雀院ニ所作
也トあり サラハ此名ノ字ヲ採栄ノ名ニ誤ル「深惜シ
前ニ在テ当時典ハ書ヲ此々人ハ既ク其満ヲサルヲ記ル「
如ナルヲ只語路ミテ後ニ惜ハレルハ朗詠集ニ因テ茲ニ
ザルニコツ加蕉ノ某閣此事ヲ辞シテ熟名ハ藤蔓
ナレバ山ブキニ非ルヲ此命ノ字ニアテニノズトモ事カクニヒ
キハ総カニ其初ヲアヤニリテ後ノ人ヲモ一ドハニムメリトイヘ
リ

落ノ字ハ楚辞七諫ニ苊藟雜於廣蕪 汎注ニ香草ナリ
○急就篇ニ藟耒茨ノ一名 ◎字典 藟蔡藟茨ノ一名 並ニ
熟冬ノ義ナヨ
○藟ハ武ノ白経式ニツクリ経ラルノヨミアヽテ古ヨリ奉饌
ノ藟蘺タルベシ
○南総帰経 松前及ビ蝦夷等ニ産スルハ花の花藟
大サニ過ギ 茎の廻リ四寸ニ至ニモ有モテ余ニ

代テ名フヲフセグ南紀ニテモ茎ヲ塩糠ニ和シ蔵テ食セ
ニ寄ル 又駿河由石田ノモノハカコミ六七寸余ノ大ナルハ
七八寸ニ至ル茎長サ人ノ許リノモノヲ見ルモヲ久能山ノ者紙ニ
上ルト云 甚家集承安二年五月二日東山ノ仙洞ニテノ
雑合ノアリケリ今日侍従ハ面ミ出テ帯ニ祇候ノ
者ドモ左右ニ分レ前栽厳謹ニアタリテ地甚
一面フオノ五斯茎茹甚ノゴトシ数名ヲムスビテウエタ
リ
○一種赤ブキアリ茎葉花房並ニ常ノ又紫花本葉ノ
モノアリ宿存の種より茎巨大ニ係ニ藟蓄ト呼ブ
花蕗之種ニ紅花之ニ葉如荷而平直佳味為特中
菜ニ妙称ナラニ
○蕗ノ初出芽 俗云フキノトウ又フキノミウトメト呼フ
蕗ニ甚ウトミウトイハ踏ガヨミト云 俗諸モコレニナゾラヘル
ナリ
○味苦而ヲ本草ニ味辛ト云ハ誤レリ

茎葉 微苦冷毒ナシ 茎葉ハ大苦
○心肺ヲ清シ 五臓ヲ利シ 腸ヲ潤シ 風ヲ除キ 痰ヲ消シ
目ヲ明ニス 肺萎肺癰及風症ヲ患ル人此ヲ食テヨシ
虚弱及ビ老人モ忌ズ
○花 気味苦微辛 微温毒ナシ 主治 欬逆上気 喘息
喉痺 小児ノ驚癇 寒熱邪気ヲヨシ
○虫咬疼痛ニ茎葉ヲモミ傅ベシ
○誤テカハラケナドノクダケタルヲノンドニツマリタルニ根ヲヤ
キ灰トナシ舌上ニ点ズベシ
○魚骨咽ニ鯁タルニ花ノ末ヲ吹入 又ハ煎用ユ
花ナキ時ハ根ヲキザミ煎ジ用 以上衛生易簡方
○誤テビイドロノ砕片ヲノミ咽ニツマリタルニ花根茎
ヲ黒ヤキ末白湯ニテトヽノヘ服ベシ
○小児初生ニ根ヲキザミ煎ジ甘草ヲ加ヘテ白湯ニテ
フリ出シ吹入ハ口中ノ穢物ヲ出ス 以上本草経疏
○疔腫 根ヲ搗テ傅ハ瘡ノ根ヌケルベシ

○ あふひ 葵 本草落の古名

百菜録数種物歌

あしたつめきゝてあいつきなふくすのちまあいんとあふひ花さく

○普通ふあふひといふると先ひもあふひ銭あふひあをいこれ
其の葵をいふかあれ真此葵ハその落葵之
いふく常食の物ふて古本草ふハ蔬の部ニ入しを後世綱目ニ
湿草部へ移せしハはやくもいふへきとうしあひ誤りあり
せ論ハ白井元升庵厨本草質疑編ニよく弁して本草文を
の混雑も明らかに正せ絶て…

の葵ハ残あるひあるとや食しけん あるひハ同車あるとや食しけん
同車の葵ハそも食せなし 同車（蒲葵名 日向葵）ハ日向ひをもいふて必日ふ
傾き免くれそこれをや葵と心得しもあらへけん 傾日衛足の
古言ふそよく符合す 蕗亦志の理試てあれて衛足の義まさふ
あるへし

○和名鈔 款冬ハヤマフヽキ ヤマフキ 是ハあるを此のあやまりさる事あり
蕗の属にて大なる故ハ山とそへていひつる理

○蕗の字本草其草の釈名すのミえて千余一篇ふあまるまる事
いつれ出所のあるにもあらされハ是ハ後考を待て蕗と
かきて古をあやまるなし

蕗ツキ倭名抄ニ崔禹錫食経ニ蕗葉似葵而円広ハ其
茎可啖之トイフヲ引テ読テマキトイフ即今俗呼テ
フキトイフ蕗ノコエナルナリ又本草ヲ引テ款冬ニ一名
虎鬚ヤマフキトモ注シタルハ即今俗ニヤマフキトイフモ
ノニシテタトヘハ大小薊ノコトキ小薊ヲアサミトイヒ
大薊ヲヤマアサミトイフカコトシ 和名雅注ヲ引テ萸一名ハ
離既草ミツフキト注セシハ即今俗ニミニハスト云物ニシテ

今俗ニミツフキトイフ物ニハアラスマタ本草ヲ引テ酒実一名牛蒡キタキス一ツニウマフヽキトイフ今按牛蒡ヲ蒡ニ作ルモノハ非ナリト注セシモノキタキストイフ義不詳ウマフヽキトイフハ款冬フヽキニ似テ大ナルヲ云フ馬莧ヲムマヒユトイフカコトシ則今俗ニコハウトイフハ牛蒡ノ字ノ音ヲモテ呼ナリ 俗ニ牛ノ字ヲヨフニ午字ノ音ノコトクスルハ避俗忌ナリ 悪実ノコトキハ款冬フヽキニ似タルニヨリテフヽキノ名アリトイヘトモ

実ニハフヽキノ類ニアラス今俗ニミツキマフキイハフキナト名ツケイフ蕗フキトイフハ総名ナリ水トイヒ山トイヒ岩トイフカコトキハ一物ニシテ其種ノ別レニナリ九ツノフキトイフモノ蒟蒻ノ中ニ穴アリテ是ヲ折ルニ絲アルモノ陶弘景カ蕗腹裏有絲トイヒシ麦ノコトシマキトイヒシ義不詳マタ倭名抄ニ款冬ノ注ニミヤマフキ蒿薬ヲ云山吹花トセシサシハ回釈ニシテ棣棠花トイフモノ別ニコレ一物ナリ 薺ノ字楚辞ニ見ヘテ旧釈ニシテ香草トス別録ニ落ニ葶ヲ安甘草ノ一名トス帝釣

食経ニ見ヘシ所ハ上ニ云ルモノ處ノコトク款冬ハ爾雅ニ菟奚
ハ顆凍トミヘシヲ郭璞カ注ニ款冬ナトイヒケリ疏ニハ本草ヲ引テ
菟凍慈辛者㽵影顆並ニ款冬ノ一名トシ唐本草注ニ葉似葵而大発
生毛出者根下見ヘト注シケリ彼是ツアワセ見ルニ唐本草ニ葉似葵而大ト
モ本草衍義ニ春時人採以代蔬トイヘルモヤマトキ食経ニ見ヘシ所ニ
且相合リ蔬トイヒ款冬トイフ定ナルモノトハミヘス陶景カ説ニヨル
ニ此ツノ高麗百済ニ出トミヘタリ我国ノ古名ノコトキヘツノ初百済ノ
傳ヘニヨリシテ識シ到タシレトナラハ古俗此物ヲフヽキトモヒリ
ノ山谷ヨリ生スル、ソノシヤヤマフキトイヒシ支ノコトクキ所ハ前ニモ云シ
支ノコトクヒツノ名同シモシハ異ナリ物ヲモ合載セ或ハ同シ物ヲモマヽ
ワヒコニワタチ出シテ見注スル所ハ詳ナラサリシ款冬ヲヤマフキ
トイフモノハ下ニ藁葉藁葉ニ山吹花トモ山振ナトモ云ルニ讀テ
ヤマフキトイフ物ヲアヤマリ載セシニ國文ハカヽル後人ヲシテ惑ハ
款冬一物ナリトスル證トテ致シ
ケリトモミヘタリ

東雅七

蕗　古多以布岐

ヲムフル日本本草ノ部

款冬　古多美布岐

○口中ノ疳瘡ニ花ト黄連等分末ツバヲ以テ調ヘ備ノ如
クシ先蛇床子煎湯ヲ以テ口ヲ漱キ後ニモチテ貼シハ
ミバシアリテ自ラ治ス又花ヲ乾シ大ヲ管ヲ以テ煙
ヲ吸口ニ含毎日吞下五七遍タバコヲ吸カゴトクスベシ
○款冬花散　婦ノ吐嗽ニテ胸痛ミ心脳ニ痰塞リタ
ルニ用ユ　款冬花　麻黄　貝母　焙テ香ニ　前胡　桑白皮
紫苑　杏仁去皮尖　花白　木通　甘草各等分　石膏煅一両
末ニシ毎服四銭水一盞ニ姜三片七八分ニ煎シ溫服
酒ニテ食後ニ服
○款冬花　小兒ノ―――
○小兒驚風　同書　款冬根　泉水ニテ洗ヒ搗テモ　末ニシ　紫苑子
二味ヘ用ユ
以上和方一万方

款冬花　〔一名〕冬花　蕖 古今図統　於屈 本草和名 引救荒本草　苦萓 同上　款凍 廣雅 同上

〔和名〕フキノトウ　マカヨ 蝦夷　フキ 苗ノ名　ヤマフキ 本草和名 和名抄　オホバ 同上　カミクサ 同 藻塩草

ヨモカケクサ 同上　コロクニ 蝦夷　コルクニ 同上　ハッカイ 同上 花ノ名　〔蛮名〕ヘタレテス 羅甸

ベヌチレゲンチアレウヲルトル 荷蘭　カラヌヌアロマテコスキ　　オナガ宗右衛

薬用ニハフキノ花ヲ用ユ数種アリアカブキハ花ノ蕾紫赤色ニメ開ク時ハ浅紅色花ナリ

ニテ琉球ブキト云コノ物甲州身延山ヨリ出ルト云コレ蘇頌ノ説ニ有紅花者ト云本経逢原ニ

花紫色有白糸者ト云是ニ一種紫ブキアリ葉背紫色茎深紫色ニ花淡紅也

コノ二種紅花款冬 百花録 ナリ一種水ブキ一名白ブキアリ茎葉淡緑色葉甚大ナラズ径リ

一尺余高サ二尺斗春時茎ヲ食料トス一種羽州ニ生スル秋田ブキアリ茎根ニ近キ処ハ淡紅

色茎ニ絲アリ苦味ナシコノ二種食料ニ上品ニ一種朝鮮ブキハ茎葉大ニメ花一條数十花ヲ

簇聚ス故ニ八ツ頭ト云コレ食料ニ下品ニ苦味アリ一種チリメンフキアリ葉辺皺ニ光澤

アリ一種蝦夷ニ産スルモノ葉大ニメ茎葉白毛アリ旅人急雨ノ時採テ傘ニ代テ雨ヲ

凌ク大サ径リ六七尺茎甚タフトク柱ノ如ク高サ七八尺味淡シ薬用食用共下品ニ　弘景云高麗百

済ヨリ出ルモノ大葉花ノ如シ皆コノ類ナルベシ

款冬花〔考〕サイノワケワケニ土芽ノフキヨリハツハフキ似タリ　琉球産物志

款冬

本草載出雍州南山溪水及華州山谷澗間葉似

葵而叢生花出根下　登桜冬月穿土生花有紅黄

二種其味極苦　琉球土名冨政草

款冬花

一名冬花蘂 古今医統 杓屈 本草和名引秋菊性 苦茎 同上引廣雅 款凍 同上

和名フキノトウ マカヨ 蝦夷 フキ 苗ノ名 ヤマフヾキ 本草和名和名抄 オホバ 同上 カヽミ

クサ 蘭塩草 ラモカケンサ 同上 コロクニ 蝦夷 コルクニ 同上 バツカイ 同上花ノ名

蘭名ペタシテス 羅甸 ペスチレンチアレウヲルト 荷蘭 カラヌスアロマテコスキ

薬用ニハフキノ花ヲ用ユ数種アリアカフキハ花ノ蕾紫赤色ニシテ

開トキハ浅紅也花戸ニテ琉球ブキト云コノ物甲州身延山ヨリ出ル

ト云コレ蘇頌ノ説ニ有紅花者ト云本経逢原ニ花紫色有白

緑者真ト云是ナリ一種紫ブキアリ葉背紫色茎深紫色ニ

蕗水漬

ふき生にて皮をむき葉斗りを擂鉢に入塩少してもみ

青き汁をしぼり蕗ハ塩にて漬る右葉の青汁を入て

押を置あげる節捨出して其物を入るれハ生のごとき

異なし

おそうけぐさ あかね 廿八丁

薬八十款冬

動植名彙

ミヅブキ

花淡紅也コノ二種紅花欵冬〈白花錄〉ナリ一種水ブキ一名白ブキ
アリ莖葉淡緑色葉甚大ナラス径リ一尺餘高サ二尺許春時
莖ヲ食料トス一種羽州ニ産スル秋田ブキアリ莖根ニ近キ處
淡紅色莖ノ絲アリ苦味ナシコノ二種食料ニ上品ナリ一種朝
鮮ブキハ莖葉大ニシテ花一株數十花簇開ス故ニ八ツ頭ト云
コレ食料ニ下品ナリ苦味アリ一種チリメンフキアリ葉邊皺ミ光
澤アリ一種蝦夷ニ産スルモノ葉甚大ニシテ莖葉白毛アリ
旅人急雨ノ時採テ傘ニ代テ雨ヲ凌ク大サ径六七尺莖甚
フトク柱ノ如ク高サ七八尺味淡シ茶用食用ニ下品ナリ弘景

ツハブキ

云高麗百濟ヨリ出ルモノ大菊花ノ如シト云コノ類ナルベシ釈名ノ
槖吾ハ欵冬ニ非ス史游急就篇ノ槖吾ニ同名ナリ本草ニ欵
冬ノ一名トスルハ誤ナルヿ通雅ニ辨セリ急就草ニ半夏皂莢艾
槖吾欵東ト云注ニ槖吾似欵冬而有絲生陸地黄色一名獸
須ト云フニ據テ先輩ツハフキヲ充ツツハハ相州紀州等ニハ山野ニ
自生アリ葉ハ欵冬ニ似テ厚ク冬ヽ不凋十月莖ヲ抽テ花アリ呉風(ハンクワイ)
草花ニ似タリ莖ニ黄白色ノ絲アリ生葉ヲ炙リ腫物ノ上ヘ貼スレ
バヨク膿ヲ吸出ス葉ヲ日乾シ服スレハ魚毒ヲ解ス太田氏云
ツハモ咳嗽ニ用テ効アリト又煮テ水ニ浸シ苦味ヲ出シテ

赤茎、食フベシ一種ヒウツハブキ一名朝鮮ツハブキアリ葉大ニシテ経リ
多ク産一尺餘アリ一種葉邊ニ皺アリテ形雞冠花ノ如キモノヲチリメ
芳花ンツハブキト云一種寒ツハブキアリ嫩苗白毛アリテ綿ノ如ク葉小ニ
シテ尖リ稜アリ葉地ニ布テ冬月ニ穂ヲ生シ一尺許花ハツハニ
似テ稍小ク黄色ナリ

○蕗亦稱　明治九年五月[illegible]
秋田フキ　十和田フキ　コルコニ　北海道　コロンニ又[illegible]
此蕗ハ羽後十和田山中湖川ニ多ク產ス十和田ハ五ノ戸ヨリ登
レハ九里程ニシテ無人跡稀ナル境ニ又津輕南部等ニモアリ
莖即チ葉柄ハ径リ寸許四圍ニ四寸ニモ至ル其ル中ニ乾キ[illegible]
[illegible]
径三尺或ハ五六尺ニ及ヒ恰モ傘ノ如ク[illegible]似タリ葉面白
毛茸アリ山人傘ニ代ヘ驟雨ヲ防ク之ヲ他邦ニ移シ栽ルトイヘトモ
北土ノ如キ大ナルヲ以テ求ムルコト[illegible]初メハ頗ル大ナルモ年ヲ
逐ヒ漸ク痩セ小サク[illegible]花モ亦大ナリ[illegible]ニテ可ヲ莖ヲ採
採リ和シ葅トシ[illegible]刺ス叶品大ナル[illegible]ニシテ[illegible]
[illegible]時ハ無果之[illegible]叶圖[illegible]秋田[illegible]ニテ
寸[illegible]以テ摺[illegible]北海道ニテ[illegible]
アリ[illegible]或ハ形ノ如[illegible]
[illegible]又[illegible]ニテ[illegible]
[illegible]

[illegible]同ノ[illegible]或ハ船ノ[illegible]トナス[illegible]導ノ術行
ヲ伏[illegible]大ニツ[illegible]新

拝呈仕候。先ツ[illegible]
[illegible]秋冷[illegible]
ノ條下ニ
北海道ニテハ山中随處ニアリテ、驟雨ヲ
防クノミナラズ、或ハ船ノ○トナス、且土人
ハ〻〻〻〻〻
ニアリテ國ハ船ノ下○印[illegible]一字缺字[illegible]
右ハ何字ヲ[illegible]
[illegible]
三月十九日
[illegible]作

伊藤[illegible]
[illegible]

文部省

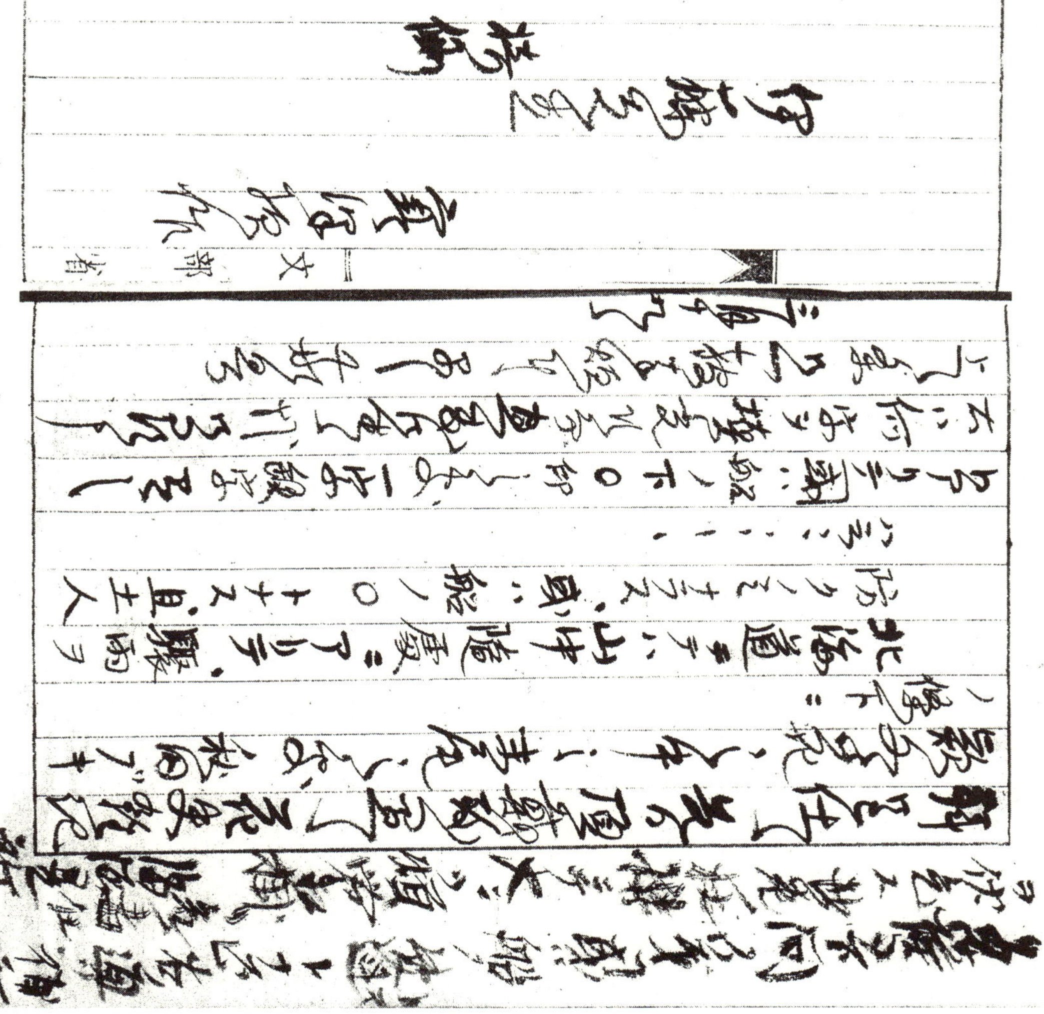

花史雑記

○鉄線花　　花史既了

[illegible]

鉄線花ハテツセンカトイヘバ此花本花史ニ入
ルベキ品位ニモ非ズトイヘドモ一種ノ雅致アル観
ルベキモノ也又[illegible]敢テ[illegible]入ルヿ故ニ閑窓モ[illegible]観
シレテ村瀬栲亭翁ノ早春田家即事ニ瘦梅
一樹出籬斜断続成村六七家閑
殺[illegible]枕立児童争摘鉄線花又岩
崎ノ蘇園春日長崎ニ[illegible]編苞[illegible]ハ
黄花鳥[illegible]紫陌[illegible]遼ニ着僧ニ見此花[illegible]
是此花ノ詠モ古ヘヨリニテ往々画図中ニモ之ヲ點
綴セリ

此花ノ異名ハ、チハナサイ、チハシヤウイ
トメ、紀州、チイチイ、阿州、バツカイ、南部、バイカイ、肥前、南部、
款冬葉、和方書、漢名又冬花葉、古今ヲ通用シ、本草ニ 和名
此花ノ葉 紫赤色ニシテ形状ハ色濃キモノハベタベタキ 又琉球ハ
トロブ ノ身ヲ此山ヨリ産ストイヒ 本草遠原ニ花
口 款冬花 又有紅花者、ト云ハベニ草アリ
此葉花年ナ算ナリトモ小漢鮮ニテハ ［illegible］
三月トナリテ見エ、朝鮮ニテハ花一株ニ数十花
簇生ス 故ニハツ頭ラト呼ブ 味苦シ ［illegible］
用ハ性ナラズ 又琉球ニテハ ［illegible］
又 甘露煮 款冬花ト呼ブモノハ ［illegible］
［illegible］

口 アマチヤノ款冬花ハ蝶ノ雅致アリト 挿花ニ添ヘ
用ルコトアリ

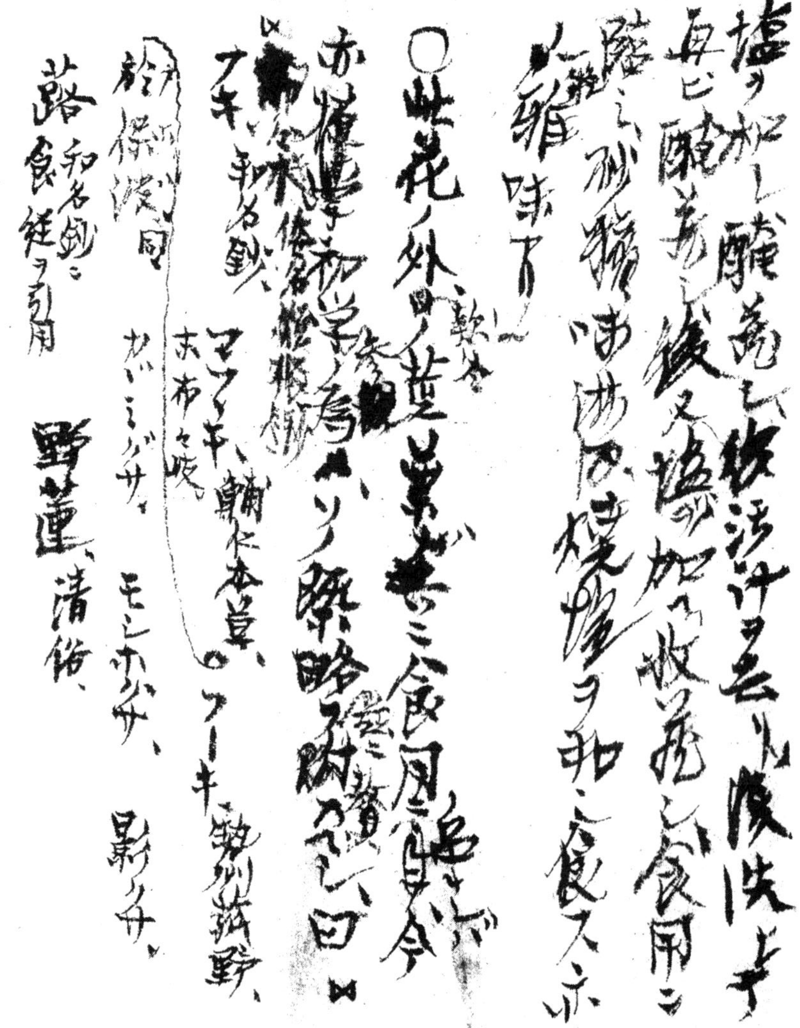

搗テ加ヘ醃蔵シ後汁ヲ去リ復洗ヒ
再ビ醃蔵シ後又塩ヲ加ヘ収蔵シテ食用ニ
随テ形様ヲ物ニ比シ煤塩ヲ和シ食ス亦
一種 佳味アリ

○此花ノ外ニ款冬ノ茎葉ハ共ニ食用ニ良シ今
赤楼和字為ヘソノ蹊略ヲ附ス 曰
以 [illegible]
ナキ 和名鈔　マヽキ 輔仁本草　フーキ 勢州藤野
於保波 同　おほぶき　モヒホハサ　影ノ升

蕗 和名鈔ニ食経ヲ引用　野蓮 清俗

新撰字鏡ニ伎ノ古書ニ落ハ不ヲ支
トアリテ此字ヲ款冬ニ用ヒタリ今布木
トスルモノハ布木ノ約ナリ方今勢州ニテモ
フーキト呼ブ漢説ニハ蕗ノ字ヲフキノ一ニ用
サレリ稀ナリ字典ニ蘩蕗ハ草名或作
蕗トス別録ニ甘草ノ異名蕗草トアリ殆尾
崔禹錫食経云蕗葉似葵而圓廣其

茎煮ヲ可啖之トアレハ此説ノモノハ貴キニアラナル
コヲ知ルベシ」

烟 此華ノ皺縮スル者ハチリメンブキ又ニカミブキト呼ブ
ソノ深ク鈌裂スルモノハハゴロモブキト云
食調 山民ハ山生モノヲ用フ葉小ニシテ苦味多シ
家園ニ培養スル者ハ葉大ニシテ苦味薄
シ又シロブキト呼ブモノハ淡白ノ質ニシテ味佳ナリ
或ハスイモブキトモ呼
寛延ノ料理山海郷ニ蕗ノ薹ヲ
湯煮シテヨク絞リ胡麻味噌ニテ又モ摺ル
こともあるなり」

駿氏此葉ヲ采テ烟草ニ換ヘ用ユ　回

象白米保證ス封印御改ヲ乞フ
白米配達證
等級 上等
數量 斗 升 合
代金 一圓ニ付 升 合替
右代金正ニ受取候也
神田川元久右衛門町壹丁目四番地
米穀問屋
本店白米部
電話下谷 二二八番 六六五番 二七五八番
丁目 番地
様御勝手御中
何時ニテモ御取換致升

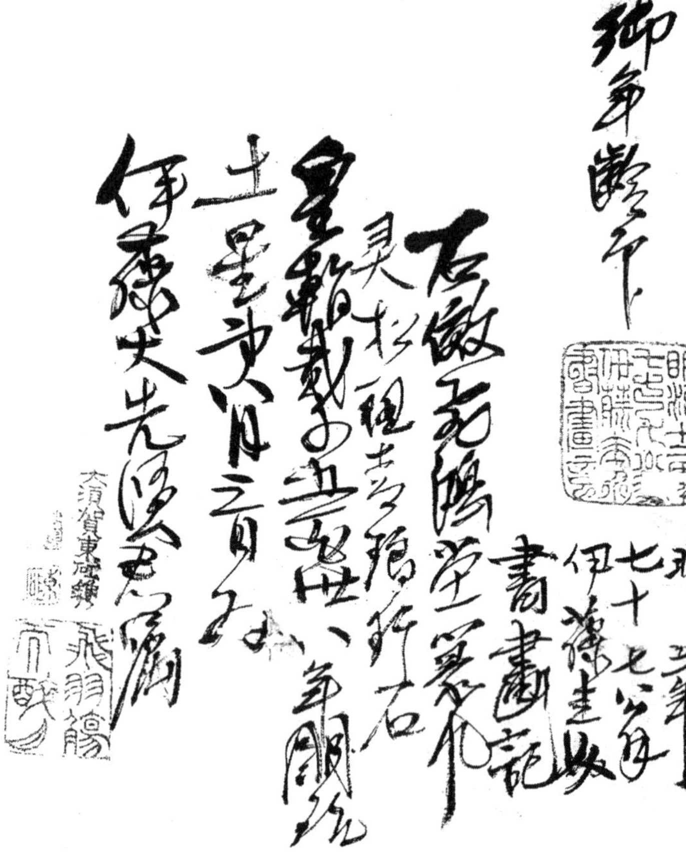
七十七翁
伊藤圭介

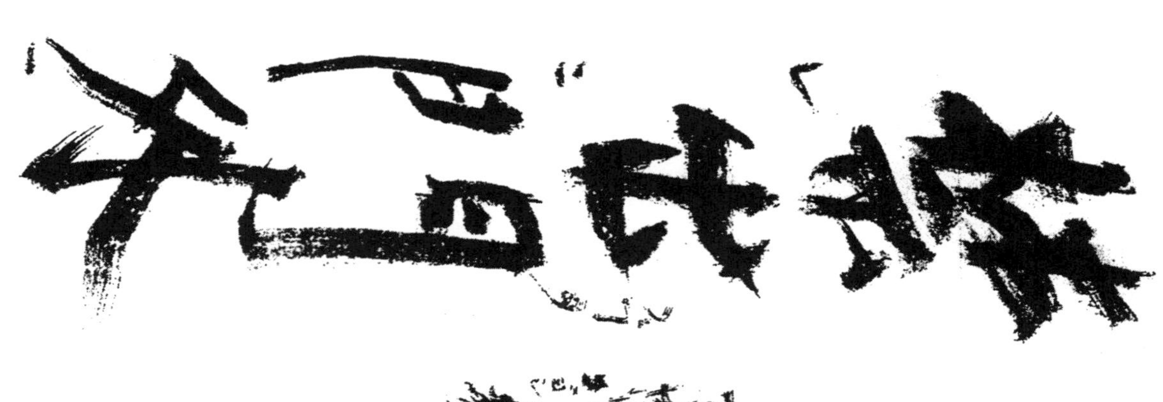

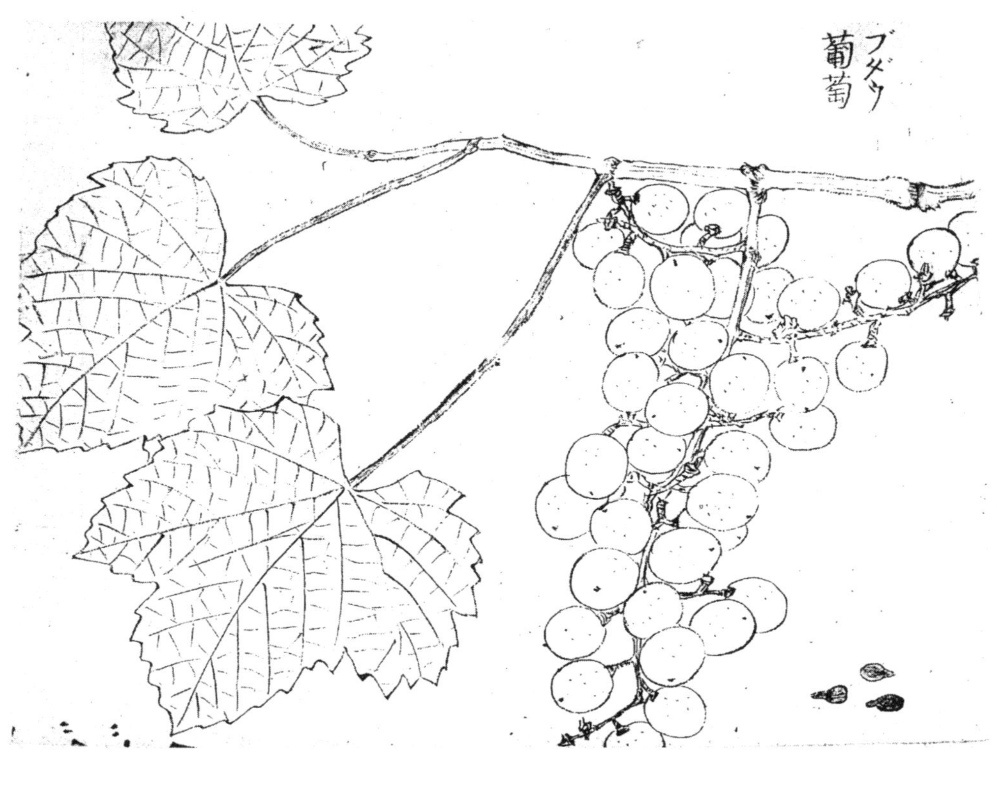
ブダウ
葡萄

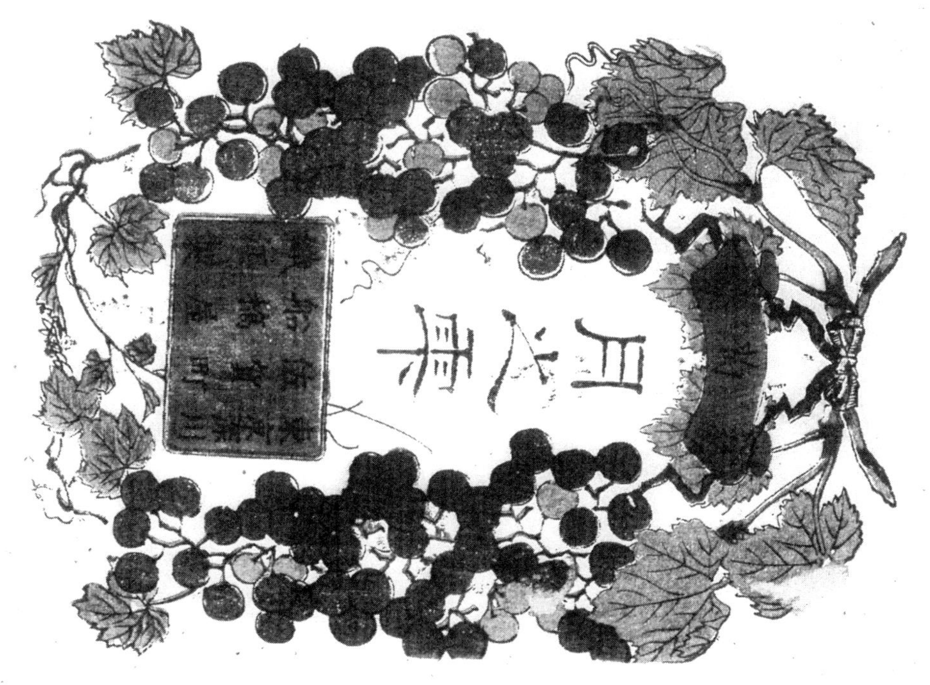

○葡萄酒製造法

之を大にしては葡萄の外に耕作せしめて結實熟するの間は其国の豊饒を見はし之を小にしては樵夫の頭に皆年として楽み果々の裡に其家の富裕を示す者は獨り葡萄の其徳を占むる處にして味の美艶の麗能く人愛の深きを得たるも蓋し偶然に非ざるなり若し夫れ年並くこれを栽培する者或は都會の近隣に於て培養する者はこれを販売して容易く其大利を手にすることを得べしと雖とも山間僻遠にありて僅に數畝の間に栽培する者は其ありし菓實を販賣するも素より朝三暮四の費に給するに足らず　し漸く菓實の一部に供するか又は啼児の玉餌となるのみにして可惜滋養の品の徒爾に帰するの遺憾なしとせず斯の如き場合に於ては宜しくこれを葡萄酒に製して貯ふるに若かざるべし蓋し最良の葡萄酒を得んと欲すれば数年の時日を要するが故に今年一樽を製して翌年又一樽を貯へ漸く数樽の多きに至りてこれを飲料に供しなば又以て一家經濟の一助たるべきなり抑もこれを製するには種々の方法あるべけれども茲には只或る實驗家より予の聞き得たる一法を記すになん

葡萄酒を製するには先づ葡萄菓を壓搾して其液汁のみ大桶に取り入れ其儘靜置して自由に醗酵せしめ但し液汁を注入せざる前に先だち硫黄を塗抹したる木片を桶内に燒き以て寄生物を消滅せしむべし斯くして凡五週間を經れば全く

醱酵して液中の濁り滓盡く桶底に沈澱す是に於て則ち酒石酸剝篤亞曳母にして糖分の「アルコール」に化する愈々多ければ益々濁滓の多きを加ふるが故に此滓の餘り多き者ハ醱酵の過太せし徴なれば宜しく葡萄糖を加入して酒性の强烈を防ぐべし而して又此滓の餘り少なき者ハ醱酵未だ全たからずして餘酸の多く存する者なれば尚暫らく之を放置して其醱酵を充分ならしむべし却説右醱酵の適度を見定めて桶の下部に噴口を開き上清のみを他の小さき太鼓樽この内にも亦全上衣片を燒しに移し入れ復其儘に靜置す此樽に在つても尚幾何の醱酵の氣味あり沸々として樽の上口より

騰出す此時更に又液汁を注加し務めて樽中に充滿せしむるを要すれど決して小隙たりとも可らず若し樽中に幾分かの空隙あるあらば忽ち黴を生じ腐敗を來たし百日の辛苦も一朝の水泡に帰すべし斯くて三週間許りも經過せば醱酵漸やく減じ耳孔を樽腹に附して伺ふも沸聲殆と止むに及べば玲瓏なる硝子盃に液汁を酌み出して清濁を試むべし其清澄たるハ醱酵已に止んで液中の濁滓ハ盡く樽

底ニ沈下せしの証なり此時その上清のみを徐々他樽ニ移して密閉静置すべし蓋第二樽ニ在つてハ液汁の全量凡一割の濁滓を生ずるが故ニ第三樽も亦同割合の小形ニ作り以て液を樽内に流満せしめざる可らず爾後八週間を隔てゝ徐々上清を他樽ニ移すこと又両三度ニして醸造の事全く終りぬ抑も樽躰の木質纖緯の引力ハよく内液の水発出せしむるハ同しく「アルコール」を引誘するも其力強大なるゝ故ニ葡萄酒と貯る久しければ久しき程いよいよ其良を加ふ者なり

右の法ニ従ひ搾餘の残滓を桶内ニ入れ凡同量の水を加へ又醸造の際沈澱せし濁滓とも盡く混和して放置すれば八九週間ニして復たび能く泡醸する者なり之を蒸溜して強性の「アルコール」を得べく又此アルコールを以て「ブランデー」を製するを得べし

明治十四年七月三十日　農業雑誌

一種甲州産葡萄

本邦葡萄ハ甲州山梨郡勝沼岩崎ノ二村ヲ最モ名産トス其生スルトコロ年々夥シク三分ノ二ハ他方ヘ出シ餘ハ葡萄酒乾葡萄葡萄醂等ニ製シテ貴拂フ右ノ二村ニテ葡萄ヲ作ルニハ大抵一段ノ地ニ二十本位ヅヽ棚ニテ養ヒ豊熟ノ年ニハ一本ニ一駄餘リモ實ヲ結ブト云（一駄トハ籠ニ十六貫目ナリ）○甲州ニテ專ラ賞翫スル葡萄ヲ作ルニ殊ニ勝レタル倍養法ヲ用ヰルニモ非ザレドモ斯ル盛ニ至ルハ全ク地質ニ適中スルモノト思ハル

BUDOU.

VITIS VINIFERA,

VITACEAE.

本部創業ノ際甚タ繁雜ニテ見本ノ如キモ本書ノ體裁ヲ盡サヾル所多シ尚ホ數本迄ニ究分改良校正ヲ加ヘ貴需ニ報ユベシ

同

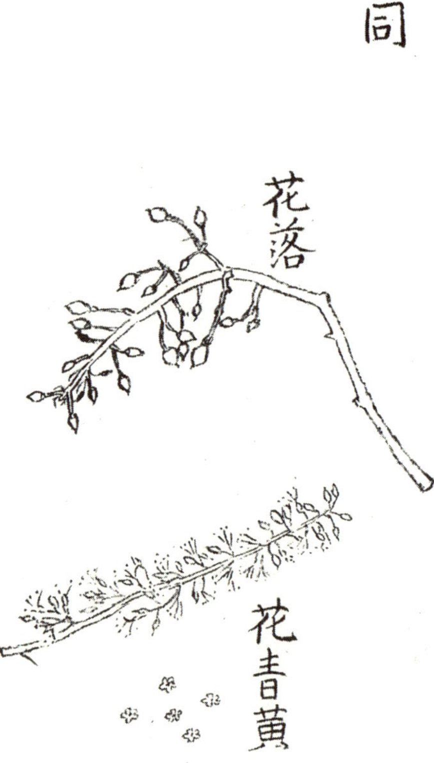

第五綱第壹目(綱目蘂果) PENTANDRIA MONOGYNIA.
日本植物圖譜
多瓣花部
葡萄科
ぶどう
葡萄ノ花廓大圖
雌雄蕋
全花
雌蕋
BUDOU.
VITIS VINIFERA,
VITACEAE.

各製葡萄　山梨縣甲斐國山梨郡甲府山田町

甘露煮葡萄　葡萄一貫六百目ニ砂糖五百目及美淋五合ヲ和シ鍋ニテ熟爛スルマデ凡六時間ニシテ之ヲ器ニ移シテ密封シ以テ貯フ

由縁ノ露　生葡萄ノ毎顆ヲ醃漬セル紫蘇ヲ以テ包ミ千顆ニ砂糖三百匁ヲ和シ凡三十日ヲ経テ更ニ砂糖二百匁ヲ加ヘ漬換フルヲ良トス

おかえびうつら　オヽエミ　エミ　オヽエミツラ　エノ部　廿三

本和下廿八　蒲陶　加於保衣比　伊字日医衣美大五三　衣保

依民　和傳加葡萄　於保衣都良　勁植

七

西南所宜柔蔓紛衍纍穗緑實其甘可薦

右緑蒲萄 北方蒲萄熟則色紫今此色正緑云 益部方物略記

葡萄 甲斐国山梨郡勝沼村 八代郡岩崎村 日本物産提要 二

○蒲桃聞有十餘種、西帝中只三四様、餘皆充貢、予見過者、数已盈十、其一伏池公領孫蒲桃、其二黒蒲桃、其三瑪瑙蒲桃、其四哈密蒲桃、其五瑣瑣蒲桃、其六緑蒲桃、其七哈密紅蒲桃、其八哈密黒蒲桃、其九哈密白蒲桃、其十馬乳蒲桃、惟瑣瑣蒲桃可以入藥、痘症内用

水曹清暇録

○葡萄 府下谷中清水町の撰種園主小澤善平氏が種藝に精しく中に就て外国産の葡萄培養ハ殊に力を用ふる多年にして各地方へ其良種を頒つ等のことハ嘗て本紙上に記せしとあれハ今又贅せんれども同氏が其改良に苦心し種類を辨別すること經驗に因て次第に進み生食に宜きもの或ハ醸酒乾製に良善なるもの今撰種園中に培養する所殆んと百餘種に及へり其中既に数年来の結果を見て最良のものとするハ左に記する種類なりと云ふ

イサベラ 暗紫色大果中房にして米国の産なり品位中等にして樹の性強く從て風土の如何地味の善悪に拘ハらす

何れの土地にても適應するといふ　なりと聞きぬ
廣く培植して物産となすには最も要用の葡萄なり且収穫
の量常に多く其上生にて食すべく又酒に造るべし善く熟
せるときは果肉溶解して汁液多く又甘味に富む少しく奇
臭ありて好まざる人あれども酒に醸せば其奇臭は全く發
散して更に障りなし
ロースミヤセラース　深紅色に少しく黄味を帯ぶ大果大房
にて實に見事なり其形チンフワンデル及びボルガー等に
似て果子相密着す其房の大なる者は一尺餘にして其重さ
百目より二百四五十目に至る生食用とするに善し酸味なく
甘味も薄し然れども其味美にして諸人の嗜好に適す
又酒醸にも適するものなり
ボルガー　白色大房にして成果最も豊なり生食となす
に善し但し之を以て酒を醸すは上品ならざれども他の
良品を以て混醸すれば唯に上品の酒となるのみならず
元来汁液多き葡萄なるが故に酒造には必用の種類なり
ギンフワンデル　も多量の汁液を有すれども之に比すれは其
量二割以上も少なし

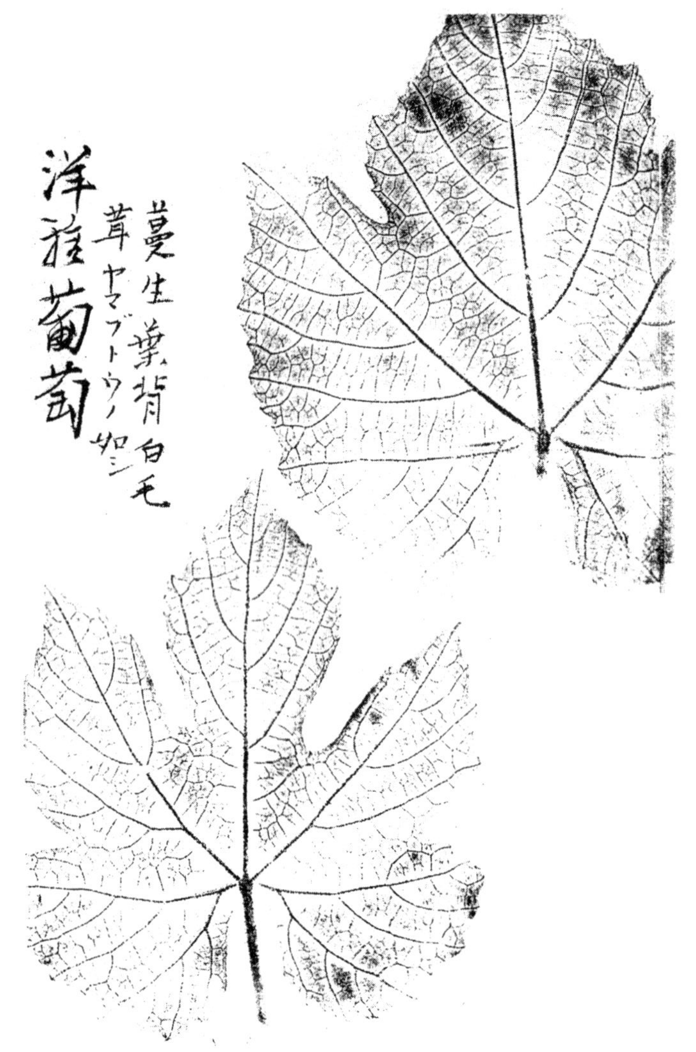

チンフワンデル　濃紫色にして果房共ニ大ならすして果子相密着
す収穫極めて多し成熟の色付き後尚は数週間其儘
まて置くを要すチンブワンデルと称する良酒ハ之れ
にて造る該種の本邦各地の風土地味に適するや否やハ撰種
園の経験のみならす各地方の経験に由ても未詳也

明治十七年九月八日　報知新聞

アラブドウ

西南所宜柔蔓紛紆縹穗緑實其甘可薦

右緑蒲萄 北方蒲萄熟則色紫今此色正緑云 益部方物略

○作乾葡萄法極熟者一一零壓摘取刀子切去蒂勿令汁出蜜兩分和内葡萄中煮四五沸漉出陰乾便成矣非直滋味信勝又得夏暑不敗壞也

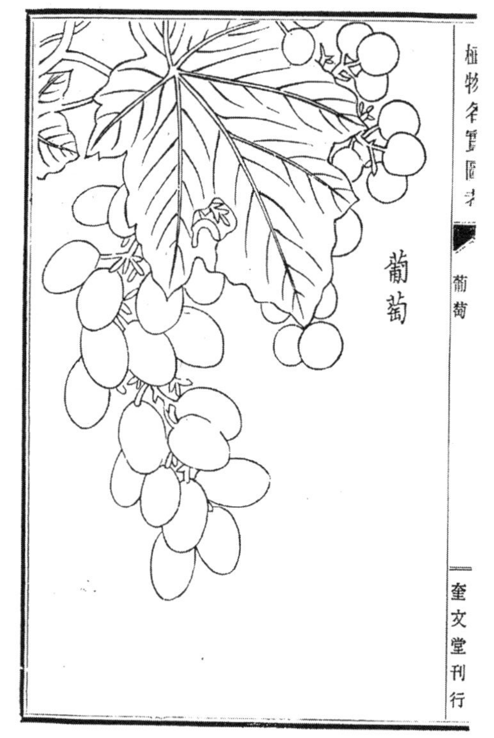

之葉密陰厚、可以避熱、十月中、去根一步許、掘作坑、收卷葡萄、悉埋之、近枝莖、薄安黍穰彌佳、無穰、直安土、亦得、不宜濕、濕則冰凍、二月中、還出舒而上架、性不耐寒、不埋卽死、其歲久、根莖粗大者、宜遠根作坑、勿令莖折、其坑外處、亦掘土、並穰培覆之、　摘葡萄法、逐熟者、一一零疊、一作摘取從本至末、悉皆無遺、勝世人全房折殺者、　作乾葡萄法、極熟者、一一零壓摘取、刀子切去蔕、勿令汁出、蜜兩分和內葡萄中、煑四五沸、漉出陰乾、便成矣、非直滋味倍勝、又得夏暑不敗壞也、　藏葡萄法、極熟時、全房折取、於屋下作蔭坑、坑內近地鑿壁爲孔、插枝於孔中、還築孔使堅、屋子置土覆之、經冬不異也、

癸辛雜識、有傳種葡萄法、於正月末、取葡萄嫩枝長四五尺者、捲爲小圈、令緊、先治地、土鬆而沃之以肥、種之、止留二節在外、異時、春風發動、衆萌競吐、而土中之節、不能條達、則盡萃華於出土之二節、不二年成大棚、其實大如棗、而且多液、此亦奇法也、　王象晉羣芳譜、葡萄、一名賜紫櫻桃、水晶葡萄、暈色帶白、

植物名實圖考　葡萄　六　果類卷之三十二　奎文堂刊行

如著粉、形大而長、味甚甘、西番者更佳、馬乳葡萄、色紫、形大而長、味甘、紫葡萄、黑色、有大小二種、酸甜二味、綠葡萄、出蜀中、熟時色綠、若西番之綠葡萄、名兔睛、味勝糖蜜、無核、則異品也、其價甚貴、瑣瑣葡萄、出西番、實小如胡椒、今中國亦有種者、一架中間生一二穗、　種植、取肥枝如拇指大者、從其孔盆底穿過盤一尺、於盆內實以土、放原架下、時澆之、候秋間生根、從盆底外截斷、另成一架、澆用冷肉汁、或米泔水、　收藏、北方天寒、初冬、須以草裹埋地中、尺餘、俟春分後、取出臥置地、數日後架起、子生時、去其繁葉、使見風露、則結子肥大、

魏文帝與吳監書、中國珍果甚多、且復爲說葡萄、當其夏末涉秋、尙有餘暑、醉酒宿醒、掩露而食、甘而不飴、脆而不酸、冷而不寒、味長汁多、除煩解倦、又釀以爲酒、甘於麴糱、善醉而易醒、道之固以流涎咽嚥、況親食之耶、南方有橘、酢正裂人牙、時有甜耳、卽遠方之果、寧有匹者乎、

元好問葡萄酒賦序、劉鄧州光甫爲予言、吾安邑多葡萄、而人不知有釀酒法、

葡萄

葡萄本經上品、有圓長二種、西北極多、江南亦間有之、實多圓、而色紫、味亦遜、

長編本草經、葡萄、味甘平、主筋骨濕痺、益氣倍力、強志、令人肥健、耐飢、忍風寒、久食輕身、不老延年、可作酒、

別錄、無毒、逐水、利小便、生隴西五原燉煌山谷、陶隱居云、魏國使人多齎來、狀如五味子、而甘美、可作酒、云用其藤汁、殊美好、北國人、多肥健耐寒、蓋食斯乎、不植淮南、亦如橘之變於河北矣、人說即此間蘡薁、恐如彼之枳類橘耶、

唐本草注、蘡薁與葡萄相似、然蘡薁是千歲虆、葡萄作酒法、總收取子汁、煑之自成酒、蘡薁山葡萄、並堪爲酒、陶云、用藤汁爲酒、謬矣、

蜀本草圖經、蔓生、苗葉似蘡薁而大、子有紫白二色、又有似馬乳者、又有圓者、皆以其形爲名、又有無核者、七月八月熟、子釀爲酒及漿、別有法、謹按蘡薁是山葡萄、亦堪爲酒、

圖經、葡萄、生隴西五原燉煌山谷、今河東及近京州郡、皆有之、苗作藤蔓、而極長大、盛者、一二本、綿被山谷間、花極細而黃白色、其實有紫白二色、而形之圓銳、亦二種、又有無核者、皆七月八月熟、取其汁、可以釀酒、謹按史記云、大宛以葡萄爲酒、富人藏酒萬餘石、久者十數歲不敗、張騫使西域、得其種而還、種之、中國始有、蓋北果之最珍者、魏文帝詔群臣、說葡萄云、醉酒宿醒、掩露而食、甘而不飴、酸而不脆、冷而不寒、味長汁多、除煩解渴、他方之果、寧有匹之者、今太原尙作此酒、或寄至都下、酒作葡萄香、根苗中空相通、圃人將貨之、欲得厚利、暮溉其根、而晨朝水浸子中矣、故俗呼其苗爲木通、逐水利小腸、尤佳、今醫家多暴收其實、以治時氣、發瘡疹不出者、研酒飲之、甚效、江東出一種、實細而味酸、謂之蘡薁子、

齊民要術、漢武帝使張騫至大宛、取葡萄實、於離宮別館旁、盡種之、西域有葡萄、蔓延以生、廣志曰、葡萄有黃白黑三種者也、蔓延性緣、不能自舉、作架以承

少日嘗與故人許仲祥摘其實並米炊之釀雖成而古人所謂甘而不飴冷而不寒者固已失之矣貞祐中鄰里一民家避寇自山中歸見竹器所貯葡萄在空盎上者枝蒂已乾而汁流盎中薰然有酒氣飲之良酒也蓋久而腐敗自然成酒耳不傳之祕一朝而發之文士多有所述今以屬子宰有意乎予曰世無此酒久矣予亦嘗見還自西域者云大食人絞葡萄漿封而埋之未幾成酒愈久者愈佳有藏至千斛者其說正與此合物無大小顯晦自有時決非偶然者夫得之數百年之後而證數萬里之遠是可賦也於是乎賦之

漢書大宛國傳大宛左右以葡萄爲酒富人藏酒至萬餘石久者至數十歲不敗俗嗜酒馬嗜苜蓿宛別邑七十餘城多善馬馬汗血言其先天馬子也張騫始爲武帝言之上遣使者持千金及金馬以請宛善馬宛王以漢絕遠大兵不能至愛其寶馬不肯與漢使妄言宛遂攻殺漢使取其財物於是天子遣貳師將軍李廣利將兵前後十餘萬人伐宛連四年宛人斬其王毋寡首立毋寡弟

植物名實圖考　葡萄　七　果類卷之三十二　奎文堂刊行

蟬封爲王與漢約歲獻天馬二匹漢使采葡萄苜蓿種歸天子以天馬多又外國使來衆益種葡萄苜蓿離宮館旁極望焉

酉陽雜俎庾信謂魏使尉瑾曰我在鄴遂大得葡萄奇有滋味陳昭曰作何形狀徐君房曰有類軟棗信曰君殊不體物何不言似生荔枝魏肇師曰魏文有言末夏涉秋尚有餘暑醉酒宿酲掩露而食甘而不飴酸而不酢道之固以流涎稱奇況親食之者瑾曰此物實出於大宛張騫所致有黃白黑三種成熟之時子實逼側星編珠聚西域多釀以爲酒每來歲貢在漢西京似亦不少杜陵田五十畝中有葡萄百樹今在京兆非直止禁林也信曰乃園種戶植接蔭連架昭曰其味何如橘柚信曰津液奇勝芬芳減之瑾曰金衣素裹見苞作貢句齒自消眞應不及

安邑縣志明朝洪武六年前太原歲進葡萄酒至六年閒太祖謂省臣曰朕飲酒不多太原歲進葡萄酒自今令其勿進國家以養民爲務豈宜口腹累人哉

宋太祖家法、子孫不得於遠方取珍味、甚得貽謀之道也、相傳本縣陶村、前代設專官、督進葡萄酒、本省他縣葡萄蓋寡、未有可造酒者、所進卽陶村產也、蒙泉雜言、酉陽雜俎、與六帖、皆載葡萄、由張騫自大宛、移植漢宮、按本草、已具神農九種、當塗熄火、去騫未遠、而魏文之詔、實稱中國名果、不言西來、是唐以前無此論、予嘗以爲大宛之種、必與中國者異、故博望取之、段自所載、必有所據、但失實耳、比成酒泉、屢嘗取乾之、名曰瑣瑣、比中國者差小、形圓而色正赤、其味甘美、非中國者可敵、則予所見庶或得之、今此種、處處有之、獨淄坂者勝、土人乾之、以資貿易、江南重之、稱番葡萄、曰番云者、豈承襲瑣瑣之乾與、姑識之、以俟知者、

九七

西洋人総テ葡萄ヲ貴ブ諸器ノ模様ニモ画アリ阿蘭陀人長崎ノ花園中ニ大ナル棚ヲ作ル其実ヲ「スパンスウヱイク」ト云又葡萄ヲ持来ヲ売ル　秦州記曰秦野多葡萄　広志曰葡萄有黄黒白三種　唐書曰波斯国磨鄰兆勃薩蔵献貴人葡萄大者如鶏卵　又農圃六書曰紫者名長乳味甘白者名水晶味淡　又瑣瑣葡萄形甚細如胡椒大出土魯番　番ニ業ルニ奥羽ノ山中及日光山中ニ生ルモノ葉形相同シ実大シ小ニシテ熟シテ黒土人黒葡萄ト云山人採テ市中ニ売ル他ニ未タ見ルコトナシ所謂黒葡萄ナルヘシ土魯番ニ出ル蘡薁ナルヘシ

葡萄

ブドウ　エビ古名　エビカヅラ　オホエビ　共同上　救荒啓蒙十三

エビト云ハ葡萄ノ古訓ニシテ狩衣等ヲ紫黒色ニ染ルヲエビ染ト云即葡萄實ノ熟シタル色ニ象ルナリ今ハ蘡薁ヲエビヅルト云ハイヌエビト云フベキヲ誤リタルナリ葡萄ハ棚ヲ作リ栽エ年久シキ者ハ実ヲ結フコト多シ其穗長ク下垂ス京師ニ産スル者ハ實熟シテ淡緑色ニシテ透明ナリ是緑葡萄ナリ　一種熟シテ白色ナルヲシロブドウト云本草釋名註ノ水晶葡萄ナリ又熟シテ紫色ナルヲ名ブドウト云是紫葡萄ナリ其形長キ者ヲ長ブドウト云是馬乳葡萄ナリ

釀酒　葡萄酒ヲ製スルヲ云

○葡萄ノ甚タ小ナルモ多西洋ニテコリンテント云砂糖漬ニシタルモノ船来アリ舜水談綺時物正誤ニ葡萄有紫葡萄有白葡萄有黒葡萄有瑣瑣葡萄瑣々葡萄大如豆味美ト云コノ瑣々葡萄ハ即チコリンテント見エ

九七

舜水語張明經ト云

葡萄有紫葡萄有白ーー有黒ーー有瑣瑣ーー瑣々ーー大如豆味最美ト云々

梅瑣々葡萄ハコリンテン ナラン

洋種葡萄

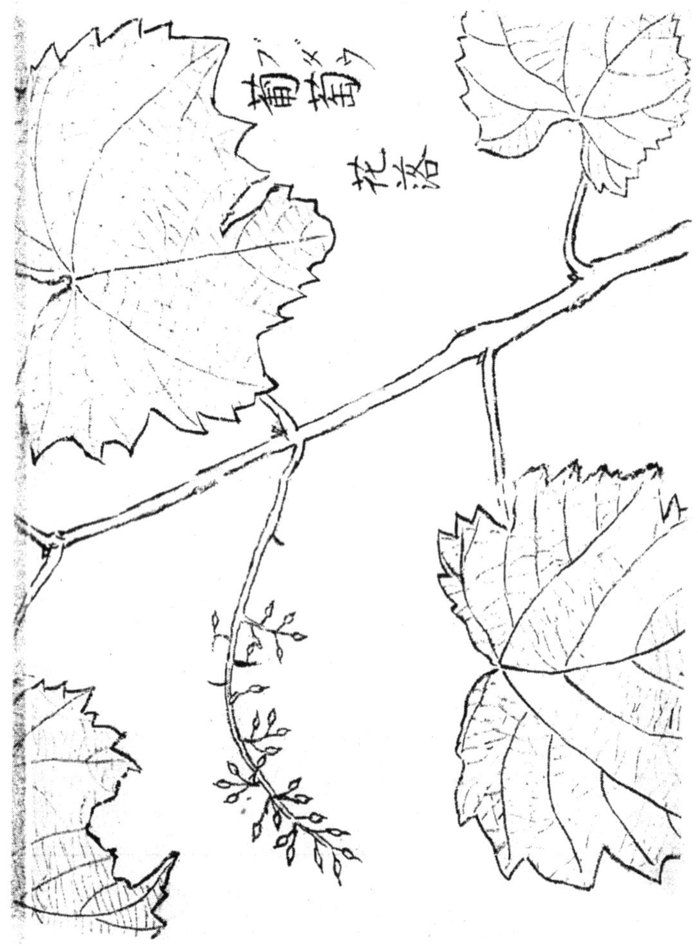

〇第五十五友人問西國各種葡萄酒其味甜酸苦其色黑白淡黄深黄華人飲之亦得益處又有各種果子酒如薑橘等酒此各物中國俱有之請問西國用何法能造其酒答曰西國所造之酒大半以葡萄果為之而葡萄之汁其味或甜或酸依所產葡萄處之冷熱等事地熱者酒之味甜稍冷之地者酒之味酸熱地之葡萄酒聞之不甚香稍冷地之葡萄酒聞之極香想其所含之酸質與其香有關造酒之法將其葡萄果乘熟時採下磨碎之再用壓器壓之至汁放盡為止將其汁存於大桶内待若干時則發酵所含之異質浮在汁面而隨發酵之料去之發盡其酵則酒

己成待数月或数年存於玻璃瓶中寒之存之愈久則其
味愈美有数種酒乗其發酵将畢時盛於瓶中塞密之
令所生之炭養氣不散臨飲時開其瓶塞則有聲炭
養氣愈多則發泡愈猛或酒内常發小泡即如洄賓
酒等是也 下略 格致叢書 八巻

○葡萄 ぶどうハ甲州より作りて多く江戸へおくりて商ふ事
おびたゞしく是つゝれ在交門につゝミても おこなふ
益とあるものあり

Raisin 葡萄干 乾 又乾葡萄ト云フ

一 紫葡萄 苗木
実ノ外皮紫色ニシテ味ヒヨク粒モ大其成実ヲ火酒ニ漬シテ其
全形ヲ示スモノ別ニアリ

一 白長葡萄
実ノ外皮白色ニシテ長ク味ヒ紫色ニ亜グ

葡萄の
甘露
漬
大阪賣所
菓物青物
菓物
甘露漬

葡萄
北地葡萄最美有客問南中何以敵此汪鈍翁曰
橘柚秋黄楊梅夏紫此與千里蓴絲未下鹽鼓春
初早韮秋末晩菘同一風致　両般秋雨盦隨筆七

○葡萄　其汁可釀酒一名馬乳實形如馬乳退之詩云若
欲滿盤堆馬乳莫辭擔竹引龍鬚云々　下學集

葡萄　エビ、ブドウ　ケムフル日本本草ノ部

二図アリ一ハ葡萄一ハ冬ブドウナルベシ
種ナシブドウ其粒小ニシテ常ノブドウト異ナリ遥ニ仁ナク
食シ安シ味甘渋気ナシ大生青嶂子是ヲ送ル　梅園草木賓譜

、葡萄　12　梅園草木賓譜

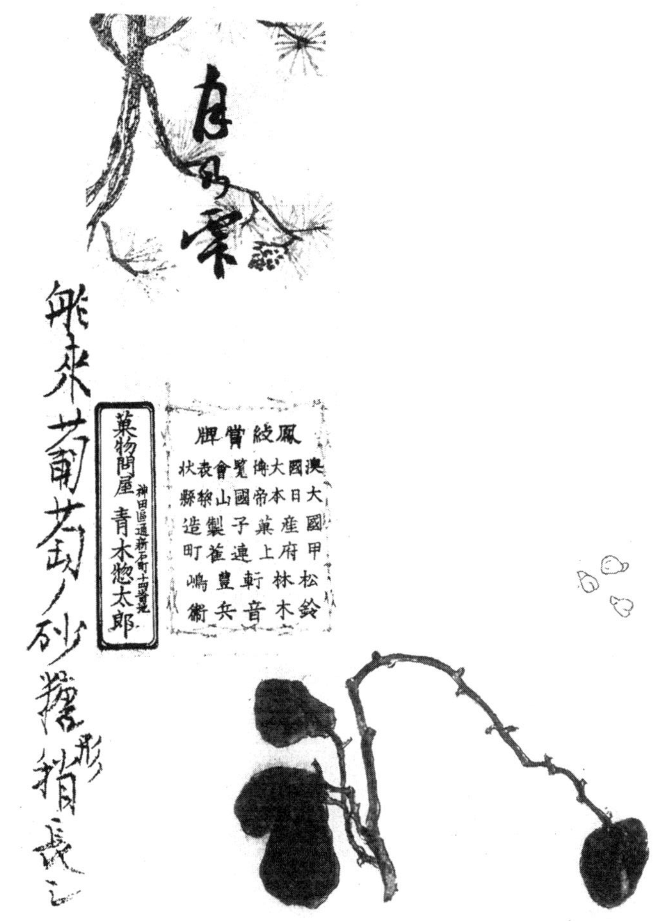

葡萄
恵比

今世人呼布止宇春月揷枝能活人家多以竹木成架引蔓布葉連絡夏月多分枝繁衍葉似錦茘枝而缺刻深種之肥地莖葉肥大一科結數百顆其実緑色光潤熟變紫黒味酸甘而美也宜設画道能治渇

常陸物産志九

葡萄品類

西洋の人総て葡萄を貴ふ諸器の模様にも画けり阿蘭陀人長崎の花園中に大なる棚を作り其実を スハニスウェイン 又葡萄を持来りて貴重とす秦州記曰秦野多葡萄

一廣志曰葡萄有黄黒白三種 唐書曰波斯國磨鄴老勃薩藏獻貴人蒲萄大者如雞卵 又農圃六書曰紫者名長乳味甘白者名水晶味淡又瑣瑣葡萄形甚細如胡椒大出土魯番 摘ろに奥羽の山中及日光山中にも生するもの葉形相同して実少し小にして熟して黒し土人黒葡萄と云山人採て市中に鬻る 他州にもあるなるべし所謂黒葡萄なるべし 土魯番にあるハ蘡薁なるべし

葡萄 草本 甲斐ゟて多く作り江戸へ出す 紫葡萄 実紫く
水昌葡萄ハ実青緑ニして味甘し 棚を拵て蔓を載す
べし 三月ひ枝を切挿ばよく活づる 又鉢の穴より蔓を
引通し鉢へ土を入置秋ヲ至て鉢の下の処より切採れバ
実を結たるまゝにて盆栽となる 冬中入置ヲ酒粕を根ニ
入置し花鋪ヲ 猶の美と云り

山葡萄

乾葡萄

ヲ子乾一種小二ノ扶ナナ名アリ コリンテレト名ク

採ル 絹く葡萄

葡萄 甲州一国共ニ宜シ勝沼ヲ最上トス 城州嵯峨 同大
宮 肥前長崎 駿州 河州 富田林 摂州矢田部
北野村

西村茂樹氏ヘ答　赤葡萄酒白葡萄酒共ニ尋常ノ
葡萄ヨリ醸造スル也　但其製法ニ因テ色味ヲ異ニシ
西洋ニ傳ルモノトス　ソノ精密ノ説ハ和蘭醸造家ノ説ニ詳ナリ
果實ヲ單ニ搾リタル汁ハ其色淡黄ナリ　之ヲ醸スモノ白葡
萄酒也　赤葡萄酒ハ白葡萄酒ヨリ製シ入又皮モ共ニ浸
シタルニテ醸シ又白葡萄酒搾タル滓ヲ以テ
醸スモモ混淆スル赤葡萄酒ヲ作ル也　蘡薁ノ類又
山葡萄等ニテモ最モ佳ニシテ佳ナル醸シテ酸味
上真ノ風味ヲ欲セバ全ノ葡萄酒ニ勝ルモノ少
ナシト云フ

あまりのたかさに候ゆゑ

問（

葡萄酒ハ（赤色）野葡萄（エビヅル）ヲ

ニテ醸造スル者トキケリ或ハ尋

常ノ葡萄ニテモ醸造スルヿ

アリヤ

白葡萄酒ハ尋常ノ葡萄ニテ

醸造スル者ナリト聞ケリ果シ

テ然リヤ

答（

されハ葡萄酒の事より困り候

おしなへての事にはあるまじく

いかにも同じ事なれバ

ちがひハなしや

ニて候 御尋の件

田夜深々寒くなりたる

乃ニ作リ説ナレド又
ヒトの如し
三蔓ノ　赤葡萄酒ハ
葉ノ葡萄酒ト　製ス
ストモシ　エビヅル
製ス可ナルモアリヤ
山ブドウニテモ製シ得ルヤ
赤葡萄酒白葡萄酒ハ其製法ニ因テ色味ヲ異
ニスルモノニテ一物ヨリ両品ヲ得ベシ　果実ヲ單ニ搾タル汁
ハ其色澄清ナリ　之ヲ醸スモノ　白葡萄酒ト
三鞭酒ハ白葡萄酒ヨリ製ス　又皮モ核
モ共ニ漬シテ醸シ又白葡萄酒ヲ取ル
跡ノ糟ヲ以テ醸スモ赤色ヲナシ　渋味アル葡萄酒
白葡萄酒ハ何葡萄ニテモ製シ得ルヤ
葡萄ニ係ル製法アル乎
ヲ製シ得ベシ　原來葡萄酒ノ製タル気候ニ関
スルコト何レノ地ニテモ製スヘキニ非ス　葡萄ノ種
スル地ニテモ醗シ易キ地ト　熱地ニ良好ヲ得
是其果ノ不十分ナルト気候ノ不適ナルニ由ル
エビヅルヘ　ヤマブドウ　及米国種コンコルド等ノ如キ
モ製スベシト雖モ　其酒ニ酸味多ク且直ニ
風味ヲ缺ク　到底良全ノ葡萄酒ヲナサヌベシ
日本国有ノ葡萄ハ其酒ニハ不十分ナリ
故ニ直ニ葡萄酒ヲ作ラントスレバ酒用葡萄
ヲ撰マザレバ労シテ功ナキモノトナル

日本ノ酒ニテモ米デサヘアレバ出来ルト云ヘドモ
濁酒村醪ノ如キハ暫ク之ヲ舎キ清酒
ニハ米ヲ撰ブ丁最肝要又水モ大ニ
醸熟ニ利不利アル[illegible]モノナリ本邦酒造
家ハ是迄理化学上ノ事ヲ知ラズ単ニ
習慣法ヲ以テスレドモ甲ノ法乙ニ移ス事
丁モアリ然レ圧摂州灘伊丹灘西宮
等ハ最上ナル[illegible]知多又ハ郡ノ如キモ有
較的ニ亜リモ又是ノ米ヲ以テ多クハ
酒ヲ作ルノ丁ハ彼ニハ及バズ其他ノ諸国
ニアル酒造家ハ尚及バザル丁遠シ葡萄酒
ノ醸法モ亦之ニ同ジキ理ナリ又支那ノ
酒商ハ種々ノ酒ヲ以テ調合シ人口ニ適ス
酒ヲ拵ヘ尚多ク水ヲ入レ販売セリ葡萄酒
ノ如キモ亦之ニ近キ丁アリ仏蘭西ノ有名
ナル醸酒地ノ酒ノ如キハ真物ニ[illegible]交加
物ハナケレ圧商法上ノ手段ナリ方今我邦ノ
販売者ノ如キハ真物ヘ水ヲ入レ色ト甘味ト
ヲ人工ヲモテ注加シ量ヲ増シ人口ニ適スル
様ニナシテアリ是善酒商人ノ巧拙ニヨリ
得益ニ関スル者ナリ尚酒論長クナレバ
辞説ニ数多クアレバ筆ヲ止ム

十二年二月廿五日　田中芳男

伊藤先生

ブドウ
花也

Grapes
grape 葡萄

葡萄 英佛色辞 九

蒲萄 漢英韻字 典ノ如シ
grape

ムラサキブドウ　カウシウブドウ　クロブドウ

紫葡萄　黒水晶 正字通 品字箋　賜紫櫻桃 羣芳譜

紫櫻葡萄 慈州府志

緑葡萄ヨリ廿日バカリモ早ク熟ス紫色ヲ帯ブ處暑ノ節ニ
熟ス東國ニ多シ葉ノ莖紅色

紫葡萄京ニ多シ形長キモノヲ長ブドウト云又江戸ブドウト
呼ブ是馬乳葡萄ナリ

葡萄 甲州之産顆大而味甚佳
駿州次之信州富田林村之産
亦次之 初一三才ハ、ロ

葡萄 葉味酸甘

○エビ葡トモハ葡萄ノ熟シタル如キ紫黒色ノ色ナリ

○河内林村サワサ村ナドブドウヲツクル事甚多シ一面ニブドウ棚ニシテ下ニハ豆ナドヲ作ル

○二ノ宮ブドウトテ二ノ宮ヨリ多ク出ス今店ニアル紫ナルブドウ多クハ二ノ宮ヨリ出ルモノナリ○甲州ブドウ

甲斐ニテ多ク作リ江戸ヘ出ス上品ナリ乾シタルモアリ

○三月比枝ヲ揃メバヨク活ス又節ノ下ノ穴ヨリ蔓ヲ引通シ節ヘ土ヲ入置秋ニ至テ節ノ下ノ処ヨリ切採レバ実ヲ結タルモニテ盆栽トナル

○冬中人糞ニ酒粕ヲ根廻リヘ入ルベシ

平陽府

葡萄 書作蒲桃

山西名産

出安邑醸以為酒井於麴蘖善酔而易醒其圓者名草龍珠長者名馬乳葡萄白者名水晶葡萄黒者名紫葡萄漢

○葡萄酒醸造法（在東京）

竹岡井　清志

葡萄酒醸造は夙く世上に汎く行はれ殊に山梨県の如き盛に夥多の良酒を醸出す故に今更吾輩が喋々無用の贅辯を費すに及ばざれども今や将に葡萄顆成熟の時に際し各地方より屢々醸酒の法を尋問せらるゝに付不得已余が曾て得たる醸法の大約を概陳し貴社新報の餘白を藉りて以て質問者に答ふ併て醸酒の注意を促さんと欲するのみ編者札幌の故誌中に補兼しまらず偶子が葡萄の美酒一杯を紙上に試みを賜はゞ何の幸か之に加へん

葡萄酒を醸造するにはまづ葡萄顆を壓搾し其液汁と外皮の僅極めて乾燥したる清潔の桶に盛り蓋を緊密し之を密閉するに精土を用ひて周圍を塗着し毫も外気の液に抵觸せざらしむるを要す若し相觸るゝに於ては空気中の炭酸と液中含む所の酒精と抱合して酸味となるものあらん故に注意せずんばあるべからず其液の盈桶を土藏に静置し藏中の最良温度は蓋し華氏寒暖計六十度以内を以て適度とす此暖を受けて始て発酵す其発酵よりして泥醸頗る盛なるときは或は外皮液面に浮游し動もすれば桶外に溢出せんとすることあり此時に臨み必ず坐視すべからず直ちに之て蓋を開き浮游物を酒中に沈没せしめ再び元の如く蓋を密閉して置くべし其発酵概ね一週間にして止む是則ち第一の発酵期とす然る后又発酵を始むるものなり之れ則ち第二の発酵期に

して率ね一周間以内ニ止む此第二度の發酵期終ふるに於て
ハ又更に發酵の期なし故に愈々第二度目の發酵全く畢り
し后ち四五日を經て酒上に浮游する外皮を悉く取去り上部
の清淨液を他の乾燥清潔の桶に移し蓋を開放して空氣
の最も能く流通する處に靜置す是蓋し釀生する炭酸瓦
斯をして空中に飛散せしむる所爲ならん然して又汚濁沈
底すれば其上部の淨液を他の桶に移し斯く桶をして
更換數度を重ぬるに若かずと雖も或ハ其澄清急速を欲す
るときハ必ず人力を用ひて其方法を施すべし其方法ニハ雞
卵蛋白又ハ牛の血或ハ花菜の功用を藉るを通常として其蛋白血
の二味を加ふるハ蓋し酒中の單仁及ひ彩色物を結合せしむる爲

りて諸物と[illegible]

中に投するハ蓋し汚濁をして渾て吸収消盡せしめ而して
愈々清鮮潔澄ならしむる爲なり此に於て其液を罎に
裝愼して永く貯ふるなり右陳する處に就て看れば甚だ
簡單にして釀造最も容易なるに似たりと雖ともさいハ只順
序の概略を述たるものにして管理の精密細論に渉りて
ハ胡亂ぞ一紙筆に盡すを得ん何となれハ釀造中或ハ變
化續々起り其注意施術の異なる頗る繁雜にして加
減最も難事なれハなり故に現場に望むに非されは敢て
事の細密を報するを能ハすと雖も釀酒の順序を聊か陳し
て以て質問者の答報に供する而已苟も釀造せんと欲する人
ハ必ず親く從事して自得するに若りさるなし

葡萄　エビ　エビカヅラ　ブドウハツルナリ紫ノ
ゴドクタナヲカクナリ葉互ツニキレコミ
アリフチニキヨレアリ花ハコマカナ
リ白藤ノ如シ白花ナリ夏ノ初花サクヽ
實ヲムスブ秋熟スルナリ熟スルト紫黒
色ニナルアリ色エビノ如シエビイロト云ヽ
コウバイト云ヽ西陳ニテキニ上品ナリ
京ノハ熟シテモ色青シ綠葡萄ト云也
集解　紫葡萄アリ色白ナルヲ水精葡萄
ト云又ムラサキニ似テカタヲトサキアリ
ナガフドウ　馬乳葡萄ト云ナリコレヲバ
酒ニツクルナリ　造醸類ニイスルナリ一名
珠顆　行厨集　蔓胡桃　園林艸木疏　僧眼　事
物玥珠　龍鬚　同上　黒水精　正字通　李桃　花
鏡　賜紫櫻桃　群芳譜

○醸造の時ハ葡萄の性質と時候の如何とニ依て違ひあり
之を知るハ瓦斯の蒸騰と其色合とニ依るニ在り通常の
酒なれバ三日乃至八日ニて譲し得らるものなれども或る国
ニてハ一ヶ月或ハ一ヶ月半の時間を費す事もあり但し八日を経
たる時ハ其桶蓋(ふた)を閉つるを要す
泡醸の止みし時ハ兼て其桶ニ装設(しかけ)置く所の注管(のみくち)の栓を
抜きて澄汁のみを滴下せしめ自他ハ壓絞して其汁を取り
用ふべし此絞粕ニ少量の水を注加する時ハ下等の飲料を醸
し得る者ニして数日を出ずして直ニ醋と成るなり
上等の酒を造るニハ初め注管より滴下せし者のみを用ひ自

此酒を大樽に入れて貯ふるには密封せざるを要す如何となれ
なれば其酒には尚ほ泡醸の氣あり数月の間炭酸瓦斯
を發生する者なればなり此瓦斯の蒸發の已む時は其樽
中に沈澱したる粕を去り三四月の頃に浄酒法を行ふべし
葡萄酒に浄酒法を施すには鰾の白又ハ牛の血或ハ膠等を
加ふるを通例とす蓋し此等の者ハ酒中の諸物（單仁及び彩
色物の類）と結合して桶底に沈澱し其酒を清浄にする者
なれども白葡萄酒を清浄にするには魚膠を用ふべし亦
よく酒中の汚物を速かに沈澱ましむる者なればなり
葡萄の不作なる年には其實入のあしきをもって精良の酒を醸
造し難き者なれども若しや醸桶の中に入るに少量の蔗糖
を以てする時は其發醸を盛んにするの利あるなり
三鞭酒を造るには黒色の葡萄を以てするを宜しとす如何
となれば白葡萄よりハ多く糖分即ち「アルコール」に変換せし
め得べき者を包含すればなり但し此三鞭酒をして其色を
美ならしむるにハ實皮及び房茎等の其汁中に潰裂せざる
を肝要とす氣候の暖かなる時に摘取りたる葡萄にて
酒を造る時ハ殊に注意して実皮中より出る所の彩色諸
物を混せさるを要す始めて軽く絞りたる汁なれども上等の
酒を得べし二度目に絞りたる者もまた少しく赤色ある三鞭
酒を得るものなり三度或四度も壓絞したる者ハ通常の赤
葡萄酒中に混合して用ゆ　最初に絞りたる少し色のあ

る二品ハ別の桶ニ入れ其注管より他の樽ニ入替ゆべし然る時ハ其酒の表面ニ浮ぶ所の泡より分離する者なり其蓋ニハ又小孔を穿ち置き炭酸瓦斯の逃出るニ便にすべし

斯くて一月を經バ第一番目の淨酒法を行ふべし又其翌月ニ及びなば二度目の淨酒法を行ふべし三度目の淨酒法ハ第四月の頃ニ至て行ふべし

右の如く淨酒法を行ひし時ハ酒の量の百分の三或ハ五の割なる白糖を其酒中ニ混入すべし此白糖ハ入るゝニハ先づ其白糖を同量の水ニて溶解し用ゆるなり而して此を壜ニ入れ針金ニて其栓を堅く結び錫の冠を蒙むすべし然る時ハ酒中ニ混入したる白糖が其酒中の酵と和合泡釀し即ちアルコールニ変換す又爲めニ壜中ニ炭酸瓦斯を發生す此炭酸瓦斯なるものハ逃出せんと欲するも栓の力のためニ壜中ニ壓迫せられ餘儀なく流動物中ニ混滞し居る者なり栓を抜取るニ臨み スポン と云ふ音をなして栓を飛ばす者ハ皆此炭酸瓦斯の逃出ニ係ると知るべきなり

此三鞭酒なるものハ頗る風味よき飲料なるを以て歐州ニて盛宴又ハ貴人を饗應する時などニハ必ず之を欠く可からざるの者とせり

たれども實地釀造の方法を細論せんにハ一大書冊を要すべしむも其價値に差等あるハ僅少にあらず先つ佛都巴

理街にて鬻ぐ所に依て云はんに其廉なるハ一壜に付三錢の少きより其貴きハ一壜十円餘の品多しとす現に葡萄樹培養と葡萄酒釀造とに有名なる佛人ギヤクリン君が荷氏の偃曲法を實用したるに案外の利益を得るをもて荷氏一生涯ハ無價にて日々入用丈の葡萄酒を贈るべしと誓約し年々同氏の許に贈與する所の酒の如きに至てハ一壜の價十円程(即ち二ギ子ー)なるべし是に依て此と見れバ今より葡萄酒の釀造を初めんと欲するの士ハ第一葡萄の種類を撰バずんバあるべからず釀酒の方法を研究せずんバあるべからず以上に論述せる方法の如きハ實に大畧

MEDITINISCHER WEIN.

薬用赤十字葡萄酒

夫レ葡萄酒ハ健態ニ病態ニ其需用極メテ汎シ従テ其種類夥多ナルヲ以テ奸人之ヲ擬シ或ハ他
ノ菓汁ヲ採リ或ハ稀釋シ徒ニ其味ヲ甘美ニシ其色ヲ擬装シ其名ヲ葡萄酒ニ假ルモノ市場到處ニ
之ヲ見ル帝國大學醫科御雇教師ベルツ博士嘗テ云ヘルヿアリ「患者ノ用ヘキ純良ノ葡萄酒ハ日
本ニ於テ之ヲ得ルニ苦ム」ト亦以テ其一斑ヲ窺知スヘシ凡テ如斯贋造品ハ薬用ニ供スヘカラサ
ルハ論ヲ俟タス之ヲ健体ニ用フルモ或ハ下痢ヲ發シ或ハ消化ヲ害スル等啻ニ无効ニ止マラサ
ルノミナラス往々患害ヲ將來ニ貽スモノタリ故ニ其撰擇ヲ慎マサルヘカラス弊舗茲ニ感アリ歐州
中最モ精醇ヲ以テ有名ナル莱因(ライン)地方ノ釀造ニ係ルモノヲ撰ヒ一二ノ大醫ニ乞フテ患者ニ試用ア
ランヿヲ以テセシニ其効驗顯著ナルカ故ニ普ク之ヲ江湖ニ販賣セントヲ慫慂セラルヽニ因テ今般
薬用葡萄酒(メジチニツシエルワイン)ト名ケ發賣ス冀クハ諸賢弊舗ノ言ノ妄ナラサルヲ鑑ミ疑ヲ存セス服用アランヿヲ

薬劑師　守田治兵衛謹述

抑モ葡萄酒ヲ薬用ニ供スルハ第一强壯劑ノ目的ヲ以テ滋養不全、萎黄病、貧血病、体温低下、大出
血后、永時持續セル臓腫症、分泌剩症及ヒ急性病恢復期等ニ於ケル衰弱症及ヒ下痢ヲ起スモ其他
英吉利病、腺病質等ニ用フ次ニ興奮劑トシテ小兒ノ霍乱、虎列拉、大出血后又ハ心臓脂肪變性等ニ
續發スル眩暈、失神、顔面蒼白、四肢厥冷、心音溷濁、急性或ハ亞急性ニ發スル心機ノ減退、脈搏沈
歪ニ用フ特ニ如斯場合ニ於テ速ニ奏効セシメント欲セハ温メテ與フルヲ宜シトス
又急性熱病ニ用テ偉効アリ是レ往時大ニ稱用シ中頃其使用ヲ減シタリト雖現今再ヒ賞用スルニ
至レリ即チ窒扶斯、膿毒症、急性發疹及ヒ肺炎ニ與ヘテ熱ヲ減退セシメ病勢ノ經過ニ佳良ノ成績
ヲ収ム
外用ニハ收斂性アルヲ以テ注射劑トシテ尿道加答児、陰囊水腫及ヒ子宮出血症、潰瘍劑トシテ腸加答
児等ニ、洗滌劑及ヒ罨法劑トシテ腐敗性潰瘍、壊疽性潰瘍、挫傷及下出血擦創、水腫、含嗽劑トシテ齒
齦ノ出血シ易キモノ(失荷児階若)或ハ其發稔ナルモノ(汞劑用后)ニ用フ
禁忌ハ各人生理的及ヒ病的ノ状況ニ從テ異ナルヲ以テ之ヲ概言スヘカラスト雖嬰兒及ヒ少年者
其他脳充血及ヒ肺出血ノ素因アルモノ心臓病者屡々婦人ニ見ル感應過敏症ナリトス
用量モ亦患者ノ個人性及ヒ病勢ノ難易ニ關シ一様ナラスト雖殊ニ小兒ニハ注意シ其量十乃至十
五滴ヲ、成人ニハ一茶匙ヨリ一食匙ヲ以テ一回ノ極量トス但シ患者生来酒ヲ嗜マス或ハ其味ヲ
厭惡スルカ如キハ水ヲ以テ稀釋シ又ハ糖ヲ加ヘテ其味ヲ矯正スルモ可ナリ(以上ハーゲル氏及
ノートナーゲル氏ノ薬物書ニ據ル)

發賣本舗　ペップシ葡萄酒元醸造　東京下谷區池之端仲町　守田洋酒部

大販賣所

滋養強壮葡萄酒
登録
商標
甲州岩崎
御葡萄
天野仁兵衛

蒲萄ヱヒカツラノミ倭名抄ニ蜀都賦ヲ引テ蒲萄ハ
漢語抄ニヱヒカツラノミトイフト注セリ今ノコ
トキハ其字ノ音ヲモテブダウト呼モノ則此ナリ
ヱトカツラノミトイヒシハ初ハ蘡薁ヲヨヒテヱ
ヒトイヒシニ後ニ此物ヲ得ルニ及ヒテ其似タル
ニヨリテ此物ヲモヱヒカツラノミトイヒツヰニ
蘡薁ヲイ又ヱヒナトヲモワカチイヒシナリ又倭
名抄ニ紫葛蔓テヱヒカツラトイフモノハ則比一

物ナリ倭名抄ニ見ヘシ所ハ葛蔌ニ紫葛ハ本草ニ
イフ和名ヱヒカツラ文選蜀都賦ニ蒲萄乱
漢ト僧語抄ニ蒲萄ヱヒカツラノミトイフト注シ
タリツノ引所ノ本草トイフモノハ和名本草ナリ
又其シルセシ所ニヨシハ蒲萄ハ則紫葛ノノ実ヲ
イフニ似タリ諸家本草ラ按スルニ紫葛ハ其苗葉
或ハ蒲萄ニ似タリトイヒ或ハ蘡薁ニ似タリトイ
ヒテ別ニヲシ一物ナリカラハ此ニシテヱヒトイ

フモノ凡ミツ蘡薁ナリ蒲萄ナリ紫葛ナリ然ルニ倭
ノ名抄ニ蘡薁ヲハ郁子トナシテ山菓ノ類トアハセ
載セ紫葛蒲萄ヲ一物ノコトリニシテ蓏類ニ載セ
タリ前ニモ注セシコトク倭名抄ノ例凡物名同シ
キモノヲハ是物ヲモ従ナリ注
ストイフハコレラノ類ナリ
[illegible]
七

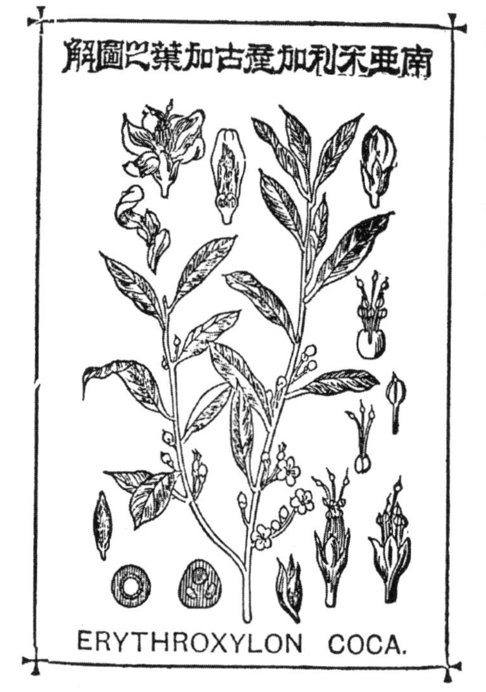
南亜米利加產古加葉之圖解
ERYTHROXYLON COCA.

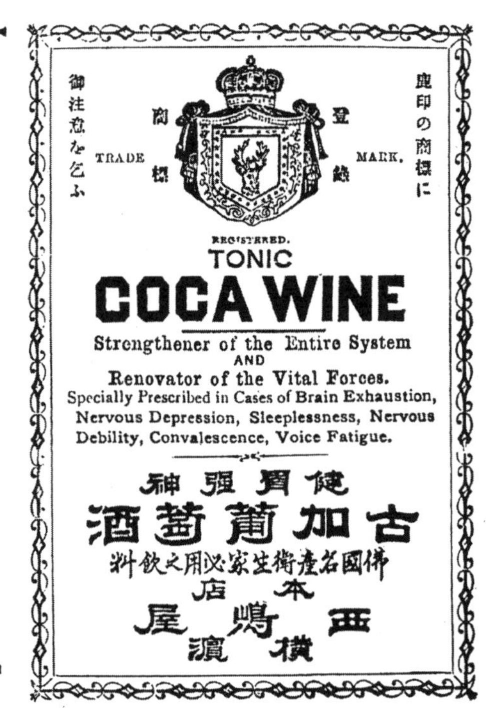
鹿印の商標に
御注意を乞ふ
登録
商標
TRADE MARK.
REGISTERED.
TONIC
COCA WINE
Strengthener of the Entire System
AND
Renovator of the Vital Forces.
Specially Prescribed in Cases of Brain Exhaustion, Nervous Depression, Sleeplessness, Nervous Debility, Convalescence, Voice Fatigue.
健胃強神
古加葡萄酒
佛國名產衛生家必用之飲料
本店
横濱
西鳴屋

抑モ此古加葡萄酒ト稱スルハ近世新奇ヲ爭フ數多ノ藥物中ニ於テ尤モ其功顯ノ著シト言ハル、古加ノ葉ト精良純粹ナル葡萄トヲ以テ製造シタルモノナルガ故日常ノ飲料トシテ缺ク可カラザルノミナラズ少シク虛弱ノ人ニアリテハ滋養強壯ノ藥劑トシテ其効顯殊ニ著シキ事神ノ如シ是レ弊店ガ故ラニ是ヲ發明工夫シテ發賣スル所以ナリ、夫レ人ハ病ノ器ナリ然ルニ此器ヲ以テ常ニ無病ヲ希ヒ強壯ニシテ疲勞セザルヲ欲スルノミナラズ日々立チテ働キモシ又ハ座シテ考ヘモシ身ノ爲メ、人ノ爲メ、名ノ爲メ貨財ノ爲メ、若勞ヲ凌ギ、艱難ニ堪ヘテ倘ホ

一

倦マザルヲ望ムノ人ハ日ニ増シ月ニ多キヲ致セリ、是レ今日ノ時世、氣運ガ然ラシムル所ニシテ詰ルトコロ世ノ文明進歩トハ人事ヲ多忙ニシテ身體ヲ忙ハシク爲スモノト云フテ可ナルベク西洋ノ諺ニモ人生大名ヲ爲サント欲セバ強キ胃ノ腑ヲ要ストイヘル如ク時世ト共ニ進ミ行ク農工商ハ勿論、公共ノ事業、政治ノ事等千變萬化雜駁頻繁ノ中ニ處スルニハ所謂病ノ器ノ中ヘ決シテ病ヲ納ルヽ事ナク苦勞艱難ニ遭遇シテモ更ラニ疲勞ト衰弱ヲ招カザルノ要愼コソ處世第一ノ努メト云フ可シ、英吉利ノ國會議員ハ三日ニ上ゲズ徹夜ノ會議ヲ爲シテ驚カ

二

ズ亞米利加ノ蒸滊列車ヲ運轉スルノ機關士ハ一萬哩ヲ三日ニ旅シテ恐ルヽ事ナク直チニ再ビ引還スガ如キ文明人ノ劇職ニ耐ユルハ實ニ感心ナリト雖モ彼等ノ肉體トテ病ノ器タルハ同ジ事ナリ唯日常ノ心掛ケ怠ラズシテ常ニ病ヲ近ヅケザルニ努ムルノミ即チ英國ノ議員ハ精良ナル葡萄酒ヲ議院内ニ用ヰテ疲勞ノ時ノ興奮劑トシ米國ノ機關士モ同ジク是ヲ用ユト云フ歷史ニテ有名ナル英國ノ大宰相ウヰリアム、ピットハ二十三歲ニテ總理大臣ノ席ニ立チ常時歐米大爭亂ノ混亂ニ處シテ晝夜一睡モ爲サズ政機ヲ握リシ人ナルガ、此ノ人絕エズ葡萄酒

三

ヲモテ劇務ノ疲勞ヲ助クルノ料ト爲セリト精良ナル葡萄酒ガ人身ニ有益ナル事斯ノ如シ然ルニ又此純良ナル葡萄酒ニ混和スル古加葉ト稱スルモノハ前ニモ述ブル如ク近來發明ノ强壯劑中無比ノ良品ニシテ曾テ西班牙盛大ノ頃南北亞米利加ヲ併呑シテ頻リニ土人ヲ攻伐シタルニ南米ニテ第一ノ强國タル秘露及ビ玻里比亞ノ土人ハ連戰日ヲ重ネテ降伏ノ色ナク陣列少シモ疲勞ノ姿ヲ顯ハサヾリシカバ西班牙ノ軍勢モ殆ンド根氣負ケヲ爲サントスルニ立至レリ然ルニ此時南米ノ土人ガ何故ニ斯クモ根氣能ク對陣シタルカト云フニ彼等ハ陣中ニ

四

テ此古加ノ葉ヲ煎ジ其飲料ト爲セシノミナラズ兵士ハ孰レモ其葉ヲ懐中シテ以テ勇氣ヲ勵マスノ藥料ト爲シタルガ爲ニシテ是ヨリ古加葉ノ名ハ一時ニ歐洲ニ廣マリ根氣ノ藥トシ又强壯劑トシテ一般ニ用ヰラレシガ其後英國人ノ再ビ秘露ニ入リテ鑛山ヲ創メタル者ガ土人ヲ使役シテ高山ニ登ラシメタルニ彼等ハ更ニ恐ルヽ色ナク歐洲人ノ登リ能ハザル峻坂ヲ攀ヂテ空氣稀薄ノ頂ニ上下スル事平坦ノ地ヲ歩ムガ如シ依テ英人ハ是レニ驚キ其原因ヲ糺シタルニ全ク古加葉ヲ懐中シテ氣息逼塞セル時用ユルナリト答ヘタリ是ニ於テカ前ノ評判ハ

五

六

徃々高クナリテ今日歐米ノ人民ハ一般ニ是ヲ用ヰザル者ナク醫師並ビニ學者等ハ皆口ヲ揃ヘ其効顯ヲ賞讃シ當時文明ノ氣運ガ蒸氣電氣ノ發明ヲ促シテ人事ノ繁忙ヲ加ヘタルニモ拘ハラズ日常劇務ニ當ルノ人ガ衰弱疲勞ヲ顯ハサヾルハ全ク古加葉ノ恩惠ナリト云フニ到レリ古加葉ノ靈顯ナル實ニ又偉大ト云フ可シ、左レバ我國ニテモ日ニ世事ノ繁忙ニ進ム折柄此古加葡萄酒ヲ日常ノ飲料ト爲スハ根氣ヲ養ヒ精神ヲ爽ニシ忍耐力ヲ勵マシ記臆力ヲ増シ筋肉ヲ強壯ニシ衰弱ヲ防ギテ寒暑ノ邪氣ヲ攘フガ爲メ最モ必要ノ事ト云フベシ、今左ニ古加葉ノ藥劑トシテ殊ニ靈功アリシ成蹟及ビ諸大家ノ學説ヲ掲ゲン

古加ハ元來 Erythroxylon Coca ト呼ベル灌木ニシテ秘露及ビ玻里比亞ニ產シ其葉ハ馥郁タル香氣ヲ保チ稍苦味アリ南米ノ土人ハ常ニ興奮劑并ニ營養劑トシテ是ヲ咀嚼シ飢渴ヲ癒シ困憊ヲ救フノ料ト爲セルガ是ヲ病人又ハ健康體ノ人ニ用ユルニ左ノ如キ効能アリ

(1) 演説家及音樂家ノ美音藥
(2) 音聲氣管諸病ノ恢復期
(3) 相撲其他過劇ノ勞働ニ從事スルモノ
(4) 船中又ハ滊車中頭痛眩暈嘔吐等不快ヲ感ズル時

七

(5) 嚴寒ノ候又ハ濕潤セル空氣中ノ勞働者
(6) 夜中不眠ノ習癖アルモノ
(7) 神經系統ノ衰憊セルモノ
(8) 生殖器系統ノ衰弱セルモノ
(9) 筋肉及一般ノ衰弱
(10) 記憶力ノ減却セルモノ
(11) 頭痛及凡テノ神經痛
(12) 胃痙、疝痛、及凡テノ消化不良
(13) 阿片、アルコール、煙草等濫用ノ爲メ自然ニ身體疲勞セルモノ
(14) 肺結核熱性諸病種々ノ原因ヨリ發スル齒齦及口内炎凡テノ貧血症

八

(15) 重症患者ノ恢復期
(16) 神經衰弱症及神經系ノ過敏ナルモノ
(17) 精神ノ抑壓セルモノ鬱憂病、ヒステリー病
(18) 中年以上ノ早衰ナ防ギ而シテ強壯ヲ保持ス
(19) 諸種ノ原因ヨリ來ル嘔吐及下痢

以上ノ諸症ハ孰レモ古加ノ効驗ニ依リテ強壯舊ニ復シ又活氣以前ニ倍トナルモノ少ナカラズ

英國ニテ有名ナル藥物書ノ著述家ドクトル、リンガー氏ハ其著ハセル書中特書シテ曰ク「古加ハ體内組織ノ變化ヲ制限スル作用アルヲ以テ肺結核ニ卓効アルノミナラズ凡テノ熱性諸病ニ用ヰテ効力顯著ナリ、傳染性諸病ニ

九

ハ是レガ豫防劑トシテ有益無上ノ品ナルベシト

英國名醫アルナボルトスミス氏ハ古加ノ効能ニツキテ「能ク神經力ヲ盛ニシ精神ノ疲勞ヲ去リテ爽快ナラシムルノ効アリ」ト云ヒタリ

英人ドクトルウエツデル氏ハ古加ノ興奮力ヲ述ベテ「其興奮力ハアルコールノ如キ過激ノ性ナク譬ビス且ツ反動力モ起サヾルガ故温和ニシテ久シキニ耐ヘ得ルガ上茶又ハ珈琲ノ如ク睡眠ヲ妨害スル事ナク全身ノ神經系統一般ニ波及シテ是ヲ爽快ナラシム可シト

獨逸ニテ有名ナル生理學者ビヨビン氏ハ「古加ハ神經系

十

刺戟藥ニシテ善良ナル滋養物ナリ」ト云ヘリ

佛人フンボルト氏ハ三歳ノ童兒モ是レヲ知ラヌモノナキ有名ノ探險者ナルガ曾テ南米ニ旅行シテ「チンボラソー」ト云ヘル高山ニ登リシ時其從僕ノ木葉ヲ嚙ミテ更ニ疲勞セザリシニ驚キ其理由ヲ尋ネタルニ全ク古加葉ノ効能ナル事ヲ知リ得タリ

又歐洲第一ノ旅行者チユギー氏ハ一人ノ僕ノ一方ナラヌ勞役ニ從事スルニモ拘ハラス五日間單ニ古加葉ノミヲ食シ日々二三時間睡眠スルノミニテ五斤ノ後重荷ヲ負ヒテ二十三哩ノ遠路ヲ徃クヲ見タル事アリト云フ

ノ

十一

古加葡萄酒釀造元　横濱田中古加葡萄酒製造所

古加葡萄酒發賣元　NS　横濱市境町壹丁目十番地　西嶋屋宗三郎
（電話番號二百八十七番）

十二

全形登録商標

近頃偽物有之候間此蜂印之商標あるを能く御注目被下御購求之程願上候

滋養香竄葡萄酒

農商務省 登録商標 TRADE MARK

明治廿一年 西班牙國萬國大博覧會ニ於テ銅賞牌ヲ受領

明治廿三年 佛國萬國大博覧會ニ於テ第一等金賞牌ヲ受領

醸造元

賣捌元

農商務省 登録商標 TRADE MARK

本品ハ發明以降多年ノ經驗ヲ以テ明治十四年始メテ之ヲ醸造シ直ニ官許ヲ經テ發賣致候處幸ニ江湖ニ高評ヲ得其味ヒ甘美且滋養分ノ多量ニテ衛生上缺クベカラザル世間無比最良ノ滋養酒ト倍賞賛ヲ博シ日ニ月ニ需用ノ額ヲ増進シ方今ハ日々ニ數千本ヲ販賣スルノ隆盛ニ至ル是諸君愛顧ノ致ス處深ク感謝ニ耐ズ然ルニ目今本品ニ摸擬シ通常ノ葡萄酒エ砂糖蜜抔及ヒ少シク香氣ヲツケ啻ニ需用者ヲ欺クノ策ヲ以テ販賣致候奸商有之候ニ付右等粗惡品ナル一時調合物ノ類似品トハ素ヨリ雲泥ノ相違有之處御同視相成候テハ大ニ本品ノ聲價ニ係リ候ノミナラズ第一御需用者ノ不幸ニモ相成候ニ付何卒本品ニ箇ノ商標ヲ御注目アツテ御購求アランヿヲ伏テ奉冀候也

此かばいろ包紙には明治廿六年五月以降(ちは)書のすきこみあり能く御見とめを乞ふ

葡萄

オホエビ
ラエインガールド
Tammen Wijngaert
「ヒナスヒニヘラ」

葡萄
エビト云ハ葡萄ノ古訓ニシテ狩衣ホラ紫黒色ニ染ルヲエビ染ト
云実ノ熟タル色ニ象ル今ハ蘡薁ヲエビヅルト云ハイヌエビト云
ベキヲ誤タルナリ棚ヲ作リ栽ユ其穂長ク下垂ス実熟スレバ
淡緑色ニシテ透明ナリコレ緑葡萄ナリ
三月比枝ヲ挿セバヨク活クモノナリ

水晶葡萄　一名

一種ヒロブドウ
熟シテ白色ナルモノ

ブドウ

葡萄

葡萄ハ人の好て賞するものなれハ價錢も高し　されハ
市中にて求むる者多けれハ作らんと思ふ者ハ是を植て利を得る
ことなり　されハ都邑に近き所の村ハ必是を植て
高利を得事多くあるときハ其村の暑物富て民用を
利するの術是等を栽培業ハ除害あるべし　其植法ハ梅雨
の季に新芽を起して二三尺に延ひたる枝を悉く地に伏て
肥たる土を築かけ七八月の比に根のおひたるを候て切離
し肥を施すこと尽なし翌年の二月中旬に黒土の湿気ある處
又ハ水辺の地に移植へ根の本に塵芥と積かけ自然と
朽て肥となるべし　芽を出さハ先を止て枝の多く出るやうにす

葡萄　ブダウ

エヒ　エヒカツラ二種アリ　水昌ブダウ　紫ブドウト云　実ノ熟シタル時ニテ名ツケタル也　水昌ブダウハ透通リテ白色也　京ニアリ　紫ブダウハ江戸ニアリ　形長クメ紫色也　深色ニエヒイロト云ハ此色ニ似タルヲ云　紫黒色ナリ　又イヌエヒツルトモ云ハ次條ノ蘡薁也　ソレヲ今誤テ草ニエヒツルト云フ非也　集解　馬乳ハ紫フタウノ也

本條　一名　蔓胡桃　桃園　木流　黒水晶　錦字箋　草龍珠　帳　酒陽

雑俎　紫　賜　櫻桃　群芳譜　李桃　鏡花　葡萄乾　一名　香　桃　閉

葡萄ノ花ハ他ノ草木ノ花ニ異ナリ　其花辧散落セシ後ニ二ヘ合スルなし

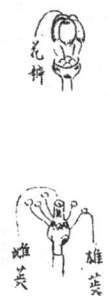

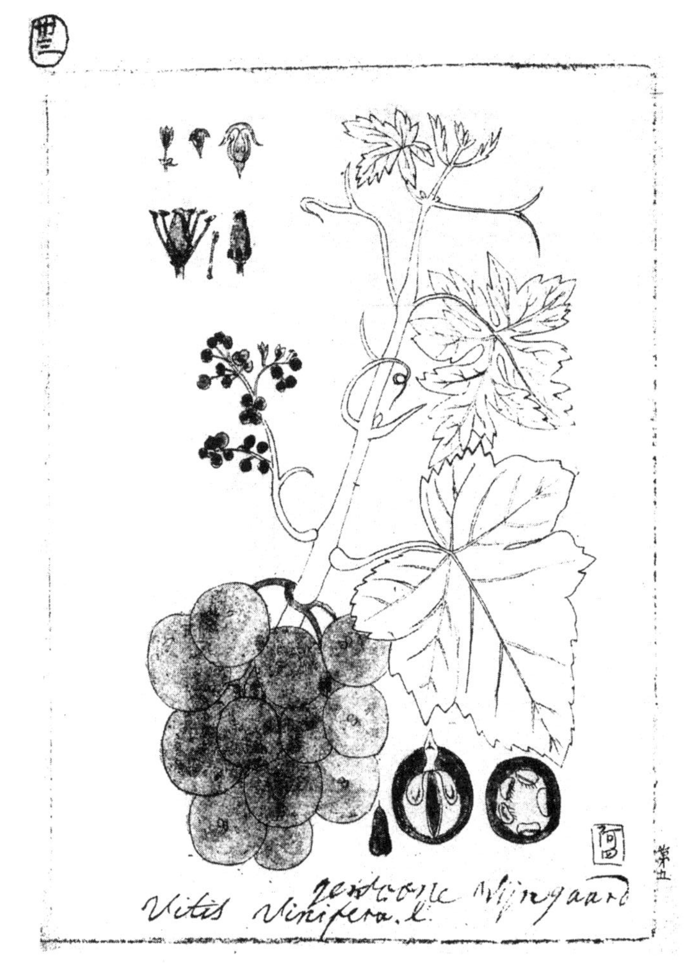

第五　葡萄を久しく貯ふ法　　麻布學農社　櫻井清英

葡萄ハ喰て旨きのみならず健康をも補ふ者なれバ日本でも西洋でも多く人の好む者にして西洋にハ之を貯ふ法も澤山あれバ今ま其最も容易な法を抄譯て御覧に入れますから試驗して[illegible]なさい其の法ハ先づ[illegible]熟したる者のみを撰みて數日間乾きたる板上に配布し後箱の下底に紙を布き其上に平等に納れ毎層に紙を挟み決してその葉房を互に觸れしむることなく而してその箱を涼室に移して少しその蓋をそかし置き葉房の全く冷へるを俟てその蓋を閉ずべし斯くそる時ハ翌春までも貯藏はる、のみならずその價も増貴るゆゑ大に利を得るものなり

第五　月の罪の製法（第二十一號問答之部第一に答ふ）

月此罪此製法ハ農業雜誌第六十號にありました故其まゝ

抄錄して御答の代に御覧に入ますが併し僕ハ未だ試驗した事でハござらぬ　　東京山ノ手　西殿樓

前略先づ鍋に極上の白砂糖二三斤を入れ文火にて砂糖と溶解して粘滑となし（此時鍋の下の火を取除け僅かに温氣を保たしむべし）而して充分成熟したる葡萄を取て葡萄の儘一個づゝ切り其葡萄を前に溶解したる砂糖液の中にさし入れ充分に砂糖を粘着つかしめ緩々と引上げ絹篩の上に並べ暫時空氣に當て砂糖液全く乾きたりと認めしとき罐の中に入れ貯蓄けバ幾何年經過ても風味の變ることなしまたこれを箱詰に做して遠國に輸送るにハ道明寺と稱る米物で詰合せを做すべし然されバ振動烈しくても毀損することなしと云ふ

して棚を作り何程も繁茂するに随て自実を結ぶ自然と熟
して紫色となりとも早く熟せされば押切
まで茎に針を刺して痕を附け痛て二三日の中に紫色
となる是を切取るなり又葡萄を自然と枯て乾きたるあ
り又日乾して乾葡萄と作るあり是を常に食して甚うまし
味ひあり多くは乾して[illegible]も商利を得る如此して春あれを
むかふ

○葡萄の害虫　愛知縣下智多郡鈴谷村に在る森田葡萄園は豪商森田某が外國の葡萄園に倣ひ仕立しものにて園内五町餘歩に渉り葡萄樹の數幾万株といふを知らず然るに昨年其實の成熟せるに際し害虫俄かに發生し爲めに數百株を燒却せしが本年も亦本月の上旬より同様の害虫發生したれば園主は大に苦慮し種々豫防に盡力せしも其効を見ざるに付遂に意を決し害虫發生の部分二町五反部許りを燒捨て撲滅法を行ひたれば多分是にて消滅せしならんと或方へ通知ありし由

一種　ムラサキブドウ　　カウシウブドウ　　クロブドウ
紫葡萄
緑葡萄ヨリ　處暑前廿日斗　早ク熟ス　葉ノ茎紅色　京ニ多シ
一種　ブドウ　　江戸ブドウ
馬乳葡萄
紫葡萄ノ形ニシテ長キモノ

「果譜」云、葡萄暈色帯白如著粉形大而長味甚甜
西蕃者更佳　馬乳蒲萄色紫形大而長味甘　紫蒲萄
黒色有大小二種酸甜二味　緑蒲萄出蜀中熟時色
緑　若西蕃之緑蒲萄名兎睛味勝糖蜜無核則異品

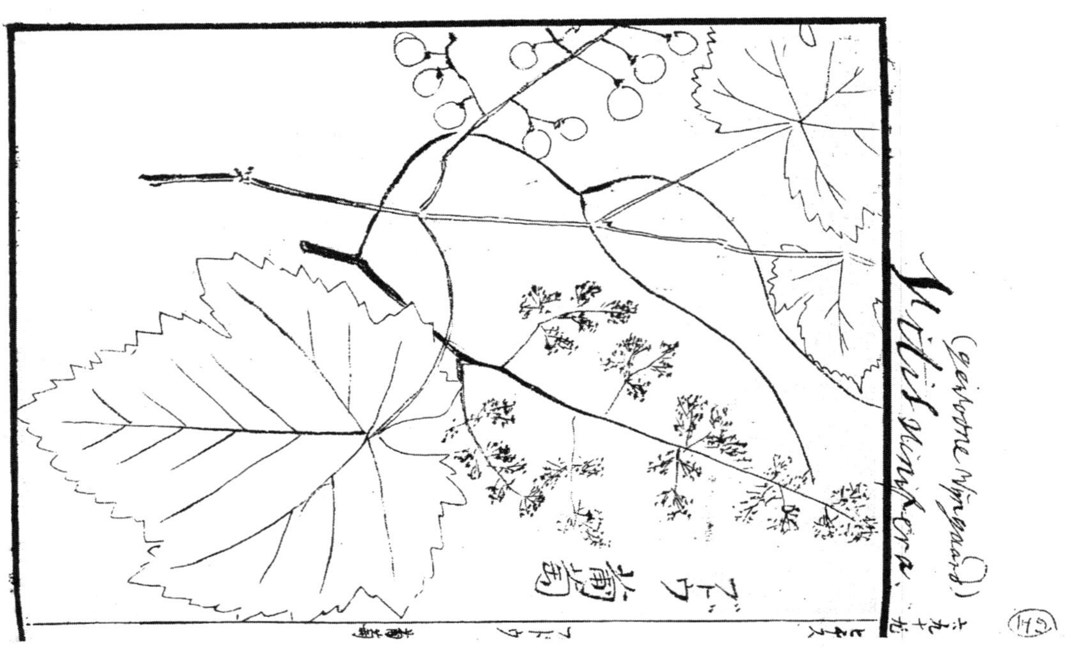

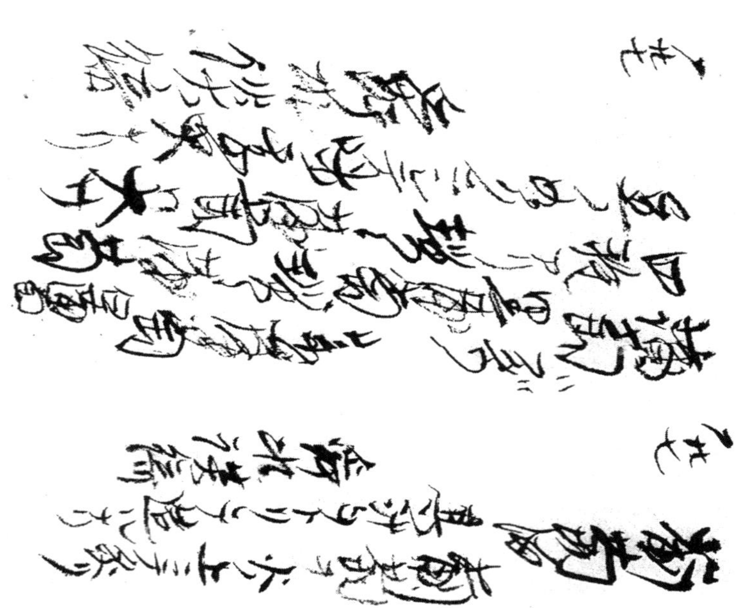

葡萄酒　葡萄ヲ火ノ上ニテ炙リ其汁ヲトリテ造ルナリ
舎密洪編

一九七

蒲萄　ハダウ
四種アリ　黒蒲萄　紫蒲萄　白蒲萄　緑蒲萄　大サ豆ノ如クニシテ味甘美ナリ
舎密洪編

一九七

ホシ

葡萄　右ノ外百種ノ果園ニ有之

クランベルリー　当地ニ而繁茂　野ニ培生ス

羅甸オキシコックス　ハリュストリス　又果園ニ栽

穫シ葡萄形甚細ニ胡椒

大サ位ニ有之　此者園丈

如斯形ノ法ニ細小モノ

プノ蓋ヨリナラン

Fine Currants. 称ヘロンドン 製

セント欲セハ十分ニ熟セシメ謹テ之ヲ飲メ其不熟ナル者ハ之ヲ撰リ除ケ數日中乾燥ナル板上ニ平布シ箱ノ下底ニ紙ヲ布キ其上ニ菓實ヲ平等ニ納メ毎層紙ヲ挟ミ決シテ其菓房ヲシテ相互ニ觸レシムルヿ勿レ此箱ヲ涼室ニ運ヒ少シク其蓋(フタ)ヲ透シ置キ菓實ノ全ク清涼ヲ俟テ其蓋(フタ)ヲ閉テ可ナリ如此スル時ハ翌春ニ至ルマテ貯(チヨ)藏(ザウ)スルヿヲ得ヘシ然ル時ハ世間ノ菓實モ段々減少スレハ其價モ亦必ス一層貴カラン故ニ能ク其勞ヲ償フニ足ル可シ[illegible]テ温暖ニシテ濕フタル大氣ハ菓實ヲ朽腐スル者ナレバ能々注意ス可シ

葡萄樹栽培新方下ニ出

葡萄　○緑葡萄　○紫葡萄

○乾葡萄 カンブダウ　甲州ニ出。葡萄ヲ其マヽ蔭ニ乾テ乾
ル者也。大明會典ニ乾葡萄ヲ載。六研齋筆記ニ曰、[illegible]西緑葡萄
色正黒。乾之成臘月四五顆入ニ一盞水ヲ汗即成ニ緑色ニ味甘鮮果
嘗彼地亦ニ錢銀一兩。非ニ達官ニ不得食也。齊民要術曰作乾葡

詩[illegible]摘[illegible]歌三首、西陲[illegible]葡萄[illegible]
[illegible]借[illegible]之[illegible]月[illegible]緑[illegible]
熟好香濃、[illegible]

落[illegible]摘[illegible]已来、[illegible]緑[illegible]
[illegible]葡[illegible]酒[illegible]飲[illegible]不[illegible]

Tamme Wijngaers 682
葡萄 [illegible]

○摘葡萄法（遊）熟者一一零疊一作摘取 従本至末悉皆無遺 世人全房折殺者

作乾葡萄法（極）熟者一一零壓摘取刀子切去蔕勿令汁出 蜜兩分和内葡萄中煑四五沸漉出陰乾便成矣非直滋味倍勝又得夏暑不敗壊也

藏葡萄法（極）熟時全房折取於屋下作蔭坑坑内近地鑿壁爲孔插枝於孔中還築孔使堅屋子置土覆之經冬不異也

齊民要術

Vitis labrusca 葉背白黒実ニテ和産ナキモノ（ヤマブドウニ甚似リ）（アメリカ押バ）（エビヅルカ）ニ産スルモノ之ト近似

Vitis vulpina（アメリカ押バ）

○招（図）ニ入ル小ナル葡萄ナリ 乾小葡萄トモ云フ

是ハ輸入舶来アル小粒ノ葡萄ニ マメブドウト称

可称モノ コリンテンノ名アリトミユ

[illegible] 此名アリ [illegible] 一種色深紫 [illegible]

[illegible] 大味甘美一種色此葉面

山[illegible]明椒即[illegible] 一種 [illegible]

[illegible] 細白[illegible] [illegible]

月ノ雫 山梨縣甲斐國山梨郡甲府八日町

製法 精製ノ三盆砂糖ヲ銅鍋ニ入レ炭火ニ上セテ浮滓ヲ去リ糖滓ナク溶和シテ飴ノ如クナルヲ俟チテ火ヨリ下シ棍木ヲ以テ攪拌スルコト数回ニシテ其中ニ葡萄ヲ點シテ一々之ヲ他ニ移シ溶糖牢結シテ衣トナルナリ

菓實収及ヒ貯蔵方

凡葡萄ハ樹上ニ於テ耳成熟スル者ニシテ将ニ熟セントスル時ハ先ツ其茎皺ヨリ菓實漸々色ヲ変シ其重量并香氣ヲ増ス者ナリ若シ之ヲ醸酒ニ用ヒント欲セバ成丈ケ十分ニ之ヲ熟成セシム可シ之ヲ斂ムルニハ鋏刀ヲ以テ成丈長ク其茎ヲ残シテ切取リ浅キ籠ニ之ヲ納ム可シ又之ヲ貯蔵

登録商標
賞牌 佛國巴里府
優等 千八百八十九年
REPUBLIQUE FRANÇAISE
EXPOSITION UNIVERSELLE
内務省東京衛生試驗所御試驗濟
萬國大博覧會ニ於テ優等賞牌ヲ受領
栗鼠機那葡萄酒
VIN DE QUINQUINA
發賣元東京信濃屋金次郎
Agent Shinano ya Kinjiro Tokio
日本東京甘泉堂醸造
FABRIQUE PAR KANSENDOU TOKIO JAPON
Ce vin est tonique, stomachique et febrifuge; bu avant de se mettre à table il termine les digestions paresseuses et ouvre l'appétit; apres le repas, il agit comme tonique; pris le matin, il est plus particuliérement febrifuge. Comme boisson d'agrément il est bien préférable au vermouth, au bitter et à toutes ces sortes de boissons plus ou moins chargées d'alcool, qui mènent le consommateur journalier d'une manière lente et insidieuse à l'alcoolisme.

栗鼠機那葡萄酒
大醫長谷川泰先生題辭

明治廿年第十月
内務省衛生局
東京衛生試験所御試験済

○聚昆機那葡萄酒効能書

凡ソ吾人ガ貴重ナル生命ヲ保養シテ益々健全無比ノ身體タラシムベクシテ衛生上最モ缺クベカラサルノ効用アル者ハ其レ唯葡萄酒ニ在ルカ抑モ酒類ノ人ニ於ルヤ榮耀品ニ属シテ其益ナキノミナラズ多クハ「アルコール」質ヲ含有スルノ故ヲ以テ身體ノ健康ヲ害スル者ナルニ特リ葡萄酒ニ於テハ然ラズ之ヲ飲ムニ味ノ嗜ムベキ者アリテ而シテ攝生劑トナリ治療劑トナリ身體ニ保益スル者ナルニ於テハ實ニ飲料中ノ首位ヲ占ム者ト謂ハサル可ラズ博士ヒポクラス氏曾テ言ルヿアリ病前病後ノ者葡萄酒ヲ用ルニ其身體ノ強弱ヲ量リ適度ニ之ヲ服用スレハ攝生上大ナル功能ヲ奏スベシト又彼ノ有名ナル化學者リービツク氏曰ク葡萄酒ノ醇良ナル者ハ天生ト人造トヲ問ハズ能

二

ヲ鬱悒ヲ開キ精神ヲ励マシ體機ノ疲勞ヲ復シ無機鹽ノ窒毒ヲ除クニ最モ効驗アリト以テ吾輩ガ言ノ妄ナラザルヲ證スベシ

斯ノ如クナルノ効能アル者ナリト雖圧亦其種類ニ依テ其成分ヲ異ニスルハ論ナキ處ナレバ隨テ其効驗ノ如キモ其差異アル者ナルニ但葡萄酒トノミ之ヲ稱スレバ可ナル者トナシテ其精粗醇醨ヲ問ハズ妄リニ之ヲ服用スルニ至テハ或ハ其害ヲ醸スヿナシト言フベカラズ是レ大ニ飲用者ノ注意セザル可ラザル所タリ故ニ之ヲシテ一般ノ滋養ニ適シテ何人ノ飲用ヲスルモ益アリテ害ナク弱者ノ衰勞ヲ恢復スベク強者ハ益壯健ナルベカラシムルノ藥酒ヲ要スルヿヲ感ゼシムルニ至リタリ是レ歐洲ニ機那葡萄酒ノ製アル所以ナリ

抑モ機那ノ元質タル「タンテン」ハ其生皮ノ時ヨリ既ニ多量ノ機那ヲ含有スルヲ以テ殊ニ治熱ノ効アルニ依リ數多ノ滋養劑中ニ在テモ腹裡ヲ調フルノ功能ヲ有スルヤ大ナレバ各種ノ滋養藥悉ク之ヲ缺ク能ハザル者ニテ老境ノ人ハ勿論婦人小兒怏弱ノ者ヲ始メ壯年者ト雖圧之ヲ飲用スル時ハ腹中温熱ヲ生ジテ外ニハ風邪及ビ流行諸病ノ感染ヲ防ギ内ニハ消化機ノ力ヲ補益スルノ効アル者ナレバ葡萄酒ニ加ルニ機那及ビ鉄芳香劑ヲ以テスルトキハ其効驗ノ更ニ大ナルヤ論ナカラントス

三

而シテ本舗此ニ醸造發賣スル 登録商標 栗鼠印ノ機那葡萄酒タルヤ我輩向ニ佛國巴里府ノ病院ニテ醸造セル所ノ機那酒ノ本法ニ則リ之ヲ製出シテ大ニ輸入ヲ防ギ且ハ飲用者ノ便益ヲ與ヘ以テ國益ノ一端ト爲ンヿヲ希望シ數年ノ年歳ヲ費テ其醸造ヲ錬磨シタリシガ初志空シカラズ終ニ好結果ヲ得ニ至リ

テ舶来品ヨリ優等ナルノ世評ヲ博シ随テ販路ノ如キモ發賣以来日猶ホ淺シト雖圧非常ノ輸出ヲ要スルノ現狀アルニ至リタル滋養良采ニシテ其無害有益ノ者タルハ多ク人ノ知ル所ノ如シ因テ今回更ニ内務省衛生局衛生試驗所ニ乞テ其分析ヲ蒙リタルニ品質醇良ニシテ多數ノ効力ヲ有シ治熱強壯ノ良劑タルヲ證明セラレタリ且ツ當路者ノ賞采ヲ得大醫長谷川泰氏吾機那葡萄酒ノ優効著明且ツ味ヒノ甘美ナルヲ賞賛セラレ此雜誌ノ首部ニ題辭ヲセラレタリ實ニ滋養補益完全無缺ノ滋養良酒ト謂ハザルヲ得ザルナリ

夫レ人ノ疾病中ニ胃腑ノ衰弱シテ消化ノ力ヲ失スルヨリ釀ス所ノ病ホド憂フベキ者アラズ漸ク其病勢ヲ加ルニ至テハ終ニ名醫アリト雖圧醫スベカラズ即チ胃腑ハ飲食物ヲ粉韲シテ身體ノ々ル血液トナスベキ器械ナルニ養分一タビ之ガ運轉ヲ鈍ラス時ハ飲食物全ク消化ヲ得ザルヲ以テ血液漸ク減耗シ随テ皮膚ノ光色ヲ失ヒ多クハ萎黄色ヲ呈シ體織ノ活力ハ薄ク運動ノ念ハ去リ常ニ食餌ヲ甘シトセズ雙手寒厲シテ兩脚ノ筋骨弛ミ五體ヲ支ルニ堪ヱズ身體日ニ衰弱ニ赴クヲ以テ心臓ノ鼓動特リ高ク靜夜ト雖圧安眠スル能ハズ心志嘗テ爽快ナルヿナク徒ヲニ悒鬱シテ衰傷ノ感ヲ起シ易ク記臆決斷ノカヲ缺キ仁愛ノ情ヲ失フノ不幸ヲ来スハ大率之ナルガ如シ而シテ其此ニ至ル所以ノ者ハ汚穢ノ空氣等ニ觸ル丶ガ為メ其邪氣ニ感染シテ然ルニハアラズ惟胃中ニ在テ飲食物ノ消化ヲ得ズ停滯腐敗スルニ依リ漸次此病患ヲ釀ス者ニテ至強至壯ノ人ニ至テハ或ハ其害ヲ免ルベシト雖圧普通ノ人ニ至テハ多少其害ヲ被ラザルハ稀ニシテ殊ニ我邦ノ如キ飯食蔬用ノ人種ニ於テハ之

ヲ免ル、能ハザルガ如シ況ヤ事務家其人ノ如ク責任重ク職務繁多ニシテ非常ノ心魂ヲ砕キ細密ノ裁斷ニ心氣ヲ勞スル者或ハ營業ノ爲メ日夜非常ノ勞苦ヲ積ム者或ハ少年ニシテ無窮ノ思想ヲ懐キ其脳力ヲ勞スル者或ハ婦女ニシテ過度ノ勞役ニ勉テ身體ヲ勞スル者或ハ工職ニ從事シテ飲食ヲ常時ニ定ムル能ハズ又之ヲ飲食スルニ當リ之ヲ閑味スルノ暇ナキヨリ竟ニ胃中ニ凝滞セシメ易キ者或ハ商事ノ爲メ平常其職業ノ多端ナルニ脳力ヲ勞ラシ且ツ已レノ力ニ餘レルノ大望ヲ中心ニ抱テ不斷ニ心神ヲ激シテ休息スルヿナク寢食缺乏シテ臓腑ヲ錯亂シ神經ノ衰弱ヲ來スモ尚ホ多忙ニ絆サレテ身體ノ攝生ヲ顧ミル能ハザル者等ニ於テハ此疾病ニ罹ラザル者ナシト斷言センモ不可ナキガ如シ故ニ此等ノ人ヲシテ此患ニ罹ラシメズ以テ益健康體ヲ保持セシメンヿハ猶ホ器械ニ膏サシテ之ヲ用ル如ク膵汁ノ缺漏ヲ補益シテ胃腑ノ活動ヲ大ナラシメンヿヲ希望セザル可ラス「タンニン」ノ有効著明ナル鉄ノ強壮補益アル其他加味セル芳香劑モ其効驗ノ著ルシキ枚擧スルニ不遑是レ本舗ガ發賣スル所ノ機那葡萄酒ハ以上列擧ノ特効品ヲ以テ釀造セシモノナレバ一般ノ人ノ爲メ補益養滋ノ効アリテ時用ヲ缺クベカラザル攝生劑タリ治療劑タリト稱スル以所ナリ

就テハ本舗ハ世ノ好評ニ報ジ且ツ國益ト致サンガ爲メ爾來益々釀造ヲ鄭重ニシテ弥々滋養ノ効ヲ厚スルヿニ注意シ其價額ノ如キハ勉テ安廉ニナシ以テ需用者ヲシテ求メ易ク飲ミ易カラシメンヿトセリ江湖諸君希クバ人生最第一ノ快樂ハ身體ノ健康ヨリ大ナルハナク身體健康ナレバ國家モ亦自ラ強國

ニ至ルベキ所以ナルヿヲ了シ常ニ之ヲ飲用シテ病根ヲ未發ニ防キ身體ヲ練
病健康ノ域ニ進ムルノ効驗著明ナルヿヲ知リ給ヘ

附言

吾栗鼠印ノ機那葡萄酒ハ去ル明治十八歳第八月發賣ス翌十九歳第四月農商務省ニ於テ登録商標專用權ヲ添フセリ吾内國ニ機那葡萄酒ト稱スル滋養良酒ヲ釀造發賣セシハ弊舗ヲ以テ最始初ナルハ今茲ニ喋々セズモ満天下之各位ノ熟知セラルヽ如シ然ルニ近來惡ムベキハ弊舗ノ隆盛ナルヲ羨ミ普通ノ葡萄酒ヱ甘味ヲ加ヘ吾機那葡萄酒ニ札紙ヲ摸擬シ或ハ包紙ヲ摸造シ總テ體裁ヲ贋造シ滋養有効ト大言ヲ放チ粗惡ノ品ヲ販賣スル奸商數多有之素ヨリ是等ノ品トハ雲泥萬里ノ相違アリト雖其體裁ノ類似セルニ欺カレ玉ヘハ單ニ弊舗等ノ榮譽毀損而已ナラズ需用各位ノ御不幸ニ相成候間此雑誌ノ始メニ掲ケシ札紙ノ圖ニ御注目御記臆アツテ栗鼠ノ機那葡萄酒ト御指名御購求之有度左スレバ奸商等ノ奸計ニ陥リ玉フノ憂無之候間御忠告旁陳述ス

此外府内ハ勿論全國到ル處洋酒店ナド
弊舗洋物店ニ販賣致居候間御最寄
ニテ御購求被下度候

grape ○葡萄 一名クレツプ 三十種

右葡萄中子粒大ナルモノ直径九分許
小ナルモノ三分許ニシテ椿円正円ノ二種アリ
且色ハ紫黒ナルモノ一二房ニテ三百ヨリ五十顆
其味ニ美ニ酸ニ醂ヲ成シ乾固ニ成ル所ノ
蔬之ニシ

右ハ八月ニ成熟ス

右各種其子房大ナルモノハ直径一寸七分
小ナルモノ七分ニシテ小ナルモノ味最美ナリ
形椿円ノ二種アリ

葡萄ハ人ノ好テ貴重スル物ナレトモ價賤シカラサレハ毎戸ニ求ルコヲ得スイカニトナレバ是ヲ植テ利ヲ得ル事ヲシラサレハナリモシ都邑ニ近キ處ノ村ハ必植テ厚利ヲ得ヘシ多ク出レハ其時ノ果物富テ民用ヲ利スルノ術是等ヲ産業ノ餘計トスヘシ

其植ル法ハ梅雨ノ前ニ新芽ヲ出シテ二三尺ニ延ヒタル枝ヲ悉ク地ニ付テ肥タル土ヲ築ヲキ七八月ノ時分ニ根ヲ出タルヲ候ニ切離シ肥ヲ備キ其儘ヲキ翌年ノ二月中旬ニ黒土ノ湿氣アル處又ハ水邊ノ地ニ移植ヘ根ノ本ニ塵埃ヲ積ヲキ自然ト朽テ肥トスヘシ其芽出レハ先ヲ止テ枝ノ多ク出ル様ニシテ棚ヲ作リ河程モ繁茂スルニ随テ自実ヲ結フ自然ト熟シテ紫色ニナリヨシトス然レモ早ク熟セサレハ珍シカラス其莖ニ針ヲ刺シテ痕ヲ附ル時ハ痛テ一二日ノ中ニ紫色トナル是ヲ切取ルナリ又木ニヲキ自然ト枯テ乾キタルアリ又日乾シテ葡萄ニ作ルアリ冬夏常ニ食シテ甚厚味ナリ多クハ乾シテ蓄ヘモ厚利ヲ得ル如此シテ春出スモ妙ナリ案ルニ通雅曰梁武帝天監十的昌国獻葡萄ト云

蒲桃　フダウ

蔓藤若燈實郎單珠子神農本草已有青者名水晶葡桃又有紫者

義烏縣志　巻八

ブトウ
オホヱビ 同　ヱビ 古名　ヱビカヅラ 同

ウヮカレガールド ヒナスヒミヘラ 同名　ウエインガールト チイーラント コロイトゲツク

葡萄

蔓胡桃 園林草木疏　草龍珠帳 酉陽雑俎　珠顆 行厨集

龍須 事物紺珠　傳眼 同

鍍金木綿 同　李桃 和方花臆　蒲陶 品字箋

廿七

釋名 蒲桃 古字　草龍珠

時珍曰葡萄漢書作蒲桃可以造酒人酺飲之則醄然而醉故有此名其圓者名草龍珠長者名馬乳葡萄白者名水晶葡

○世界一の葡萄 世界第一の大葡萄ハ葡萄牙国のヨイスニ生殖せしものなるべしといふ此苗ハ千八百二年ニ生し 同六十四年ニ至て百六十五ガロンの酒を醸製すべき果実を結び 同七十四年ニ百四十六ガロン三三の酒を製し 同八十四年ニ七十九ガロン二五の酒を製し得たり其繁茂ハ五千三百十五方尺の地を占め根本の太さ六尺半ありといふ

明治十九年二月二日

報知新聞

菊苗　東更香下　西[illegible]

菊ハ春ノ彼岸ニ地上ニ枝ヲ引キ土ヲ掩ヒ置ケバ
節目ヨリ根ヲ生ズ是ニヨリ切リ放チ四五分春ノ彼
岸ニ本畑ヘ移シ植ル三十華目ニ六月上旬ニ
花咲キ后十余日ヨリ経テ衰ヘ[illegible]白
ニ変リ[illegible]［接[illegible]義[illegible]］棚ハ方サ六尺二
間ニ丸太ヲ用ヒ棚上ハ竹又丸太等ヲ以テ組
横ニナラベ葦ヲ編ヲ以テ覆ヒ中ニ結ヒ上ケ悪枝ヲ

伐リ去ル此ニハ毎年夏ニ春ノ彼岸[illegible]
ニ入ル者ハ花久シク[illegible]
[illegible]ヨリ秋ノ土用[illegible]
[illegible]
[illegible]
[illegible]
[illegible]
[illegible]
[illegible]

一　ブレツキミニヘトル号　半園捨　黒葡萄　五

一　スワイトタヌ号　同　白葡萄

以上　田中芳男

二十年九月二[illegible]

葡萄苗　横[illegible]

葡萄樹芽[illegible]

西洋葡萄[illegible]

蒲萄　漢張騫使西域中国始有種　西瓜元
フトウ　世祖征西域中国始有種子 [illegible] 亦有也

葡萄　フドウ
花名集

葡萄　山形甲斐下總 [illegible]
[illegible]

葡法極熟者一二零壓搗取刀子切去蒂勿令
[illegible] 葡萄中。煮四五沸濾出陰乾便成矣非直滋味勝又得
不敗壞　[illegible] 夏署

葡萄者名紫葡萄　漢書言張騫使西域還始得此種而神農
本草已有葡萄則漢前隴西舊有但未入關耳

乾一名　番桃　[illegible]

エビトモ云ハ葡萄ノ古訓ニシテ襍衣等ヲ紫黒色ニ染ムルヲエビ染
ト云即葡萄実ノ熟シタル色ニ象ルヨリ今ハ嬰薁ヲエビヅルト
云ハイヌエビト云フベキヲ誤リタルナリ葡萄ハ棚ヲ作リ栽ヘ年
久シキモノ者ハ実ヲ結ブヿ多シ其穂長ク下垂ス京師ニ産スル者ハ
実熟シテ淡緑色ニシテ透明ナリ是緑葡萄ナリ一名青葡萄　[illegible]
西陣ニ栽ルモノヲ良トス大宮葡萄ト呼ブ
一種熟シテ白色ナルヲシロブドウ　[illegible]ノ水晶葡萄ナリ
一名碧葡萄

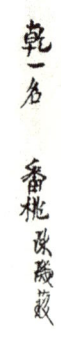

DER OFFICINELLE WEIN.
Vinum Chinae, wirkt analeptisch, roborirend, antipyretisch; gegen Anaemie, Chlorose; empfohlen allen Schwaechen u. Leidenden.
大日本共立葡萄酒會社釀造
官許
藥用葡萄酒効能書
東京神田區松枝町貳拾番地
釀造所 渡邊成純

大販賣

東京日本橋區通リ三丁目十三番地 丸善商社唐物店
仝京橋區中橋廣小路町 渥美屋本店
仝日本橋區槇町四丁目十番地 松林本店
兵庫縣神戸港元町五丁目 清水谷商會
大阪東區心濟橋筋南久太郎町四丁目 岩井文助
仝 安土町四丁目 洋酒商 橋本商店

大阪東區道修町四丁目 祭原伊太郎
西京東洞院御池南入ル 鮫島盛
石川縣加州金澤田中 中村安治郎
東京淺草區森田町九番地 洋酒商 伊部猪三郎
同 神田區花田町二番地 仝 渡邊成純
同 日本橋區小傳馬町三丁目 仝 齋藤千代吉

大販賣

小網町貳丁目拾六番地 鈴木商店
赤坂新町貳丁目九番地 飯淵商店
仙台大町四丁目八番地 鈴木倍治郎
日本橋區南茅場町四番地 養老組商會
京橋區銀座三丁目貳番地 豐浦松造
千葉縣下總國東葛飾郡野田町 増田竹治郎

大日本共立葡萄酒會社釀造藥用葡萄酒効能書

時代ノ古今ヲ問ハズ邦土ノ東西ニ論ナク酒精剤ノ飲料アラザルナシ古昔ヨリシテ曰ク酒ハ百藥ノ長ナリト又曰ク酒ハ愁ヲ掃フノ帚ナリト蓋シ又理ナキニ非ズ凡テ此等ノ理其原因實ニ酒精ニアリ今其効ヲ略陳スレバ

第一之ヲ適宜ニ用ヰテ体温ヲ増ス其故ハ酸素ノ消費ヲ盛ニスレバナリ以テ又一時食物ノ不足ヲ補フベシ

第二適宜ノ量ハ精神ヲ興奮シ其作用ヲ活潑ニス以テ勞動ニ堪ユベク精神ノ疲勞ヲ醫スベシ

第三血液ノ循還ヲ迅速ニシ為ニ筋肉ノ營養ヲ盛ニシ運動神經ノ作用ヲ催進ス

以上掲ケタルハ皆適宜ノ用量ニアリ過量ニシテハ其効全ク相表裏ス

二

斯ノ如クナレバ沈鬱憂悶性ノ人ハ一時之ヲ用ヰテ能ク其精神ヲ興奮シ其思慮ヲ催進シ其悲愁ヲ除キ其疲倦ヲ去ルヲ得ベキナリ

凡テ用量ハ適宜ナラザルベカラズ天下酒精劑ノ飲料ニ乏シカラズト雖モ酒精ヲ適宜ニ含メルハ赤葡萄酒ニ若ク者ナシ抑々赤葡萄酒ノ純粋ナルハ衛生上須要ノ者トス之ヲ燒酎酒ト稱シ藥用ニ供ス酒精ノ外單寧(タンニー)酸ヲ含ムヲ以テ慢性腸加答兒下痢等ニ効ヲ奏シ食欲ヲ催ス而シテ又彼英吉利(ラツヒチス)病及腺(スクロフーゼ)病ノ治療ニ於テ大効アリ乃ナ一ノ興奮劑ニメ心臓作用ノ沈降スル者ヲ恢復シ眩暈ヲ散シ蒼顔冷肢ヲ蘇シ殊ニ虎列剌病ニ効アリ「ノートナーゲル」氏ノ説ニ據レバ窒扶斯、臓腫中毒、肺炎於テ之ヲ用ヰ一時發熱ヲ催ウシ後之ヲ下降セシメ頗ル善良ノ經過ヲナセリ又患者ノ窒扶斯等ニ因リ非常ニ衰弱シ動脈管ノ彈張ヲ減シ皮膚ノ熱度ヲ下降シタル時著シキ効アリ

共立葡萄酒會社醸造ノ藥用葡萄酒ハ純良ナル赤葡萄酒ニ化學的純粋ノ「キニーネ」ヲ混和シタル者トス

明治十九年十月始メテ之ヲ醸造シ之ヲ我大學教授緒方正規先生ニ分析ヲ乞ヒ故アッテ先生ノ紹介ヲ以テ内務省衛生局東京試驗所長田原良純先生ニ請ヒ始メテ十二月ヲ以テ定量分析ヲ完了セリ其告示書ニ云ク

本品ハ赤色透明液ニシテ苦味ヲ帶ヒ試驗紙ニ酸性反應ヲ呈ス比重ハ設氏十三度ノ時一、〇二一ナリ

本品百方仙迷(センチメートル)中ニ含有セル各成分ノ瓦(グラム)量左記ノ如シ

亞爾箇保兒	六、八三七（八、六容%）
越幾斯分	七、六一八
灰	〇、三五五
葡萄糖	二、二九〇

三

四

蔗糖		三、五一七
揮発酸	醋酸トシテ算ス	○、二○一
不揮発酸	酒石酸トシテ算ス	○、三二七
キニーネ		○、○○五五

衛生局東京試験所長心得内務一等技手　田原良純

験査主任内務七等技手　浮多尾元英

明治十九年十二月六日

此薬用葡萄酒ハ其効前陳ノ如クナレモ次ニ主効成分ナル「キニーネ」ノ効能ヲ談分析表ニ據リテ記カントス先ツ通常葡萄酒ノ酒精量ハ六「プロセント」ヨリ二十「プロセント」ノ中ニ上下ス凡テ十二「プロセント」以上ハ酒精麻酔ノ効甚シク却テ害ヲ致スヿ少カラズ彼「ボルトー」ハ九「プロセント」上ニ出デザルモ「サラ」ハ二十「プロセント」ニ達シ「シヤンパン」ハ十二「プロセント」ノ酒精ヲ含メル我薬用葡萄酒ハ少シク八「プロセント」ノ上ニ出ツル酒精量ニシテ頗ル中和適宜ノ者ナリ此適量ニ比例シテ「キニーネ」ノ量モ相應當シ其効ヲ充分ニ奏スルヲ得ル者ナリ抑モ「キニーネ」ハ近時大ニ信用ヲ受ケタル薬物ニシテ其効ノ大ナル枚擧スルニ堪ヘズ嘗テ「ギーゼレル」氏之ニ次テ「ハルリエル」氏ハ「キニーネ」ヲ論シテ日ク「キニーネ」ハ往々疾病ノ原因ヲナセル「バクテリア」ヲ撲殺シ腐敗壊乱ノ作用醗酵ノ作用ニ害ヲ與ヘ之ヲ妨グノ効アリト彼ノ有名ノ醫「ビンツ」氏幷ニ「パスチユール」氏ハ之ヲ承認セリ故「キニーネ」ハ腐敗ヲ止ムル者ナリ

又「ビンツ」氏ハ「キニーネ」ハ燃衝ヲ妨グルヿヲ証セリ「シユミーデベルク」氏ハ「キニーネ」ハ少量ニシテ脈搏ヲ増シ血壓ヲ高クスルヿヲ説ケリ彼「ブロク」氏「ビンツ」氏ハ「キニーネ」ハ少量ニテ体温ヲ下スヿヲ証シ幷セテ解熱

五

ノ作用ヲ説イテヨリ以來大ニ之ヲ熱病ニ試ミタリ殊ニ間歇熱猩紅熱ニ著明ノ効能アルハ今日欺クベカラザル所ナリ腸窒扶斯、發疹窒扶斯、結核、肝臓膿腫等ニヨッテ來レル熱ヲ除去シ「モントン」氏「ハイガルト」氏ハ急性關節レウマチス症ノ治癒ヲ「キニーチ」ニ因テ證明セリ肺炎、肋膜焮衝、丹毒、等ノ焮衝、中毒症ニ又瘧疾ニ頁有ナルヤ亦著シ

「キニーチ」ノ殊ニ又消化機能ニ効アルハ其所以實ニ胃中腐敗醱酵ノ作用ヲ妨止シ胃液ノ分泌ヲ促シ又唾液ノ分泌ヲ盛ニシ食欲ヲ催スヲ以テ胃弱ノ者ノ喜ビ服スル所タラン

今之ヲ純良ノ葡萄酒ニ調劑セシヲ以テ其効相湊合シ衰弱老憊セシ者ノ精神ヲ興奮シ筋肉ヲ剛強ナラシメ若クハ又重病後其恢復期ニ際セル者ニハ營養ノ狀態ヲ快活ナラシム又健康ナル者ニテモ利尿ヲ催シ

感冒ノ憂ヲ除ク等頗ル効アル者ナリ彼神經痛、昏倒、ノ症患ニ於テモ「キニーチ」ハ之ヲ癒シ白血病ニ於テモ効ヲ奏セシハ「モスレル」氏「ヘヴソン」氏ノ論ズル所ナリ殊ニ又世上ニ頗ル多キ萎黄病、貧血症等ニ能ク其藥効ヲ逞スルハ言ヲ俟タザル所ナリ

此藥用葡萄酒ハ調製其人ヲ得配劑其當ヲ得タリ透明ニシテ苦味ヲ帶ビ能ク胸腔ノ鬱塞ヲ散シ心神ヲ爽快ニシ勞動ニ堪エシメ以テ艱苦ノ業ヲ取ルニ安カラシメ幽聰呻吟ノ人ハ其悲哀ヲ忘レ日夜學業ニ從フノ人ハ其心勞ヲ醫シ身体ヲ動サス消化宜シカラザル者ヲ催進シ蒼顔貧血ノ輩ヲシテ多血剛強ナラシム熱ヲ散シ尿ヲ利シ腺病ニシテ結核性ニ陷ラントスル者ヲ救ヒ能ク身体ノ内外ヲ健全ニシ精神ハ快活ニ敢爲ノ勇ヲ生ゼシメ筋肉ハ運動ニ敏ナラシムル者嗚呼我藥用葡萄酒適宜ノ飲ニアリ世人之ヲ用ヰバ一杯ノ流動体ヲ以テ斯ノ千金ニ換フベカラザ——

ル軀體ヲ安全ナラシムヲ得ヘシ

○葡萄

葡萄ハ膚果ノ一種ニシテ一名蒲桃又賜紫櫻桃又圓ナル物ヲ草
龍珠長キモノヲ馬乳葡萄ト云白キ物ヲ水晶葡萄黒キ者
ヲ紫葡萄ト云フ酉陽雜爼云葡萄有黄白黒三種ト今此
方ニ黄色ナルモノヲ見ス關西ノ國々ニハ白葡萄多ク關東ニハ
紫葡萄多シ群芳譜ニ水晶葡萄馬乳葡萄紫葡萄
緑葡萄ヲ挙ク又瑣々葡萄出西番實小如胡椒小兒
常食可免生痘又云痘不快食之即出今中國亦有種者
一架中間生一二穗又緑葡萄有無核者云云李時珍本草綱
目云有瑣々葡萄大如五味子而無核云々五雜爼十一云西
域白蒲桃生者不可見其乾者味殊奇甘想可亞十八孃
紅矣有兎眼蒲桃無核即如茘支之焦核又有瑣々葡萄
形如菜荳小兒食之能解痘毒于文定筆塵云瑣々即駿
婆之訛未知是否

文政三年己卯八月十七日核ナシフタウト呼ヘル奇品其形圓ニシテ
至テ小熟シタル者ハ紫色ニシテ味甚美ナル者ヲ白川老矦ヨリ
貞幹ニ賜ル因テ按ニ右諸書ニ載スル所ノ瑣々葡萄ナルベシ
五味子ノ大ニハアラサレ圧其小圓ニシテ無核ナレハコレナルベシ

源貞幹録ス

葡萄　エビ　エビカツラ　ブドウ　是ハ蔓中ナリ店ヲ作リ延ニム
藤ノ如ニ茎大ニメ実生ナリ葉ハツメノ如ニ三ツニ分レ粗鋸歯在ツメ五ツニ分テカチ
ノ如又不分ニ先尖テ鋸歯アツテ毛茸ナク互ニ生ス葉一ノ軸ノ処ニ対メツルノ如モノ
アリ其カ巻付テ其ハ処ニ枝有テ巻付ナリ夏穂ニ在リ薄黄色ニメ花ツクナリ長
サ五七寸ニナリ其ニ又小枝ヲ分チカ五ニ六分ホトノ丸キ実アリ熟スレハスキ通ナリ京ニ
アルハ緑色ノ実ナリ熟メモ緑色ナリ江戸ニハ熟メ紫色ニナルアリ大ニ是ヲ江戸ブト
ウコブトウト云漢名紫葡萄ト云釈名集解ニ見タリ又此ニ形ノ少ニ長リ棗ノ如ア
リ是ヲ長ブドウト云釈名ニ馬乳葡萄ト云是ニ又熟メ白クスキ通タル在是ヲ
漢名水晶葡萄ト云釈名ニ出ツ本条ノ名ホニモ円名アリ
本条一ノ名蔓胡桃　国林草木疏　珠顆　行厨集　紫ブトウ一名黒　水晶　錦字箋　賜紫櫻桃
李桃　花鏡　蒲陶　品字箋　蘢須　僧眼　鏤金木錦

葡萄神　Ampelideae or Vitaleae
ブドウ　Vitis vinifera

葡萄　熟 香 紫 色 俗 呼 水 晶 葡 萄 味 佳　太平府志

葡萄　本経　上品　異名　蒲桃　古字　草龍珠

葡萄　ブドウ　ソレッツ　grape　三ナ粒

葡萄　張騫使大宛得種色青紫黄器如喉幹如藤　安慶府志

[illegible]

モハ四月中旬ニ至リ始テ二三條ノ新蔓ヲ生
ズ二年ニシテハ條三年ニシテ廿四條ノ新出ス

葡萄（ブダウ）　蒲萄　ハツ　蝦虎蘗汐草

是又大夏ヨリ出石榴トオナシク中土ニ來ル漢書西域傳ニ漢
使帰ル時葡萄苜蓿ノ種來ルトアル是也酉陽雜俎ニ是又張騫
ガ致ス所トイヘリ

葡萄

藤蔓生而極長大花極細而白色其實有青紫二　漢事始　巻六
種按史記葡萄出大宛張騫使西域得其種而還
種之中國始有也本草云味甘平無毒主筋骨濕
痺益氣倍力強志令人肥健耐饑忍風寒久服
輕身不老延年　邵武府志　八

TONIC
COCA WINE
TRADE 商標
登録 MARK
REGISTERED
GOLD MEDAL,
PARIS EXPOSITION,
1889.
CALCUTTA INTERNATIONAL EXHIBITION
1883-84
GOLD MEDAL,
CALCUTTA,
1884.
健胃強神
古加葡萄酒
衛生家必用の飲料
佛國名産
古加葡萄園之圖

○乾葡萄ヲ作ル法ハ[illegible]ニテ葡萄ヲ採テ
陰乾スルヿ斉民要術ニ見ユ又葡
萄ヲ帯ニ懐[illegible]法アリ

年十月[illegible]

[illegible]

[illegible]

葡萄 [illegible]

葡萄ハ人ノ好テ貴重スルモノナレトモ價賤シカラサ
レハ戸毎ニ求ムルヿヲ為スナレトナレハ是ヲ植テ
利ヲ得ルヿヲシラサレハナリ若シ都邑ニ近キ処ノ
村ハ必ス植テ高利ヲ得ヘシ多ク出レハ其時ノ果物
富テ民用ヲ利スルノ術是等ノ産業ノ餘恵ナルヘシ
其植ル法ハ梅雨ノ前ニ新芽ヲ出シテ土三尺ニ延ヒ
タル枝ヲ悉ク地ニ付ヲ肥たる土ヲ禁置キ七八月ノ

時久ニ根ノ出シたるヲ候テ切離シ肥ヲ洗キ其儘置
キ翌年ノ二月中旬ニ黒土ノ湿気アル処又ハ水辺ノ
地ニ移植ヘ根ノ本ニ壅壗ヲ積置キ自然ト打テ肥ト
スヘシ其芽ヲ出サハ先ヲ止テ枝ノ多ク出ル様ニシ
ラ棚ヲ作リ何程モ繁茂スルニ随テ自実ヲ結ブ自然
ト熟シテ紫色ニナルヲヨシトス然レモ早ク熟セサ
レハ珎シカラス其茎ニ針ヲ刺シテ痕ヲ附ル時ハ痛
テ一二日ノ中ニ紫色トナル是ヲ切取ルナリ又水ニ
置テ自然ト枯テ乾キタルアリ又日乾ニシテ乾葡萄ニ
作ルアリ冬夏常ニ食シテ甚タ厚味ナリ多クハ乾シ
テ斃モ病利ヲ得ル如此シテ春出ス尤妙ナリ
按ルニ通雅曰梁武帝天監中南昌国獻乾葡萄ト云

葡萄

【一名】龍須 緯略 僧眼 鑊金木綿 共ニ同上 寧桃 秘傳花鏡

【和名】エビ エビカツラ オホエビ フドウ ハツ戦夷 方言 【蛮名】ドロイフ 荷蘭訳語箋

眞服ニエビ深ニハ葡萄ノ熟シタル色ニヌルヲ云葡萄ハ甲州ニテ作リ江戸ヘ出スナヲ下ニテ生ス又三月蔓ヲ地ニ插ヲ活ス葉ハ地錦ニ似テ大ニ藤蔓大ナルハ鹿脛ノ妙棚ヲ作リテ栽ユ春月葉間ニ穗ヲ生シ小黄花ヲ開キ房ヲナス秋ニ至テ子ヲ生ス又下垂ス初ハ緑色熟スレハ紫黒色味甘美ナルコレヲクロブドウト云コレ釋名紫葡萄ヲ云李通ノ黒水晶描芳譜賜紫葡萄ナリ此種琉球名産也又一種近頃白川老公園中ニ大サ大豆ホトアリテ淡紫色無核味甘キモノアリ奇品ナリコノモノ鮮解ニ時珍云西邉有瑣々葡萄大如五味子而無核ト云是也一種葉ハ紫葡萄ノ如ニテ刻鈌深ク子熟ノ淡緑透明ナルヲ水晶葡萄 和漢通名 ト云一種和蘭ヨリイシマシト書ニ葉ノ刻鈌多ク子熟ノ黄色ナルモアリコレ宗奭ノ説ニ段成式言葡萄有黄白黒三種ト云其黄ナルモノコレナリ 本

一甲州葡萄栽培法 一冊

明治十五年 福羽逸人著

甲州葡萄ノ来歴、性質、両三ノ

併記談葉栽培ノ詳論

蒲萄 韓愈

新茎未遍半猶枯 高架支離倒復扶 若欲満盤堆馬乳 莫辞添竹引龍鬚（蒲萄一名馬乳 龍鬚蓋謂蔓也）

絶句類選

毛葡萄　越後蒲原郡白尾村内水巴
ニシテ高堅ノ地ニ植置カ五六年目ニ至リ結
實スル九月下旬ニ熟スル也　春土用ニ至レハ棚
ニ這セ枝ヲ芳ニヲカ就レテ日光ノ透映シ露ニ絶ニ
人糞ヲ施シ四月中旬ニ至レハ生節ヲ強ヒ土ヲ
懸ルヽ七月ニ至リ結顆猶成セスンハ成テ又
人糞ヲ施シ少食者ハ昼ニハ壱駄二斗ヲ施ス
夏中同様ニ火ヲ焼セハ蔓ニ集リ入ハ入テ死ス
或ハ早朝ニ拾ヒ乾カサルト臨テ棚ヲ動スレハ也

酒精ノ能タルヤ平素少量ヲ用ユレハ食機ヲ進メ身体ノ健康ヲ保チ病後ニ於テハ其衰弱ヲ便回シ精神ヲシテ爽快鼓舞シ喜怒哀樂共ニ欠ク可カラサル良剤ナリ世俗百藥ノ長ト稱スルモ敢テ誣言ニ非サル可シ然而リテ萬國諸大家ノ病者ニ接シ興奮ニ強壮ニ健胃ニ特効藥トシテ用ユル處ノ者ハ即チ赤葡萄酒是ナリ其種亦タ多シト雖モ伊斯巴尼及ヒ獨乙製ノ二種ヲ以テ最トス殊ニ伊斯巴尼製ノ古赤葡萄酒ニ於ケルヤ其味ヒ甘ニシテ収斂性薄ク病者ノ飲料トシテ歐米諸大家及ヒ各國病院ニ於テ尤モ稱擧シ藥用ニ供セラルヽノ良品ナリ

効能

消化器。心臓或ハ神經ノ衰弱セル者ニ與ヘテ揮發興奮ノ効アリ。食膳ニ加ヘテ滋養ヲ助ケ。腐蝕性諸症ニ與ヘテ体中ノ傳染毒ヲ防キ。腐敗性熱病ニ於テハ労ラ之ヲ用ヒテ解熱ノ効アリ其他虚弱ノ人ハ常ニ用ヒテ身体ヲ強壮ニシ食機ヲ進ムルノ効アリ

○西域蒲萄有十数種而瑣瑣葡萄最足珍貴然題詠者
甚少頃閲黄百學詩漫録其篇云蒲桃出大宛傳來
昉自漢武帝遣貳師費兵餘十萬得種植離宮彌
望數桑蔓秋風馬乳垂釀酒供御讌茲以瑣瑣稱名同
類殊判老幹大於斗細梗亦真健不比架棚中緣施
萼葛覃緍緍止溪翁一編時把玩閲袠已八旬愜樂忘
憂饍餞暑動涼颸階苔色初変屋壁忽生香侵晨
鳥聲亂掀窻一仰顧芳實擁唇綻呼童命采擷升
木如縷縷掛籬揄先熟次第留明且餉我一瓷甌盈

Le plus efficace des remèdes.

Le vin, si on le prend en quantité convenable, c'est un meilleur remède digestif et fortifiant; il est aussi bien efficace à rétablir la santé et à stimuler l'esprit fatigué des malades.

Vous comprendrez facilement que ce n'est pas faux que le vin soit le premier et le plus efficace des remèdes. C'est ainsi que tous les médecins l'emploient comme remède tonique, fortifiant et stimulant.

Il y a beaucoup d'espèces du vin, mais les meilleurs sont le vin d'Espagne et celui d'Allemagne. Surtout le vin rouge et vieux d'Espagne a un goût excellent et, comme il est bien généreux et légèrement acidulé, c'est une bonne boisson pour les malades; donc son usage est général dans les hôpitaux de tous les pays.

VIEUX VIN D'ESPAGNE

Ce vin a des effets favorables contre les maladies de l'estomac et des nerfs etc. et surtout celles qui consistent dans l'altération du sang et des liquides sécrétées par l'intestin, ainsi que la fièvre typhoïde.

En outre si une personne faible ou même fort, le prend habituellement cela est bien nourrissant et bien digestif.

貯封椿幔般勤命品題析簡親濡鵯翰捧讀閑緘視
芳馨滿鼻觀初疑舍利子還道青晶飣手嘗建數顆甘露
牙根濺自慙跛鼈才胡能一詞贊況逢大雅宗更難長楊
獻强拙湅芋盟應爲撇辭棨

水曹清暇録

廿二

○葡萄

葡萄ハ纍果ノ一種ニシテ一名蒲桃又賜紫櫻桃又圓ナル物ヲ草龍珠長キモノヲ馬乳葡萄ト云白キ物ヲ水晶葡萄黒キ者ヲ紫葡萄ト云フ酉陽雜俎云葡萄有黄白黒三種ト今此方ニ黄色ナルモノヲ見ス關西ノ國々ニハ白葡萄多ク關東ニハ紫葡萄多シ群芳譜ニ水晶葡萄馬乳葡萄紫葡萄緑葡萄ヲ挙ク又瑣々葡萄出西番實小如胡椒小兒常食可免生痘又云痘不快食之即出今中國亦

葡萄 由安邑醸以為酒其於麹蘗善酔而易醒見拠
者名草龍珠長者名馬乳葡萄白者名水晶葡
蒲萄黒者名紫葡
萄漢書作蒲桃
山西府志 物産志彙

蒲萄 色紅而汁甘有緑而實差小者名水晶蒲萄 物産志彙 六
廣信府志

蒲萄 河内国石川郡富田林村 日本地誌提要一

[illegible]

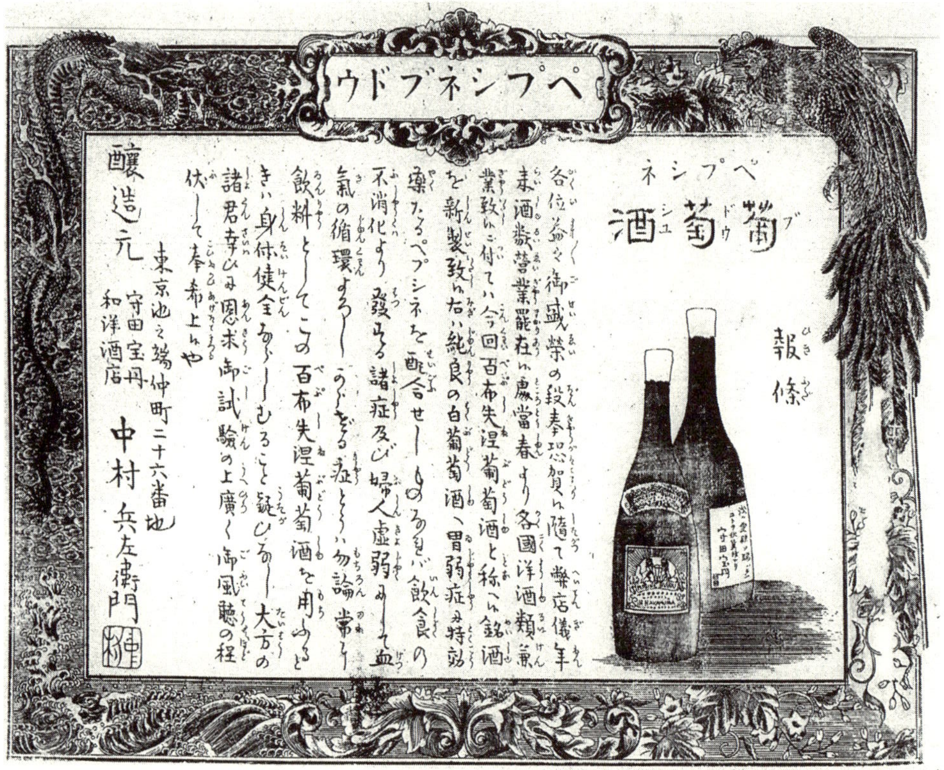

葡萄
甲州 一国共ニ亘レ勝沼ヲ最トス
河州 富田林
城州 嵯峨 同大宮
摂州 矢田邊 北野村
肥前 長崎
日本名産記 坤

一 廿七

滋養香竄葡萄酒

近頃偽物有之候間此蜂印之商標あるを能く御注目被下御購求之程願上候

明治廿一年
西班牙國萬國大博覧會ニ於テ銅賞牌ヲ受領

農商務省
登録商標
TRADE MARK

明治廿二年
佛國萬國大博覧會ニ於テ第一等金賞牌ヲ受領

醸造元

賣捌元

本品ハ發明以降多年ノ經驗ヲ以テ明治十四年始メテ之ヲ醸造シ直ニ官許ヲ經テ發賣致候處幸ニ江湖ニ高評ヲ得其味ヒ甘美且滋養分ノ多量ニテ衛生上缺クベカラザル世間無比最良ノ滋養酒ト倍賞賛ヲ博シ日ニ月ニ需用ノ額ヲ増進シ方今ハ日々ニ數千本ヲ販賣スルノ隆盛ニ至ル是諸君愛顧ノ致ス處深ク感謝ニ耐ズ然ルニ目今本品ニ摸擬シ通常ノ葡萄酒エ砂糖蜜抔及ヒ少シク香氣ヲツケ當ニ需用者ヲ欺クノ策ヲ以テ販賣致候奸商有之候ニ付右等粗惡品ナル一時調合物ノ類似品トハ素ヨリ雲泥ノ相違有之處御同視相成候テハ大ニ本品ノ聲價ニ係リ候ノミナラズ第一御需用者ノ不幸ニモ相成候ニ付何卒本品ニ箇ノ商標ヲ御注目アツテ御購求アランヿヲ伏テ奉冀候也

此かばいろ包紙には明治廿六年五月以降はぶ(誌のすきこみあり能く御見こめな乞ふ

加利福尼亞葡萄酒大販賣廣告

飲料酒類中滋養ニ富ミ味ヒノ優美ナルハ葡萄酒ニ若クハナシ然レ共品質ノ純良ナルモノ少ナク殊ニ價格不廉ニシテ需用者諸君ヲ滿足セシムル能ハズ常ニ遺憾トスル處ナリ然ルニ今般弊店ニ於テカリホルニア葡萄酒商會ト特約ヲ結ビ極メテ純粹佳良ナル數種ノ葡萄酒ヲ輸入シ非常ノ廉價ヲ以テ卸シ小賣仕候間御試用ノ上多少共御用向被仰付度伏シテ奉希上候

附言端書ヲ以テ御注文被下候ハヽ東京市内ハ早速持參仕端書ハ其節御返上可申上且日常御飲料ニ便利ノ爲メ樽賣ヲモ仕候又時々御用伺ノ者モ差出シ候也

定價表

名稱	種類	大瓶壹本	小瓶壹本
ジンファンデル イ印	赤葡萄酒	二十八錢	十八錢
仝ハ印	仝	三十六錢	二十五錢
ポートワイン	仝天然ノ甘味アリ	三十六錢	二十五錢
アンヂリカ	仝白葡萄酒	四十錢	二十八錢
レースリング	白葡萄酒	三十二錢	二十二錢
シエリー	白葡萄セリ酒	三十五錢	二十五錢
最上ブランデー	葡萄製	六十錢	○
仝極上一	仝	五十錢	○
ジンファンデル イ印	赤葡萄酒	一升四十錢	一合四錢五厘
仝ハ印	仝	一升五十五錢	六錢

但ダース賣ハ卸シ直段即ナ壹割以上ノ割引仕候

外ニ麥酒類販賣

右ノ外加利福尼亞製罐詰物入港次第發賣又卷烟草類販賣仕候

明治廿四年四月三日

東京本鄉區春木町三丁目廿二番地

濱野商店

追白本文葡萄酒直段在來ノモノニ比シ非常ノ廉價ナルノ故ヲ以テ或ハ混合物アル不良品トノ御疑念ナキヲ保セズト雖モ既ニ東京衛生試驗所ノ試驗ヲ經其分析表ニ由ルニ人體營養ニ有效ナルハ勿論全ク醇精無垢ナルモノニシテ然ルヲ釀造家ヨリ本邦ヘ販路ノ擴張ニ熱心ナルヨリ右ノ廉價ニ發賣ヲ得ルモノナレバ不良品等ノ御配慮ハ必ズ無用ニ御座候間尚謹告仕候

有種者一架中間生一二穂又綠葡萄有無核者云
云李時珍本草綱目云有瑣々葡萄大如五味子而
無核云々五雑俎十一云西域白蒲桃。生者不可見。
其乾者味殊奇耳。想可亞十八嬢紅笑有兎眼蒲桃
無核節如茳芋之無核。又有瑣々葡萄形如茱萸小
兒食之能解瘡毒。千文定筆塵云瑣々郎駿姿之記
未知是否
文政三年己卯八月十七日核ナシブダウト呼ヘ
ル奇品其形圓クノ至テ小熟シタル者ハ紫色ニ

白葡萄　羽前国田川郡櫛引郷　果花菓提要三

種ナシブトウ　其粒小ニシ常ノブドウト異リ逸々仁ナクメ食ヒ安ク味甘渋気ナシ大生青皞子是ヲ送ル

蒲萄酒ノ方

一ブドウ一粒ツヽ押ツブシ汁ヲヨクシボリタメ鍋ヘ入炭火ノ上ニテノ一沸センジ
其後能サマシヒエ候時消酎ニテモアワモリニテモ三分一ホト加ヘシブドウハ酸
モ其モヒトツニ候仕候
一龍眼肉上ノ皮ヲ去消酎ヘヒタ〳〵ニツケ二七日モ置候ヘハシヤウユノゴトクノ出
申候其時龍眼肉ヲ取上布ニテシボリカスヲ捨申候右二色ヲ心次第ニマゼ申
候チンタノゴトクニ成申候右ノゴトク二色別々ニ壺ニ入置候ヘハイツマデ
モ持申候
合類日用料理本

ノ味尤美ナル者ノ白川老侯ヨリ貞詳ノ賜ル図
テ按ニ右諸書ニ載スル所ノ瑣々葡萄ナリ　ヘレ
五味子ノ大ニハアラザレ圧其小圓ニシテ無核ア
ノハコレナンヘシ

瑣瑣葡萄　出土魯番北京値之形如胡
椒倭葡萄之別種也　按[illegible]
左ハ綱目拾遺
ノ所也

西村茂樹氏ヨリノ質問ノ答

赤葡萄酒白葡萄酒ハ共ニ尋常ノ葡萄ヨリ醸造
スルモノナリ製法ニヨリテ色味ヲ異ニシ而シテ酒品ヲ得ルモノトス

附云　エビヅルニテモ製スベシト雖圧其酒ニ酸味多ク且
真ノ風味ヲ缺キ到底良全ノ葡萄酒ハ得ル
能ハサルナリ

古問ハ左ノ通

葡萄酒（赤色）ハ野葡萄エビヅルヲ以テ醸造
スル者トキケリ或ハ尋常ノ葡萄ニテモ醸造スル
コトアリヤ

白葡萄酒ハ尋常ノ葡萄ニテ醸造スル者ナリ
聞ケリ果シテ然リヤ

○葡萄糖 ドロイフソイケル

葡萄糖ハ植物中ニ甚多シ。總テ甘味ノ菓、
根、茎ヨリ甘味ヲ得テ貴ブ。殊ニ果実ニ熟スルニ
葡萄中ニ含メリ故ニ或ハ葡萄糖ト云フ」下略

製法　葡萄汁ヲ煮テ泡沫ヲ去リ山石灰ヲ
加ヘ中和ノ性ヲ得セシメ後
ソノ沈降ノ近ト分チ清汁ヲ出シ雞子白ヲ
加ヘ清澄ニシテ煮テ濃キ舎利別ノ濃
サマテ蒸発シテ冷処ニ静置スル一二三日

ヲ歴テ多分ソノ褐色ノ晶体ヲ結ブヲ見ル之ヲ絞リテ水ニ溶解シ再ビ結晶セシム

同書植物ニ疏、綴ヲ合セ記ノ部ニ

mangel wortelen (beta altissima)

按ニ叔ニ糖菜說 mangelee ト云

○瑣瑣葡萄　出土魯番北京貨之形如胡椒係葡萄之別種也回疆志葡萄一根數本藤蔓牽長花極細而黃白色其實有紫白青黑數種形有圓長大小味有酸甜不同一種色綠而無核較黃豆微大味甘美一種色紫而小如胡椒即瑣瑣葡萄、小色黑形長寸許一種色白而大皆七八月熟晾乾可致遠

瑣瑣葡萄

葡萄ハ膚果ノ一種ニシテ一名蒲桃一名賜紫櫻桃一名字桃又円ナル者ヲ草龍珠ト云長キ者ヲ馬乳葡萄ト云酉陽雑俎云葡萄有黄白黒ノ三種ト今我土黄色

葡萄

紫穰馬乳白三種白者較勝張兆穫詩甘脆人間
第一流熟當炎暑火全收間來搾露和醒嚥萬種
愁煩總破休
兗州府曹縣志 四

○葡萄酒醸造簡便法　開農雑報

葡萄實を採下し之を手にて壓潰し小桶の中に放置こと大約八日許りを過きハ汁液桶底の方に流下し空皮ハ自然と上に浮ひ張るものなり而して沸々の音全く歇むを候ひ布等にて空皮澱滓と共に絞りあげ之を木理堅緻の樽或ハ玻瓈壜等に入れ緊く栓を挿し空氣のもれざる様に注意其後右の樽或壜を戸棚の内か又ハ棚上などにて餘り動揺せさる地に置き決して之にさわるべからず斯て六七ヶ月の後に至れば酒味初て熟す其時上澄のミを取り稍飲料に供すべし乃至一二三年以上を經るを最佳とす此れ些少の醸造を要するものと知らて叶ハさる簡便の方法なり

ナル者ヲ観ス我土関西ニハ白葡萄多ク関東ニ紫葡萄
多シ群芳譜ニ水晶葡萄馬乳ーー紫ーー緑ーー
瑣ーーノ品ヲ列ス五雜俎十一云西域白葡萄生者不可
見其乾者味殊奇甘想可亜十八褱紅矣有兎眼葡
萄無核即如茘支之焦核也又有瑣々葡萄形如茱
萸小児食之能解痘毒于文定筆塵云瑣々即駿
婆之訛未知是否今茲文政ニ年ー仲秋十七日無核
葡萄トテ白川苑侯ヨリ賜ハル貞幹按スルニ諸書所
出瑣々葡萄ナルヘシト其形円ニシテ至テ小也紫色ニ熟
ス味甘美也核ナキヲ以テ多子ナシ葡萄ト呼做ス本草
綱目李時珍云有瑣々葡萄大如五味子而無核伝モノナ
ラン未五味子ノ大サニ示サレ氏其小円ナルハ可比又群芳譜

云瑣々葡萄出西番実小如胡椒云小児常食可免
生痘又云痘不快食之即出今中国亦有種者一架中
間生一二穂ト同書ニ緑葡萄ノ無核ノコラ説ケ氏兎睛
葡萄ハ熟ソ緑色ナレハ今日鑒定スル者トハ別ナリ又花
鏡ニ云波斯国葡萄有大如雞卵者土魯国葡萄
有小如胡椒者名瑣々無核而味甜美物之不
斉也土俵然也文政ニ年ー巳卯桂月十七日芝陽貞幹
小識

Vitis Corinthiaca コリンテン 小葡萄

内外種苗發賣所
東京谷中清水町
撰種園
ヂンフワンデル右ハ接木後培養五ヶ年
間ニシテ十一房ヲ結ヒシ中ノ大ナルモノ
ヲ寫セリ此量目二百〇四匁マリ十一房ノ
総量目ハ九百八十五匁アリタリ

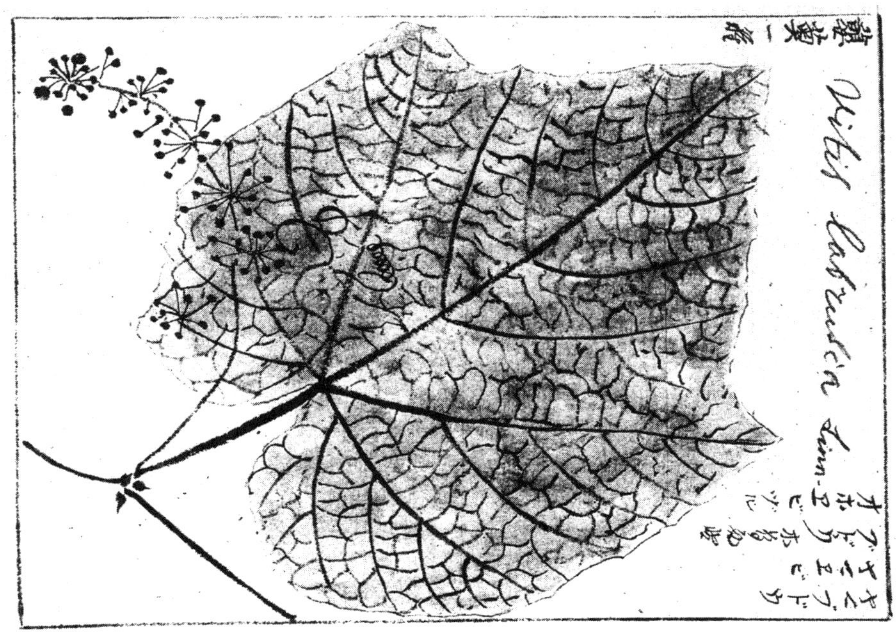

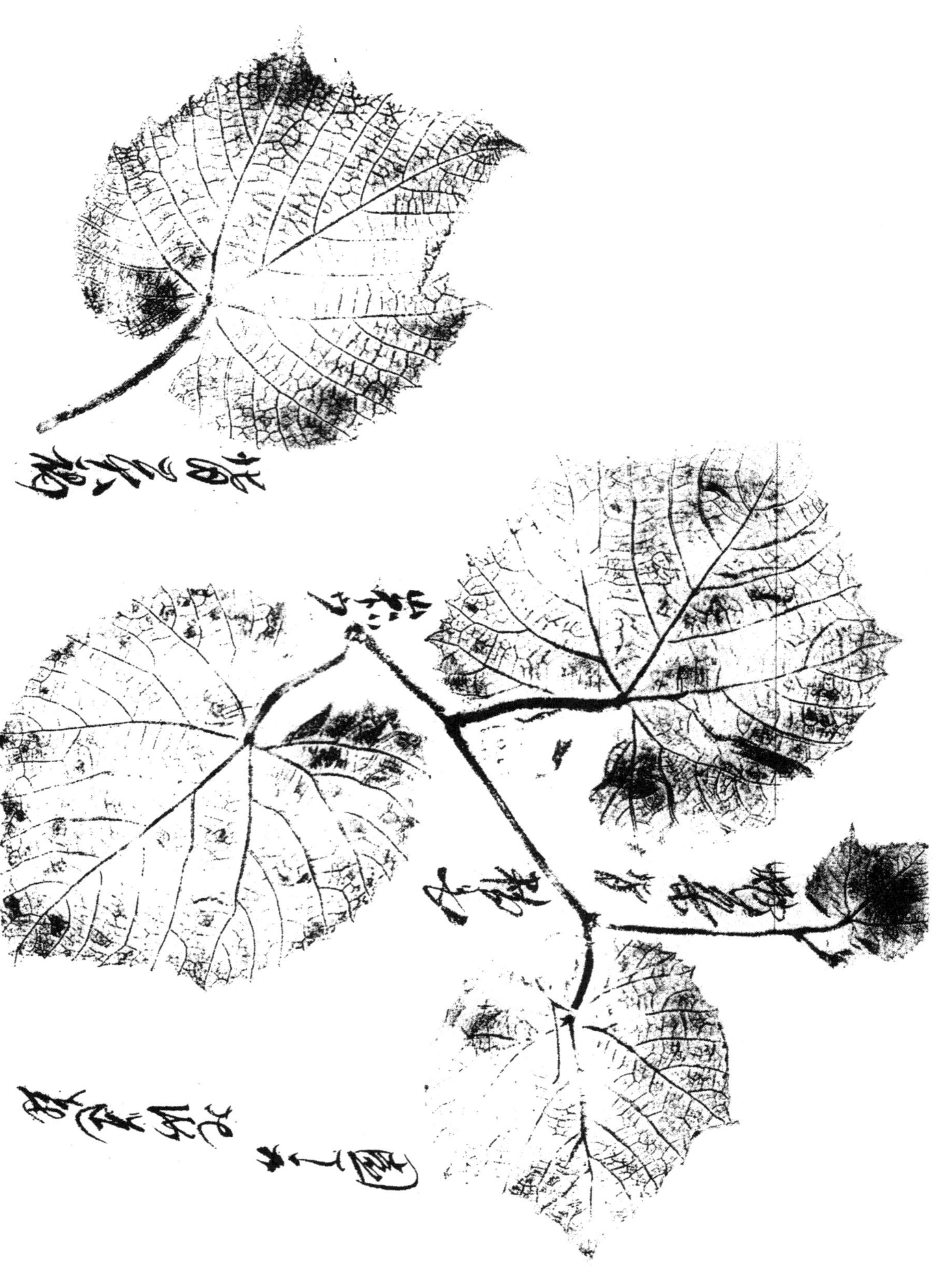

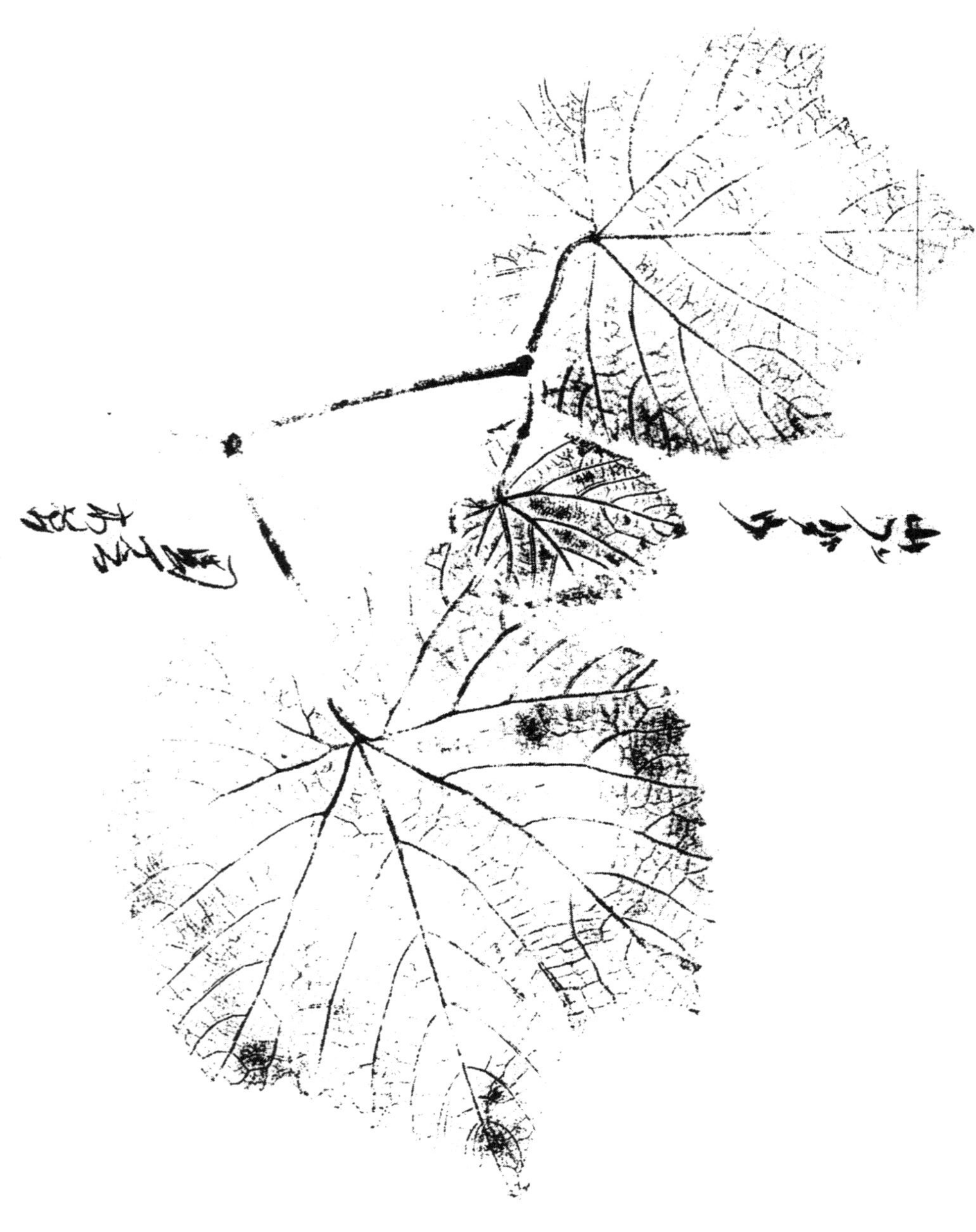

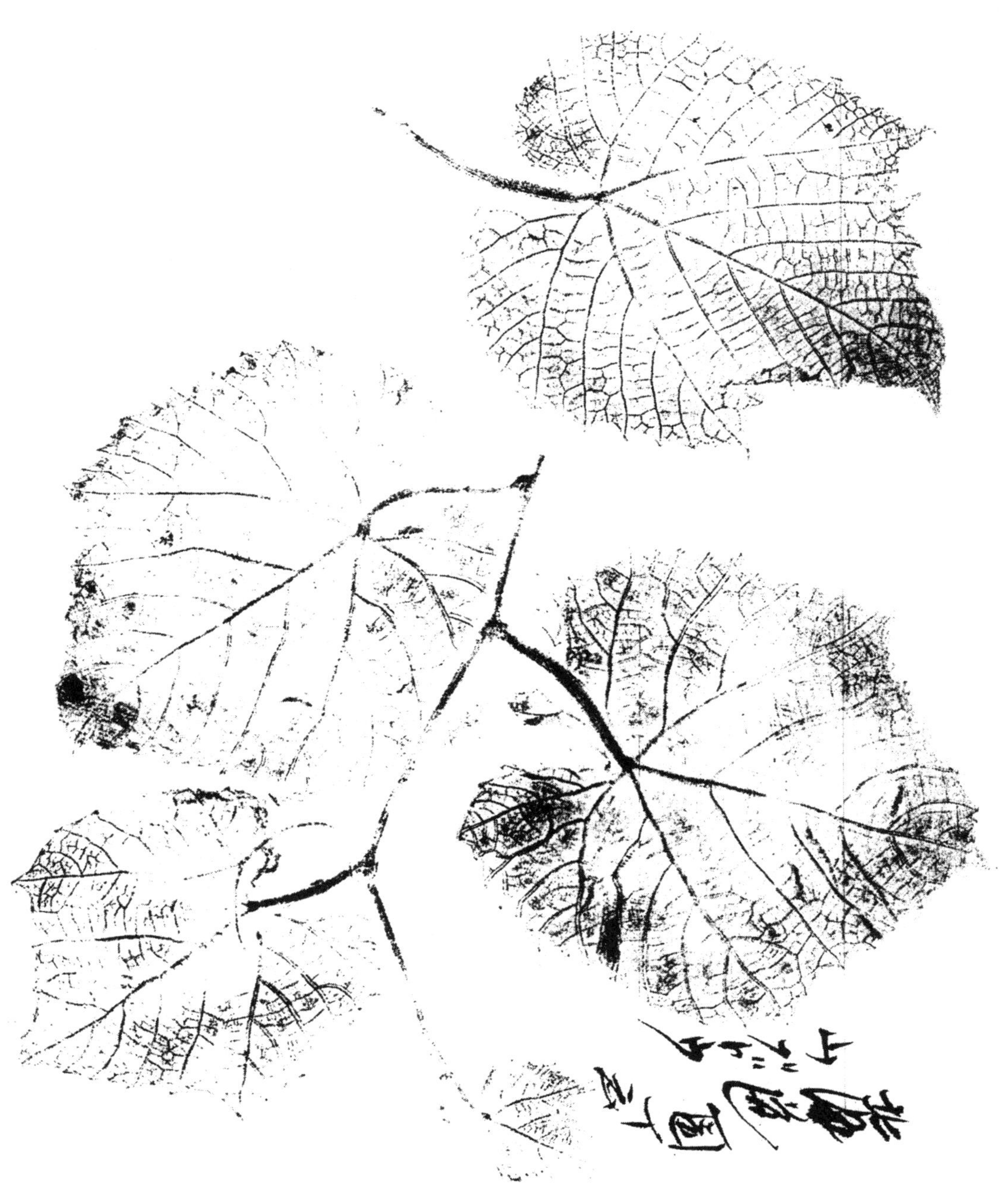

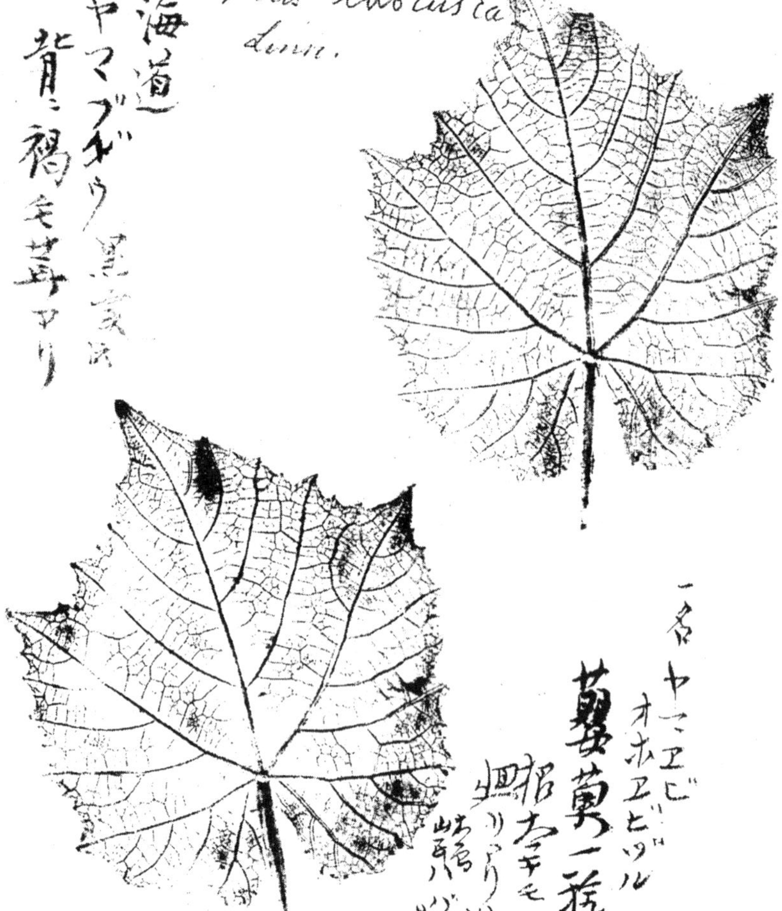

Vitis labrusca Linn.

北海道
ヤマブダウ 黒葉ト云
背ニ褐毛茸アリ

一名 ヤマエビ
オホエビヅル
蘡薁一種
根大キモノ五六寸
廻リアリ 此皮ヲトリ
蝦夷人ハバキトナス
ブダウハバキ
伝
[illegible]

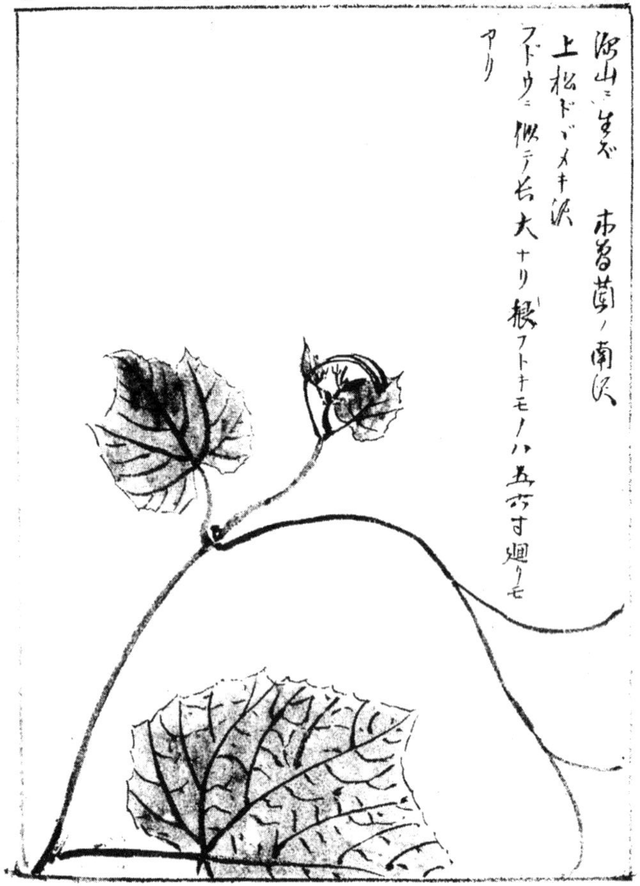

深山ニ生ズ 赤名蘭ノ南沢
上松ドゞメキ沢
ブドウニ似テ甚大ナリ 根フトキモノハ五六寸廻リモ
アリ

蛇葡 ヤマブドウ [illegible]
只ブダウ 山中ニ自生 実ハ白ボト 大ニ似
下葉 [illegible]ナスブドウ [illegible]

黒葡萄 三坂・水井茅山
中産 蔓纏喬木枝雖難採
得人或移植ニ家園葡萄見非
経二十年所則不結実云
[illegible]

葡萄科

ヤマブドウ

オホエビヅル

蘡薁ノ一種

陸前大田 [illegible]　ヒツラ皮（北見国枝幸郡 / 栗山郡）ヒツラ縄

山葡萄ノ皮ナリ [illegible]

仙台辺ヤマブドウ [illegible]

[illegible]

山ブドウ　紫葛

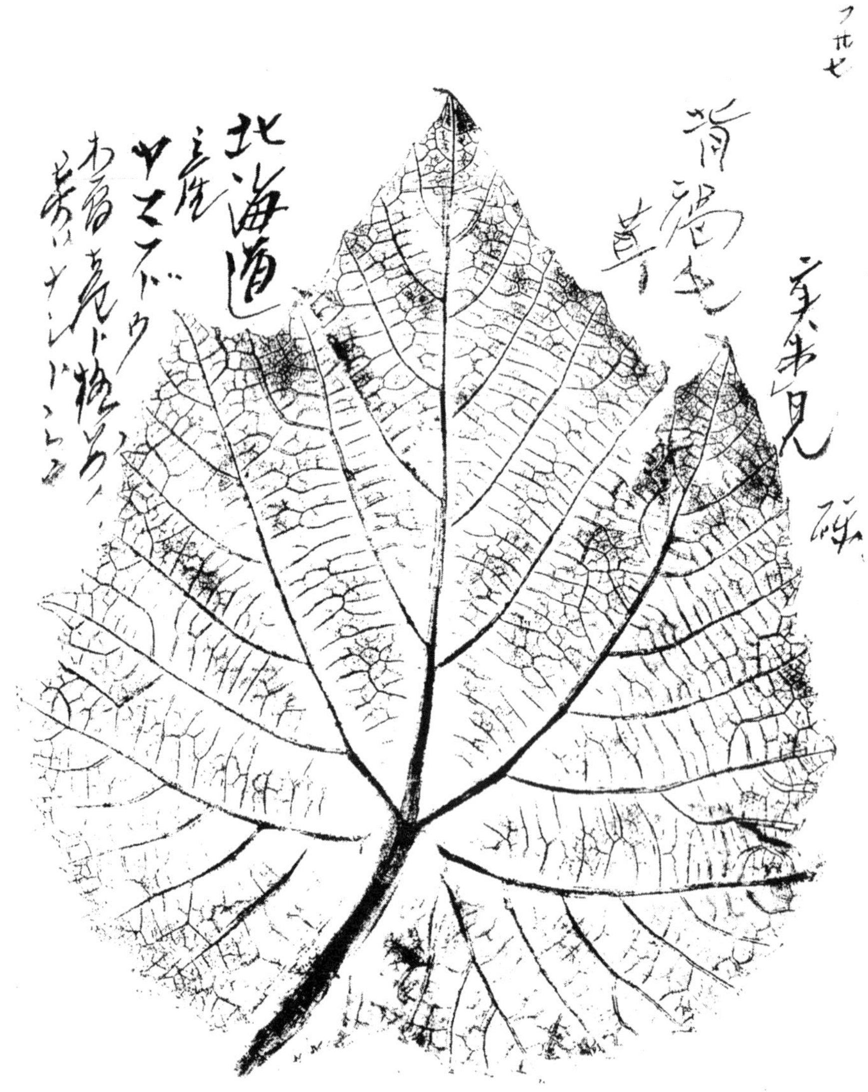

北海道産

ヤマブドウ

[illegible]

背面毛茸

実未見

○サンブードウ　ナマエビ　オホエビヅル

ブドウキリ

ヒイスフレクシエオサノ一種

蘡薁一種

添山ニ生

八五六寸回リアリ　皮ヲトリ　ハバキトナス

瑣々蒲萄
常ノブドウニ似テ蔓小サク實大豆ノ
大サニシテ紫色透明味美白川侯ニ有

ブドウニ似テ長大ナリ根フトキモノ

エゾノ産　旧記　紫葛　非之

ヤマブドウ

外ニ云エツニテ[illegible]織

[illegible]名ハ信カ不詳

「[illegible]フドウ」

[illegible]葡萄　越後[illegible]村[illegible]

山葡萄　方言　陸前國宮城郡大倉村宮城山

外山[illegible]山ニ自生ス味酸ク[illegible]

[illegible]之ヲ以テ葡萄酒[illegible]

山葡萄[illegible]葉也[illegible]細[illegible]花紫白

又怪[illegible]北蒲萄ト云ヘ[illegible]味

[illegible]羅[illegible]山[illegible]

ヤマブドウナルベシ[illegible]アリ　エビヅルニ非

カワレ

○黒葡萄[illegible]方言[illegible]大[illegible]

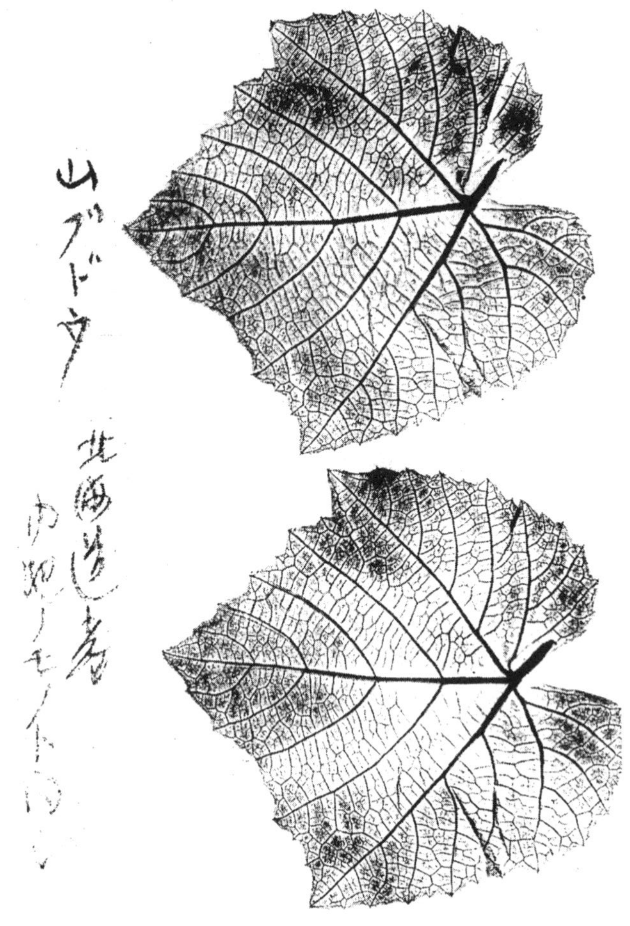

○札幌縣岩内驛邊ハ本年ハ山葡萄の實り悪しく之が爲めに
熊の食物乏しきより開墾地へ出て辛苦して作りたる粟黍蜀
黍瓜南瓜西瓜等を食ひ廻はり開墾者の損耗少からざる由

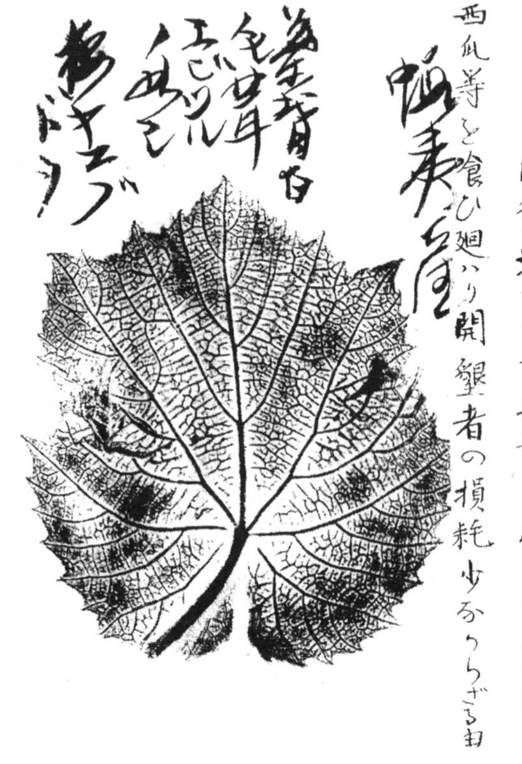

山葡萄　盤山志

北海道
山ブドウ

盤山志　康熙壬申序

山葡萄一名蘡薁紫黒色
粒小味酸七八月間山家采之
鮮者　主按ニヤマブドウナルベシ
エビヅルニハ非ザルベシ

山葡萄紫黒色味酸七八月間山家
采之献客　盤山物産志　按ヤマブドウ

ブドウ[illegible]

蘡薁（ヤマブダウ）　駿河陸奥等ノ産　ナガ[illegible]

山樓　岩石ノ間ニ生ス性殊ニ北面シタル地ヲ好カ如シ其肌理軽疎幹軀獼
猴桃ニ似テ年輪ヲナサス韋纘シテ細罫ヲ製シ或ハ木管トナスヘシ其実ハ密
ニ聯綴シテ紫黒色ヲ帯フル了通常ノ葡萄ノ如シ以テ酒ヲ醸スヘシ或ハ染
料トナスヘシ

附

蘡薁（エビカヅラ）　所々ニ多シ　和州吉野郡中物産志 上

木防己　所々ニアリ　和州吉野郡

口信州吾妻郡神坂村葡萄皮　灰汁製ノアリ
越後蒲原郡日出谷村葡萄皮　[illegible]

山葡萄　岩代国耶麻郡塩川村字[illegible]
布引山ニ産ス蔓太サ三寸囲ノ位長数
丈ナルモアリ[illegible]
[illegible]

山ブドウ　茎葉エビヅルノ如ク而茎ナカ尤大
ナリ葉ヲ切レハ白汁出ル又エビヅルニ同シ
蔓モエビヅルノ如シテ少大シ一名大エビヅル
蔓大ナルモ二囲リ辛殺ナリ又云
一丈余ノ大サ七八寸中円シ　木曽山ナリ

松前志

葡萄

他国ノモノト同シ山葡萄ハ下品ナリ方俗土民食之真ノ
ブドウハ東都ノ瓶ニテ弘マレリ一名馬乳又メリラブドウト云フ
アリ人不食之小庭葡萄アリ秋実熟セルヰ瓶来テ食之
右難防

大ナルナリ似又エビヅルニテハ小ク味方ガシニテ厚モ
山ブドウナリ俗山狸ブドウ有リテ小ナ品ナリ
ホ児ノ食ヲ[illegible]
[illegible]ナ円「山葡萄[illegible]
山エビヅルニテ[illegible]実大[illegible]
方ホエビヅル　大エビヅル
ノ形図ニアル[illegible]似テ[illegible]
西将[illegible]不時茎[illegible]色中実エビヅルニ似テ[illegible]
ヨルツル[illegible]実ハ[illegible]黒色ニ味甘酸ク食
花尾[illegible]ニ図アリ[illegible]
梅山ブドウノ[illegible]

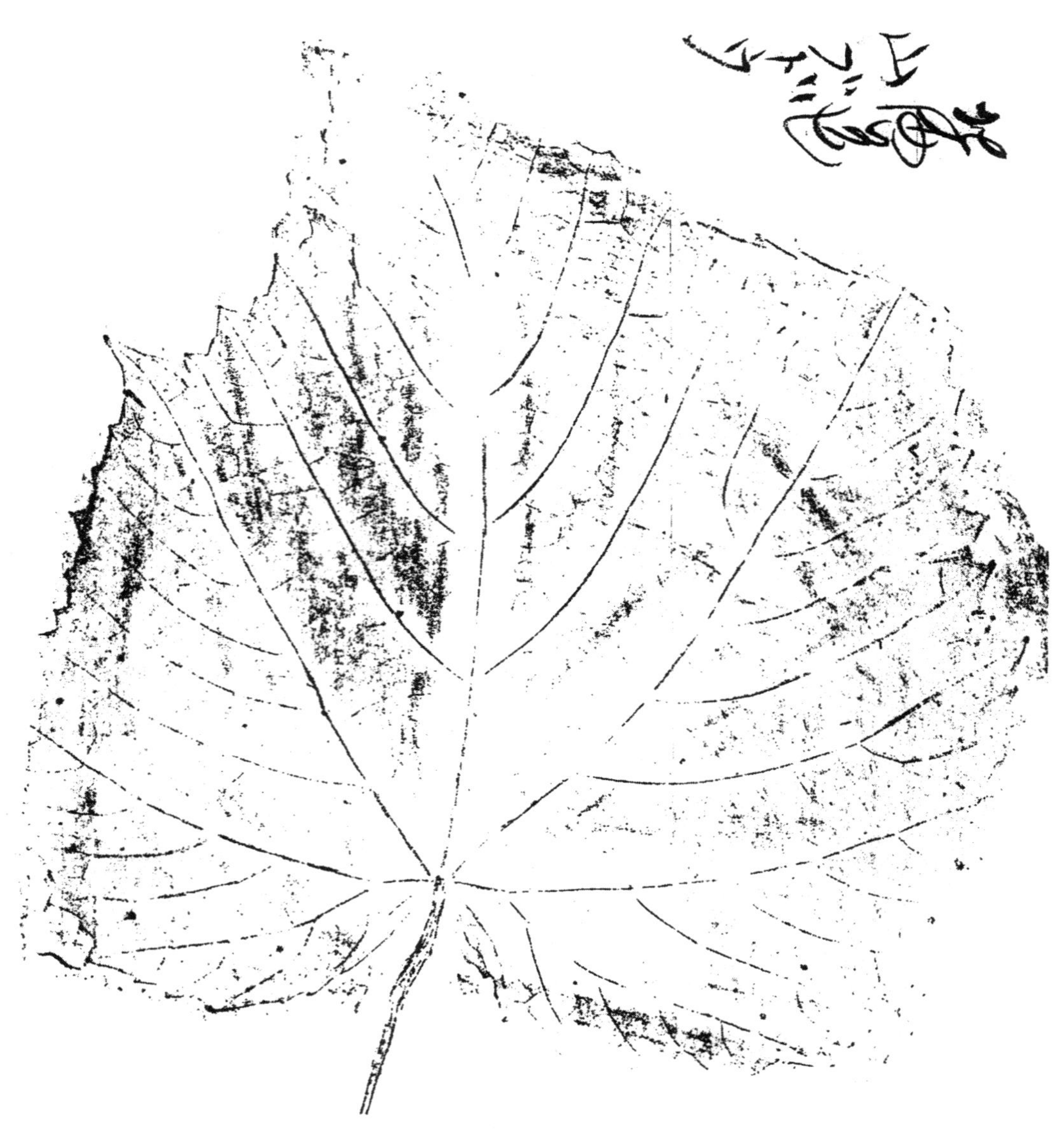

山葡萄皮　長野縣信濃國安曇郡神城村　十一等　柏原與兵衛

採收　毎歳五月山野ニ自生セル葡萄ノ蔓ヲ伐リ採リ其皮ヲ剝灰汁ニ投シテ一夜ニシテ手ニテ之ヲ揉ミテ乾晒シ脚半蓑及ヒ縄索トナス其纎緯甚靱强ニシテ農家必需ノ料ナリ

山葡萄皮　福島縣越後國蒲原郡日出谷村棒掛山　十等　猪俣次八郎

採收　八月其蔓ヲ刈取テ皮ヲ剝シ纎維ヲ扯裂（ヒキサキ）シテ縄索汲（クミ）索ソノ他農具ニ用フル細索トナス或ハ蔓ノマヽ稲架索ニ代用スヘシ性雨湿ニ値ヒテ腐朽セス又能ク重キニ耐フ

エビシヤウカヅラ　蘡薁ハ別ニ無花ニ多シ蔓長ク葉大

接ズヤマブドウニ　九モ三寸許小ナルハ寸許三尖又ハ五尖ヲ有葉ハ一尖之

[illegible]之俗附　鋸葉アリ互生シ葉ノ手ト二葉長シ夏小花アリテ秋赤

フ廿七條　実アリ甘シ茎葉ニモ甘味アリ小兒採食ス冬枯ル（寫）

正木蔓　伯耆国　藤田

冬ホキテワリ縄トナシ江[illegible]

此葉ヲ[illegible]　村山郡

葡萄蔓皮

[illegible]

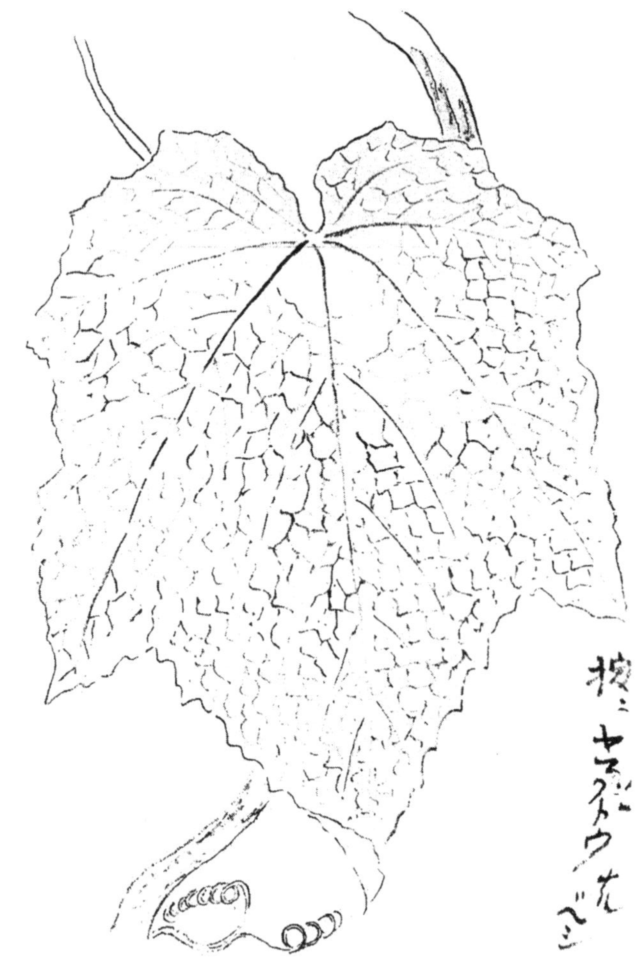

蘡薁　一種越前大野郡小原谷山中ニ生者土人ゴフチト云
蔓延テ葡萄ノ如シ葉蘡薁葉ニ似テ長ク五尖ヲナシ背紫
白毛アリテ茎ニ互生ス

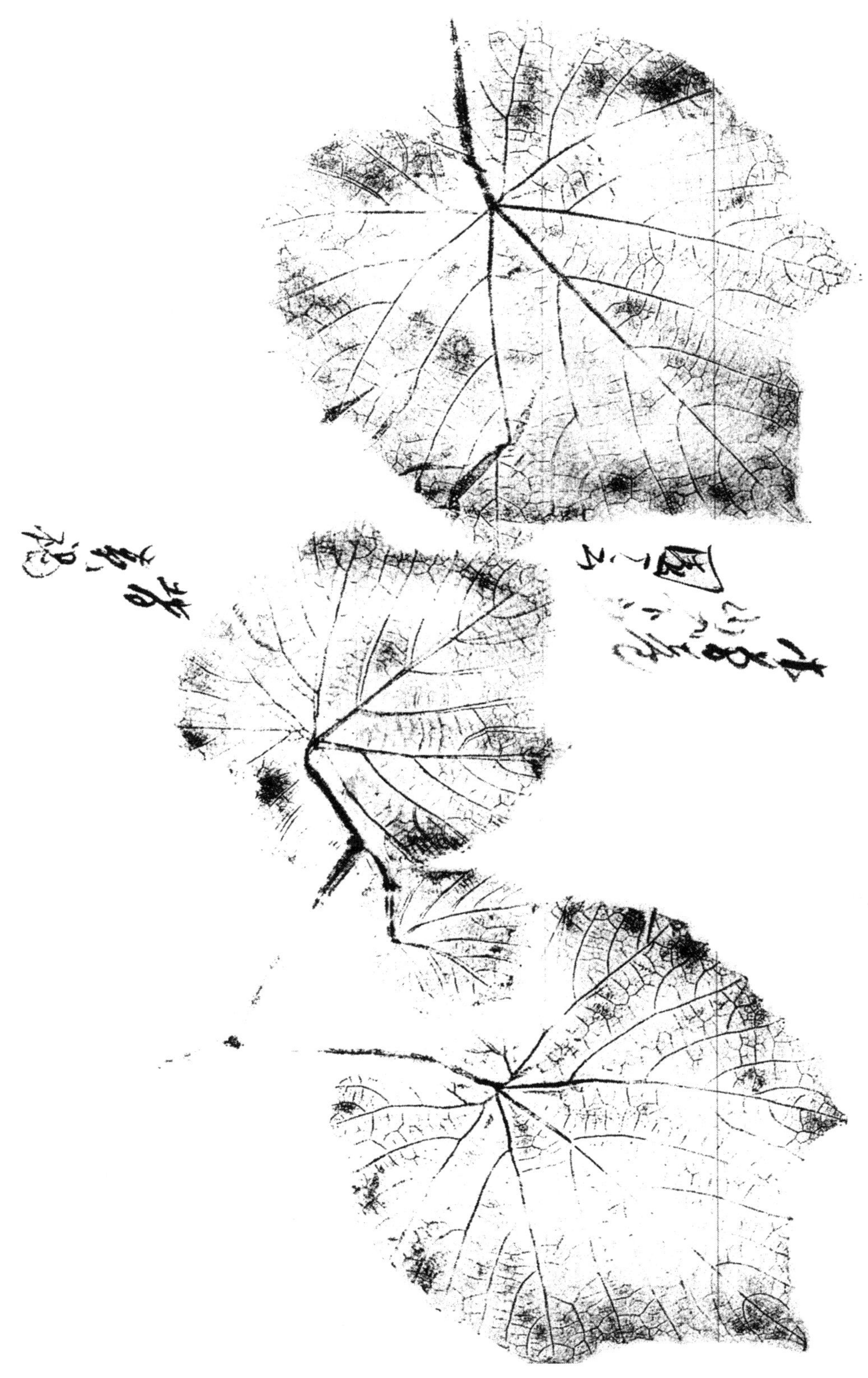

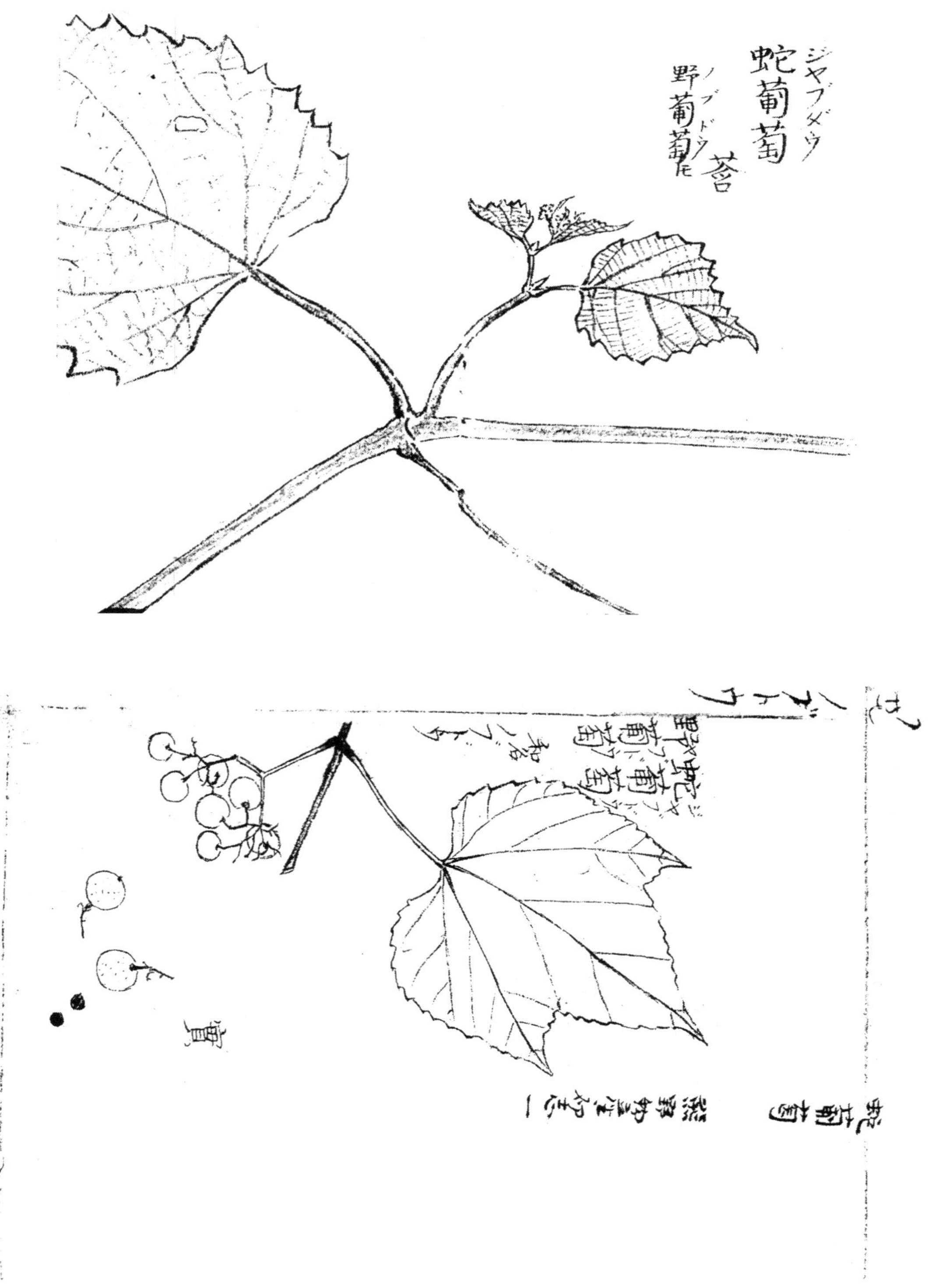
ジヤブドウ
蛇葡萄
ノブドウ
野葡萄